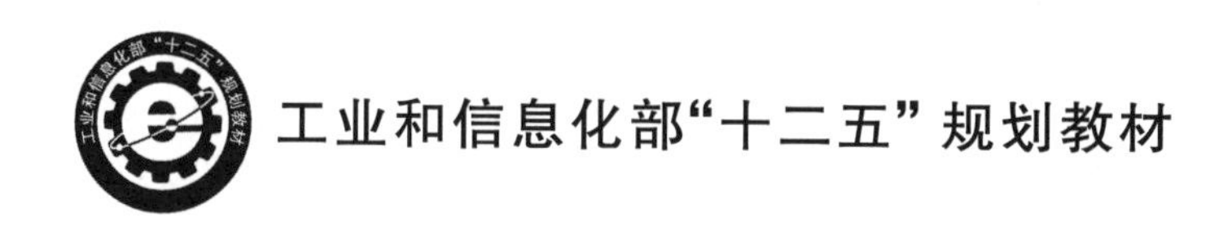

XIANDAI DAODAN ZHIDAO KONGZHI

现代导弹制导控制

杨 军 主 编

杨 军 袁 博 朱苏朋 朱学平 贾晓洪 编

西北工业大学出版社

【内容简介】 本书重点讲述了导弹制导控制的相关理论和工程问题，系统地介绍了导弹制导控制的原理。其内容包括绪论、导弹制导控制基本原理、导弹的基本特性、目标特性和环境、对导弹的基本要求、导弹飞行控制系统分析与设计、导弹制导系统分析与设计、导弹制导系统抗干扰技术、典型导弹制导系统分析、数字化导弹制导控制系统软件快速开发技术、导弹制导控制系统仿真试验技术、导弹制导控制系统飞行试验技术，既有深入浅出的理论推导，又有多年从事相关领域研究工作的工程经验积累。通过本书的学习，读者既能对导弹制导控制系统的基本知识有系统的了解，又能深入掌握相关的专门技术。

本书中的基本内容可以满足飞行器制导与控制专业的本科教学需求，也能作为研究生及相关专业技术人员的参考用书。

图书在版编目(CIP)数据

现代导弹制导控制/杨军主编. —西安:西北工业大学出版社，2015.10(2024.8 重印)
ISBN 978-7-5612-4640-5

Ⅰ.①现… Ⅱ.①杨… Ⅲ.①导弹制导—研究②导弹控制—研究 Ⅳ.①TJ765

中国版本图书馆 CIP 数据核字(2015)第 253966 号

出版发行:西北工业大学出版社
通信地址:西安市友谊西路 127 号　邮编:710072
电　　话:(029)88493844　88491757
网　　址:www.nwpup.com
印 刷 者:兴平市博闻印务有限公司
开　　本:787 mm×1 092 mm　1/16
印　　张:23.25
字　　数:566 千字
版　　次:2016 年 3 月第 1 版　2024 年 8 月第 5 次印刷
定　　价:79.00 元

前　言

探测、制导控制技术专业最新教材《现代导弹制导控制》，是在1997年西北工业大学出版社出版的《导弹控制系统设计原理》和2010年国防工业出版社出版的《导弹控制原理》的基础上，汇集了近年来国内外最新研究成果，结合笔者多年工程设计经验编写完成的。本书可作为探测、制导控制技术专业和飞行器设计专业本科生教材，也可供相关专业研究生和工程设计人员作为学习之参考书籍。

全书包含12章内容。内容包括绪论、导弹制导控制基本原理、导弹的基本特性、目标特性和环境、对导弹的基本要求、导弹飞行控制系统分析与设计、导弹制导系统分析与设计、导弹制导系统抗干扰技术、典型导弹制导系统分析、数字化导弹制导控制系统软件快速开发技术、导弹制导控制系统仿真试验技术、导弹制导控制系统飞行试验技术。其中加 * 标注部分作为扩展及延伸阅读内容，不作为教学要求。

本书的特色之一是既考虑了面向大多数学生的教学需要，同时对少数学有余力的同学提供了一些拓展阅读内容。本书的另一个特色是在主要章节中给出了例题和实例，且在每章的最后列出了习题及参考文献，供复习和查询相关资料之用。

本书要求读者具有自动控制原理、导弹概论、飞行力学等有关课程的学习基础。

全书由杨军教授负责统稿。杨军负责编写第1,11～12章，袁博负责编写第6～9章，朱苏朋负责编写第2～3章，朱学平负责编写第4～5章，贾晓洪负责编写第10章。在本书成稿过程中，许瑞杰硕士、周立硕士、本科生葛云鹏等人完成了大量的资料准备、书稿校对和绘图工作，在此表示衷心感谢。

书中介绍的很多研究成果的资料是在航空、航天、兵器、电子等行业专业院所大力支持下获得的，特别是得到了中国空空导弹研究院李治民、鲁浩、马文政、杨晨和段朝阳等研究员的支持和帮助，在此一并致谢。

由衷感谢本专业前辈陈新海教授、周凤岐教授和阙志宏教授多年来的一贯支持和帮助。

本书涉猎导弹制导控制技术领域的各个方面，提出的观点难免偏颇，欢迎批评指正。

编　者

2015年10月

目　　录

第1章　绪　　论

1.1　导弹的基本概念

1.1.1　导弹的定义

导弹是一种携带战斗部，依靠自身动力装置推进，由制导系统导引控制飞行航迹，导向目标并摧毁目标的飞行器。导弹通常由战斗部、制导系统、发动机装置和弹体结构等组成。有翼导弹作为一个整体直接攻击目标，弹道导弹飞行到预定高度和位置后弹体与弹头分离，由弹头执行攻击目标的任务。导弹摧毁目标的有效载荷是战斗部(或弹头)，可为核装药、常规装药、化学战剂、生物战剂，或者使用电磁脉冲战斗部。其中，装普通装药的称常规导弹，装核装药的称核导弹。

1.1.2　导弹的基本结构

一般讲，导弹通常由推进系统、制导系统、战斗部、弹体和供电系统(弹上电源)等组成(见图1.1)。

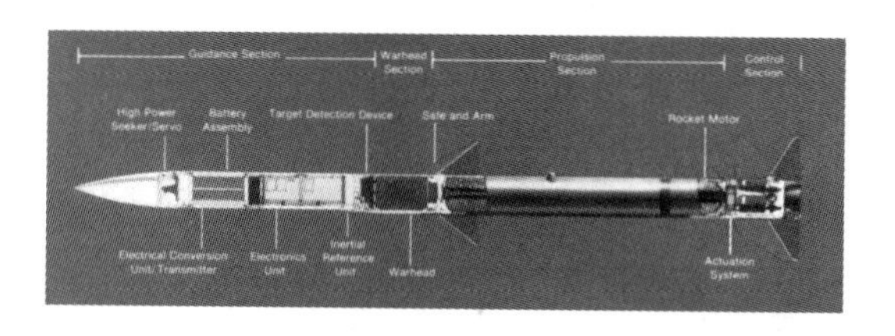

图 1.1　导弹的组成

1. 推进系统

推进系统以发动机为主体，为导弹提供飞行动力，保证导弹获得需要的射程和速度。

导弹常用的发动机有火箭发动机(固体、液体火箭发动机)、空气喷气发动机(涡轮喷气和冲压喷气发动机)，以及组合型发动机(固-液组合、火箭-冲压组合发动机)。

有的导弹，如面对空导弹、反坦克导弹用两台或单台双推力发动机。其中，一台用作起飞助推，使导弹从发射装置上迅速起飞和加速，因此也称为助推器；另一台作为主发动机，用来使导弹维持一定的速度飞行，以便能追击目标，因此称为续航发动机。远程导弹、洲际导弹，其飞行速度要求在火箭发动机熄火时达到每秒数千米，因而需要用多级火箭才能完成，每级火箭都要用一台或几台火箭发动机。

2. 制导系统

制导系统是导引和控制导弹飞向目标的仪器和设备的总称。为能够将导弹导向目标,一方面需要不断地测量导弹实际运动状态与理论上所要求的运动状态之间的偏差,或者测量导弹与目标的相对位置与偏差,以便向导弹发出修正偏差或跟踪目标的控制指令;另一方面还需要保证导弹稳定飞行,并操纵导弹改变飞行姿态,控制导弹按所需要的方向和轨迹飞行而命中目标。完成前一个方面任务的部分是导引系统,完成后一个方面任务的部分是控制系统。两个系统集成在一起就构成制导系统。

制导系统可以完全装在弹上,如自寻的制导系统。但也有些导弹弹上只装控制系统,导引系统则装在地面指挥站或载舰、载机上,如面对空导弹等。

3. 战斗部

战斗部是导弹上直接毁伤目标、完成其战斗任务的部分。由于战斗部大多置于导弹头部,故习惯称为导弹头。

由于导弹所攻击的目标性质和类型不同,所以相应地要求导弹配置有毁伤作用不同、结构类型不同的战斗部,如爆破战斗部、杀伤战斗部、聚能战斗部、化学战斗部、生物战剂战斗部以及核战斗部。导弹的战斗部和发动机部分如图 1.2 所示。导弹的战斗部分类如图 1.3 所示。

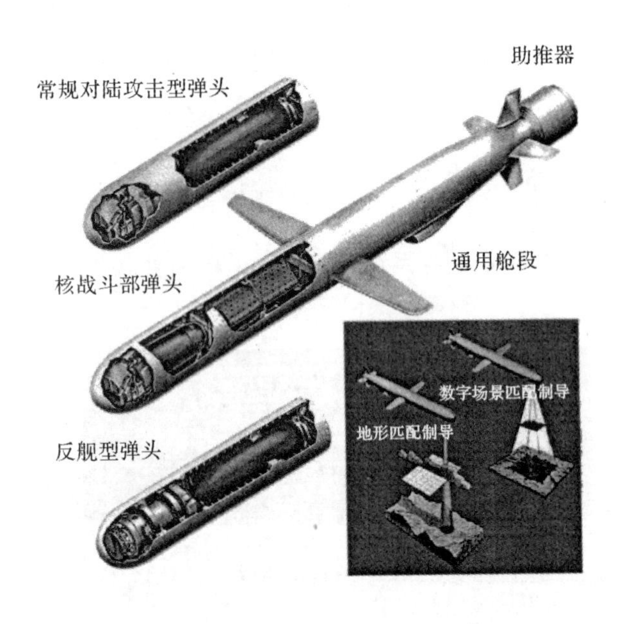

图 1.2 导弹的战斗部和发动机部分

4. 弹体

弹体是导弹的结构主体,是各舱、门、空气动力翼面、弹上机构及一些零组件连接而成的,具有良好气动外形的壳体,用以安装战斗部、制导系统、动力装置、推进剂及供电系统(弹上电源)、空气动力翼面(包括产生升力的弹翼)、产生操纵力的舵面,以及保证稳定飞行的安定面(尾翼)。对弹道式导弹,由于弹道大部分在大气层外,其主动段只作为程序转向飞行,因此导弹没有弹翼或根本没有空气动力翼面。

5. 供电系统(弹上电源)

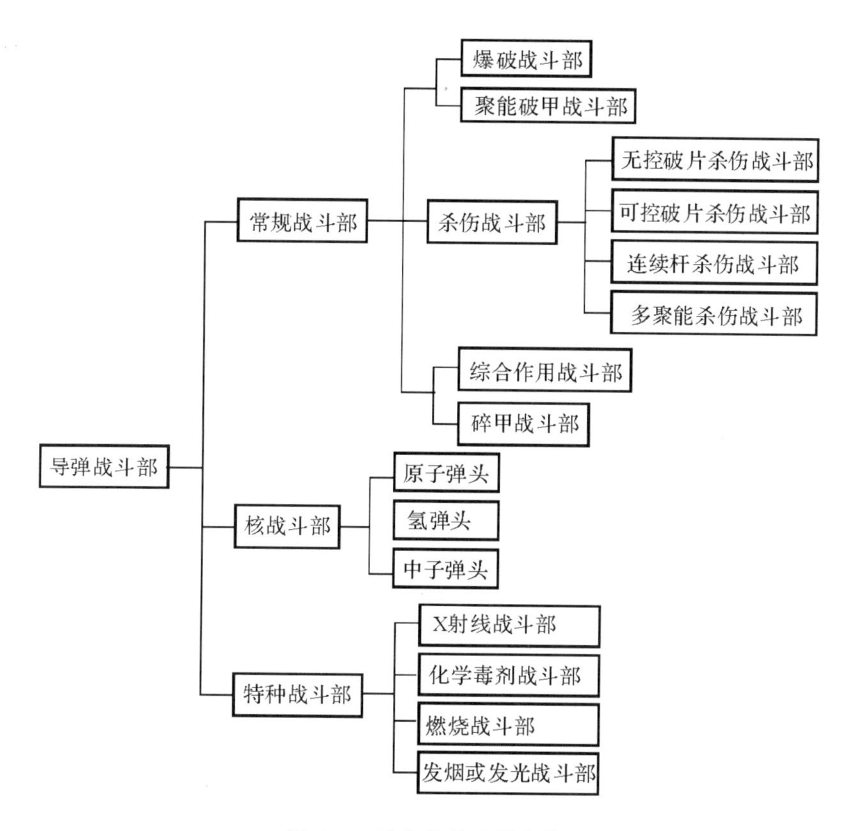

图 1.3 导弹的战斗部分类

供电系统负责给弹上各分系统供给正常工作所需要的电能，主要包括电源，各种配电、变电装置等。常用的电源有电池，如银锌电池、镍铬电池等，发动机带动的小型发电机，如有的巡航导弹采用涡轮风扇发动机带动小型发电机作为弹上电源。还有的导弹，如个别有线制导的反坦克导弹，弹上没有电源，由地面电源提供电能供弹上使用。

制导系统用于控制导弹的飞行方向、姿态、高度和速度，引导导弹或弹头准确地飞向目标。导弹通常使用无线电制导、惯性制导、寻的制导、地形匹配制导、遥控制导、有线制导等方式。不同类型的导弹可用不同的制导方式。有的导弹只用其中的一种，有的用几种进行复合制导。弹道导弹早期曾用过无线电指令制导，后来大多用惯性制导，也有用天文-惯性和惯性-地形匹配复合制导的。巡航导弹多用惯性-地形匹配复合制导，地空或舰空导弹多用遥控、寻的或复合制导。反坦克导弹常用有线制导。导弹是导弹武器系统的核心。只有导弹还不能保证战斗任务的完成，还需要导弹武器系统的各个组成部分协调一致地工作，才能完成战斗任务。

动力装置是导弹飞行的动力源。导弹的动力装置常用固体或液体火箭发动机，有的用涡轮风扇或涡轮喷气发动机、混合推进剂火箭发动机、冲压喷气发动机。巡航导弹通常用固体火箭发动机助推、涡轮风扇或涡轮喷气发动机巡航。弹道导弹一般用固体或液体火箭发动机。常用导弹发动机如图 1.4 所示。

弹体结构是把导弹各部分连接起来的支承结构。巡航导弹的弹体结构在外形上和飞机相似。对弹体结构的主要要求是质量轻、空气动力外形好。

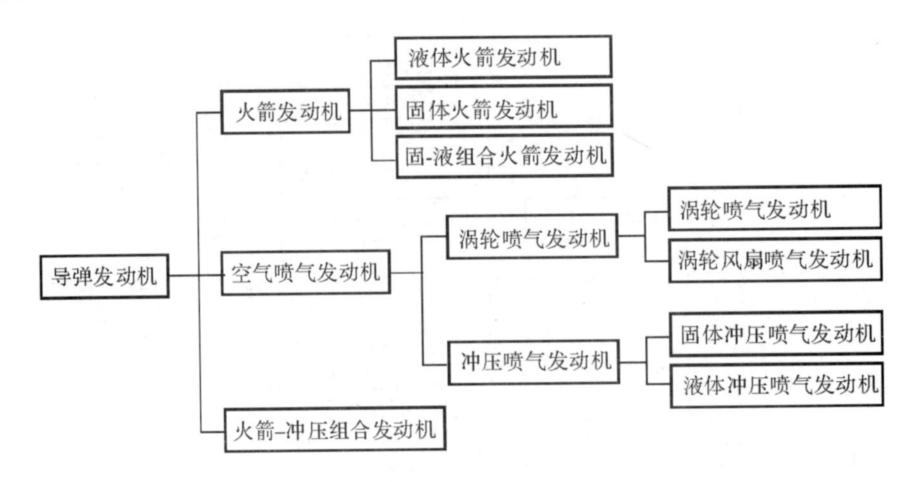

图 1.4　常用导弹发动机

1.1.3　导弹的基本类型

导弹是一种可以指定攻击目标，或能追踪目标动向的飞行武器。根据导弹的制导差异，通常有两种分类方式，一种是根据信号传送的不同，如有线制导、雷达制导、红外线制导、激光制导、电视制导等；另外一种是根据导弹制导方式的不同，如惯性制导、驾束制导、主动雷达制导和指挥至瞄准线制导等。

按发射平台分类，可分为空对空导弹(AAM)(见图 1.5)、空对地导弹(ASM)(见图 1.6)、地对空导弹(SAM)(见图 1.7)、地对地导弹(SSM)(见图 1.8)。

图 1.5　AIM－120 先进中程空空导弹

图 1.6　AGM－65 空地导弹

图 1.7　MIM－104 爱国者地空导弹

图 1.8　SS－1B 飞毛腿地地导弹

按用途分类，可分为反舰导弹(ASBM)(见图 1.9)、反坦克导弹(ATM)(见图 1.10)、反潜导弹(ASROC)(见图 1.11)、反卫星导弹(ASAT)(见图 1.12)。

图 1.9　鱼叉反舰导弹

图 1.10　FGM－148 反坦克导弹

图 1.11　法国 Malafon 反潜导弹

图 1.12　反卫星导弹

按弹道方式分类(见图 1.13 和图 1.14)，可分为巡航导弹(CM)和弹道导弹(BM)。

图 1.13　战斧巡航导弹

图 1.14　苏联 SS－20 车载版弹道导弹

巡航导弹采用了惯性制导、惯性-地形匹配制导和电视制导及红外制导等末制导技术，采用效率高的涡轮风扇喷气发动机和威力大的小型核弹头，大大提高了巡航导弹的作战能力。战术导弹采用了无线电制导、红外制导、激光制导和惯性制导，发射方式也发展为车载、机载、舰载等多种，提高了导弹的命中精度、生存能力、机动能力、低空作战性能和抗干扰能力。

按制导方式分类(见图 1.15～图 1.20)，可分为有线制导导弹(TOW)、反辐射导弹(ARM)、红外制导导弹(IRH)、驾束制导导弹(Beam Riding)、主动雷达制导导弹(ARH)、半主动雷达制导导弹(SARH)。

图 1.15　陶式反坦克导弹

图 1.16　反辐射导弹

图 1.17　企鹅反舰导弹

图 1.18　RBS－70 防空导弹

图 1.19　车载版防空 AIM－120 导弹

图 1.20　霍克防空导弹

1.1.4　世界各国著名的导弹

世界各国和地区著名的导弹如下：

德国：V－2、霍特、罗兰特、探险者一号；

俄罗斯：白杨－M、飞毛腿、日炙、萨姆－2、骄子、安泰；

中国大陆：东风、海基型号、巨浪、红旗、上游一号、海鹰、鹰击、红箭、霹雳、闪电、红鸟；

法国：飞鱼、西北风；

美国：战斧、爱国者、鱼叉、响尾蛇、阿萨特、地狱火、潘兴、民兵；

中国台湾：天剑、雄风、天弓、青锋；

印度：天空、烈火；

巴基斯坦：哈塔夫；

朝鲜：劳动导弹、大浦洞导弹；

伊朗：流星、泥石；

英国：星光防空导弹。

1. 美国响尾蛇导弹

响尾蛇 AIM－9(见图 1.21)是世界上第一种红外制导空对空导弹。红外装置可以引导导弹追踪热的目标，如同响尾蛇能感知附近动物的体温而准确捕获猎物一样。

作战距离：17.7 km；

弹长：2.87 m；

弹径：0.127 mm；

最大速度：2.5 *Ma*。

图 1.21 美国“响尾蛇”导弹

2. 瑞典“萨伯”导弹

Rb05 是瑞典萨伯公司为瑞典皇家空军研制的一种战术空对面导弹(见图 1.22)，用来攻击陆上和海上目标，也可用以执行空对空任务。

作战距离：8 km；

弹长：3.6 m；

弹径：300 mm；

最大速度：1 *Ma*；

载机：AJ35。

图 1.22 瑞典“萨伯”Rb05 导弹

3.“战斧”系列巡航导弹

“战斧”系列巡航导弹是美国研制的反舰和防空两用巡航导弹(见图 1.23)。

射程：2 500 km；

速度：亚声速；

战斗部：核或常规战斗部。

图 1.23 “战斧”系列巡航导弹

4. 东风-5(DF-5)

东风-5(DF-5)是中国研制的第一代洲际地地战略导弹(见图1.24)。1980年5月18日全程飞行试验成功。

作战距离:12 000～15 000 km;

弹长:32.6 m;

弹径:3 350 mm。

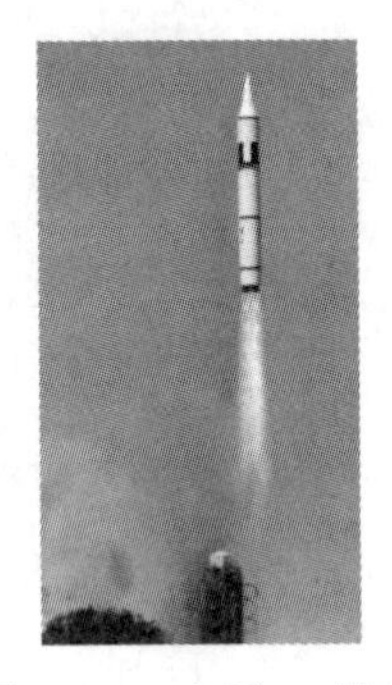

图 1.24 东风-5导弹

图 1.25 “红箭”反坦克导弹

5.“红箭”反坦克导弹

“红箭”系列有红箭73、红箭73B、红箭8等系列(见图1.25)。

作战距离:3 km左右;

弹长:868 mm;

弹径:120 mm;

最大速度:120 m/s。

6.“霹雳”导弹

“霹雳”导弹是一种主动雷达导引的具备多目标“超视距”攻击能力的空对空导弹(见图1.26)。

图 1.26 “霹雳”导弹

弹长:3 850 mm;

弹径:203 mm;

翼展:674 mm;

发射质量:197.7 kg;

战斗部:离散杆式战斗部;

推进系统:固体火箭发动机;

最大速度:4 Ma;

最大射程:80 km;

最大过载:38 g;

制导模式:惯性制导+中段修正+末段主动雷达制导。

1.1.5 导弹各种符号的含义

A(Air)表示空;S(Surface)表示面;U(Under Water)表示水下;I(Intercept)表示截击;G(Ground)表示地面;N(Navy)表示海军;M(Missile)表示导弹。

其中,美国现役的各种导弹编号为三个字母。第一个字母表示发射方式:A——空中平台发射,如 AIM-120 中距空空导弹;B——多种平台发射,如 BGM-109C"战斧"巡航导弹;C——地面发射,水平贮藏,如"波马克"CIM-10 地对空导弹;F——单兵携带发射,如 FIM-92"毒刺"单兵防空导弹;H——竖井贮藏,地面发射,如 HGM-25A"大力神";I——洲际弹道导弹;L——竖井贮藏,地下发射,如 LGM-30G"民兵"Ⅲ地对地洲际导弹;M——由地面车辆或移动式发射架发射,如 MGM-31A"潘兴"I 地对地战术导弹;R——舰载发射,如"标准"RIM-66/67 舰载防空导弹;U——潜艇发射或水下其他装置发射,如 UGM-96A"三叉戟"I 弹道导弹。

第二个字母表示用途:G——对地攻击或对海面目标攻击;I——空中拦截(对空中目标攻击);D——诱饵;对于还处于试验阶段的导弹会在第一个字母之前加上表示导弹状态的字母,如 X 表示实验性质的导弹。

西方对于俄罗斯(或苏联)的导弹编号方式相对简单,一般分为两部分。第一部分由两个字母组成:第一个字母表示发射环境,如 S 表示陆地或海面发射,A 表示空中发射;第二个字母表示打击目标,如 S 表示地面或海面目标,A 表示空中目标。

第二部分是数字,表示导弹具体型号,如"瘦子"SS-10 地对地洲际弹道导弹,"环礁"AA-2红外制导空对空导弹,"斗士"SA-12 地对空导弹。如果由海上舰艇发射的导弹会在这两部分中间加上字母"N",表示舰艇发射,如 SS-N-19 舰对舰导弹、SS-N-27 潜对舰导弹。

1.2 导弹发展的历史

1.2.1 第二次世界大战时期

导弹是 20 世纪 40 年代开始出现的武器。第二次世界大战后期,德国首先在实战中使用了 V-1 和 V-2 导弹,从欧洲西岸隔海轰炸英国。V-1 是一种亚声速的无人驾驶武器,射程 300 多千米,很容易用歼击机及其他防空措施来对付。V-2 是最大射程约 320 km 的液体导弹,由于可靠性差及弹着点的散布度太大,对英国只起到骚扰的作用,作战效果不大。但 V-2 导弹对以后导弹技术的发展起了重要的先驱作用。各国从德国的 V-1,V-2 导弹在第二次世界大战的作战使用中，意识到导弹对未来战争的作用。美、苏、瑞士、瑞典等国在战后不久，恢复了自己在第二次世界大战期间已经进行的导弹理论研究与试验活动。英、法两国也分别于 1948 年和 1949 年重新开始导弹的研究工作。

20 世纪 50 年代出现了一批中程和远程液体导弹，这批导弹的特点是采用了大推力发动机、多级火箭，使射程增加到几千千米，核战斗部的威力达到几百万吨梯恩梯(TNT)当量，已成为一种有威慑力的武器。但由于氧化剂仍是液氧，制导系统的精度还不很高，导弹还是在地面发射的，地面设备复杂，发射准备时间长，生存能力不高。所以这批导弹只解决了有无问题，还不是有效的作战武器。1953 年美国在朝鲜战场曾使用过电视遥控导弹，但这时期的导弹命中精度低、结构质量大、可靠性差、造价昂贵。

1.2.2 20 世纪六七十年代

20 世纪 60 年代改用了可贮存的自燃液体推进剂或固体推进剂，制导系统使用了较高精度的惯性器件，发射方式改为地下井发射或潜艇发射。这些变动简化了武器系统，缩短了反应时间，提高了导弹生存能力，使导弹成为可用于实战的武器。此后，导弹技术集中到多弹头导弹的发展，一个导弹运载几个甚至十几个子弹头，每个子弹头可以瞄准各自的目标。这样，不增加导弹的数量，就能大幅度增加弹头的数量，提高了突破反导弹防御体系的概率，增加了受到一次打击以后生存下来的弹头数，也给打击更多的目标提供了可能。分导式多弹头的技术基础是高精度制导系统和小型核装置的研制成功。

美国首先于 1970 年在“民兵”Ⅲ导弹上实现了带 3 个子弹头，随后美、苏在新研制的远程导弹上都采用了这项技术。随着进攻型导弹精度的提高和侦察能力的完善，从固定基地发射的导弹越来越难以保证自身的安全。采用加固的办法可以在一定程度上解决生存能力低的问题。机动发射方式效果更好一些，较小的导弹多采用机动发射。大型多弹头导弹比较笨重，陆地机动发射会遇到许多困难。一些国家转而研制便于机动发射的小型单弹头洲际导弹。

20 世纪 60 年代初到 70 年代中期，由于科学技术的进步和现代战争的需要，导弹进入了改进性能、提高质量的全面发展时期。战略弹道导弹采用了较高精度的惯性器件，使用了可贮存的自燃液体推进剂和固体推进剂，采用地下井发射和潜艇发射，发展了集束式多弹头和分导式多弹头，大大提高了导弹的性能。

20 世纪 70 年代中期以来，导弹进入了全面发展和更新阶段。为提高战略导弹的生存能力，一些国家着手研究小型单弹头陆基机动战略导弹和大型多弹头铁路机动战略导弹，增大潜射对地导弹的射程，加强战略巡航导弹的研制。发展应用“高级惯性参考球”制导系统，进一步提高导弹的命中精度，研制机动式多弹头导弹。

1.2.3 20 世纪 80 年代后

面对尖锐、激烈的国际斗争环境，为了维护国家的独立与领土完整，中国自 20 世纪 50 年代末开始研制导弹。经过 20 多年的努力，1980 年 5 月 18 日成功地发射了洲际弹道导弹，1982 年 10 月成功地发射了潜地导弹，至今为止中国已经研制并装备了不同类型的中远程、洲际战略弹道导弹及其他多种类型的战术导弹。

当今导弹发展的特点：

1)速度高，不易被敌方发现和拦截；

2)射程远，能攻击敌方的纵深目标，并有效地保护自己(如敌防区外发射)；

3)精度高，能直接命中目标并具备超低空飞行和航路规划能力；

4)发射后不管，具有高度自主能力等；

5)标准化、通用化、模块化，一弹多用。

1.2.4 未来展望

未来导弹发展的特点：

1)新的制导方法研究：惯性导航＋GPS组合制导技术、红外成像制导、毫米波制导、相控阵制导、光纤制导、电视制导、双模制导、地形匹配制导；

2)先进动力系统：冲压发动机，高超声速冲压发动机，多次点火发动机，推力调节；

3)提高机动性：如空空导弹要求有(50～60)g的机动能力，可采用大攻角气动力技术，倾斜转弯(BTT)技术、推力矢量控制技术等；

4)全天候，快速反应性；

5)隐身性：减弱飞行器的雷达、红外、可见光、声音和其他可探测信号；

6)新型战斗部：发展多种类型的子母弹头、定向战斗部、新型炸药等。

1.3 发展意义

导弹自第二次世界大战问世以来，受到各国普遍重视，得到很快发展。导弹的使用，使战争的突然性和破坏性增大，规模和范围扩大，进程加快，从而改变了过去常规战争的时空观念，给现代战争的战略战术带来巨大而深远的影响。导弹技术是现代科学技术的高度集成，它的发展既依赖于科学与工业技术的进步，同时又推动科学技术的发展，因而导弹技术水平成为衡量一个国家军事实力的重要标志之一。[11]

导弹技术还是发展航天技术的基础。自1957年10月4日苏联发射世界上第一颗人造地球卫星以来，世界各国已研制成功150余种运载火箭，共进行了4 000余次航天发射活动。

火箭的近地轨道运载能力从第一颗人造卫星的83.6 kg发展到1 000 kg以上；火箭的飞行轨道从初期的近地轨道发展到太阳系深空间轨道。以运载火箭为主要支撑的航天技术已发展成为一种新兴高技术产业，它是人类对外层空间环境和资源的高级经营，是一项开拓比地球大得多的新领域的综合技术，它不仅为人类利用、开发太空资源提供技术保障，而且还为人类现代文明的信息、材料和能源3大支柱做出开拓性贡献，给世界各国带来了巨大的政治、社会与经济效益。因此，当今世界的航天技术领域已成为各技术先进大国角逐的重要场所。

纵观世界各国航天技术发展史，几乎都是与液体弹道导弹技术的发展紧密相关的。苏联发射世界上第一颗人造地球卫星的运载火箭，是由SS-6液体洲际弹道导弹改装成的，以后又在此基础上逐步发展了“东方”号、“联盟”号和“能源”号等运载火箭，在航天活动中取得了巨大成功；美国发射第一颗人造地球卫星的运载火箭，也是以“红石”液体弹道导弹为基础改制成的，以后又在“雷神”“宇宙神”“大力神”等液体弹道导弹的基础上发展了“雷神”“宇宙神”“大力神”“德尔塔”等系列运载火箭。欧洲诸国早期联合研制的“欧洲”号火箭，也是以英国的“蓝光”液体弹道导弹为基础的，直到20世纪80年代又发展研制成功“阿里安”系列运载火箭。同样，中国的长征运载火箭也是在液体弹道导弹的基础上发展起来的。

1.4 导弹对制导控制系统的要求

导弹制导系统方案论证和技术设计的主要依据是导弹武器系统的战术技术指标。对制导系统设计有影响的战术技术指标如下：

(1)目标特性：飞行的高度范围、飞行速度、可能具有的机动和防御能力、目标的几何尺寸和目标群的分布情况等；

(2)发射环境：地基(固定式、车载式和便携式)、海基和空基发射；

(3)导弹特性：种类、用途、射程、作战空域和飞行时间；

(4)杀伤概率要求；

(5)武器系统工作环境：温度、湿度、压力的变化范围，冲击、振动、运输条件和气象条件等；

(6)使用特性：武器系统进入战斗的准备时间、设备的互换性、检测设备的快速性和维护的简便性等；

(7)质量、体积要求；

(8)成本要求；

(9)可靠性设计要求。

上述战术技术指标直接影响着制导系统方案的确定。制导系统的根本任务就是在上述条件下尽可能保证高的制导精度，由此提出制导系统设计的基本要求。

1.4.1 对制导系统的要求

为了完成导弹的制导任务，对制导系统的主要要求：制导精度要高，对目标的分辨率要强，反应时间应尽量短，控制容量要大，抗干扰能力强和有高的可靠性及好的可维修性等。

1. 制导精度

制导精度是制导系统最重要的指标。因为如果制导系统的制导精度很低，便不能把导弹的有效载荷(如战斗部)引向目标，不能完成摧毁目标的任务。制导精度通常用脱靶量来表示。所谓脱靶量，是指导弹在制导过程中与目标间的最短距离。导弹的脱靶量不能超出其战斗部的杀伤半径，否则，导弹便不能以预定概率杀伤目标。目前，战术导弹的脱靶量可达到几米甚至有的可与目标相碰。由于战略导弹战斗部威力大，因此目前的脱靶量可达几十米至几百米。

2. 对目标的分辨率

当被攻击的目标附近有其他非指定目标时，制导系统对目标必须有较高的距离、角度分辨能力。距离分辨率是制导设备在同一角度上，对不同距离的目标的分辨能力，一般用制导系统能分辨出两个目标的最小距离 Δr 来表示。角度分辨率则是制导系统在同一距离上，对不同角度的目标的分辨能力，一般用制导系统能分辨出的两个目标与观测点连线间的夹角 $\Delta\phi$ 表示。

如图1.27所示，制导系统对 M_1，M_3 目标距离分辨率为 Δr，对 M_1，M_2 目标的角度分辨率为 $\Delta\phi$。

制导系统对目标的分辨率，主要由其传感器的测量精度决定。要提高系统对目标的分辨率，必须采用高分辨能力的目标传感器。目前，制导系统对目标的距离分辨率可达到几米以内。角度分辨率可达到毫弧度级以内。

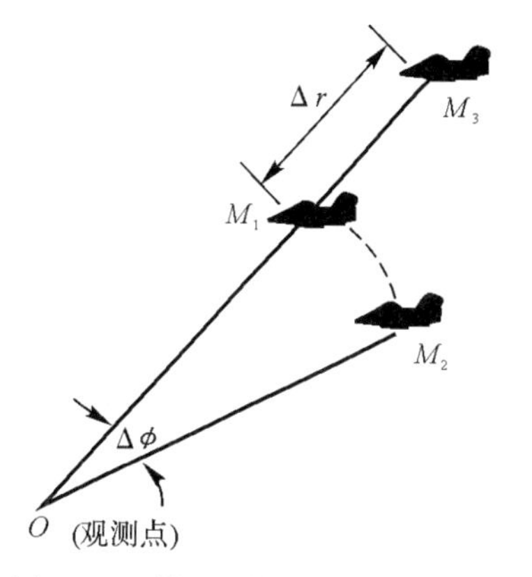

图1.27　制导系统对目标的分辨率

3.反应时间

一般而言，反应时间应由防御的指挥、控制、通信系统(C^3I 系统)和制导系统的性能决定。但对攻击活动目标的战术导弹，则主要由制导系统决定。在导弹系统的搜索探测设备对目标识别和进行威胁判定后，立即计算目标诸元并选定应射击的目标。制导系统便接收被指定的目标，对目标进行跟踪(照射)，并进行转动发射设备、捕获目标、计算发射数据、执行发射等操作。此后，导弹才从发射设备射出。制导系统执行上述操作所需要的时间称为反应时间。随着科学技术的发展，目标速度越来越快，由于难以实现在远距离上对低空目标的搜索、探测，因此，制导系统的反应时间必须尽量短。

提高制导系统反应时间的主要途径是提高制导系统准备工作的自动化程度，例如，使跟踪、瞄准自动化，发射前测试自动化等。目前，技术先进的弹道导弹反应时间可缩短到几分钟，近程地空导弹的反应时间可达到几秒钟内。

4.控制容量

控制容量是对地空、空空导弹系统的主要要求之一。它是指制导系统能同时观测的目标和制导的导弹数量。在同一时间内，制导一枚或几枚导弹只能攻击同一目标的制导系统，叫单目标信道系统；制导多枚导弹能攻击多个目标的制导系统，叫多目标、多导弹信道系统。单目标信道系统只能在一批(枚)导弹的制导过程结束后，才能发射第二批(枚)导弹攻击另一目标。因此，空空和地空导弹多采用多目标、多导弹信道系统，以增强导弹武器对多目标入侵的防御能力。

提高制导系统控制容量的主要途径：采用具有高性能的目标、导弹敏感器和快速处理信号能力的导引设备，以便在大的空域内跟踪、记忆和实时处理多个目标信号，也可采用多个制导系统组合使用的方法。目前，技术先进的地空导弹导引设备，能够处理上百个目标的数据，跟踪几十个目标，制导几批导弹分别攻击不同的目标。

5.抗干扰能力和生存能力

抗干扰能力和生存能力是指遭到敌方袭击、电子对抗、反导对抗和受到内部、外部干扰时，制导系统保持其正常工作的能力。对多数战术导弹，要求的是抗干扰能力。为提高制导系统的抗干扰能力，一是采用新开辟的技术，使制导系统对干扰不敏感；二是使制导系统的工作具有突然性、欺骗性和隐蔽性，使敌方不易觉察制导系统是否在工作；三是制导系统采用几种模式工作，当一种模式被干扰时，立即转成另一种模式。对战略弹道导弹，要求的是生存能力。为提高生存能力，导弹可在井下或水下发射、机动发射等。为提高突防能力，可采用多弹头和分导多弹头制导技术等。

6.可靠性和可维修性

制导系统在给定的时间内和一定条件下不发生故障的工作能力，称为制导系统的可靠性。

它取决于系统内各组件、元件的可靠性及由结构上决定的对其他组件、元件及整个系统的影响。目前,技术先进的战术导弹制导系统的可靠度可达95%以上;弹道导弹制导系统的可靠度在80%～90%之间。

制导系统发生故障后,在特定的停机时间内,系统被修复到正常的概率,称为制导系统的可维修性。它主要取决于系统内设备、组件、元件的安装,人机接口,检测设备,维修程序,维修环境等。目前,技术先进的制导系统用计算机进行故障诊断,内部多采用接插件,维修场地配置合理,环境舒适,并采用最佳维修程序,因而大大提高了制导系统的可维修性。

1.4.2 制导控制系统的品质标准

在工程中,评定导弹制导控制系统的品质标准一般由战术技术指标规定,通常用目标杀伤概率、有效脱靶量等指标来衡量。但是在设计制导控制系统时,这些标准常常无法利用,这是因为寻找脱靶量与制导控制系统参数之间的联系是十分困难的任务,尤其在设计的最初阶段。因此,在实践中很有意义的是经典自动控制系统的品质标准,这种标准与其基本参数有着更简单的联系,并可间接地考察系统精度。下面对这些品质标准进行简要介绍。

1.4.2.1 稳定性

稳定条件是许多自动控制系统所必需的,如测量系统、跟踪系统及稳定系统等。导弹的倾斜稳定系统即是一典型例子。所有这些系统在不稳定情况下是不能完成其规定任务的。

然而,在有些具有有限工作时间的自动化系统中,可以允许不稳定。例如,对于导弹制导系统来说,稳定性的要求不是经常必要的。制导系统应当满足的基本要求是保证制导的必要精度。

事实上只保证系统具有稳定性是远远不够的,应使系统不仅具有足够可靠的稳定性,而且具有良好的过渡过程品质。

1.4.2.2 过渡过程中的系统品质(时域指标)

系统的过渡过程品质可由3个重要的动力学特性表征,即阻尼、快速性、稳态误差。

为了形成确定以上动力学特性的标准,常常研究自动控制系统对阶跃输入的响应,即过渡过程。并且可根据过渡过程响应曲线评定系统的品质。自动控制系统的阻尼特性常常由超调量来评价,它可作为衡量系统振荡性的指标。

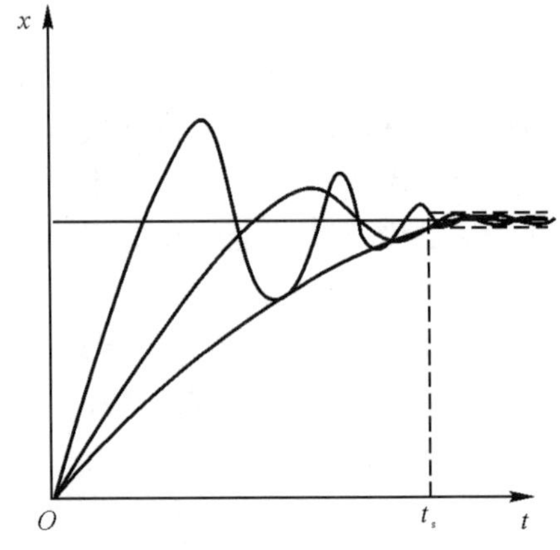

图 1.28 具有各种不同快速性的过渡过程

选择系统快速性的评价指标,存在着一些困难,单纯靠调节时间来描述系统快速性是不够的。图1.28所示为具有各种不同快速性的过渡过程实例。一般引入上升时间这个物理量来综合衡量系统的快速性。

1.4.2.3　系统对谐波作用的响应(频域指标)

线性自动控制系统的许多动力学特性，其中过渡过程的品质，可以借助频率特性阐明，特别是它的稳定裕度概念，给出了系统容忍增益变化及相位变化的定量尺度。下面分别讨论稳定裕度及描述系统动态品质的闭环系统频率特性。

1. 稳定裕度

闭环自动控制系统的稳定性，可以根据这个系统在开环状态下的频率特性来判断。为了在设计自动控制系统时保证具有良好的稳定性，也就是保证过渡过程可靠的稳定性和良好的阻尼性能，广泛运用了幅值稳定裕度和相位稳定裕度的概念。

如果开环系统的传递系数发生了不可预见的改变，例如，由于产生误差或者飞行速度和高度的改变引起的部件参数偏离计算值，具有幅值稳定裕度的系统仍能保证其稳定性。

实际系统在设计时存在不能预见的延迟和未考虑的延迟(未建模动态)，具有相位稳定裕度的系统也能确保其稳定性。

当设计自动控制系统时，选择相位稳定裕度不应小于 30°，在可能的情况下不小于 45°；幅值稳定裕度建议选取不小于 6 dB。

2. 闭环系统的频率特性

由自动控制原理知，闭环系统的频率特性也可反映系统的动态品质。系统的截止频率决定其快速性，其频率响应谐振峰值决定系统的阻尼。使系统具有足够的稳定裕度可以保证较小的谐振峰值。例如，当稳定裕度为 10～15 dB 和 45°～50°时，对应的谐振峰值 M_p 值在 1.25～1.5 的范围内。

在工程设计中，因系统的频率响应能够全面地衡量系统的动态品质和对干扰、参数摄动和高频模态的适应能力，控制系统的频率响应设计法得到了广泛的应用。

3. 制导信号频谱

一般来说，在制导控制系统中的控制信号是时间的随机函数，因为目标的运动具有随机性质。除此以外，在导弹的飞行瞬间，目标坐标也是随机的。然而在研究控制系统时，通常把制导信号视为时间的非随机函数，这种函数对应于飞行运动的典型情况或者从控制精度和极限过载的角度看是最恶劣的情况。

任何非随机控制信号可以表示为各种谐波分量的和。满足一定限制的非周期函数 $x(t)$ 可以表示为傅里叶积分的形式，即

$$x(t)=\frac{1}{2\pi}\int_{-\infty}^{\infty}\mathrm{e}^{\mathrm{j}\omega t}\,\mathrm{d}\omega\int_{-\infty}^{\infty}x(\tau)\mathrm{e}^{-\mathrm{j}\omega t}\,\mathrm{d}\tau \tag{1.1}$$

积分

$$F(\omega)=\int_{-\infty}^{\infty}x(\tau)\mathrm{e}^{-\mathrm{j}\omega t}\,\mathrm{d}\tau \tag{1.2}$$

是函数 $x(t)$ 的傅里叶变换。通常认为函数 $x(t)$ 当 $t<0$ 和 $t>T$ 时等于零，因为导弹的飞行时间是有限的。那么，

$$F(\omega)=\int_{0}^{T}x(\tau)\mathrm{e}^{-\mathrm{j}\omega t}\,\mathrm{d}\tau \tag{1.3}$$

$F(\mathrm{j}\omega)$ 的积分是函数 $x(t)$ 的综合频谱。与周期函数离散谱不同，这里的频率 ω 从 $0\sim\infty$ 连续变化。因此频谱的界限是假定的，为了达到实际目的，$A(\omega)=(0.05\sim0.10)A(0)$ 即

可了。

很显然，制导信号频谱的频率范围取决于信号变化的速度。假如制导信号是缓慢变化的时间函数，那么其频谱处于较低的频段上；反之，其频谱包括更宽的频段。

进入稳定控制系统的制导信号一般来自制导系统的过载指令，过载指令与导弹弹道切向角速度成正比。下面以弹道切向角速度的频谱作为例子。驾束制导时，若导弹和目标速度皆为常数，目标作直线飞行，而制导站也是固定的，计算角速度 $\dot{\theta}$ 的时间历程如图 1.29 所示（$\theta=45°$，$v_D/v_M=1.5$，t_n 为飞行时间），相应的频谱如图 1.30 所示。

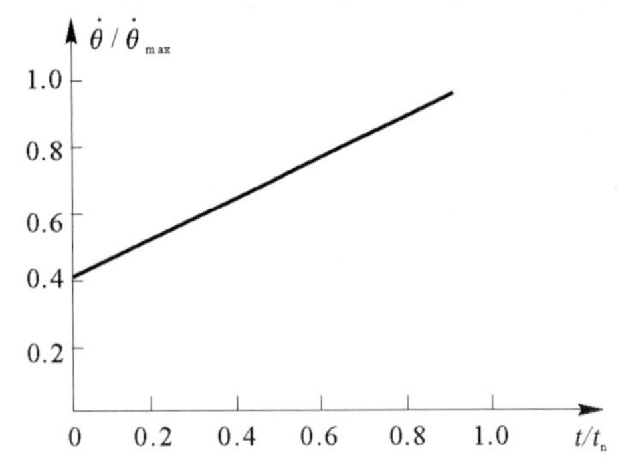

图 1.29　用三点法制导时弹道切向角速度

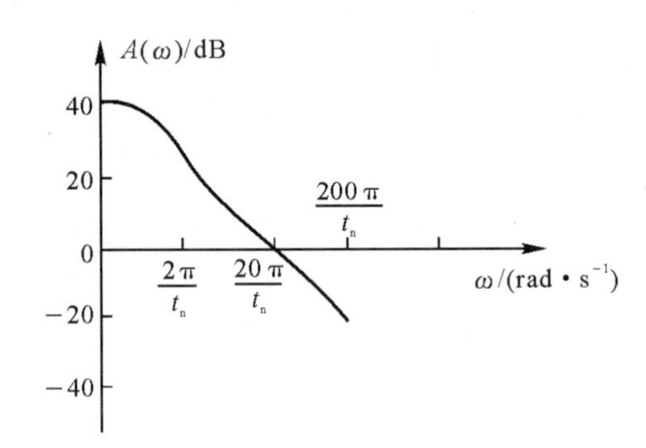

图 1.30　用三点法制导时弹道切向角速度频谱

4. 制导信号经过稳定控制系统的过程

制导信号要作用于弹体实现相应方向的机动，必须要经过稳定控制系统的变换、放大，最终将信号传给作动装置，实现操纵面的偏转。假如只是制导信号作用于稳定控制系统，那么从精度的观点来看，输入的制导信号不发生畸变的那种系统就是最佳的系统。这种理想系统的传递函数只是一个比例系数，然而在工程中不可能实现这样的系统。所有实际系统都是压抑高频振荡下的低通滤波器，而任意形式的制导信号通过实际系统后总要发生某种畸变。

制导信号的频谱通常位于从零开始的有限频段中。为了使实际制导信号通过稳定控制系统不发生畸变，应使它的频谱位于系统频带以内。

图 1.31 所示为两种系统近似的频率特性，第一个系统具有大的谐振峰值 M_p 和小的截止频率 ω_c；第二个系统具有小的谐振峰值 M_p 以及较高的截止频率 ω_c。从图中可以看出，在制导信号给定的频谱 $S_m(\omega)$ 下，在第一种系统中输出信号明显地偏离了制导信号；而在第二个系统中，基本没有偏离制导信号。因此，为保证系统复现制导信号的精度，系统必须在限定的振荡条件下具有足够的快速性（即足够的带宽）。

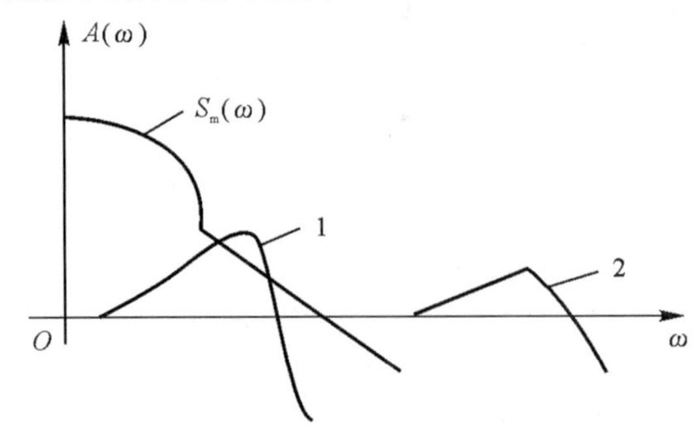

图 1.31　制导信号通过稳定控制系统

对一般的稳定控制系统来说，通常要求幅值畸变不超过 10%。系统选择的通频带应比制导信号带宽高 4～8 倍。

1.5 导弹制导控制系统的地位和作用

制导控制系统在导弹系统中起着至关重要的作用。导弹制导控制系统也称导弹制导和控制系统，是测量和计算导弹对目标或空间基准线的相对位置，以预定的导引规律控制导弹飞达目标的自动控制系统。其功能是测量、计算导弹实际飞行路线和理论飞行路线的差别，形成制导指令，经过放大和转换，由伺服机构调整导弹的发动机推力方向或舵面偏转角，控制导弹的飞行路线，以允许的误差（脱靶距离）靠近或命中目标。

导弹制导和控制系统包括导弹制导系统和导弹姿态控制系统两部分。导弹制导系统由测量装置和制导计算装置组成，其作用是测量导弹相对目标的位置或速度，按预定规律加以计算处理，形成制导指令，通过导弹姿态控制系统控制导弹，使它沿着适当的弹道飞行，直至命中目标。导弹姿态控制系统又称为自动驾驶仪，由敏感装置、计算装置和执行机构组成，其作用是保证导弹能稳定地飞行。此外，接受制导系统送来的制导指令，控制导弹的姿态，改变导弹的飞行弹道，命中目标。制导系统、姿态控制系统、导弹弹体和运动学环节一起形成一个闭环的控制回路。

1.6 导弹制导控制系统面临的理论问题

众所周知，导弹是一个具有非线性、时变、耦合和不确定特性的被控对象，主要表现在以下几个方面：

(1)导弹的动力学模型是一非线性的微分方程组，纵向运动和侧向运动之间存在较强的耦合，特别是在大攻角机动时，控制系统通道之间存在复杂的相互作用；

(2)导弹的动力学特性与导弹飞行时快速变化的飞行速度、高度、质量和转动惯量之间的密切联系；

(3)导弹空间运动、导弹与空间介质的相互作用以及结构弹性引起的操纵机构偏转与导弹运动参数之间的复杂联系；

(4)控制装置元件具有非线性特性，例如舵机的偏转角度、偏转速度、响应时间受到舵机的结构及物理参数的限制；

(5)在传感器的输出中混有噪声，特别是在大过载情况下，传感器的噪声可能被放大；

(6)大量的各种类型的干扰作用；

(7)各种各样的发射和飞行条件，如飞行高度、导弹和目标在发射瞬间相对运动参数和目标以后运动的参数。

在选择制导控制系统的设计方法时，应充分考虑这些特点。从本质上来讲，导弹的制导问题可以看成是对空中飞行的导弹质心进行位置控制的问题；导弹的控制问题可以看成是对空中飞行的导弹姿态、法向过载等动力学变量的稳定和控制问题，

1.7 本书概貌

本书重点讲述了导弹制导控制的相关理论和工程问题，系统地介绍了导弹制导控制的原理，内容包括绪论、导弹制导控制基本原理、导弹及其基本特性、目标特性和环境、对导弹的基本要求、导弹飞行控制系统分析与设计、导弹制导系统分析与设计、典型导弹制导系统分析、导弹先进控制技术*、导弹先进制导技术*、数字化导弹制导控制系统软件快速开发技术*、导弹制导控制系统试验技术*等。本书内容既涵盖了经典的线性化制导和控制系统设计方法，又包括了近年来发展起来的最新制导控制技术，如推力矢量控制技术、直接力控制技术、高超声速飞行控制技术等；既有深入浅出的理论推导，又有笔者多年从事相关领域研究工作的工程经验积累。其宗旨是使读者通过本书的学习，既能对导弹制导控制系统的基本知识有系统的了解，又能深入掌握相关的专门技术。本书可以满足飞行器制导与控制专业的本科教学需求，又能作为研究生及相关专业技术人员的参考用书。其中加“*”标注部分作为扩展及延伸阅读内容，不作为教学要求。

本章要点

1. 导弹定义、基本分类、基本结构及基本类型。
2. 导弹对制导系统的要求。
3. 制导控制系统品质标准。
4. 导弹制导控制系统面临的理论问题。

习　　题

1. 简述导弹的定义。
2. 导弹有哪些分类原则？根据分类原则导弹有哪些类型？
3. 导弹的基本结构是什么？
4. 导弹对制导系统有什么要求？
5. 导弹制导控制系统的作用是什么？
6. 导弹制导控制系统面临哪些理论问题？

参考文献

[1] 张有济．战术导弹飞行力学设计(上，下)．北京：宇航出版社，1996．
[2] 沈如松．导弹武器系统概论．北京：国防工业出版社，2010．

[3] 杨军.导弹控制系统设计原理. 西安:西北工业大学出版社,1997.
[4] 樊会涛.空空导弹方案设计原理.北京:航空工业出版社,2013.
[5] 郑志伟.空空导弹系统概论. 北京:兵器工业出版社,1997.
[6] 杨军,杨晨,等.现代导弹制导控制系统设计. 北京:航空工业出版社,2005.
[7] 陈士橹.导弹飞行力学. 北京:高等教育出版社,1983.
[8] 彭冠一.防空导弹武器制导控制系统设计. 北京:宇航出版社,1996.
[9] 胡寿松.自动控制原理. 北京:科学出版社,2001.
[10] 关世义,朱家移,潘幸华. 飞航导弹发展趋势浅析. 飞航导弹,2003(6):38.
[10] 伍赣湘. 美俄战略导弹发展及趋势分析. 航天控制,2004,22(4):11.
[11] 碧波. 美国弹道导弹发展点滴. 中国航天,1982(6):42-43.
[12] 刘光灿. 反坦克导弹电视制导图像处理系统设计. 激光与红外,2011(1):41.
[13] 李卫丽. 风干扰下某型导弹的弹道仿真. 计算机技术与发展,2011(1):21.
[14] 李保华. 基于多规则判据的导弹发动机报警系统. 兵工自动化,2011(1):30.

第2章　导弹制导控制基本原理

2.1　导弹制导控制系统组成原理

导弹控制的目的是将其引向目标或使其按给定的弹道飞行。为实现这一目的，除了要求导弹具有一定的飞行速度外，还要求导弹在运动过程中以一定的方式改变飞行速度矢量的方向。改变导弹速度矢量的大小和方向是借助飞行控制系统来实现的，而控制系统的任务则是通过改变作用在导弹上的力和力矩来完成的。

导弹制导控制系统一般由稳定控制系统、制导系统和速度控制系统组成。

(1)稳定控制系统是一组安装在导弹上的装置，通过改变导弹的角位置或角运动，实现对导弹运动参数的稳定和控制。典型的稳定控制系统包括法向过载控制系统、姿态角稳定系统等。

(2)制导系统是一组装置，它给出导弹质心的运动规律，并用改变法向控制力的方法来保证导弹按此规律飞行。所谓制导就是利用法向力控制导弹的质心运动。为了实现制导，必须改变导弹质心运动的矢量方向，因为空间中的矢量方向由两个坐标确定，所以制导系统要由两个通道组成。制导系统装置的一部分可以装在导弹上，另一部分可以装在导弹以外，如地面、舰艇或飞机上等。

(3)速度控制系统是一组装置，它用改变切向控制力的方法保证飞行速度所需的变化规律，在通常情况下，战术导弹制导不需要速度控制，因此大多数战术导弹控制系统中都不包括该系统。必须指出，通过引入速度控制系统来改善导弹的制导性能越来越引起导弹设计师的重视，速度控制系统已经开始在一些高性能导弹设计中得到了应用，如在现代导弹中使用的多脉冲发动机控制技术。根据用于控制的信息源，速度控制系统可分为两种类型。在自主式系统中，速度控制系统中的所有装置都装在导弹上，并在飞行过程中，从外部得不到任何信息。在遥控系统中，弹上设备从外部(如制导站)获得信息。

导弹制导控制系统的组成如图2.1所示。制导系统的工作过程如下：导弹发射后，目标、导弹敏感器不断测量导弹相对要求弹道的偏差，并将此偏差送给制导指令形成装置。制导指令形成装置将该偏差信号加以变换和计算，形成制导指令，该指令要求导弹改变航向或速度。制导指令信号送往稳定控制系统，经变换、放大，通过作动装置驱动操纵面偏转，改变导弹的飞行方向，使导弹回到要求的弹道上来；当导弹受到干扰，姿态角发生改变时，导弹姿态敏感元件检测出姿态偏差，并以电信号的形式送入计算机，从而操纵导弹恢复到原来的姿态，保证导弹稳定地沿要求的弹道飞行。操纵面位置敏感元件能感受操纵面位置，并以电信号的形式送入计算机。计算机接收制导信号、导弹姿态运动信号和操纵面位置信号，经过比较和计算，形成控制信号，以驱动作动装置。

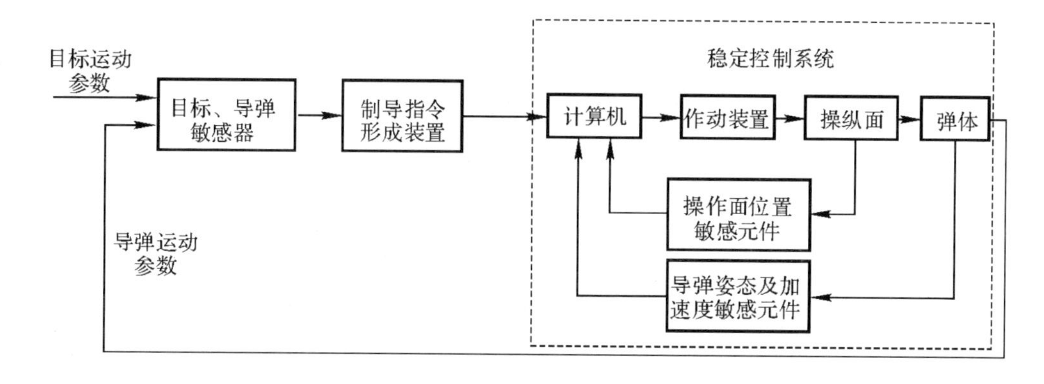

图 2.1　导弹制导控制系统基本组成

2.2　导弹制导系统分类

下面对导弹制导系统分类及每一类制导系统进行简要介绍(详细内容在第 9 章中给出)。

2.2.1　导弹制导系统分类方法

导弹制导系统是指按一定导引规律将导弹导向目标、控制其质心运动和绕质心运动以及飞行时间程序、指令信号、供电、配电等的各种装置的总称。其作用是适时测量导弹相对目标的位置,确定导弹的飞行轨迹,控制导弹的飞行轨迹和飞行姿态,保证弹头(战斗部)准确命中目标。

导弹制导系统有 4 种制导方式:①自主式制导。制导系统装于导弹上,制导过程中不需要导弹以外的设备配合,也不需要来自目标的直接信息,就能控制导弹飞向目标,如惯性制导,大多数地地弹道导弹采用自主式制导。②寻的制导。由弹上的导引头感受目标的辐射或反射能量,自动形成制导指令,控制导弹飞向目标,如无线电寻的制导、激光寻的制导、红外寻的制导。这种制导方式制导精度高,但制导距离较近,多用于地空、舰空、空空、空地、空舰等导弹。③遥控制导。由弹外的制导站测量,向导弹发出制导指令,由弹上执行装置操纵导弹飞向目标,如无线电指令制导、无线电波束制导和激光波束制导等,多用于地空、空空、空地导弹和反坦克导弹等。④复合制导。在导弹飞行的初始段、中间段和末段,同时或先后采用两种以上制导方式的制导称为复合制导。这种制导可以增大制导距离,提高制导精度。导弹制导系统的分类如图 2.2 所示。

2.2.2　自主制导系统

制导指令信号仅由弹上制导设备敏感地球或宇宙空间物质的物理特性而产生,制导系统和目标、制导站不发生联系,称为自主制导,如图 2.3 所示。

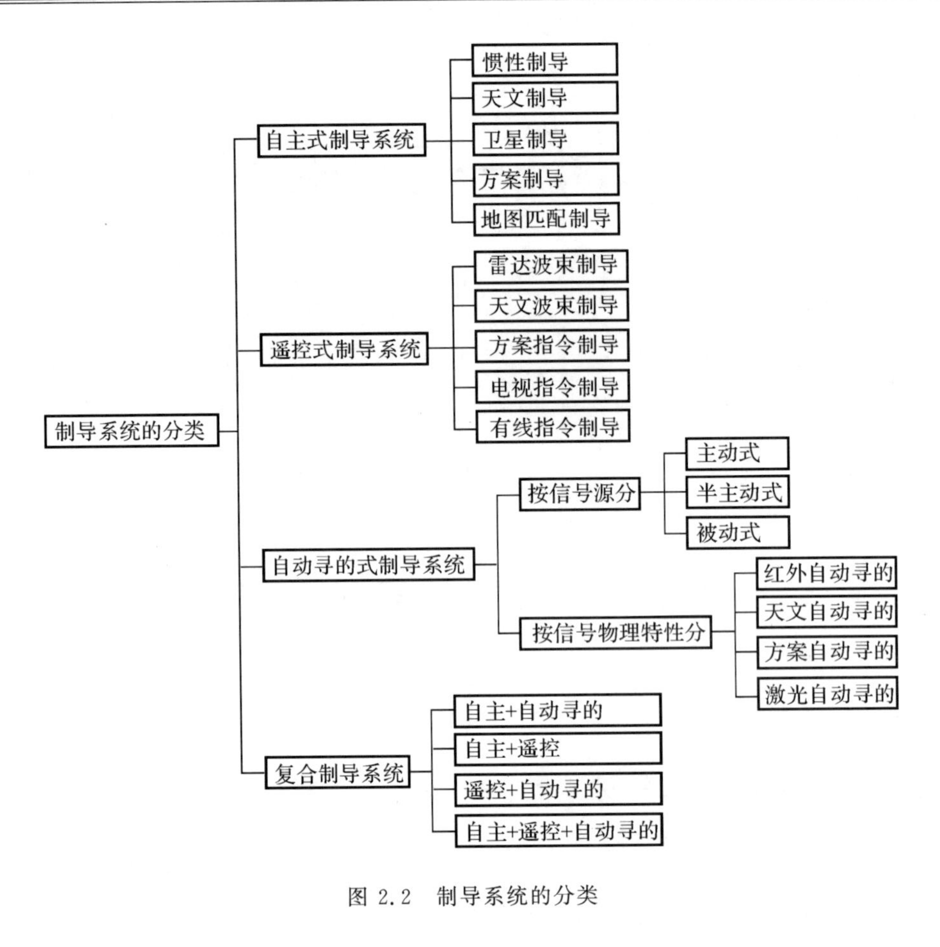

图 2.2 制导系统的分类

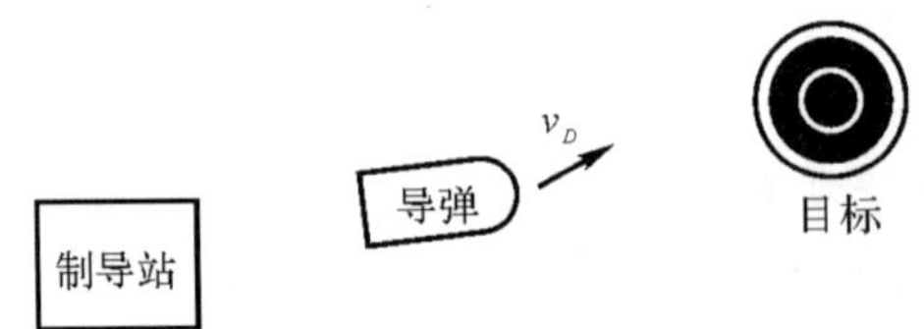

图 2.3 自主制导示意图

导弹发射前，预先确定了导弹的弹道。导弹发射后，弹上制导系统的敏感元件不断测量预定的参数，如导弹的加速度、导弹的姿态、天体位置、地貌特征等。这些参数在弹上经适当处理，与在预定的弹道运动时的参数进行比较，一旦出现偏差，便产生制导指令使导弹飞向预定的目标。

为了确定导弹的位置，在导弹上必须安装位置测量系统。常用的测量系统有磁测量系统、惯性系统、天文导航系统等。自主式制导设备是一种由各种不同作用原理的仪表所组成的十分复杂的动力学系统。

采用自主制导系统的导弹，由于和目标及制导站不发生任何联系，故隐蔽性好，不易被干扰。导弹的射程远，制导精度也较高。但导弹一经发射出去，其飞行弹道就不能再变，因此只能攻击固定目标或将导弹引向预定区域。自主制导系统一般用于弹道导弹、巡航导弹和某些战术导弹(如地空导弹)的初始飞行段。

2.2.3　自动寻的制导系统

利用目标辐射或反射的能量(如电磁波、红外线、激光、可见光等),靠弹上制导设备测量目标、导弹相对运动的参数,按照确定的关系直接形成制导指令,使导弹飞向目标的制导系统,称为自动寻的制导系统(见图 2.4)。

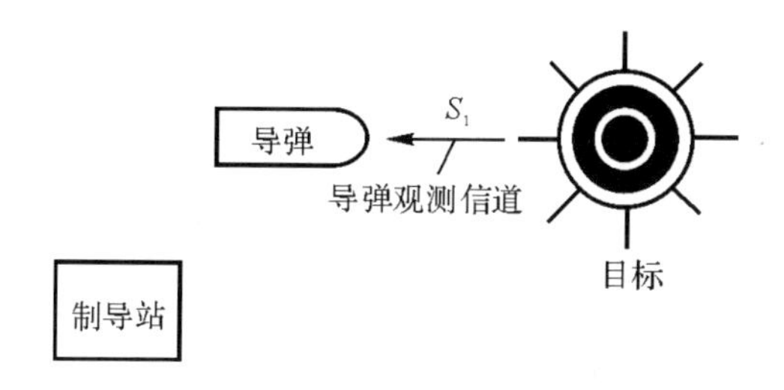

图 2.4　自动寻的制导示意图

导弹发射后,弹上的制导系统接收来自目标的能量,角度敏感器觉察出导弹接近目标时的方向偏差,弹上计算机依照偏差形成制导指令,使导弹飞向目标。自动寻的制导与自主制导的区别是导弹与目标间有联系,即有导弹观测信道。

自动寻的制导可使导弹攻击高速目标,制导精度较高,而且导弹与制导站间没有直接联系,能发射后不管。但由于它靠来自目标的能量来检测导弹的飞行偏差,因此,作用距离有限,且易受外界的干扰。

自动寻的制导一般用于空空导弹、地空导弹、空地导弹和某些弹道导弹、巡航导弹的飞行末段,以提高末段制导精度。

2.2.4　遥控制导系统

由导弹以外的制导站向导弹发出制导信息的制导系统,称为遥控制导系统。这里所说的制导信息,可能是制导指令或导弹的位置信息。根据制导指令在制导系统中形成的部位不同,遥控制导又分为驾束制导和遥控指令制导。

驾束制导系统中,制导站发出波束(如无线电波束、激光波束等)指示导弹的位置,导弹在波束内飞行,弹上的制导设备能感知它偏离波束中心的方向和距离,并产生相应的制导指令,操纵导弹飞向目标,其工作示意图如图 2.5(a)所示。在多数驾束制导系统中,制导站发出的波束应始终跟踪目标。

遥控指令制导系统中,由制导站的导引设备同时测量目标、导弹的位置和运动参数,并在制导站形成指令。该指令送至弹上,弹上控制系统操纵导弹飞向目标。其工作示意图如图 2.5(b)所示。

可见,驾束制导和遥控指令制导都由导弹以外的制导站导引导弹。但前者制导站的波束指向,只给出导弹的位置信息,至于制导指令,则由飞行在波束中的导弹检测其在波束中的偏差来形成。而遥控指令制导系统的制导指令,则由制导站根据导弹、目标的信息,检测出导弹与给定弹道的位置偏差,并形成制导指令,该指令送往导弹,以操纵导弹飞向目标。

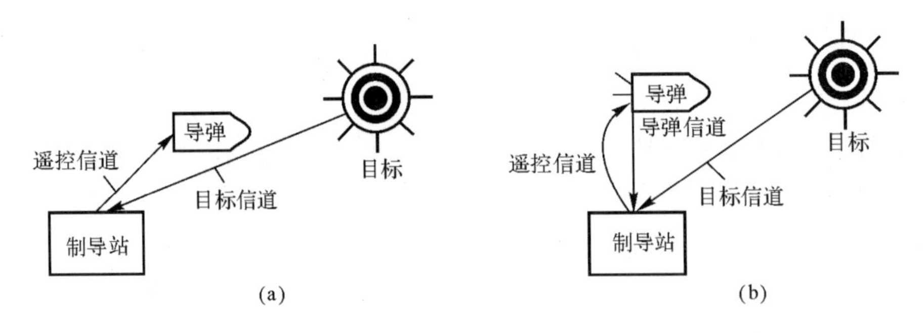

图 2.5　遥控制导示意图

遥控制导系统与自动寻的制导系统的区别也是明显的。前者，在导弹发射后，制导站必须对目标(遥控指令制导中还包括导弹)进行观测，并通过其遥控信道向导弹不断发出制导信息(或制导指令)。后者，在导弹发射后，只由弹上制导设备通过其目标信道对目标进行观测，并形成制导指令。原则上，导弹一经发射，制导站不再与它发生联系。因此，遥控制导系统的制导设备分装在制导站和弹上，自动寻的制导设备基本都装在导弹上。

遥控制导的制导精度较高，作用距离可以比自动寻的制导稍远些，弹上制导设备较简单。但其制导精度随导弹与制导站的距离增大而降低，由于它要使用两个以上的信息，因此，容易受外界干扰。

遥控制导系统多用于地空导弹和一些空空、空地导弹，有些战术巡航导弹也用遥控指令制导来修正其航向。

2.2.5　复合制导系统

以上三种制导系统的优、缺点见表 2.1。当要求较高时，根据目标特性和要完成的任务，可把三种制导系统以不同的方式组合起来，以取长补短，进一步提高制导系统的性能。例如，导弹飞行初段用自主制导，将其导引到要求的区域；中段用遥控指令制导，以较精确地把导弹导引到目标附近；末段用自动寻的制导。这不仅增大了制导系统的作用距离，更重要地是提高了制导精度。当然，还可用自主＋自动寻的制导、遥控＋自动寻的制导等复合制导系统。

表 2.1　三种制导系统的简要比较

类型	作用距离	制导精度	制导设备	抗干扰能力
自主制导	可以很远	较高	在弹上	极强
遥控制导	较远	高，随距离降低	分装在指挥站内和弹上	较差
自动寻的制导	小于遥控制导	高	在弹上	较差

复合制导在方式转换过程中，各种制导设备的工作必须协调过渡，使导弹的弹道能够平滑地衔接起来。

目前，复合制导已获得广泛应用，如地空导弹、空地导弹、地地导弹等。随着微电子器件的发展，复合制导的应用将越来越广泛。

2.3　导弹控制的基本原理

2.3.1　作用在导弹上的力和力矩

1. 切向和法向控制力

在一般情况下，作用在飞行器上的力是发动机推力、空气动力和重力。为了控制导弹的飞行弹道，需要改变这些力的合力大小和方向。由于到目前为止还不能改变重力，因此，实际上控制飞行是通过改变发动机推力和空气动力合力的大小和方向来实现的。合力 N 通常称为控制力。控制力与导弹重力之比 $n=N/G$，称为过载矢量。图 2.6 所示为作用在导弹上的力的示意图。

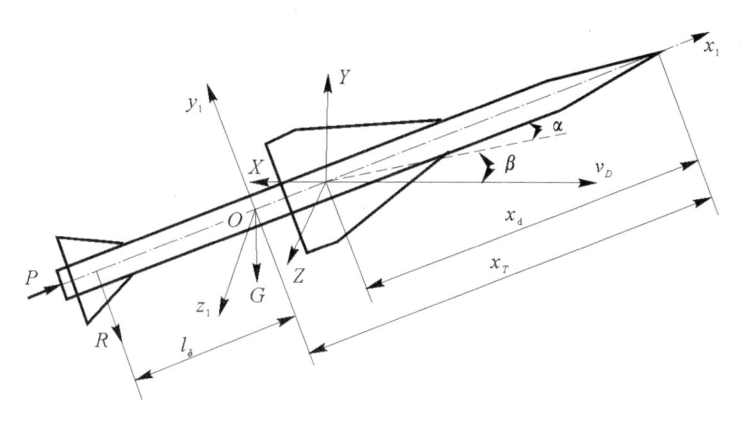

图 2.6　作用在导弹上的力的示意图

控制力可分为两个分量：平行于飞行速度矢量的切向控制力以及垂直于速度矢量的法向控制力。为了控制飞行速度的大小，需要改变在运动方向上作用于导弹的力，即切向控制力。为了改变飞行方向，必须在导弹上加上一个垂直于速度矢量的力，即法向控制力。显然，保证了切向和法向控制力的大小及方向，就可将导弹在需要的时间内导向空间的给定点。在导弹上，改变法向控制力的任务是由法向过载控制系统完成的，它的任务是将法向过载指令转变成法向过载。

法向过载控制系统基本组成在很大程度上由建立法向力的方法来确定，下面讨论建立法向力的几种基本方法。第一种方法是围绕质心转动导弹，使导弹产生攻角，由此形成气动升力，这种建立法向力的方法被广泛采用。第二种方法是直接产生法向力，这种方法不需改变导弹的攻角，如直接力喷流装置。介于两种方法之间的一个方法是采用旋转弹翼建立法向力。法向力是由弹翼偏角产生的直接控制力和弹体转动引起攻角产生的气动力组成的。

下面讨论怎样才能实现法向力在空间具有要求的方向。

如果导弹为飞航式气动外形或仅能在一个纵向平面上产生法向力，为了改变法向力的空间方向，导弹应相对纵轴转动，这种控制法向力的方法被称为“极坐标控制”，如图 2.7 所示。

如果导弹为轴对称气动外形或能在两个垂直的纵向平面上产生法向力，为了改变法向力的空间方向不需转动导弹，这种控制法向力的方法被称为“直角坐标（或笛卡儿坐标）控制”，如图 2.8 所示。

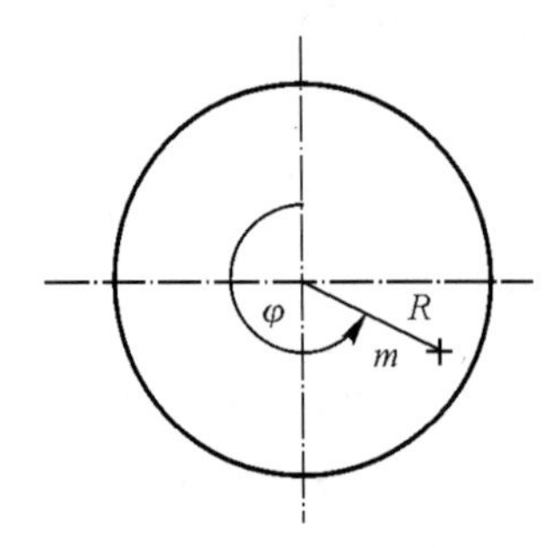

图 2.7　导弹极坐标控制方式

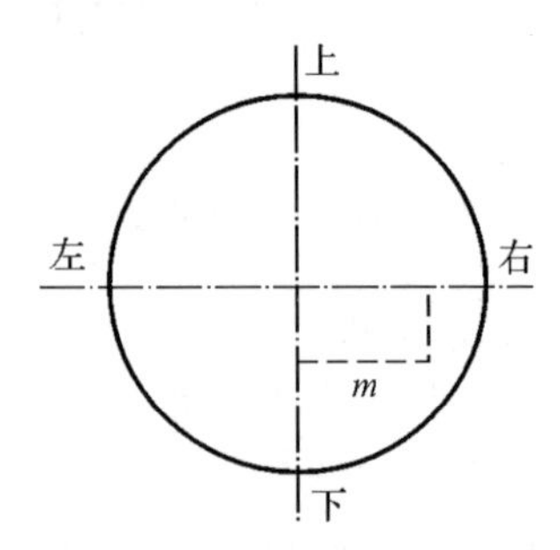

图 2.8　导弹直角坐标控制方式

2. 控制力矩

如上所述，为了获得在大小和方向上所需的法向力，必须以一定的方式调整导弹在空间的角位置。这项任务要通过建立控制力矩的方法解决，控制力矩使导弹围绕质心转动。为了产生控制力矩，在导弹上装有操纵机构。操纵机构产生不大的空气动力或反作用力，相对于导弹质心，它的力矩已足够控制导弹的角运动。通常，这种力对导弹的法向力影响甚小。只有既产生大部分的法向力又产生控制力矩的旋转弹翼是一种例外。

操纵机构所产生力的大小，一般取决于这些操纵机构的角位置，如果操纵机构是特殊的舵——火箭发动机的话，其产生力的大小就取决于燃料的消耗量。

相对体轴 Oy_1 和 Oz_2 的控制力矩（偏航力矩和俯仰力矩），可以用空气动力产生，如空气舵、旋转弹翼和阻流板；也可以用反作用力产生，如燃气舵和推力矢量发动机等。

相对体轴的倾斜控制力矩可以用副翼、空气舵和燃气舵产生，也可用差动旋转弹翼、阻流板和推力矢量发动机产生。

3. 干扰力和干扰力矩

除了引起运动参数所期望变化的控制力和力矩之外，作用于导弹上的还有干扰力和力矩。这些干扰力和力矩降低了系统的控制精度。

产生干扰力和干扰力矩的主要根源如下：

(1)发动机推力偏心及各种生产误差（导弹的不对称、弹体偏差等）；

(2)风对导弹的影响；

(3)操纵机构偏转误差造成的干扰力及力矩。

引起操纵机构偏转误差的根源是设备工作误差、设备参数相对额定值的偏离、制导控制系统元件和线路中引起的各种假信号。其中进入目标和导弹坐标测量装置、信号接收装置以及其他装置的噪声是很重要的干扰（从对控制精度影响的观点来看）。这些噪声通常被称为起伏噪声。

2.3.2　导弹的控制方法

为提高导弹命中精度和毁伤效果，对导弹进行控制的最终目标是使导弹命中目标时，质心与目标足够接近，有时还要求有相当的弹着角。为完成这一任务，需要对导弹的质心与姿态同时进行控制，但目前大部分导弹是通过对姿态的控制间接实现质心控制的。导弹姿态运动有三个自由度，即俯仰、偏航和滚转三个姿态，通常也称为三个通道。如果以控制通道的选择作为分类原则，导弹稳定控制系统典型控制方式可分为单通道控制方式、双通道控制方式和三通道控制方式。

1. 单通道控制方式

一些小型导弹，弹体直径小，在导弹以较大的角速度绕纵轴旋转的情况下，可用一个控制通道控制导弹在空间的运动，这种控制方式称为单通道控制方式。采用单通道控制方式的导弹可采用"一"字舵面，继电式舵机一般利用尾喷管斜置和尾翼斜置产生自旋，利用弹体旋转，使一对舵面在弹体旋转中不停地按一定规律从一个极限位置向另一个极限位置交替偏转，其综合效果产生的控制力，使导弹沿基准弹道飞行。

在单通道控制方式中，弹体的自旋转是必要的，如果导弹不绕其纵轴旋转，则一个通道只能控制导弹在某一平面内的运动，而不能控制其空间运动。

单通道控制方式的优点是，由于只有一套执行机构，弹上设备较少，结构简单，质量轻，可靠性高，但由于仅用一对舵面控制导弹在空间的运动，对制导系统来说，有不少特殊问题要考虑。

2. 双通道控制方式

通常制导系统对导弹实施横向机动控制，故可将其分解为在相互垂直的俯仰和偏航两个通道内进行的控制，对于滚转通道仅由稳定系统对其进行稳定，而不需要进行控制，这种控制方式称为双通道控制方式，即直角坐标控制。

双通道控制方式制导系统组成原理如图2.9所示。

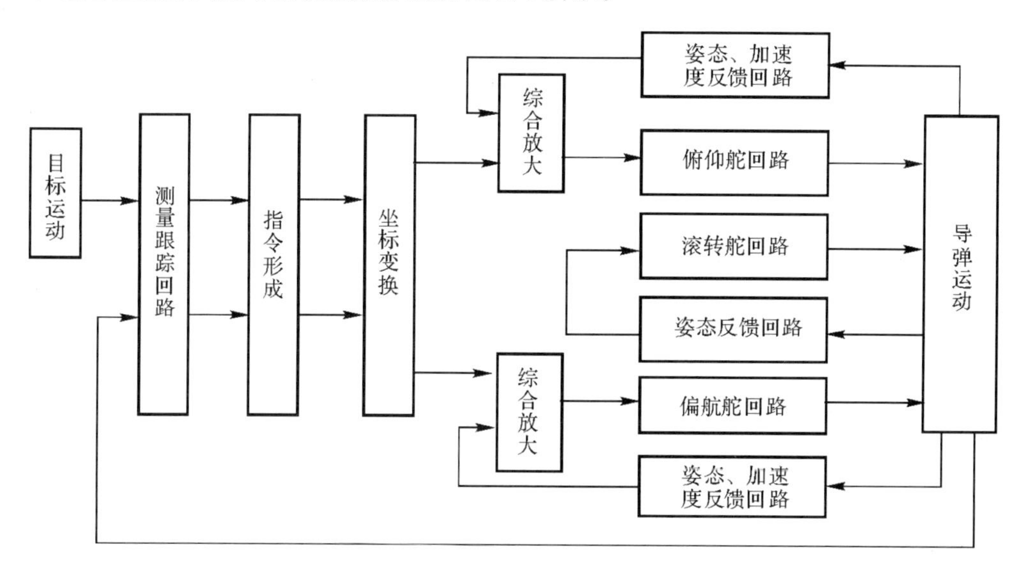

图2.9 双通道控制方式制导系统组成原理

其工作原理是，观测跟踪装置测量出导弹和目标在测量坐标系的运动参数，按导引律分别形成俯仰和偏航两个通道的控制指令。这部分工作一般包括导引规律计算、动态误差和重力误差补偿计算，以及滤波校正等内容。导弹控制系统将两个通道的控制信号传输到执行坐标系的两对舵面上(十字形或×字形)，控制导弹向减少误差信号的方向运动。

双通道控制方式中的滚转回路分为滚转角位置稳定和滚转角速度稳定两类。在遥控制导方式中，控制指令在制导站形成，为保证在测量坐标系中形成的误差信号正确地转换到控制（执行）坐标系中形成控制指令，一般采用滚转角位置稳定。若弹上有姿态测量装置，且控制指令在弹上形成，可以不采用滚转角位置稳定。在主动式寻的制导方式中，测量坐标系与控制坐标系的关系是确定的，控制指令的形成对滚转角位置没有要求。

3. 三通道控制方式

三通道控制方式指制导系统对导弹实施控制时，对俯仰、偏航和滚转三个通道进行稳定或控制，如垂直发射导弹的发射段的控制及滚转转弯控制等。

三通道控制方式制导系统组成原理图如图 2.10 所示。

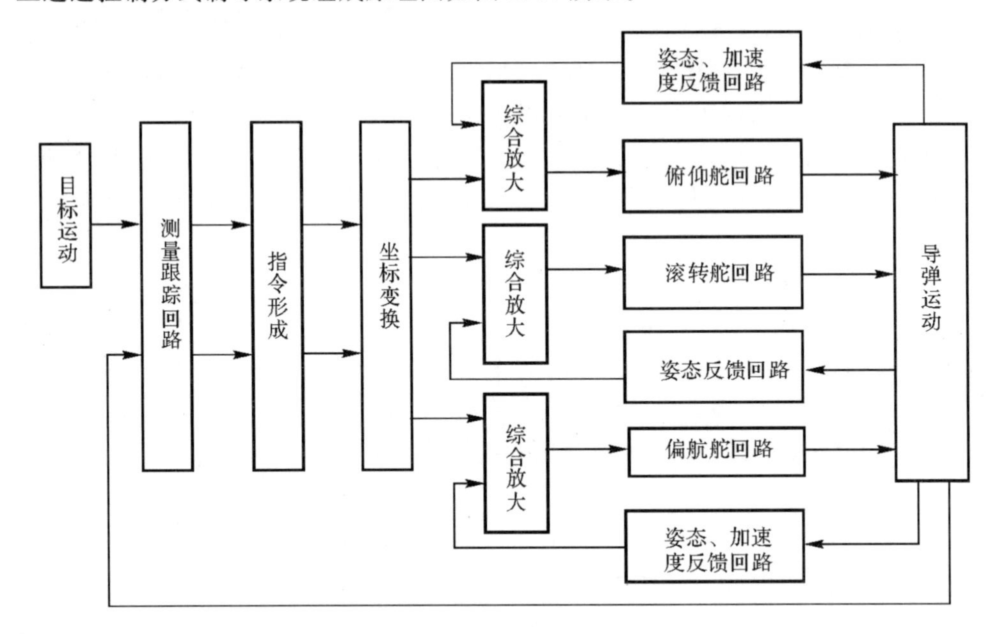

图 2.10　三通道控制方式制导系统组成原理

其工作原理是，观测跟踪装置测量出导弹和目标的运动参数，然后形成三个通道的控制指令，包括姿态控制的参量，计算机相应的坐标转换、导弹规律计算、误差补偿计算及控制指令形成等，所形成的三个通道的控制指令与三个通道的某些状态量的反馈信号综合，并送给执行机构。

2.3.3　导弹的气动外形与操纵特性

导弹在各种空间弹道上的运动，通常由控制导弹气动力的大小和方向来实现，而这与导弹的外形及其操纵特点有关。

2.3.3.1　导弹的外形

导弹的气动力面包括翼面（主升力面）和舵面。翼面有两种基本的配置形式，如图 2.11 所示。

图 2.11(a)所示为面对称配置。这种配置的主要特征是升力由一对翼面产生，两翼面在

导弹的某一对称平面(通常是纵平面)安装,呈平面形。而图 2.11(b)(c)所示为轴对称配置。这种配置的主要特征是升力由两对相互垂直的翼面产生,而翼面是以导弹的纵轴为对称轴安装的,呈“+”形或“×”形。

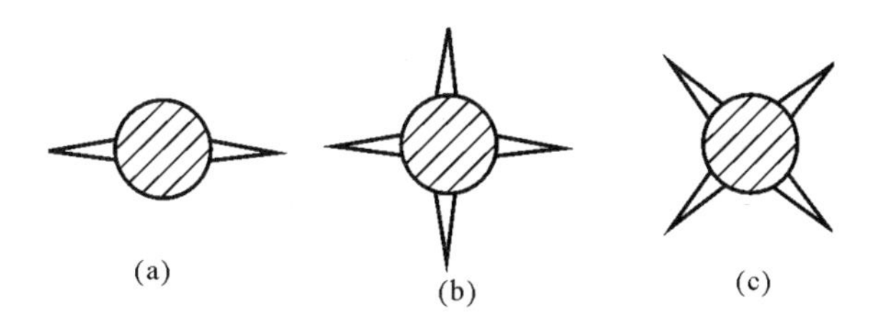

图 2.11　翼面的配置形式

根据翼面和舵面在弹身上的不同安装位置,战术导弹典型的气动布局有三种形式,如图 2.12 所示。

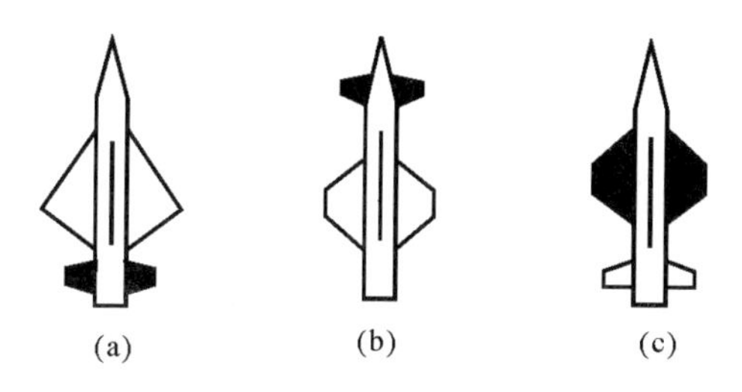

图 2.12　导弹气动布局示意图

(a)正常式布局;(b)鸭式布局;(c)全动弹翼式布局

图 2.12(a)所示为正常式布局,这种布局的特点是舵面在翼面之后,舵面转轴位置在远离导弹质心的弹身尾部。图 2.12(b)所示为鸭式布局,这种布局的特点是舵面在翼面之前,舵面转轴位置在远离导弹质心的弹身前部。图 2.12(c)所示为全动弹翼式布局,这种布局是将导弹的翼面当做舵面使用,翼面通常称为弹翼,因此叫做全动弹翼式布局。它的特点是全动弹翼的转轴位置在导弹质心附近,导弹的尾部安装固定面,起稳定尾翼的作用。

如果按弹翼与舵面呈“+”字形或“×”字形来分,有“×—+”“+—×”“×—×”等布局形式。

2.3.3.2　导弹的操纵特点

1. 正常式布局导弹的操纵特点

正常式布局导弹的舵面在导弹的尾部,因此,也可以叫做尾部控制面。为了直观地说明操纵特点,假定导弹在水平面内等速运动,且导弹不滚动,若控制偏转一个角度 δ,则在控制面上产生一个升力 $F(\delta)$。令 $F(\delta)$ 到导弹质心的距离为 M_δ。在力矩 $M_\delta=F(\delta)l_\delta$ 的作用下,导弹在水平面内绕质心转动,而产生侧滑角 β,此时,控制面与导弹速度矢量的夹角为 $\delta-\beta$,控制面升力变成 $F(\delta-\beta)$。

2. 鸭式布局导弹的操纵特点

鸭式布局导弹的舵面在导弹的前部,也可以叫做前控制面。若控制面有一正偏角 δ,则其侧向力亦是正的。当出现侧滑角 β 时,控制面侧向力与等效偏角 $\delta+\beta$ 有关,即 $F(\delta+\beta)$。

3. 全动弹翼式布局导弹的操纵特点

这种布局的导弹，它的舵面就是主升力面。值得提及的是舵面转轴位置在导弹的质心之前，其操纵特点类似于鸭式布局导弹。

这种气动布局的优点在于升力响应很快，且较小的导弹攻角能获得较大的侧向过载。因为在产生或调整升力的过程中，只需要转动弹翼，而不需要转动整个导弹，所以导弹的攻角是比较小的。显然，弹翼的攻角要远大于导弹的攻角，由于弹翼的面积比较大，因而要求伺服机构有较大的功率。

由于这种布局与鸭式布局类似，所以这里就不再详细讨论了。

4. 推力矢量控制导弹的操纵特点

这种导弹的操纵特点不同于气动力控制面，而采用改变推力发动机的推力方向来控制导弹，如图 2.13 所示。

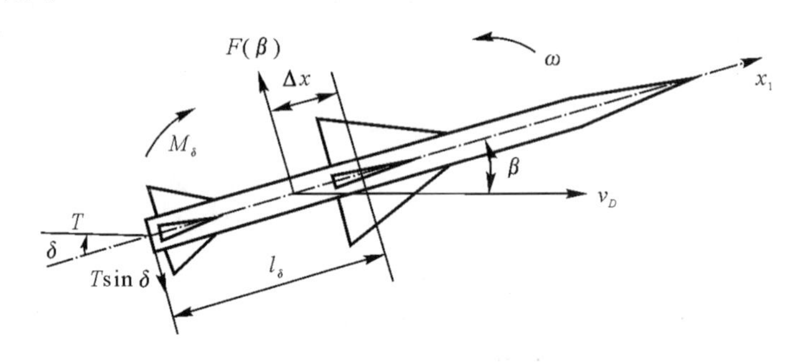

图 2.13　推力矢量控制导弹处于静稳定状态时的力和力矩关系

当推力 T 偏转一个角度 δ 时，可以分解成有效推力 $T\cos\delta$ 和操纵力 $T\sin\delta$。导弹在操纵力矩 $M_\delta = Tl_\delta\sin\delta$ 的作用下转动，产生侧向力 $F(\beta)$，当导弹处于静稳定状态下时，必有一确定的 β 与 δ 相对应。它与正常式布局导弹的操纵特点类似，不同点在于操纵力矩与导弹的姿态角及气动力效应无关，而只与推力发动机的状况有关。

在大气层中飞行的导弹，推力矢量控制主要应用在导弹发射后又要求导弹立即实施机动的场合。发射后导弹速度很低，气动力很小，气动力控制面的操纵效率较低，而推力矢量控制不依赖于气动力的大小；推力的作用点距全弹质心的距离 l_δ 较大，又不受导弹姿态变化的影响，操纵效率较高。

显然，发动机停止工作后，它就不能操纵导弹了。为此，一种推力矢量控制与气动力控制复合的方案获得了较多的应用，即当气动效率小时，使用推力矢量控制；而当气动效率足够大时，就改用气动力控制。近年来，舰载防空导弹采用垂直发射方式，在发射后转弯控制时用推力矢量控制；而当气动效率足够大时再用气动力控制进行制导飞行。

2.3.4　非常规控制的操纵特性*

目前，非常规的控制方法有两种：推力矢量控制和直接侧向力控制。

2.3.4.1　推力矢量控制

推力矢量控制是一种通过控制主推力相对弹轴的偏移产生改变导弹方向所需力矩的控制

技术。显然，这种方法不依靠空气动力，即使在低速、高空状态下仍可产生很大的控制力矩。

1. 推力矢量控制系统在导弹中的应用

推力矢量控制具有空气动力控制不具备的优良特性，至今，推力矢量控制导弹主要在以下场合得到了应用：

(1)进行近距格斗、离轴发射的空空导弹，典型型号为俄罗斯的 P－73；

(2)目标横越速度可能很高，初始弹道需要快速修正的地空导弹，典型型号为俄罗斯的C－300；

(3)机动性要求很高的高速导弹，典型型号为美国的 HVM；

(4)气动控制显得过于笨重的低速导弹，特别是手动控制的反坦克导弹，典型型号为美国的“龙”式导弹；

(5)无需精密发射装置，垂直发射后紧接着就快速转弯的导弹。因为垂直发射的导弹必须在低速下以最短的时间进行方位对准，并在射面里进行转弯控制，此时导弹速度低，操纵效率也低，因此，不能用一般的空气舵进行操纵。为达到快速对准和转弯控制的目的，必须使用推力矢量舵。新一代舰空导弹和一些地空导弹为改善射界、提高快速反应能力都采用了该项技术。典型型号有美国的标准－3；

(6)在各种海情下出水，需要弹道修正的潜艇发射导弹，如法国的潜射导弹“飞鱼”；

(7)发射架和跟踪器相距较远的导弹，独立助推、散布问题比较突出的导弹，如中国的HJ－73。

以上列举的各种应用几乎包含了适用于固体火箭发动机的所有战术导弹。通过控制固体火箭发动机喷流的方向，可使导弹获得足够的机动能力，以满足应用要求。

2. 推力矢量控制的分类

推力矢量控制根据实现方法可以分为三类：①摆动喷管；②流体二次喷射；③喷流偏转。而推力矢量控制系统的性能大体上可分为 4 个方面：①喷流偏转角度，也就是喷流可能偏转的角度；②侧向力系数，也就是侧向力与未被扰动时的轴向推力之比；③轴向推力损失，装置工作时所引起的推力损失；④驱动力，为达到预期响应须加在这个装置上的总的力。

目前，国内正在发展自己的推力矢量技术，采用传统的轴对称机械液压调节方式，通过改变喷管偏转方向实现推力矢量控制，已使用过液体二次喷射推力矢量控制技术。固体火箭发动机气体二次喷射技术是目前航空航天技术领域极具发展潜力的一种推力矢量技术，也是未来较理想、有竞争力的推力矢量控制技术。虽然目前尚未发展到应用阶段，但如果能解决这种技术的难点，必将促进推力矢量技术与应用的飞跃。国内外对该技术开展了大量实验和数值模拟研究，但其控制机理及规律还需进一步研究和确定。

3. 对推力矢量控制装置的基本要求

所谓推力矢量控制一般是指推力大小和方向均受控制。推力矢量控制装置应满足以下基本要求：

(1)应有足够大的致偏能力；

(2)作动力矩要小；

(3)动态特性要好；

(4)轴向推力损失应小；

(5)工作可靠，质量小，结构紧凑，维护使用方便，易于制造，成本低廉。

关于推力矢量控制的类型、方案及优、缺点，详见表2.2。

表2.2 火箭发动机推力矢量控制方案及其特性

类型	控制方案	控制原理	优 点	缺 点
二次喷射	液体二次喷射	利用向喷管内喷射气体或液体来改变燃气流的方向	不需要特殊的活动连接及相应的密封结构	需要增加气体或液体供应调节系统
	气体二次喷射	燃气直接取自发动机燃烧室或者燃气发生器	由装在发动机喷管上的阀门实现控制	
机械致偏装置	摆帽	装在发动机喷管出口端部的一种环形物或套筒	质量轻，烧蚀不严重	效率低
	燃气舵	在火箭发动机的喷管尾部对称地放置四个舵片，舵片的组合偏转产生要求的俯仰、偏航和滚转操纵力矩和侧向力	结构简单；作动功率小，转动速率高	推力损失大，为0.5%～2%，故使用受限制；烧蚀严重
	扰流片		作动功率小，转动速率高	类似燃气舵，用于全尺寸发动机的研制时间长
	发动机整体摆动			
	球窝喷管		无推力损失；推力矢量角与喷管运动方向呈直线性	滑动密封连接零件受热严重
	柔性喷管		无滑动受热零件和平衡环；气体密封可靠	组合安装复杂
	弯管形喷管			

2.3.4.2 直接侧向力控制

目前，直接侧向力控制技术主要应用于防空导弹的控制。因为为了成功拦截体积小、速度高、机动能力强的空中来袭导弹，就必须提高防空导弹的控制精度，拦截过程末段必须增加直接侧向力控制系统，以提高导弹的机动能力和制导精度。目前国外已有或在研的具有反导能力的防空导弹，几乎都采用了直接侧向力控制技术。直接侧向力控制具有很大的独特优势，可以大大提高导弹的综合性能，因此世界各国对直接侧向力控制技术进行了大量的研究，在某些发达国家已经将此技术大量应用在先进的导弹上。

1. 轨控直接力方式

轨控方式，即利用配置在质心的燃气动力或火箭发动机进行控制。执行机构安装在拦截弹的质心处，侧向力直接提供横向机动能力。采用这种控制方法，侧向喷流反作用力可直接使导弹质心移动，实现导弹机动。

在导弹质心附近安装的侧向推力系统，可以是多个径向分布的小型固体火箭发动机，也可以是小型的液体火箭发动机。如果是末段的侧向力轨控发动机，一般在与目标遭遇前 1 s 左右点燃侧喷发动机，这样可以保证减小脱靶量至最小，接近直接碰撞的水平。

为了有效利用轨控发动机，对应于不同控制幅度要求，发动机采用 3 种脉冲推力工作方式：

(1) 连续脉冲。在末制导初始阶段，控制幅度要求较大，发动机处于连续脉冲工作方式，即发动机连续脉冲工作若干个采样周期直至导引律的输出小于拦截弹的最大过载为止。如图 2.14 所示，发动机在某个采样周期内，采用 n 个梯形脉冲连续工作。根据冲量等效原则，可解得在该方式工作下的最大等效控制力为

$$FT=(F_{\max}\tau+F_{\max}t_0)n \tag{2.1}$$

发动机推力的上升时间和下降时间均为 τ，稳态工作时间为 t_0，最大推力为 $F_{\max}$，采样周期为 T。

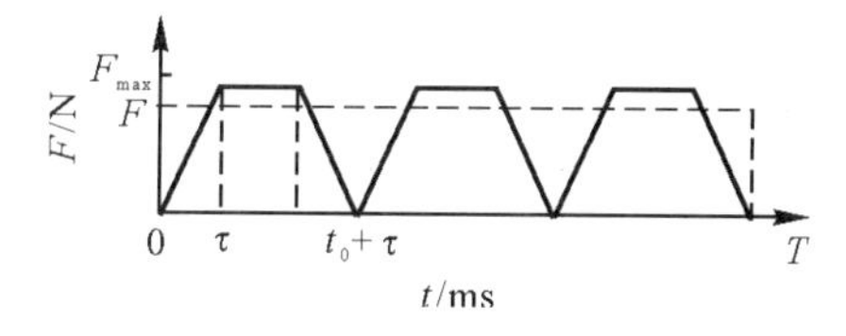

图 2.14　连续脉冲工作方式

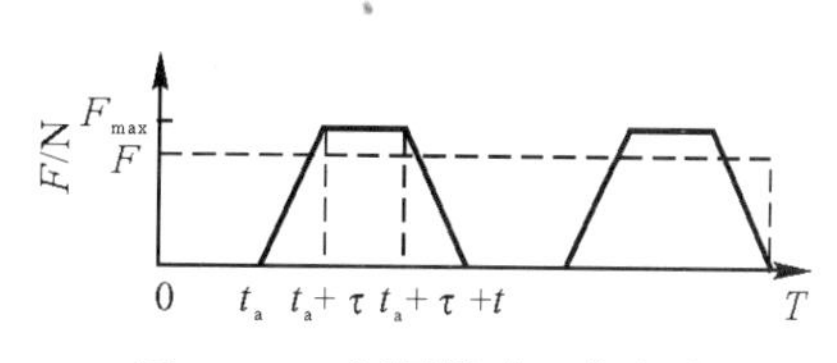

图 2.15　间隔脉冲工作方式

(2) 间隔脉冲。随着所需控制幅度的减小，发动机转入间隔脉冲工作方式，如图 2.15 所示。在一个时间长度为 T 的采样周期内，通过控制发动机的梯形脉冲工作次数，可以获得与控制量 T 相同(或接近) 的控制效果。该情况下产生的最大等效控制力与式(2.1) 相同。

(3) 单脉冲。当所需控制幅度进一步减小，即对弹道作较小量纠偏时，发动机转入单脉冲工作方式，如图 2.16 所示。在单脉冲工作方式下，发动机推力上升斜率仍然为 $F_{\max}/\tau$，下降斜率仍然为 $-F_{\max}/\tau$，根据冲量等效原则，可解得该方式工作下的等效控制力为

$$FT=F_{\max}\tau+F_{\max}t_0 \tag{2.2}$$

俄罗斯 S－400 防御系统中的Ⅱ型导弹(9M96E2) 采用了直接侧向力微型发动机轨控系统，共有 24 个均布的微型发动机，部署在导弹质心附近，每个发动机工作 25 ms，产生控制导弹横向运动的侧向力。其作用是消除在末制导段与目标遭遇前由目标突然机动所产生的制导误差，这时寻的制导指令会点燃相应坐标的 4～6 个微型发动机，快速产生机动力，保证脱靶量减至很小。

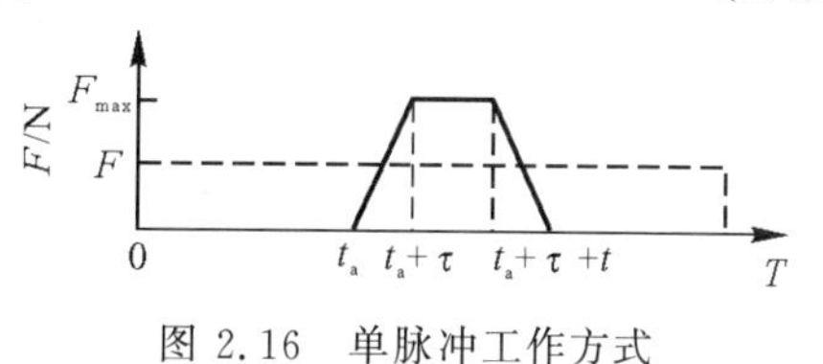

图 2.16　单脉冲工作方式

2. *姿控直接力方式*

姿控方式，即利用空气动力与安装在相对质心一定距离的微小型火箭发动机系统相结合所组成的力矩控制系统对导弹进行控制。这种方式是利用在导弹四周重心前径向安装的几十个小型姿控发动机控制点火，产生脉冲推力，使导弹产生相应的运动，从而进行姿态的调整。姿控火箭空间点火方位以及产生的推力大小将决定导弹系统的控制形式，由于姿控火箭个数有限，并且一经设计定型，其推力大小以及作用时间即被确定，因而是一种非线性控制，它根据

一定的控制规律来决定应该启动哪些发动机。姿控发动机也采用固定脉冲工作，具有非线性工作特征，同样有上述3种工作方式，各工作方式下推力的调节规律与轨控发动机相同。

典型的防空导弹如美国的ERINT－1导弹，姿态控制系统由弹体前部安装的180个微小型固体脉冲发动机组成。当导弹在滚转飞行时，这些姿控发动机根据制导指令依次点火工作，修正弹体姿态，确保导弹灵活机动、自主寻的、直接命中并摧毁目标。

3. 姿控轨控直接力结合方式

这种直接力控制方式下，可以在改变姿态的同时，也产生较为明显的侧向机动加速度。响应快速，并且与飞行环境无关是直接力最为突出的两个优点。然而单纯直接力控制也有局限性。例如由于小火箭的个数有限，特别是固体火箭发动机用过之后便再也不能使用，设计导弹的气动外形时，也必须考虑由喷流引起的干扰影响，以及侧向喷流与来流相互影响产生的干扰力和干扰力矩使得导弹的稳定控制变得困难，等等。

2.3.5 反馈在导弹控制中的应用

为了保证以给定精度将导弹导引至目标区域或者保证按给定弹道飞行，现在讨论应当怎样控制操纵机构的问题。

初看起来，为了控制导弹，只要将其舵面按一定程序进行偏转就足够了。由带有使操纵机构偏转的动力传动装置的程序机构组成的这种控制系统是开环控制系统。众所周知，这种系统广泛用于带有程序控制的机床上。

然而，开环自动控制系统一般不适用于导弹的制导控制。这可由下述两个原因来说明。

(1)假设要按给定弹道飞行：在开环控制系统中，操纵机构偏转和弹道参数之间所要求的相互联系，在随机干扰力和力矩作用下，经常是保持不了的。

(2)假设要求保证将导弹引向运动目标区域：若对目标运动事先不知道，那么，给出保证完成给定任务的操纵机构偏转程序是不可能的。除此之外，和上述情况一样，在导弹上作用着各种干扰力和力矩。

因此，为了有效地控制导弹的飞行，仅限于规定相应的控制信号大小是不够的，还应当检查指令是如何执行的，而且在必要时可以改变它。

为此目的，我们将所感兴趣的参量 X 的理想值 X^* 与实际值 X 比较，确定它们之间的误差 $e=X^*-X$，控制系统的目的是使误差 e 趋于最小。图2.17表达了这种思想，很显然，这种系统是一个反馈系统。

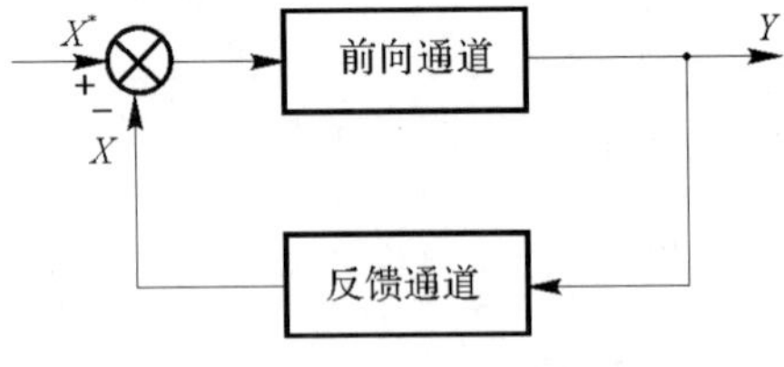

图2.17　反馈系统方框图

反馈系统具有如下几个基本特点：

(1)更加精确地传输控制作用；

(2)良好的干扰抑制性能；

(3)对不可预测环境的适应能力，它对系统参数变化具有更低的灵敏度。

由此可以看出，导弹的高标准要求和恶劣的工作环境(各种干扰和快速的参数变化)，决定了制导控制系统无一例外是闭环反馈控制系统。图2.18所示是V－2导弹程序控制系统的方框图，从中可以直观地了解反馈在制导控制系统中的作用。

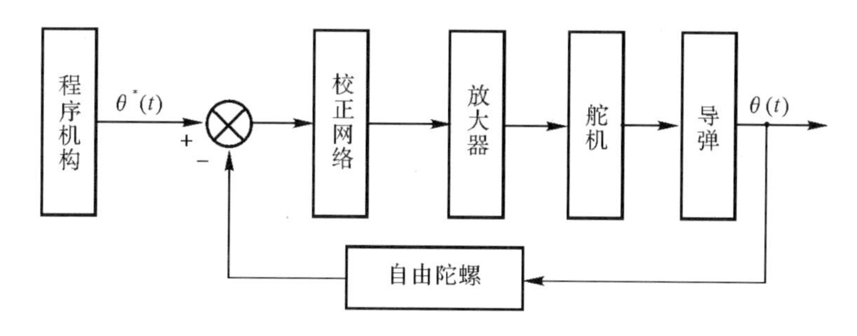

图 2.18　导弹闭环自动控制系统实例

2.3.6　导弹控制系统的组成原理

2.3.6.1　姿态控制

导弹姿态控制系统是导弹上自动稳定和控制导弹绕质心运动的整套装置。它的功能是保证导弹稳定飞行,并根据制导指令控制导弹飞向目标。导弹姿态控制系统由敏感装置、控制计算装置和执行机构 3 部分组成。敏感装置(如陀螺仪、加速度计等)测量弹体姿态的变化并输出信号。控制计算装置(如计算机)对各姿态信号和制导指令按一定控制规律进行运算、校正和放大并输出控制信号。执行机构(如舵机)根据控制信号驱动舵面或摆动发动机产生使导弹绕质心运动的控制力矩。

1. 功能

其主要功能是,在各种干扰情况下,稳定导弹姿态,保证导弹飞行姿态角偏差在允许范围内;根据制导指令,控制导弹姿态角,以调整导弹的飞行方向,修正飞行路线,使导弹准确命中目标。

2. 原理

飞行中弹道导弹绕质心运动通常用 3 个飞行姿态角(滚动、偏航和俯仰)及其变化率来描述。其姿态控制系统一般由 3 个基本通道组成,分别稳定和控制导弹的滚动、偏航和俯仰姿态。各通道组成基本相同,由敏感装置、变换放大装置和执行机构组成。①敏感装置用于测量导弹的姿态变化并输出信号,通常采用位置陀螺仪、惯性平台和速率陀螺仪等惯性器件。位置陀螺仪是利用二自由度陀螺仪的稳定性提供导弹姿态角测量基准,通过角度传感器输出与导弹姿态角偏差成比例的电信号。惯性平台是为导弹提供测量坐标基准,利用弹体相对于惯性平台框架间的转动来产生姿态角信号。速率陀螺仪是利用单自由度陀螺仪的进动性,来测量导弹的姿态角速率,经换算给出导弹姿态角变化信号。有些导弹还采用加速度计等作为敏感装置,以实现弹体载荷和质心偏移的最小控制。②变换放大装置用于对各姿态信号和制导指令信号按一定控制规律进行运算、校正和放大并输出控制信号。姿态控制系统按传递的信号形式可分为模拟式和数字式。在模拟式姿态控制系统中,所传递的信号是连续变化的物理量,主要由校正网络和放大器等组成。在数字式姿态控制系统中,所有信号都被转化为数字量,变换放大装置通常由弹上计算机兼顾,其变换放大装置又称为控制计算装置。③执行机构,又称伺服机构,有电动、气动和液压等类型。它用于将电信号转变成机械动作,其工作过程:根据控制信号驱动舵面或摆动发动机，产生使弹体绕质心运动的控制力矩，以稳定或控制导弹的飞行姿态。产生控制力矩的方式有舵面气动控制和推力矢量控制两类。舵面气动控制方式是由伺服机构（或舵机）驱动空气舵产生气动控制力矩，它能有效地稳定和控制导弹在大气层内飞行；推力矢量控制方式是由伺服机构改变推力矢量产生控制力矩，它有燃气舵、液体（或气体）二次喷射、摆动发动机、摆动喷管或姿态控制发动机等控制方式。推力矢量控制方式在大气层外也能使用，但必须在发动机工作情况下进行。导弹姿态控制系统中的敏感装置、变换放大装置和执行机构等与弹体（控制对象）一起构成导弹姿态控制闭环回路。大型导弹（火箭）的姿态控制系统多采用姿态角、姿态角速度和线加速度的多回路闭环控制。当制导指令信号为零时，如果导弹在干扰力矩作用下使弹体姿态角发生变动，则敏感装置敏感其信号，经过回路负反馈产生控制力矩与干扰力矩相平衡；在干扰力矩消除后，控制力矩自动消失，从而使导弹的姿态角保持稳定。当制导指令信号不为零时，信号经过闭环回路产生控制力矩，控制导弹的姿态角，以实现导弹的控制。

3. 特点

由于各类导弹所执行的任务不同，它们的运动方程和固有特性差异很大，所以不同类型导弹的姿态控制系统各有其特点。

（1）弹道导弹姿态控制系统。其特点：①大型弹道导弹多无尾翼，多是静不稳定体，而且静不稳定度比较大，需要大的控制力矩。舵面产生的力矩常常不足以达到控制作用，需要采用摆动主发动机等方法产生足够的控制力矩。②不能把细长的弹体看作刚体，而应看作弹性体。弹上敏感装置所测得的姿态角并不是弹体的真实姿态角，而是加上了弹体的弹性变形（弹性振动）的影响。大型导弹多为薄壳结构，弹性振动频率很低，接近姿态控制系统的固有频率。降低或消除弹体弹性振动影响的方法主要是把敏感装置安装在导弹上弹性振动影响不大的位置，或者在系统中引入合适的滤波器，例如用延迟网络来减弱弹体低频振动的影响，而用双陷滤波器来抑制或滤去高频弹性振动。③液体燃料导弹因液体晃动而产生的晃动力会影响导弹飞行的稳定性。只依赖姿态控制系统不能完全解决导弹飞行的稳定性问题，还应对燃料贮箱形状采取适当设计或增加防晃板，对液体的晃动产生阻尼作用。④弹道导弹的飞行环境变化很大，易受大风干扰，多级导弹在分离时有较大的分离干扰，姿态控制系统必须能适应这些干扰和大范围的参数变化。对于井下和水下发射的导弹，还有出井和出水的稳定和控制问题。

（2）战术导弹姿态控制系统。这类导弹用于攻击快速活动目标，对姿态控制系统的动态品质要求较高，尤其要求具有反应迅速和能使导弹产生所需较大过载（横向和法向加速度）的性能。这类导弹往往只要求稳定滚转角，而偏航角和俯仰角则由制导指令来控制，以完成飞行轨迹的调整。姿态控制系统的滚转通道用自由陀螺仪作为敏感装置；俯仰和偏航通道用速率陀螺仪作为敏感装置，对弹体的角振荡产生阻尼作用；用加速度计作为输出反馈装置来获得良好的动态品质。这类系统对惯性器件的精度要求不高，但要求测量范围大和能快速启动。

（3）巡航导弹姿态控制系统。这种导弹类似飞机。它的姿态控制系统与飞机自动驾驶仪性质相似，主要问题是各通道之间的耦合和弹体的结构颤振。

2.3.6.2 法向过载控制

把一个加速度表装在导弹上，并且接在系统中，用加速度指令和实际加速度间的误差去控制系统，就得出了图 2.19 所示的法向过载飞行控制系统。这种系统实现了与高度和马赫数基本无关的增益控制，也满足对稳定或不稳定导弹的快速响应时间。

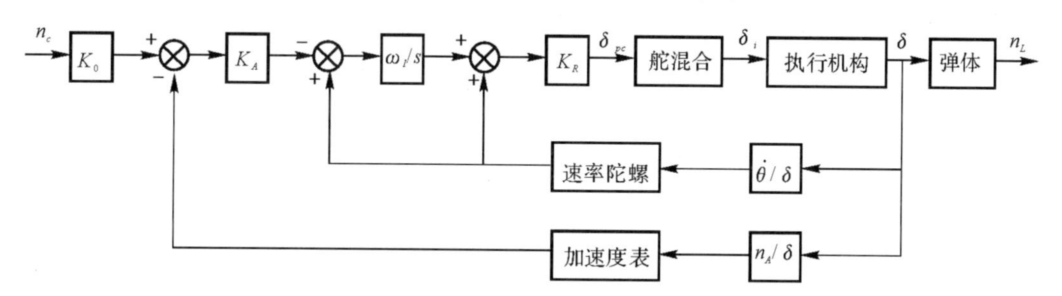

图 2.19　加速度表飞行控制系统

控制系统增益 K_0 提供了单位传输。导弹自动驾驶仪增益 K_0 与高度和马赫数基本无关，如图 2.20 所示。换句话说，这个系统的增益是非常鲁棒的。

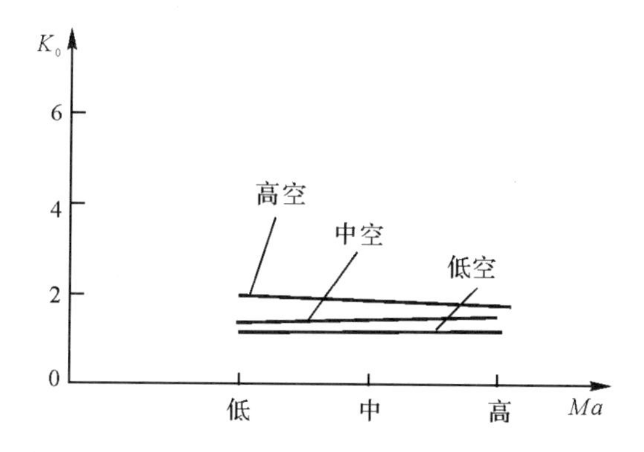

图 2.20　加速度表飞行控制自动驾驶仪增益与高度及马赫数的关系

与前几种飞行控制系统不同的是，加速度表飞行控制系统具有 3 个控制增益。无论是稳定还是不稳定的弹体，由这 3 个增益的适当组合就可以得到时间参数、阻尼和截止频率的特定值。这种系统的时间常数并不限制大于导弹旋转速率时间常数的值。因此，可以用增益 K_R 确定阻尼回路截止频率，ω_I 确定法向过载回路阻尼，K_A 确定法向过载回路时间常数。这样，导弹的时间响应可以降低到适合于拦截高机动飞机的要求值。

2.3.6.3　速度控制

速度控制性能反映了导弹改变速度大小的能力。现代导弹的最大速度不断提高，平飞速度范围日益扩大，加减速幅度也随之增大，因此对导弹的速度机动性能也提出了更高的要求。

导弹水平直线飞行时 $\frac{d\theta}{dt}=0, \theta=0$，则根据动力学关系有

$$\left.\begin{aligned}&\frac{dv}{dt}=\frac{g}{G}(P-Q)=\frac{g}{G}\Delta P=n_x g\\&Y=G\end{aligned}\right\}\tag{2.3}$$

由式(2.3)可见，导弹加、减速 $\frac{dv}{dt}$ 的大小主要取决于切向过载 n_x 或剩余推力 ΔP 的大小。

此时导弹保持水平飞行，势能不变，故 ΔP 将全部用于改变导弹的动能，改变飞行速度。加速时，必须加大油门甚至使用发动机加力工作状态，以增加推力，使 $\Delta P > 0$；减速时，必须减小油门以减少推力，或同时打开减速板增大阻力，使 $\Delta P < 0$，衡量平飞加速（或减速）的指标常用从一平飞速度加速（或减速）到另一个平飞速度所需时间来表示。对于亚声速导弹，采用 $0.7v_{\max}$ 加速到 $0.97v_{\max}$ 的时间作为加速性指标；由 $v_{\max}$ 减速到 $0.7v_{\max}$ 的时间作为减速性指标。对于超声速飞机，采用亚声速飞行时的常用马赫数和最大使用马赫数之间的加、减速时间作为加、减速性能指标。该指标可直接由方程式(2.3)得出，即

$$t = \frac{1}{g}\int_{v_0}^{v_1}\frac{\mathrm{d}v}{n_x} = \frac{G}{g}\int_{v_0}^{v_1}\frac{\mathrm{d}v}{\Delta P} \tag{2.4}$$

除了该指标外，有些情况还要确定在相应时间内的飞行距离。注意到 $\mathrm{d}L = v\mathrm{d}t$，故相应的飞行距离可积分得出

$$L = \frac{G}{g}\int_{v_0}^{v_1} v\,\frac{\mathrm{d}v}{\Delta P} = \frac{G}{2g}\int_{v_0^2}^{v_1^2}\frac{\mathrm{d}v^2}{\Delta P} \tag{2.5}$$

导弹加、减速性能与飞机的基本参数之间关系，可将方程式(2.3)改写成如下形式后看出：

$$\frac{\mathrm{d}v}{\mathrm{d}t} = g\left(\frac{P}{G} - \frac{1}{K}\right) \tag{2.6}$$

式中，K 为升阻比。由式(2.6)看出增大推重比 $\frac{P}{G}$，提高导弹的升阻比 K，可以改善导弹的加速性能；相反，则可改善导弹的减速性能。

2.4 导弹火力控制系统原理

导弹火力控制系统是指控制火炮、火炮群或导弹发射器瞄准和射击的整套设备。火力控制系统常用于地面和舰上火炮、防空火炮、轰炸机防御火炮以及船上和飞机上的火箭、导弹的控制。广义的火力控制系统还包括指挥截击机的飞机、导弹的地面引导站、弹道导弹防御系统中的地面系统。

2.4.1 火力控制系统的功用和组成

2.4.1.1 火力控制系统的功用

火力控制系统的主要功用是控制武器设备实施对目标进行攻击。实际的火力控制系统可能各不相同，但其功用是基本相同的，归纳起来有以下几点：

(1)接收目标指示信息和载体参数测量装置的信息，对目标进行定位跟踪；

(2)预测武器的战斗部或弹丸与目标的相遇点，解算为命中目标所需要的射击(引导)诸元；

(3)完成发射瞄准和适时开火，控制发射全过程。

2.4.1.2　火力控制系统的组成

火力控制系统有多种类型，广泛应用于陆、海、空三军各种兵器中，但归纳起来，每一个火力控制系统都可划分为 5 个子系统，如图 2.21 所示。

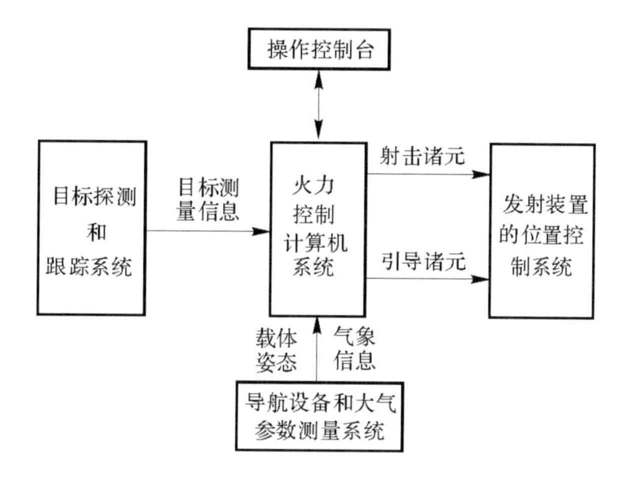

图 2.21　火力控制系统组成框图

1. 目标探测和跟踪系统

该系统包括测量和跟踪目标的设备，其任务是测量目标的距离、方位、高低角（俯仰角）或其各阶变化率，目标的速度、航向或距变率和横移率，并将这些数据送至火力控制计算机。常见的测量跟踪装置有光学瞄准镜、红外跟踪装置、被动雷达、测距机、雷达、激光雷达等。

2. 导航设备和大气参数测量系统

导航设备实时测量武器载体的姿态参数和运动参数，大气测量系统测量风速、风向、大气温度、大气压力等参数，并将这些测量参数送至火力控制计算机。

例如，舰艇速度的测量装置有计程仪，舰艇航向的测量装置有电罗经、磁罗经、方位水平仪、平台罗经；测量舰艇横摇、纵摇的装置有方位水平仪、平台罗经；飞机姿态及运动参数的测量装置有惯导测量系统。对于陆用火力控制系统，不包括该子系统。

3. 火力控制计算机系统

其主要任务是接收测量和跟踪装置测量的目标数据（敌我距离、方位、高低角或其各阶变化率），接收导航设备和大气测量系统测量的武器载体的姿态参数、运动参数及大气参数；计算目标速度、位置、加速度和武器射击诸元，如导弹自控时间，武器的发射架瞄准角等。

4. 发射装置的位置控制系统

该系统的任务就是接收火力控制计算机计算的射击诸元，定位发射装置或直接给武器装订某些射击诸元。

5. 操作控制台

火力控制计算机靠人进行操作，通过操作控制台按钮、开关、键盘使火力控制计算机完成相应的计算和控制动作，操作控制台还通过数码管、指示灯或显示器把文字、图像、声音等以多媒体手段直观、形象地将交互信息提供给操作员。操作员可通过控制台控制武器发射，还可以实现显示设备自控状态，指示故障部位，指导模拟训练等功能。

简单的火力控制系统主要由敏感元件、计算机和定位伺服机构组成，如图 2.22 所示。

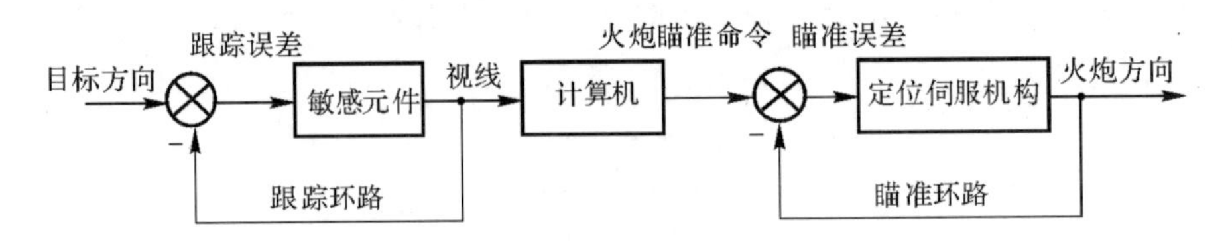

图 2.22　火力控制系统原理图

机载火力控制系统是由控制飞机火力的方向、密度、时机和持续时间的机载设备构成的系统。它的基本功能：引导飞机到达目标区和沿最佳航线接近目标；搜索、识别、跟踪目标；测量目标和载机的运动参数，进行火力控制计算；控制武器的发射方式、数量和装订引信；对需要载机制导的武器进行发射后的制导。

2.4.2　导弹火力控制系统的分类

火力控制系统有多种分类方法，不同分类方法的依据是不同的，它们只是反映了火力控制系统的某些方面的特征。

2.4.2.1　按被控武器的载体分类

按被控武器的载体进行分类时，可以将火力控制系统分为机载火力控制系统、舰载火力控制系统、车载火力控制系统、岸基火力控制系统等。

2.4.2.2　按武器的种类分类

按被控武器的种类进行分类时，可以将火力控制系统分为防空"火力"系统、航空火力控制系统、舰载火力控制系统、反坦克导弹"火力"控制系统、反导弹防御火力控制系统等。

1. 防空火力系统

自动防空火力控制系统的敏感元件是装在火炮指挥仪上的雷达，用以测量目标飞机的方向和距离，自动跟踪目标。根据天线转动的速度和到目标的射程，计算装置（设在指挥仪内）就可计算出正确的提前角。火炮伺服机构是一种大功率、快动作的液压随动装置。每台火炮有两套伺服机构，一套用于方位角（绕垂直轴转动）控制，另一套用于俯仰角控制。

2. 航空火力控制系统

航空火力控制系统是由控制飞机火力方向、密度、时机和持续时间的机载设备构成的系统（见图 2.23）。它将飞机引导到目标区，并搜索、接近、识别和跟踪目标，测量目标和载机的运动参数，进行火力控制计算，控制武器发射方式、数量和装订引信。对于需要载机制导的武器它还进行发射后的制导。轰炸机的火力控制系统包括突防、导航、瞄准投弹和防御设备。轰炸机的多门炮可由一人操纵。计算光学瞄准具将一球形炮塔瞄向目标，而其他炮塔则靠伺服系统控制跟随动作。现代歼击机装有用数字计算机控制的火力控制系统，由有下视能力的脉冲多普勒雷达、惯性导航系统、大气数据计算机等组成。驾驶员通过平视显示器、下视仪和多功能显示器获得敌我的信息，控制和管理导弹、机炮、火箭和炸弹的瞄准、发射和投放。火控系统的操纵电门装在驾驶杆和油门手柄上。

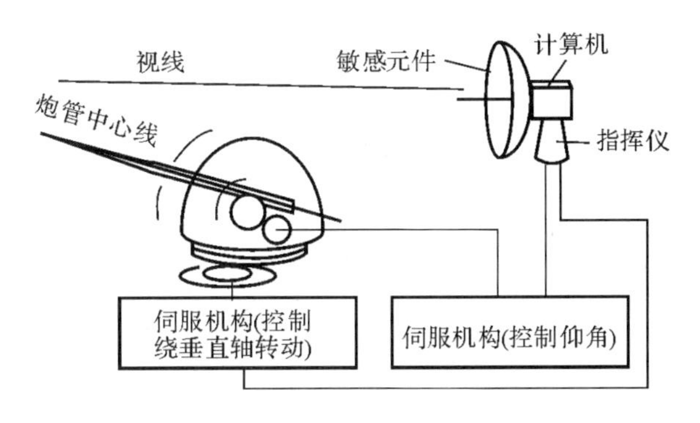

图 2.23　航空火力控制系统示意图

3. 舰载火力控制系统

舰载火力控制系统是用以控制对付海岸炮群和敌舰的大型舰载火炮和火箭、导弹发射器的火控系统。它的控制速度较慢，但精度较高；而对防空系统的控制速度较快。舰载火控系统一般配备有火力控制雷达和望远镜设备。火控雷达能搜索、识别和跟踪目标，并通过电子计算机控制伺服系统操纵武器发射。计算机还可作脱靶量校正。20 世纪后期的火力控制雷达同时具备搜索雷达和跟踪雷达的功能，并能跟踪多个目标。

4. 反坦克导弹“火力”控制系统

早期的反坦克导弹采取管式发射、光学跟踪和有线制导。由于采用光学制导系统（红外线、激光），射手只需要将与光学跟踪器（如红外线测角仪）同步的瞄准镜的十字线对准目标，导弹就能自动地修正它与瞄准线间的偏差而飞向目标，因而能减小射手控制导弹的难度，提高命中率。现代的反坦克导弹控制系统能保证导弹在瞄准线附近稳定地飞行。导弹在飞行过程中不断提供弹体在空中的位置信息，由计算装置和制导系统综合弹体的位置情况及其偏差，形成控制指令送给执行机构，借以控制导弹，消除位置偏差，直到命中目标为止。因此，反坦克导弹“火力”控制系统（见图 2.24）实际上是一个典型的人机控制系统。

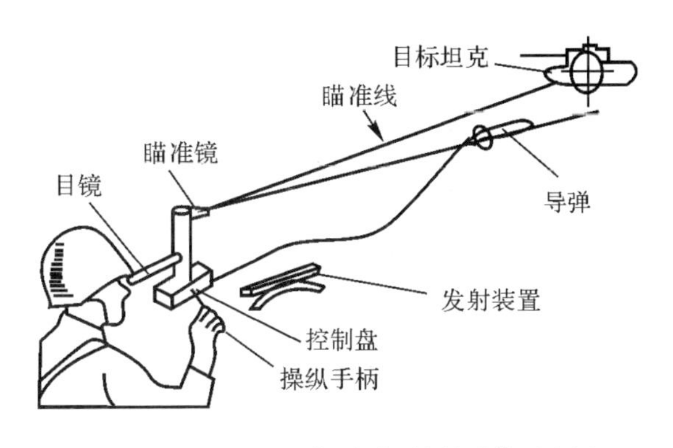

图 2.24　反坦克导弹“火力”控制系统示意图

5. 反导弹防御火力控制系统

这种系统由远程搜索雷达搜索、捕获、识别和跟踪侵袭弹道导弹的弹头，由反导导弹阵地上的目标跟踪雷达精确地跟踪目标。测量的数据经数据处理系统处理，得到目标的精确位置、速度等弹道参数传输给指挥控制系统和引导雷达。指挥控制系统迅速作出决策，指挥发射反导导弹，并由引导雷达引导导弹拦截目标。如果目标未被摧毁，则系统继续对目标跟踪，并指挥低空拦截的反导导弹继续拦截目标。反导弹防御火力控制系统示意图，如图 2.25 所示。

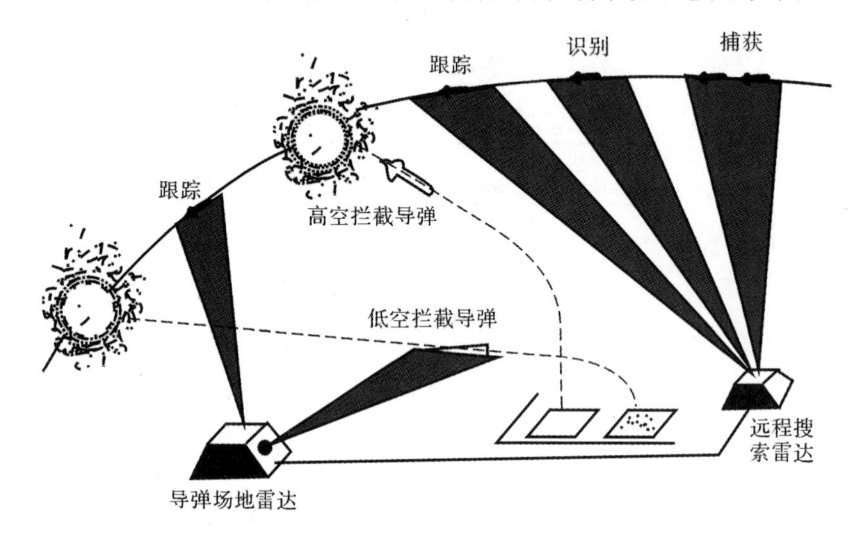

图 2.25　反导弹防御火力控制系统示意图

2.4.2.3　按功能的综合程度分类

这种分类方法直接反映了武器系统的结构特点，此时可以将火力控制系统分为三大类。

1. 单机单控式火力控制系统

这类火力控制系统只能控制单一型号的武器对目标进行攻击，目标的类型可以不同，但一次只能对一个目标进行攻击。由于它的任务比较单一，针对性强，因此结构比较紧凑，反应时间也短。它是出现最早，也是目前应用最为广泛的一种系统。

2. 多武器综合火力控制系统

这类火力控制系统的特点是能够控制多种同类型或不同类型的武器对多个目标进行攻击。例如，美国的 WSA4 系统，它能同时控制 114 门舰炮和“海猫”舰空导弹对付两个空中目标或者一个空中目标和一个海上目标。

3. 多功能综合火力控制系统

这类火力控制系统的特点是除了一般的火力控制系统的功能外，还具有一定的对目标搜索、敌我识别、威胁判断、武器分配和目标指示等作战指挥功能，因此它是一种“自备式”的系统，具有很强的独立作战能力。

2.4.2.4　按采用的计算机类型分类

计算机是火力控制系统的核心设备，火力控制系统的发展和计算机的发展是密不可分的。按火力控制系统采用的计算机类型进行分类，火力控制系统可以分为三大类。

1. 模拟火力控制系统

模拟火力控制系统按采用元件的不同分为机械模拟火力控制系统、机电模拟火力控制系统、电子模拟火力控制系统、机电-电子模拟混合火力控制系统。

模拟火力控制系统的特点：

(1)参与运算的数字量全是相应的物理量表示，这些量是连续的，故能连续、迅速计算射击诸元并满足一定的精度；

(2)结构简单，可靠性好，在雷达、计算机、发控装置之间的数据传递直接用连续量，不需要转换。

2. 数字火力控制系统

数字火力控制系统的特点：

(1)计算精度高；

(2)有逻辑判断能力和记忆能力；

(3)有一定故障自检及修复能力；

(4)易实现一机多用或多机连用。

3. 模拟电子混合式火力控制系统

在火力控制系统中兼用模拟和数字两种技术以发挥二者的特长。

2.4.2.5　按目标测量跟踪系统测量的数据分类

(1)距离、角度和(或)各阶变化率系统。如配用雷达、激光和红外测量装置的火力控制系统中同时测量距离方位和/或各阶变化率系统作为约束输入系统称为第一类火力控制系统。二维距离方位系统是其特例。

(2)纯角度和(或)各阶变化率系统。如配用噪声站、红外等测量装置的火力控制系统。特将测量的角度和(或)各阶变化率作为约束，再附之距离的有限个测量值作为约束输入之系统为第二类火力控制系统。

(3)纯距离和(或)各阶变化率系统。如配用测距仪和激光测距仪等测量装置的火力控制系统。特将测量的距离和(或)各阶变化率作为约束，再附之角度的有限个测量值作为约束输入之系统为第三类火力控制系统。

2.4.2.6　按目标测量和跟踪系统的数据率分类

(1)连续测量的火力控制系统，如配用雷达、噪声测向站的火力控制系统；

(2)“间断”测量的火力控制系统，如配用回声站的火力控制系统。

后两类分类对于火力控制计算机原理方案的选择，对估值方法的探讨，对计算机实现手段的选定，均有益处。

2.4.3　攻击区及其计算

攻击区是衡量导弹有关性能的最被广泛关注的尺度，又称发射区和发射包线。在此区域内发射导弹有可能命中目标，而在此区域外发射导弹则一般不能命中目标。攻击区有空间的、铅垂面的和水平面的，常用的是水平面攻击区。攻击区是评价导弹战术技术性能优劣的一个重要指标，从导弹初步设计到投入使用的各研制阶段，分别绘出估算攻击区、理论攻击区和战斗使用攻击区。攻击区的边界和导弹飞行性能、制导系统、导引方法、引信和战斗部特性、载机飞行性能、发射方式和目标特性等因素有关。对于研制完成的导弹，须按不同的作战高度、载机速度、目标速度和机动情况分别绘出相应的攻击区，供作战使用。计算攻击区是总体设计人员和用户相互沟通最频繁的工作之一，对攻击区的分析有助于研究导弹的作战能力，以便合理确定典型的攻击区，使得相关设计顺利展开。

攻击区的绘制以目标为原点，相对于目标绘出近边界、远边界和侧边界，形成一个封闭的区域图。

2.4.3.1 攻击区的类型

攻击区的表示包括多种形式，但目的是相同的，都是为了显示在给定条件下导弹的有效边界和区域。攻击区最常见的是动力攻击区、考虑导引头截获特性的可能攻击区、发射后不管攻击区、不可逃逸攻击区。在仿真中根据变化量不同又有高度攻击区、目标进入角水平攻击区和载机发射角水平攻击区，其图形中心要么是目标，要么是载机。在攻击区计算中初始条件应尽量符合实际。在仿真前必须确定限制条件，限制条件不同对攻击区的影响也很大。

一方面常见的导弹攻击区形式是以目标为中心的极坐标攻击区，这种攻击区的优点是可以从图中看出载机从不同方向攻击目标的最大和最小发射距离，但是在实战中飞行员需要的是以载机为中心的攻击区。另一方面在方案论证阶段为比较不同参数导弹的性能，往往需要对它们的攻击区进行比较，但是攻击区数量极大，这主要是由于载机和目标的速度和机动过载均和高度有关，组合起来数量就很大。其实这种情况完全可以设计一种随高度变化的攻击区来表示。实战中飞行员更关心的是发射时目标进入角固定，而载机的发射离轴角变化的攻击区。

攻击区就是对于确定的载机和目标，计算导弹在给定条件下的有效边界或区域。这里的给定条件是指载机和目标的运动(发射状态及其发射后状态)要符合其飞行剖面(尤其是速度、姿态、机动过载、升限等)，对导弹来讲要符合其限制条件。

下面介绍几种常见的攻击区。

1. 高度攻击区

对于确定的载机和目标，计算导弹在给定条件下随高度变化的有效边界或区域。计算高度攻击区时，一般来讲发射时载机发射角固定，目标进入角固定，载机和目标的速度相同。

高度攻击区主要用来了解某一方案的导弹性能或者快速比较不同导弹在全高度下的性能。尤其是对两个相互间具有相当竞争力的导弹的设计方案做出客观的、有价值的比较。高度攻击区又有以下两种变化：

(1)载机和目标的高度同时等量变化，用于比较在各个高度上导弹的性能。

(2)载机高度不变，目标高度变化，直至最大升限，用于观察导弹的上射性能、下射性能；也可以目标高度不变，载机高度变化，直至最大升限。

2. 进入角水平攻击区

对于确定的载机和目标，在水平面内计算导弹在给定条件下随目标进入角变化的有效边界或区域，即以目标为中心，目标进入角变化。这种攻击区的优点是飞行员可以了解目标不同进入角的攻击距离。这是一种最常见的攻击区，如图 2.26 所示。这种水平攻击区也用来考察某一方案的导弹或者比较不同导弹在同一高度下的性能，尤其是导引律的不同。

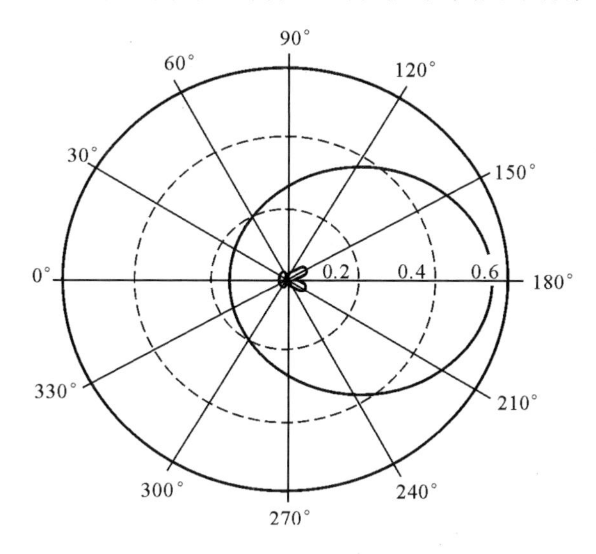

图 2.26　以目标为中心，目标进入角变化的攻击区示意图

3. 发射角水平攻击区

对于确定的载机和目标，计算导弹在给定条件下，随载机发射角变化的有效边界或区域。计算该攻击区时，一般发射时目标的进入角固定。

这种攻击区既能直观了解某一方案的导弹或者比较不同导弹在同一高度下攻击以一定航线飞行的目标的性能，又能真实反映空战中以载机飞行员为中心，在不同发射角下对同一目标的攻击距离情况，如图 2.27 所示。

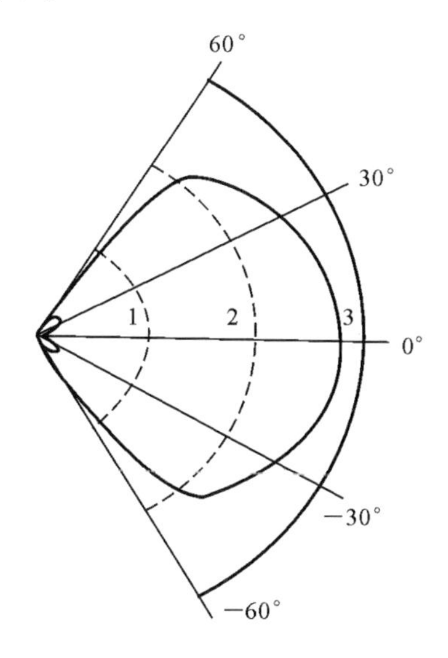

图 2.27　以载机为中心，载机发射角变化的攻击区示意图

这种攻击区只有一种，即以载机为中心，载机发射角变化而目标进入角固定。同样，这种攻击区也可以显示出目标相对载机发射角的最佳进入角和最不利进入角的情况。

上述两种攻击区可以显示出不同目标进入角下载机最佳发射角和最不利发射角的情况。

2.4.3.2 导弹的攻击区和发射区

任何一类导弹对目标进行攻击，都有一定的可能区域范围。如果目标处在这个区域范围以内，导弹就能以一定的概率命中目标；如果目标处在这个区域范围以外，导弹命中目标的概率就很小。由此便引出了导弹攻击区的概念，即把这样一个可能区域范围称为导弹攻击区。

攻击区是导弹的综合性能指标，因此，限制攻击区的因素很多，它不仅与导弹本身的性能（如飞行性能、战斗部和引信的性能、制导系统的性能）有关，而且与导引站、发射系统、导引方法（弹道特性）、战斗使用（几发连射）以及杀伤概率等有关。另外，目标不同，攻击区也不同，因此攻击区是对应于每一种目标画出的。

下面以地空导弹为例来介绍导弹攻击区和发射区的问题。

1.地空导弹攻击区

对于地（舰）空导弹来说，它的攻击可能区域是一个空间区域，因而有人称为攻击空域。此外，杀伤区这一名称也被人们广泛地引用。

地空导弹攻击区的图形如图 2.28 所示。

对于地空导弹攻击区这样一个空间图形，为便于分析和研究，人们常常用垂直和水平两个平面图形来表示，于是，它们就分别被称为垂直平面攻击区和水平平面攻击区，如图 2.29 所示。

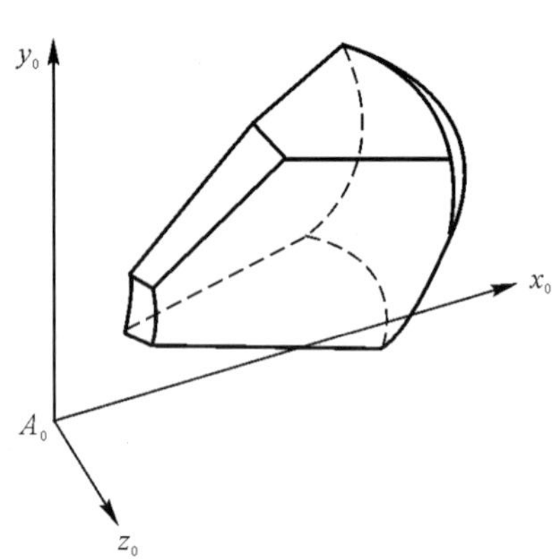

图 2.28　地空导弹攻击区

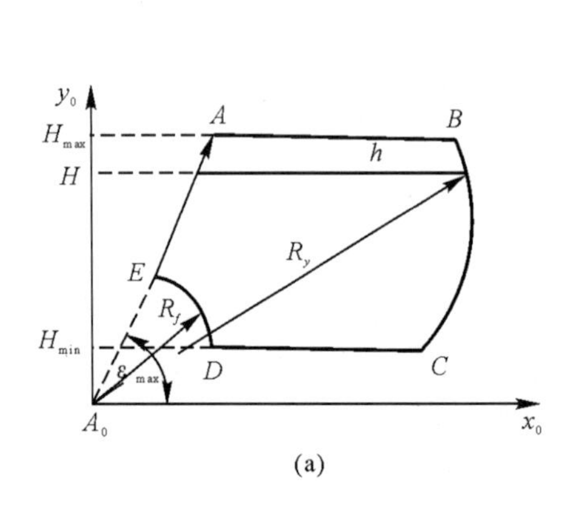

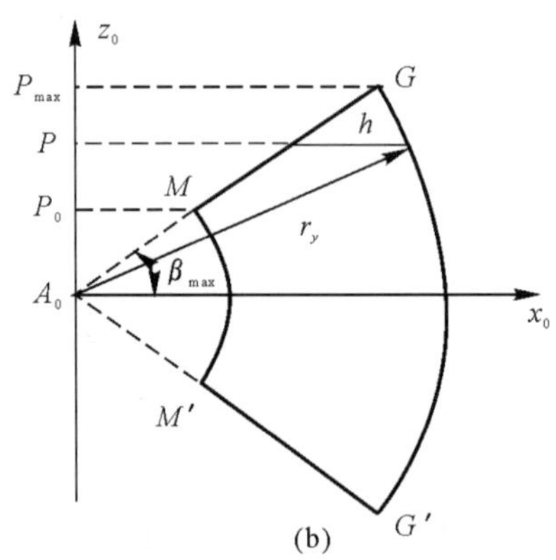

图 2.29　平面攻击区

(a)垂直平面攻击区；(b)水平平面攻击区

（1）垂直平面攻击区参数（见图 2.29(a)）

AB—— 攻击区高界，对应的 H_{max} 为攻击目标的最大高度；

BC—— 攻击区远界，对应的 R_y 为攻击区远界斜距；

CD—— 攻击区低界，对应的 H_{min} 为攻击区最小高度；

AED—— 攻击区近界，对应的 R_f 为攻击区近界斜距；

ε_{max}—— 攻击区最大高低角（俯仰角）；

h—— 攻击纵深。

(2) 水平平面攻击区参数(见图 2.29(b))

GG'—— 攻击区远界，对应 r_y 为垂直平面攻击区远界斜距 R_y 在典型水平平面上的投影；

$GM,G'M'$—— 攻击区侧界，对应 β_{max} 为最大航路角；

h—— 和垂直平面一样称为攻击区纵深；

P—— 航路捷径，定义是目标航向在水平面上的投影至导引站的垂直距离；

P_{max}—— 最大航路捷径；

P_0—— 当航路角为最大时(β_{max}) 攻击区近界上的航路捷径。

攻击区的大小受各方面因素所限制。导弹类型不同，攻击区有时有很大的差别。因此，攻击区的确定不能用一个简单和明显的数学表达式来确定。如图 2.30 所示，给出的是攻击区的典型垂直截面，其边界由以下条件来确定。

1) 远边界 BC：主要是受雷达作用距离和导弹的有效攻击距离的限制。影响导弹有效攻击距离的因素有导弹的可控飞行时间、导弹命中目标时的速度大小要求、发动机的工作时间以及导引方法等。

2) 高边界 AB：导弹所能达到的高度，此高度取决于导弹的机动性，即导弹所能产生的法向过载。

3) 侧边界 AE 和近边界 ED：AE 主要受雷达天线最大跟踪角速度和导弹可用过载的限制。ED 为攻击区边界的最短距离，此距离由导弹进入导引系统作用区的条件、拦截目标所需要达到的速度条件以及引信解除保险的时间所确定。

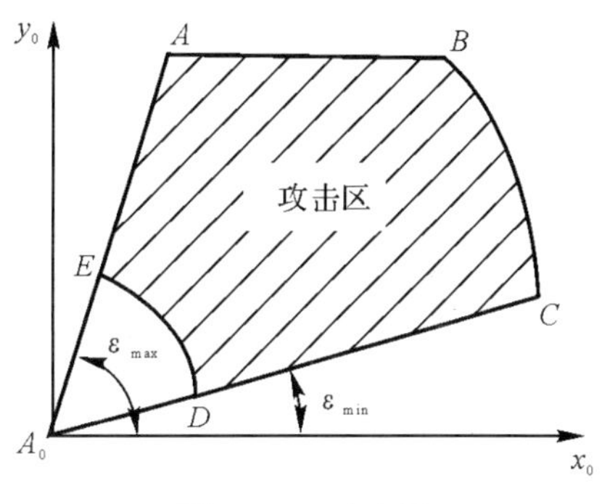

图 2.30　攻击区

4) 低边界 CD：主要是受雷达能成功截获的目标最低飞行高度、导弹低空性能、导引规律以及无线电引信参数等限制。

将图 2.30 所示的边界绕 A_0y_0 轴向左、向右各转 β_{max} 角，则垂直攻击区扫过的空间区域就是整个攻击区。

2. 地空导弹发射区

与攻击区紧密相连的是发射区。发射区是由发射瞬时目标所在的可能位置构成的空间区域。导弹与目标相遇是在攻击区内，可以用向目标运动相反的方向，平移攻击区所有点的方法来绘制发射区。各点移动距离是从导弹起飞到相遇点的一段时间内目标飞行的距离，如图 2.31 所示。图中 v_1 为目标的飞行速度，t_1，t_2 分别为在 1，2 两处导弹命中目标所需时间。

发射区的位置和大小取决于目标速度矢量的大小。为了选择导弹发射时机，必须知道发射区的位置。

2.4.4　机载导弹火力控制系统原理

机载火力控制(简称火控)系统按载机作战用途可分为歼击机火控系统、强击机或歼击轰炸机火控系统、轰炸机火控系统和武装直升机火控系统。不同的火控系统，在对空或对地攻击等方面的功能，虽各有侧重，但基本功能相同，即搜索、识别、跟踪和瞄准目标，引导载机接敌占位，控制弹药（包括空地导弹、空空导弹、火箭、炮弹、炸弹、水雷和鱼雷等）的投射和制导。

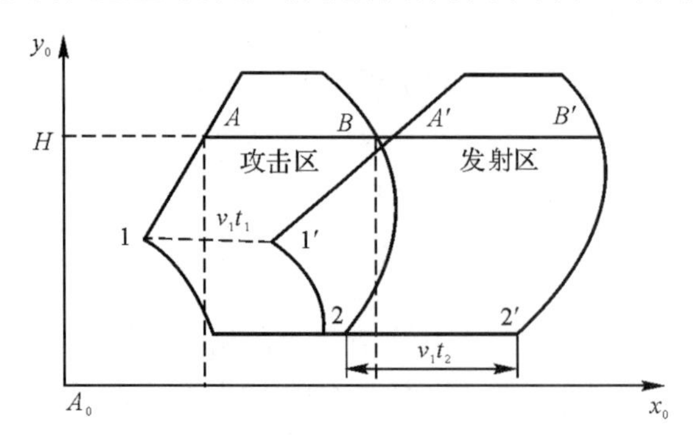

图 2.31　攻击区与发射区的关系

机载火控系统是在航空瞄准具的基础上发展起来的。它的功用就是用于武器瞄准、控制和管理，简称机载火控系统。机载火控系统通常由目标探测设备（包括雷达和光学观测装置，红外、激光和微光电视装置）、载机参数测量设备（包括各种传感器、大气数据计算机、无线电高度表和惯性平台）、火控计算机（有机电、电子模拟和电子数字计算机等类型）、瞄准显示设备（包括光学瞄准具头部显示器、平视显示器和下视显示器）和瞄准控制装置等组成。

其工作过程是，目标探测设备发现并跟踪目标后，将所测得的目标位置及运动参数（距离及其变化率、角速度、方位角等），载机参数测量设备所测得的载机飞行参数（高度、速度、加速度、角速度、姿态角、地速和偏流角等），以及武器弹道参数同时输入火控计算机，按预定程序进行弹道及火控计算，输出控制信息给显示器，或输出操纵指令给自动驾驶仪，飞行员即根据显示器显示的信息操纵载机（或炮塔传动装置），或由自动驾驶仪自动操纵载机，使武器迅速、准确地进入瞄准状态，及时投射，并将需要制导的弹药导向目标。

2.4.5　地面发射导弹火力控制系统原理

地面发射导弹武器打击空中目标的火力控制问题，其重点内容为地面发射防空导弹的导引规律和解决命中问题。

防空导弹导引方法是防空导弹制导控制系统按运动学的规律将防空导弹导向空中目标的制导方法。防空导弹的导引方法多种多样，如图 2.32 所示，有的建立在早期经典理论的概念上，有的建立在现代控制理论和对策理论的基础上。

2.4.5.1　经典导引方法

建立在早期经典理论概念基础上的导引方法通常称为经典导引方法。经典导引方法包括三点法、前置点或半前置点法、预测命中点法、纯追踪法、姿态追踪法、平行接近法、比例导引法。

但是最常使用的是三点法、半前置点法和比例导引法及其改进形式。不同制导控制系统有不同的导引方法。遥控制导控制系统通常采用三点法和前置点法。自寻的制导控制系统常用追踪法、前置角法、平行接近法和比例导引法。三点法和追踪法的理论弹道比较弯曲，适用于速度较小且不作机动的目标。前置点法、前置角法、平行接近法和比例导引法的理论弹道比较平直，适于对高空、高速度、机动的目标射击。

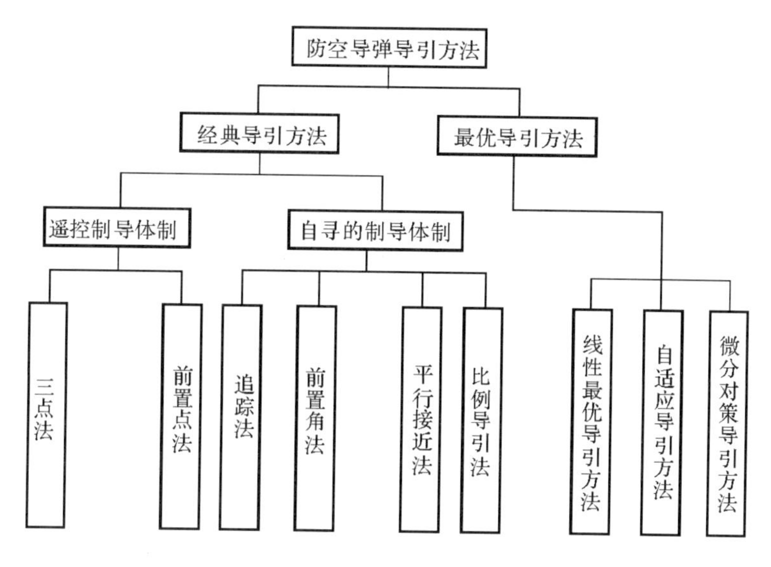

图 2.32　防空导弹导引方法分类图

2.4.5.2　最优导引方法

建立在现代控制理论和对策理论基础上的导引方法，通常称为最优导引方法。最优导引方法是根据防空导弹战术技术性能指标要求，引入最优性能指标（如最小燃料消耗、最小脱靶量、最短飞行时间等），把防空导弹或防空导弹与目标固有运动方程视为一组约束方程，加上边界约束条件后，通过极值原理，寻找出的一种导引规律。这类制导方法有线性最优导引方法、自适应导引方法、微分对策导引方法等。

最优导引方法的优点是不需要事先给出标准弹道，而完全由终端条件和防空导弹飞行中实时状态参数来确定，使实际飞行的轨道能同时满足所提出性能指标的最优的弹道。最优导引规律不仅使制导精度高，发射准备时间短，而且适应各种变化的能力强。

在防空导弹武器系统中，采用现代控制理论和对策理论研究的最优导引方法主要有线性最优、自适应制导以及微分对策等导引方法。随着性能指标选取的不同，它们的形式就不同。对于防空导弹而言，在最优导引方法中考虑的性能指标主要是①防空导弹在飞行中的总的横向需用过载最小；②终端脱靶量最小；③防空导弹和目标的交会角具有的特定要求。

在最优导引方法的研究中，一般都要考虑防空导弹和目标的动力学问题，常用一阶、二阶以至三阶系统来描述。但是，因为防空导弹的制导本来就是一个变参数并受到随机干扰的非线性问题，难以实现精确的最优制导，所以通常只好把防空导弹拦截目标的过程作线性化的假设，以求获得近似解。这种导引方法在工程上易于实现，并且在性能上接近于最优导引规律。

2.4.5.3　经典导引方法的基本原理

1. 遥控制导体制下导引方法的基本原理

在遥控制导（指令制导）体制下，目标跟踪雷达和防空导弹跟踪雷达实时提供目标和防空导弹的位置坐标信息。设某一时刻目标跟踪雷达提供的目标坐标为(D_m，ε_m，q_m)，防空导弹跟踪雷达提供的防空导弹坐标为(D_p,ε_p,q_p),它们被实时送入火力控制计算机中,用于计算并产生遥控引导控制指令。

为了确定防空导弹在空中的位置误差,必须确定每一个时刻防空导弹和空中目标的运动参数之间的关系方程,这个方程称为导引(函数)方程。通常,防空导弹的飞行控制,往往借助于两个相互垂直的平面的方向控制来实现,而无须考虑防空导弹的距离信息。基于这一控制原理,对于防空导弹的控制只需满足角度坐标的导引方程即可。

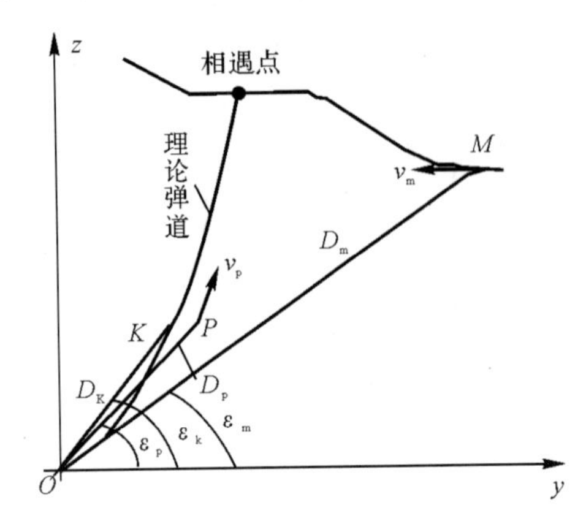

图 2.33　防空导弹与目标参数在极坐标系中的描述示意图

如图 2.33 所示,该方程的一般形式为

$$\varepsilon_k = F_1(\varepsilon_m, D_m, D_p, \dot{\varepsilon}_m, \dot{D}_m, \dot{D}_p, \cdots) \tag{2.7}$$

$$q_k = F_2(q_m, D_m, D_p, \dot{q}_m, \dot{D}_m, \dot{D}_p, \cdots) \tag{2.8}$$

式中　ε_k, q_k —— 防空导弹俯仰角和方位角的理论计算值;

ε_m, q_m —— 空中目标的俯仰角和方位角的实际测量值,由目标跟踪雷达提供;

ε_p, q_p —— 防空导弹的俯仰角和方位角的实际测量值,由导弹跟踪雷达提供。

由式(2.7)和式(2.8)可知,防空导弹与目标相遇的充分必要条件是在相遇点,防空导弹的理论角度坐标参数等于目标的角度坐标参数,即

当 $D_m = D_p$ 时,$\varepsilon_k = \varepsilon_m$ 和 $q_k = q_m$ 导引方程的具体形式,也就是函数 F_1 和 F_2 的数学表达式,确定了防空导弹飞向目标的具体导引方法。

综上所述,防空导弹的导引方法是防空导弹逼近目标的运动规律,它根据目标的运动参数和坐标,确定防空导弹的理论运动弹道,并确保防空导弹击中目标。导引方程的具体数学描述形式不同,导致了导引方法的差异。

由导引方法所确定的防空导弹飞行弹道称为理论弹道(或运动学弹道)。该弹道是在目标运动已知的条件下,将防空导弹看做质点,通过分析导弹飞行过程中所受的外力,并按照防空导弹飞向目标的运动学原理而求得的。

防空导弹在空中实际飞行的弹道称为实际弹道,它与理论弹道有本质区别,主要原因如下:

- 外部扰动对系统的作用力;
- 防空导弹的惯性力;
- 防空导弹自身的结构误差。

当然上述外界影响不应该超出防空导弹导引精度所允许的范围。

导引方程式(2.7)和导引方程式(2.8)可以写成下列形式：

$$\varepsilon_k = \varepsilon_m + A_\varepsilon \Delta D \tag{2.9}$$

$$q_k = q_m + A_q \Delta D \tag{2.10}$$

式中，A_ε，A_q—— 导引方法参数。

在防空导弹飞向目标的过程中，A_ε，A_q 可以为常量，也可以为变量，这取决于某时刻目标的位置坐标和运动参数；

ΔD—— 空中目标与防空导弹之间的斜距，$\Delta D = D_m - D_p$。

导引方程式(2.7)和导引方程式(2.8)之所以可以写成式(2.9)和式(2.10)的形式，是因为式(2.9)和式(2.10)给出并满足防空导弹与目标相遇的充要条件

当 $\Delta D = 0$ 时，　　$\varepsilon_k = \varepsilon_m$ 和 $q_k = q_m$

下面分析防空导弹偏离理论弹道的原因。防空导弹在空间的角度位置误差可以用下式表示：

$$\Delta_\varepsilon = \varepsilon_k - \varepsilon_p \tag{2.11}$$

$$\Delta_q = q_k - q_p \tag{2.12}$$

式中，Δ_ε，Δ_q—— 防空导弹在空间的方位角和俯仰角的位置误差。

将式(2.11)和式(2.12)分别代入式(2.9)和式(2.10)，得

$$\Delta_\varepsilon = \Delta\varepsilon + A_\varepsilon \Delta D \tag{2.13}$$

$$\Delta_q = \Delta q + A_q \Delta D \tag{2.14}$$

式中，$\Delta\varepsilon = \varepsilon_m - \varepsilon_p$，$\Delta q = q_m - q_p$。

通常，作为防空导弹的控制参数，习惯于使用距离误差来表示导弹飞行的实际弹道偏离理论弹道的大小。引入距离偏差量 $h_\varepsilon(h_q)$，如图 2.34 所示。在图 2.34 中，防空导弹应该在理论弹道上的 K 点，而由于外界因素的作用，导弹处于 P 点。K 点与 P 点之间的连线，就是距离偏差量 $h_\varepsilon(h_q)$。把 h_ε 和 h_q 定义为在遥控制导(指令制导)体制下的防空导弹导引控制参数。

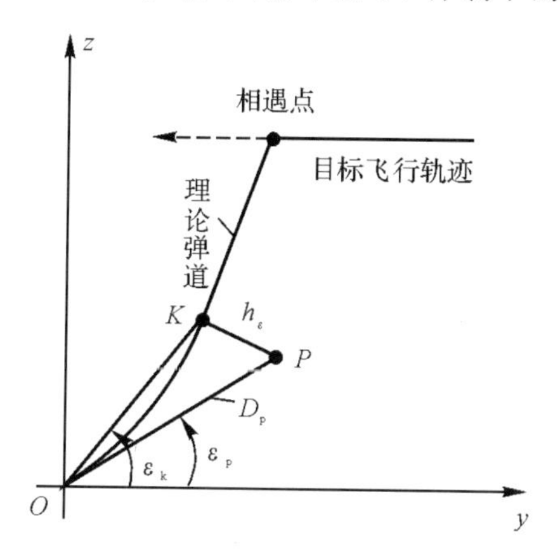

图 2.34　导引控制参数 h_ε 在极坐标系中的描述

当 $\Delta\varepsilon$ 和 Δq 较小时，导引控制参数 h_ε 和 h_q 可以分别用下式近似表示：

$$h_\varepsilon = \Delta_\varepsilon D_p = D_p(\Delta\varepsilon + \Delta_\varepsilon \Delta D) \tag{2.15}$$

$$h_q = \Delta_q D_p = D_p(\Delta q + \Delta_q \Delta D) \tag{2.16}$$

为了确定发射装置与导弹之间的距离 D_p，可以近似地将 D_p 看做时间 t 的函数，即 $D_p=F(t)$。在工程实现过程中，将函数 $D_p=F(t)$ 嵌入火力控制系统的制导控制指令解算程序中，借助于程序定时装置，从防空导弹发射时刻开始计时，可以实时求得 D_p 的近似值。采用这种近似办法的目的是满足前面提到的在建立防空导弹导引方程时“无须考虑防空导弹的距离信息”的原则。

由图 2.34 可以看出，当导引控制参数 $h_\varepsilon=0$ 和 $h_q=0$ 时，防空导弹位于理论弹道上；当导引控制参数 $h_\varepsilon\neq 0$ 和 $h_q\neq 0$ 时，导弹制导控制系统的火力控制计算机应该实时解算出与 h_ε 和 h_q 相一致的制导控制指令，控制防空导弹向减少 h_ε 和 h_q 的方向运动。由方程式(2.15)和方程式(2.16)可以看出，当导引方法参数 $A_\varepsilon=0, A_q=0$ 或 $A_\varepsilon=\text{const}, A_q=\text{const}$ 时，导引控制参数 h_ε 和 h_q 只与防空导弹和空中目标之间的相对位置有关，也就是说，只与防空导弹和空中目标之间的位置坐标之差有关。

以上讨论是在 xOy 和 yOz 两个相互垂直平面上的极坐标系中进行的。应该说明的是，在任意选择的两个相互垂直平面上的极坐标系中，都可以完成上述讨论。

2. 自寻的制导体制下导引方法的基本原理

对于自寻的制导体制，防空导弹相对于目标的位置决定于防空导弹与目标之间的距离和两者之间连线的方向。如图 2.35 所示，如果目标运动已知，对其运动参数进行实时测量就决定了防空导弹的飞行弹道(也称为两点法)。下面讨论垂直平面内的情况。当防空导弹与目标在垂直平面内运动时，两者之间连线的方向及其大小都在变化。图 2.35 中 P 点和 M 点及其连线变化的描述，可以用下列方程式表示：

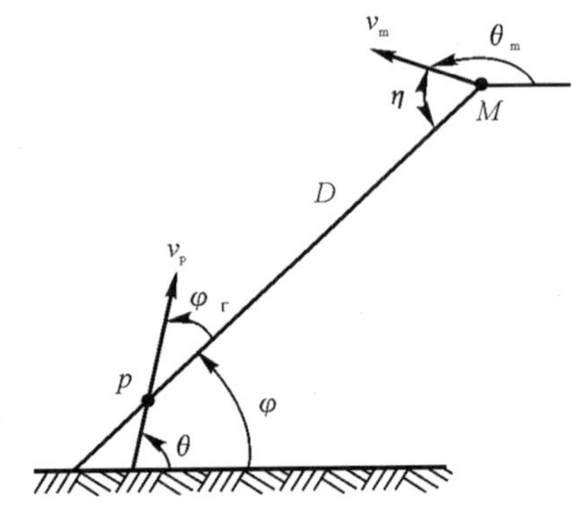

图 2.35　防空导弹自寻的制导体制导引方法在垂直平面中的描述示意图

$$\dot{D}=v_m\cos\eta+\dot{v}_p\cos\varphi_\Gamma \tag{2.16}$$

$$D\dot{\varphi}=v_m\sin\eta+v_p\sin\varphi_\Gamma \tag{2.17}$$

式中　D —— 防空导弹与目标之间的距离；

$\dot{D}$ —— 防空导弹与目标之间连线的距离变化率，即变化速率；

$\dot{\varphi}$ —— 防空导弹与目标之间连线与水平线夹角的变化率，即变化角速率；

φ_Γ —— 前置角，即防空导弹飞行速度矢量与防空导弹与目标之间连线的夹角；

η —— 空中目标飞行速度矢量与防空导弹与目标之间连线的夹角。

从图 2.35 中可知

$$\begin{cases}\varphi_\Gamma=\theta-\varphi\\ \eta=180^\circ-(\theta_m-\varphi)\end{cases}$$

式中　θ —— 防空导弹飞行速度矢量与水平线之间的夹角；

θ_m —— 空中目标飞行速度矢量与水平线之间的夹角。

将上式代入方程式(2.16)和方程式(2.17)，得

$$\dot{D}=v_m\cos(\theta_m-\varphi)-\dot{v}_p\cos(\theta-\varphi) \tag{2.18}$$

$$D\dot{\varphi}=v_{\mathrm{m}}\sin(\theta_{\mathrm{m}}-\varphi)-v_{\mathrm{p}}\sin(\theta-\varphi) \tag{2.19}$$

对每一时刻而言，可以认为目标速度 v_{m} 和方向 θ_{m} 以及防空导弹的速度 v_{p} 是已知的，而方程式(2.18) 和方程式(2.19) 中的未知变量为 D,φ,θ。这样，利用两个方程求解 3 个未知数，方程的解不是唯一的。也就是说，方程式(2.18) 和方程式(2.19) 并不能确定一条防空导弹的飞行弹道，必须补充一个方程，才能求得唯一的解(D,φ,θ)。补充方程应与 D,φ,θ 有关，其一般形式为

$$f(D,\varphi,\theta)=0 \tag{2.20}$$

方程式(2.20) 确定了垂直平面上自寻的制导体制下防空导弹的导引方法，称该方程为自寻的制导体制下的导引方程。该方程的具体形式，反映了针对防空导弹和目标相互运动的具体导引方法。如同遥控制导体制一样，采用角度量作为控制参数，而不考虑防空导弹与目标之间的距离 D，来实现防空导弹的引导控制，故导引方程为

$$f(\varphi,\theta)=0 \tag{2.21}$$

实际上，确定自寻的制导体制下防空导弹的导引方法就是确定防空导弹与目标之间连线的位置或防空导弹轴线的位置。前置角 φ_{Γ} 可以是常量，也可以是变量，这取决于防空导弹的运动参数。因此，确定自寻的制导体制下防空导弹导引方法的数学描述形式是不容易的。

由图 2.35 可知，为了保证防空导弹与目标相遇，防空导弹与目标之间的距离 D 对时间的微分必须为负数，这是必要条件，而不是充分条件。因此，这给自寻的制导体制下导引方法的分析带来一定的困难。

对于自寻的制导体制下防空导弹的导引方法，导引方程式(2.21) 具有下列形式：

(1) 追踪法：

$$\theta-\varphi=0 \tag{2.22}$$

(2) 常值前置角法：

$$\theta-\varphi=\varphi_{\Gamma0}=\mathrm{const} \tag{2.23}$$

式中，$\varphi_{\Gamma0}$ 为给定的常值前置角。

(3) 平行接近法：

$$\varphi=\varphi_0 \tag{2.24}$$

式中，φ_0 为自寻的制导方式开始工作时，防空导弹与目标之间连线与水平线夹角的初始角。

(4) 比例导引法：

$$\dot{\theta}=k\dot{\varphi} \tag{2.25}$$

式中　$\dot{\theta}$ —— 防空导弹速度矢量的变化角速度；

k —— 比例常数；

$\dot{\varphi}$ —— 防空导弹与目标之间连线与水平线夹角的变化角速度。

从式(2.21) ～ 式(2.25) 可以看出，对于自寻的制导体制，导引控制参数(误差信号) 取决于角度的测量信号或导弹-目标之间连线的角速率信号，即角度(角速率) 的给定值与测量值的差描述了防空导弹飞离给定弹道的偏差。

2.4.5.4　最优导引方法的基本原理

随着科学技术的飞速发展，应用现代控制理论和对策理论，人们求得了许多先进的最优导

引方法、自适应导引方法和微分对策导引方法等。这些导引方法用于对付高速度、大机动和具有释放干扰能力的空中目标是非常有效的。

1. 线性最优导引方法的基本原理

最优导引方法最常见的是建立在二次性能指标上的最优线性导引方法。在设计导引方法时，根据战术技术指标要求，引入性能指标，把导弹或导弹与目标的固有运动方程视为一组约束方程，加上边界约束条件后，应用庞特里雅金提出的极小值原理寻找某一导引方法。用数学表达式来描述时，其过程如下：

设导弹的运动方程组为

$$\dot{X} = f(X, u, t) \tag{2.26}$$

初始条件为

$$X(t_0) = X_0$$

式中 X —— 状态变量；

u —— 导引方法控制变量。

要求寻找的最优导引方法 u 所在的允许变量空间为

$$U = \{u \mid \varphi_i \leqslant 0, i = 1, 2, \cdots, p\}$$

寻找的最优导引方法的 u，就是在约束条件下，当防空导弹运动方程从初始状态转移到与目标相遇的终止状态时，应该满足目标集：

$$\Omega = \{X, t_f, N_j[X(t_f), t_f], j = 1, 2, \cdots, k\}$$

并使性能指标

$$J(u) = \frac{\boldsymbol{X}^{\mathrm{T}}(t_f)\boldsymbol{S}(t_f)\boldsymbol{X}(t_f)}{2} + \frac{C}{2}\int_{t_0}^{t_t} \boldsymbol{u}^{\mathrm{T}}(t)\boldsymbol{R}(t)\boldsymbol{u}(t)\,\mathrm{d}t$$

达到最小值。

2. 自适应最优导引方法的基本原理

自适应最优导引方法能较好地反映防空导弹的运动随外界环境因素的变化而变化的规律。在防空导弹飞行过程中，外界环境因素(如飞行高度、飞行速度、大气条件以及系统本身一些不确定性等因素)的影响是不断变化的，弹上制导控制系统根据自适应最优导引方法的要求，不断测量被控对象(防空导弹)的状态参数，从而辨识或掌握对象的当前状况，并与期望的控制指标相比较，进而做出决策来调整和改变控制器的结构与参数，以保证防空导弹可以处于某种性能指标下的最优或次最优状态飞行。因此研究防空导弹自适应最优导引方法具有很大意义。随着微型计算机技术的发展，使防空导弹实现自适应最优导引方法也有了可能。

自适应最优导引方法的实现可以采用模型参考自适应控制系统或自校正自适应控制系统。自校正自适应控制系统如图 2.36 所示，它由被控制对象、辨识器和调节器(自适应最优导引方法控制规律)等组成。

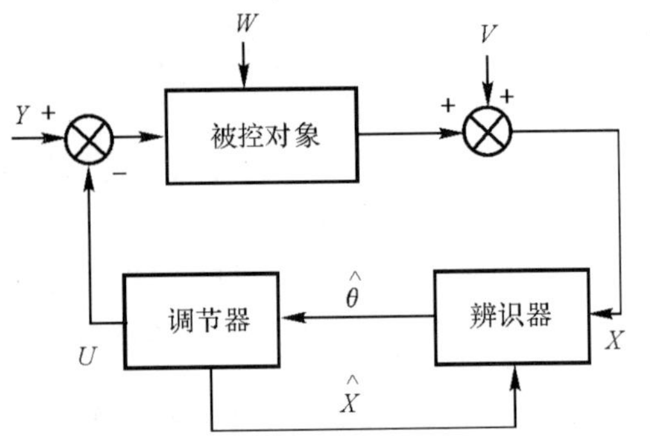

图 2.36 自校正自适应控制系统

模型参考自适应控制系统，如图 2.37 所示，它由参考模型、被控对象、控制器和自适应控制规律等组成。

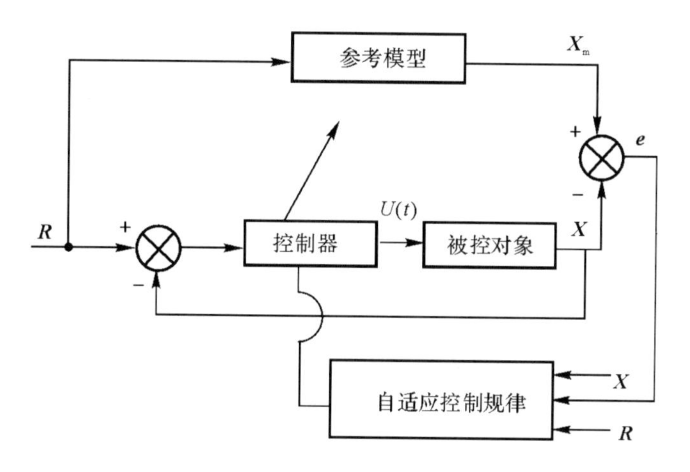

图 2.37　模型参考自适应控制系统

下面研究自校正自适应最优导引方法具体实现的工作原理。设防空导弹的运动方程为

$$\dot{\boldsymbol{X}} = f(\boldsymbol{X}, \boldsymbol{u}, t) \tag{2.27}$$

式中　$\boldsymbol{X}$ —— 防空导弹运动的状态变量矢量；

$\boldsymbol{u}$ —— 导引方法控制变量矢量。

其初值为

$$\boldsymbol{X}(t_0) \approx \boldsymbol{X}_0$$

终端约束条件为

$$\boldsymbol{Y} = f(\boldsymbol{x})$$

首先，将防空导弹的运动方程在基准的理论弹道附近线性化，得

$$\delta\dot{\boldsymbol{X}} = \boldsymbol{F}\delta\boldsymbol{X} + \boldsymbol{N}\delta\boldsymbol{u}$$

式中　$\boldsymbol{F}, \boldsymbol{N}$—— 系数矩阵。

定义

$$\boldsymbol{F} = \frac{\partial\dot{\boldsymbol{X}}}{\partial\boldsymbol{X}}, \quad \boldsymbol{N} = \frac{\partial\dot{\boldsymbol{X}}}{\partial\boldsymbol{u}}$$

其次，将终端约束条件 $\boldsymbol{Y} = f(\boldsymbol{x})$ 线性化，得

$$\delta\boldsymbol{H} = \delta\boldsymbol{X}\boldsymbol{Y}$$

式中　$\boldsymbol{H}$—— 系数矢量。

定义：

$$\boldsymbol{H} = \frac{\partial\boldsymbol{Y}}{\partial\boldsymbol{X}}$$

最后，整理求得线性化的防空导弹弹道方程：

$$\boldsymbol{\Gamma}\delta\boldsymbol{u} = \delta\boldsymbol{Y} \tag{2.28}$$

$$\delta\boldsymbol{X}_0 = \boldsymbol{0} \tag{2.29}$$

式中

$$\boldsymbol{\Gamma} = \boldsymbol{H}\boldsymbol{\Gamma}_x$$

$$\dot{\boldsymbol{\Gamma}}_x = \boldsymbol{F}\boldsymbol{\Gamma}_x + \boldsymbol{N}$$

通过对 $\dot{\boldsymbol{\Gamma}}_x$ 的积分求解，可以得到 $\boldsymbol{\Gamma}_x$。

由图2.38可知，根据当前的控制矢量 $\boldsymbol{u}$，将防空导弹的飞行弹道从当前时间积分到与目标相遇的终端时间，求得防空导弹的预测弹道。同时积分 $\boldsymbol{\Gamma}_x$ 的微分方程 $\dot{\boldsymbol{\Gamma}}_x=\boldsymbol{A}\boldsymbol{\Gamma}_x+\boldsymbol{N}$，并在终端时间产生矩阵 $\boldsymbol{\Gamma}$。将计算的预测约束条件与要求的约束条件进行比较，如果要求的约束条件不能满足，可以利用正交分解法求解 $\boldsymbol{\Gamma}\delta\boldsymbol{u}=\delta\boldsymbol{Y}$ 和 $\delta\boldsymbol{X}_0=\boldsymbol{0}$ 方程式，以便产生满足约束条件并使性能指标达到最小的控制变量值。一旦方程式有解，则新的矢量就构成。这个算法循环进行直到收敛为止，这时导弹的控制指令用新的量来代替，新的控制继续到下一次制导修正为止。

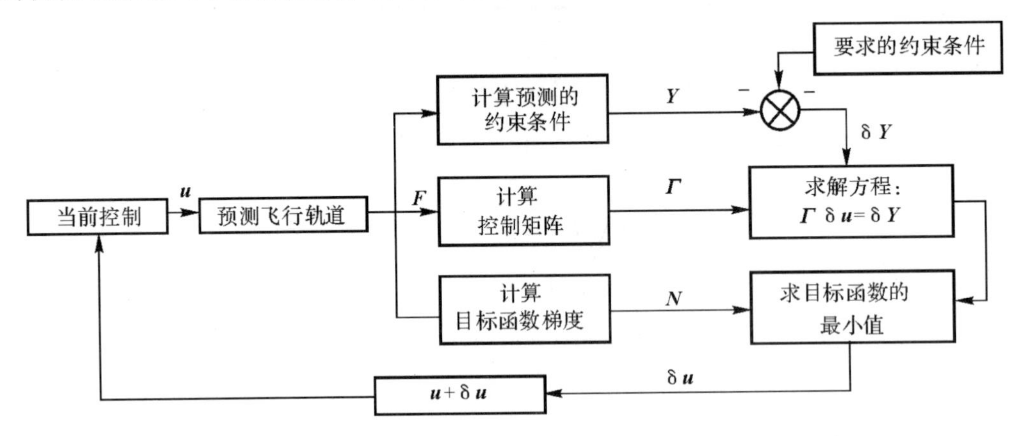

图 2.38　自校正自适应最优导引方法具体实现过程示意图

3. 微分对策最优导引方法的原理

近年来，微分对策理论在防空导弹武器中的应用主要是用于设计最优导引方法。在设计过程中通常要考虑两个方面的情况：① 目标本身带有控制并且目标的机动性预先不能确定；② 把其他干扰或扰动形成的目标不确定性等效于目标带有控制而实现的机动。防空导弹拦截目标时，可以选择各种性能指标的对策，目标也可用相应的对策进行对抗。例如，防空导弹的最优导引方法性能指标若是按“使终端脱靶量和控制量最小”的最优指标进行选择，当目标力图躲避或摆脱导弹的跟踪而机动时，将在其控制量最小的情况下力求使脱靶量最大。该过程用数学模型描述如下。

设导弹和目标的运动方程式是

$$\dot{X}=f(\boldsymbol{X},\boldsymbol{u}_m,\boldsymbol{u}_t,t) \tag{2.30}$$

其初值为

$$\boldsymbol{X}(t_0)=\boldsymbol{X}_0$$

式中　$\boldsymbol{X}$ —— 导弹与目标的状态变量，n 维列矢量；

$\boldsymbol{u}$ —— 导弹导引方法的控制变量，r 维列矢量；

$\boldsymbol{u}_t$ —— 目标机动的描述变量，s 维列矢量。

现给出在允许的控制条件和终端约束条件下的性能指标方程：

$$J(\boldsymbol{u}_m,\boldsymbol{u}_t)=\phi(\boldsymbol{X}(t_f),t_f)+\int_{t_0}^{t_t}L(\boldsymbol{X},\boldsymbol{u}_m,\boldsymbol{u}_t,t)\mathrm{d}t$$

式中　$\phi(\boldsymbol{X}(t_f),t_f)$ —— 约束条件函数；

$L(\boldsymbol{X},\boldsymbol{u}_m,\boldsymbol{u}_t,t)$ —— 性能函数。

由上面的微分对策的假设可知，对于防空导弹，应该寻找 $\boldsymbol{u}_m$，以使 $J(\boldsymbol{u}_m,\boldsymbol{u}_t)$ 取最小值；而对于空中目标，则要寻找 $\boldsymbol{u}_t$，以使 $J(\boldsymbol{u}_m,\boldsymbol{u}_t)$ 取最大值，也就是在允许的控制条件下，寻找$(\boldsymbol{u}_{m_0},\boldsymbol{u}_{t_0})$使下述不等式成立的最优策略：

$$J(\boldsymbol{u}_{m_0},\boldsymbol{u}_t)\leqslant J(\boldsymbol{u}_{m_0},\boldsymbol{u}_{t_0})\leqslant J(\boldsymbol{u}_m,\boldsymbol{u}_{t_0})$$

2.4.5.5　防空导弹导引方法的基本要求

防空导弹导引方法的选择需要考虑多种因素。为了正确选择导引方法，应该遵循下列基本要求。

（1）对于整个理论弹道而言，导引方法应该保证最小的弹道曲率，特别是在防空导弹与目标的相遇点附近。

根据空气动力学的原理，防空导弹的机动性能是有限的。在给定的飞行条件和飞行速度下，防空导弹飞行弹道的最小曲率半径的大小取决于导弹自身拥有的过载量 n_p 的大小。防空导弹沿要求的理论弹道飞行的条件是防空导弹必须具有要求的过载量 n_k。在目标飞行运动参数和防空导弹飞行速度一定的条件下，要求的过载量是导引方法的函数。通过比较防空导弹拥有的过载量和要求的过载量，可以评估防空导弹沿要求的理论弹道飞行的能力，也就是在给定的射击条件下，防空导弹与目标相遇的可能性。

在导引误差允许的范围内，在每一个控制平面内，要将防空导弹导引向目标，应该满足下列条件：

$$n_p\geqslant n_k+n_\phi+n_B+n_W \tag{2.31}$$

式中　n_p —— 防空导弹自身拥有的过载量；

n_k —— 防空导弹沿要求的理论弹道飞行所要求的过载量；

n_ϕ —— 防空导弹为克服随机扰动而必须留有的法向过载裕度量；

n_B —— 防空导弹为补偿自身重力而必须留有的过载量；

n_W —— 在自寻的制导体制下，考虑到防空导弹的轴向加速度引起的导弹目标连线的角速度变化，防空导弹为克服该变化而必须留有的过载量。

由此可见，已知目标的飞行机动特性后（目标飞行运动参数和高度的范围），要引导防空导弹与目标相遇，导引方法决定了防空导弹的飞行机动要求。如果导引方法提供了一种飞行弹道，当防空导弹逼近目标时，导弹飞行弹道的曲率相应地变大，那么，该防空导弹武器系统应该拥有一种具有较强飞行机动性的防空导弹。防空导弹机动性的增加，将导致其质量和体积的增大。另外，弹道曲率的增加也将在相遇点附近引起导引误差的增加，以及引起防空导弹飞行时间和距离的增加，影响了整个武器系统的射击效率。因此，导引方法保证最小的弹道曲率是对其的基本要求之一。

（2）在目标的任意飞行高度、速度和航路捷径条件下，导引方法应能确保将防空导弹引向目标。通常，空中目标的飞行速度变化范围在几十米每秒至一千多米每秒，其飞行高度从几米到 25 km 左右。当使用防空导弹对空中目标实施攻击时，为击毁目标，首先考虑的是引导防空导弹迎面攻击目标。但是，由于目标的机动性和防空导弹武器系统的通道数量有限，因此，在拦截目标的过程中，还会出现防空导弹从尾部追击目标的情形。因此，在选择导引方法时，既要考虑防空导弹武器系统迎面攻击目标的作战方式，也要考虑其从尾部追击目标的作战方式。

(3)导引方法应能在不同射击条件下保证导引精度。值得注意的是,当飞机飞行员已经发现防空导弹发射时,将采用多种抗导弹攻击的机动来躲避防空导弹的打击。因此,在选择导引方法时,应该特别注意其引导防空导弹打击机动性强的目标的能力。也就是说,目标的机动性不应该使防空导弹的导引精度降低。

(4)导引方法应是简单且便于实现的。但是,这一要求应该首先服从于防空导弹武器系统的战术和技术指标的要求。

本章要点

1.导弹制导控制系统组成原理。
2.导弹制导系统分类。
3.作用在导弹上的力和力矩。
4.导弹气动外形及操纵特点。
5.火控系统功用及组成。
6.攻击区定义及类型。

习　　题

1.导弹制导控制系统基本构成?
2.导弹制导系统主要分成哪几类?并分别阐述各自的特点。
3.作用在导弹上的力和力矩有哪些?
4.法向控制力的建立方法有哪几种?如何实现法向控制力的作用方向?
5.导弹的气动布局有哪几种?它们的操纵特点是什么?
6.如果导弹以控制通道的选择作为分类原则,导弹控制方式可分为哪几类?
7.推力矢量控制分为哪几类?*
8.推力矢量控制对控制装置有哪些要求?*
9.反馈在制导控制系统中有哪些作用?
10.简述导弹控制系统的组成原理。
11.简述火力控制系统的定义。
12.一般火力控制系统都有哪几大组成部分?
13.火力控制系统的功用和组成是什么?
14.导弹火力控制系统可分为哪几类?
15.攻击区指什么?它的类型有哪些?
16.对攻击区有哪些要求?
17. 机载导弹火力控制系统原理是什么?
18. 经典导引方法和最优导引方法有哪些?
19. 叙述经典导引方法的基本原理和最优导引方法的基本原理。

20. 防空导弹导引方法有哪些基本要求?

参 考 文 献

[1]　张有济.战术导弹飞行力学设计(上,下).北京:宇航出版社,1996.
[2]　杨军.导弹控制系统设计原理.西安:西北工业大学出版社,1997.
[3]　郑志伟.空空导弹系统概论.北京:兵器工业出版社,1997.
[4]　杨军,杨晨,等.现代导弹制导控制系统设计.北京:航空工业出版社,2005.
[5]　陈士橹.导弹飞行力学.北京:高等教育出版社,1983.
[6]　彭冠一.防空导弹武器制导控制系统设计.北京:宇航出版社,1996.
[7]　胡寿松.自动控制原理.北京:科学出版社,2001.
[8]　孟秀云.导弹制导与控制系统原理.北京:北京理工大学出版社,2003.
[9]　沈如松.导弹武器系统概论.北京:国防工业出版社,2010.
[10]　樊会涛.空空导弹方案设计原理.北京:航空工业出版社,2013.
[11]　沈昭烈,吴震.空空导弹推力矢量控制系统.战术导弹控制技术,2002(2):1-6.

第3章　导弹的基本特性

作为闭环自动控制系统元件的导弹的特性在一定程度上确定了制导控制系统的结构与特性，除此以外，还影响这些系统单独元件的特性。当设计作为控制对象的导弹时，从导弹制导控制系统设计的角度对其提出要求是十分必要的，这将使系统组成更加合理，对系统元件的要求也不会太苛刻，使用不复杂的元件也就不会使整个制导和控制系统变得过于复杂。类似地，导弹制导控制系统的设计必须适应导弹的特点，必须满足它对制导控制系统的约束和要求。总之，当设计导弹及其制导控制系统时，要全面地考虑相互的约束和要求，这样才能设计和建造出简单可靠的制导控制系统。

本章根据自动控制理论的基本原理以及国内外已公布的资料，从控制的角度提出了对导弹设计的基本要求。同时，考虑导弹制导控制系统分析与设计的需要，给出了导弹的动力学方程、弹体传递函数简化模型以及弹体的动态特性分析。

3.1　导弹运动方程组

导弹运动方程是表征导弹运动规律的数学模型，也是分析、计算或模拟导弹运动的基础。在建立导弹弹体运动模型之前，需要规定和采用一些常用的坐标系定义，同时还必须采用一些假设，以保证简化运动方程且不失一般性。

3.1.1　坐标系定义

现先将常用的几种坐标系简述如下。

1. 地心惯性坐标系($O_EX_IY_IZ_I$)

该坐标系的原点在地心 O_E 处。O_EX_I 轴在赤道面内指向平春分点；O_EZ_I 轴垂直于赤道平面，与地球自转轴重合，指向北极；O_EY_I 轴由右手法则确定。

2. 地心坐标系($O_EX_EY_EZ_E$)

坐标系原点在地心 O_E 处，O_EX_E 轴在赤道平面内指向某时刻 t_0 的起始子午线(通常取格林尼治天文台所在子午线)，O_EZ_E 轴垂直于赤道平面指向北极，O_EY_E 轴由右手法则确定。

3. 发射坐标系($Oxyz$)

坐标原点与发射点O固连；ox 轴在发射点水平面内，指向发射瞄准方向；oy 轴垂直于发射点水平面指向上方；oz 轴由右手法则确定。

4. 发射惯性坐标系($O_Ax_Ay_Az_A$)

飞行器起飞瞬间，O_A 与发射点 O 重合，各坐标轴与发射坐标轴也相应重合。飞行器起飞后，o_A 点及坐标系各轴方向在惯性空间保持不动。

5. 弹体坐标系($O_1x_1y_1z_1$)

原点 O_1 选在导弹重心；o_1x_1 轴与弹体几何纵轴一致，指向弹头方向为正；o_1y_1 轴在导弹纵向对称平面内，与 o_1x_1 垂直，向上为正；o_1z_1 轴按右手法则确定。

此坐标系与地面坐标系结合可决定导弹的姿态，通常以下述三个姿态角描述：

俯仰角 ϑ——o_1x_1 与 xoz 平面间的夹角，抬头为正；

偏航角 Ψ——o_1x_1 在 xoz 平面投影与 ox 轴的夹角，由 ox 轴量起，逆时针方向为正；

滚动角 γ——o_1y_1 轴与通过纵轴的垂直平面的夹角，从尾部向头部看，导弹由垂直面向右滚动为正。

由于轴对称导弹弹体轴即为惯性主轴，而对于惯性主轴存在：惯性积 $J_{x1y1}=J_{y1z1}=J_{z1x1}=0$，所以在刚体旋转方程中与这些量有关的诸项均可消去，故旋转运动方程常采用弹体坐标系。

6. 弹道固连坐标系（即半速度坐标系 $O_1x_2y_2z_2$）

原点仍在重心 O_1；O_1x_2 轴沿速度方向，指向飞行方向为正；o_1y_2 轴在包含速度矢量的垂直平面内与 o_1x_2 垂直，向上为正；o_1z_2 轴按右手法则决定。

弹道固连坐标系与地面坐标系结合，可描述弹道特征。所采用特征角如下：

弹道倾角（航迹角）θ——o_1x_2 与水平面间夹角，指向水平面以上为正；

航向角（弹道偏角）ψ_v——o_1x_2 在水平面上投影与地面坐标系 ox 轴的夹角。由 ox 量起，逆时针方向为正。

用此坐标系描述刚体平移运动方程可以得到比较简单的形式。

7. 速度坐标系（$O_1x_3y_3z_3$）

原点仍在重心 O_1；o_1x_3 轴与 o_1x_2 轴一致；o_1y_3 轴垂直于 o_1x_3，位于导弹弹体纵向对称平面内，向上为正；o_1z_3 轴按右手法则确定。

此坐标系与弹体坐标系结合可描述弹体与气流的相对关系，其间的特征角如下：

攻角 α——o_1x_3 在导弹纵向对称平面内投影与 o_1x_1 轴的夹角，抬头为正；

侧滑角 β——o_1x_3 与弹体纵向对称面间的夹角。从尾部向头部看，离开对称面向右侧滑为正。

3.1.2　导弹广义空气动力方程

空气动力 R 和力矩 M 取决于飞行的速度 v、导弹的几何尺寸与形状、导弹的方位角、空气的密度 ρ_∞、温度 T 等。根据量纲分析和相似理论得到

$$R=C_Rq_\infty S,\quad M=C_Mq_\infty SL \tag{3.1}$$

式中　q_∞ —— 远前方来流动压；

S —— 特征面积；

L —— 特征长度；

C_R —— 空气动力系数；

C_M —— 空气动力矩系数。

在实际计算和分析导弹的气动特性时，需要把空气动力和力矩分解到一定的坐标系上，并赋予各分量相应的定义。在空气动力学中常用的坐标系有两个：速度坐标系和弹体坐标系。

空气动力系数沿速度坐标系分解：C_x 为阻力系数（一般定义指向后方为正），C_y 为升力系

数，C_z 为侧力系数。

空气动力系数沿弹体坐标系分解：C_{x1} 为轴向力系数（一般定义指向前方为正），C_{y1} 为法向力系数，C_{z1} 为侧向力系数。

空气动力矩系数沿弹体系分解：m_x 为滚转力矩系数，m_y 为偏航力矩系数，m_z 为俯仰力矩系数。

换算公式为

$$\begin{bmatrix} C_{x1} \\ C_{y1} \\ C_{z1} \end{bmatrix} = \begin{bmatrix} \cos\alpha\cos\beta & \sin\alpha & -\cos\alpha\sin\beta \\ -\sin\alpha\cos\beta & \cos\alpha & \sin\alpha\sin\beta \\ \sin\beta & 0 & \cos\beta \end{bmatrix} = \begin{bmatrix} -C_x \\ C_y \\ C_z \end{bmatrix} \tag{3.2}$$

1.空气动力

空气动力是导弹在空气中运动时产生并作用于导弹压心上的气动力。气动力在速度坐标系 $o_1x_3y_3z_3$ 上可以分解为三个分量，即阻力 X、升力 Y 和侧力 Z。它们分别以气动系数表示为

$$\left.\begin{aligned} X &= C_x qS \\ Y &= C_y qS \\ Z &= C_z qS \end{aligned}\right\} \tag{3.3}$$

式中　C_x —— 阻力系数；

C_y —— 升力系数；

C_z —— 侧力系数；

$q = \frac{1}{2}\rho v^2$；

S —— 气动力参考面积。

阻力 X 通常包括零升阻力和诱导阻力两部分，因此阻力系数可表示为 $C_x = C_{x0} + C_{xi}$。C_{x0} 为零升阻力系数，C_{xi} 为诱导阻力系数。前者仅取决于导弹的飞行高度和飞行马赫数，后者还与导弹的攻角和侧滑角有关。

升力 Y 主要由弹身、弹翼和舵面产生。当攻角和舵偏角比较小的情况下，升力系数可近似用线性公式表示，即

$$C_y = C_{y0} + C_y^{\alpha}\alpha + C_y^{\delta_z}\delta_z \tag{3.4}$$

式中　C_{y0} —— 零攻角升力系数，对于轴对称导弹，$C_{y0} = 0$。

对于轴对称导弹来说，其侧力系数的求法与升力系数相同，即

$$\left.\begin{aligned} C_z^{\beta} &= -C_y^{\alpha} \\ C_z^{\delta_y} &= -C_y^{\delta_z} \end{aligned}\right\} \tag{3.5}$$

2.空气动力产生的力矩

研究作用在导弹上的力矩时采用弹体坐标系。

俯仰力矩：$M_z = m_z qSL$；

偏航力矩：$M_y = m_y qSL$；

滚转力矩：$M_x = m_x qSL$。

俯仰力矩也称为纵向力矩，由空气动力和喷气反作用产生。在给定飞行速度和高度下，俯仰力矩系数与许多因素有关，其可以表示为攻角、舵偏角、俯仰角速率以及攻角和舵偏角变化率的函数，在 $\alpha, \delta_z, \omega_z, \dot{\alpha}, \dot{\delta}_z$ 比较小的情况下，为

$$m_z = m_{z0} + m_z^{\alpha}\alpha + m_z^{\delta_z}\delta_z + m_z^{\bar{\omega}_z}\bar{\omega}_z + m_z^{\bar{\dot{\alpha}}}\bar{\dot{\alpha}} + m_z^{\bar{\dot{\delta}}_z}\bar{\dot{\delta}}_z \tag{3.6}$$

式中　$\bar{\omega}_z$ —— 无量纲俯仰角速度，$\bar{\omega}_z = \dfrac{\omega_z L}{v}$；

$\bar{\dot{\alpha}}, \bar{\dot{\delta}}_z$ —— 无量纲的角度变化率，可分别表示为$\bar{\dot{\alpha}} = \dfrac{\dot{\alpha} L}{v}$，$\bar{\dot{\delta}}_z = \dfrac{\dot{\delta}_z L}{v}$；

m_{z0} —— 当 $\alpha = \delta_z = \omega_z = \dot{\alpha} = \dot{\delta}_z = 0$ 时的俯仰力矩系数，它是由于导弹外形相对于弹体坐标系的 $x_1o_1z_1$ 平面不对称引起的，主要取决于飞行马赫数、导弹的几何形状、弹翼或安定面的安装角。

相对于 o_1y_1 轴的偏航力矩与俯仰力矩在机理上完全相似。俯仰力矩主要由作用在导弹部件弹身、弹翼、尾翼等的法向力所产生，而偏航力矩则由相应部件的侧向力所产生。显然偏航力矩系数可以表示为

$$m_y = m_y^{\beta}\beta + m_y^{\delta_y}\delta_y + m_y^{\bar{\omega}_y}\bar{\omega}_y + m_y^{\bar{\dot{\beta}}}\bar{\dot{\beta}} + m_m^{\bar{\dot{\delta}}_y}\bar{\dot{\delta}}_y + m_y^{\bar{\omega}_x}\bar{\omega}_x \tag{3.7}$$

式中，$\bar{\omega}_y = \dfrac{\omega_y L}{v}$，$\bar{\dot{\beta}} = \dfrac{\dot{\beta} L}{v}$，$\bar{\dot{\delta}}_y = \dfrac{\dot{\delta}_y L}{v}$。

由于所有导弹外形都是相对于 $x_1o_1y_1$ 平面对称的，m_{y0} 总是等于零。

导弹在非对称扰流情况下，发生相对于纵轴的力矩，称为滚转力矩。与分析其他空气动力和力矩相同，其系数可以表示为

$$m_x = m_{x0} + m_x^{\beta}\beta + m_x^{\delta_x}\delta_x + m_y^{\delta_y}\delta_y + m_x^{\bar{\omega}_x}\bar{\omega}_x + m_x^{\bar{\omega}_y}\bar{\omega}_y \tag{3.8}$$

式中　m_{x0} —— 由生产误差引起的外形不对称产生的力矩系数；

m_x^{β} —— 恢复力矩系数；

$m_x^{\delta_x}$ —— 操纵力矩系数；

$m_y^{\delta_y}$ —— 垂尾效应动力系数；

$m_x^{\bar{\omega}_x}, m_x^{\bar{\omega}_y}$ —— 无量纲的旋转导数。

3.1.3　导弹刚体运动方程

地球本不是一个绝对的惯性系，其本身是一个绕自身旋转的球体。导弹在地球上飞行，严格地说是要考虑到地球的这些特点的，因此首先给出在考虑地球曲率和自转的导弹六自由度刚体模型。

(1) 在发射坐标系中建立的质心动力学方程为

$$m\begin{bmatrix} \dfrac{\mathrm{d}v_x}{\mathrm{d}t} \\ \dfrac{\mathrm{d}v_y}{\mathrm{d}t} \\ \dfrac{\mathrm{d}v_z}{\mathrm{d}t} \end{bmatrix} = \boldsymbol{G}_{\mathrm{B}}\begin{bmatrix} P_{\mathrm{e}} \\ Y_{1\mathrm{c}} + 2m\omega_{Tz1}x_{1\mathrm{e}} \\ Z_{1\mathrm{c}} - 2m\omega_{Ty1}x_{1\mathrm{e}} \end{bmatrix} + G_v\begin{bmatrix} -C_x q S_M \\ C_y^{\alpha} q S_M \alpha \\ -C_y^{\alpha} q S_M \beta \end{bmatrix} + m\frac{g'_r}{r}\begin{bmatrix} x + R_{ox} \\ y + R_{oy} \\ z + R_{oz} \end{bmatrix} +$$

$$m\frac{g_{\omega\mathrm{e}}}{\omega_{\mathrm{e}}}\begin{bmatrix} \omega_{\mathrm{e}x} \\ \omega_{\mathrm{e}y} \\ \omega_{\mathrm{e}z} \end{bmatrix} - m\begin{bmatrix} d_{11} & d_{12} & d_{13} \\ d_{21} & d_{22} & d_{23} \\ d_{31} & d_{32} & d_{33} \end{bmatrix}\begin{bmatrix} x + R_{ox} \\ y + R_{oy} \\ z + R_{oz} \end{bmatrix} - m\begin{bmatrix} f_{11} & f_{12} & f_{13} \\ f_{21} & f_{22} & f_{23} \\ f_{31} & f_{32} & f_{33} \end{bmatrix}\begin{bmatrix} \dot{x} \\ \dot{y} \\ \dot{z} \end{bmatrix}$$

其中，

$$
\boldsymbol{G}_{B}=\begin{bmatrix}
\cos\varphi\cos\psi & \cos\varphi\sin\psi\sin\gamma-\sin\varphi\cos\gamma & \cos\varphi\sin\psi\cos\gamma+\sin\varphi\sin\gamma \\
\sin\varphi\cos\psi & \sin\varphi\sin\psi\sin\gamma+\cos\varphi\cos\gamma & \sin\varphi\sin\psi\cos\gamma-\cos\varphi\sin\gamma \\
-\sin\psi & \cos\varphi\sin\gamma & \cos\varphi\cos\gamma
\end{bmatrix}
$$

$P_e=P-X_{1c}$ 为有效推力，Y_{1c} 和 Z_{1c} 为控制力在弹体坐标系上的分量

$$
\begin{bmatrix} d_{11} & d_{13} & d_{13} \\ d_{21} & d_{22} & d_{23} \\ d_{31} & d_{32} & d_{33} \end{bmatrix}=\begin{bmatrix} \omega_{ex}^2-\omega_e^2 & \omega_{ex}\omega_{ey} & \omega_{ez}\omega_{ex} \\ \omega_{ex}\omega_{ey} & \omega_{ey}^2-\omega_e^2 & \omega_{ex}^2\omega_e^2 \\ \omega_{ex}\omega_{ex} & \omega_{ey}\omega_{ex} & \omega_{ex}^2-\omega_e^2 \end{bmatrix}
$$

$$
\begin{bmatrix} f_{11} & f_{12} & f_{13} \\ f_{21} & f_{22} & f_{23} \\ f_{31} & f_{32} & f_{33} \end{bmatrix}=\begin{bmatrix} 0 & -2\omega_{ez} & 2\omega_{ey} \\ 2\omega_{ez} & 0 & -2\omega_{ex} \\ -2\omega_{ey} & 2\omega_{ex} & 0 \end{bmatrix}
$$

$$
g'_r=-\frac{fM}{r^2}\left[1+J\left(\frac{a_e}{r}\right)^2(1-5\sin^2\phi)\right]
$$

式中　ϕ —— 地心纬度；

r —— 导弹质心到地心的距离；

M —— 地球质量；

f —— 为引力常数；

a_e —— 地球赤道平均半径；

$\omega_{Tx1},\omega_{Ty1},\omega_{Tz1}$ —— 弹体绕质心旋转角速率在弹体坐标系上的投影；

S_M —— 导弹最大横截面积。

$\begin{bmatrix} R_{ox} \\ R_{oy} \\ R_{oz} \end{bmatrix}=\begin{bmatrix} -R_0\sin\mu_0\cos A_0 \\ R_0\cos\mu_0 \\ R_0\sin\mu_0\sin A_0 \end{bmatrix}$ 为发射点质心矢量在发射坐标系上的投影，其中 R_0, A_0, μ_0 分别为发射点到地心距离、发射方位角、发射点地理纬度与地心纬度之差。

$\begin{bmatrix} \omega_{ex} \\ \omega_{ey} \\ \omega_{ez} \end{bmatrix}=\omega_e\begin{bmatrix} \cos B_0\cos A_0 \\ \sin B_0 \\ -\cos B_0\sin A_0 \end{bmatrix}$，其中 ω_e 为惯性坐标系的旋转角速率；B_0 为发射点地理纬度。

(2) 在弹体坐标系内绕质心转动的动力学方程为

$$
\begin{bmatrix} J_{x1} & 0 & \\ 0 & J_{y1} & 0 \\ 0 & 0 & J_{z1} \end{bmatrix}\begin{bmatrix} \dfrac{d\omega_{Tx1}}{dt} \\ \dfrac{d\omega_{Ty1}}{dt} \\ \dfrac{d\omega_{Tz1}}{dt} \end{bmatrix}+\begin{bmatrix} (J_{z1}-J_{y1})\omega_{Tz1}\omega_{Ty1} \\ (J_{x1}-J_{z1})\omega_{Tx1}\omega_{Tz1} \\ (J_{y1}-J_{x1})\omega_{Ty1}\omega_{Tx1} \end{bmatrix}=\begin{bmatrix} 0 \\ m_{y1}^{\beta}qS_Ml_K\beta \\ m_{z1}^{\beta}qS_Ml_K\alpha \end{bmatrix}+\begin{bmatrix} m_{x1}^{\bar{\omega}_{x1}}qS_Ml_K\bar{\omega}_{x1} \\ m_{y1}^{\bar{\omega}_{y1}}qS_Ml_K\bar{\omega}_{y1} \\ m_{z1}^{\bar{\omega}_{z1}}qS_Ml_K\bar{\omega}_{z1} \end{bmatrix}+
$$

$$
\begin{bmatrix} M_{x1c} \\ M_{x1c} \\ M_{z1c} \end{bmatrix}-\begin{bmatrix} \dot{J}_{x1}\omega_{Tx1} \\ \dot{J}_{y1}\omega_{Ty1} \\ \dot{J}_{z1}\omega_{Tz1} \end{bmatrix}+\begin{bmatrix} 0 \\ -x_{1e}^2\omega_{Ty1} \\ -x_{1e}^2\omega_{Tz1} \end{bmatrix}
$$

式中，l_K 为导弹长度。

(3) 在地面发射坐标系中质心运动学方程为

$$\begin{bmatrix} \frac{dx}{dt} \\ \frac{dy}{dt} \\ \frac{dz}{dt} \end{bmatrix} = \begin{bmatrix} v_x \\ v_y \\ v_z \end{bmatrix}$$

(4) 在弹体坐标系中绕质心转动方程为

$$\begin{bmatrix} \omega_{Tx1} \\ \omega_{Ty1} \\ \omega_{Tz1} \end{bmatrix} = \begin{bmatrix} \dot{\gamma}_T - \dot{\varphi}_T \sin\psi_T \\ \dot{\psi}_T \cos\gamma_T + \dot{\varphi}_T \cos\psi_T \sin\gamma_T \\ \dot{\varphi}_T \cos\psi_T \cos\gamma_T - \dot{\psi}_T \sin\gamma_T \end{bmatrix}$$

(5) 满足角度关系

$$\sin\beta = \cos(\theta-\varphi)\cos\sigma\sin\psi\cos\gamma - \sin(\theta-\varphi)\cos\sigma\sin\gamma - \sin\sigma\cos\psi\cos\gamma - \sin\alpha\cos\beta = \cos(\theta-\varphi)\cos\sigma\sin\psi\sin\gamma + \sin(\theta-\varphi)\cos\sigma\cos\gamma - \sin\sigma\cos\psi\sin\gamma$$

$$\sin\nu = \frac{1}{\cos\sigma}(\cos\alpha\cos\psi\sin\gamma - \sin\psi\sin\alpha)$$

$$\theta = \arctan\frac{v_y}{v_x}$$

$$\sigma = -\arcsin\frac{v_z}{v}$$

$$\varphi_T = \varphi + \omega_{ex} t$$

$$\psi_T = \psi + \omega_{ey} t\cos\varphi - \omega_{ex} t\sin\varphi$$

$$\gamma_T = \gamma + \omega_{ey} t\cos\varphi + \omega_{ex} t\sin\varphi$$

其中 σ,ν 分别为航迹偏航角和倾侧角。

$$r = \sqrt{(x+R_{ox})^2 + (x+R_{oy})^2 + (x+R_{oz})^2}$$

$$\sin\phi = \frac{(x+R_{ox})\omega_{ex} + (y+R_{oy})\omega_{ex} + (z+R_{oz})\omega_{ez}}{r\omega_e}$$

$$R = \frac{a_e b_e}{\sqrt{a_e^2\sin^2\phi + b_e^2\cos^2\phi}}$$

$$h = r - R$$

$$v = \sqrt{v_x^2 + v_y^2 + v_z^2}$$

$$m = m_0 - \dot{m}t$$

上述表达式就是考虑地球曲率和自转情况下的导弹刚体六自由度方程。

对于一般战术导弹(如空空导弹),由于飞行时间短,飞行距离较近,常常可以忽略地球曲率和地球自转的影响,这样可以简化导弹刚体六自由度模型。

为描述六自由度的导弹刚体运动,先给出弹体坐标系和弹道坐标系导弹刚体运动的一般表达式。

1. 质心动力学方程

(1) 弹体坐标系质心动力学方程为

$$\left.\begin{aligned}\frac{\mathrm{d}v_{x1}}{\mathrm{d}t}+\omega_y v_{z1}-\omega_z v_{y1}=a_{x1}\\ \frac{\mathrm{d}v_{y1}}{\mathrm{d}t}+\omega_z v_{x1}-\omega_x v_{z1}=a_{y1}\\ \frac{\mathrm{d}v_{z1}}{\mathrm{d}t}+\omega_x v_{y1}-\omega_y v_{x1}=a_{z1}\end{aligned}\right\}\tag{3.9}$$

式中 v_{x1},v_{y1},v_{z1}—— 导弹飞行速度在弹体坐标系各轴向上的分量，$v=\sqrt{v_{x1}^2+v_{y1}^2+v_{z1}^2}$；

a_{x1},a_{y1},a_{z1}—— 导弹飞行加速度在弹体坐标系各轴向上的分量。

第一个方程表明，当导弹存在俯仰和(或)偏航角速度时，会影响导弹的纵向加速度特性。在第二个方程中，$-\omega_x v_{z1}$ 项表明在 oy_1 方向上存在一个由滚动运动引起的力，换句话说，由于滚动角速度的存在，导弹的偏航运动被耦合到俯仰运动中。第三个方程中的 $\omega_x v_{y1}$ 项亦如是，由于要求两个通道完全去耦，其理想的条件是 $\omega_x=0$。这就是在设计导弹控制系统时一般采用滚动角稳定的控制方式的主要原因之一。

导弹在弹体坐标系各轴向上的加速度分量按下式计算：

$$\left.\begin{aligned}a_{x1}=(P-X_1-G\sin\vartheta)/m\\ a_{y1}=(Y_1-G\cos\vartheta\cos\gamma)/m\\ a_{z1}=(Z_1+G\cos\vartheta\sin\gamma)/m\end{aligned}\right\}\tag{3.10}$$

式中 X_1—— 轴向力；

Y_1—— 法向力；

Z_1—— 侧向力；

ϑ—— 俯仰角；

γ—— 滚转角；

m—— 导弹质量。

(2) 弹道坐标系质心动力学方程为

$$\left.\begin{aligned}\frac{\mathrm{d}v}{\mathrm{d}t}=a_{x2}\\ v\frac{\mathrm{d}\theta}{\mathrm{d}t}=a_{y2}\\ -v\cos\theta\frac{\mathrm{d}\psi_v}{\mathrm{d}t}=a_{z2}\end{aligned}\right\}\tag{3.11}$$

式中 a_{x2},a_{y2},a_{z2}—— 导弹飞行加速度在弹道坐标系各轴向上的分量；

θ—— 弹道倾角；

ψ_v—— 弹道偏角。

导弹在弹道坐标系各轴向上的加速度分量按下式计算：

$$\left.\begin{aligned}a_{x2}=(P\cos\alpha\cos\beta-Q-G\sin\theta)/m\\ a_{y2}=[P(\sin\alpha\cos\gamma_c+\cos\alpha\sin\beta\sin\gamma_c)+Y\cos\gamma_c-Z\sin\gamma_c-G\cos\theta]/m\\ a_{z2}=[P(\sin\alpha\sin\gamma_c-\cos\alpha\sin\beta\cos\gamma_c)+Y\sin\gamma_c+Z\cos\gamma_c]/m\end{aligned}\right\}\tag{3.12}$$

式中 Q—— 阻力；

Y—— 升力；

Z—— 侧力；

P—— 发动机推力；

G—— 导弹重力；

α—— 攻角；

β—— 侧滑角；

γ_c—— 速度倾斜角。

2. 弹体旋转动力学方程

$$\left.\begin{aligned}J_x\frac{\mathrm{d}\omega_x}{\mathrm{d}t}+(J_z-J_y)\omega_y\omega_z=M_x\\J_y\frac{\mathrm{d}\omega_y}{\mathrm{d}t}+(J_x-J_z)\omega_x\omega_z=M_y\\J_z\frac{\mathrm{d}\omega_z}{\mathrm{d}t}+(J_y-J_x)\omega_x\omega_y=M_z\end{aligned}\right\}\tag{3.13}$$

在第一个方程中，$(J_z-J_y)\omega_y\omega_z$ 是惯性积，它表明了交叉耦合的特性，若导弹具有两个对称面，则 $J_z=J_y$，那么，$J_z-J_y=0$，即表明交叉耦合不存在，这就是往往采用轴对称布局的依据。在第二、三这两个方程中，若仍采用 $\omega_x=0$ 的措施，则交叉耦合项可以忽略，即 $(J_x-J_z)\omega_x\omega_z=(J_y-J_x)\omega_x\omega_y=0$。

3. 弹体质心运动学方程

导弹在地面坐标系各轴向上的位置按下式计算：

$$\left.\begin{aligned}\frac{\mathrm{d}x}{\mathrm{d}t}&=v_{x1}\cos\vartheta\cos\psi+v_{y1}(-\sin\vartheta\cos\psi\cos\gamma+\sin\psi\sin\gamma)+v_{z1}(\sin\vartheta\cos\psi\sin\gamma+\sin\psi\cos\gamma)\\\frac{\mathrm{d}y}{\mathrm{d}t}&=v_{x1}\sin\vartheta+v_{y1}\cos\vartheta\cos\gamma-v_{z1}\cos\vartheta\sin\gamma\\\frac{\mathrm{d}z}{\mathrm{d}t}&=-v_{x1}\cos\vartheta\sin\psi+v_{y1}(\sin\vartheta\sin\psi\cos\gamma+\cos\psi\sin\gamma)+v_{z1}(-\sin\vartheta\sin\psi\sin\gamma+\cos\psi\cos\gamma)\end{aligned}\right\}\tag{3.14}$$

4. 弹体旋转运动学方程为

$$\left.\begin{aligned}\frac{\mathrm{d}\vartheta}{\mathrm{d}t}&=57.3(\omega_y\sin\gamma+\omega_z\cos\gamma)\\\frac{\mathrm{d}\psi}{\mathrm{d}t}&=57.3[(\omega_y\cos\gamma-\omega_z\sin\gamma)/\cos\vartheta]\\\frac{\mathrm{d}\gamma}{\mathrm{d}t}&=57.3[\omega_x-\tan\vartheta(\omega_y\cos\gamma-\omega_z\sin\gamma)]\end{aligned}\right\}\tag{3.15}$$

3.2　导弹弹体动力学小扰动线性化模型

3.2.1 导弹弹体动力学小扰动线性化

将导弹刚体动力学数学模型的一般表达式用来选择自动驾驶仪的参数是不方便的，通常只是在最后确定自动驾驶仪参数和评定制导控制系统性能时才使用它。为使设计工作简便、

可靠,必须对该式进行简化。简化条件如下:

(1) 采用固化原则。即取弹道上某一时刻 t 飞行速度 v 不变,飞行高度 H 不变,发动机推力 P 不变,导弹的质量 m 和转动惯量 J 不变。

(2) 导弹采用轴对称布局形式。

(3) 当导弹受到控制或干扰作用时,导弹的参数变化不大,且导弹的使用攻角较小。

(4) 控制系统保证实现滚动角稳定,并具有足够的快速性。

采用上述简化条件后,就可得到无耦合的、常系数的导弹刚体动力学简化数学模型。

导弹空间运动通常由一组非线性微分方程组来描述,非线性问题往往是用一个近似的线性系统来代替的,在分析导弹的动态特性时,经常采用的是基于泰勒级数的线性化方法。

根据泰勒级数线性化方法,各空气动力和力矩可线性化为

$$\left.\begin{aligned}
\Delta X &= X^{V}\Delta v + X^{\alpha}\Delta\alpha + X^{H}\Delta H \\
\Delta Y &= Y^{V}\Delta v + Y^{\alpha}\Delta\alpha + Y^{H}\Delta H + Y^{\delta_z}\Delta\delta_z \\
\Delta Z &= Z^{V}\Delta v + Z^{\beta}\Delta\beta + Z^{H}\Delta H + Z^{\delta_y}\Delta\delta_y \\
\Delta M_x &= M_x^{v}\Delta v + M_x^{\beta}\Delta\beta + M_x^{\alpha}\Delta\alpha + M_x^{\omega_x}\Delta\omega_x + M_x^{\omega_y}\Delta\omega_y + \\
&\quad M_x^{\omega_z}\Delta\omega_z + M_x^{H}\Delta H + M_x^{\delta_x}\Delta\delta_x + M_x^{\delta_y}\Delta\delta_y \\
\Delta M_y &= M_y^{v}\Delta v + M_y^{\beta}\Delta\beta + M_y^{\omega_x}\Delta\omega_x + M_y^{\omega_y}\Delta\omega_y + M_y^{\dot{\beta}}\Delta\dot{\beta} + M_y^{H}\Delta H + \\
&\quad M_y^{\delta_y}\Delta\delta_y + M_y^{\delta_x}\Delta\delta_x + M_y^{\dot{\delta}_y}\Delta\dot{\delta}_y \\
\Delta M_z &= M_z^{v}\Delta v + M_z^{\alpha}\Delta\alpha + M_z^{\omega_x}\Delta\omega_x + M_z^{\omega_z}\Delta\omega_z + M_z^{\dot{\alpha}}\Delta\dot{\alpha} + M_z^{H}\Delta H + \\
&\quad M_z^{\delta_z}\Delta\delta_z + M_z^{\dot{\delta}_z}\Delta\dot{\delta}_z
\end{aligned}\right\} \tag{3.16}$$

据此对导弹刚体运动进行的线性化处理,分别得到轴对称和面对称导弹小扰动线性化模型。

1. 轴对称导弹小扰动线性化模型

若导弹采用轴对称布局,则它的俯仰和偏航运动由两个完全相同的方程描述。

俯仰运动小扰动线性化模型为

$$\left.\begin{aligned}
&\ddot{\vartheta} + a_{22}\dot{\vartheta} + a_{24}\alpha + a'_{24}\dot{\alpha} + a_{25}\delta_z = 0 \\
&\dot{\theta} - a_{34}\alpha - a_{35}\delta_z = 0 \\
&\vartheta = \theta + \alpha
\end{aligned}\right\} \tag{3.17}$$

偏航运动小扰动线性化模型为

$$\left.\begin{aligned}
&\ddot{\psi} + b_{22}\dot{\psi} + b_{24}\beta + b'_{24}\dot{\beta} + b_{27}\delta_y = 0 \\
&\dot{\psi}_v - b_{34}\beta = b_{37}\delta_y \\
&\psi = \psi_v + \beta
\end{aligned}\right\} \tag{3.18}$$

滚动运动小扰动线性化模型为

$$\ddot{\gamma} + b_{11}\dot{\gamma} + b_{18}\delta_x = 0 \tag{3.19}$$

以上各式中各个系数通常称为动力系数,现在分别介绍其物理意义。

$a_{22} = -\dfrac{M_z^{\omega_z}}{J_z} = -\dfrac{m_z^{\omega_z} qSL}{J_z}\dfrac{L}{v}$,$a_{22}$ 为导弹的空气动力阻尼系数。它是角速度增量为单位增量时所引起的导弹转动角加速度增量。因为 $M_z^{\omega_z} < 0$,所以角加速度的方向永远与角速度增量 $\Delta\omega_z$ 的方向相反。由于角加速度 $a_{22}\dot{\vartheta}$ 的作用是阻碍导弹绕 Oz_1 轴转动的,因而它的作用称

为阻尼作用。a_{22} 就称为阻尼系数。

$a_{24}=-\dfrac{M_z^\alpha}{J_z}=-\dfrac{57.3m_z^\alpha qSL}{J_z}$，$a_{24}$ 表征导弹的静稳定性。

$a_{25}=-\dfrac{M_z^{\delta_z}}{J_z}=-\dfrac{57.3m_z^{\delta_z}qSL}{J_z}$，$a_{25}$ 为导弹的舵效率系数，它是操纵面偏转一单位增量时所引起的导弹角加速度。

$a_{34}=\dfrac{Y^\alpha+P}{mv}=\dfrac{57.3C_y^\alpha qS+P}{mv}$，$a_{34}$ 为弹道切线转动的角速度增量。

$a_{35}=\dfrac{Y^{\delta_z}}{mv}=\dfrac{57.3C_Y^{\delta_z}qS}{mv}$，$a_{35}$ 为当攻角不变时，由于操纵面作单位偏转所引起的弹道切线转动的角速度增量。

$a'_{24}=-\dfrac{M_z^{\dot\alpha}}{J_z}=-\dfrac{m_z^{\dot\alpha}qSL}{J_z}\dfrac{L}{v}$，$a'_{24}$ 为下洗延迟对于俯仰力矩的影响。

$b_{11}=-\dfrac{M_x^{\omega_x}}{J_x}=-\dfrac{m_x^{\omega_x}qSL}{J_x}\dfrac{L}{2v}$，$b_{11}$ 为导弹滚动方向的空气动力阻尼系数。

$b_{18}=-\dfrac{M_x^{\delta_x}}{J_x}=-\dfrac{57.3m_x^{\delta_x}qSL}{J_x}$，$b_{18}$ 为导弹的副翼效率。

$b_{22}=-\dfrac{M_y^{\omega_y}}{J_y}$，$b_{22}$ 为阻尼动力系数。

$b_{24}=-\dfrac{M_y^\beta}{J_y}$，$b_{24}$ 为恢复动力系数。

$b'_{24}=-\dfrac{M_y^{\dot\beta}}{J_y}$，$b'_{24}$ 为下洗动力系数。

$b_{27}=-\dfrac{M_y^{\delta_y}}{J_y}$，$b_{27}$ 为操纵动力系数。

$b_{34}=\dfrac{P-Z^\beta}{mv}$，$b_{34}$ 为侧向力动力系数。

$b_{37}=-\dfrac{Z^{\delta_y}}{mv}$，$b_{37}$ 为舵面动力系数。

a_{24} 系数的表达式为

$$a_{24}=-\frac{57.3C_N^\alpha qSL}{J_z}\frac{x_T-x_d}{L}$$

众所周知，压心位置 x_d 是攻角的函数。因此，a_{24} 亦是攻角 α 的函数。$\Delta x=(x_T-x_d)/L$，若 C_N^α 不变，则：

(1) 当 $\Delta x>0$ 时，$a_{24}<0$，即导弹处于不稳定状态；

(2) 当 $\Delta x=0$ 时，$a_{24}=0$，即导弹处于中立不稳定状态；

(3) 当 $\Delta x<0$ 时，$a_{24}>0$，即导弹处于静稳定状态。

因此，系数 a_{24} 的正或负和数值大小反映了导弹静稳定度的情况，同时，随着攻角的变化，导弹的静稳定度亦发生变化。这是很重要的概念。

2. 面对称导弹小扰动线性化模型

面对称导弹纵向小扰动线性化模型和轴对称导弹一样，其横侧向小扰动线性化模型为

$$\left.\begin{aligned}&\frac{d\omega_x}{dt}+b_{11}\omega_x+b_{14}\beta+b_{12}\omega_y=-b_{18}\delta_x-b_{17}\delta_y+M_{gx}\\&\frac{d\omega_y}{dt}+b_{22}\omega_y+b_{24}\beta+b'_{24}\dot{\beta}+b_{21}\omega_x=-b_{27}\delta_y+M_{gy}\\&\frac{d\beta}{dt}+(b_{34}+a_{33})\beta+b_{36}\omega_y-\alpha\dot{\gamma}+b_{35}\gamma=-b_{37}\delta_y+F_{gz}\\&\frac{d\gamma}{dt}-\omega_x-b_{56}\omega_y=0\end{aligned}\right\}$$

式中,动力系数定义为

$$a_{33}=-\frac{g}{v}\sin\theta,\quad b_{36}=-\frac{\cos\theta}{\cos\vartheta},\quad b_{56}=\tan\vartheta$$

以下三项为相似干扰力和相似干扰力矩:

$$M_{gx}=\frac{M'_{gx}}{J_x},\quad M_{gy}=\frac{M'_{gy}}{J_y},\quad F_{gz}=\frac{F'_{gz}}{mv} \tag{3.20}$$

3.2.2 轴对称导弹刚体运动传递函数

在经典的自动控制理论中要用传递函数和频率特性来表征系统的动态特性。因此,设计导弹制导控制系统时,需要建立弹体的传递函数。

1. 导弹纵/侧向刚体运动传递函数

导弹纵向刚体运动传递函数为

$$\frac{\dot{\vartheta}(s)}{\delta(s)}=\frac{-(a_{25}-a'_{24}a_{35})s+(a_{24}a_{35}-a_{25}a_{34})}{s^2+(a_{22}+a'_{24}+a_{34})s+(a_{22}a_{34}+a_{24})} \tag{3.21}$$

$$\frac{\dot{\theta}(s)}{\delta(s)}=\frac{a_{35}s^2+(a_{22}+a'_{24})a_{35}s+(a_{24}a_{35}-a_{25}a_{34})}{s^2+(a_{22}+a'_{24}+a_{34})s+(a_{22}a_{34}+a_{24})} \tag{3.22}$$

忽略 a'_{24} 及 a_{35} 的影响(对旋转弹翼式飞行器和快速响应飞行器,a_{35} 不能忽略),有如下情况:

(1) 当 $a_{24}+a_{22}a_{34}>0$ 时,导弹纵向运动传递函数为

$$W_{\delta_z}^{\vartheta}(s)=\frac{K_d(T_{1d}s+1)}{T_d^2s^2+2\xi_dT_ds+1} \tag{3.23}$$

$$W_{\delta_z}^{\alpha}(s)=\frac{K_dT_{1d}}{T_d^2s^2+2\xi_dT_ds+1} \tag{3.24}$$

传递函数系数计算公式为

$$\left.\begin{aligned}&T_d=\frac{1}{\sqrt{a_{24}+a_{22}a_{34}}}\\&K_d=-\frac{a_{25}a_{34}}{a_{24}+a_{22}a_{34}}\\&T_{1d}=\frac{1}{a_{34}}\\&\xi_d=\frac{a_{22}+a_{34}}{2\sqrt{a_{24}+a_{22}a_{34}}}\end{aligned}\right\} \tag{3.25}$$

(2) 当 $a_{24}+a_{22}a_{34}<0$ 时,导弹纵向运动传递函数为

$$W_{\delta_z}^{\vartheta}(s)=\frac{K_d(T_{1d}s+1)}{T_d^2s^2+2\xi_dT_ds-1} \tag{3.26}$$

$$W_{\delta_z}^{\alpha}(s)=\frac{K_dT_{1d}}{T_d^2s^2+2\xi_dT_ds-1} \tag{3.27}$$

传递函数系数计算公式为

$$\left.\begin{aligned}T_d&=\frac{1}{\sqrt{|a_{24}+a_{22}a_{34}|}}\\K_d&=-\frac{a_{25}a_{34}}{|a_{24}+a_{22}a_{34}|}\\T_{1d}&=\frac{1}{a_{34}}\\\xi_d&=\frac{a_{22}+a_{34}}{2\sqrt{|a_{24}+a_{22}a_{34}|}}\end{aligned}\right\} \tag{3.28}$$

(3) 当 $a_{24}+a_{22}a_{34}=0$ 时,导弹纵向运动传递函数为

$$W_{\delta_z}^{\vartheta}(s)=\frac{K'_d(T_{1d}s+1)}{s(T'_ds+1)} \tag{3.29}$$

$$W_{\delta_z}^{\alpha}(s)=\frac{K'_dT_{1d}}{s(T'_ds+1)} \tag{3.30}$$

传递函数系数计算公式为

$$\left.\begin{aligned}T'_d&=\frac{1}{a_{22}+a_{34}}\\K'_d&=\frac{a_{25}a_{34}}{a_{22}+a_{34}}\\T_{1d}&=\frac{1}{a_{34}}\end{aligned}\right\} \tag{3.31}$$

轴对称导弹侧向刚体运动传递函数与纵向刚体运动传递函数完全相同。

2. 导弹倾斜刚体运动传递函数

导弹倾斜运动传递函数为

$$W_{\delta_x}^{\omega_x}(s)=\frac{K_{dx}}{T_{dx}s+1} \tag{3.32}$$

传递函数系数计算公式为

$$\left.\begin{aligned}K_{dx}&=-b_{18}/b_{11}\\T_{dx}&=1/b_{11}\end{aligned}\right\} \tag{3.33}$$

3.2.3　面对称导弹刚体运动传递函数及状态方程

1. 导弹纵向刚体运动传递函数

面对称导弹纵向刚体运动传递函数和轴对称导弹纵向刚体运动传递函数一样,在此不再叙述。

2. 导弹横侧向刚体运动状态方程

侧向扰动的状态向量为$[\omega_x\quad\omega_y\quad\beta\quad\gamma]^T$,其小扰动线性化模型可以写成状态方程形

式,即

$$\begin{bmatrix}\dot{\omega}_x\\ \dot{\omega}_y\\ \dot{\beta}\\ \dot{\gamma}\end{bmatrix}=\boldsymbol{A}_{xy}\begin{bmatrix}\omega_x\\ \omega_y\\ \beta\\ \gamma\end{bmatrix}-\begin{bmatrix}b_{18}\\ 0\\ 0\\ 0\end{bmatrix}\delta_x-\begin{bmatrix}b_{17}\\ b_{27}\\ b_{37}\\ 0\end{bmatrix}\delta_y+\begin{bmatrix}M_{gx}\\ M_{gy}-b'_{24}F_{gz}\\ F_{gz}\\ 0\end{bmatrix} \tag{3.34}$$

侧向扰动运动的性质取决于

$$G(s)=|s\boldsymbol{I}-\boldsymbol{A}_{xy}|=s^4+A_1s^3+A_2s^2+A_3s+A_4=0 \tag{3.35}$$

式中,特征方程各系数表达式为

$$\left.\begin{aligned}A_1&=b_{22}+b_{34}+b_{11}+\alpha b_{24}b_{56}+a_{33}-b'_{24}b_{36}\\ A_2&=b_{22}b_{34}+b_{22}b_{33}+b_{22}b_{11}+b_{34}b_{11}+b_{11}a_{33}-b_{24}b_{36}-\\ &\quad b'_{24}b_{36}b_{11}-b_{21}b_{12}+(b_{14}+b_{24}b_{56}+b'_{24}b_{11}b_{56}-b'_{24}b_{12})\alpha-b'_{24}b_{35}b_{56}\\ A_3&=(b_{22}b_{14}-b_{21}b_{14}b_{56}+b_{24}b_{11}b_{56}-b_{24}b_{12})\alpha-\\ &\quad (b_{24}b_{56}+b'_{24}b_{11}b_{56}-b'_{24}b_{12}+b_{14})b_{35}+b_{22}b_{34}b_{11}+\\ &\quad b_{22}b_{11}b_{33}+b_{21}b_{14}b_{36}-b_{21}b_{12}a_{33}-b_{21}b_{12}b_{34}-b_{24}b_{11}b_{36}\\ A_4&=-b_{35}(b_{22}b_{14}-b_{21}b_{14}b_{56}-b_{24}b_{11}b_{56}-b_{24}b_{12})\end{aligned}\right\} \tag{3.36}$$

横侧向运动为偏航横滚耦合模型,其传递函数为四阶,公式比较烦琐,在此不再赘述。

3.3 导弹弹体动态特性分析

上节介绍了导弹纵向和侧向扰动运动方程组,并求出了其传递函数,在此基础上对纵向短周期扰动运动的稳定性和过渡过程品质进行分析,并分析横侧向运动模态及其稳定性。

3.3.1 扰动运动的稳定性分析

导弹扰动运动随时间的增加是逐步衰减还是扩大的,主要取决于其传递函数特征方程的根。在复平面上,如果特征方程的根均在虚轴左侧,则扰动运动是衰减的,即稳定的;反之,则是不稳定的。特征方程的根与初值无关,虽然初值是产生扰动运动的原因之一,但不影响根的性质。特征方程的根仅由其系数决定。

3.3.2 短周期运动动态分析

3.3.2.1 纵向短周期运动动态分析

在理论弹道的某特征点上,导弹纵向自由扰动的模态和性质,均由这个特征点上特征方程的根决定。为了从数值上估计出扰动运动参数的衰减或发散程度,以及它们的最大值、振荡周期和经历时间,必须了解特征方程,求出它的根值。

大量实践经验证明,无论导弹的外形怎样变化,它的飞行速度和高度尽管各不相同,而它的特征方程的根,彼此间在量级上遵循着某种规律。下面以某地空导弹为例,对其纵向短周期运动的动态特性进行分析。

例 3-1 某地空导弹在 $H=5\ 000$ m 高度上飞行，$v=641$ m/s，气动力学参数如下：

$$a_{22}=1.01,\quad a'_{24}=0.155\ 3,\quad a_{24}=102.2,\quad a_{25}=67.2$$

$$a_{34}=1.152,\quad a_{35}=0.143\ 5,\quad a_{33}=0.009\ 4$$

可知舵偏角 δ_z 到俯仰角速率 $\dot{\vartheta}$ 的传递函数为

$$\frac{\dot{\vartheta}(s)}{\delta_z(s)}=\frac{-(a_{25}-a'_{24}a_{35})s+(a_{24}a_{35}-a_{25}a_{34})}{s^2+(a_{22}+a'_{24}+a_{34})s+(a_{22}a_{34}+a_{24})}=\frac{-67.178s-62.748}{s^2+2.315\ 3s+103.363\ 5}$$

根据其特征方程表达式，求得特征根为

$$\lambda_{1,2}=-1.158\pm 10.1\mathrm{i}$$

可以看出特征方程式的根为共轭复根，导弹纵向短周期自由扰动运动表现为振荡形式。以攻角为例，当 $\lambda_{1,2}=\sigma\pm\nu\mathrm{i}$ 时，其解析解形式为 $\alpha_{1,2}=D_1\mathrm{e}^{\sigma t}\sin(\nu t+\varphi_s)$，这里 ν 为振荡频率，$D_1\mathrm{e}^{\sigma t}$ 为其振幅，而振荡周期 $T=\dfrac{2\pi}{\nu}=0.622$ s。衰减程度或发散程度是指振幅衰减 1/2 或增大 1 倍所需的时间。

由于共轭复根的实部决定扰动运动衰减程度，而虚部决定着角频率，可知其型态是周期短，衰减快，属于一种振荡频率高而振幅衰减快的运动。其阶跃响应如图 3.1 所示。

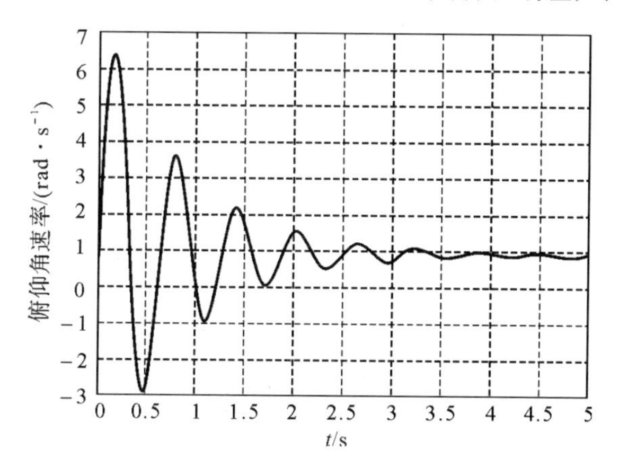

图 3.1 俯仰角速率阶跃响应

当俯仰操纵机构阶跃偏转时，导弹由一种飞行状态过渡到另一种飞行状态。如果不考虑惯性，则该过程瞬时完成。实际上，由于导弹的惯性，参数 $\dot{\vartheta}$，$\dot{\theta}$，n_y 和 α 在某一时间间隔内是变化的，这个变化过程称为过渡过程。当过渡过程结束时，参数 $\dot{\vartheta}$，$\dot{\theta}$，n_y 和 α 稳定在与操纵机构新位置相对应的数值上。

过渡过程的特性仅由相对阻尼系数 ξ_d 决定，而过渡过程时间轴的比例尺则由固有频率 ω_c 来决定。图 3.2 所示为不同 ξ_d 值时的过渡过程曲线。当给定 ξ_d 值时，过渡过程时间与振荡的固有频率 ω_c 成反比，或者说与时间常数 T_d 成正比。而

$$T_d=\frac{1}{\sqrt{(a_{24}+a_{22}a_{34})}}$$

上式表明，增大 $|a_{22}|$，$|a_{24}|$ 和 a_{34} 将使 T_d 减小（$|a_{24}|$ 影响是主要的），从而有利于缩短过渡过程的时间。但是增加动力系数 $|a_{24}|$，则要降低传递系数 K_d，这对操纵性又是不利的。因

此，设计导弹制导控制系统时，必须合理地确定导弹的静稳定度。时间常数 T_d 和 ω_c 还与飞行状态有关。随着飞行高度的增加，ω_c 要减小；随着飞行速度的增加，ω_c 要增大。因此，设计弹体与控制系统时，只能采取折中方案，综合考虑各种参数的要求。

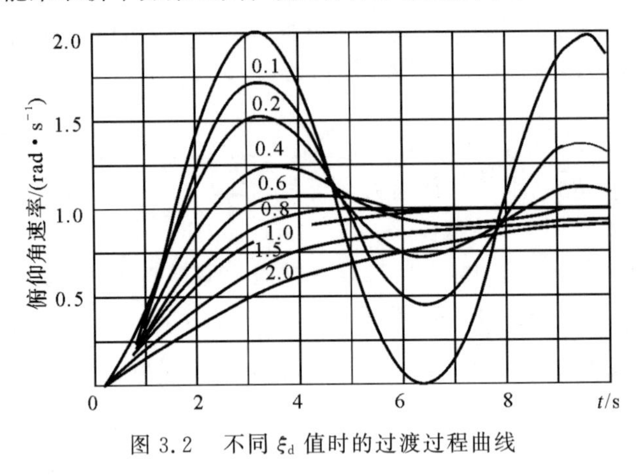

图 3.2　不同 ξ_d 值时的过渡过程曲线

3.3.2.2　横侧向短周期运动动态分析

1. 横侧向运动模态

面对称导弹横侧向运动包括滚转、偏航和侧移三个自由度的运动。操纵面是副翼和方向舵，它们是导弹横侧向运动学环节的两个输入量。面对称导弹横侧向扰动运动有三种模态，即滚转快速阻尼模态、缓慢螺旋运动模态和振荡运动模态。

(1) 滚转阻尼模态。导弹受扰后的滚转运动，受到弹翼产生的较大阻尼力矩的阻止而很快结束。一方面由于大展弦比弹翼的滚转阻尼力矩导数 $|m_x^{\omega_x}|$ 大，另一方面为转动惯量 J_x 较小所致。滚转阻尼模态传递函数的时间常数 T_L 与 ρv_0 成反比，也与横滚阻尼气动导数成反比。对于使用小展弦比弹翼的导弹，$|m_x^{\omega_x}|$ 小，滚转阻尼特性不好，因此有必要加入人工阻尼。

(2) 荷兰滚模态(振荡模态)。导弹受扰后，滚转阻尼运动很快结束，振荡运动显露出来。在横侧向振荡模态里，航向静稳定度 m_y^β 起恢复作用，直接消除侧滑角 β，而侧力导数 C_z^β 和航向阻力力矩 $m_y^{\omega_y}$ 起阻尼作用。C_z^β 和 $m_y^{\omega_y}$ 在数值上远小于 C_y^α 和 $m_z^{\omega_z}$，因此横侧向振荡模态的衰减很慢。此外，与纵向短周期模态不同，由于横滚静稳定度导数 m_x^β 的存在，伴随着侧滑角 β 的正负振荡，导弹还产生了左右滚转的运动，滚转运动加入到振荡运动中使本来就小的阻尼比进一步减小，所以必须选择适当的横滚静稳定性。若横滚静稳定性设计得太大(m_x^β 的负值太大)，会使荷兰滚模态不稳定。

荷兰滚模态的固有频率 ω_D 与速度成正比，阻尼比 ξ_D 与速度无关，两者都正比于 $\sqrt{\rho}$。ω_D 也与航向静稳定导数有关，即航向静稳定性越大，荷兰滚模态固有频率越高。阻尼比 ξ_D 与 C_z^β 和 $m_y^{\omega_y}$ 成正比，与 $\sqrt{m_y^\beta}$ 成反比。

(3) 螺旋模态。当 m_x^β 较小而 m_y^β 较大时，易形成不稳定的螺旋模态。模态的发展过程如下：

若 $t=0$，有正的滚转角（$\gamma>0$），则升力 $\boldsymbol{Y}$ 右倾斜与重力 $\boldsymbol{G}$ 合力使导弹向右侧滑；由于 $|m_x^\beta|$ 小，则 γ 角减小的负滚转力矩小；而 $|m_y^\beta|$ 较大，因而偏航角速率 ω_y 正值大。交叉动导数 $m_x^{\omega_y}$ 为正，产生较大的正滚转力矩。当负滚转力矩小于正滚转力矩时，导弹更向右滚转，于是 $\boldsymbol{Y}$ 与 $\boldsymbol{G}$ 的合力使导弹更向右侧滑，如此逐渐使 γ 角正向增大。升力的垂直分量 $Y\cos\gamma$ 则逐渐减小，轨迹向心力 $Y\sin\gamma$ 则逐渐增大，致使形成盘旋半径愈来愈小、高度不断下降的螺旋飞行轨迹，故称为螺旋模态。

例 3-2　已知某飞行器在高度 $H=12\ 000$ m 上飞行，速度 $v=222$ m/s，$\alpha\approx0°$，各动力系数如下：

$b_{21}=0.019\ 8$，　$b_{22}=0.19$，　$b_{24}=2.28$，　$b'_{24}=0$，　$b_{27}=0.835$，$b_{34}=0.059$，

$b_{37}=0.015\ 2$，　$b_{12}=0.56$，　$b_{11}=1.66$，　$b_{14}=6.2$，　$b_{18}=5.7$，

$b_{17}=0.75$，　$a_{33}=0$，$b_{35}=-0.042\ 2$，　$b_{36}=-1$，　$b_{56}=0$

将各动力系数值代入导弹横侧向特征方程得

$$\lambda^4+1.909\lambda^3+2.69\lambda^2+3.95\lambda-0.004\ 37=0$$

解此代数方程，求出它的四个根为

$$\lambda_1=-1.695$$

$$\lambda_2=0.001\ 105$$

$$\lambda_{3,4}=-0.107\pm1.525\ \mathrm{i}$$

四个特征根分为三种情况：一个大实根 λ_1，一个小实根 λ_2 和一对共轭复根 $\lambda_{3,4}$（见图 3.3）。每一个根对应一个运动状态。大实根决定的运动状态是非周期收敛的，即滚动阻尼模态；小实根决定的运动状态是非周期的，但是发散很缓慢，即螺旋运动模态；一对共轭复根所决定的运动状态是振荡衰减的，即荷兰滚模态。

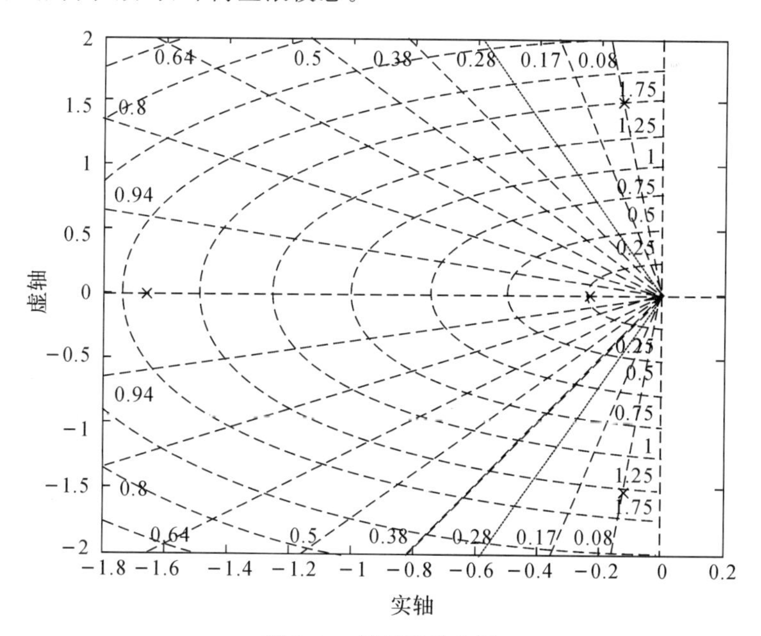

图 3.3　特征根分布图

图 3.4 所示为当 $\Delta\delta_y=0.1$ rad 时，$\Delta\omega_x$，$\Delta\omega_y$，$\Delta\beta$，$\Delta\gamma$ 随时间变化的曲线。

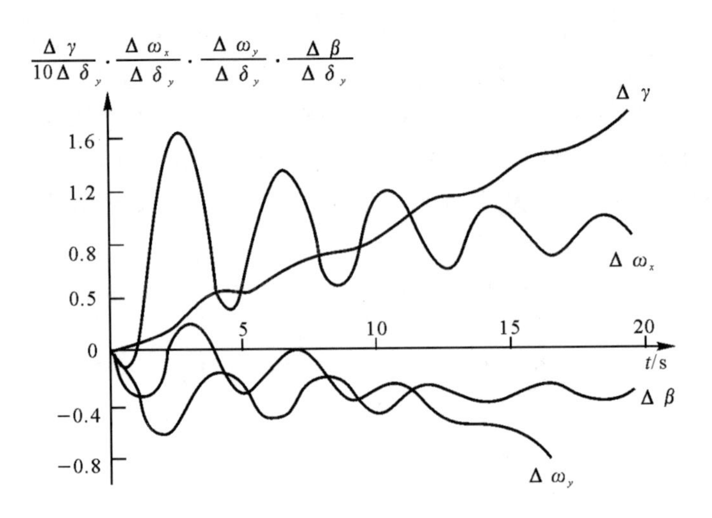

图 3.4　$\Delta\delta_y = 0.1$ rad 时侧向扰动运动的过渡过程曲线

2. 对侧向稳定性的要求

(1) 快收敛的倾斜运动。对于这种运动形式，一般要求衰减得快一些，这样，一方面可以有较好的倾斜稳定性，另一方面可以改善导弹对副翼偏转的操纵性能。

(2) 稳定的荷兰滚运动。稳定的荷兰滚运动可以保证导弹的振荡运动能较快地稳定下来，微小的螺旋不稳定运动发展很缓慢，对自动驾驶仪的工作没有任何不利的影响，而它却可以改善荷兰滚运动的动态特性。

(3) 慢发散的螺旋不稳定运动。对于慢发散运动，侧向稳定控制器完全有能力将它纠正过来。因此一般并不严格要求它一定是稳定的，而只要求发散得不太快。

3.3.3　长周期运动动态分析

长周期扰动运动是一个缓慢变化的过程，简捷处理时假定短周期扰动运动瞬时完成，阻尼力矩不计，下洗延迟力矩不计。由这些假设可以得到简化的长周期纵向扰动运动方程组为

$$\left.\begin{aligned}&\Delta\dot{v} = -a_{11}\Delta v - a_{13}\Delta\theta - a_{14}\Delta\alpha + F_{xd}\\&\Delta\dot{\theta} = -a_{13}\Delta v - a_{33}\Delta\theta + a_{34}\Delta\alpha + F_{yd}\\&\Delta\vartheta = \Delta\theta + \Delta\alpha\\&a_{21}\Delta v + a_{24}\Delta\alpha = -0\end{aligned}\right\}\tag{3.37}$$

式(3.37) 中第一式是纵向长周期扰动运动中的切向动力学方程，第二式是法向动力学方程，第三式是角度几何关系，第四式是简化了的力矩平衡方程。

由式(3.37) 可得长周期扰动运动的特征方程为

$$a_{24}s^2 + (a_{11}a_{24} + a_{24}a_{33} - a_{21}a_{14})s + a_{33}(a_{11}a_{24} - a_{14}a_{21}) - a_{13}(a_{24}a_{31} + a_{21}a_{34}) = 0\tag{3.38}$$

已知某导弹气动力参数为

$$a_{22} = 0.28;\quad a_{34} = 0.47;\quad a_{24} = 5.9;\quad a_{31} = -0.000\,66;\quad a_{21} = 0.001;$$
$$a'_{24} = a_{33} = 0;\quad a_{11} = 0.007;\quad a_{13} = 9.8;\quad a_{14} = 9.17$$

将动力系数代入式(3.38),求得特征值为

$$s_{3,4}=-0.0029\pm0.0755\mathrm{i}$$

同样长周期运动的特征方程的根也为共轭复根,其扰动运动也表现为振荡形式,由于共轭复根的实部决定扰动运动衰减程度,而虚部决定着角频率,可知其模态是周期长,衰减慢,属于一种振荡频率低、振幅衰减慢的运动。

3.4　导弹弹性弹体动力学模型*

3.4.1　弹性弹体对弹体动力学特性的影响

在面对空导弹初步设计阶段将导弹弹体看成刚体是完全允许的,但是当进入工程设计阶段时,一些导弹飞行速度很高,导弹各部件上所受的气动力载荷很大,为了减小阻力,除采用长细比大和厚度小的弹翼弹身结构,还需要考虑它在飞行中的弹性变形及其所带来的影响。

导弹在飞行中因弹性变形,一方面会改变弹上的载荷分布,伴随着压力中心和法向力的变化,引起颤振、弹翼扭转发散、扰流抖震的响应等。另一方面,由于弹体的弹性变形和振动,引起弹上控制系统的敏感元件敏感结构弹性振动,不可避免地包含有弹性变形所产生的附加信号,进入控制回路,使有用信号受到影响,甚至造成阻尼回路阻塞,破坏回路正常工作,以至降低制导精度。弹体强烈的弹性振动还会使部件的工作环境变坏,特别是当它们的固有频率接近弹体自然频率时,引起共振,导致元件失灵,甚至被破坏。弹性振动有时会使结构破坏,弹体解体。例如,某防空导弹定型以来,多次靶场飞行试验表明其故障率较大,并曾出现过弹体空中解体。引信假击发,脱靶量超差等故障,但没有引起对弹性问题的重视,以致几批导弹抽检,发生发动机提前熄火,试验失败。通过残骸分析和测试,以及对系统熄火条件的模拟实验,分析了遥测数据,最后的结论是,弹性振动是根本的故障源。由此可见,对弹性弹体动态特性进行研究和分析,是研究飞行力学问题的重要内容之一。

由于弹性弹体的稳定性和操纵性十分复杂,并有许多专著已做过详述,本节只引用其中的部分内容,包括弹体弹性运动方程、传递函数、弹体弹性稳定性分析及弹性导弹的动态耦合问题等,并结合面对空导弹实际问题的应用进行分析和研究。

3.4.2　弹体静弹性影响气动参数修正方法

弹体弹性变形导致的传递函数部分与刚体传递函数相比所占的比例,随导弹的动力特性及所研究的输出点位置不同而异。一般情况下弹性影响只为刚体部分的20%左右。

为了准确确定弹体弹性变形传递函数,必须选择好数学模型,给出较为准确的固有频率与振型,但由于导弹结构的复杂性,往往要处理复杂的数学模型。由于计算模型偏离真实结构与复杂计算带来的误差积累,故这些固有特性计算所能达到的精度受到一定限制。在正常的选择模型与合理的计算情况下,一般一阶频率误差在5%左右,二阶误差在10%左右,更高阶频率误差会更大,在控制回路设计中必须考虑这个情况,留有适当的裕度。

关于考虑弹性振型数目的选择，应依据导弹本身刚度情况以及该设计阶段对精度的要求来定。飞行器刚度愈弱，通常弹性变形所占比例愈大。对一般战术导弹选取前三阶振型已足够，近似计算甚至可只考虑第一阶振型。每多考虑一阶振型就增加一对零点和一对极点，这样可使回路分析更全面一些，但随着振型数目加多将使计算工作量显著增加。在不存在更高阶的共振源的情况下，随着阶次增加其重要程度将显著下降，选取过多的振型并无多大现实意义。

3.4.3 弹体动弹性动力学建模

导弹研制过程中，要进行一系列有关导弹及结构部件和结构动力特性问题的分析与研究，其目的是为确保导弹结构、弹上设备及控制回路在各种动力环境和外来干扰环境下正常而可靠地工作，为控制系统的设计提供各种数据和依据。

导弹在飞行中发生弹性变形，一般情况要考虑气动弹性的耦合干扰。为了简单起见，通常略去弹性变形引起的气动力变化，将刚体运动和弹性运动分开考虑。在稳定情况下，弹性变形是在导弹任一刚体平衡状态附近的动力微小形变，因此弹性方程本身就具有扰动运动性质，所列出的动力学方程为线性微分方程。这里对所列出的动力学方程做如下基本假设。

(1)弹体弹性振动为平面运动，认为导弹本身为一个受载的弹性梁，不计剖面扭转、剪切。

(2)导弹为无限多个自由度的连续介质，用微分方程式描述其运动。在分析和计算时，将无限多个自由度的导弹弹性运动简化为有限多个弹性振型构成的弹性运动。

由于弹体弹性变形是在任意刚体平衡状态基础上的弹性扰动，所以在建立弹体弹性运动方程时除了需要使用弹体坐标系外，还需要定义弹性基准坐标系 $Oxyz$，原点 O 选在导弹弹头顶点上，Ox 轴为导弹的纵轴，Oy 轴垂直于 Ox 轴处的俯仰平面，Oz 轴按右手定则确定，如图 3.5 所示。

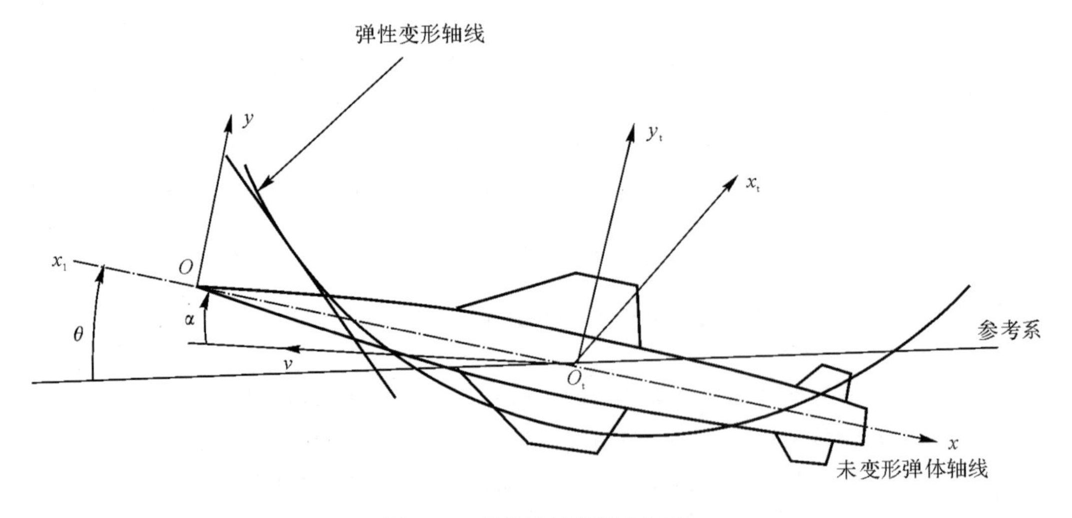

图 3.5 弹体弹性变形坐标系

根据振动理论的连续体分析理论，当考虑剪切变形和转动惯量影响时。非均匀弹性梁弹性变形基本运动方程为

$$\frac{\partial^2}{\partial x^2}\left[EJ(x)\frac{\partial^2 y(x,t)}{\partial x^2}\right]+m(x^2)\frac{\partial^2 y(x,t)}{\partial x^2}=W_y(x,t) \tag{3.39}$$

式中　$y(x,t)$ —— 弹性变形函数；

$m(x)$ —— 质量分布函数；

$J(x)$ —— 弯曲惯性矩函数；

E —— 弹性模量；

$W_y(x,t)$ —— 施加于弹体上的法向外力函数。

对应的边界条件为

$$\left.\begin{array}{l} EJ(x)\dfrac{\partial^2 y(x,t)}{\partial x^2}\Big|_{x=0;x=L} \\ \dfrac{\partial}{\partial x}\left[EJ(x)\dfrac{\partial^2 y(x,t)}{\partial x^2}\right]\Big|_{x=0;x=L}=0 \end{array}\right\} \tag{3.40}$$

式中　L—— 弹体长度。

此边界条件的物理意义为自由端弯矩、剪力为零。

初始条件为

$$\left.\begin{array}{l} y(x,0)=f_1(x) \\ \dfrac{\mathrm{d}y}{\mathrm{d}t}(x,0)=f_2(x) \end{array}\right\} \tag{3.41}$$

式中，$f_1(x)$，$f_2(x)$ 为已知函数。

在边界条件式(3.40)，初始条件式(3.41)的约束条件下求解式(3.39)，得到 $y(x,t)$ 的解析解是很难的，因此通常采用近似解法，最常用的是模态叠加法。此方法的基本思路是，首先对所研究的导弹飞行数学模型令其全部外力为零。忽略阻尼力，系统在自身的惯性力、弹性力作用下做自然振动，用此模型求得固有频率 ω_i，固有振型 $\Phi_i(x)$，连续体时 $i=1,2,\cdots,\infty$，离散体时 $i=1,2,\cdots,n$，由于各阶固有振型有正交特性，它们构成了一个线性独立集合。因此，任一矢量可以用各阶固有振型为“基底”线性表达。弹性变形函数 $y(x,t)$ 可以用此集合表达，其形式为

$$y(x,t)=\sum_{i=1}^{\infty}q_i(t)\Phi_i(x) \tag{3.42}$$

式中，$q_i(t)$ 为与初始条件和外力有关的广义坐标，也称第 i 个主坐标，它反映了各阶振型在弹性变形中所占的比例情况。

经研究分析证实，大多数动力问题不管是连续体还是离散体，只需取前几阶振型(一般五阶以下，有时二至三阶已足够)就能得到 $y(x,t)$ 很好的近似值。一般愈高阶振型其重要程度越低，在整个弹性变形中所占的比例愈小。因此有

$$y(x,t)\approx\sum_{i=1}^{n}q_i(t)\Phi_i(x) \tag{3.43}$$

式中，n 为选取的模态数，其大小与结构具体情况及外载有关。

将待求量 $y(x,t)$ 用式(3.43)表达后，由于 $\Phi_i(x)$ 可通过固有特性分析得到，问题转化确定 $q_i(t)$。为此，将式(3.43)代入式(3.39)中，采用数学上分离变量法解微分方程的同样手段可得如下广义坐标方程

$$\ddot{q}_i(t)+2\zeta\omega_i\dot{q}_i+\omega_i^2 q_i(t)=\frac{Q_i}{M_i}\quad(i=,2,\cdots,n) \tag{3.44}$$

式中 ω_i —— 第 i 阶振型的固有圆频率,可用分析法或实验法得到,其表达式为

$$\omega_i^2=\frac{1}{M}\int_0^L\frac{\mathrm{d}^2}{\mathrm{d}x^2}\left[EJ(x)\frac{\mathrm{d}^2\Phi_i(x)}{\mathrm{d}t^2}\right]\Phi_i(x)\mathrm{d}x$$

ξ_i —— 第 i 阶振型的结构阻尼比,到目前为止对它的计算理论尚不完善,通常用实验方法测定,一般飞行器为0.005～0.02,结构中连接件、铆接件愈多,ξ_i 值愈高,严格讲各阶模态的阻尼比 ξ_i 不同,简单计算可以不考虑它们的差别;

M_i —— 第 i 阶阶振型的广义质量,表达式为

$$M_i=\int_0^L m(x)\Phi_i^2(x)\mathrm{d}x$$

Q_i —— 第 i 阶阶振型的广义力,表达式为

$$Q_i=\int_0^L W_y(x,t)\Phi_i(x)\mathrm{d}x$$

根据给出的 $m(x)$,$W_y(x,t)$ 及计算得到的固有振型 $\Phi_i(x)$,可得 Q_i,M_i。代入式(3.44)可解得 $q_i(t)$,再利用式(3.43),可得 $y(x,t)$,由于外力 $W_y(x,t)$ 中包含着有输入控制变量(如 δ_ϑ),经拉普拉斯变换即可得到弹体弹性变形部分的传递函数。

值得注意的是,在求解固有特性时可以不考虑结构阻尼影响,但在计算弹性变形时一般是应当考虑结构模态阻尼 ξ_i 的。

为了得到完整的弹体弹性运动方程,并对它进行线性化,求得含有弹性弹体动力系数形式的方程组。根据导弹在飞行中弹体可视为两端自由的弹性梁假设,除弹性振型以外,还具有两种刚体振型,即质心的平移及绕质心的转动。由此,即可以通过刚体质心的法向平移运动,可取

正则振型 $$\Phi_i(x)=1$$

位移 $$y(x,t)=y(t)$$

广义质量 $$M_i=\int_0^L m(x)\Phi_i^2(x)\mathrm{d}x=m$$

广义力 $$Q_i=\int_0^L W_y(x,t)\Phi_i(x)\mathrm{d}x=F(t)$$

这里,广义变量

$$q(t)=y(t)$$

$$\ddot{q}(t)=\ddot{y}(t)=V(t)\dot{\theta}(t)$$

式中,θ 为弹道倾角。

于是,法向平移运动方程为

$$mV\dot{\theta}(t)=F(t) \tag{3.45}$$

刚体绕质心的转动情况,可取

正则振型 $$\Phi_i(x)=x_{cm}-x$$

位移 $$y(x,t)=\theta(t)(x_{cm}-x)$$

广义质量 $$M_i=\int_0^L m(x)\Phi_i^2(x)\mathrm{d}x=J_z$$

广义力 $$Q_i=\int_0^L W_y(x,t)\Phi_i(x)\mathrm{d}x=M_z$$

由此可知,此处的广义质量 M_i 实质上是弹体绕 Oz_1 轴转动的转动惯量 J_z。广义力 Q_i,实

质上是外力对质心的力矩 M_z，x_{cm} 为导弹的质心。

令广义变量 $\vartheta = q(t)$，当 $\omega_i = 0$ 时，则

$$J_z\ddot{\vartheta} = M_z \tag{3.46}$$

式(3.44) 及式(3.45) 和式(3.46) 联立在一起就组成了完整的弹性弹体运动方程组

$$\left.\begin{aligned} & mv\dot{\theta} = F \\ & J_z\ddot{\vartheta} = M_z \\ & \ddot{q}_i + 2\xi\omega_i\dot{q}_i + \omega_i^2 q_i = \frac{Q_i}{M_i} \end{aligned}\right\} \tag{3.47}$$

式中的广义力 F 为法向扰动力总和，力矩 M_z 为绕 Oz_1 轴转动的扰动力矩总和，它们可以表达为

$$F = F_p + F_y + F_e \tag{3.48}$$

$$M_z = M_{zp} + M_{zy} + M_e \tag{3.49}$$

式中　F_p —— 推力；

F_y —— 气动力；

F_e —— 其他干扰力；

M_{zp}, M_{zy}, M_e —— 这些力产生的力矩。

(1) 推力 P 产生的力和力矩分别为

$$F_p = P\alpha + P\Phi'_i(x_{cm})q_i(t) \tag{3.50}$$

$$M_{zp} = l_c[P\alpha + P\Phi'_i(x_{cm})q_i(t)] - P\Phi_i(x_{cm})q_i(t) \tag{3.51}$$

式中　P —— 推力；

l_c —— 发动机喷口截面至弹体质心的距离；

$$\Phi'_i(x_{cm}) = \left.\frac{\partial\Phi_i(x)}{\partial x}\right|_{x=x_{cm}}$$

$q_i(t)$ —— 弹性变形方程广义坐标；

$\Phi_i(x_{cm})$ —— 第 i 阶振型在 x_{cm} 处的值。

显然，推力所产生的力 F_p 和力矩 M_{zp} 都要受到弹体变形的影响。式(3.50) 右端第一项为推力的法向分量，而第二项为由于存在弹性变形使推力方向发生变化而产生的附加法向力分量。式(3.51) 右端第二项为推力法向分量由于弹性变形产生的附加力矩，第三项为推力轴向分量由于弹性变形产生的附加力矩。

(2) 气动力产生的力和力矩。

气动力为

$$F_y = \int_0^L \frac{1}{2}\rho v^2 S\left[\frac{\partial C_y(x)}{\partial\alpha}\alpha_K + \frac{\partial C_v}{\partial\delta}\delta'\right]\mathrm{d}x \tag{3.52}$$

式中　α_K —— 局部攻角增量；

δ' —— 控制舵偏。

局部攻角由三部分组成，即刚性弹体攻角 α 和刚性弹体转动附加攻角 $\dfrac{-(x_{cm}-x)\dot{\vartheta}}{v}$ 及弹性运动引起附加攻角 α_e，其中 $\alpha_e = -q_i(t)\Phi'_i(x) - \dfrac{1}{v}\dot{q}_i(t)\Phi(x)$，所以，总的局部攻角增量为

$$\alpha_K = \alpha - \frac{1}{v}(x_{cm} - x)\dot{\vartheta} - q_i(t)\Phi'_i(x) - \frac{1}{v}\dot{q}_i(t)\Phi(x)$$

控制舵偏 δ' 由两部分组成，即由控制信号所要求的舵偏 δ_z 和由弹性变形所引起的附加舵偏 δ_a 所组成，其表达式为

$$\delta_a = -\Phi'_i(x)\Big|_{x=x_\delta} q_i(t)$$

因此，总的舵偏引起的量为 $\delta' = \delta_z - \Phi'(x) q_i(t)$

综合上述的各表达式，可以将式(3.50)和式(3.52)代入式(3.48)，可得到力 F 为

$$F_y = Y^\alpha \alpha - Y^{\omega_z}\dot{\vartheta} - Y^{q_i} q_i - Y^{\dot{q}_i}\dot{q}_i + Y^{\delta_z}\delta_z \tag{3.53}$$

同理可得到力矩为

$$M_z = M_z^\alpha + M_z^{\delta_z} - M_z^{\omega_z}\omega_z - M_z^{q_i} q_i - M_z^{\dot{q}_i}\dot{q}_i \tag{3.54}$$

式中 $Y^\alpha = \dfrac{1}{2}\rho v^2 S\displaystyle\int_0^L \frac{\partial C_y(x)}{\partial\alpha}dx + P$

$$Y^{\delta_z} = \frac{1}{2}\rho v^2 S\int_0^L \frac{\partial C_y(x)}{\partial\delta_z}dx$$

$$Y^{\omega_z} = \frac{1}{2}\rho v^2 S\int_0^L \frac{\partial C_y(x)}{\partial\alpha}(x_{cm} - x)dx$$

$$Y^{q_i} = \frac{1}{2}\rho v^2 S\int_0^L \left[\frac{\partial C_y(x)}{\partial\delta_z}\Phi'_i(x) + \frac{\partial C_y(x)}{\partial\alpha}\Phi'_i(x)\right]dx + P\Phi_i(x)$$

$$Y^{\dot{q}_i} = \frac{1}{2}\rho v^2 S\int_0^L \frac{\partial C_y(x)}{\partial\alpha}\Phi_i(x)dx$$

$$M_z^\alpha = \frac{1}{2}\rho v^2 S\int_0^L \frac{\partial C_y(x)}{\partial\alpha}(x_{cm} - x)dx + l_c P$$

$$M_z^{\delta_z} = \frac{1}{2}\rho v^2 S\int_0^L \frac{\partial C_y(x)}{\partial\delta_z}(x_{cm} - x)dx$$

$$M_z^{\omega_z} = \frac{1}{2}\rho v^2 S\int_0^L \frac{\partial C_y(x)}{\partial\alpha}(x_{cm} - x)^2 dx$$

$$M_z^{q_i} = \frac{1}{2}\rho v^2 S\int_0^L \left[\frac{\partial C_y(x)}{\partial\delta_z}(x_{cm} - x)\Phi'_i(x) + \frac{\partial C_y(x)}{\partial\alpha}(x_{cm} - x)\Phi'_i(x)\right]dx +$$
$$l_c P\Phi'(x_{cm}) - P\Phi_i(x_{cm})$$

$$M_z^{\dot{q}_i} = \frac{1}{2}\rho v^2 S\int_0^L \left[\frac{\partial C_y(x)}{\partial\alpha}(x_{cm} - x)\Phi_i(x)\right]dx$$

弹体弹性变形方程，可由式(3.47)的第三个方程式得到，其右边的 Q_i 在俯仰平面运动中为

$$Q_i = \int_0^L W_y(x,t)\Phi_i(x)dx = \int_0^L F\Phi_i(x)dx =$$
$$\left[\frac{1}{2}\rho v^2 S\int_0^L \frac{\partial C_y(x)}{\partial\alpha}\Phi_i(x)dx + P\Phi_i(x)\right]\alpha + \left[\frac{1}{2}\rho v^2 S\int_0^L \frac{\partial C_y(x)}{\partial\delta_z}\Phi_i(x)dx\right]\delta_z -$$
$$\frac{1}{v}\left[\frac{1}{2}\rho v^2 S\int_0^L \frac{\partial C_y(x)}{\partial\alpha}(x_{cm} - x)\Phi_i(x)dx\right]\dot{\vartheta} -$$
$$\left\{\frac{1}{2}\rho v^2 S\int_0^L \left[\frac{\partial C_y(x)}{\partial\alpha}\Phi'_i(x)\Phi_i(x) + \frac{\partial C_y(x)}{\partial\delta_z}\Phi'_i(x)\Phi_i(x)\right]dx - P\Phi'_i(x)\Phi_i(x)\right\} q_i -$$
$$\frac{1}{v}\left[\frac{1}{2}\rho v^2 S\int_0^L \frac{\partial C_y(x)}{\partial\alpha}\Phi_i^2(x)dx\right]\dot{q}_i$$

若将连续型的积分式子离散化为求和式子，并将求得的 Q 值代入式(3.47)的第三个方程

式右边，经整理后，令

$$D_{1i}=-\frac{1}{V}\left[\frac{1}{2}\rho v^2 S\sum_{i=1}^{n}C_y^{\alpha}(x_i)(x_{cm}-x_i)\Phi_i(x_i)\right]\Big/M_i$$

$$D_{2i}=\left[\frac{1}{2}\rho v^2 S\sum_{i=1}^{n}C_y^{\alpha}(x_i)\Phi_i(x_i)+P\Phi_i(x_{cm})\right]\Big/M_i$$

$$D_{3i}=\frac{1}{2}\rho v^2 S\sum_{i=1}^{n}C_y^{\delta_z}(x_i)\Phi_i(x_i)\Big/M_i$$

$$D_{4i}=-\frac{1}{v}\left[\frac{1}{2}\rho v^2 S\sum_{i=1}^{n}C_y^{\alpha}(x_i)\Phi_i^2(x)\right]\Big/M_i$$

$$D_{5i}=\left\{-\frac{1}{2}\rho v^2 S\sum_{i=1}^{n}[C_y^{\alpha}(x_i)\Phi'_i(x_i)\Phi_i(x_i)+C_y^{\delta_z}(x_{\delta_z})\Phi'_i(x_{\delta_z})\Phi_i(x_{\delta_z})]-P\Phi'_i(x_{cm})\Phi_i(x_{cm})\right\}\Big/M_i$$

式中

$$M_i=\sum_{i=1}^{n}m_i\Phi_i^2(x_i)+\sum_{i=1}^{n}J_z(\Phi'_i(x_i))^2$$

最后，弹体弹性变形方程可写成

$$\ddot{q}_i+2\xi\omega_i\dot{q}_i+\omega_i^2q_i=D_{1i}\dot{\vartheta}+D_{2i}\alpha+D_{3i}\delta_z+D_{4i}\dot{q}_i+D_{5i}q_i \tag{3.56}$$

同理，式(3.47)的第一个方程和第二个方程也可整理成为

$$\left.\begin{aligned}&-\ddot{\vartheta}+a_{22}\dot{\vartheta}+a'_{24}\dot{\alpha}+a_{24}\alpha+a_{25}\delta_z+B_{1i}\dot{q}_i+B_{2i}q_i=0\\&-\dot{\theta}+a_{34}\alpha+a_{35}\delta_z+A_{1i}\dot{q}_i+A_{2i}q_i=0\end{aligned}\right\} \tag{3.57}$$

式中

$$A_{1i}=qS\sum_{i=1}^{n}C_y^{\alpha}(x_i)\Phi_i(x_i)\Big/mv$$

$$A_{2i}=-\left\{qS\sum_{i=1}^{n}[C_y^{\alpha}(x_i)\Phi'_i(x_i)+C_y^{\delta_z}(x_i)\Phi'_i(x_{cm})]+P\Phi_i(x_{cm})\right\}\Big/mv$$

$$B_{1i}=-\Big\{P\Phi_i(x_{cm})-L_c\Phi'_i(x_{cm})+qS\sum_{i=1}^{n}[C_y^{\alpha}(x_i)(x_{cm}-x_i)\Phi'_i(x)-$$
$$\Phi'_i(x_{cm})C_y^{\delta_z})(x_{cm},(x_{cm}-x_{\delta_z})]\Big\}\Big/J_z$$

$$q=\frac{1}{2}\rho v^2$$

将式(3.55)和式(3.56)联立在一起便构成弹体弹性动力方程纵向扰动运动方程如下：

$$\left.\begin{aligned}&-\ddot{\vartheta}+a_{22}\dot{\theta}+a'_{24}\dot{\alpha}+a_{24}\alpha+a_{25}\delta_z+B_{1i}\dot{q}_i+B_{2i}q_i=0\\&-\dot{\theta}+a_{34}\alpha+a_{35}\delta_z+A_{1i}\dot{q}_i+A_{2i}q_i=0\\&\ddot{q}_i+2\xi\omega_i\dot{q}_i+\omega_i^2q_i=D_{1i}\dot{\vartheta}+D_{2i}\alpha+D_{3i}\delta_z+D_{4i}\dot{q}_i+D_{5i}q_i\\&\vartheta=\alpha+\theta\end{aligned}\right\} \tag{3.58}$$

式中，a_{22}，a'_{24}，a_{24}，a_{25}，a_{34}，a_{35} 为刚性弹体动力系数。从其表达式中看出，它与将导弹看作刚体运动时所求得的动力系数表达式是相同的。系数为 B_{1i}，B_{2i}，A_{1i}，A_{2i} 表示弹性振型对运动方程的影响，D_{1i}，D_{2i}，D_{3i}，D_{4i}，D_{5i} 为 i 阶固有振动广义力系数，包含广义坐标及其导数的耦合项。这 9 个系数统称为弹性动力系数。只要给出导弹的总体参数、气动参数和导弹拦截目标的飞行弹道，上述动力系数就可以求得。

3.4.4 弹性振动对控制回路设计的影响

在系统初步设计阶段，通常假设导弹为理想刚体，但是实际上导弹是一个弹性体。因此需要考虑弹性振动对回路设计的影响。

导弹自动驾驶仪的敏感元件感受导弹刚性运动，同时也感受导弹弹性振动，这些输入量经舵面响应，又会增加导弹本身的变形，当弹性固有频率远离系统的通带时，其影响不大。否则，就有可能引起系统的不稳定。

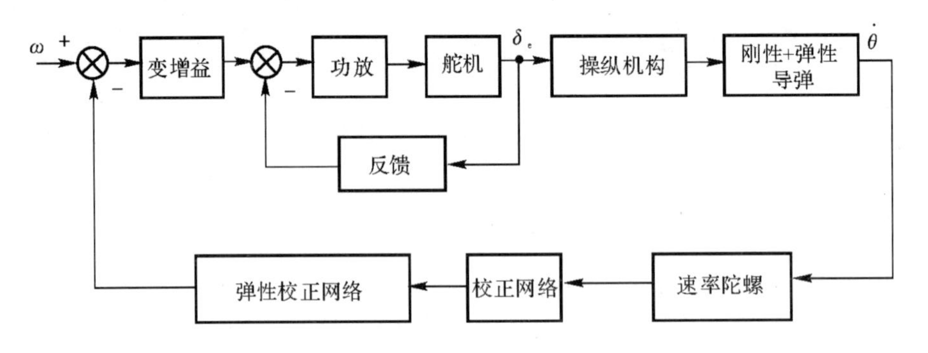

图 3.6 考虑导弹弹性影响的回路方框图

图 3.6 为考虑弹性振动的某防空导弹的俯仰角速度回路方框图。回路的开环对数频率特性如图 3.7 中曲线 1 所示。从中可以看出在高频段系统是不稳定的。因为此频段间包含了操纵机构的固有频率，很可能出现共振，故必须抑制导弹的弹性振动。一般在回路中接入带阻滤波器保证弹性振动的幅值稳定，或设计校正网络保证弹性振动的相位稳定。曲线 2 为经过弹性校正网络设计后的速率回路开环对数频率特性，表明在弹性振动固有频率附近的频段，幅频特性的高峰衰减到零以下，使系统稳定，并有足够的稳定裕度。

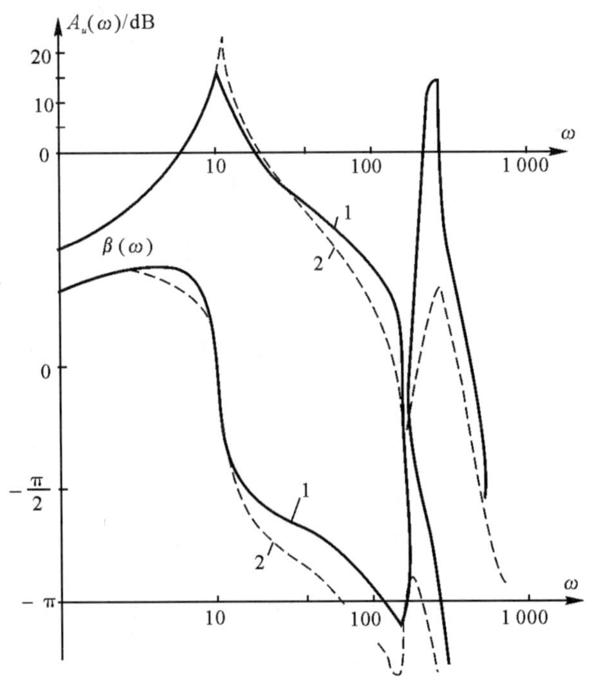

图 3.7 校正前后的回路对数频率特性

1—校正前； 2—校正后

3.5　高超声速飞行导弹的特殊问题*

高超声速是指物体的速度超过 5 倍声速(约合每小时移动 6 000 km)以上。高超声速飞行器主要包括 3 类:高超声速巡航导弹、高超声速飞机以及航天飞机。它们采用的是超声速冲压发动机。

弹道导弹和航天器等在飞出、飞入大气层的过程中,可以轻易超过这一速度乃至达到几十倍声速,但如何在大气层内实现高超声速飞行仍是前沿技术。

为实现高速度、高升限、远巡航距离、强突防能力等目标,高超声速飞行器需要采用高升阻比和强机动性的气动外形。可供选择的方案有升力体、翼身融合体、轴对称旋成体、乘波体等,美军 X-51 和“猎鹰”验证飞行器采用了乘波体。

乘波体(waverider)是指外形为流线型、所有前缘都具有附体激波的高速飞行器。通俗的讲,乘波体飞行时其前缘平面与激波的上表面重合,就像骑在激波的波面上,依靠激波的压力产生升力。如果把大气层边缘看作水面,乘波体飞行时就像是在水面上打水漂(但与打水漂不同,乘波体飞行很稳定)。乘波体飞行器不用机翼产生升力,而是靠压缩升力和激波升力飞行,像水面由快艇拖带的滑水板一样产生压缩升力。超声速飞行形成的激波不仅是阻力的源泉,也是飞行器“踩”在激波锋面的背后“冲浪”的载体。

美军 1998 年提出的高超声速飞行器设计方案,使用火箭组合循环发动机推进。从普通跑道起飞,发动机加速到 10 *Ma* 飞行,当爬升到 40 km 高度时关闭发动机,飞机依靠惯性滑行到 60 km 的高度开始机动飞行。在这个高度区间,地球大气层的压力、密度随高度增加而迅速衰减:在距地球表面 15 km 高度,大气压力与密度分别约为地面的 12.3%和 16.2%;在 30 km 高度,分别约为地面的 1.2%和 1.6%;在 60 km 高度,分别仅为地面的 0.031‰和 0.028‰,已接近真空状态。

因此,30～60 km 的高空“走廊”是高超声速飞行器长时间远距离飞行的理想空间,在这个“走廊”短暂启动发动机,推动飞行器再次爬升、回落、再爬升,如此周而复始,每两分多钟进行一次“跳跃”,每一跳约 450 km,这样在两小时内可以到达全球任何地点。

这种在稠密大气层上方如“打水漂”般跳跃飞行的方式,不仅节省燃料,而且大大减轻高超声速飞行的气动加热。飞行器可利用其高升阻比气动外形进行大范围滑翔机动,规避拦截火力,并在适合位置释放出携带的弹药,对目标进行精确打击。

与弹道导弹相比,高超声速飞行器武器系统的最大优势是飞行弹道、落点难以预测,拦截武器系统的传感器即使探测到发射也难以连续跟踪,导致难以获得精确数据。同时,导弹防御系统的拦截能力恰恰对这种飞行器大部分飞行时间和轨道显得无能为力,因而高超声速武器系统对于弹道导弹防御系统有非常高的突防概率。其飞行末段高达 10～20 *Ma* 的高超声速攻击,让距离远隔洲际的坚固建筑和深埋地下百米的目标也变得弱不禁风。

技术难点:支撑超高超声速武器巨大作战效能的是不可思议的速度,飞行要跨越亚声速、跨声速、超声速阶段,才能进入高超声速。当飞行器从稠密大气层冲向稀薄大气层时,空气密度的巨大变化给飞行器的研制带来巨大困难。超声速技术必须突破多个难题才能释放威力。

(1)首先是动力难题。高超声速技术主要选用超燃冲压发动机作为推进系统,高超声速空气在燃烧室中的滞留时间通常只有1.5 ms左右,每次工作窗口极其狭窄,要在这样短的时间内将其压缩、增压,并与燃料在超声速流动状态下均匀、稳定地混合和燃烧十分困难。目前,即便对美军而言超燃冲压发动机也离实用化有一定距离。

(2)其次是气动加热难题。以速度可达20 *Ma* 的“猎鹰”为例,其飞行时与大气层的摩擦就会使外壳要承受近2 000℃的高温,超过钢的熔点,其他部位的温度也将在600℃以上,必须综合利用多学科的计算、试验等手段解决真实飞行环境下的气动加热问题。

(3)结构材料也是个难题。高超声速飞行器要在尽可能地减轻结构质量情况下克服气动加热问题。耐高温、抗腐蚀、高强度、低密度的结构材料对于研制高超声速飞行器是必须突破的关口,甚至会使用航天器的结构与材料。

3.5.1 高超声速飞行器建模研究

高超声速飞行器的关键技术包括推进技术、材料技术、空气动力学技术和飞行控制技术等,具有高升阻比特性的乘波构形被认为是高超声速飞行器最好的外形设计,具有广阔的应用前景,已成为世界各国研究的重点。然而,采用乘波构形后飞行器机身与发动机相互融合,即所谓的机体/发动机一体化设计,使得气动、推进与控制作用相互耦合、相互影响,不可分离。因此,在研究高超声速飞行器建模问题时,应充分考虑高超声速飞行的特点以及飞行器的结构特性,以确保建模的可行性。

在研究初期,NASA公布了一种锥形体刚体模型,并给出了模型的气动布局以及相关气动数据,但该模型反映不出当前研究的乘波体构型飞行器的动力学行为,因此很少被采用。Schmidt等对吸气式高超声速飞行器进行了抽象,基于拉格朗日方法获得了包含气动/推进/弹性耦合特性的动力学解析模型,基于这个解析模型,吸气式高超声速飞行器的气动/推进/弹性耦合特性对飞行动力学和控制的影响被逐步揭示。Bolender等在此基础上经过简化,提出了一种新的吸气式高超声速飞行器非线性纵向动力学一体化解析模型,在纵向平面全面刻画了吸气式高超声速飞行器的动力学行为,能够揭示出高超声速飞行器飞行控制研究所面临的问题。

与此同时,很多学者结合吸气式高超声速飞行器气动/发动机一体化耦合的特点,对高超声速飞行器的各种飞行特性,如攻角特性、升阻特性、发动机特性以及纵向气动特性等进行了研究。Mirmirani等从工程实用角度出发,研究了吸气式高超声速飞行器的耦合动力学特性,重点研究了吸气式高超声速飞行器气动/推进耦合动力学特性对控制系统设计的影响。这些研究从不同角度对高超声速飞行器的建模问题提供了一种支撑。

从临近空间高超声速飞行器建模方面的国内外研究成果可以看出,现有建模问题多是局限于气动力模型或飞行姿态模型的研究。然而,对于采用机身/发动机一体化布局的临近空间飞行器,弹性/推进/姿态耦合是飞行器运动过程中存在的固有物理联系,临近空间高超声速飞行器由于运行环境非常复杂,气动力、气动力矩和推进特性非线性严重,导致弹性/推进/姿态耦合关系更加复杂,采用现有的飞行姿态建模或气动力建模方法,无法满足三者协调控制的需要,从现有文献看,当前对该问题开展的相关研究较少。因此,深入分析临近空间高超声速飞行器的飞行弹性/推进/姿态耦合机理及特性,充分考虑高超声速飞行器新动力学特性,根据不同任务进行理论和数值仿真分析，对模型进行合理简化将是建立适合高超声速飞行器协调控制模型的一种有效途径。

3.5.2　高超声速飞行器控制研究

高超声速飞行器独特的气动外形以及细长结构设计，导致空气动力学、推进系统、结构动力学和高带宽控制系统之间在宽频率域内存在显著的交叉耦合。与传统的飞行器相比，模型的复杂度和非线性度更高，而且高超声速飞行器飞行高度和飞行马赫数跨度范围大，运行空间环境非常复杂，在飞行过程中，飞行器气热特性和气动特性的变化更为剧烈。因此，较常规飞行器，高超声速飞行器飞行控制问题更具有挑战性，主要表现在如下方面：

(1)特殊的气动/推进布局和结构使得高超声速飞行器机体结构的固有振动频率较低，并造成明显的弹性效应，既影响飞行器短周期运动，又使得飞行器变形加剧，导致飞行失控；

(2)机体与发动机的高度一体化设计，必然带来空气动力学与推进系统之间的强烈耦合，限制了飞行器可达到的闭环系统性能，构成对高超声速飞行器飞行控制系统设计的各种约束；

(3)根据激波条件优化，设计出的乘波体外形高超声速飞行器工作在激波面上，具有姿态本质非稳定性；

(4)由于工作条件大范围变化，高低空气动特性差异巨大，导致飞行器动力学特征与模型参数在飞行过程中变化显著，同时控制面的控制效率较亚声速、超声速飞行时低得多，且时滞、气动耦合严重；

(5)现有试验条件无法全面模拟飞行器的工作环境，检测设备不能完全监测试验过程，对高超声速飞行器各种特性的研究存在较大的不确定性。

3.5.3　控制方法研究

尽管存在较大的挑战，随着各种高超声速飞行器计划的实施，在高超声速飞行器控制器设计方面，近年来，国内外已经开展了大量的理论和工程应用研究，以提高临近空间高超声速飞行器的运动品质，改善其相关控制性能，并取得了相应的研究成果。验证机X-43A采用传统的增益预置方法设计控制器，该方法被工程广泛采用，技术比较成熟，且不受计算机速度的限制；此外，X-43A试飞成功也表明，增益预置方法是目前飞控系统设计的主流方案。但是，当飞行包线范围扩大，外界扰动增强时，基于增益预置方法的控制器存在明显的缺陷，特别是在控制可能发生故障时，该方法需有大量的增益预置表，且切换过程中，参数往往产生突变，严重影响系统的整体性能。

高超声速飞行器飞行条件极为复杂，要想获取其精确的模型信息是很困难，甚至是不可能的。因此，控制器的鲁棒性显得尤为重要，为了能设计出强鲁棒的控制器，在控制器的设计过程中，必须弱化其对模型的依赖，采用某些在线逼近方法来获取被控模型信息，或者应用某种在线补偿方式来克服模型不准确所带来的影响。

然而，鲁棒控制中优化问题的最好解往往是考虑最坏条件下获得的，优化解一般存在不同程度的保守性，即鲁棒性的获得是以牺牲性能指标为代价的。因此，经典的鲁棒控制方法在实际应用中往往具有一定的局限性。采用带有神经网络补偿的非线性动态逆控制方法进行验证机 X-33 控制器的设计，该方法具有较好的非线性解耦控制能力以及较强的鲁棒性，并且还具有一定的容错重构性能。虽然验证机 X-33 因多种原因被迫下马，但其控制器的设计过程为今后高超声速飞行控制器的设计提供了一种全新的思路。

基于这种思想，近年来，鲁棒自适应控制方法已经被应用于复杂、未知和不确定的非线性动态系统控制中，依靠状态变量进行反馈，通过所设计的自适应律来调节参数、抑制扰动，改善控制系统的性能。多数研究人员采用动态逆方法进行自适应控制，首先对系统进行反馈线性化，然后结合其他自适应控制方法进行鲁棒自适应控制设计，但在这种方法中，不但反馈矩阵的计算量大而且难以实现。为此，一些学者尝试采用其他非线性控制设计方法从不同的角度进行高超声速飞行器控制器的设计。如针对结构模态和执行器动力学的不确定，以姿态和速度跟踪为目标设计了一种自适应 LQ 控制器；针对飞行航迹角动力学的非最小相位特性，通过建立一种简化模型，提出了一种兼备自适应性和鲁棒性的设计方法；基于 LYAPUNOV 方法分别对内外环进行控制器设计，给出了控制器设计方法。

3.5.4 存在的问题

尽管近年来高超声速飞行器控制研究工作受到广泛重视，但大部分研究局限于单独针对飞行姿态控制或气动力控制展开。普通低速航空器中飞行姿态对气动力和气动力矩的影响关系比较明确，通过气动总体设计可保证飞行器的稳定性和操纵性满足规定要求。然而，高超声速飞行器独特的机身/推进一体化布局及其独特气动外形，使得高超声速飞行器存在严重的弹性、非线性以及气动不确定性，给飞行控制系统的设计提出了诸多难题，使得一些常用的控制方法不适于或者很难应用于这类飞行器。主要表现在：

(1)多数线性控制研究基于某几个工作点的线性化模型设计局部控制器，通过增益调度方法可对飞行器在一定飞行区域范围内控制，但无法满足强耦合、大非线性条件下高超声速飞行器大跨度机动飞行控制的需求；

(2)非线性控制过于依赖反馈线性化方法，由于对模型结构的要求，在设计中通常忽略了弹性效应，然而由于飞行器刚体运动与弹性运动之间存在显著耦合，只基于刚体模型设计的控制系统会由于严重的模型不匹配而引起系统稳定性问题；

(3)智能控制主要利用先验知识和数值仿真建立运动参数和控制量之间的映射关系，控制器结构复杂不利于理论上分析控制系统稳定性，只能依靠非线性仿真验证；

(4)多数控制忽略了机体弹性效应，或者通常将弹性效应作为高频摄动不确定性处理，然而高超声速飞行器的高带宽控制系统动态和低频结构模态之间不再具有频带分离现象，这种交叉耦合极易导致控制与结构的耦合失稳，只基于刚体模型的控制设计难以保证系统的稳定性。

综上所述，高超声速飞行器特殊的动力学特性使得飞行控制设计面临的问题复杂多样，为保证高超声速飞行器在复杂的飞行条件下，拥有稳定的飞行特性、良好的控制性能及强鲁棒性能，需要对其动力学特性、耦合特性以及各种不确定性进行深入研究和分析，选择合理的控制结构，进行飞行器弹性/推进/姿态协调控制研究，在其飞行控制系统设计过程中引入新的控制方法和控制手段。

本章要点

1. 导弹刚体动力学方程。
2. 纵向运动和横滚运动的传递函数。
3. 面对称导弹横侧向运动的三个模态。
4. 导弹弹体动态特性分析。

习　　题

1. 写出导弹建模中常用的几种坐标系。
2. 写出弹体坐标系导弹刚体动力学方程的一般表达式。
3. 写出轴对称导弹纵向运动和横滚运动的传递函数。
4. 写出面对称导弹横侧向运动的三个模态，并简述对侧向稳定性的要求。
5. 已知某导弹在某特征点处俯仰运动动力学系数为 $a_{22}=1.932$，$a_{24}=88.83$，$a_{25}=365.6$，$a_{34}=12.334$，忽略 a'_{24} 和 a_{35}，写出导弹纵向传递函数、特征方程及其特征根分布，并分析其稳定性。

6*. 弹性弹体对弹体动力学特性有什么影响？
7*. 写出弹体弹性动力方程纵向扰动运动方程的表达式。
8*. 高超声速飞行导弹动力学建模的特点是什么？

参考文献

[1] 杨军. 导弹控制系统设计原理. 西安：西北工业大学出版社，1997.
[2] 郑志伟. 空空导弹系统概论. 北京：兵器工业出版社，1997.
[3] 曾颖超. 导弹飞行动态分析. 西安：西北工业大学出版社，1981.
[4] 陈士橹. 导弹飞行力学. 北京：高等教育出版社，1983.
[5] 张有济. 战术导弹飞行力学设计(上，下). 北京：宇航出版社，1998.
[6] 陈佳实. 导弹制导和控制系统的分析与设计(Ⅰ，Ⅱ). 北京：宇航出版社，1989.
[7] 樊会涛. 空空导弹方案设计原理. 北京：航空工业出版社，2013.
[8] 沈如松. 导弹武器系统概论. 北京：国防工业出版社，2010.
[9] 吴文海. 飞行综合控制系统. 北京：航空工业出版社，2007.
[10] 杨智春. 飞行器气动弹性力学讲义. 西安：西北工业大学出版社，2007.
[11] 章卫国. 现代飞行控制系统设计. 西安：西北工业大学出版社，2009.
[12] 李惠峰. 高超声速飞行器制导与控制技术(上，下). 北京：中国宇航出版社，2012.
[13] 杨亚政，等. 高超音速飞行器及其关键技术简论. 力学进展，2007(4)：537－550.
[14] 康志敏. 高超音速飞行器发展战略研究. 现代防御技术，2000(4)：27－34.

第4章　目标特性和环境

4.1　目标的特性

4.1.1　目标的分类

按导弹攻击的目标可分为三类，即空中目标、地面目标和海上目标。

空中目标包括飞机和导弹两大类。其中飞机主要包括战略轰炸机、战斗歼击机、侦察机、电子战飞机和预警机等。导弹主要是战术地地导弹、空地导弹、反舰导弹和巡航导弹。

地面目标可分为固定目标和机动目标两类。固定目标如交通枢纽、重要桥梁、指挥通信中心、军事装备仓库、发电设备等。机动目标主要为各种坦克和装甲车辆。

海面目标主要是指各类型的舰船。

4.1.2　空中目标特性

导弹打击的主要空中目标是飞机和弹道导弹，这里介绍飞机的一些主要特性。

对导弹作战性能有重大影响的是飞机的飞行速度特性、高度特性和机动特性，其飞行速度随不同的飞行高度而变化，机动能力与马赫数有关，这几方面的关系可以用飞行包络图表示。飞行包络由最小速度限、升限线和动压限制线组成。

飞机的最大飞行速度受发动机的推力限制。飞机最小飞行速度和升限由飞机的升力必须等于重力、推力必须等于阻力的基本关系所决定。飞机的动压大小由飞机的飞行速度和高度所决定，受飞机结构强度所限制。低空大气密度大，阻力大，在飞机推力不变的情况下，最小飞行速度就小。最小飞行速度随飞行高度而增高，因为只有这样才能维持升力等于重力。升限是随着飞行速度的增加而逐渐增加，达到最大速度后由于阻力的增加升限逐渐降低。

一般来说，战略轰炸机最大飞行速度在0.75～2.0 *Ma* 之间，升限在13～18 km之间，过载值在1.4～4 *g* 之间。歼击轰炸机最大飞行速度在0.95～2.5 *Ma* 之间，升限在12.5～20 km之间，最大可用过载在5～9 *g* 之间。战略侦察机的飞行高度通常都在歼击机飞行范围之外的空域活动，飞机升限可达到24～25 km，最大飞行速度可达到3.2 *Ma*，而低空侦察机则为了低空或超低空突防，利用地形跟踪技术，可在100 m或更低的高度飞行。

4.1.3　地面运动目标特性

导弹所攻击的地面运动目标包括坦克和装甲车等，现简要介绍坦克的特性。

坦克按其尺寸和质量可以分为轻型、中型和重型，轻型坦克质量在 20 ～30 t，长度为 4～5 m；中型坦克质量在 30～50 t，长度为 5～7 m；重型坦克质量超过 55 t，长度超过 7 m。

坦克的运动特性：一般在公路运动速度为 50～100 km/h，越野速度达 40～80 km/h，目前坦克的加速度性能都较好，在 6～14 s 内就能将速度从 0 加速到 32 km/h，具有制动和转向机动性能。

4.1.4　地面固定目标特性

地面固定目标包括机场、导弹阵地、大中型桥梁以及经济和工业基地，下面分别就机场、导弹阵地和大中型桥梁等主要目标进行简要介绍。

1. 机场

机场通常包括跑道、停机坪、机库、弹药库、指挥所和营房等一系列设施，但并不是所有的这些目标都能攻击，如弹药库在地下，指挥系统有两套(地上地下各一套)，因此即使破坏了地面指挥塔也不能使机场的通信、指挥、控制系统完全失灵。在现有的条件下，攻击机场跑道是最经济、最合理的，而且也是可行的。机场跑道的几何特征主要是长、宽、厚和材料等，根据跑道的不同承载能力分成不同的级，国外飞机跑道承载能力见表 4.1。

表 4.1　国外飞机跑道承载能力

路道类别	负荷类型	长/m	宽/m	厚/mm
一级	重型轰炸机	2 500～5 000	60～100	>600
二级	中型轰炸机	2 500	45～60	400
	歼击轰炸机	2 000	45	280～300
三级	歼击机	1 800～2 000	40	180～220
四级	教练机	<1 800	30	150～180

2. 导弹阵地

作为战略威慑作用的弹道导弹，为提高其射前生存能力往往采用地下发射井来发射导弹，因此地下发射井也是未来战争所要打击的一个重要目标。导弹发射井为垂直竖立地面以下的钢筋混凝土圆筒体，井口有近百吨的钢筋混凝土井盖，内径为 4～5 m，深约为 20 m。目前，国外的导弹发射井大都采用加固技术，如美国“民兵”导弹发射井的井壁就用 1.5％的钢筋加固，防护能力大大增强，可达 140 kg/cm^2，俄罗斯的第四代洲际导弹 SS－17，SS－18，SS－19 发射井壁用同心钢圈式加固，防护能力可达 282 kg/cm^2。

3. 大中型桥梁

破坏大中型桥梁是切断敌人运输的有效方法，一座大桥被破坏后临时性维修需十几天甚至几十天，永久性的维修时间就更长，这将对对敌作战产生重大影响。铁路桥梁一般分为桥台、桥墩、桥跨等几部分，前两项由钢筋混凝土组成，桥跨由钢铁组成。桥梁的强度不决定于桥长，而是与跨度有关，跨度越大，桥架就越高，梁杆也越粗，强度也就越大。通常，铁路桥的抗压强度为 1.6 kg/cm^2。

4.1.5 海上目标特性

海面舰船种类很多，小的如各种快艇，中等的像驱逐舰、巡洋舰，大的如航空母舰，其尺寸差别很大。快艇一般有几十米长，几米宽；中型舰船有一百多米长，十几米宽，一二十米高；而大型舰只长几百米，宽几十米，高几十米，几何尺寸很大，差别也很大。它们的运动特性常与其几何尺寸成反比，这主要受推进系统的影响。大中型水面舰只速度为 30～80 km/h，快艇速度为 60～120 km/h，气垫船速度可超过 150 km/h。

4.2 目标的典型运动形式

4.2.1 匀加速直线运动模型

平面内匀加速直线运动模型(CA)描述目标运动方程如下：

$$\left.\begin{aligned} x(t) &= x_0 + \int v_x(t)\mathrm{d}t \\ y(t) &= y_0 + \int v_y(t)\mathrm{d}t \\ z(t) &= z_0 + \int v_z(t)\mathrm{d}t \end{aligned}\right\} \tag{4.1}$$

$$\left.\begin{aligned} v_x(t) &= v_{x_0} + a_x t \\ v_y(t) &= v_{y_0} + a_y t \\ v_z(t) &= v_{z_0} + a_z t \end{aligned}\right\} \tag{4.2}$$

式中 $x(t),y(t),z(t)$ —— 目标位置坐标；

$v_x(t),v_y(t),v_z(t)$ —— 目标的速度；

a_x,a_y,a_z —— 目标的加速度，为常数；

v_{x0},v_{y0},v_{z0} —— 目标的初始速度；

x_0,y_0,z_0 —— 目标的初始位置。

4.2.2 水平盘旋模型

平面内匀速转弯运动模型(CT) 描述目标运动方程如下：

$$\left.\begin{aligned} x &= x_0 + \frac{v}{\omega}\cos\omega(t-t_0) \\ y &= y_0 + \frac{v}{\omega}\sin\omega(t-t_0) \\ z &= z_0 \end{aligned}\right\} \tag{4.3}$$

式中 ω —— 目标的转弯角速率；

v —— 目标运动速度；

t_0 —— 运动开始时刻；

x_0, y_0, z_0 —— 目标的初始位置。

4.2.3　一般目标运动学模型

$$\left.\begin{aligned}
&\dot{x}_M = v_M \cos\theta_M \cos\psi_{vM} \\
&\dot{y}_M = v_M \sin\theta_M \\
&\dot{z}_M = -v_M \cos\theta_M \sin\psi_{vM} \\
&x_M(0) = x_{M0} \\
&y_M(0) = y_{M0} \\
&z_M(0) = z_{M0} \\
&v_M = v_M(t) \\
&\theta_M = \theta_M(t) \\
&\psi_{vM} = \psi_{vM}(t)
\end{aligned}\right\} \tag{4.4}$$

式中　$\dot{x}_M$ —— 目标 Ox 轴方向速度；

$\dot{y}_M$ —— 目标 Oy 轴方向速度；

$\dot{z}_M$ —— 目标 Oz 轴方向速度；

x_{M0} —— 目标位置 Ox 向坐标初始值；

y_{M0} —— 目标位置 Oy 向坐标初始值；

z_{M0} —— 目标位置 Oz 向坐标初始值；

$v_M(t)$ —— 目标速度函数；

$\theta_M(t)$ —— 目标弹道倾角函数；

$\psi_{vM}(t)$ —— 目标航向角函数。

4.3　目标的辐射特性及散射特性

温度高于绝对零度以上的物体，都会辐射包括红外线在内的电磁波，物体的红外辐射能量与物体的温度有关，温度越高，辐射的红外线能量越强，而且波长也有变化。

目标的雷达散射特性主要由其雷达散射截面(RCS)表征，而由于目标几何尺寸不同，结构差异会造成其雷达的散射特性也有很大区别。

目标的电磁辐射特性主要指雷达类目标，这一类目标本身辐射电磁波，不同的雷达由于用途和型号不同，其电磁辐射特性是不一样的。

4.3.1　目标的红外辐射特性

物理实验证明，任何物体只要它的温度高于绝对零度(−273℃)，都能辐射红外线，故红外辐射属于热辐射。物体温度较低时主要辐射人眼看不见的红外线，当物体温度较高时除仍有红外线辐射外，出现了可见光能量辐射。红外辐射实质上也是一种电磁波辐射。

红外线是一种不可见光，其波长长于红色光波，比无线电波波长短。红外线的波长为0.76～1 000 μm，在红外技术领域里，把红外光谱划分为4个波段：

近红外波段(0.76～3 μm)；

中红外波段(3～6 μm)；

远红外波段(6～15 μm)；

超远红外波段(15～1 000 μm)。

在航空技术中，运用最广泛的是波长为0.76～6 μm范围的红外线辐射，即在近红外波段和中红外波段。

1. 飞机的红外辐射特性

飞机的自身红外辐射源种类较多，引起红外辐射的因素也多，但对于喷气式战机的红外辐射研究必须考虑的4种辐射源为：发动机燃烧室的空腔金属体；飞机尾喷管排出的热燃气流；飞机机体或壳体表面的辐射；飞机蒙皮表面对包括太阳光、大气和地球反射的辐射能。喷气发动机燃烧室相当于一个被燃气加热的圆柱形腔体，属于空腔辐射。图4.1所示为喷气式飞机及太阳的辐射波谱。

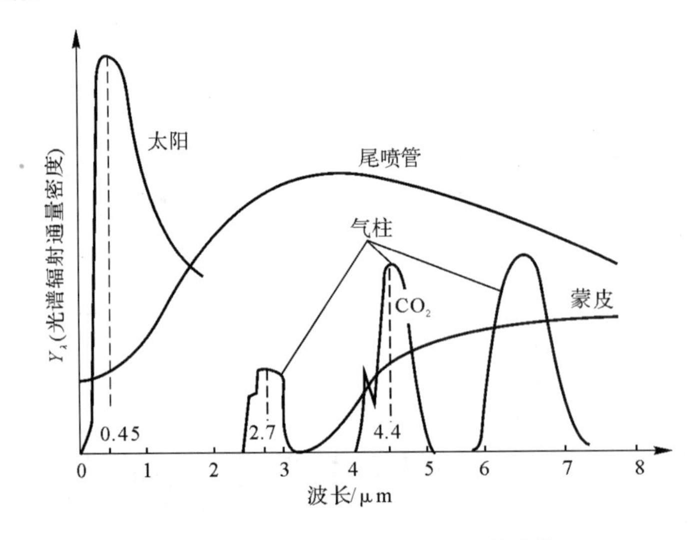

图 4.1 喷气式飞机及太阳的辐射波谱

当导弹从侧向或后半球对目标飞机进行攻击时，喷气流辐射是最重要的红外热辐射源。通过对飞机进行的空中动态测量和地面发动机试车研究表明：喷气流辐射在与喷气流轴线垂直的正侧向最大。由于飞机机体的遮挡，随着测试研究所取方向与喷气流的正流向之间的夹角增大，喷气流的辐射衰减加大。喷气流辐射在光谱分布上还具有比较明显的特点：即由于大气吸收，喷气流辐射除了受到衰减，同时随测试距离的不同，它的光谱分布也在改变。

对于蒙皮辐射，除非在中低空、中大马赫数下飞行才有可能对中波段红外辐射有所贡献。通常蒙皮的辐射波长在10 μm左右。而且所占波段较宽，加之飞机的蒙皮展开面积要比尾喷口的面积大许多倍。因此，蒙皮辐射范围在8～14 μm波段，占有较大比例。

由于红外大气传输窗口主要分布在1～3 μm，3～5 μm和8～14 μm三个波段，红外搜索跟踪系统在1～3 μm波段主要探测来源于目标发动机尾喷口的热辐射，在3～5 μm波段主要探测来源于目标飞机发动机尾气流的热辐射，所以对具有红外导引系统的导弹在 1～3 μm，3～5 μm 的波段前向探测距离很近，后向探测距离却很远。而 8～14 μm 波段可以探测来源于目标飞机蒙皮的热辐射，因此全向探测效果要好得多。在整个红外波段内的探测效能如图 4.2 所示。图中，$E(\theta)$为方向的探测效能。

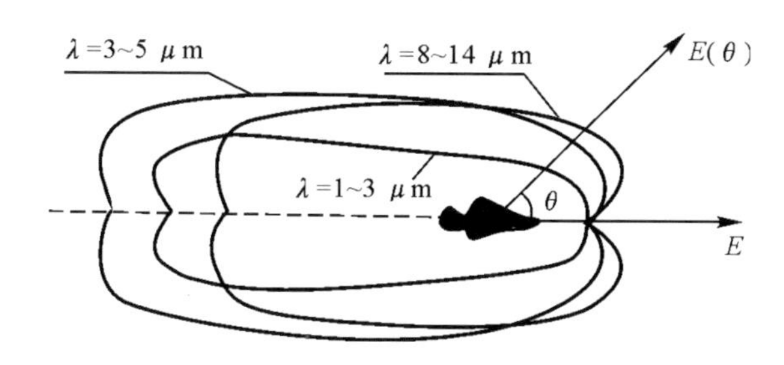

图 4.2　红外波段的探测效能

2. 坦克的红外辐射特性

由于坦克目标贴着地面运动，在起伏地形上，很难在地面使用雷达进行探测和跟踪，因此比较多的是利用红外和可见光探测和制导。由于坦克有很多热源，主要是发动机的排气管，长时间运动部件也可能由于摩擦产生较高的温度，排气管的温度可达 450～600℃，而其减震器、主动轮、诱导轮和轴承等运动部件，在长时间运动时温度也可以达到 150～250℃。这样一些热源是很容易被红外探测器所探测出来的。

3. 海上舰船的红外辐射特性

舰船的红外辐射特性取决于动力装置的类型、结构布局、舰船的性能和气象条件。舰船的主烟囱温度可达 400℃，辐射出波长在 3～5 μm 范围内的波长；而一般船体温度在 20～60℃，辐射波长在 8～12 μm 范围内。这两个波段正好是红外辐射传输的大气窗口，可为红外制导反舰导弹攻击船只提供很好的条件。

4.3.2　目标的雷达散射特性

1. 雷达散射截面(RCS)的定义

雷达散射截面的定义是对平面电磁波入射而言的。它与目标本身的特性、目标方向随发射机、接收机的位置变化以及入射的雷达频率有关，与距离无关，是在给定的方向上定量地观测入射电磁波能被目标散射或反射的情况。RCS 通常定义为

$$\sigma(\theta,\phi,\theta_i,\phi_i)=\lim_{R\to\infty}4\pi R^2\frac{|\overline{S_r^S(\theta,\phi)}|}{|\overline{S_r(\theta_i,\phi_i)}|}\tag{4.5}$$

式中，R,θ,ϕ 分别为球坐标中所研究的方位量，并且目标被固定在坐标原点(见图 4.3)。

2. 复杂目标雷达散射特性

现代喷气飞机和战术导弹的雷达散射截面如图 4.4 和图 4.5 所示。

由图可知，机身部分的回波面积要比其他部分的大，特别是两翼处的回波面积比任何其他部分大得多。图中 0°处表示机头方位(或鼻锥部分)，通常它的回波面积较小，对单引擎喷气战斗机来说，其双基雷达回波面积为 0.01～0.5 m^2 的数量级(在 X 波段)。对于导弹形状的

目标，由于其外形呈细长圆柱体，因此其头部、尾部的雷达截面要比两翼处小得多，两翼处的雷达截面要比头部大数百倍（X 波段）。

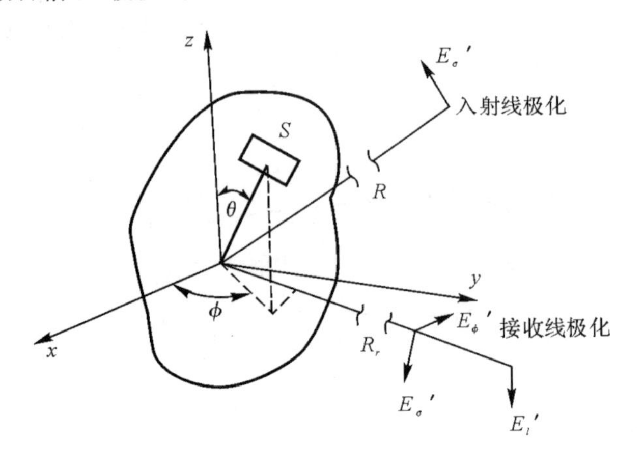

图 4.3　入射和散射波关系

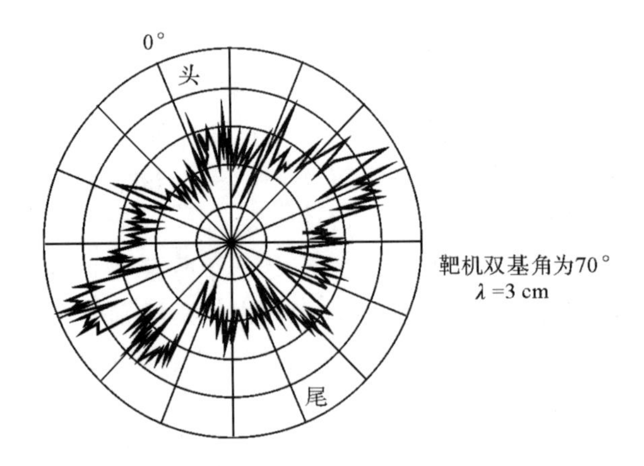

图 4.4　喷气式飞机的全方位雷达散射特性

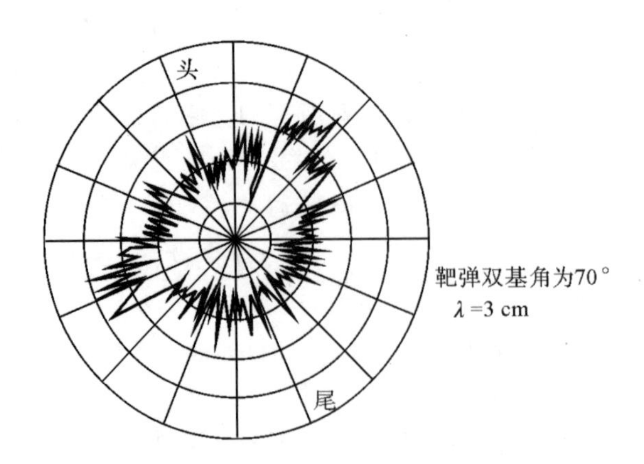

图 4.5　典型的战术导弹雷达电波散射特性

此外，由于雷达工作波长不同而呈现的 RCS 也有所不同，图 4.6 和图 4.7 分别表示飞机目标在微波频率下的短波长范围和长波长范围情况下的 RCS 轮廓图。可见，在微波情况下出现的散射轮廓图很密集，它不像长波长情况下所出现的散射轮廓图那么清晰。这种现象往往是由于散射相位的原因，同样的目标尺寸下，微波频率要比长波长情况下出现的散射点多，因此回波面积的数值随波长的不同而变化。

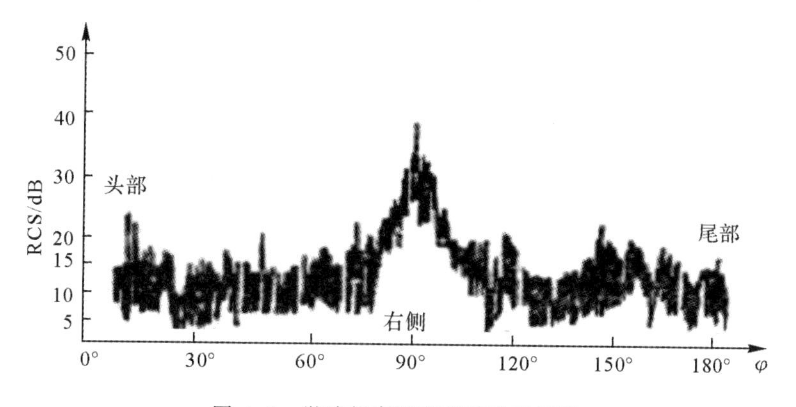

图 4.6　微波频率下典型的飞机回波

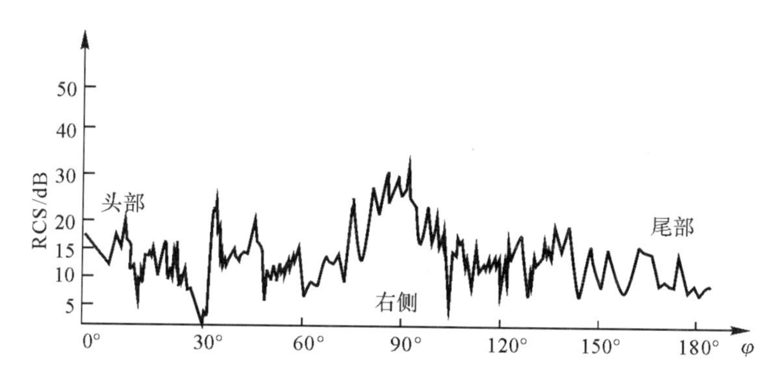

图 4.7　长波情况下同一架飞机的回波

现列表 4.2 说明雷达截面测量和使用的数据。

表 4.2　微波频率下所测若干目标的 RCS

目标	雷达截面积/m^2
通用的有翼导弹	0.5
小的单引擎飞机	1
小型战斗机或有 4 名乘员的喷气机	2
大型战斗机	6
中型轰炸机或中型喷气班机	20
巨型喷气机	100
轻型卡车	200
汽车	100
炮弹	0.001～0.03

3.舰船的雷达散射面积的经验计算公式

海面舰船因其几何尺寸大,船体结构造成许多角反射体,且都具有良好的电性能,因此,舰船的雷达散射截面都比较大。舰船的雷达散射截面积经验公式如下:

$$\sigma=52f^{\frac{1}{2}}D^{\frac{3}{2}} \tag{4.6}$$

式中 σ—— 雷达散射截面积(m^2);

f—— 雷达频率(MHz);

D—— 舰船的排水量(kt)。

由于舰船的雷达散射截面很大,探测或寻的雷达比较容易从海面杂波中分辨出来。未来的水面舰船将采用隐形技术,因而其 RCS 将显著减小。

4.3.3 波段划分标准

描述雷达类目标电磁辐射特性的一个重要参数是波长,通常按照波段划分,下面就简要介绍一下波段的划分。

最早用于搜索雷达的电磁波波长为 23 cm,这一波段被定义为 L 波段(英语 Long 的字头),后来这一波段的中心波长变为 22 cm。

在波长为 10 cm 的电磁波被使用后,其波段被定义为 S 波段(英语 Short 的字头,意为比原有波长短的电磁波)。

在主要使用 3 cm 电磁波的火控雷达出现后,3 cm 波长的电磁波被称为 X 波段,因为 X 代表坐标上的某点。

为了结合 X 波段和 S 波段的优点,逐渐出现了使用中心波长为 5 cm 的雷达,该波段被称为 C 波段(C 即 Compromise,英语"结合"一词的字头)。

在英国人之后,德国人也开始独立开发自己的雷达,他们选择 1.5 cm 作为自己雷达的中心波长。这一波长的电磁波就被称为 K 波段(K=Kurtz,德语中"短"的字头)。

"不幸"的是,德国人以其日尔曼民族特有的"精确性"选择的波长可以被水蒸气强烈吸收。结果这一波段的雷达不能在雨中和有雾的天气使用。战后设计的雷达为了避免这一吸收峰,通常使用比 K 波段波长略长 Ka(即英语 K-above 的缩写,意为在 K 波段之上)和略短 Ku(即英语 K-under 的缩写,意为在 K 波段之下)的波段。

最后,由于最早的雷达使用的是米波,这一波段被称为 P 波段(P 为 Previous 的缩写,即英语"以往"的字头)。

中国的波段划分方法见表 4.3。

表 4.3 波段划分标准

波段代号	波段	频率	波长范围
VLF	超长波(甚低频)	3~30 kHz	100~10 km
LF	长波(低频)	30~300 kHz	10~1 km
MF	中波(中频)	0.3~3 MHz	1~100 m
HF	短波(高频)	3~30 MHz	100 ~10 m
VHF	米波(甚高频)	30~300 MHz	10~1 m

续 表

波段代号	波段	频率	波长范围
UHF	分米波(特高频)	0.3～3 GHz	1～0.1 m
SHF	厘米波(超高频)	3～30 GHz	10～1 cm
EHF	毫米波(极高频)	30～300 GHz	10～1 mm
	微波		

我国对微波的划分见表 4.4。

表 4.4　中国微波划分标准

波段代号	标称波长/cm	频率/GHz	波长范围/cm
L	22	1～2	30～15
S	10	2～4	15～7.5
C	5	4～8	7.5～3.75
X	3	8～12	3.75～2.5
Ku	2	12～18	2.5～1.67
K	1.25	18～27	1.67～1.11
Ka	0.8	27～40	1.11～0.75
U	0.6	40～60	0.75～0.5
V	0.4	60～80	0.5～0.375
W	0.3	80～100	0.375～0.3

4.4　空气动力环境

作用在导弹上的空气动力和发动机推力特性，在其他条件相同的情况下，取决于介质(大气)的压强、温度及其他物理属性。大气状况，例如它的压强、密度、温度等参数在地球表面不同的几何高度上，不同的纬度上，不同的季节，一天内的时间上是不相同的。

4.4.1　标准大气

标准大气表中规定的大气参数不随地理纬度和时间而变化，它只是几何高度的函数。表中规定以海平面作为几何高度计算的起点，按高度不同可以把大气分成若干层，11 km 以下的为对流层，对流层内的气温随高度升高而降低，高度每升高 1 km，温度下降 6.5℃。11～32 km为同温层或平流层，一般飞机和有翼导弹就是在对流层和同温层内飞行的；同温层内的大气温度在 11～20 km 这一范围内，保持为 216.7 K 不变，再往高去略有升高。声速变化曲线的规律和温度曲线是相同的。温度、大气压强、声速、大气密度随高度变化分别如图 4.8、图 4.9、图 4.10 和图 4.11 所示。

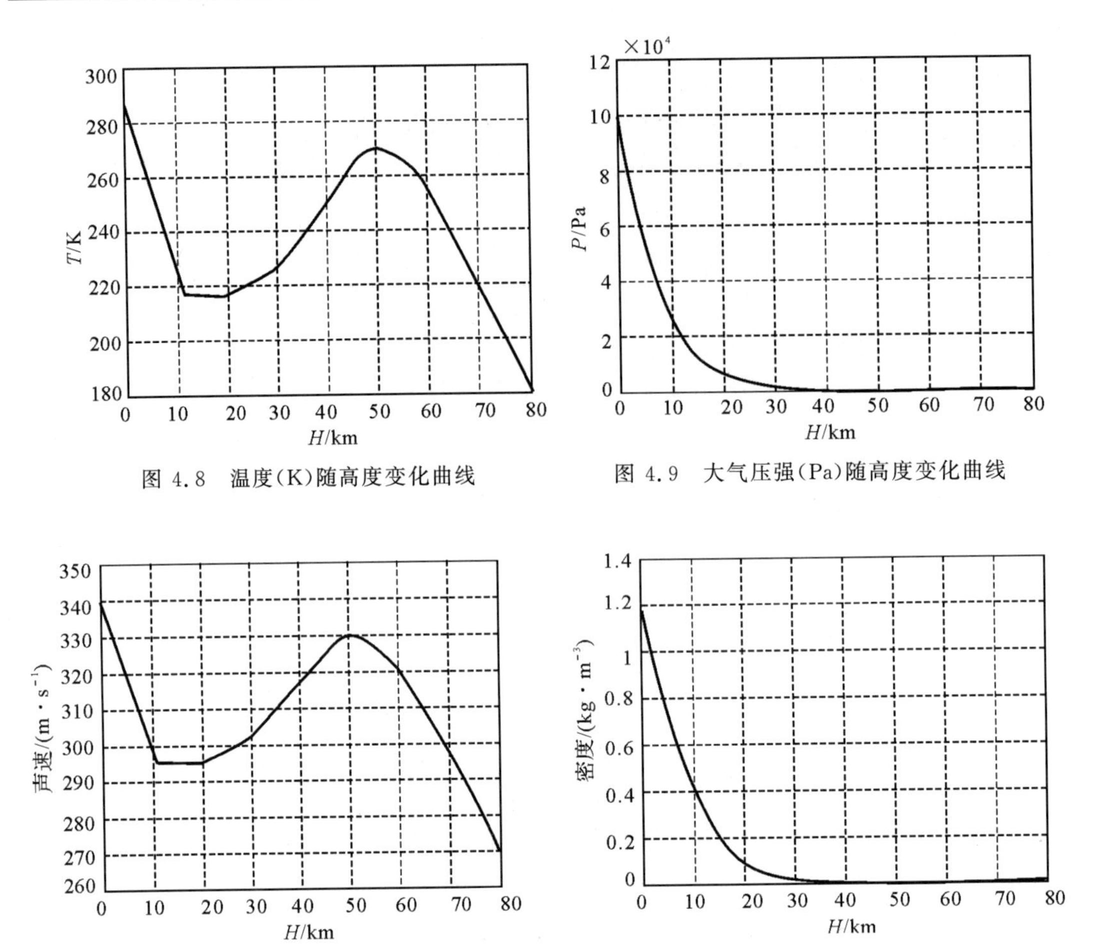

图 4.8 温度(K)随高度变化曲线

图 4.9 大气压强(Pa)随高度变化曲线

图 4.10 声速(m/s)随高度变化曲线

图 4.11 大气密度(kg/m^3)随高度变化曲线

大气压强就是观测点处单位面积上所承受的上空大气柱的质量,高度越高,大气压强越低。例如,高度在 16 km 左右,压强为标准大气压的 10%;而高度升到 31 km 处,压强几乎降到标准大气压的 1%。可以认为,在对流层内压强是高度的幂函数,再往高去,大气压强则按指数函数规律变化。

大气密度随高度的变化,在对流层内也是幂函数关系。在同温层的 11～20 km 高度范围内,密度变化规律与压强变化规律是相同的。

4.4.2 风干扰特性

导弹飞行过程中所处风场特性对导弹的飞行也会产生较大影响。不同的发射条件下对应的风场特性也是不同的。风的影响按照来流方向分为顺风、逆风和侧风三种,风的特性可以用定常风和阵风来刻画。

阵风的特点是风速和风向均会发生剧烈的变化。阵风的量级和方向又是完全不同的,它们是时间和空间的随机函数,只能根据实测由统计数据确定。在工程设计中,只能根据局部的实测数据,对阵风进行估值。经估值分析,阵风可以分为垂直和水平阵风,并以 u 代表垂直阵风速度，w 代表水平阵风速度。一般情况下，$w=2u$。实测研究还证明，在对流层和平流层的下层，阵风速度随着高度增加而增大，计算阵风速度可以采用以下经验公式：

$$\left.\begin{aligned} u &= u_0\sqrt{\frac{\rho_0}{\rho}} \\ w &= w_0\sqrt{\frac{\rho_0}{\rho}} \end{aligned}\right\} \tag{4.7}$$

式中，u_0 和 w_0 分别是与地面垂直和水平的风速；ρ_0 为地面空气密度；ρ 为某一高度上的空气密度。因此，若知地面风速的大致数据，按公式可以估计某一高度上阵风的速度。

导弹受阵风作用的结果将出现附加迎角和侧滑角。

导弹受到垂直风速 u 的干扰作用后，使吹向导弹合成气流的方向变为 v_1，由此形成了附加迎角 $\Delta\alpha_1$，它等于

$$\tan\Delta\alpha_1 = \frac{u\cos\theta}{v-u\sin\theta} \cong \frac{u}{v}\cos\theta \tag{4.8}$$

亦即是

$$\Delta\alpha_1 = \arctan\left(\frac{u}{v}\right)\cos\theta \tag{4.9}$$

同理，由水平风速 w_1 与导弹速度 v 合成的气流方向变为 v_2，这时可得附加迎角 $\Delta\alpha_2$ 为

$$\tan\Delta\alpha_2 = \frac{w_1\sin\theta}{v+w_1\cos\theta} \cong \frac{w_1}{v}\sin\theta \tag{4.10}$$

所以

$$\Delta\alpha_2 = \arctan\frac{w_1}{v}\sin\theta \tag{4.11}$$

如果风速分量 w_2 在侧滑角平面内垂直于飞行速度 v，同样可得侧滑角偏差值为

$$\Delta\beta = \arctan\frac{w_2}{v} \tag{4.12}$$

由攻角偏差 $\Delta\alpha$ 引起的纵向干扰力和干扰力矩为

$$\left.\begin{aligned} F'_{yd} &= qSC_y^{\alpha}\Delta\alpha \\ M'_{zd} &= qSC_y^{\alpha}\Delta\alpha(x_g - x_p) \end{aligned}\right\} \tag{4.13}$$

式中，x_g 为重心至弹头顶点的距离；x_p 为压力中心至顶点的距离。同理，侧滑角偏差产生的干扰力和干扰力矩等于

$$\left.\begin{aligned} F'_{zd} &= qSC_z^{\beta}\Delta\beta \\ M'_{yd} &= qSC_z^{\beta}\Delta\beta(x_g - x_{p1}) \end{aligned}\right\} \tag{4.14}$$

式中，x_{p1} 为侧向压力中心。

阵风采用冻结场假设的大气紊流，是一种局部平稳和高斯型的连续过程，需用随机过程的理论和方法进行研究。常用的描述阵风功率谱为 Dryden 谱。

1. 德莱顿(Dryden) 模型

$$\left.\begin{aligned} \Phi_{\omega_x\omega_x}(\omega) &= \frac{\sigma_{\omega_x}^2 L_{\omega_x}}{\pi v}\,\frac{1}{1+(L_{\omega_x}\omega/v)^2} \\ \Phi_{\omega_y\omega_y}(\omega) &= \frac{\sigma_{\omega_y\omega_y}^2}{\pi v}\,\frac{1+12(L_{\omega_y}\omega/v)^2}{[1+4(L_{\omega_y}\omega/v)^2]^2} \\ \Phi_{\omega_z\omega_z}(\omega) &= \frac{\sigma_{\omega_z\omega_z}^2}{\pi v}\,\frac{1+12(L_{\omega_z}\omega/v)^2}{[1+4(L_{\omega_z}\omega/v)^2]^2} \end{aligned}\right\} \tag{4.15}$$

式中，L_{ω_x}，L_{ω_y}，L_{ω_z} 为三个方向的紊流特征波长；σ_{ω_x}，σ_{ω_y}，σ_{ω_z} 为三个方向紊流强度。

2. 阵风传递函数

为方便使用，引入白噪声随机过程，设计一传递函数 $T(s)$，当输入量 w 为白噪声时，输出量的频谱为希望的阵风谱。以 Dryden 谱的垂向谱 $\Phi_{\omega_z\omega_z}$ 为例，根据随机过程理论，

$$\Phi_{\omega_z\omega_z} = |T(\mathrm{i}w)|^2 \Phi_{ww}(w) \tag{4.16}$$

式中，Φ_{ww} 为激励功率谱，对于白噪声 $\Phi_{ww}=1$，且 $|T(\mathrm{i}w)|^2 = T^*(\mathrm{i}w)T(\mathrm{i}w)$。

Dryden 谱为有理式，可以进行因式分解，得拉氏域中传递函数为

$$T(s) = \sigma_w \sqrt{\frac{L_{\omega_z}}{\pi v}} \frac{1 + 2\sqrt{3} L_{\omega_z} s/v}{[1 + 2L_{\omega_z} s/v]^2} \tag{4.17}$$

4.5 干扰特性*

4.5.1 背景干扰

导弹在空中的背景主要是蓝天、云层、太阳和地物等。蓝天本身的红外辐射很弱，其干扰在高空一般可以忽略不计。云层的干扰主要来自对太阳光的散射，有些亮云散射非常强烈，散射的波段主要是短波，特别是 2 μm 以下的短波，对于中波探测，波长 3 μm 左右的干扰也是不容忽视的，而 4 μm 以上，云自身的温度辐射又开始显现。

太阳是极其强烈的红外辐射源，任何光电探测系统都无法正对太阳工作，设计时要考虑如何使系统受太阳干扰的角度尽可能小，在这个角度以外不受太阳的干扰。太阳不在探测系统视场中时，对系统的干扰来源于太阳光照射在光机结构的某些部件上，这些部件对太阳光反射、散射后落到探测器上。这类干扰的光谱分布主要也处于短波波段。

地物背景在白天的红外辐射类似于云层，由于它的吸收系数较大，受太阳照射升温较多，使其自身的热辐射较强，而对太阳光的散射较弱；地物中的白雪对太阳的散射很强，因而短波干扰较大，而自身的温度辐射较弱。图 4.12 所示是几种地物在白天的辐射光谱图。

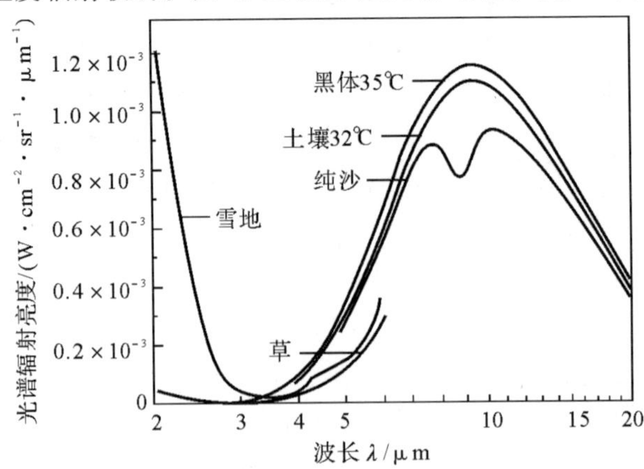

图 4.12 几种地物在白天的光谱辐射亮度分布图

4.5.2　红外干扰

红外干扰技术是伴随着红外制导技术的发展而发展起来的。面对红外制导导弹对于载机威胁的日趋严重，迫使人们不断开发出先进的机载红外对抗手段，包括有源干扰和无源干扰。其中红外有源干扰技术包括红外诱饵弹、红外干扰机、定向红外对抗等。采用这些手段可以有效地对抗红外导弹，以确保载机自身的安全。其中红外诱饵弹的干扰效果与投放的时间间隔、投放的时机和一次投放的数量有关；红外干扰机和定向红外对抗系统的干扰效果与开机的时机有关。

1. 红外诱饵弹

红外诱饵弹的工作过程：利用点源式制导系统跟踪视场内辐射中心的原理，红外诱饵弹被抛射点燃后产生高温火焰，并在一定光谱范围内产生强红外辐射，从而欺骗或诱惑敌红外制导系统，以达到保护载机的作用。红外诱饵弹的前身是侦察机上的照明闪光弹。目前普通的红外诱饵弹的药柱由镁粉、聚四氟乙烯树脂和黏合剂等组成。通过化学反应使化学能转变成辐射能，反应生成物主要有氟化镁、碳和氧化镁等，其燃烧反应温度高达 2 000～2 200 K。典型红外诱饵弹配方在真空中燃烧时产生的热量约为 7 500 J/g，在空气中燃烧时产生的热量约是真空中的 2 倍。

2. 红外干扰机

红外干扰机是一种发射红外干扰信号，破坏和扰乱敌方红外观测系统或红外制导系统正常工作的光电干扰设备。一般来说红外干扰机由三部分组成：控制器、调制器、辐射器（包括光源），其组成框图如图 4.13 所示。

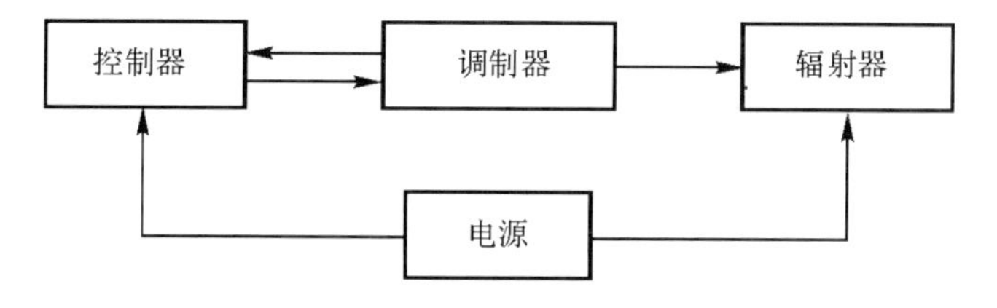

图 4.13　红外干扰机的组成框图

红外干扰机包括欺骗式干扰和大功率压制式光电干扰两大类型。欺骗式干扰设备是模拟飞机发动机及其他发热部件辐射的红外光谱而发射红外能量的，比目标辐射的红外能量要强数倍至数十倍；压制式光电干扰设备发射很强的红外辐射能量，迫使导弹的红外探测器工作于非线性饱和区，甚至将探测器击坏，从而使导弹不能有效跟踪目标，导致导弹失效或偏离目标。

目前红外干扰机覆盖波段大多在 1～3 μm 和 3～5 μm，而 8～14 μm 的很少；战术性能：压制系数通常大于 3，少数大于 10；干扰视场通常大于 10°；覆盖方位：水平 360°，俯仰 ±25°。红外干扰机是非消耗性干扰设备，它发送经调制的强红外辐射脉冲，以破坏和降低红外导引头截获目标的能力，或者是破坏其观测系统，并破坏其跟踪状态。其工作特点是，由于红外干扰机与被保护目标一体，使来袭红外制导导弹无法从速度上把目标与干扰信号区分开。其另一主要工作特点是在无红外告警的情况下，可以较长时间连续工作，以弥补红外诱饵有效干扰时间短、弹药有限的不足；可以重复使用和连续工作；干扰视场宽；抗干扰能力强；隐蔽性好，尤其适用于低辐射的目标，自卫效果好。

3. 定向红外技术

采用常规红外光源的定向红外对抗设备是人们最先开发的。美国采用铯灯作为干扰光源，聚成宽15°、高低角为+10°～-70°的棱锥形光束，而由AN/AAR-44红外型导弹逼近告警系统引导干扰光束。当AAR-44检测到导弹攻击时，即引导干扰光束瞄准导弹导引头。这种系统使铯灯全向连续辐射较短波长的红外能量，以对抗早期的红外导弹。仅当告警系统检测到目标时，才辐射较长波长的更强的定向光脉冲。

美国研制的“萤火虫”系统，使用双红外光束将氙灯能量聚集在逼近导弹上。虽然不如铯灯有效，但氙灯更亮，寿命更长，且一开机即可达到峰值输出。这样的光源易于进行干扰信号的调制。定向红外对抗系统以256×256元碲镉汞焦平面阵列作为导弹逼近告警系统，与红外干扰光源在同一个转塔架上。传感器能锁定导弹并有足够的灵敏度，甚至在导弹发动机燃尽后仍能跟踪导弹。跟踪系统的精度约为0.05°，很容易使宽6°的定向红外对抗干扰光束照射到导弹上。

4.5.3 电磁干扰

采用雷达导引头的导弹在完成任务的过程中遇到的电磁环境是复杂的，不仅有人为干扰（包括功率型干扰和欺骗型干扰），还有自然干扰（如地杂波、海杂波等）。复杂的电磁干扰环境对导引头的工作造成很大的威胁，干扰机的干扰形式、调制形式、调制参数以及战术应用都是针对干扰导引头的体制、信号处理方法实现的。

1. 有源连续波噪声干扰

有源连续波噪声干扰是遮盖型干扰，其中包括阻塞式干扰、瞄准式干扰和扫频式干扰。这些干扰与导引头的接收机输入端的有用信号相加，使有用信号产生失真。因此，信号的检测概率降低、虚警概率增加、目标参数的测量精度降低。连续波噪声干扰，可以在时域、频域和空域遮盖有用信号，是最常见的干扰形式。

2. 箔条干扰

投掷在空中的箔条反射器包，形成偶极子云团，由于体积小，可以看成是点目标，对导引头产生无源欺骗型干扰。周期性地投放反射器包，在空中汇合成箔条干扰走廊。导弹攻击的目标在箔条走廊中飞行，干扰带宽可以覆盖导引头的工作频率，对导引头产生无源遮盖型干扰（见表4.3）。

表4.3 箔条云团平均浓度 *N* 对导引头作用距离 *R* 的影响

R	总衰减/dB	单位体积内的根数/(根·m^3)
1	0	0
0.8	3.9	445
0.6	8.9	1 027
0.4	16	1 712
0.2	28	3 082
0.1	40	4 452

本章要点

1. 目标特性。
2. 典型形式的目标运动方程。
3. 目标红外及雷达散射特性。
4. 风干扰特性。
5. 典型的红外干扰及电磁干扰。

习　　题

1. 地面固定、运动目标的特性
2. 简述目标的分类以及典型的几种目标。
3. 写出一般目标运动方程和水平盘旋目标运动方程。
4. 叙述目标的红外、雷达散射特性。
5. * 写出几种典型的背景干扰及特性。
6. * 写出几种典型的红外干扰。
7. * 写出几种典型的电磁干扰技术。

参考文献

[1] 张有济. 战术导弹飞行力学设计(上，下). 北京：宇航出版社，1996.
[2] 杨军. 导弹控制系统设计原理. 西安：西北工业大学出版社，1997.
[3] 郑志伟. 空空导弹系统概论. 北京：兵器工业出版社，1997.
[4] 赵强，刘隆和. 红外成像制导及其目标背景特性分析. 航天电子对抗，2006，22(1)：27－29.
[5] 陈士橹. 导弹飞行力学. 北京：高等教育出版社，1983.
[6] 穆虹. 防空导弹雷达导引头设计. 北京：宇航工业出版社，1996.
[7] 施德恒，许启富. 红外诱饵弹系统的现状与发展. 红外技术，1997，19(1)：9－14.
[8] 沈如松. 导弹武器系统概论. 北京：国防工业出版社，2010.
[9] 樊会涛. 空空导弹方案设计原理. 北京：航空工业出版社，2013.
[10] 梁晓庚. 空空导弹控制系统设计(1，2，3，4 册). 北京：国防工业出版社，2006.
[11] 徐延万. 控制系统(上，下). 北京：中国宇航出版社，2009.

第5章　对导弹的基本要求

作为闭环自动控制系统元件的导弹的特性在一定程度上确定了制导控制系统的结构与特性，除此以外，还影响这些系统单独元件的特性。当设计作为控制对象的导弹时，从导弹制导控制系统设计的角度对其提出要求是十分必要的，这将使系统组成更加合理，对系统元件的要求也不会太苛刻，使用不复杂的元件也就不会使整个制导和控制系统变得过于复杂。类似地，导弹制导控制系统的设计必须适应导弹的特点，必须满足它对制导控制系统的约束和要求。总之，当设计导弹及其制导控制系统时，要全面地考虑相互的约束和要求，这样才能设计和建造出简单而可靠的制导控制系统。

本章根据自动控制理论的基本原理以及国内外已公布的资料，从控制的角度提出了对导弹设计的基本要求及对动力系统的基本要求。

5.1　导弹的速度特性

速度特性是导弹飞行速度随时间变化的规律。导弹沿着不同的弹道飞行时，其速度 $v_D(t)$ 是不同的，但要满足下述共同要求。

1. 导弹平均飞行速度

导弹飞行的平均速度

$$\bar{v}_D = \frac{1}{t}\int_0^t v_D(t)\,dt \tag{5.1}$$

式中，t 为导弹到达遭遇点的飞行时间。

由于导弹沿确定的弹道飞行时，其可用过载取决于导弹速度和大气密度，导弹可用过载随速度的增加而增大，因此，为保证导弹可用过载水平，要求有较高的平均速度。

2. 导弹加速性

制导控制系统总是希望有足够长的制导控制时间，但是受最小杀伤距离的限制，一个显而易见的办法是提早对导弹进行制导控制。而影响导弹起控时间的因素之一就是导弹的飞行速度。若导弹发射后很快加速到一定速度，使导弹舵面的操纵效率尽快满足控制要求，就可达到提早对导弹进行制导控制的目的。引入推力矢量控制后，导弹在低速段也具有很好的操纵性，对导弹的加速性要求就可以适当放宽。

3. 导弹遭遇点速度(导弹末速)

导弹在被动段飞行时，在迎面阻力和重力作用下，导弹速度下降，可用过载也下降，而在射击目标时，导弹需用过载还与导弹和目标的速度比 v_D/v_M 有关。v_D/v_M 越小，要求导弹付出的需用过载越大，这种影响在对机动目标射击时更为严重，一般要求遭遇点的 v_D/v_M 应大于1.3。

5.2　导弹最大可用过载

所谓过载，是指作用在导弹上除重力之外的所有外力的合力 N(即控制力) 与导弹重力 G 的比值

$$n=\frac{N}{G} \tag{5.2}$$

由过载定义可知，过载是个矢量，它的方向与控制力 N 的方向一致，其模值表示控制力大小为重力的多少倍。这就是说，过载矢量表征了控制力 N 的大小和方向。

导弹可用过载是根据射击目标时，导弹实际上所要付出的过载(即需用过载) 来确定，最大可用过载就是导弹在最大舵偏角下产生的过载。

1. 决定导弹需用过载的因素

(1) 目标的运动特性：在目标高速大机动的情况下，为使导弹准确飞向目标就应果断地改变自己的方向，付出相应的过载，这是导弹需用过载的主要部分，它主要取决于目标最大机动过载，也与制导方法有关。

(2) 目标信号起伏的影响：制导控制系统的雷达导引头或制导雷达对目标进行探测时，由于目标雷达反射截面或反射中心起伏变化，导致导引头测得目标反射信号大的起伏变化，这就是目标信号起伏，它总是伴随着目标真实的运动而发生的，这就增大了对导弹需用过载的要求。

(3) 气动力干扰：气动力干扰可以由大气紊流、阵风等引起。导弹的制造误差、导弹飞行姿态的不对称变化也是产生气动力干扰的原因。气动力干扰造成导弹对目标的偏离运动，要克服干扰引起的偏差，导弹就要付出过载。

(4) 系统零位的影响：制导控制系统中各个组成设备均会产生零位误差，由这些零位误差构成系统的零位误差，它亦使导弹产生偏离运动，要克服由系统零位引起的偏差，导弹也要付出过载。

(5) 热噪声的影响：制导控制系统中使用了大量的电子设备，它们会产生热噪声，热噪声引起的信号起伏会造成测量偏差，它与目标信号起伏的影响是相同的，只是两者的频谱不同。

(6) 初始散布的影响：导弹发射后，经过一段预定的时间，如助推器抛掉或导引头截获目标后，才进入制导控制飞行。在进入制导控制飞行的瞬间，导弹的速度矢量方向与要求的速度矢量方向存在偏差，通常将速度矢量的角度偏差称为初始散布(角)。初始散布的大小与发射误差及导弹在制导控制开始前的飞行状态有关，要克服初始散布的影响，导弹就要付出过载。

2. 最大可用过载的确定

导弹在整个杀伤空域内的可用过载应满足命中目标所要求的需用过载之和。

综上所述，除目标运动特性外，其他各项均可认为是随机量，在初步设计时，导弹最大可用过载由下式确定：

$$n_{\mathrm{Dmax}} \geqslant n_{\mathrm{M}}+\sqrt{n_{\omega}^{2}+n_{g}^{2}+n_{0}^{2}+n_{s}^{2}+n_{\Delta\theta}^{2}} \tag{5.3}$$

式中　n_{Dmax} —— 导弹最大可用过载；

n_{M} —— 目标最大机动引起的导弹需用过载；

n_ω —— 目标起伏引起的导弹需用过载；
n_g —— 干扰引起的导弹需用过载；
n_0 —— 系统零位引起的导弹需用过载；
n_s —— 热噪声引起的导弹需用过载；
$n_{\Delta\theta}$ —— 初始散布引起的导弹需用过载。

5.3 导弹的阻尼

在一般情况下，战术导弹的过载和攻角的超调量不应超过某些允许值，这些允许值取决于导弹的强度、空气动力特性的线性化以及控制装置的工作能力。允许的超调量通常不超过30%，这与导弹的相对阻尼系数 $\xi=0.35$ 相对应。对于现代导弹的可能弹道的所有工作点来说，通常不可能保证相对阻尼系数具有这样高的数值。例如，在防空导弹 SA－2 的一个弹道上，阻尼系数从飞行开始的 0.35 变到飞行结束的 0.08。弹道式导弹 V－2 在弹道主动段的大部分阻尼 $\xi>0.10$。很多导弹的低阻尼特性是由于导弹通常具有小尾翼，有时其展长也小所造成的，而且常常是由导弹的飞行高度所决定的。

当导弹在高空飞行时，导弹通过增加翼面和展长显著增加空气动力阻尼是不可行的，在这种情况下，通过改变导弹的空气动力布局来简化制导控制系统常常是无效的。同时，所需 ξ 值可以相当简单地利用导弹包含有角速度反馈或者角速度和角加速度反馈的方法来保证。这种方法与上述空气动力方法相比较具有下述优越性：由于尾翼减小，导致导弹质量的减轻、正面阻力的减小以及导弹结构上载荷的减少。

因此，通常对表征导弹阻尼特性的动力系数 a_{22} 不提出特殊要求。

5.4 导弹的静稳定度

为简化导弹控制系统的设计，通常要求在攻角的飞行范围内关系曲线 $m_z(\alpha)$ 是线性的。这要由导弹合理的气动布局来达到，尤其是要由足够的静稳定度来达到。随着静稳定度的增加，空气动力特性线性变化范围也在增大。

由于导弹的质心随着推进剂的消耗而向前移动，因此飞行过程中导弹会变得更加稳定。导弹静稳定度的增加使导弹的控制变得迟钝。为更有效地控制导弹，提高导弹的性能，可将导弹的设计由静稳定状态扩展到静不稳定状态。即在飞行期间，允许导弹的静稳定度大于零。为保证静不稳定导弹能够正常工作，可以采用包含有俯仰角（偏航角）或法向过载反馈的方法来实现对导弹的稳定。对导弹控制系统稳定性分析表明，导弹的自动驾驶仪结构和舵机系统的特性在一定程度上限制了允许的最大静不稳定度。

在弹道式导弹的姿态稳定系统设计中，这种导弹由于没有尾翼或者尾翼面积很小，所以经常是静不稳定的。高性能的空空和地空导弹为了保证其末端机动性，也采取了放宽静稳定度的策略。

必须指出，除非万不得已，有翼导弹设计仍考虑消除静不稳定度，因为它将使控制系统设计及其实现复杂化并降低其可靠性。

5.5　导弹的固有频率

按下式可以以相当高的精度计算出固有频率：

$$\omega_n \approx \sqrt{a_{24}} = \sqrt{\frac{-57.3 m_z^{C_y} C_y^{\alpha} qSL}{J_z}} \tag{5.4}$$

它是导弹重要的动力学特性。显然，这个频率取决于导弹的尺寸(其惯性力矩)、动压以及静稳定度。当导弹在相当稠密的大气层中飞行时，大型运输机的固有频率为 1 ～ 2 rad/s，小型飞机的固有频率为 3 ～ 4 rad/s，超声速导弹的固有频率为 6 ～ 18 rad/s。当在高空飞行时，飞行器的固有频率会大大降低，一般为 0 ～ 1.5 rad/s。

为了对导弹固有频率的数值提出要求，下面简单地研究导弹、控制系统和制导系统之间的相互影响。

制导系统的通频带，即谐振频率或截止频率 ω_{H} 应当成为能保证脱靶的数学期望 m_{h} 和均方差 σ_{h} 之间的最佳关系。为此，制导系统应当对制导信号(目标运动)有足够精确的反应，并且能抑制随机干扰。截止频率 ω_{H} 的数量级可以根据制导信号的幅值频谱的宽度评价，而制导信号根据制导运动学弹道的计算结果是已知的。

在良好的滤波特性情况下，控制系统本身也会相当精确地复现制导信号。在控制系统具有小的截止频率 ω_{CT} 的情况下，控制系统将大的幅相畸变带入制导过程，这样就给制导系统的设计增加了困难。为了给制导系统工作建立满意的条件，正如根据自动控制理论得出的结论，必须将截止频率 ω_{CT} 和 ω_{H} 分离开，即使是2个倍频程也好。这就是说(如果将控制系统看做是振荡环节)，当 $\omega_{\mathrm{CT}} \geqslant 4\omega_{\mathrm{H}}$ 以及 $\xi_{\mathrm{CT}} > 0$ 时，振幅畸变不超过 10%。在控制系统 $\xi_{\mathrm{CT}} \geqslant 0.3$ 时，$\omega_{\mathrm{CT}} \geqslant 3\omega_{\mathrm{H}}$ 就可保证振幅的畸变同样不超过 10%。因此，可以大体上认为，控制系统的截止频率可以满足相当精确地复现制导信号的条件为

$$\omega_{\mathrm{CT}} \geqslant 3\omega_{\mathrm{H}} \tag{5.5}$$

确保控制系统截止频率处于最佳值的状态，在一定的条件下可以仅仅用空气动力方法实现。在这种情况下，对导弹的固有频率必须提出要求：

$$\omega_{\mathrm{n}} \geqslant 3\omega_{\mathrm{H}} \tag{5.6}$$

当在稀薄大气层中或在其范围以外飞行时，导弹的固有频率等于零。保证控制系统截止频率要求值的任务只能由导弹含有攻角和过载反馈的控制系统来完成。

为了简化控制系统，当条件可能时，同时采用空气动力学和自动控制的方法解决所讨论的任务才是合理的。通常，导弹设计师能够在一定限度内改变静稳定度来控制固有频率，这种静稳定度取决于导弹的结构配置和空气动力的配置。控制系统设计师可以相对导弹的固有频率来提高系统的截止频率，即

$$\omega_{\mathrm{CT}} \geqslant k\omega_{\mathrm{n}} \tag{5.7}$$

系数 k 对于中等快速性的稳定系统来说是 1.1 ～ 1.4，而在高快速性的情况下是 1.5 ～ 1.8。考虑上式，可以将条件式(5.7) 改写为下列形式

$$k\omega_{\mathrm{n}} \geqslant 3\omega_{\mathrm{H}} \tag{5.8}$$

要求系数值越高,控制系统越复杂,更大的困难就落在控制系统的设计人员身上,因此在相当低的高度飞行时,导弹的固有频率不小于某个允许值 ω_n 才是合理的。例如当 $\omega_H = 1\ rad/s$ 时,取 $k=1$,则 $\omega_{n\ min}=3\ rad/s$。然而,当导弹在高空飞行时,保持固有频率的值不小于 ω_n 的想法,由于导弹的其他特性明显变坏,是不恰当的。

问题在于,当导弹在极限高度飞行时确定可用法向过载。由于静稳定度的提高,固有频率 $\omega_n \approx \sqrt{a_{24}}$ 增大时,可用过载减小。并且,为了保持其所需的过载值,必须提高操纵机构的效率。这就使得舵面积过分增大,结果就引起舵面阻力及铰链力矩的增大,最终提高导弹的质量并使舵传动机构复杂化。

当导弹在低空飞行时,上述说法不成立,但是为了简化稳定系统,合理地提高导弹的固有频率,只能提高到一定限度。在导弹具有很大的固有频率的情况下,控制系统的形成发生困难,在这种情况下控制系统应当具有高快速性,而且其元件不应使制导信号产生明显的振幅和相位畸变。此时,舵传动机构可选频带范围很窄,它的快速性总是受执行传动机构功率及铰链力矩的限制,因此,导弹在最小高度的固有频率最大值取决于传动机构的类型(液压的、气动的等)。

5.6 导弹的副翼舵效

保证倾斜操纵机构必要效率的任务是由导弹设计师完成的,然而对这些机构效率的要求是根据对制导和控制过程的分析,并考虑操纵机构的偏转或控制力矩受限而最后完成的。

操纵机构效率及最大偏角应当保证由操纵机构产生的最大力矩等于或超过倾斜干扰力矩,且由阶跃干扰力矩所引起的在过渡过程中的倾斜角(或倾斜角速度)不超过允许值。

倾斜操纵机构最大偏角的大小通常由结构及气动设想来确定。如果控制倾斜运动借助于气动力实现,显然最大高度的飞行是确定对操纵机构效率要求的设计情况。

5.7 导弹的俯仰/偏航舵效

俯仰和偏航操纵机构的效率由系数 a_{25},b_{27} 的大小及操纵机构的最大力矩来表征。对俯仰及偏航操纵机构效率要求取决于:

(1) 在什么样的高度上飞行,是在气动力起作用的稠密的大气层内,还是在气动力相当小的稀薄的大气层内飞行;

(2) 飞行器是静稳定的、临界稳定的还是不稳定的;

(3) 控制系统的类型(静差系统还是非静差系统)。

在各种飞行弹道的所有点上的操纵机构最大偏角应大于理论弹道所需的操纵机构的偏角,应具有一定的储备偏角。此外,操纵机构最大偏角不可能任意选择,它受结构上及气动上的限制。

对俯仰和偏航操纵机构的最大偏转角以及效率的要求(这种要求导弹设计师应当满足)在控制和制导系统形成时就制定出来,这些要求取决于这些系统所担负的任务,也取决于其工作条件。

5.8 导弹弹体动力学特性的稳定

导弹动力学特性和飞行速度与高度的紧密关系是导弹作为控制对象的特点。现代导弹的速度和高度范围更大，以致表征导弹特性的参数可变化 100 多倍。导弹飞行速度及飞行高度的紧密关系大大增加了制导控制系统设计的难度，这时系统应当满足对导弹在任何飞行条件下所提出的高要求。制导控制系统应确保作为被控对象的导弹具有尽可能大的稳定特性。

保证控制系统动力学特性稳定的任务，一部分要由导弹设计师承担，但基本上由控制系统设计师承担，而他们之间的分工往往根据具体情况而定。

由自动控制原理知，闭环系统最重要的特性(稳定性、精度、谐振频率、振荡性等)，在很大程度上取决于开环系统的传递系数，因此保证系数基本不变是动力学特性稳定的首要任务。

导弹设计师采用下述方法可以将传递系数变化范围缩小一些：

(1) 选择气动特性随马赫数变化小的导弹气动布局；

(2) 导弹合理的结构配置，借助于燃料配置及合适的消耗程序，使导弹质心随时间的变化过程更有利于导弹动力学稳定；

(3) 沿导弹纵轴移动弹翼，使导弹在不同飞行条件下具有符合要求的动力学特性；

(4) 在舵传动机构中引入变传动比机构，该机构的传动比随导弹的某个飞行参数变化，如 H,v,q 等。

全面、彻底地解决导弹动力学特性的稳定问题有赖于控制系统设计师的工作，可使用如下方法解决这个问题：

(1) 使用力矩平衡式舵机；

(2) 导弹包含有深度负反馈，其中包括法向过载的深度负反馈，由自动控制原理知，深度负反馈可有效抑制受控对象的参数变化；

(3) 采用带有反馈的舵传动机构，反馈深度与速度动压成正比；

(4) 采用预定增益控制技术，根据时间或参数 H,v,q 等改变稳定系统某些元件的传递系数，主要是校正网络的参数。

(5) 引入非线性控制技术，如振荡自适应技术。

另外，以现代控制理论为基础的模型参考自适应控制、自校正控制及变结构控制在解决导弹动力学特性的稳定问题上有很大的潜力，这有待理论界和工程界的进一步努力。

下面以捷联惯导数字式自适应自动驾驶仪为例简单讨论一下弹体动力学特性稳定的工程实现方法。

捷联惯导数字式自适应自动驾驶仪由以下几个部分组成：

(1) 捷联惯导系统：为导弹提供惯性基准，为导弹实时地提供飞行速度、飞行高度、攻角和飞行时间的信息，并测量弹体角速率及加速度；

(2) 控制系统参数数据库：由控制理论综合而得，存储着不同飞行条件下控制系统保持良好性能所必需的参数值；

(3) 常规自动驾驶仪结构；

(4) 导弹执行机构和弹体。

图 5.1 所示为数字式自适应自动驾驶仪的结构框图。

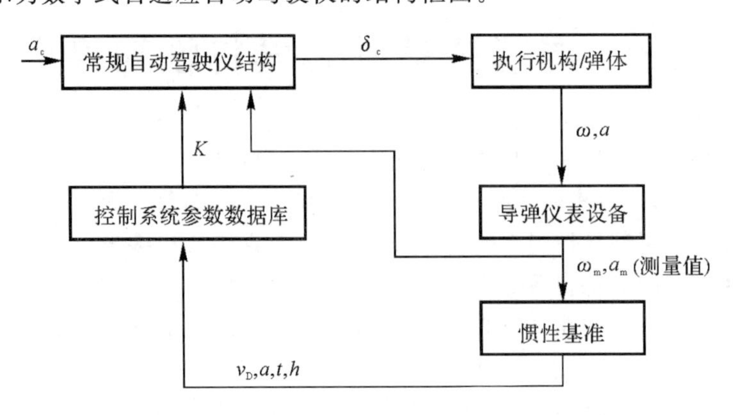

图 5.1 数字式自适应自动驾驶仪结构框图

数字式自适应自动驾驶仪的工作过程是,由导弹仪表设备测得弹体的角速度信息和加速度信息,一路用于导弹自动驾驶仪的反馈信号,另一路通向捷联惯导计算机;由捷联惯导计算机计算出导弹的飞行速度、飞行高度、攻角和滚动角等飞行条件信息,这些信息与弹体动力学有着对应的关系。为保证导弹在任何飞行条件下都具有满意的飞行品质,通常应在不同的飞行条件下选取不同的控制增益,而惯导系统恰好提供表征飞行条件的信息,此时这些信息被用作控制系统调参的特征参数。先利用这些特征参数查寻控制增益表获得控制增益 K;然后将其代入控制算法,计算出控制指令 δ_c。

导弹飞行条件与其弹体动力学有着密切的关系,这是由其内在因素决定、外部特征表现出来的。影响导弹弹体动力学的内在因素主要有以下几个:

(1) 推力特性。导弹弹体动力学系数 a_{25},a_{34} 皆与推力有关,因而推力的变化将对弹体动力学特性产生很大影响。

(2) 导弹重心、质量和转动惯量。导弹弹体动力学系数 $a_{22} \sim a_{35}$ 皆与导弹的重心、质量和转动惯量有关。

(3) 马赫数。导弹的飞行马赫数主要影响弹体的气动力特性,因为导弹的马赫数变化范围很大,故这个因素的影响不可忽视。

(4) 动压。除了推力矢量控制引入的动力学系数外,几乎所有的动力学系数都与动压有关。

(5) 攻角。当导弹进行大攻角飞行时,导弹的气动力特性将随攻角发生很大变化,这些变化将反映在导弹的动态特性上。这里讲的攻角指的是导弹的总攻角。

(6) 气流扭角。在大攻角的情况下,气流扭角对有翼导弹的气动力特性影响十分显著,但对无翼式导弹的气动力特性的影响是很小的。

(7) 速度。在 a_{22},a'_{24},a_{34} 和 a_{35} 动力学系数中,都有导弹飞行速度项,因此它也将影响导弹的动力学特性。

在上面这些因素中,有一些之间有着密切的关系,如导弹的推力特性、重心、质量和转动惯量皆是导弹飞行时间的函数,导弹的马赫数、动压和飞行速度由飞行高度和马赫数决定。因此从外部特征上看,影响导弹弹体动力学的特征参数有导弹飞行时间、马赫数、飞行高度、总攻角和气流扭角等。

导弹的自动驾驶仪有很多种结构，为了保证导弹具有很高的性能，通常选用三回路控制器结构，即角速度反馈回路、角速度积分反馈回路和加速度反馈回路。这种自动驾驶仪结构的基本特点是：

(1) 自动驾驶仪增益随导弹的飞行高度和马赫数变化很小；

(2) 不管是稳定的还是不稳定的弹体都可以很好地控制；

(3) 具有良好的阻尼特性；

(4) 导弹的时间响应可以降低到适合于拦截高性能飞机的要求值；

(5) 良好的抑制干扰力矩的能力。

对于捷联惯导数字式自适应自动驾驶仪，其整个设计过程为：

(1) 导弹飞控系统性能指标的确定；

(2) 确定导弹特征参数，为控制参数的调整提供依据；

(3) 计算对应所有特征参数空间点处弹体动力学的模型参数；

(4) 利用控制理论完成导弹所有飞行条件下的控制参数计算，给出控制参数数据库；

(5) 根据特征参数的变化情况，确定控制器的调参频率，由此提出对捷联惯导系统信号传输速率的要求；

(6) 控制器离散化频率的确定；

(7) 设计结果的仿真研究。

5.9　导弹法向过载限制

导弹所经受的最大法向过载不应超过由导弹强度条件所确定的极限允许值。如果导弹用于在很宽的速度和高度范围内飞行，当设计导弹控制系统时，就应当解决最大法向过载和攻角及侧滑角的限制任务。

5.10　导弹结构刚度及敏感元件的安装位置

目前，在有效载荷质量和飞行距离给定的情况下，借助减小结构质量和燃料质量比来提高导弹飞行性能的倾向会使导弹结构刚度减小。为此，当设计导弹控制系统时必须考虑结构弹性对稳定过程的影响。

导弹在飞行中受到外载荷的作用时会发生弹性振动。导弹的运动可以看作由质心的平移和绕质心的转动以及在质心附近的结构弹性振动的合成。与质心的平移和绕质心的转动相比可以认为结构弹性振动是一个小量运动。但是，在制导控制系统中测量导弹姿态变化的敏感元件，即自动驾驶仪中的角速度陀螺仪、线加速度计以及导引头中的角速度陀螺仪等，会感受到这一小量运动，并引入制导控制回路中，有时会严重影响系统的性能。

结构弹性振动的频率与导弹的结构刚度有关，即刚度愈大，其弹性振动频率愈高。制导控制系统是在一定的频带范围内工作的，由于结构弹性振动的阻尼系数很小，所以它会造成系统稳定性下降或不稳定。

导弹结构的刚度指标之一是以振型的频率和振幅来度量的。对频率的要求是，导弹的一阶振型频率要大于舵操纵系统工作频带的1.5倍；至于振幅要求，主要应由它对导弹气动力的影响确定。它对制导控制系统的影响，可以由敏感元件的安装位置进行调节。因此原则上，角速度陀螺仪应安装在振型的波腹上，线加速度计应安装在振型的波节上，当然这是理想情况。这样就可避免或大大减弱导弹结构弹性振动对制导控制系统的影响。

当控制力矩加到弹性弹体壳体上时，除了使导弹产生围绕质心的旋转外，还会发生横向弹性振动，该振动由多个不同谐振频率的正弦波组成，其中第一阶谐振最为强烈。如果安装在弹体上的敏感元件位置不当，在传感信号中将不仅包含导弹刚体的运动，还有弹体弹性变形的附加信号。这一附加信号相当于控制系统的一种干扰输入，并通过导弹的气动弹性效应形成回路反馈，不仅影响控制的精度与飞行动态品质，尤其当控制系统工作频带与弹性振动频带相交时，可能因为两者的相位差较大而导致失稳，这类现象称之为“伺服气动弹性问题”。

为了克服弹性对稳定过程的影响，可以采用下述两种方法。第一种方法是将导弹结构设计保证振动一阶振型频率(有时要求是二阶振型频率）应当大大超过稳定系统的截止频率，一般为5倍以上。这时结构振型可看作是稳定系统的高频模态，不影响稳定性。第二种方法是合理地设计稳定系统，可以采取下面几种措施：

(1) 正确地配置导弹的测量元件，尽量减少弹性振动信号串入稳定系统中；

(2) 在导弹振型频率处引入滤波器，压制振动；

(3) 采用振动主动抑制技术。

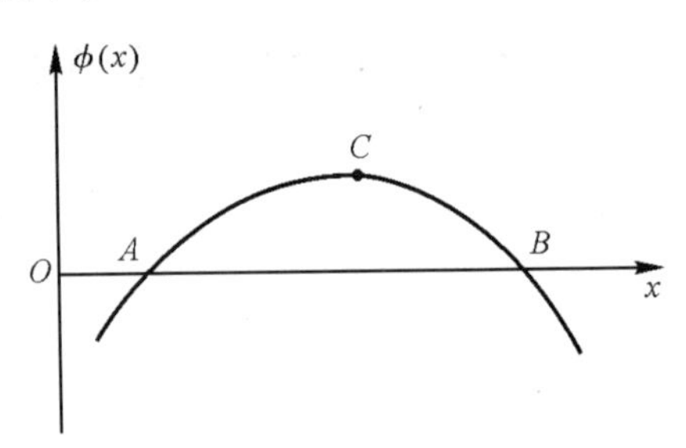

图 5.2　导弹一阶振型示意图

在这里只简单介绍一下考虑一阶振型时敏感元件位置选择方法。图5.2为导弹一阶振型的示意图。很显然，如果敏感元件是三自由度陀螺或二自由度陀螺，应放在振型的波腹上，即图5.2中的C点，该点$\phi'(x)=0$。如果敏感元件是加速度计，应该放在振型的节点上，即图5.2中的A,B点，该点$\phi(x)=0$。实际上，在工程中由于部件安排的限制，敏感元件有时无法放在理想的位置，此时应保证将其放在距理想位置尽可能近的位置上。

5.11　导弹操纵机构及舵面刚度

与导弹结构的刚度一样，操纵机构和舵面的刚度也会影响制导控制系统的性能。

操纵机构是通过舵机输出，推动舵面偏转的机构，它是舵伺服系统的组成部分，由于它是一个受力部件，它的弹性变形对舵伺服系统的特性有较大的影响，从而影响制导控制系统的性能。当舵面偏转时，受到空气动力载荷的作用，舵面会发生弯曲和挠曲弹性变形，这会引起导弹的纵向和横向产生交叉耦合作用，进而影响制导控制系统性能。因此，对操纵机构及舵面的刚度均有一定的要求。

5.12　对动力系统的基本要求

对动力系统的要求集中体现在对发动机推力特性的要求。

推力的大小直接决定了导弹的加速度大小。某些导弹在初始发射时要求发动机工作很短的时间使导弹达到一个初始的速度，然后导弹飞出发射筒，避免发动机尾焰产生的高温对发射人员造成伤害。一般防空导弹用的发动机推力很大，使导弹迅速达到最大速度，以满足导弹控制系统对速度的要求。

如果发动机的推力一定，发动机的工作时间决定了导弹在发动机结束后达到的速度。多脉冲发动机可以控制发动机工作时间，比如它可以推迟导弹达到最大速度的时间。如图5.3所示，通过让导弹到阻力比较小的高空达到最大速度，来获得更远的飞行距离。

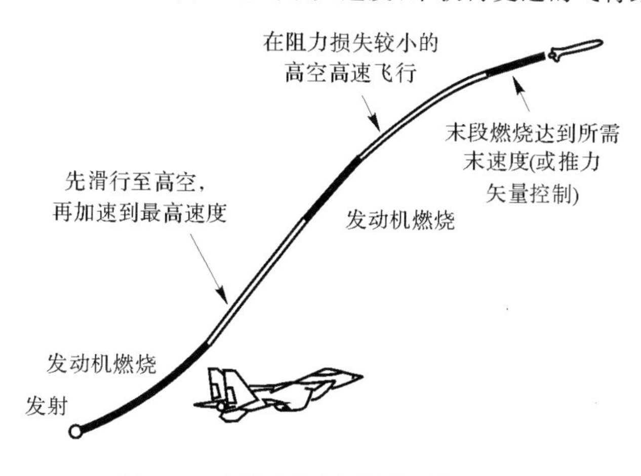

图5.3　多脉冲发动机导弹工作示意图

导弹的飞行状态也会对动力系统提出一定的要求。例如大气层外飞行的导弹所使用的发动机必须携带氧化剂和燃料剂。而冲压发动机依靠气流直接减速增压，必须保证导弹有足够的飞行速度才能工作。冲压发动机最适合于远程巡航飞行的导弹，飞行速度在$Ma=2\sim4$时，推进效率高、经济性好，液体冲压的比冲可达12 000 N·s/kg，固体冲压的比冲在8 000 N·s/kg左右。冲压发动机最大工作高度为40 km，最大速度$Ma=12\sim16$。此外发动机推进剂燃烧造成的导弹质心变化也要满足控制系统对静稳定度等要求。

本章要点

1. 对导弹的基本要求。
2. 决定导弹需用过载的因素。

3.敏感元件的安装位置。

4.对动力系统的基本要求。

习　　题

1.导弹制导与控制对导弹设计有哪些基本要求?

2.决定导弹需用过载的因素有哪些?

3.导弹速度对导弹制导与控制设计有哪些影响?

4.导弹的动力学特性对导弹制导与控制系统设计的稳定有什么影响?

5.简述动力系统的组成。

6.导弹制导控制系统对动力系统的基本要求是什么?

参考文献

[1] 张有济.战术导弹飞行力学设计(上,下).北京:宇航出版社,1996.

[2] 杨军.导弹控制系统设计原理.西安:西北工业大学出版社,1997.

[3] 郑志伟.空空导弹系统概论.北京:兵器工业出版社,1997.

[4] 曾颖超.导弹飞行动态分析.西安:西北工业大学出版社,1981.

[5] 陈士橹.导弹飞行力学.北京:高等教育出版社,1983.

[6] 陈佳实.导弹制导和控制系统的分析与设计(Ⅰ,Ⅱ).北京:宇航出版社,1989.

[7] 樊会涛.空空导弹方案设计原理.北京:航空工业出版社,2013.

[8] 沈如松.导弹武器系统概论.北京:国防工业出版社,2010.

[9] 吴文海.飞行综合控制系统.北京:航空工业出版社,2007.

[10] 杨智春.飞行器气动弹性力学讲义.西安:西北工业大学出版社,2007.

[11] 章卫国.现代飞行控制系统设计.西安:西北工业大学出版社,2009.

[12] 刘兴堂.导弹制导控制系统分析设计与仿真.西安:西北工业大学出版社,2006.

第6章　导弹飞行控制系统分析与设计

回顾1.1.4节的内容可知，导弹飞行控制系统是一组安装在导弹上的装置，通过改变导弹的角位置或角运动，实现对导弹运动参数的稳定和控制，典型形式包括法向过载控制系统、姿态角稳定控制系统等。无论飞行控制系统是哪种形式，通常都包括弹载计算机（实现控制算法）、被控对象（导弹弹体）、执行机构（舵机）以及传感器这几部分，如图6.1所示。

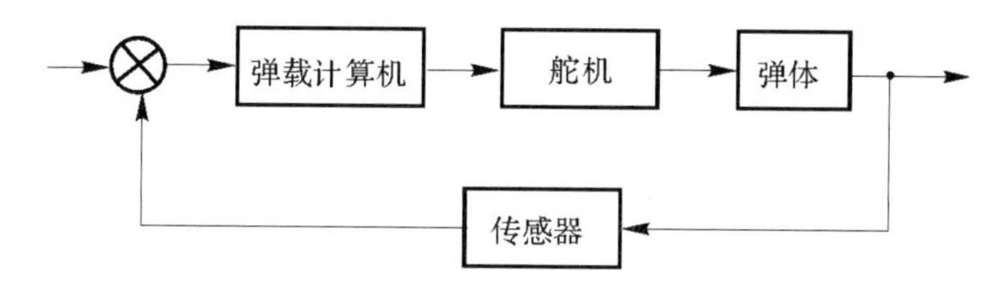

图6.1　飞行控制系统组成示意图

下面根据飞行控制系统组成首先对传感器及舵机进行简要介绍，然后重点介绍导弹飞行控制系统各通道设计的思路与方法。

6.1　传感系统

导弹传感系统用来感受导弹飞行过程中弹体姿态和重心横向加速度的瞬时变化，反映这些参数的变化量或变化趋势，产生相应的电信号供给控制系统。有时还感受操纵面的位置。自主制导的导弹中，还要敏感直线运动的偏差。感受弹体转动状态的元件用陀螺仪，感受导弹横向或直线运动的元件用加速度计和高度表。

6.1.1　对传感系统的基本要求

稳定控制系统所采用的传感系统通常有自由陀螺、速率陀螺、线加速度计、高度表等。根据稳定控制系统技术指标和要求合理地选择传感系统，选择中必须考虑它们的技术性能（包括陀螺启动时间、漂移、测量范围、灵敏度、线性度、工作环境等）、体积、质量及安装要求等。应该特别注意这些传感器的安装位置，例如，线加速度计不应安装在导弹主弯曲振型的波腹上，角速率陀螺不应安装在角速度波节上。

6.1.2　三自由度陀螺仪

三自由度陀螺仪也叫自由陀螺仪或定位陀螺仪，其示意图如图6.2所示。

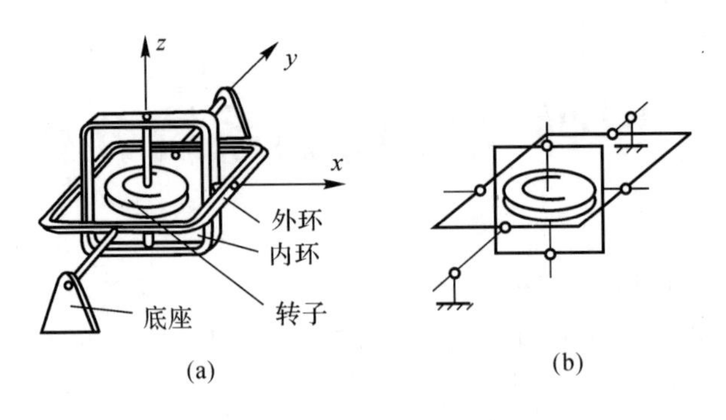

图 6.2　三自由度陀螺仪示意图

(a)示意图；（b)简化示意图

将三自由度陀螺仪以不同的方式安装在导弹上，可测出弹体的俯仰角、滚动角或偏航角。用来测量弹体滚动角和俯仰角的陀螺仪，叫垂直陀螺仪。它的安装方式如图 6.3 所示。能测量弹体偏航和俯仰角的陀螺仪叫方位陀螺仪，它在导弹上的安装情形如图 6.4 所示。

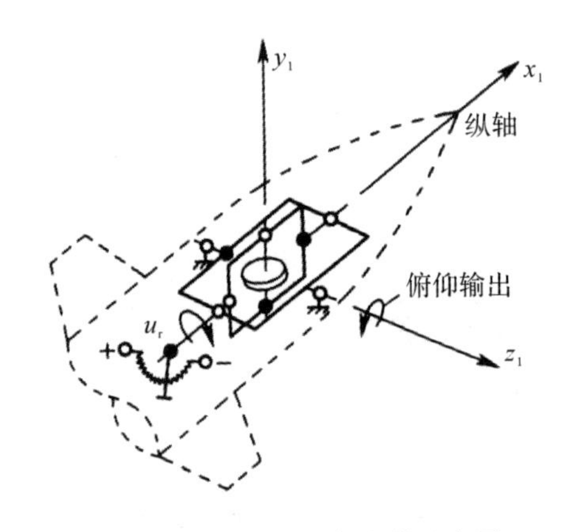

图 6.3　垂直陀螺仪安装示意图

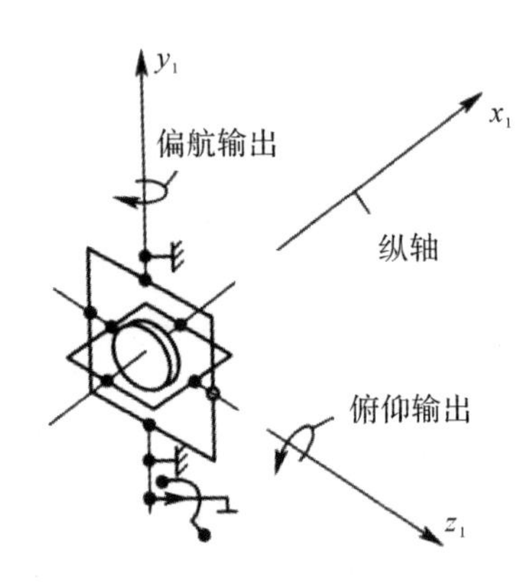

图 6.4　方位陀螺仪安装示意图

垂直陀螺仪主要用于地空、空空和空地导弹，方位陀螺仪一般用于地地导弹。陀螺仪的安装位置应尽量靠近导弹的重心。

自由陀螺仪用作角度测量元件，可将其视为一理想的放大环节，则其传递函数为

$$\frac{u_{\vartheta}(s)}{\vartheta(s)}=k_{\vartheta}$$

式中　k_{θ}—— 自由陀螺仪传递系数(V/(°))；

ϑ—— 导弹俯仰姿态角(°)。

6.1.3　二自由度陀螺仪

利用陀螺的进动性，二自由度陀螺仪可做成速率陀螺仪和积分陀螺仪。速率陀螺仪能测量出弹体转动的角速度，因此又叫角速度陀螺仪。角速度陀螺仪的原理如图 6.5 所示，用来测量弹体绕 Oy_1 轴的角速度 ω_y。陀螺仪只有一个环架，环架轴与 Ox_1 轴平行，能绕 Ox_1 轴转

动。环架转动时拉伸弹簧和牵动空气阻尼器的活塞，同时带动输出电位器的滑臂。电位器的绕组和弹体固连，当导弹以角速度 ω_y 绕 Oy_1 轴转动时，迫使转子进动，因此产生陀螺力矩 M'，M' 的方向由右手定则确定。框架在力矩 M' 的作用下，绕 Ox_1 轴转动，当框轴转过的角度 β 增大到使弹簧的反抗力矩和陀螺力矩相平衡时，框轴停止转动。ω_y 越大，则 M' 越大，在力矩平衡条件下框轴转过的角度 β 就越大。因此，电位器滑臂位置和绕组中点间的电位差 u_β 与 M' 成正比，就是陀螺仪输出的弹体转动角速度信号。空气阻尼器的作用是给框架的起始转动引入阻尼力矩，消除框架转动过程中的振荡现象。

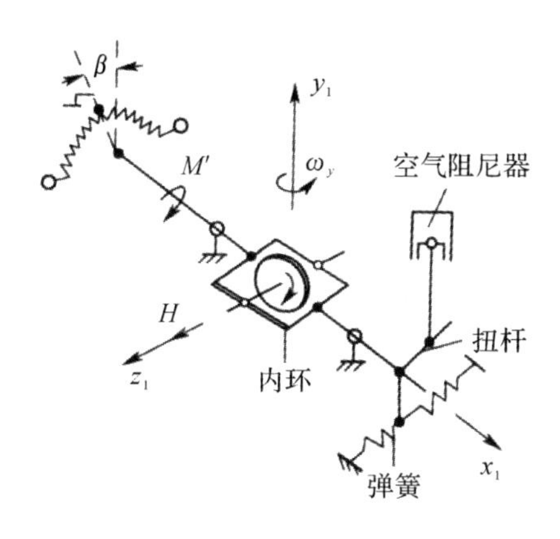

图 6.5　角速度陀螺仪的原理图

根据角速度陀螺仪的动力学方程，得到角速度陀螺仪的传递函数为

$$\frac{\beta(s)}{\omega_y(s)}=\frac{H/k}{T^2s^2+2\xi Ts+1}$$

式中　$T^2=J_x/k$；

$2\xi T=k_f/k$；

J_x—— 绕 Ox_1 轴转动惯量；

k—— 弹簧的刚度；

k_f—— 阻尼器的阻尼系数。

6.1.4　加速度计

加速度计是导弹控制系统中一个重要的惯性敏感元件，用来测量导弹的横向加速度。在惯性制导系统中，还用来测量导弹切向加速度，经两次积分，便可确定导弹相对起飞点的飞行路程。常用的加速度计有重锤式加速度计和摆式加速度计两种类型。

重锤式加速度计的原理如图 6.6 所示。

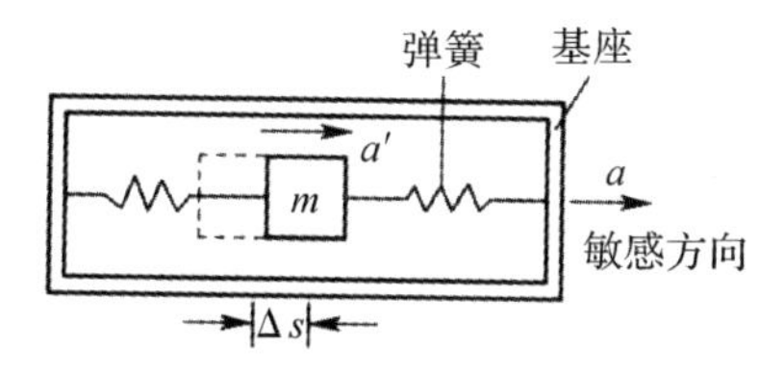

图 6.6　重锤式加速度计的原理图

基座以加速度 a 运动时，由于惯性质量块 m 相对于基座后移，质量块的惯性力拉伸前弹簧，压缩后弹簧，直到弹簧的回复力 $F_t = ma'$ 等于惯性力时，质量块相对于基座的位移量才不会增大。质量块和基座有相同的加速度，即 $a = a'$。根据牛顿定律

$$F_t = ma'$$

因此

$$a = a' = \frac{F_t}{m} = \frac{k}{m}\Delta s$$

即

$$a = k'\Delta s$$

式中，$k' = k/m$。

考虑到重锤式加速度计的动力学特性，可以给出其传递函数

$$\frac{a_m(s)}{a(s)} = \frac{1}{T^2 s^2 + 2\xi Ts + 1}$$

式中　T—— 加速度计时间常数；

ξ—— 加速度计阻尼系数。

摆式加速度计原理图如图 6.7 所示。

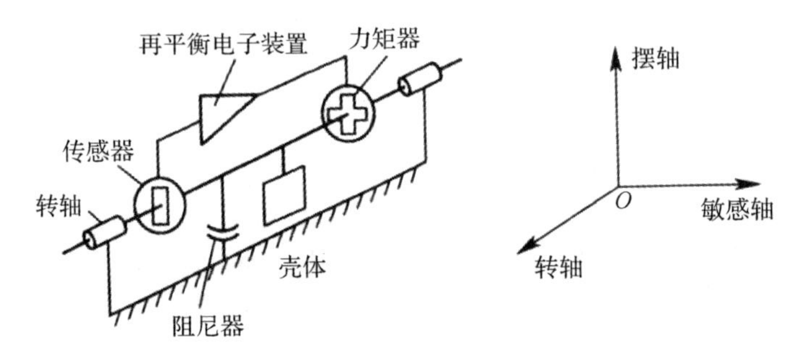

图 6.7　摆式加速度计原理图

摆式加速度计拥有一个悬置的检测质量块，相当于单摆，可绕垂直于敏感方向的另一个轴转动。当检测质量块 m 受到加速度作用偏离零位时，由传感器检测出信号，该信号经高增益放大器放大后激励力矩器，产生恢复力矩。力矩器线圈中的电流与加速度成正比。

摆式加速度计的检测质量块的支撑结构简单、可靠、灵敏，因而得到广泛应用。

6.1.5　高度表

雷达高度表用以指示导弹相对于地面或海平面的高度，气压高度表用以指示海平面或另外某个被选定高度以上的高度。如果导弹需要在地面以上给定高度飞行 20 km 或 30 km 距离，并且其高度不低于 100 m，那么用简单的气压式真空膜盒或者压电式压力传感器指示其高度就足够准确了。但当高度低于 100 m 时，由于大气压力的局部微小变化以及这些仪表的鉴别能力和精度的限制而使它们不再适用了。

FM/CW（调频/连续波）和脉冲式高度表目前都能在低至 1 m 左右的高度上工作，而 FM/CW 高度表在 0 ～10 m 范围内似乎更准确。这两种高度表都能在很宽的范围内连续地指示高度，但需要进行精心的设计。如果需要测量的高度仅在 0～60 m 范围内，那么用一个结构较简单而质量不过 2.5 kg 的仪表就可以了。上述这两种高度表都能设计成宽波束的，容许导

弹有±25°甚至更大的滚动和俯仰角。被测距离是飞行器至最靠近的回波点的距离。典型的批生产的 FM/CW 高度表在10 m以下的测量精度为±5%或±0.5 m。

激光高度表是另一种类型的装置。这种装置用一束由激光源发出的持续时间很短的辐射能照射目标。从目标反射或散射回来的辐射能被紧靠激光源的接收机检测，再采用普通雷达的定时技术给出高度信息。目前已经用普通的电源和半导体砷化镓（GaAs）器件构成了激光高度表。EMI 电子有限公司用砷化镓激光器设计并生产了一个系统，它的典型的性能是 0.3～50 m，精度在 10 m 以内是±0.1 m，10～50 m 时是 1%。激光高度表的波束宽度一般很窄（大约 1°数量级），因此给出的是相对高度的定点测量结果。

无论哪种类型的高度表，其输出形式均有数字式和模拟电压式两种。这里以输出模拟电压为例，忽略其时间常数，高度表的传递函数为

$$\frac{u_H(s)}{H(s)}=K_H$$

6.2　舵机及舵传动机构

舵机是飞行控制系统的执行元件，其作用是根据控制信号的要求，操纵舵面偏转以产生操纵导弹运动的控制力矩。舵机的性能对飞行控制系统的设计至关重要，是限制飞行控制系统性能的重要因素。

舵机从能源性质上分为电动舵机、气动舵机和液压舵机；从控制方式上分为继电控制和线性控制；从反馈方式上分为力矩反馈和位置反馈。

6.2.1　对舵机的性能要求

根据制导控制系统设计原则，对舵机的主要性能要求可以归结如下：

(1) 舵机的频带必须足够宽；

(2) 空载角速度应足够高；

(3) 具有足够的输出力矩；

(4) 小的稳态误差；

(5) 小的零位误差；

(6) 小的舵机间隙；

(7) 最大舵偏角限制；

(8) 对舵机的自检深度和时间要提出要求；

(9) 对舵机的物理参数（尺寸、质量、质心、接口等）要提出要求。

6.2.2　舵机数学模型

6.2.2.1　电动舵机

直流电动舵机的原理结构如图 6.8 所示。

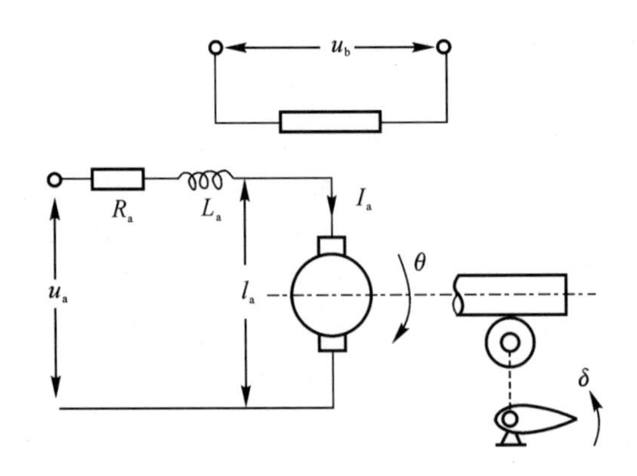

图 6.8　电动舵机的原理图

u_b— 激磁电压；　u_a— 电机的控制电压；　R_a,L_a— 电枢绕组的电阻和电感

电动舵机空载时的传递函数为

$$\frac{\delta(s)}{u_a(s)}=\frac{K_M}{s(T_M s+1)}$$

式中,K_M 和 T_M 分别为电动舵机空载时的传递系数和时间常数,是电动舵机的重要性能参数。

铰链力矩与动压成比例。在飞行过程中,随着导弹飞行状态的变化,铰链力矩将在比较大的范围内发生变化,因而影响伺服机构的动态性能。为了减少铰链力矩对舵机特性的影响,应合理地设计舵机的输出功率和控制力矩。设计操纵机构和舵面的形状时,应使舵面的转轴位于舵面压力中心变化范围的中心附近,因为铰链力矩与舵面空气动力对转轴的力臂成正比。

若舵面转轴离舵面压力中心比较近,当压力中心发生变化时,舵有可能成为静不稳定,以至出现反操纵现象。当导弹处于亚声速和超声速的不同状态飞行时,压力中心就会发生明显的变化。因此,在确定舵机的控制力矩时,必须留有足够的余量。

6.2.2.2　液压舵机

液压舵机是由高压油源驱动舵面偏转的,根据液压放大的类型,通常有滑阀式和喷嘴挡板式等形式。

滑阀式液压舵机由滑阀和作动器两部分组成,其原理结构如图 6.9 所示。

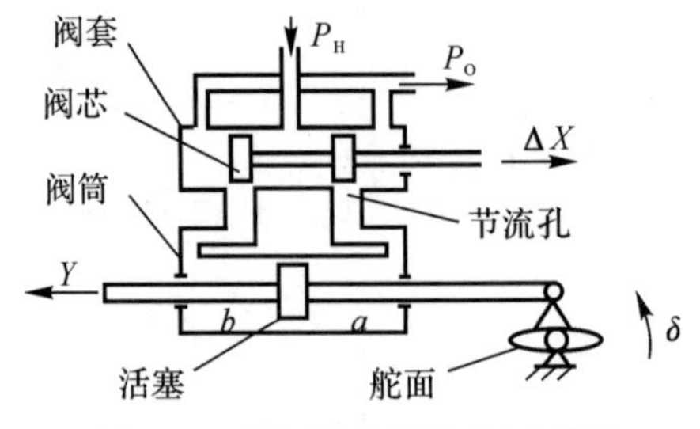

图 6.9　滑阀式液压舵机原理图

当液压舵机空载时,舵面偏转的角速度与液体的秒流量成正比,相应的传递函数为

$$\frac{\delta(s)}{X(s)}=\frac{\dot{\delta}_{\max}}{s}$$

式中　X—— 阀芯相对位移，$X\leqslant 1$；

δ—— 舵偏角；

$\dot{\delta}_{\max}$—— 阀芯最大相对位移对应的最大舵偏速率。

对于液压舵机，动态特性受负载的影响不大，因此常可近似地用空载状态下的传递函数来描述。

6.2.2.3　气动舵机

典型冷气舵机如图 6.10 所示。它由磁放大器、电磁控制器、喷嘴、接收器、作动器等组成。

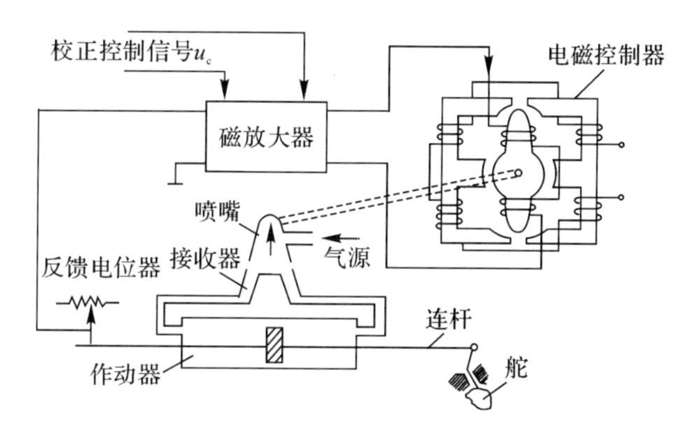

图 6.10　冷气舵机原理框图

冷气舵机的传递函数为

$$\frac{\delta(s)}{u_c(s)}=\frac{K_\delta}{T_\delta s+1}$$

式中，K_δ 和 T_δ 分别为冷气舵机的传递系数和时间常数。

6.2.3　舵机性能对稳定回路的影响

1. 带宽的影响

舵机是输出较大功率的部件，它的带宽远小于陀螺、加速度计的带宽，因此舵机是限制自动驾驶仪性能的主要因素。从频率特性的角度看，弹体和舵机是两个串联的环节，舵机的带宽越宽开环传递函数的带宽就越宽，阻尼回路的带宽相应可以更宽。相反，舵机的带宽不宽，阻尼回路的带宽也不可能宽，就实现不了稳定回路对过载的快速响应。需要横滚稳定的导弹对舵机的要求更高。因为横滚通道的带宽要求比俯仰偏航通道的带宽更宽。在设计稳定回路时，忽略舵机、陀螺和加速度计的动特性，可以得到设计参数的解析公式，而舵机、陀螺和加速度计可以忽略的前提就是它们的带宽远比弹体的频带宽，或者说弹体的极点是主极点，而舵机、陀螺和加速度计的极点是远离虚轴的辅极点，这种设计方法才可应用。另外，要实现对静不稳定弹体的控制，必须有快速响应的舵机，也就是宽频带舵机。

2. 舵面角速度的影响

舵机的角速度不高，同样影响控制系统的快速响应，因为舵偏角达不到平衡迎角要求的舵偏角，这个迎角就不能实现。舵机的角速度不高，两个通道（如俯仰和滚动通道，偏航和滚动通道）用一个舵机时，有一个通道（如滚动通道）舵面角速度信号很高就会影响另一个通道（如俯仰通道）的信号正常驱动舵面运动。制导信号中的高频噪声同样可能使舵面角速度接近饱和而影响正常制导或控制信号的响应。

3．舵机输出力矩的影响

舵机的输出力矩必须大于气动铰链力矩、摩擦力矩、惯性负载力矩之和，才能正常驱动舵面运动。当确定舵机最大输出力矩时，必须找到最大气动铰链力矩。要在各种飞行条件下（高度、速度）下，比较进入或退出最大过载或最大迎角对应的平衡状态的铰链力矩。

4．舵机零位影响

在稳定回路或阻尼回路工作的状态下，舵机零位影响不大。因为舵机零位造成弹体摆动，阻尼回路的负反馈会产生与零位相反的舵偏角进行校正。但如果导弹发射时采用“归零”方式发射导弹，稳定回路和阻尼回路不工作，对舵机零位要求就要高一些，否则可能影响发射安全。

5．舵机间隙影响

舵机的间隙必须严格控制，间隙太大可能引起高频振荡，特别是对静不稳定弹体的控制。更有甚者，如果和弹体的某个弹性振型相耦合，还会发生颤振。

6.3 姿态控制系统

飞行中导弹绕质心运动通常用 3 个飞行姿态角（滚动、偏航和俯仰）及其变化率来描述。其姿态控制系统一般由 3 个基本通道组成，分别稳定和控制导弹的滚动、偏航和俯仰姿态。其中，滚转通道的姿态角控制系统即倾斜运动稳定系统。

6.3.1 倾斜运动稳定与控制

6.3.1.1 倾斜运动稳定系统的基本任务

倾斜稳定系统的基本任务由产生气动力方向的方法、制导系统的形式以及将制导信号变换为操纵机构偏转信号的方法来确定。

对于飞机形的飞航式导弹，其产生法向力的方向只有一个，为使导弹在任何一个方向上产生机动，必须借助改变攻角和倾斜角的办法，这时法向气动力的值由攻角确定，其方向由倾斜角来确定。这是极坐标控制方法，倾斜回路是一个倾斜角控制系统。

对轴对称导弹，借助体轴 Oz_1 和 Oy_1 转动的办法，即改变攻角和侧滑角的办法，来建立在数值和方向上所需要的法向力，这是直角坐标控制方法。尽管此时相对纵轴的转动不参与法向力的建立，但是为了实现制导，对倾斜运动的特性提出了一定的要求。以指令制导为例，制导信号在制导站的坐标系中形成，在这种情况下必须保证与导弹固联的坐标系（弹体执行坐标系）跟制导信号形成的坐标系相一致。如果不一致，可能导致俯仰和偏航信号的混乱。因此在遥控制导中(指令制导是其中一种),保持倾斜角不变和等于零是倾斜稳定系统的基本任务。倾斜回路是一倾斜角稳定系统。

在导弹上已形成制导信号的情况下,即在以导弹坐标系为基准的自动寻的制导和指令制导中,倾斜角稳定是不需要的。当导弹围绕纵轴转动时,坐标系扭转了,而在此坐标系中同样发生了目标坐标的改变并给出了制导信号。这时并不破坏制导和自动驾驶仪通道之间的正常协调。但是倾斜角速度经常导致俯仰、偏航和倾斜通道之间交叉耦合的出现,这种交叉耦合会显著地影响自动寻的制导过程。控制设备的某些特点可能是这些耦合的原因之一。导弹执行机构的动态滞后是其中最重要的原因。另外,马格努斯力矩和惯性交叉耦合也是引起耦合的因素。为了尽可能地减弱交叉耦合对轴对称导弹自动寻的制导过程的影响,限制导弹倾斜角速度是稳定系统的任务。倾斜回路是一倾斜角速度稳定系统。

6.3.1.2　导弹倾斜运动动力学特性

1. 倾斜运动传递函数

倾斜运动传递函数为

$$\frac{\gamma(s)}{\delta_x(s)}=\frac{K_{dx}}{s(T_{dx}s+1)} \tag{6.1}$$

式中　K_{dx} —— 滚动运动传递系数;

T_{dx} —— 滚动运动时间常数。

$$K_{dx}=-\frac{M_x^{\delta_x}}{M_x^{\omega_x}}$$

$$T_{dx}=-\frac{J_x}{M_x^{\omega_x}}$$

2. 倾斜干扰力矩

轴对称导弹的倾斜力矩由如下基本分量组成:

$$M_x=M_{x0}+M_x^{\delta_x}\delta_x+M_x^{\omega_x}\omega_x+M_x(\alpha,\beta,\delta_z,\delta_y)+M_x(\omega_y,\omega_z) \tag{6.2}$$

式中　M_{x0} —— 来源于导弹制造误差的不对称;

$M_x^{\delta_x}\delta_x$ —— 来源于倾斜操纵机构的偏转;

$M_x^{\omega_x}\omega_x$ —— 来源于弹翼和尾翼所产生的倾斜运动的阻尼;

$M_x(\alpha,\beta,\delta_z,\delta_y)$ —— 来源于不对称流动,即所谓“斜吹力矩”;

$M_x(\omega_y,\omega_z)$ —— 来源于 ω_y,ω_z 引起气流不对称滚动产生的力矩。

事实上,倾斜干扰力矩由如下几项组成:

$$M_{xd}=M_{x0}+M_x(\alpha,\beta,\delta_z,\delta_y)+M_x(\omega_y,\omega_z)$$

由导弹不对称,其中包括由导弹制造和装配所允许的公差引起的力矩,通常作用在一个方向,与其他干扰力矩分量相比,变化是比较小的,因此用倾斜稳定系统可毫无困难地克服它。

在设计控制系统中,最大的麻烦是斜吹力矩,特别是在鸭式或旋转弹翼导弹上,这个力矩可能是非常大的。在此情况下,导弹活动前翼使气流发生了偏转,这种下洗流不对称流过配置在后边的固定面时,产生了倾斜力矩。鉴于倾斜力矩特性十分复杂,不能做到足够精确的计算,理论估计或实验可确定其上界。实际上,在倾斜稳定系统综合时要求已知干扰力矩上界就可以了。

6.3.1.3 倾斜角速度稳定系统

1. 倾斜角速度反馈的作用

在自动寻的制导中一般要求稳定倾斜角速度。如果导弹不操纵，作用在它上面的阶跃干扰倾斜力矩

$$M_{xd}=M_x^{\delta_x}\delta_{xd}$$

使导弹绕纵轴转动，其角速度为

$$\dot{\gamma}(t)=K_{dx}\delta_{xd}(1-\mathrm{e}^{-\frac{t}{T_{dx}}})=-\frac{M_{xd}}{M_x^{\omega_x}}(1-\mathrm{e}^{-\frac{t}{T_{dx}}}) \tag{6.3}$$

因此，在过渡过程消失后建立起恒角速度

$$\dot{\gamma}(\infty)=-\frac{M_{xd}}{M_x^{\omega_x}} \tag{6.4}$$

借助于增加在低高度飞行时的气动阻尼的办法来降低稳定的倾斜角速度是不可能实现的，因为这个要求大大增加了弹翼和尾翼的面积，这样做在高空飞行时自然是不可能的。所指明的任务只能借助于包括倾斜角速度反馈在内的导弹自动控制系统来解决。

图 6.11 所示为倾斜角速度稳定系统结构图。在系统中引入了一个角速度硬反馈信号，开环系统传递函数为

$$G(s)=\frac{K_{dx}K_{\dot{\gamma}}}{T_{dx}s+1} \tag{6.5}$$

系统对干扰力矩的响应，由下列闭环系统对应传递函数来描述：

$$\frac{\dot{\gamma}(s)}{\delta_{xd}(s)}=\frac{K_{dx}}{1+K_{dx}K_{\dot{\gamma}}}\frac{1}{\dfrac{T_{dx}}{1+K_{dx}K_{\dot{\gamma}}}s+1} \tag{6.6}$$

将此式与导弹传递函数比较

$$\frac{\dot{\gamma}(s)}{\delta_{xd}(s)}=\frac{K_{dx}}{T_{dx}s+1} \tag{6.7}$$

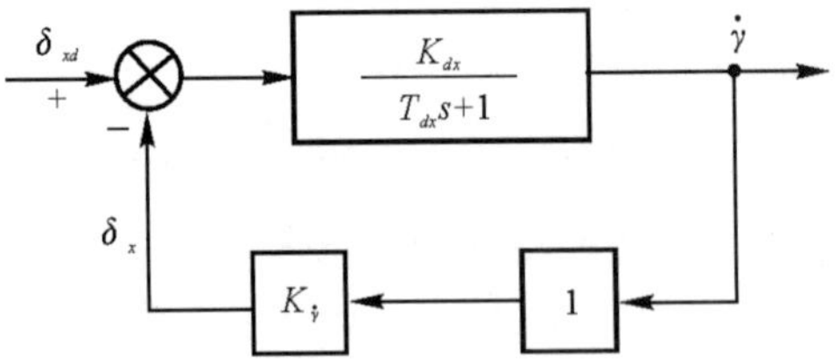

图 6.11 角速度稳定系统结构图

可以看出，倾斜角速度反馈稳定系统的传递增益是导弹传递增益的 $1/(1+K_{dx}K_{\dot{\gamma}})$ 倍，倾斜角速度反馈的效用等效于导弹气动阻尼的增加或惯性的降低，另外，过渡过程也加快了。引入反馈后，在阶跃干扰的作用下，倾斜角速度的稳态值为

$$\dot{\gamma}(\infty)=\frac{1}{1+K_{dx}K_{\dot{\gamma}}}\left(-\frac{M_{xd}}{M_x^{\omega_x}}\right)$$

因此看出，这种方法不能消除倾斜角速度，为了减小这个角速度必须挑选尽可能大的开环系统传递系数 $K_0=K_{dx}K_{\dot{\gamma}}$。下面讨论几种实现倾斜角速度反馈的方法，这些方法已在几种典

型的导弹中得到了应用。

2. 速率陀螺稳定系统

速率陀螺稳定系统由测量弹体角速度的速率陀螺、倾斜操纵机构和弹体组成，图 6.12 所示是其方框图。

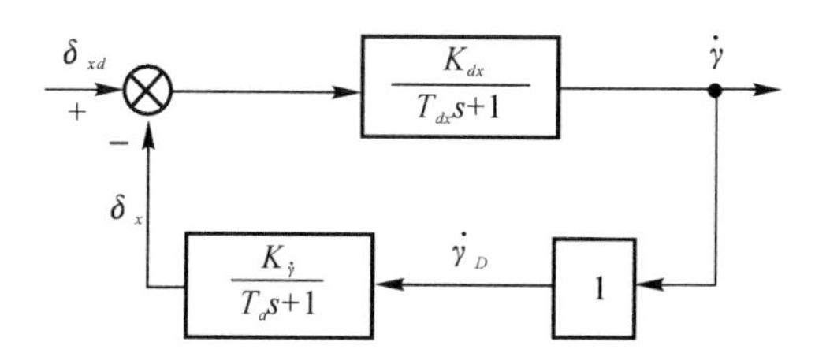

图 6.12　具有速率陀螺的倾斜角速度稳定系统

δ_{xd}— 等效干扰舵偏角

在这里，传动机构以一阶惯性环节来近似，理想速率陀螺用增益为 1 的环节来近似，控制增益为 $K_{\dot{\gamma}}$。计算系统的闭环传递函数：

$$\frac{\dot{\gamma}(s)}{\delta_{xd}(s)}=\frac{K(T_a s+1)}{T^2 s^2+2\xi T s+1} \tag{6.9}$$

式中

$$K=\frac{K_{dx}}{1+K_{dx}K_{\dot{\gamma}}}$$

$$T=\sqrt{T_{dx}T_a/(1+K_{dx}K_{\dot{\gamma}})}$$

$$\xi=\frac{T_a+T_{dx}}{2\sqrt{T_{dx}T_a(1+K_{dx}K_{\dot{\gamma}})}}$$

由此可见，干扰抑制作用可以通过增大 $K_{\dot{\gamma}}$ 来实现。不过，当 $K_{\dot{\gamma}}$ 太大时，系统将变成一个振荡环节，因此系数 $K_{\dot{\gamma}}$ 的增加受到系统要求振荡要小这种条件的限制。

为了正确选择系统的结构和参数，必须更完善地考虑舵传动机构和陀螺的动力学特性，近似地用纯时延来表示它们的特性，开环系统的传递函数为

$$G(s)=\frac{K_0 e^{-\tau s}}{(T_a s+1)(T_{dx}s+1)} \tag{6.10}$$

式中，K_0 是开环系统增益。

由此可以看出，由于滞后 τ 的缘故，在高频段相位的滞后可能超过 180°，K_0 增大到一定值时系统将丧失稳定。

传递系数 K_0 的选择，借助系统的频率特性来进行，以便保证：

(1) 所要求的稳定裕度；

(2) 允许的稳定误差 $\dot{\gamma}_d$；

(3) 必需的截止频率。

当选择截止频率时，除了使系统应满足一般的动态品质要求外，还要考虑它与俯仰和偏航通道的关系。在所研究的稳定系统中不能消除稳态误差，即在导弹飞行过程中始终存在着慢速滚动。这种滚动使滚动通道与俯仰 / 偏航通道之间存在着惯性交叉耦合。为保证整个系统的稳定性，建议使倾斜通道的截止频率大大高出俯仰和偏航通道的截止频率，频率储备达到 4 倍以上是较合理的。

如果选择开环系统传递系数 K_0 的办法不能成功地保证要求的稳定裕度、稳定误差和截止频率，那么就采用校正网络。提高系统截止频率的一个可行方法是在回路中引入一超前网络

$$W(s)=\frac{T_1 s+1}{T_2 s+1} \tag{6.11}$$

式中，$T_1 > T_2$。

3. 无静差的稳定系统

前面研究的倾斜角速度稳定系统是有静差的系统，如果干扰力矩是常值的话，按其作用原理它将具有稳定误差 $\dot{\gamma}_d$，可以借助增加开环系统传递系数 K_0 来减小这个误差。但是，K_0 的增加将会增大系统的振荡性并使系统趋于不稳定。

在某些场合，合理地选择 K_0 值可使系统同时满足动态品质和稳态误差要求。但在很多应用场合无法通过提高 K_0 同时满足动态品质和稳态误差要求。可以用以下两种方法解决这个矛盾：

(1) 在稳定系统中引入校正装置，它可以通过提高传递系数 K_0 来减小稳态误差而又不增强系统的振荡性，这种校正装置通常是滞后校正网络。

(2) 改变稳定系统结构，提高其无静差度，使系统对定常干扰无稳态误差，即采用无静差系统。

在回路中引入积分环节可使系统无静差。通常有如下两种方法将积分环节引入系统：

(1) 无反馈或具有软反馈的舵传动机构。这种类型的舵系统，在其低频段存在一个理想的积分环节，无反馈舵系统传递函数为(低频段)

$$G(s)=K/s \tag{6.12}$$

具有软反馈舵系统传递函数为(低频段)

$$G(s)=\frac{K(\gamma s+1)}{s} \tag{6.13}$$

(2) 在回路中引入积分滤波器或积分陀螺。在系统中如果采用了具有硬反馈的舵传动机构，那么借助于积分滤波器或积分陀螺也可得到类似第一种方法的结果，它们都相当于在系统中引入了式(6.12) 形式的网络。

综合上述结果，具有无静差的稳定系统构成有如下几种：

(1) 微分陀螺和软反馈舵传动机构；

(2) 微分陀螺、积分滤波器和硬反馈舵传动机构；

(3) 积分陀螺和硬反馈舵传动机构。

它们都可以得到高质量的稳定效果(对阶跃干扰力矩引起的倾斜角速度的快速抑制)。

由于计算机技术的进步，目前系统设计倾向使用积分滤波器方案，有效地降低了舵系统和陀螺的制作成本和难度。

6.3.1.4 倾斜角稳定系统

1. 倾斜角的反馈

在遥控制导中经常要求稳定倾斜角。倾斜角速度稳定系统不能保证在飞行中维持导弹的既定倾斜位置。因此，为了实现倾斜角稳定，要求测量实际倾斜角与给定倾斜角之偏差，为此，必须使用自由陀螺。

下面研究最简单的倾斜角稳定系统的基本特性，此时系统由控制对象、自由陀螺和舵机所组成（见图 6.13）。假定舵机和自由陀螺是理想的，用传递增益 1 描述，控制增益为 K_γ。

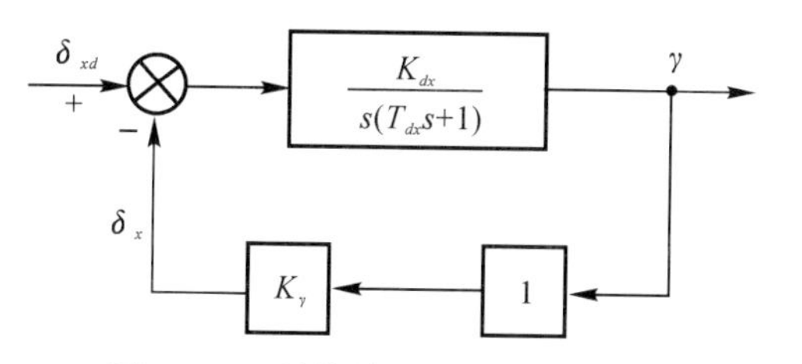

图 6.13　最简单的倾斜角稳定系统

闭环系统传递函数具有下列形式：

$$\frac{\gamma(s)}{\delta_{xd}(s)}=\frac{1}{K_\gamma}\frac{1}{\frac{T_{dx}}{K_\gamma K_{dx}}s^2+\frac{1}{K_\gamma K_{dx}}s+1} \tag{6.14}$$

从系统的传递函数中可以看出，为提高系统对干扰的抑制作用，必须提高控制器的增益。但是随着这个增益的增大，增强了闭环系统的振荡性。为了使系统在确保要求的稳态误差值的条件下仍具有理想的过渡过程品质，一般在控制规律中引进比例于倾斜角速度的信号，换句话说，引入倾斜角速度反馈。

2. 有静差稳定系统

在工程中可由各种方法来实现倾斜角稳定系统的角速度反馈，利用微分陀螺直接测量或对自由陀螺输出进行微分都是可行的方案。

下面研究由倾斜角和倾斜角速度反馈所形成的有静差倾斜角稳定系统的基本特性。假定倾斜角和倾斜角速度反馈理想地被实现，舵传动机构同样是理想的（见图 6.14）。稳定系统反馈传递函数可写为

$$H(s)=K_1\gamma+K_2\dot{\gamma} \tag{6.15}$$

倾斜角对干扰力矩之响应，可由以下闭环系统传递函数来描述：

$$\frac{\gamma(s)}{\delta_{xd}}=\frac{K}{T^2s^2+2\xi Ts+1} \tag{6.16}$$

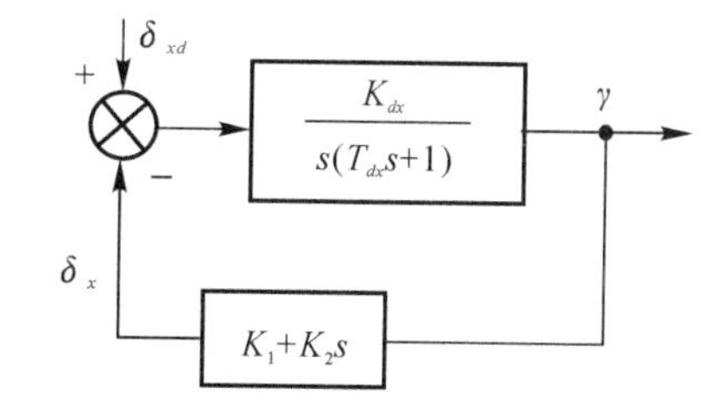

图 6.14　理想的倾斜角稳定系统方框图

式中

$$K=1/K_1$$

$$T=\sqrt{\frac{T_{dx}}{K_{dx}K_1}}$$

$$\xi=\frac{1+K_{dx}K_2}{2\sqrt{T_{dx}K_{dx}K_1}}$$

由此可看出，理想的倾斜稳定系统是振荡环节。显然，为了提高振荡频率 $1/T$ 所确定的快速性，必须增大稳定系统中的增益 K_1，利用适当挑选 K_2 的办法可以得到所需要的振荡阻尼。

总之，可以这样选择稳定系统的参数：根据稳定系统稳定裕度和截止频率要求，确定开环系统的特性；根据系统抗干扰及稳态误差要求，确定闭环系统的特性。

3. 无静差稳定系统

在许多对倾斜稳定的精度提出更高要求的情况下，为了消除稳态误差，采用了无静差系统。这时，积分的引入是不可避免的。在工程中可用如下两种方法来实现无静差稳定系统：

(1) 在自由陀螺反馈系统中引入“比例＋积分”校正，在当前数字机广泛应用的情况下，这种方案最简单、方便；

(2) 引入积分陀螺，这个方案目前很少使用。

6.3.1.5 倾斜角控制系统

1. 倾斜角的反馈

BTT控制方式下，要求倾斜运动稳定系统是一个倾斜角控制系统，即要求倾斜角能够快速准确地跟踪滚转角指令。为了实现这个控制目的，要求测量实际倾斜角与倾斜角指令之偏差。

下面研究最简单的倾斜角控制系统的基本特性，此时系统由控制对象、自由陀螺和舵机所组成(见图 6.15)。假定舵机和自由陀螺是理想的，用传递增益 1 描述，控制增益为 K_γ。

闭环系统传递函数具有下列形式：

$$\frac{\gamma(s)}{\gamma_c(s)}=\frac{1}{\dfrac{T_{dx}}{K_\gamma K_{dx}}s^2+\dfrac{1}{K_\gamma K_{dx}}s+1} \tag{6.17}$$

从系统的传递函数中可以看出，为提高系统对倾斜角指令的响应快速性，必须提高控制器的增益 K_γ。但是随着这个增益的增大，增强了闭环系统的振荡性。为了使系统在满足快速性要求的条件下仍具有理想的过渡过程品质，一般在控制规律中引进比例于倾斜角速度的信号，换句话说，引入倾斜角速度反馈。

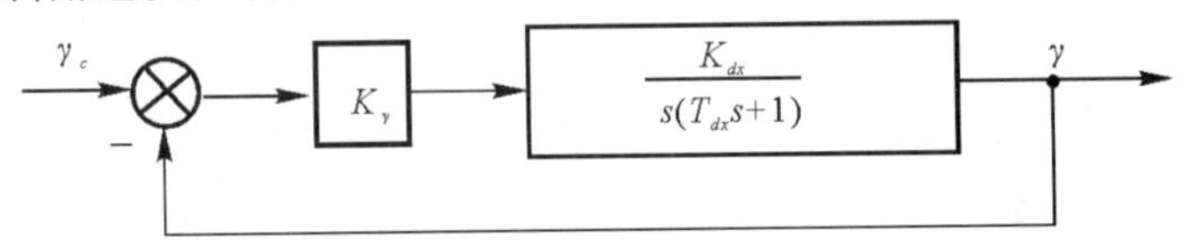

图 6.15 最简单的倾斜角控制系统

2. 倾斜角 + 倾斜角速度反馈

下面研究由倾斜角和倾斜角速度反馈所形成的倾斜角控制系统的基本特性。假定倾斜角和倾斜角速度反馈理想地被实现，舵传动机构同样是理想的(见图 6.16)。

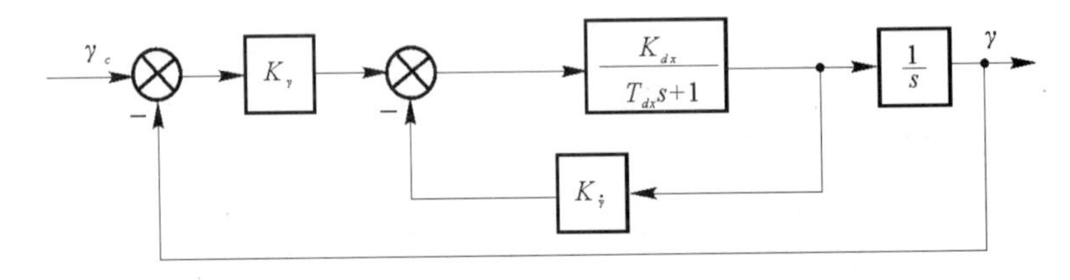

图 6.16 理想的倾斜角控制系统方框图

倾斜角响应可由以下闭环系统传递函数来描述：

$$\frac{\gamma}{\gamma_c}=\frac{1}{T^2s^2+2\xi Ts+1} \tag{6.18}$$

式中

$$T=\sqrt{\frac{T_{dx}}{K_{dx}K_\gamma}}$$

$$\xi=\frac{(1+K_{dx}K_{\dot\gamma})}{2\sqrt{T_{dx}K_{dx}K_\gamma}}$$

由此可看出，理想的倾斜控制系统是振荡环节。显然，为了提高振荡频率 $1/T$ 所确定的快速性，必须增大控制系统中的增益 K_γ，利用适当挑选 $K_{\dot\gamma}$ 的办法可得到所需要的振荡阻尼。

总之，可以根据系统快速性及超调要求选择控制系统的参数。

6.3.1.6　倾斜角控制系统应用实例

下面以某型导弹为例，设计其倾斜通道自动驾驶仪以实现对导弹倾斜角的控制。导弹在飞行高度 $H=8\ 000$ m，速度 $v=500$ m/s时，滚动通道的动力学系数 $b_{11}=2.017\ 6$，$b_{18}=1\ 954.8$ 所要设计的自动驾驶仪指标要求为：倾斜角稳定在 5° 左右，稳态误差 $e_{ss}\leqslant 10\ \%$，控制系统上升时间 $t_r<0.2$ s，超调量 $\sigma\%\leqslant 5\%$。

忽略电动舵机和速率陀螺动态特性，导弹倾斜通道自动驾驶仪结构如图 6.17 所示。

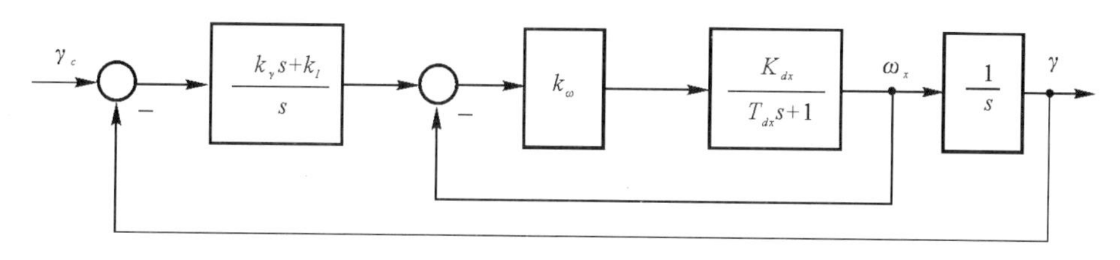

图 6.17　导弹倾斜通道自动驾驶仪结构图

由于要求对导弹的倾斜角进行控制，因此，倾斜通道自动驾驶仪采用角速率反馈和倾斜角反馈，其中，内回路采用角速率比例控制以提高倾斜通道的阻尼，外回路采用倾斜角比例＋积分控制以实现对滚动角的精确控制。

导弹倾斜通道的闭环传递函数

$$\frac{\gamma(s)}{\gamma_c(s)}=\frac{k_\omega k_p K_{dx}s+k_\omega k_I K_{dx}}{T_{dx}s^3+(1+k_\omega K_{dx})s^2+k_\omega k_p K_{dx}s+k_\omega k_I K_{dx}}=$$

$$\frac{-968.87K_\omega k_p s-968.87k_\omega k_I}{0.496s^3+(1-968.87k_\omega)s^2-968.87k_\omega k_p s-968.87k_\omega k_I}$$

采用极点配置方法，理想极点所对应的特征多项式为

$$\det(s)=(T_0 s+1)\left(\frac{s^2}{\omega_0^2}+\frac{2\xi_0}{\omega_0}s+1\right)$$

对应系统相等可得控制器参数为

$$\begin{cases}k_\omega=\dfrac{1}{K_{dx}}\left[\dfrac{T_{dx}(2\xi_0\omega_0T_0+1)}{T_0}-1\right]\\ k_p=\dfrac{1}{K_{dx}k_\omega}\left(\dfrac{T_{dx}(2\xi_0\omega_0+T_0\omega_0^2)}{T_0}\right)\\ k_I=\dfrac{1}{K_{dx}k_\omega}\ \dfrac{T_{dx}\omega_0^2}{T_0}\end{cases}$$

下面给出 Matlab 下的 Simulink 仿真模型结构图如图 6.18 所示。

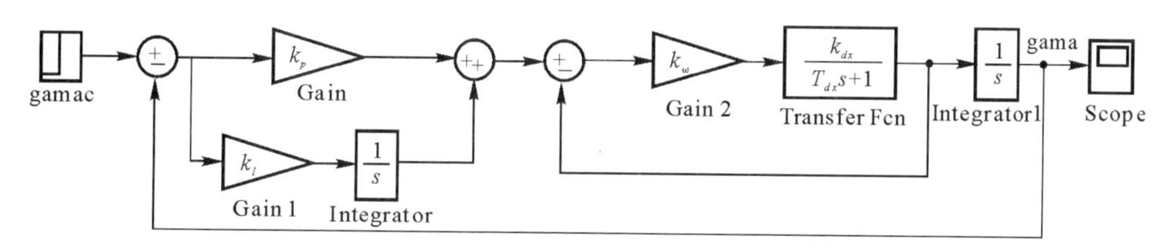

图 6.18　Simulink 仿真模型结构图

闭环理想极点不唯一，取一组(T_0,ω_0,ξ_0)=(5,15,0.7)可得自动驾驶仪控制器参数为$k_\omega=-0.146, k_p=12, k_I=2.33$。通过计算机仿真验证所设计的控制器性能如图6.19和图6.20所示。

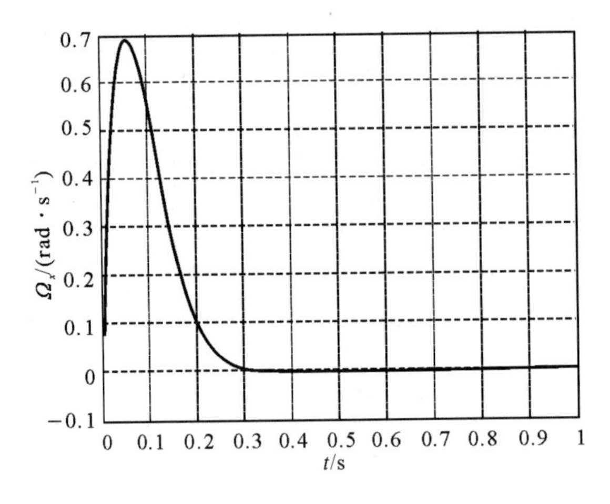

图 6.19 导弹倾斜角速率响应

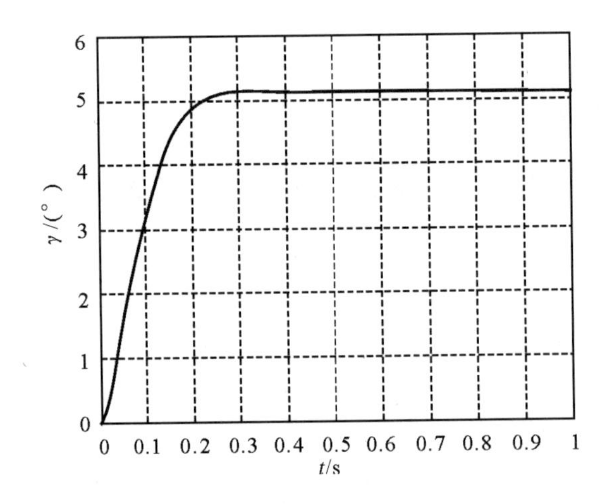

图 6.20 导弹倾斜角响应

由图中可以看出所设计的导弹倾斜通道自动驾驶仪满足要求。

6.3.2 俯仰/偏航运动稳定与控制

6.3.2.1 俯仰/偏航角控制的基本任务

在某些情况下，例如地空导弹初始发射转弯段，导弹的制导指令是姿态角形式，此时俯仰和偏航通道姿态角控制系统的基本任务是保证导弹在干扰的作用下，回路稳定可靠工作，姿态角的误差在规定的范围内，并按预定的要求跟踪姿态角指令的变化。

6.3.2.2　俯仰/偏航姿态角控制系统

俯仰通道姿态角控制系统和偏航通道姿态角控制系统原理相同，结构类似，因此，下面以俯仰通道为例，给出一种典型的姿态角控制系统结构，如图 6.21 所示。

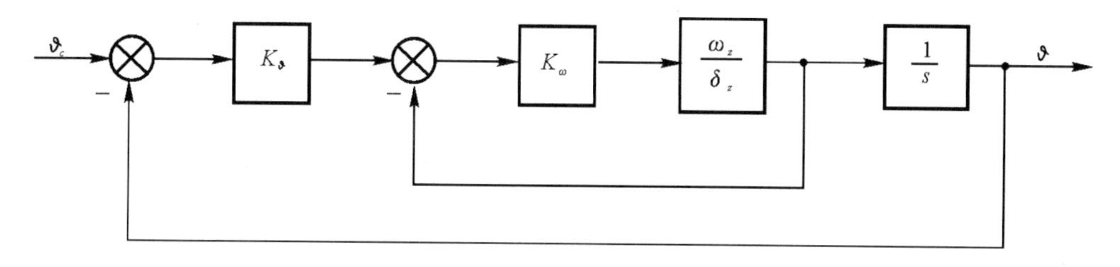

图 6.21　俯仰角控制系统结构图

根据上面的结构图，可给出俯仰角控制系统的闭环传递函数如下：

$$\frac{\vartheta}{\vartheta_c}=\frac{K_\vartheta K_\omega K_d(T_{1d}s+1)}{T_d^2s^3+(2\xi_dT_d+K_\omega K_dT_{1d})s^2+(1+K_\omega K_d+K_\vartheta K_\omega K_dT_{1d})s+K_\vartheta K_\omega K_d}$$

由上式可以看出，对俯仰角阶跃指令来说，图 6.20 给出的俯仰角控制系统是一个无静差系统。

下面研究在阶跃力矩干扰 M_{zd} 下，俯仰角是否无静差，研究过程如下：

1）将力矩干扰 M_{zd} 转化为等效舵偏干扰 δ_{zd}，两者满足如下公式：

$$M_{zd}=M_z^{\delta_z}\delta_{zd}$$

2）俯仰角指令为 0，将图 6.21 所示的结构图进行变换，变成以等效舵偏干扰 δ_{zd} 为输入、俯仰角 ϑ 为输出的形式，如图 6.22 所示。

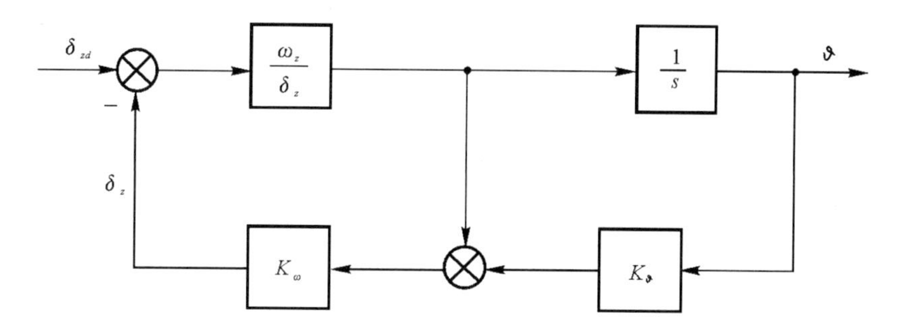

图 6.22　等效舵偏干扰为输入的俯仰角控制系统结构图

3）写出等效舵偏干扰 δ_{zd} 为输入、俯仰角 ϑ 为输出的闭环传递函数，见下式

$$\frac{\vartheta}{\delta_{zd}}=\frac{K_d(T_{1d}s+1)}{T_d^2s^3+(2\xi_dT_d+K_\omega K_dT_{1d})s^2+(1+K_\omega K_d+K_\vartheta K_\omega K_dT_{1d})s+K_\vartheta K_\omega K_d}$$

结合终值定理，由上式可以看出，阶跃力矩干扰作用下，俯仰角存在静差。

为了消除阶跃力矩干扰下的俯仰角静差，在俯仰角回路引入积分环节，对应框图如图6.23 所示。

根据上面的结构图，可给出带积分环节的俯仰角控制系统闭环传递函数如下：

$$\frac{\vartheta}{\vartheta_c}=\frac{K_\omega K_d(T_{1d}s+1)(K_\vartheta s+K_{\vartheta I})}{T_d^2s^4+(2\xi_dT_d+K_\omega K_dT_{1d})s^3+(1+K_\omega K_d+K_\vartheta K_\omega K_dT_{1d})s^2+(K_\vartheta K_\omega K_d+K_\omega K_dK_{\vartheta I}T_{1d})s+K_\omega K_dK_{\vartheta I}}$$

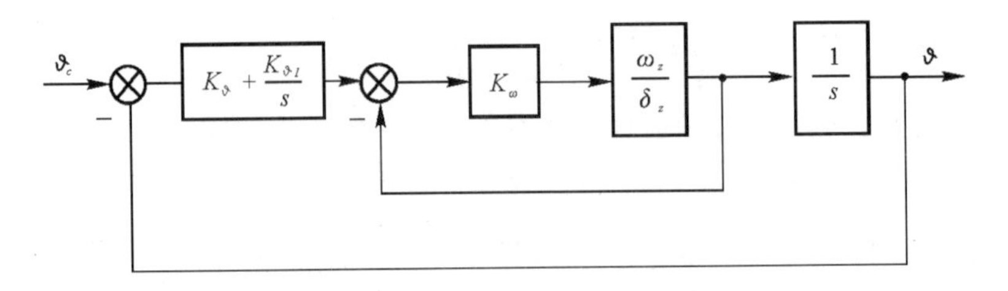

图 6.23　带积分环节的俯仰角控制系统结构图

由上式可以看出，对俯仰角阶跃指令来说，图 6.22 给出的俯仰角控制系统是一个无静差系统。

同样，可以得到等效舵偏干扰 δ_{zd} 为输入、俯仰角 ϑ 为输出的闭环传递函数，见下式：

$$\frac{\vartheta}{\delta_{zd}}=\frac{K_d s(T_{1d}s+1)}{T_d^2 s^4+(2\xi_d T_d+K_\omega K_d T_{1d})s^3+(1+K_\omega K_d+K_\vartheta K_\omega K_d T_{1d})s^2+(K_\vartheta K_\omega K_d+K_\omega K_d K_{\vartheta I} T_{1d})s+K_\omega K_d K_{\vartheta I}}$$

结合终值定理，由上式可以看出，阶跃力矩干扰作用下，俯仰角无静差，因此，可以看出，引入积分环节能够消除阶跃力矩干扰引起的静差。

6.3.2.3　姿态陀螺飞行控制系统

对于为命中静止的或缓慢运动的目标而设计的导弹飞行控制系统来说，采用姿态陀螺飞行控制系统是可行的。这种系统具有以下特点：

(1) 对人工操纵的导弹来说，引入姿态陀螺飞行控制系统可以大大降低手动操纵难度，有效降低射手训练成本。

(2) 姿态陀螺飞行控制系统会自动地对阵风、推力偏心或扰动起抵消作用。

(3) 在导弹的纵向通道，通过预置俯仰角，可以方便地实现导弹的重力补偿功能。对于近地飞行的对地攻击导弹，该系统可以有效减少碰地的概率。

姿态陀螺飞行控制系统结构框图如图 6.24 所示。从中可以清楚地看出，通过引入迟后-超前校正完成姿态角反馈回路的综合。

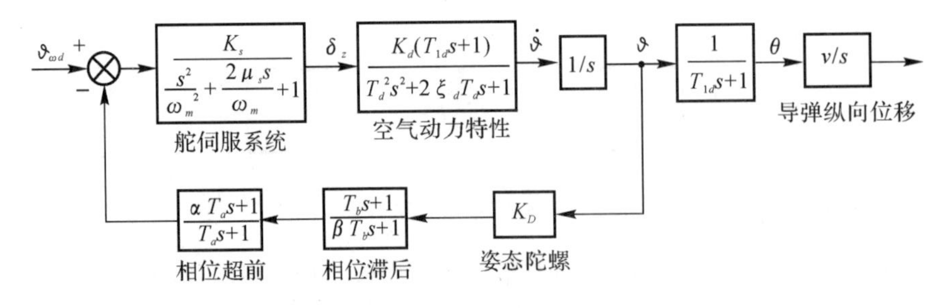

图 6.24　姿态陀螺飞行控制系统结构框图

导弹法向过载 n_y 与俯仰角 ϑ 的关系可以用以下公式描述：

$$\frac{n_y(s)}{\vartheta(s)}=\frac{v}{57.3g}\frac{s}{T_{1d}s+1} \tag{6.19}$$

从导弹法向过载 n_y 与俯仰角 ϑ 的关系可以看出，用姿态角飞行控制系统实现法向过载控制，需要进行控制指令的变换，否则控制指令与自动驾驶仪不适配。

在工程上，通过引入累积滤波器来实现法向过载控制指令与姿态角飞行控制系统的适配：

$$\frac{\vartheta_c(s)}{n_{yc}(s)}=\frac{K(T_2s+1)}{s(T_1s+1)} \tag{6.20}$$

6.4 法向过载控制系统

6.4.1 法向过载控制的基本任务

为了改变导弹的飞行方向,必须控制作用在导弹上的法向力(法向过载),这个任务由法向过载控制系统完成。在大多数情况下,为了产生法向控制力需要调节导弹弹体相对于它的速度矢量的角位移(即合适的攻角、侧滑角和倾斜角)。此时,为了实现对法向过载的自动控制,要利用姿态控制系统的相应通道,因为这种系统的任务之一就是为了保持导弹角位移的给定值。通过改变导弹角位移的方法控制法向过载时,姿态控制系统的相应通道就成为制导系统的组成部分,因此姿态控制系统这些通道特性及参数的选择取决于制导系统所提出的要求。

为了概略描述对同时完成法向过载控制功能的姿态控制系统所提出的主要要求,必须首先指出导弹的某些动力学特性。

大多数现代导弹的快速扰动运动的衰减都很小,这是因为它们的舵面面积相对较小,而飞行高度相对较高引起的。在表征俯仰及偏航运动的导弹传递函数中,振荡环节的相对阻尼系数很少超过 0.1~0.15。在这种情况下,很难保证制导系统稳定和制导精度。

另外,由于飞行速度及高度的变化,导弹动力学特性不是恒定不变的,这对制导过程极为不利。随着导弹攻角增大,弹体空气动力特性的非线性也常常明显地影响制导系统的工作。

因为以上这些原因使得在大多数情况下开环系统控制法向过载是不可能的。因此姿态控制系统的基本任务之一就是校正导弹动力学特性。下面根据这个任务来研究姿态控制系统应该满足怎样的要求。

姿态控制系统的自由运动应该具有良好的阻尼,这对于制导回路(稳定回路是其组成元件)的稳定是必须的。稳定系统自由振荡的阻尼程度应该这样选择:在急剧变化的制导指令(接近于阶跃指令)作用下攻角超调量不太大,一般要求 $\sigma<30\%$,这个需求是为了限制法向过载的超调。在某些情况下,也是为了避免大攻角时出现的非线性气动特性的影响。

为了提高制导精度,必须降低导弹飞行高度及速度对稳定系统动力学特性的影响。要求法向过载控制回路闭环传递系数的变化尽可能小。这是因为在不改变传递系数的情况下,为了保证必需的稳定裕度,只能要求减小制导回路开环传递系数,这同样会影响制导精度。

除了校正导弹动力学特性这个任务外,姿态控制系统还必须解决一系列其他任务。主要有以下几点:

(1)系统具有的通频带宽不应小于给定值。通频带宽主要由制导系统的工作条件决定(有效制导信号及干扰信号的性质),同时也受到工程实现的限制。

(2)系统应该能够有效地抑制作用在导弹上的外部干扰以及稳定系统设备本身的内部干扰。在某些制导系统中,这些干扰是影响制导精度的主要因素。因此,补偿干扰影响是系统的主要任务之一。

(3)姿态控制系统的附加任务是将最大过载限制在某一给定值,这种限制值决定于导弹及弹上设备结构元件的强度。对于大攻角飞行的导弹,还要限制其最大使用攻角,以确保其稳定性和其他性能。

因为姿态控制系统是包含在制导回路中的一部分,制导系统对该系统的要求与该系统本身提出的要求常常是矛盾的,因此在设计时经常不得不寻找综合解决的办法,首先应使系统满足影响制导精度最主要的基本要求。

在工程上,法向过载控制系统具有多种结构形式,下面重点讨论常用的四种导弹法向过载控制系统,它们是开环飞行控制系统、速率陀螺飞行控制系统、积分速率陀螺飞行控制系统和加速度表飞行控制系统,对其他类型的飞行控制系统只作简单的介绍。

6.4.2 开环飞行控制系统

开环飞行控制系统如图 6.25 所示。它不需要采用测量仪表。这种系统仅用一增益 K_{OL} 来实现飞行控制系统的单位加速度增益。

忽略执行机构动态特性,可得开环飞行控制系统的传递函数如下(以静稳定导弹为例):

图 6.25 开环飞行控制系统

$$W_{n_c}^{n_L}(s)=\frac{-K_{OL}K_d v/57.3g}{T_d^2 s^2+2\xi_d T_d s+1}$$

可以看出除增益 K_{OL} 外,飞行控制系统传递函数是纯弹体传递函数。因为导弹具有小的气动阻尼,所以系统传递函数将是弱阻尼。如果开环飞行控制系统用于雷达末制导系统,那么低阻尼将会通过由整流罩折射斜率所产生的寄生反馈产生不稳定。然而,开环系统可用于像红外系统那样的没有明显整流罩折射率的系统。

因为系统传递函数是弹体传递函数,为了获得适当的末制导系统特性,弹体必须稳定。因而,该种类型的飞行控制系统的弹体重心决不要移到全弹压心的后面。

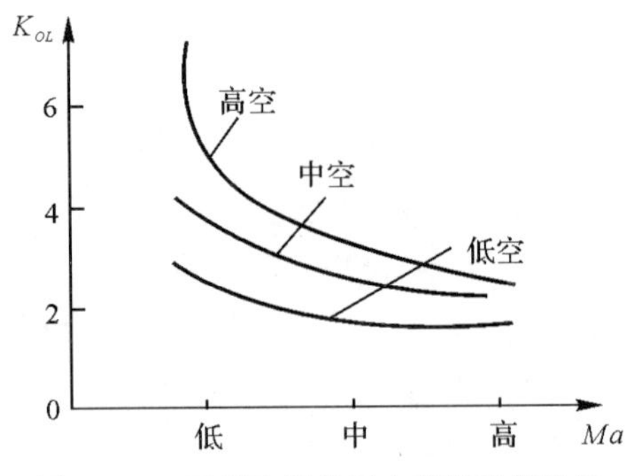

图 6.26 开环飞行控制自动驾驶仪增益与高度及马赫数的关系

为了获得单位加速度增益,就选取 K_{OL} 为弹体增益 K_n 的倒数。由于弹体增益 K_n 随飞行条件而改变,控制系统增益如图 6.26 所示。弹体增益的变化可以补偿到已知气动数据的精度。不精确的补偿将降低末制导性能,这是由于不能获得适当的有效导航比 N'。因此对于使用这种简单控制系统的导弹要求精确地确定气动特性,即为了获得满意的足以精确控制有效导航比的气动增益特性需要进行广泛的全尺寸风洞试验。

6.4.3 速率陀螺飞行控制系统

速率陀螺飞行控制系统用一个速率陀螺接在角速度指令系统中(见图 6.27)。

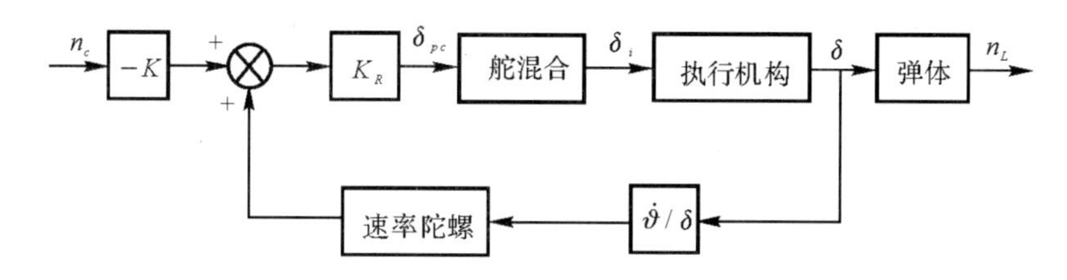

图 6.27　速率陀螺飞行控制系统

忽略执行机构和速率陀螺动态特性，可得速率陀螺飞行控制系统的传递函数如下（以静稳定导弹为例）：

$$W_{n_c}^{n_L}(s)=\frac{-KK_RK_dv/57.3g}{T_d^2s^2+(2\xi_dT_d-K_RK_dT_{1d})s+(1-K_RK_d)}$$

飞行控制系统增益 K 提供了单位加速度传输增益。在通常情况下，回路增益都小于 1。这种飞行控制增益 K 具有和开环增益相同的变化，但是它被放大 $1/K_R$ 倍（K_R 为反馈增益）。由于 K_R 通常是小于 1 的，因此这种系统对高度和马赫数的变化特别敏感。另外，指令的任何噪声都会被高增益放大，这就对导引头测量元件的噪声要求更严格，而且为了避免噪声饱和，要求执行机构电子设备有大的动态范围。图 6.28 所示为自动驾驶仪增益随马赫数和高度的典型变化。应注意到，纵坐标是校准乘积（KK_R），以便降低曲线动态范围。

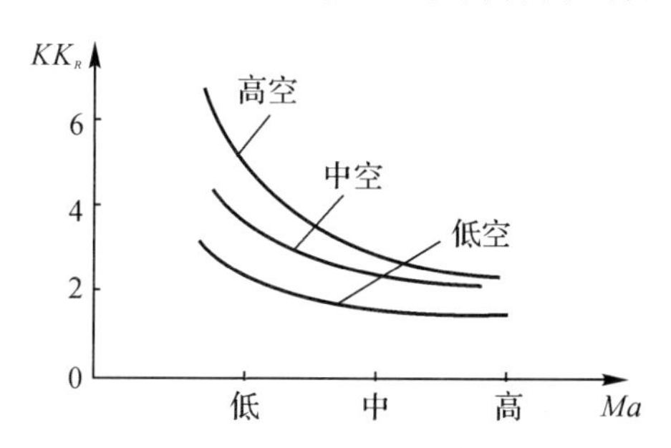

图 6.28　速率陀螺飞行控制自动驾驶仪增益与高度及马赫数的关系

调整速率回路增益 K_R 以便增加弹体的低阻尼，因此这个方案更适合于雷达末制导。这个系统的动态响应基本上是具有理想阻尼的和有比弹体自然频率稍高谐振频率的二阶传递函数的响应。典型情况下，在低高度和高马赫数时这个频率是高的，并且随着高度增加或马赫数的降低而降低。因而其响应时间短，但随飞行条件变化。

总之，速率陀螺飞行控制系统具有良好的阻尼，但是它的加速度增益比开环系统更依赖于速度和高度。它的时间常数是短的，但是它取决于高度和马赫数的气动参数。

6.4.4　积分速率陀螺飞行控制系统

积分速率陀螺飞行控制系统除了把速率信号本身反馈回去外，还把速率陀螺信号的积分反馈回去，如图 6.29 所示。

忽略执行机构和速率陀螺动态特性，可得积分速率陀螺飞行控制系统的传递函数如下（以静稳定导弹为例）：

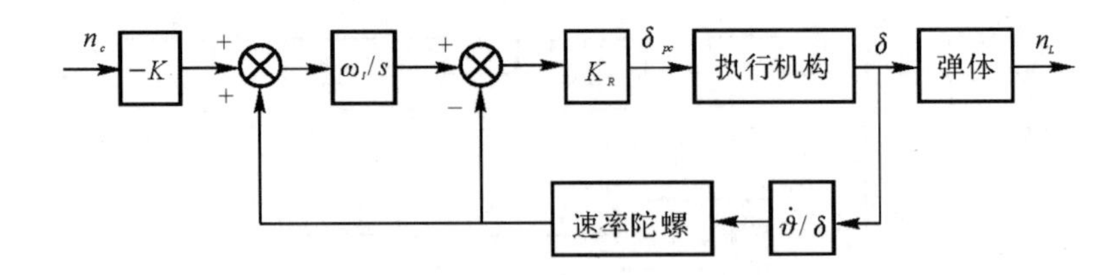

图 6.29　积分速率陀螺飞行控制系统

$$W_{n_c}^{n_L}(s)=\frac{-K\omega_I K_R K_d v/57.3g}{T_d^2 s^3+(2\xi_d T_d-K_R K_d T_{1d})s^2+(1-K_R K_d-\omega_I K_R K_d T_{1d})s-\omega_I K_R K_d}$$

在短的时间间隔范围内，速率陀螺信号的积分比例于攻角。这种利用电信号产生的比例于攻角的控制力矩将有助于稳定攻角的扰动。由于这种信号在电气上能完成和气动稳定一样的功能，因此被称为“综合稳定”。这种系统不用超前网络就能够稳定不稳定的弹体。不过这种系统在低马赫数和高高度工作条件下动态响应比较迟缓，因此，常在回路中串入一个校正网络，加速系统的动态响应。

积分速率陀螺反馈飞行控制系统自动驾驶仪增益基本与高度无关，并且与速度成反比。因此，即使在对气动数据不清楚的情况下，也可以在一个较大的高度范围内保持有效导航比。

为加速系统的动态响应，在速率陀螺输出处装有校正网络，能够抵消弹体旋转速率时间常数，并用较短的时间常数代替它，以便降低系统长的响应时间，这种消去法或极点配置方案的鲁棒性由对气动时间常数 T_{1d} 已知的程度而定。

图 6.30 所示为了积分速率陀螺反馈飞行控制系统自动驾驶仪增益与高度及马赫数的关系。

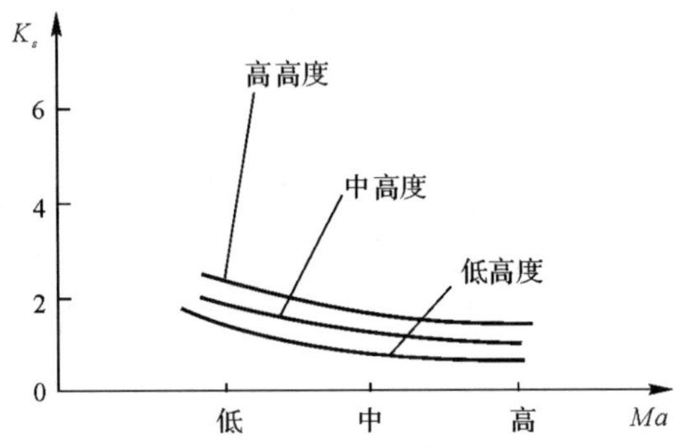

图 6.30　积分速率陀螺反馈飞行控制系统自动驾驶仪增益与高度及马赫数的关系

6.4.5　加速度表反馈飞行控制系统

把一个加速度表装于导弹上，并且接在系统中，用加速度指令和实际加速度间的误差去控制系统，就得出了图 6.31 所示的三回路飞行控制系统。这种系统实现了与高度和马赫数基本无关的增益控制和对稳定或不稳定导弹的快速响应时间。

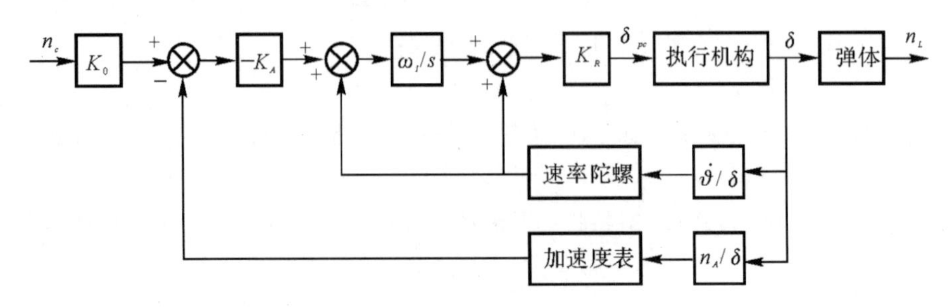

图 6.31　加速度表飞行控制系统

忽略执行机构、速率陀螺和加速度表的动态特性，可得加速度表飞行控制系统的传递函数如下（以静稳定导弹为例）：

$$W_{n_c}^{n_L}(s)=\frac{-K_0K_A\omega_IK_RK_dv/57.3g}{T_d^2s^3+(2\xi_dT_d-K_RK_dT_{1d})s^2+(1-K_RK_d-\omega_IK_RK_dT_{1d})s-(\omega_IK_RK_d+K_A\omega_IK_RK_dv/57.3g)}$$

控制系统增益 K_0 提供了单位传输。导弹自动驾驶仪增益与高度和马赫数基本无关，如图 6.32 所示。换句话说，这个系统的增益是非常鲁棒的。

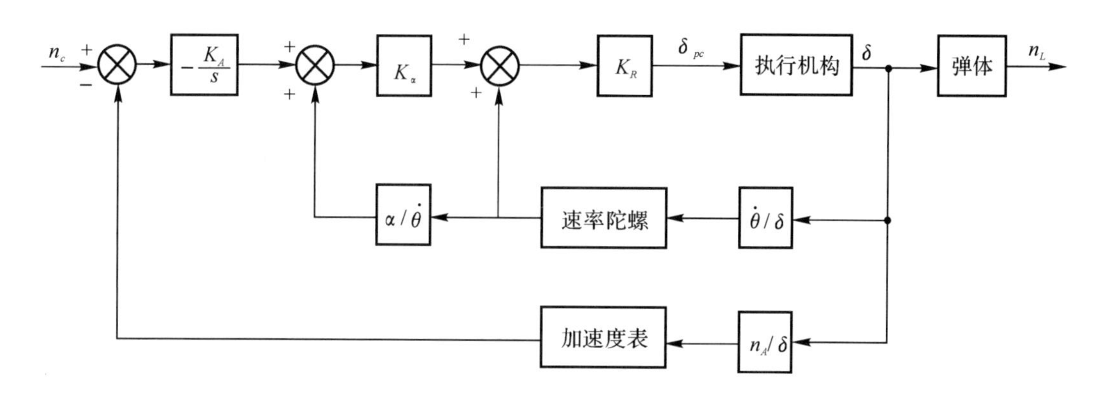

图 6.32　加速度表飞行控制自动驾驶仪增益与高度及马赫数的关系

与前几种飞行控制系统不同的是，加速度表反馈飞行控制系统具有 3 个控制增益。无论是稳定还是不稳定的弹体，由这 3 个增益的适当组合就可以得到时间参数、阻尼和截止频率的特定值。这种系统的时间常数并不限制大于导弹旋转速率时间常数的值。因此，可以用增益 K_R 确定阻尼回路截止频率，ω_I 确定法向过载回路阻尼，K_A 确定法向过载回路时间常数。这样，导弹的时间响应可以降低到适合于拦截高机动飞机的要求值。

6.4.6　其他类型法向过载控制系统简介

6.4.6.1　其他几种典型的法向过载控制系统结构

加速度表飞行控制系统除了上面的形式外，根据反馈的不同，还有其他的形式，常见的有三种：第一种是伪攻角反馈形式，第二种是角速度反馈形式，第三种是双加速度表反馈形式，如图 6.33 ～ 6.35 所示。

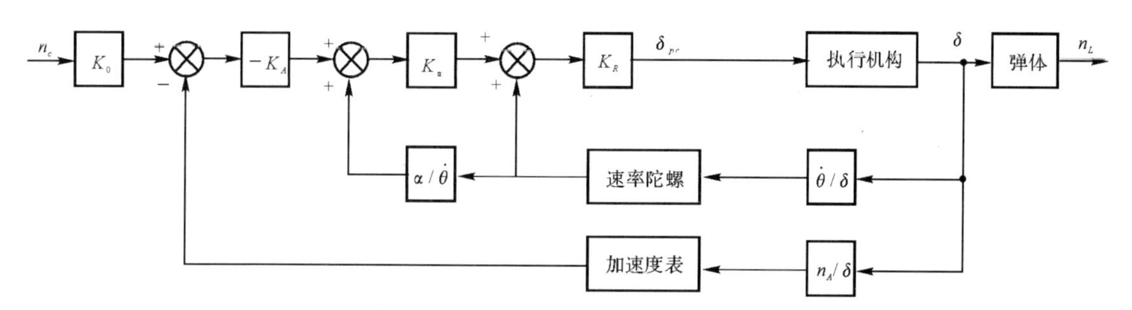

图 6.33　伪攻角反馈形式的加速度表飞行控制系统

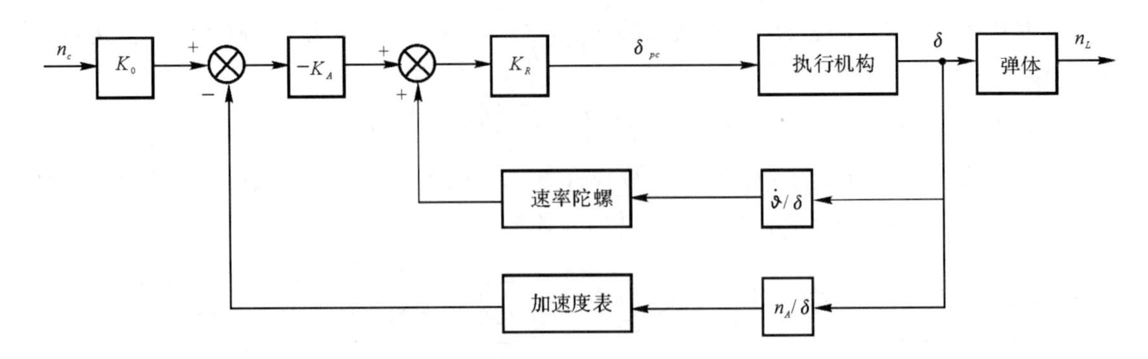

图 6.34 角速度反馈形式的加速度表飞行控制系统

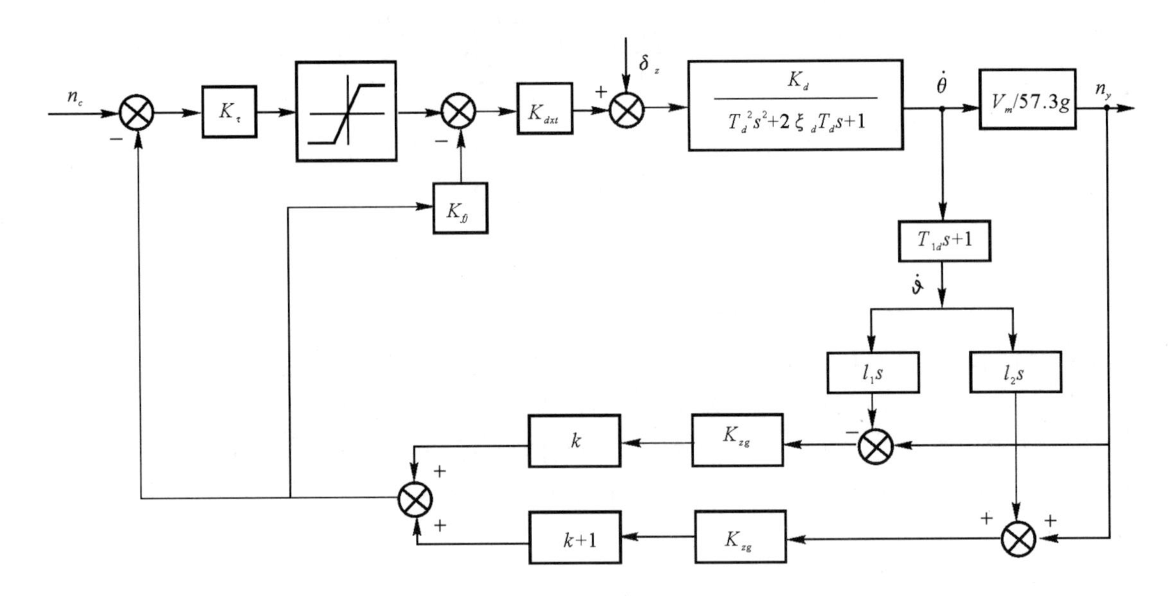

图 6.35 由两个线加速度计组成的侧向稳定回路方框图

6.4.6.2 双加速度表飞行控制系统

把一个增益为 K_a 的线加速度计放在重心前面距离 c 处，其输出轴平行于导弹 Oy 轴，产生信号为

$$K_a(a_y + c\ddot{\vartheta}) \tag{6.21}$$

式中 a_y—— 重心在 Oy 方向的线加速度；

$c\ddot{\vartheta}$—— 俯仰角加速度引起的线加速度分量。

另外，把一个类似定向的加速度计放在重心后面距离 d 处。产生信号为

$$K_a(a_y - d\ddot{\vartheta}) \tag{6.22}$$

由于加速度计放在重心前面而引起的附加分量，具有一种使系统稳定的重要影响，因而可以得知把加速度计放在重心后部，似乎根本是不可取的。尽管如此，几种众所周知的英国的导弹系统(如“海标枪”型) 采用了间隔开的加速度计来提供仪表反馈，并且采用如下把两个信号混合起来的有创造性的方案：把前面的加速度计增益增为 $3K_a$，而把后面的加速度计增益增为 $2K_a$，但后者为正反馈。因此，总的负反馈为

$$3K_a(a_y + c\ddot{\vartheta}) - 2K_a(a_y - d\ddot{\vartheta}) = K_a[a_y + (3c + 2d)\ddot{\vartheta}] \tag{6.23}$$

这与角加速度表飞行控制系统是等效的。但是，该项大大地影响着稳定回路的闭环传递函数分母中的 s^2 及 s 项的系数。阻尼性能和稳定性皆可通过选择 K_a, c, d 的参数加以调整。

两个线加速度计组成的侧向稳定回路具有如下特点：

(1) 这种稳定回路最后简化为一个二阶系统，选择合适的参数，可以达到较好的动态品质，以满足制导控制系统的要求。

(2) 应用这种方案时，要特别注意导弹质心的变化应落在 l_1 与 l_2 之间。若质心位置变到 l_1 之前，系统就会变成正反馈，导致失稳；若质心位置变到 l_2 之后，就会使系统性能变坏。因此，采用这种方案要仔细考虑运用的条件。

(3) 这种自动驾驶仪较易调整到无超调状态，特别适合于使用冲压发动机的导弹，可以有效防止冲压发动机因攻角和侧滑角响应过调而熄火。

这种方案只用一种线加速度计作为敏感元件，因此，在工程上实现是很简便的。

6.5　速度控制系统

速度控制系统通常用于飞机，导弹中应用的很少，但随着对时敏目标打击需求的出现、先进发动机的应用等，一些导弹中也有了引入速度控制系统的必要。

实现速度控制的方法有三种，下面分别介绍。

6.5.1　俯仰角控制方案

通过操纵俯仰舵来控制导弹的俯仰角，从而改变导弹的飞行速度，如图 6.36 所示。这种方案的优点是结构简单，容易实现。通常在巡航状态下对飞行速度的控制要求并不是很严格，并且不控制高度时，只是希望发动机工作在最佳状态，而不希望推力频繁变化。因此巡航状态下的速度控制一般采用这种方案。

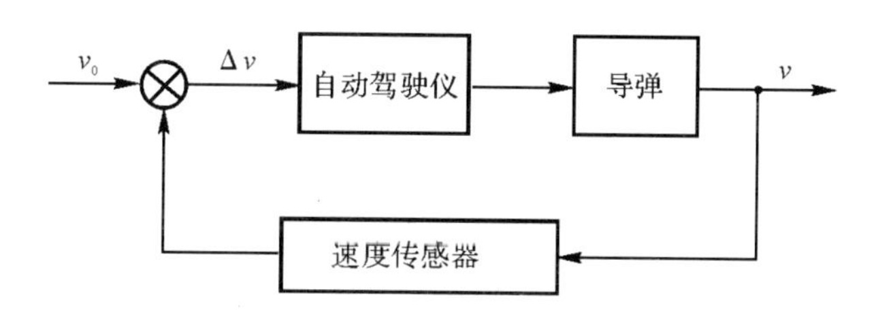

图 6.36　俯仰角控制方案

6.5.2　发动机推力控制方案

通过控制发动机推力来实现，将速度误差信号反馈到推力控制系统，如图 6.37 所示。由于导弹纵向运动中飞行速度和俯仰姿态角之间存在着气动耦合，当增加推力时，不仅直接引起飞行速度的增加，而且还会引起俯仰角(航迹倾角)的增大，俯仰角增大又会导致飞行速度下降。因此，要改变飞行速度必须保持俯仰角。通常推力控制系统与自动驾驶仪配合使用才能达到速度控制的目的。

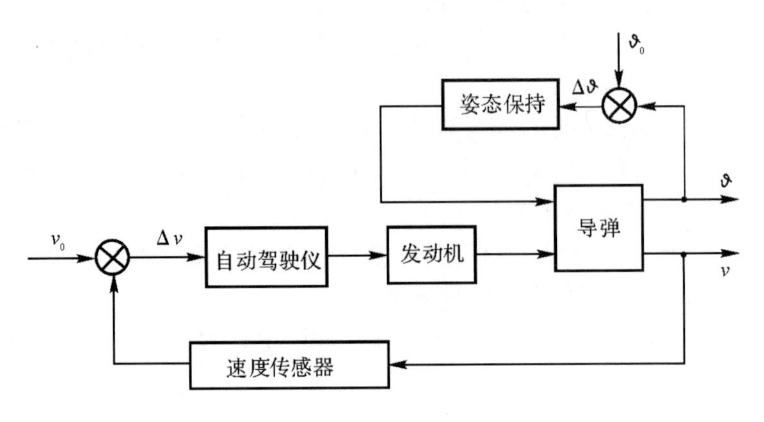

图 6.37　发动机推力控制方案

6.5.3　速度与俯仰角解耦控制方案

该方案的目的是互不干扰地控制俯仰角和速度，即实现速度与俯仰角之间的解耦。前两种方案，速度变化俯仰角必定变化，这是导弹自身动力学存在的耦合所决定的。要实现解耦，需要在推力控制与自动驾驶仪间增加交联信号，如图 6.38 所示。应指出，达到完全解耦是很困难的，目前应用的是部分解耦方案。

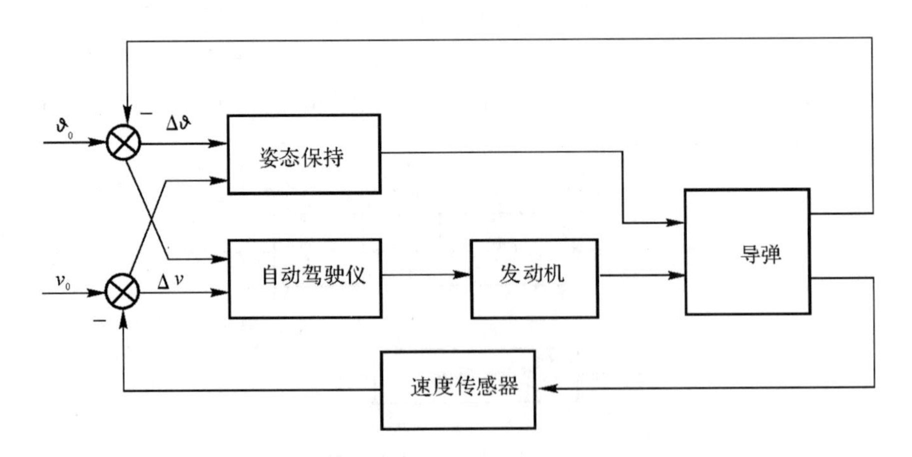

图 6.38　速度与俯仰角解耦控制方案

6.6　导弹弹性弹体飞行控制*

6.6.1　问题的提出

目前,在有效载荷质量及飞行距离给定的情况下,借助减小结构质量而提高导弹飞行性能的倾向就会引起导弹结构刚度的减小。这样就会迫使在设计导弹及其稳定系统时必须考虑结构弹性对稳定过程的影响。

当控制力矩加到弹性弹体壳体上时,除了使导弹产生围绕质心的旋转外,还会发生横向弹性振动,该振动由多个不同谐振频率的正弦波组成,其中第一阶谐振最为强烈。如果安装在弹体上的敏感元件位置不当,在传感信号中将不仅包含导弹刚体的运动,还有弹体弹性变形的附加信号。这一附加信号相当于控制系统的一种干扰输入,并通过导弹的气动弹性效应形成回路反馈,不仅影响控制的精度与飞行动态品质,而且当控制系统工作频带与弹性振动频带相交时,可能因为两者的相位差较大而导致失稳,这类现象称之为"伺服气动弹性问题"。

为了克服弹性对稳定过程的影响,可以采用下述两种方法。第一种方法是导弹结构设计,保证振动一阶振型频率(有时要求是二阶振型频率)应当大大超过稳定系统的截止频率,一般为 5 倍以上。这时结构振型可看作是稳定系统的高频模态,不影响稳定性。第二种方法是合理地设计稳定系统,可以采取下面几种措施:

(1) 正确地配置导弹的测量元件,尽量减少弹性振动信号串入稳定系统中;

(2) 在导弹振型频率处引入滤波器,压制振动;

(3) 采用振动主动抑制技术。

6.6.2　敏感元件安装位置的选择

在这里只简单介绍一下考虑一阶振型时敏感元件位置选择方法。图 6.39 为导弹一阶振型的示意图。很显然,如果敏感元件是三自由度陀螺或二自由度陀螺,应放在振型的波腹上,即图 6.39 中的 C 点,该点 $\phi'(x)=0$。如果敏感元件是加速度计,应该放在振型的节点上,即图 6.39 中的 A,B 点,该点 $\phi(x)=0$。实际上,在工程中由于部件安排的限制,敏感元件有时无法放在理想的位置,此时应保证将其放在距理想位置尽可能近的位置上。

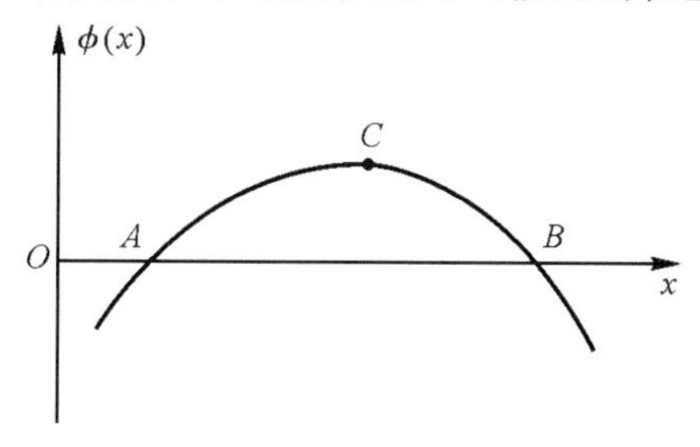

图 6.39　导弹一阶振型示意图

6.6.3 弹性弹体控制系统的相位及增益稳定

1. 控制系统基本组成

大多数雷达制导寻的导弹的自动驾驶仪都具有三个回路(见图 6.40)。

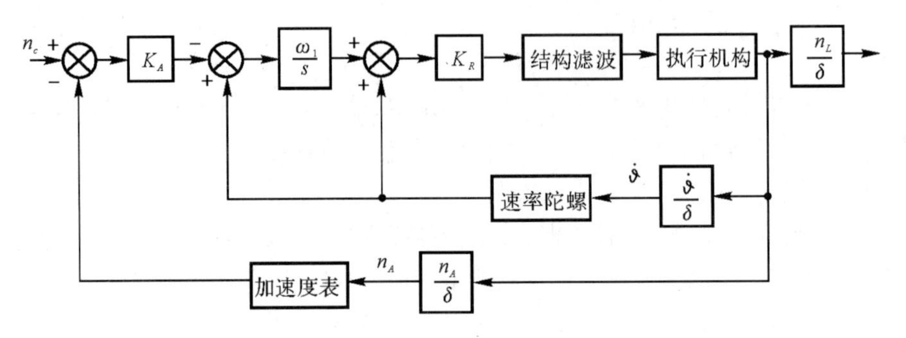

图 6.40 导弹自动驾驶仪的基本结构

这三个回路为加速度反馈回路、角速率反馈回路及角速率积分反馈回路。飞控系统的主要部件为弹体、气动舵面、执行机构、速率陀螺和加速度计。在系统中角速率回路带宽很大,结构振动的影响最为明显。角速率回路一般由速率陀螺、执行机构、结构滤波器和弹体组成。

与角速率回路类似,加速度回路同样要受到结构振动的影响,不过这种影响相对较弱,一般可忽略。

为研究结构振动时对导弹控制系统稳定性的影响,计算出角速率回路的 Nyquist 图和 Bode 图 ,见图 6.41 和图 6.42。从中可以清楚地看出,一阶振型造成系统不稳定。

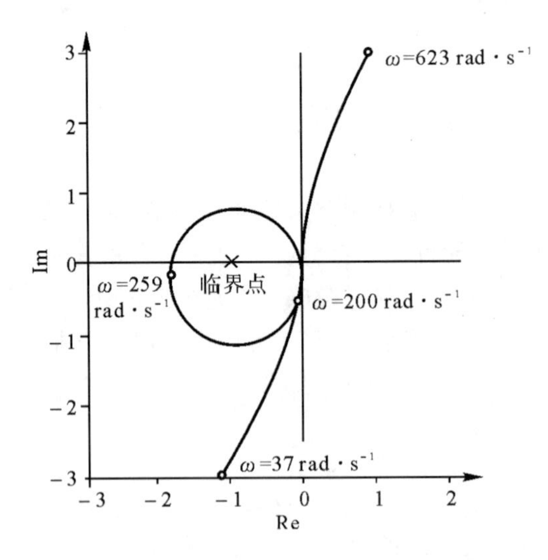

图 6.41 一阶振型使系统 Nyquist 曲线包围临界点

通过减小回路增益,系统可具有合适的增益裕度(— 6 dB)。然而这种方法降低了穿越频率,导弹自动驾驶仪的响应变差了。

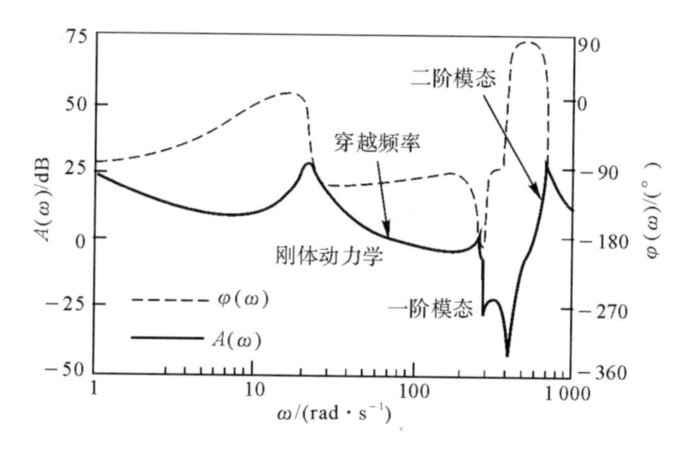

图 6.42　结构模态尖峰引起系统不稳定

一个简单的解决方法是利用执行机构和速率陀螺的相位滞后旋转结构振型远离临界点，使系统稳定，这种方法被称为相位稳定技术。如果结构振动造成的频率响应尖峰较大的话，会对系统的性能造成不好的影响，为此，应在系统中引入陷波滤波器来压制振动。这种方法被称为增益稳定技术。下面分别对这两种技术加以介绍。

2. 控制系统的相位稳定

相位稳定方法不是通过引入陷波滤波器来改善系统的不稳定的。首先它利用执行机构的动力学去旋转一阶振型的相位，使其远离稳定性的临界点。在工程中执行机构频带很宽，通过降低执行机构的频带可使一阶振型近似旋转 90°，使系统获得合适的幅值裕度。很显然，这种方法可以稳定一阶模态，但引入的相位滞后有可能造成二阶模态的不稳定(见图 6.43)。

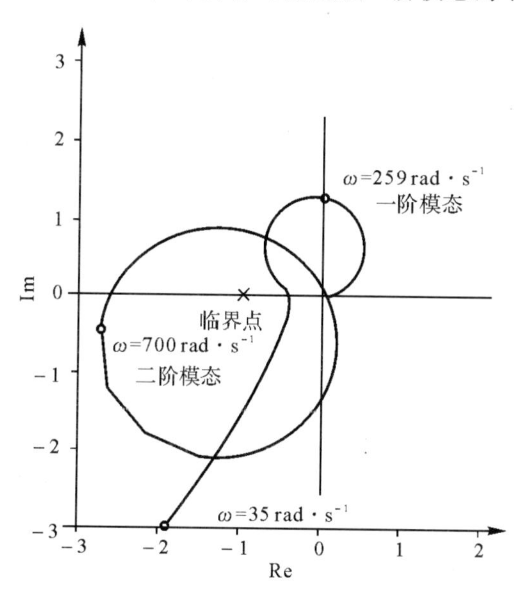

图 6.43　只使用执行机构进行相位稳定造成二阶模态不稳定

通过引入速率陀螺动力学，给二阶模态造成 90° 相位滞后，最终使二阶模态也稳定下来。稳定后系统的 Nyquist 曲线和 Bode 图分别如图 6.44 和图 6.45 所示。

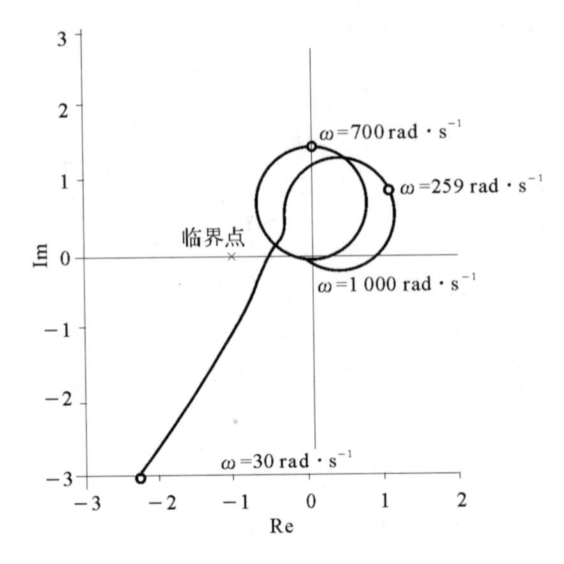

图 6.44　相位稳定后系统的 Nyquist 曲线

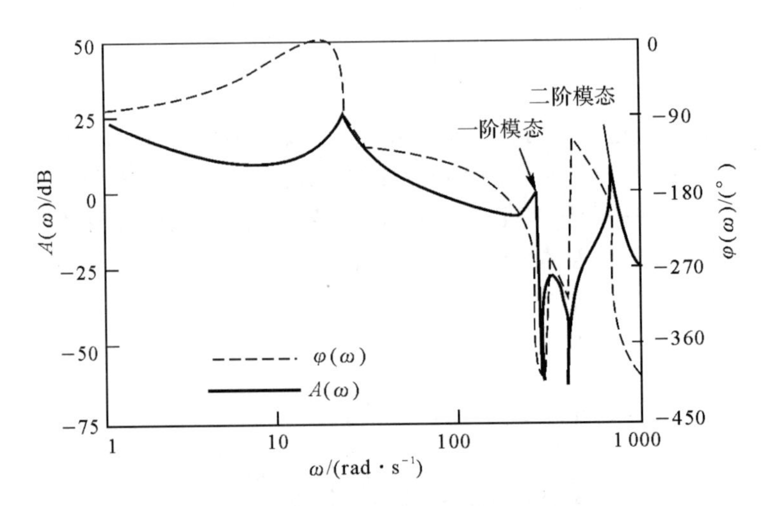

图 6.45　相位稳定后系统的 Bode 图

现在在穿越频率处系统已具有合适的相位裕度和幅值裕度。低频幅值裕度和相位裕度分别为 5.7 dB 和 39°,高频幅值裕度和相位裕度分别为 10 dB 和 42°(见图 6.46)。

虽然系统相位稳定,但是在模态频率处,系统仍存在较大的频率响应尖峰。如果在速率回路中存在该频率处的噪声,将会造成舵偏速率饱和及执行机构过热,这些噪声可能来源于速率陀螺输出及数字控制系统的模数转换噪声。因此,为改善系统对噪声的抑制能力,消除这些尖峰是十分必要的。

3. 控制系统增益稳定

为消除频率响应尖峰,引入一陷波滤波器,滤波器传递函数为

$$\frac{e_o(s)}{e_i(s)}=\frac{\dfrac{s^2}{\omega_0^2}+1}{\dfrac{s^2}{\omega_0^2}+2\dfrac{\xi_0}{\omega_0}s+1}$$

式中　e_i—— 输入信号；

e_o—— 输出信号；

ξ_0—— 滤波器阻尼。

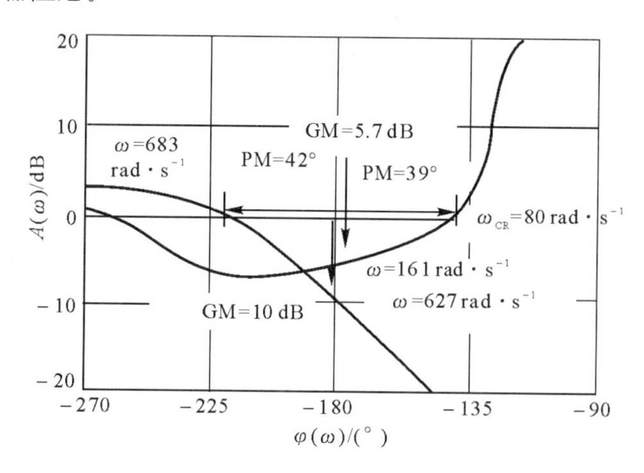

图 6.46　相位稳定系统的幅值及相位裕度

滤波器的分子用于陷波，分母用于滤波器的物理实现。通常 $\xi_0>0.6$，ω_0 即为需要抑制的频响尖峰(即频率响应尖峰的简称)频率。将陷波滤波器串入角速率回路，计算出此时的 Bode 图，如图 6.47 所示。滤波器消除了一阶振型尖峰，但滤波器引入的相位滞后使回路的相位裕度下降了 20°。

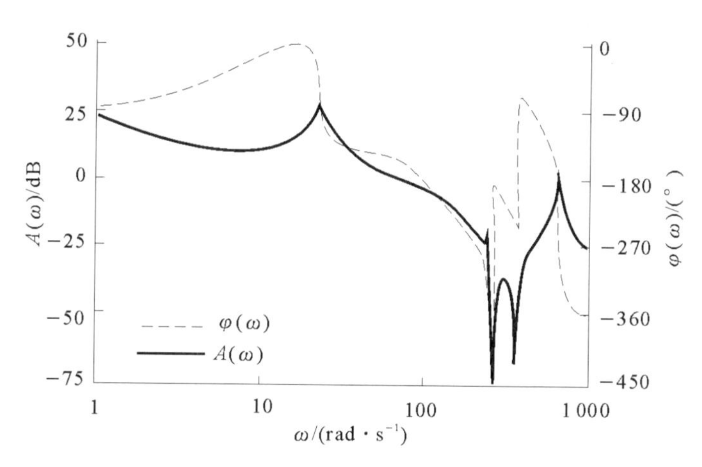

图 6.47　结构滤波器消除一阶振型尖峰后的 Bode 图

通过串入另一个陷波滤波器，消除了二阶振型引入的频率响应尖峰，滤波器引入的相位滞后使回路的相位裕度下降了 8°。计算系统的 Nyquist 曲线和 Bode 图分别如图 6.48 和图 6.49 所示。很显然，频率响应尖峰被消除了。

陷波滤波器的引入使系统的相位裕度下降到令人不能接受的地步。为保持合适的相位裕度值，必须适当地减小穿越频率。例如，在引入陷波滤波器之前，低频相位裕度为 40°，陷波滤波器引入后，相位裕度下降到 12°，期望的相位裕度值为 30°，经计算知，当穿越频率为 62 rad/s 时，满足了系统设计要求。

必须指出，随着导弹飞行条件的变化，弹体模态频率也会发生相应的变化，因此设计的陷波滤波器应在某个频段内都具有较好的陷波性能。为此，要将幅值裕度从 6 dB 增加到 15 dB，以提高系统对模态频率变化的适应性。

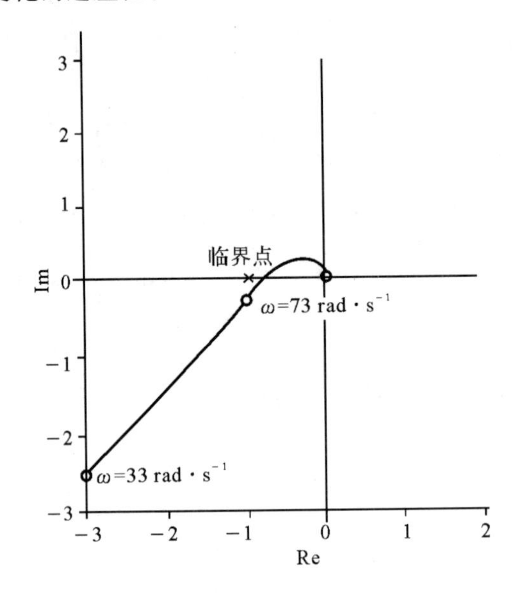

图 6.48　增益稳定后系统的 Nyquist 曲线

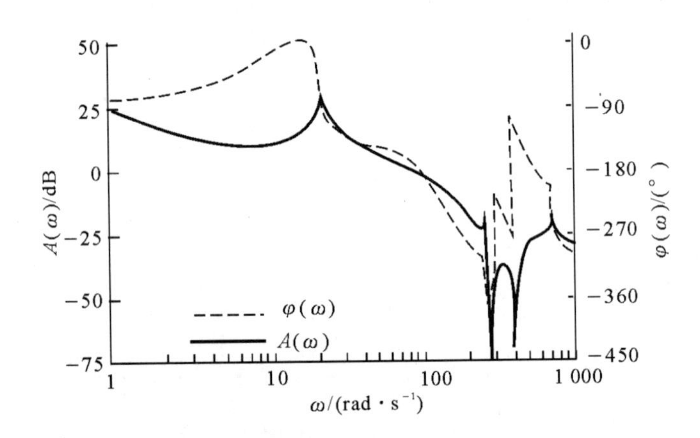

图 6.49　增益稳定后系统的 Bode 图

4. 结论

高性能战术导弹自动驾驶仪在受到结构模态的影响时，常常导致不稳定，借助于相位稳定或增益稳定可消除这种不稳定。相位稳定可用于具有较大带宽的自动驾驶仪中，但不能消除模态峰值增益。模态峰值增益会导致自动驾驶仪中舵机的过热和饱和问题。使用陷波滤波器的增益稳定可以降低模态峰值增益，但常导致自动驾驶仪带宽变窄。将相位稳定和增益稳定结合起来用于自动驾驶仪设计可使系统对模态频率变化具有鲁棒性。

6.7　导弹捷联惯导数字式自适应控制*

捷联惯导数字式自适应自动驾驶仪由以下几个部分组成：

(1) 捷联惯导系统：为导弹提供惯性基准，为导弹实时地提供飞行速度、飞行高度、攻角和飞行时间的信息，并测量弹体角速率及加速度；

(2) 控制系统参数数据库：由控制理论综合而得，存储着不同飞行条件下控制系统保持良好性能所必需的参数值；

(3) 常规自动驾驶仪结构；

(4) 导弹执行机构和弹体。

图 6.50 所示为数字式自适应自动驾驶仪的结构框图。

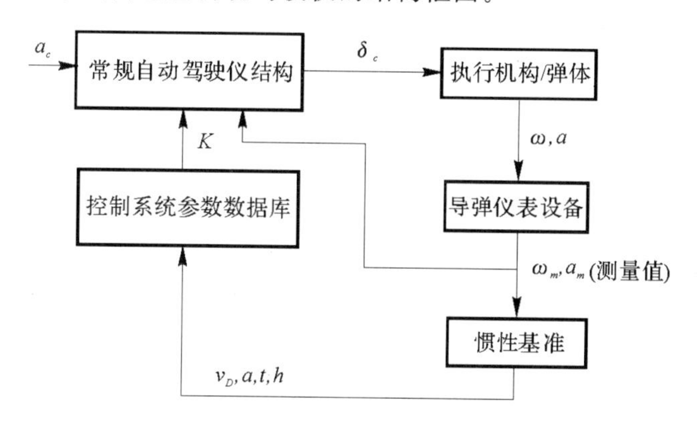

图 6.50　数字式自适应自动驾驶仪结构框图

数字式自适应自动驾驶仪的工作过程：由导弹仪表设备测得弹体的角速度信息和加速度信息，一路用于导弹自动驾驶仪的反馈信号，另一路通向捷联惯导计算机；由捷联惯导计算机计算出导弹的飞行速度、飞行高度、攻角和滚动角等飞行条件信息，这些信息与弹体动力学有着对应的关系。为保证导弹在任何飞行条件下都具有满意的飞行品质，通常应在不同的飞行条件下选取不同的控制增益，而惯导系统恰好提供表征飞行条件的信息，此时这些信息被用作控制系统调参的特征参数。首先利用这些特征参数查寻控制增益表获得控制增益 K；然后将其代入控制算法，计算出控制指令 δ_c。

导弹飞行条件与其弹体动力学有着密切的关系，这是由其内在因素决定、外部特征表现出来的。影响导弹弹体动力学的内在因素主要有以下几个：

(1) 推力特性：导弹弹体动力学系数 a_{25}，a_{34} 皆与推力有关，因而推力的变化将对弹体动力学特性产生很大影响。

(2) 导弹重心、质量和转动惯量：导弹弹体动力学系数 $a_{22} \sim a_{35}$ 皆与导弹的重心、质量和转动惯量有关。

(3) 马赫数：导弹的飞行马赫数主要影响弹体的气动力特性，因导弹的马赫数变化范围很大，这个因素的影响不可忽视。

(4) 动压：除了推力矢量控制引入的动力学系数外，几乎所有的动力学系数都与动压有关。

(5) 攻角：在导弹进行大攻角飞行时，导弹的气动力特性将随攻角发生很大变化，这些变化将反映在导弹的动态特性上。这里讲的攻角指的是导弹的总攻角。

(6) 气流扭角：在大攻角的情况下，气流扭角对有翼导弹的气动力特性影响十分显著，但对无翼式导弹的气动力特性的影响是很小的。

(7) 速度：在 a_{22}，a_{24}，a_{34} 和 a_{35} 动力学系数中，都有导弹飞行速度项，因此它也将影响导弹的动力学特性。

在上面这些因素中，有一些因素之间有着密切的关系，如导弹的推力特性、重心、质量和转动惯量皆是导弹飞行时间的函数，导弹的马赫数、动压和飞行速度由飞行高度和马赫数决定。因此从外部特征上看，影响导弹弹体动力学的特征参数有导弹飞行时间、马赫数、飞行高度、总攻角和气流扭角等。

对于捷联惯导数字式自适应自动驾驶仪，其整个设计过程为：

(1) 导弹飞控系统性能指标的确定；

(2) 确定导弹特征参数，为控制参数的调整提供依据；

(3) 计算对应所有特征参数空间点处弹体动力学的模型参数；

(4) 利用控制理论完成导弹所有飞行条件下的控制参数计算，给出控制参数数据库；

(5) 根据特征参数的变化情况，确定控制器的调参频率，由此提出对捷联惯导系统信号传输速率的要求；

(6) 控制器离散化频率的确定；

(7) 设计结果的仿真研究。

6.8 导弹控制的空间稳定问题*

前面对控制系统的设计分析是单通道独立进行的，实际上三个通道之间是存在耦合的，特别是在大攻角情况下这种耦合可能引起不稳定。降低耦合保证空间稳定性是本节讨论的问题。

6.8.1 空间耦合机理分析

弹体三个通道的耦合来自两个方面，一是弹体运动的耦合，二是气动力的耦合。下面以轴对称弹体为例进行耦合分析。

1. $\dot{\boldsymbol{\alpha}}$，$\dot{\boldsymbol{\beta}}$ 的表达式

首先导出 $\dot{\boldsymbol{\alpha}}$，$\dot{\boldsymbol{\beta}}$ 的方程。考虑弹体坐标系 $Ox_1y_1z_1$ 和速度坐标系 $Ox_3y_3z_3$ 之间的关系有如下矢量等式：

$$\boldsymbol{\omega} = \boldsymbol{\omega}_v + \dot{\boldsymbol{\alpha}} + \dot{\boldsymbol{\beta}} \tag{6.24}$$

式中 $\boldsymbol{\omega}$—— 弹体坐标系下的角速度矢量；

$\boldsymbol{\omega}_v$—— 速度坐标系下的角速度矢量。

将式(6.24) 中的角速度 $\boldsymbol{\omega}$，$\boldsymbol{\omega}_v$，$\dot{\boldsymbol{\alpha}}$，$\dot{\boldsymbol{\beta}}$ 分别投影到速度坐标系中得到下式

$$\boldsymbol{T}_{1\to 3}\begin{bmatrix}\omega_{x1}\\ \omega_{y1}\\ \omega_{z1}\end{bmatrix}=\begin{bmatrix}\omega_{x3}\\ \omega_{y3}\\ \omega_{z3}\end{bmatrix}+\boldsymbol{T}_{1\to 3}\begin{bmatrix}0\\ 0\\ \dot{\alpha}\end{bmatrix}+\begin{bmatrix}0\\ \dot{\beta}\\ 0\end{bmatrix} \tag{6.25}$$

式中　$\boldsymbol{T}_{1\to 3}$ 表示弹体坐标系到速度坐标系的转换矩阵。

展开式(6.25)可得

$$\left.\begin{aligned}\dot{\beta}&=\omega_{x1}\sin\alpha+\omega_{y1}\cos\alpha-\omega_{y3}\\ \dot{\alpha}&=\omega_{z1}-\frac{1}{\cos\beta}(\omega_{x1}\cos\alpha\sin\beta-\omega_{y1}\sin\alpha\sin\beta+\omega_{z3})\end{aligned}\right\} \tag{6.26}$$

设 α 和 β 为小角度,则导弹具有线性空气动力特性,即

$$\left.\begin{aligned}Y&=C_y^{\alpha}qS\alpha+C_y^{\delta_z}qS\delta_z\\ Z&=C_z^{\beta}qS\beta+C_z^{\delta_y}qS\delta_y\end{aligned}\right\} \tag{6.27}$$

式(6.27)中,$\alpha,\beta,\delta_y,\delta_z$ 的单位均为度。

将式(6.27)和第 3 章中的弹道系质心动力学方程代入式(6.26),近似有

$$\left.\begin{aligned}\dot{\beta}&=\omega_{y1}+\omega_{x1}\alpha-\frac{P-57.3qSC_z^{\beta}}{mv}\beta+\frac{57.3qSC_z^{\delta_y}}{mv}\delta_y\\ \dot{\alpha}&=\omega_{z1}-\omega_{x1}\beta-\frac{57.3qSC_y^{\alpha}+P}{mv}\alpha-\frac{57.3qSC_y^{\delta_z}}{mv}\delta_z\end{aligned}\right\} \tag{6.28}$$

2. 弹体角速度的表达式

对轴对称导弹,有 $J_z=J_y\gg J_x$,结合第 3 章的弹体旋转动力学方程,可得

$$\left.\begin{aligned}\dot{\omega}_{x1}&=\frac{M_x^{\omega_{x1}}}{J_x}\omega_{x1}+\frac{M_x^{\delta_x}}{J_x}\delta_x+\frac{M_{xd}}{J_x}\\ \dot{\omega}_{y1}&=\frac{m_y^{\omega_{y1}}}{J_x}\omega_{y1}+\frac{M_y^{\beta}}{J_y}\beta+\frac{M_y^{\delta_y}}{J_y}\delta_y+\frac{M_{yd}}{J_y}+\omega_{x1}\omega_{z1}\\ \dot{\omega}_{z1}&=\frac{m_z^{\omega_{z1}}}{J_z}\omega_{z1}+\frac{M_z^{\alpha}}{J_z}\alpha+\frac{M_z^{\delta_z}}{J_z}\delta_z+\frac{M_{zd}}{J_y}-\omega_{x1}\omega_{y1}\end{aligned}\right\} \tag{6.29}$$

式中,M_{xd},M_{yd} 和 M_{zd} 表示三个通道的耦合力矩。

将式(6.28)和式(6.29)写在一起,有

$$\left.\begin{aligned}\dot{\omega}_x&=\frac{M_x^{\omega_x}}{J_x}\omega_x+\frac{M_x^{\delta_x}}{J_x}\delta_x+\frac{M_{xd}}{J_x}\\ \dot{\omega}_y&=\frac{m_y^{\omega_y}}{J_y}\omega_y+\frac{M_y^{\beta}}{J_y}\beta+\frac{M_y^{\delta_y}}{J_y}\delta_y+\frac{M_{yd}}{J_y}+\omega_{x1}\omega_{z1}\\ \dot{\omega}_z&=\frac{m_z^{\omega_z}}{J_z}\omega_z+\frac{M_z^{\alpha}}{J_z}\alpha+\frac{M_z^{\delta_z}}{J_z}\delta_z+\frac{M_{zd}}{J_y}-\omega_{x1}\omega_{y1}\\ \dot{\alpha}&=\omega_{z2}-\omega_{x1}\beta-\frac{57.3qSC_y^{\alpha}+P}{mv}\alpha-\frac{57.3qSC_y^{\delta_z}}{mv}\delta_z\\ \dot{\beta}&=\omega_{y1}+\omega_{x1}\alpha-\frac{P-57.3qSC_z^{\beta}}{mv}\beta+\frac{57.3qSC_z^{\delta_y}}{mv}\delta_y\end{aligned}\right\} \tag{6.30}$$

式(6.30)表示了三通道间的空间耦合,可以看出,弹体运动方程的耦合是 $\omega_{x1}\omega_{z1}$,$-\omega_{x1}\omega_{y1}$,$-\omega_{x1}\beta$ 和 $\omega_{x1}\alpha$ 几项,气动力的耦合体现在 M_{xd},M_{yd} 和 M_{zd}。

6.8.2 降低空间耦合的方法

由于空间耦合主要是滚动干扰力矩和滚动角速度产生的，因此降低空间耦合的最好方法是设计优良的滚动通道稳定回路，迅速抑制斜吹力矩，不产生大的横滚角速度，从而阻断或降低空间耦合。

要设计优良的滚动通道稳定回路的前提是滚动控制有良好的气动外形，包括小的斜吹力矩和高的滚动控制效率，如3°～5°的差动舵偏角或副翼偏角可以控制最大的斜吹力矩。如果控制能力不够，说明气动外形设计是不成功的。

在气动外形有足够的滚动控制能力的前提下，控制系统设计应保证滚动通道有足够的闭环带宽，以保证滚动控制的快速性。例如，小展弦比的空空导弹俯仰(或偏航)稳定回路闭环带宽为1～2 Hz，滚动通道闭环带宽为7～10 Hz。

稳定回路设计完成后，可以找出系统空间稳定的最大迎角，如果这个迎角产生的过载能满足攻击机动目标的要求，这个迎角可作为最大限制迎角。

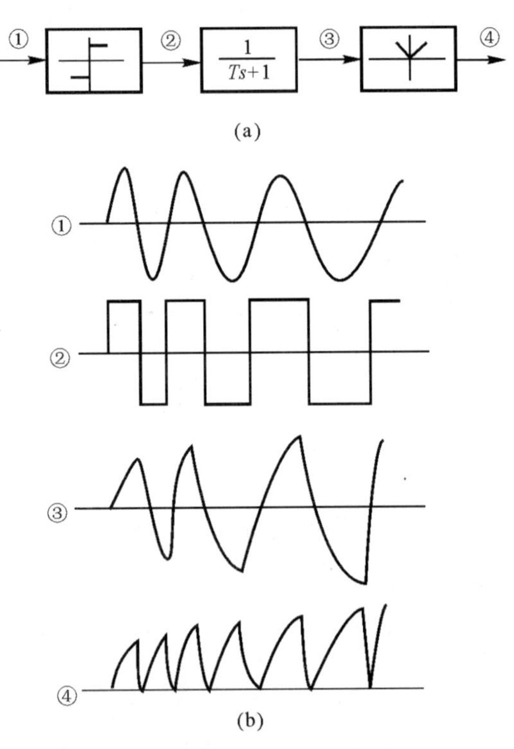

图 6.51 非线性滤波器

(a) 非线性滤波器结构；(b) 非线性滤波器波形

如果上面的方法满足不了要求，可以设计非线性滤波器进行调整。图6.51(a)所示为非线性滤波器的结构，它的①、②、③、④各点的波形如图6.51(b)所示。若输入为变频率的正弦波①，经限幅器后成为变频率的方波②，通过时间常数为T的惯性环节后生成频率和幅度都变化的波形③，再经过整流后输出波形④。对波形④进行谐波分析可以看出，幅频特性随频率升高而降低，而相频特性不变。非线性滤波器用G_{n1}表示，它在滚动稳定回路中的位置如图6.52所示。稳定回路的增益随马赫数和动压的变化而变化，要增大带宽必须增大增益，线性系统增益和相位是相关的，增益高稳定裕度就小，而用非线性滤波器可以达到希望的带宽，幅频衰减很快，而相频不受影响，当然它不适用叠加原理。这种滤波器曾在国外某先进的空空导弹上成功应用。

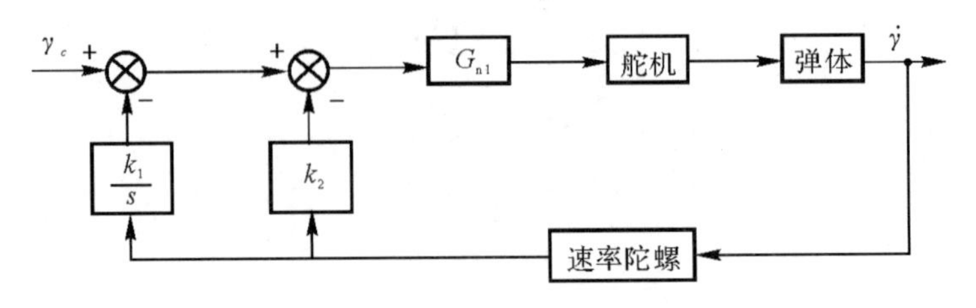

图 6.52 非线性滤波器(G_{n1})在滚动稳定回路中的位置

6.9　高度控制与航向偏差控制

6.9.1　导弹的高度控制

6.9.1.1　导弹的纵向控制系统组成

飞航导弹纵向控制系统的主要使命是对导弹的俯仰姿态角和飞行高度施加控制，使其在铅垂平面内按照预定的弹道飞行。

为了组成飞航导弹的纵向控制系统(见图 6.53)，首先考虑的是测量元件。能够用来测量导弹的俯仰角和飞行高度的部件很多，工程上通常选用自由陀螺仪来测量导弹的俯仰姿态角；用无线电高度表、气压高度表等来测量导弹的飞行高度。

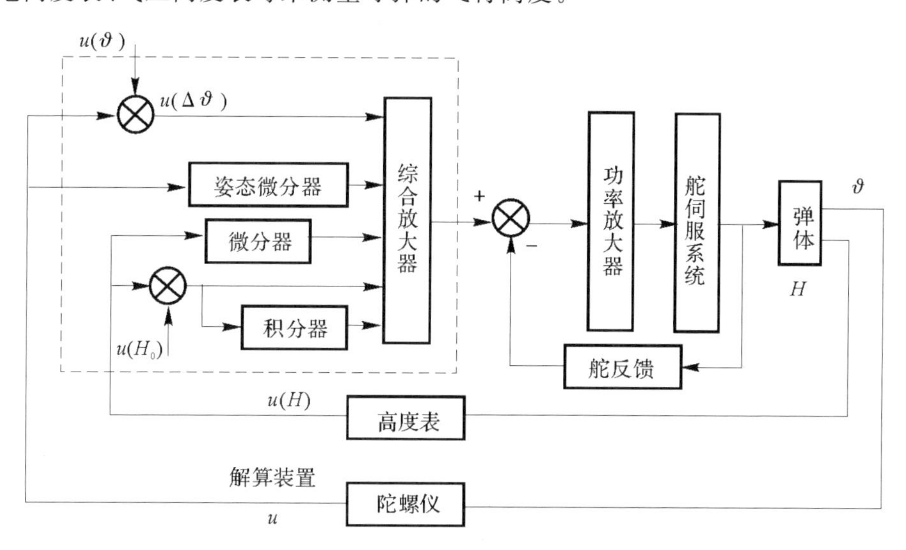

图 6.53　导弹纵向控制系统框图

测量导弹姿态角的陀螺仪，其输出信号不能直接驱动舵机，需要经过变换和功率放大等处理。对陀螺仪的输出信号进行加工处理的部件称为解算装置。

当系统对弹体施加控制时，其俯仰角要经过一个过渡过程才能达到给定值。为了改善系统的动态性能，在解算装置的输入端，除了有俯仰角的误差信号、高度的误差信号之外，还应当有俯仰角速率信号和垂直速度信号。角速率信号可以由速率陀螺仪给出，也可由弹载计算机的微分算法实现；同样，垂直速度信号可由垂直速度传感器提供，也可由弹载计算机的微分算法实现。

为了使导弹的高度控制系统成为一阶无静差系统，必须在系统中引入积分环节。积分器现在通常由弹载计算机的积分算法实现。

当需要改变导弹的飞行高度时，必须改变导弹的弹道倾角。这通过转动导弹的升降舵面，改变作用在导弹上的升力来实现。因此,作为纵向控制系统执行机构的舵机是必不可少的。

6.9.1.2 纵向控制系统的传递函数与结构图

实际的纵向控制系统是一个非线性时变系统。为了解决非线性的矛盾,工程上多采用在一定条件下等效线性化的方法。而时变的问题工程上多采用系数冻结法。这样可以将传递函数的概念运用于纵向控制系统的分析设计。下面先讨论元件的传递函数,再依据结构图变换规则推导出系统的传递函数。

1. 信号综合放大器和功率放大器

信号综合放大器和功率放大器一般都是由电子器件组成的,由于电子放大器和普通的机电设备相比几乎是无惯性的,故称为无惯性元件。设输入量为 u_i,输出量为 u_o,放大倍数为 K_y,则放大器的传递函数为

$$\frac{u_o(s)}{u_i(s)}=K_y$$

2. 自由陀螺仪

自由陀螺仪用作角度测量元件,可将其视为一理想的放大环节,则其传递函数为

$$\frac{u_\vartheta(s)}{\vartheta(s)}=k_\vartheta$$

式中 k_ϑ —— 自由陀螺仪传递系数(V/(°));

ϑ —— 导弹俯仰角(°)。

3. 无线电高度表

根据测量方法的不同,无线电高度表分为脉冲式雷达高度表和连续波调频高度表两大类。无论哪种类型的无线电高度表,其输出形式均有数字式和模拟电压式两种。这里以输出模拟电压为例,忽略其时间常数,无线电高度表的传递函数为

$$\frac{u_H(s)}{H(s)}=K_H$$

4. 弹载计算机的微分算法

为了改善系统的动特性,常常引入反馈校正信号,如引入俯仰角速率信号对弹体的俯仰角运动进行阻尼,用反馈垂直速度信号对导弹的飞行高度变化进行阻尼。这两处信号分别由速率陀螺仪和垂直速度传感器提供。近年来,微分的实现是通过弹载计算机的微分算法实现的,其传递函数可描述为

$$\frac{u_o(s)}{u_i(s)}=s$$

5. 高度(差)积分器

同微分器一样,积分的实现是通过弹载计算机的积分算法实现的。其传递函数描述如下:

$$\frac{u_o(s)}{u_i(s)}=\frac{1}{s}$$

6. 伺服系统

这里以永磁式直流伺服电机和减速器构成的电动舵伺服系统为例。设伺服电机的输入量为控制电压 u_M,减速器输出量为 δ,则电动舵伺服系统传递函数为

$$\frac{\delta(s)}{u_M(s)}=\frac{K_{pm}}{s(T_{pm}s+1)}$$

式中　K_{pm} —— 舵伺服系统的传递系数；

　　T_{pm}—— 电机时间常数。

7. 弹体纵向传递函数

为了设计满足要求的飞行控制系统，必须了解导弹的飞行力学特性。飞航导弹纵向扰动运动弹体传递函数的标准形式为(旋转弹翼式布局除外)

$$\frac{\vartheta(s)}{\delta(s)}=\frac{K_{\mathrm{d}}(T_{1\mathrm{d}}s+1)}{s(T_{\mathrm{d}}^2s^2+2\xi_{\mathrm{d}}T_{\mathrm{d}}s+1)}$$

$$\frac{\theta(s)}{\delta(s)}=\frac{K_{\mathrm{d}}}{s(T_{\mathrm{d}}^2s^2+2\xi_{\mathrm{d}}T_{\mathrm{d}}s+1)}$$

$$\frac{\alpha(s)}{\delta(s)}=\frac{K_{\mathrm{d}}T_{1\mathrm{d}}}{T_{\mathrm{d}}^2s^2+2\xi_{\mathrm{d}}T_{\mathrm{d}}s+1}$$

$$\frac{H(s)}{\delta(s)}=\frac{K_{\mathrm{d}}v}{s(T_{\mathrm{d}}^2s^2+2\xi_{\mathrm{d}}T_{\mathrm{d}}s+1)}$$

式中，$\vartheta,\alpha,\theta,\delta,v$ 分别为导弹的俯仰角、攻角、弹道倾角、升降舵偏角和速度。

某型导弹在 $t=82$ s 特征点处的参数为 $K_{\mathrm{d}}=0.710$，$T_{\mathrm{d}}=0.16$，$t_{1\mathrm{d}}=1.508$，$\xi_{\mathrm{d}}=0.084$，$v=306$ m/s。

8. 纵向控制系统结构图

纵向控制系统结构如图 6.54 所示。综合放大器对各支路信号的放大倍数不相同，为便于分析将其归到各支路的传递系数中，取 $K_y=1$。

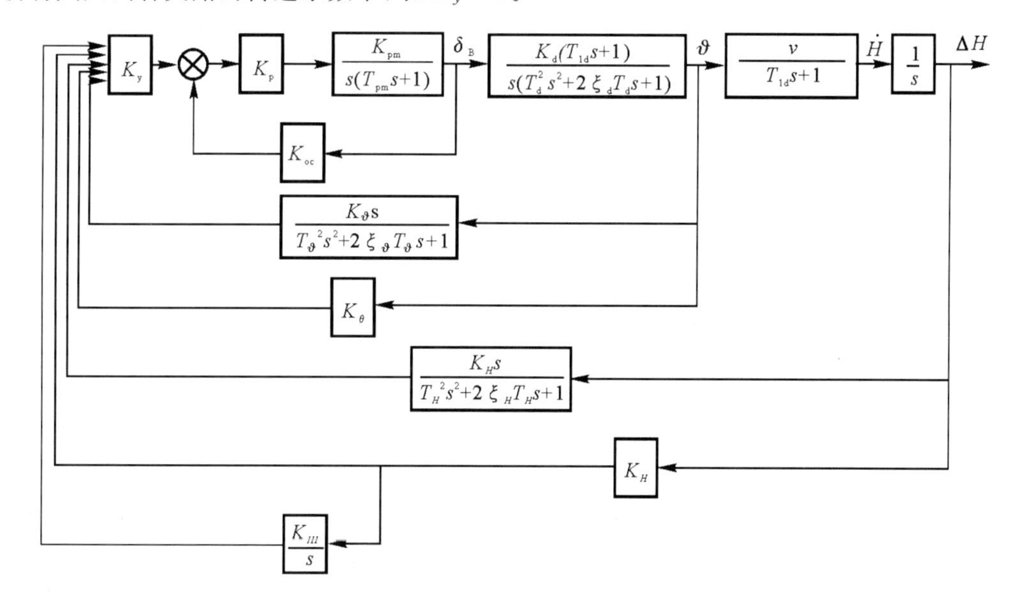

图 6.54　纵向控制系统结构图

K_ϑ— 自由陀螺仪传送系数；K_H— 高度表传送系数；

K_y— 综合放大器放大系数；K_p— 功率放大器放大系数；

K_{oc}— 舵机位置反馈系数

从图中可以看出，导弹纵向控制系统是一种多回路系统，为便于对该系统进行频率特性分析，将其进一步简化是必要的。

由舵回路框图 6.55 可知，舵系统的闭环传递函数为

$$\Phi_\delta(s)=\frac{K_\delta}{T_\delta^2 s^2+2\xi_\delta T_\delta s+1}$$

式中，K_δ，T_δ 和 δ_d 分别为舵系统的传递系数、时间常数和阻尼系数。

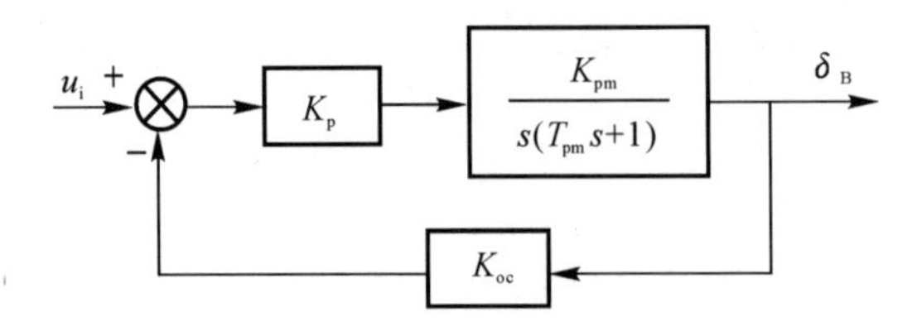

图 6.55　舵回路框图

δ_B— 俯仰舵偏角

电机的时间常数 T_{pm} 一般为 20 ~ 30 ms，舵系统开环放大倍数 $K_{oc}K_pK_{pm}$ 一般在 50 ~ 100 之间，因此，当舵系统工作在线性区时，T_δ 不会超过 10 ms。故初步分析时，可以令 $T_\delta=0$，舵系统被简化成放大环节，其放大系数为 $1/K_{oc}$。于是，得到简化了的系统结构图，如图 6.56 所示。变换以后的系统结构图如图 6.57 所示。

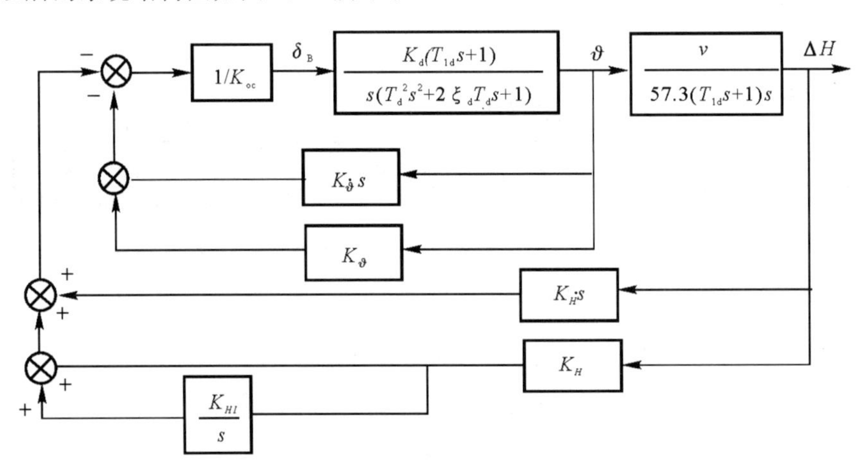

图 6.56　纵向控制系统简化结构图

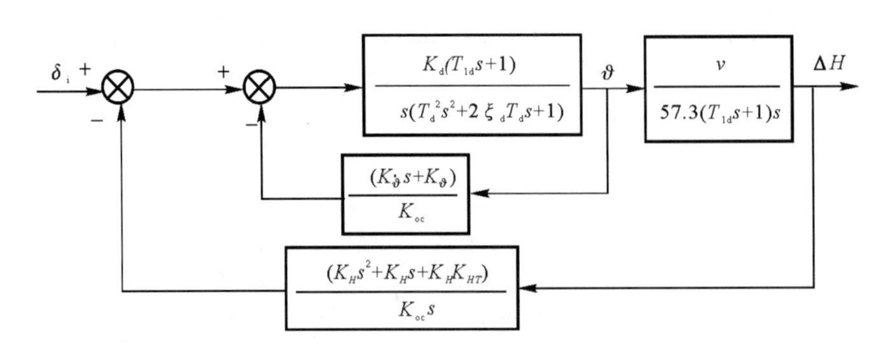

图 6.57　变换后的系统结构图

6.9.1.3　纵向控制系统分析

进行系统设计时，需要考虑包括可靠性指标和经济性指标在内的各项性能指标，需要选用一些性能好、质量稳定的元部件来组成控制系统。对于这些元部件的参数，可以认为是已知的。但用它们组成的控制系统，其性能指标不一定令人满意。系统设计者的任务是在给定参数的前提下对系统进行初步分析，并在此基础上确定校正环节的结构形式及参数，最后使系统具有所要求的性能指标。

1. 俯仰角稳定回路的分析

因为弹道倾角的变化滞后于导弹姿态角的变化，也就是导弹质心运动的惯性比姿态运动的惯性大，所以，分析俯仰角稳定回路时可暂不考虑高度稳定回路的影响。俯仰角稳定回路结构如图 6.58 所示。

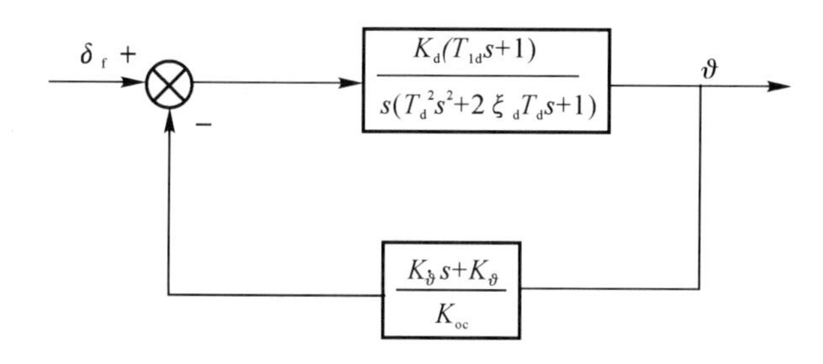

图 6.58　俯仰角稳定回路结构图

由图 6.57 可知，俯仰角稳定回路开环传递函数为

$$W_{\Theta}(s)=\frac{K_{\mathrm{d}}K_{\vartheta}(T_{1\mathrm{d}}s+1)[(K_{\dot{\vartheta}}/K_{\vartheta})s+1]}{K_{\mathrm{oc}}s(T_{\mathrm{d}}^{2}s^{2}+2\xi_{\mathrm{d}}T_{\mathrm{d}}s+1)}=\frac{K_{\mathrm{w}}(T_{1\mathrm{d}}s+1)}{s(T_{\mathrm{d}}^{2}s^{2}+2\xi_{\mathrm{d}}T_{\mathrm{d}}s+1)}$$

式中，$K_{\mathrm{w}}=k_{\mathrm{d}}K_{\vartheta}/K_{\mathrm{oc}}$，$T_{\mathrm{w}}=K_{\dot{\vartheta}}/K_{\vartheta}$。

代入某型号弹体在 $t=82$ s 时的参数值，并给定 $K_{\mathrm{oc}}=0.5$ V/(°)，$K_{\vartheta}=0.75$ V/(°)，$K_{\dot{\vartheta}}=0.175$ V·s/(°)，由此换算出 $K_{\mathrm{w}}=1.07\ \mathrm{s}^{-1}$，$T_{\mathrm{w}}=0.23$ s。

需要指出，上述 K_{ϑ}，$K_{\dot{\vartheta}}$ 为校正环节的参数，初步分析时，需根据经验参考同类控制系统给一个大致范围，在系统中再逐步加以调整。

将 $s=\mathrm{j}\omega$ 代入即得系统开环频率特性

$$W_{\vartheta}(\mathrm{j}\omega)=\frac{K_{\mathrm{w}}(T_{1\mathrm{d}}\mathrm{j}\omega+1)(T_{\mathrm{w}}\mathrm{j}\omega+1)}{\mathrm{j}\omega[(\mathrm{j}\omega)^{2}T_{\mathrm{d}}^{2}+2\mathrm{j}\omega\xi_{\mathrm{d}}T_{\mathrm{d}}+1]}$$

由上述内容可知，系统开环频率特性由放大环节、积分环节、二阶振荡环节和两个一阶微分环节所组成。利用某型号弹体在 $t=82$ s时的参数，可作出俯仰角稳定回路的开环对数频率特性，如图 6.59 所示。

由图 6.59 可见：

(1) 上述参数下，系统有足够的幅值裕度，且相角裕度 $\gamma>70°$。工程实践证明，对于最小相位系统，如果相角裕度大于 30°，幅值裕度大于 6 dB，即使系统的参数在一定范围内变化，也能保证系统的正常工作。因此，在 $T_{\mathrm{d}}<T_{\mathrm{w}}<T_{1\mathrm{d}}$ 的情况下，系统有足够的稳定性储备。

(2) 当 $T_{\mathrm{d}}<T_{1\mathrm{d}}<T_{\mathrm{w}}$ 时，开环系统的幅频特性将被抬高，使开环系统频带加宽很多，虽然不会破坏系统的稳定性，但会使系统的抗干扰能力下降。同样道理，系统的开环放大倍数 K_{w}

也不能取得太大，否则将使系统稳定性储备减小，抗干扰能力下降。

(3) 当 $T_w < T_d < T_{1d}$ 时，如果参数选配不当，幅频特性有可能以 -40 dB/十倍频程的斜率穿越零分贝线，即使系统稳定，其相对稳定性与动态品质也是很差的。

总之，利用开环对数频率特性，可以从系统的稳定性和动态品质出发选择 T_w，K_w，也就是校正环节的参数 K_ϑ，$K_{\dot{\vartheta}}$。

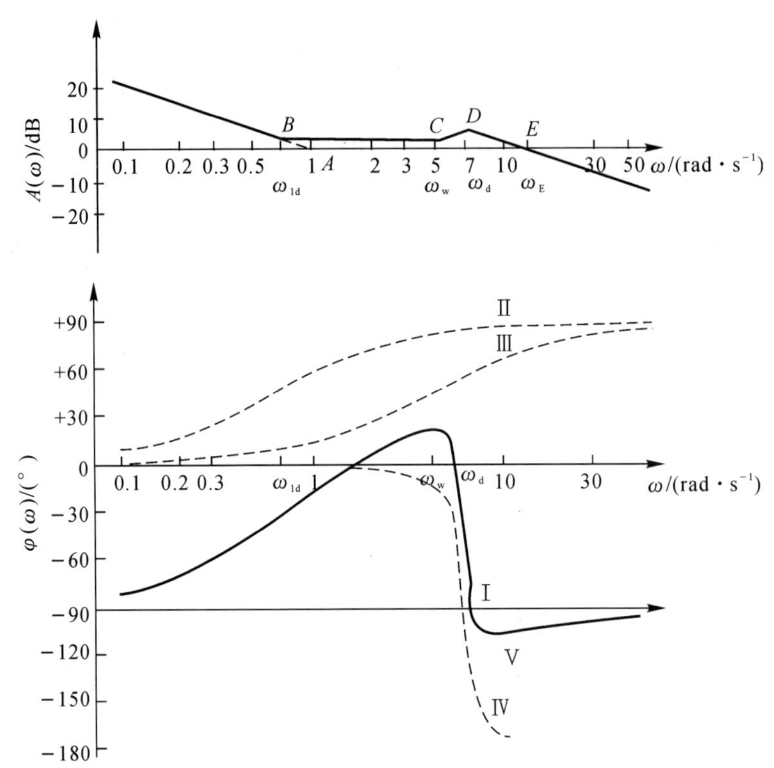

图 6.59　俯仰角稳定回路开环对数频率特性

$\omega_{1d}=0.67\ \mathrm{s}^{-1}$；$\omega_d=6.25\ \mathrm{s}^{-1}$；$\omega_w=4.35\ \mathrm{s}^{-1}$；$\omega_E$—剪切频率($\mathrm{s}^{-1}$)；

Ⅰ—积分环节相频特性；Ⅱ，Ⅲ——阶微分环节的相频特性；

Ⅳ—二阶微分环节的相频特性；Ⅴ—系统的相频特性

2. *高度稳定回路分析*

高度稳定回路的结构图如图 6.60 所示。

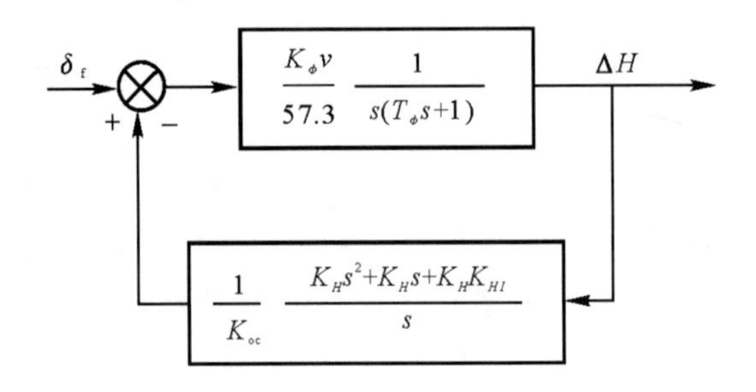

$$\frac{K_\phi v}{57.3}\ \frac{1}{s(T_\phi s+1)}$$

$$\frac{1}{K_{oc}}\ \frac{K_H s^2+K_H s+K_H K_{HI}}{s}$$

图 6.60　高度稳定回路结构图

由图 6.60 可知，高度稳定回路开环传递函数为

$$W_{g}(s)=\frac{K_{\phi}v}{57.3K_{oc}}\frac{K_{H}s^{2}+K_{H}s+K_{H}K_{HI}}{s^{2}(T_{\phi}s+1)}=\frac{K_{g}(T_{g}^{2}s^{2}+2\xi_{g}T_{g}s+1)}{s^{2}(T_{\phi}s+1)}$$

对上述特征点，$K_{\phi}=0.67$；$T_{\phi}=2.5\text{s}$；$v=306\ \text{m/s}$。

下面对于给定两组高度稳定回路的控制参数，分别作出它们的开环对数频率特性，以便对其进行对比分析。

高度稳定回路的第一组参数为 $K_{H}=0.2\ \text{V/m}$；$K_{H}=0.25\ \text{V/m}$；$K_{HI}=0.5\ \text{s}^{-1}$。对应的开环传递函数为

$$W_{g}(s)=\frac{0.71(1.58^{2}s^{2}+2\times 0.63\times 1.58s+1)}{s^{2}(2.5s+1)}$$

第一组参数对应的开环对数频率特性如图 6.61 所示。

由图 6.61 可知，对于第一组给定的参数，系统有足够的幅值裕度，相角裕度也大于 30°，但是，剪切频率与第二个交接频率靠得非常近，而在交接频率之前对数幅频特性渐近线的斜率为 −60 dB/ 十倍频程。由自动控制原理的知识可知，系统的振荡趋势严重，即系统的阻尼特性很差。这是因为，系统的动态品质主要是由剪切频率两边的一段频率特性所决定的。

高度稳定回路的第二组参数为 $K_{H}=0.5\ \text{V/m}$，$K_{H}=0.5\ \text{V}\cdot\text{s/m}$，$K_{HI}=0.25\ \text{s}^{-1}$。对应的开环传递函数为

$$W_{g}(s)=\frac{0.89(2^{2}s^{2}+2\times 1\times 2s+1)}{s^{2}(2.5s+1)}$$

由此可以绘制第二组参数对应的开环对数频率特性如图 6.62 所示。

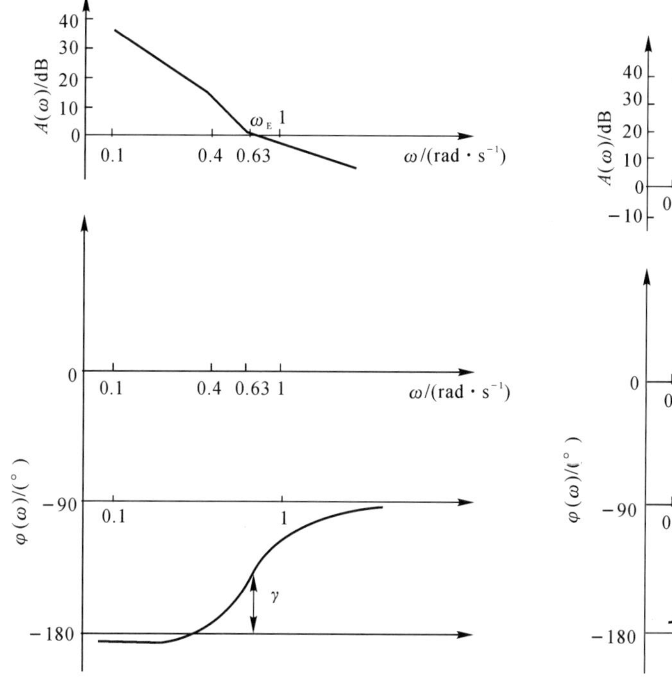

图 6.61　第一组参数对应开环对数频率特性

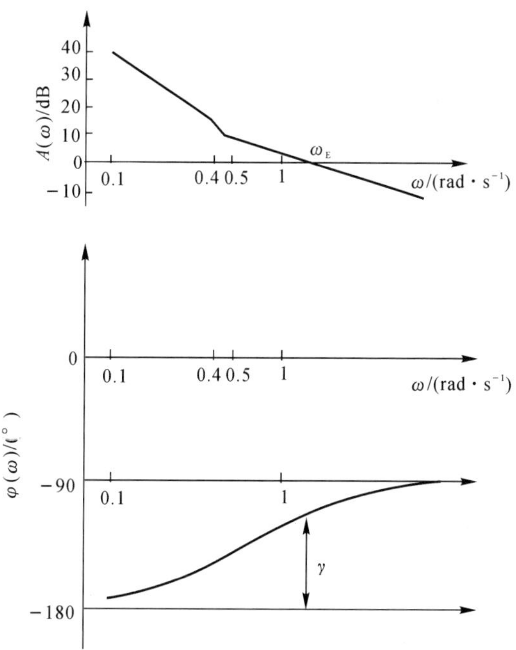

图 6.62　第二组参数对应开环对数频率特性

由图 6.62 可知，在这种情况下系统的相角储备大于 60°，比第一组参数时有很大提高；幅

值裕度两者相差不多，但是剪切频率与第二个交接频率相距较远。前面已经说过，系统的动态品质主要由剪切频率两边的一段频率特性决定，由于 −60 dB/ 十倍频程远离剪切频率，因而它对系统动态品质的影响减小，使系统的相对阻尼大为增加。因此，剪切频率应尽可能地远离其两侧的交接频率，而且在剪切频率处开环对数频率特性的斜率最好取 −20 dB/ 十倍频程，关于这一点，工程上称之为"错开原理"。

前文是针对一个特定的特征点($t = 82$ s) 的弹体参数进行分析的，对于其他特征点，所选参数不一定适合，还需进行类似的分析工作。但是在导弹的飞行过程中，弹体参数基本上是连续变化的，而控制系统结构参数不可能也随之连续变化。工程上通常是根据弹体的参数变化情况分段，在同一段内，弹体参数变化缓慢，控制系统的结构参数可取常值；而在不同的段内，控制系统的参数则取不同的数值。导弹飞行过程中，在指令系统的控制下控制系统不断地切换自身的参数。

但是，实际的纵向控制系统既是时变的，又是非线性的。因此上述分析工作只是初步的，在初步分析的基础上还应进一步对系统真实情况进行数字仿真，也就是将实际的控制系统完全用数学模型表示，在计算机上进行分析研究，调整系统的有关参数，使系统的品质指标满足使用要求。

6.9.2　导弹的航向偏差控制

6.9.2.1　导弹航向角稳定回路分析

导弹的侧向运动包括航向、倾斜和侧向偏移运动，而航向和倾斜运动彼此紧密地交联在一起。为了弄清物理本质，在工程上采用简化的方法，即将航向、倾斜和侧向偏移作为彼此独立的运动进行分析设计，最后考虑相互间的影响。这种简化方法已在导弹控制系统实际设计中得到了应用，实践证明是可靠的、成功的。本节主要讨论航向角稳定回路的分析及参数选取方法。

航向角稳定回路的功能：保证导弹在干扰的作用下，回路稳定、可靠工作，航向角的误差在规定的范围内，并按预定的要求改变基准运动。

1. 航向角稳定回路的结构和静态分析

(1) 航向角稳定回路的构成。航向角 ψ 稳定回路的设计通常采用PID调节规律，因此角稳定回路一般由下列部件构成：

放大器：电子放大器；

角速度敏感元件：阻尼陀螺仪或电子微分器；

积分机构：机电式积分机构或电子式电子积分器；

角敏感元件：三自由度陀螺仪；

执行机构：电动舵伺服系统或液压舵伺服系统；

控制对象：弹体。

因此航向角稳定器的框图如图 6.63 所示。

由于电子工业的迅速发展，利用电子元器件组成微分、积分电路，代替了阻尼陀螺仪和机电式积分机构，这一新技术已在几种导弹上广泛地使用了。航向角稳定与控制器的框图如图 6.64 所示。

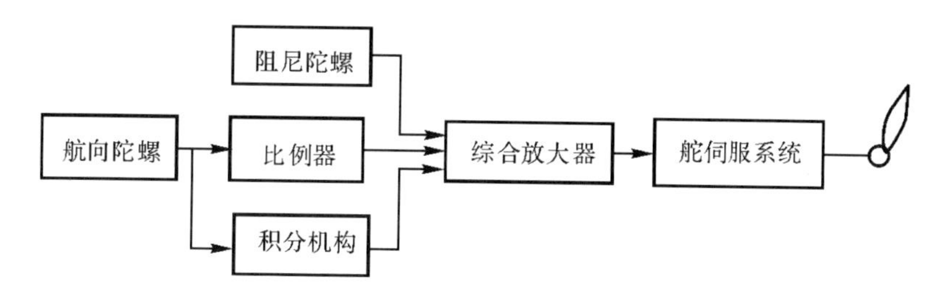

图 6.63　航向角稳定器的框图

图 6.64 中的航向装订放大器与导弹指挥仪的比较放大器构成扇面角装订系统，指挥仪通过该系统将扇面发射角装入自动驾驶仪中，以实施导弹扇面角机动发射。

三自由度陀螺仪测量导弹航向偏差角，输出与偏差角成比例的信号。放大后输入舵伺服系统，实现导弹的航向稳定飞行，并且利用航向偏差角通过记忆电路的变换，产生前置角。

阻尼陀螺仪测量导弹的角速度，输出与角速度成比例的信号，以此改善导弹角运动的动态品质。

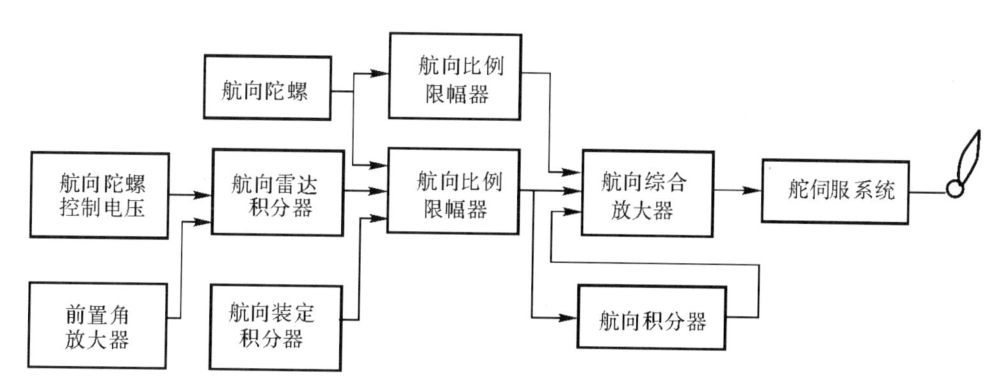

图 6.64　航向角稳定与控制器的框图

积分机构对偏差角积分，所产生的信号消除系统在常值干扰力矩作用下引起的静态误差。

(2) 导弹航向角运动。导弹航向角运动的传递函数为

$$W_{\delta_y}^{\Psi}(s)=\frac{K_{\mathrm{d}}(T_{1\mathrm{d}}s+1)}{s(T_{\mathrm{d}}^2s^2+2T_{\mathrm{d}}\xi_{\mathrm{d}}s+1)}$$

在传递函数中含有一个二阶振荡环节，其时间常数为 T_{d}，相对阻尼系数为 ξ_{d}，一个积分环节和一个微分环节，这个系统在单位阶跃舵偏的作用下，导弹的航向角运动如图 6.65 所示。通过分析，可以得到航向角稳定回路的框图如图 6.66 所示。

(3) 航向角稳定回路的静态分析。当航向角稳定回路受到干扰力矩的作用时，要保证系统稳定、可靠地工作，而且所产生的静差应在所要求的规定范围内。

由图 6.66 可知，航向陀螺仪漂移是一个随机量，一般无法保证导弹在自控段始终在规定的范围内及时得到补偿，漂移将造成导弹偏离航向，这只能用提高陀螺仪精度来解决。

如果只采用比例式调节规律，由于导弹在常值干扰力矩的作用下，将造成偏航角的稳态偏差。对不同型号的导弹，其力和力矩系数是不同的，形成的静差也不同。而各个环节的放大系

数愈大，静差愈小；但放大系数不宜过大，否则将导致系统的不稳定。

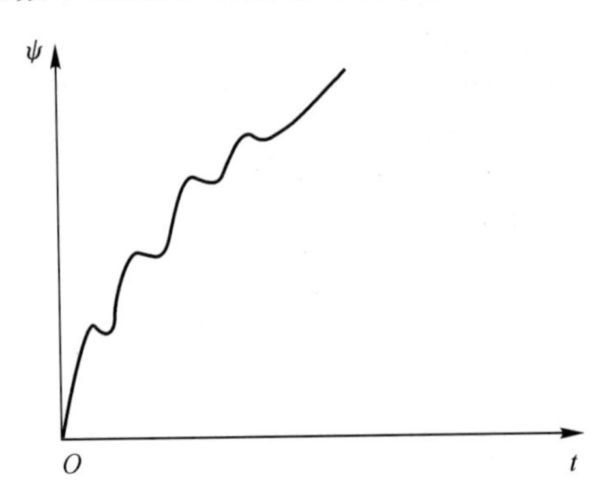

图 6.64　导弹航向角运动的特性曲线

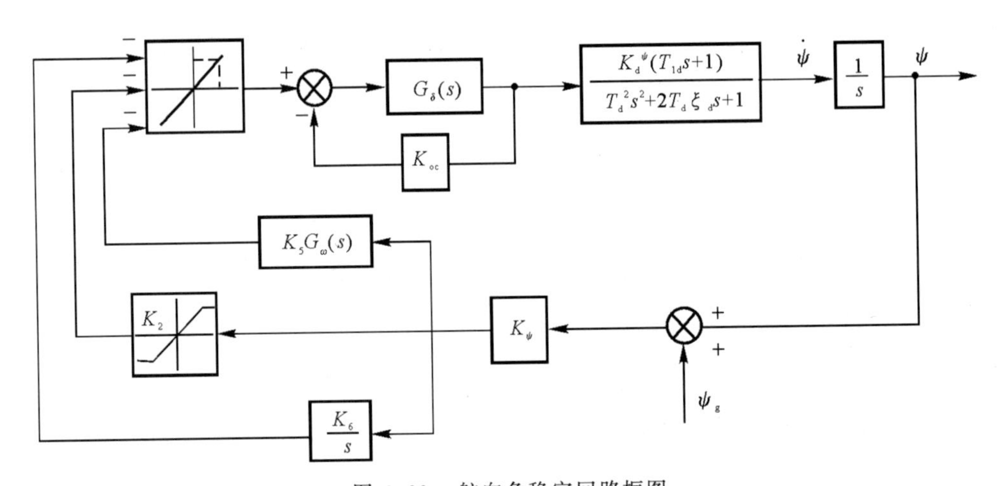

图 6.66　航向角稳定回路框图

K_ψ— 陀螺仪的传递系数；K_2— 比例放大器的放大系数；

K_6— 积分器的放大系数；K_{oc}— 舵伺服系统位置反馈系数；

$G_\delta(s)$— 舵伺服系统正向传递函数；ψ_g— 陀螺仪的漂移

在自动驾驶仪内部也会产生各种干扰，如放大器的零位、舵伺服系统的零位偏差等，应采取各种技术措施，把这些干扰限制在一定范围内，以便达到需要的精度，这是设计者的任务之一。

为了清除静差，在系统中引入积分环节，如图 6.66 中的 K_6/s 环节，此时常值干扰力矩引起的舵面偏角就无需航向陀螺仪的输出信号来补偿，而由积分环节的输出信号去平衡，因此不会产生偏航角的静差。

从以上分析可以看出，为了使静差减小，可以采取两种办法：① 增大自动驾驶仪的放大倍数；② 在自动驾驶仪中增加一个积分环节。而前者只能减小静差，后者可以消除静差。

2. 航向角稳定回路的动态分析

如前所述，导弹航向角运动的传递函数为

$$W_{\delta_y}^{\psi}(s)=\frac{K_d(T_{1d}s+1)}{s(T_d^2s^2+2T_d\xi_ds+1)}$$

由上式可知，系统有3个极点、1个零点，在短周期运动结束后，是一个积分过程，并且二阶振荡环节的阻尼系数比较小，一般在0.1左右，因此振荡比较明显，需要增加人工阻尼。

为了保证系统稳定、可靠地工作，使选择的自动驾驶仪的参数可以达到预期的目的，为此，必须对系统进行全面的分析。当对系统进行初步分析时，可以把舵伺服系统看成一个惯性环节。舵伺服系统传递函数为

$$W_{u1}^{\delta}(s)=\frac{K_{\delta}}{T_{\delta}s+1}$$

如果自动驾驶仪中只有航向陀螺仪，那么航向角稳定回路就有3个极点、1个零点，其中一个极点在原点，这样的系统通常不稳定，或稳定性很差。

为了使系统稳定，在自动驾驶仪中应有阻尼陀螺仪（或微分器），在系统中增加人工阻尼，以补偿弹体阻尼的不足，这就形成一种可用的PID调节规律，此时系统校正部分的传递函数近似如下：

$$W(s)=K_4(K_2+K_5s)$$

航向角速率稳定回路简化框图如图6.67所示。

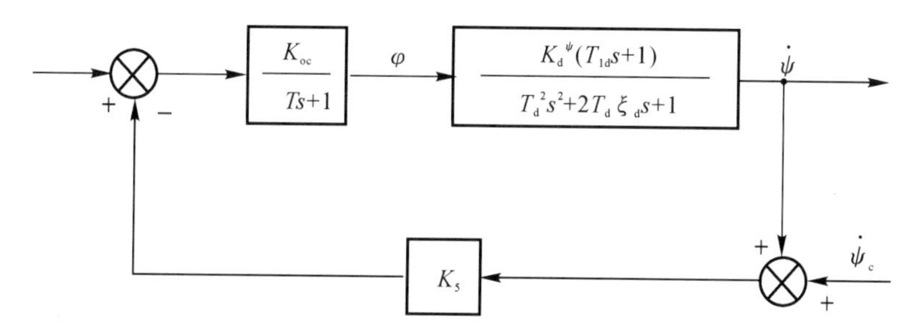

图6.67　航向角速率稳定回路简化框图

在初步计算的基础上，对系统进行数学仿真实验，选取航向阻尼传动比为0.15，系统将获得满意的动态特性。

有微分的航向角稳定回路框图如图6.68所示。

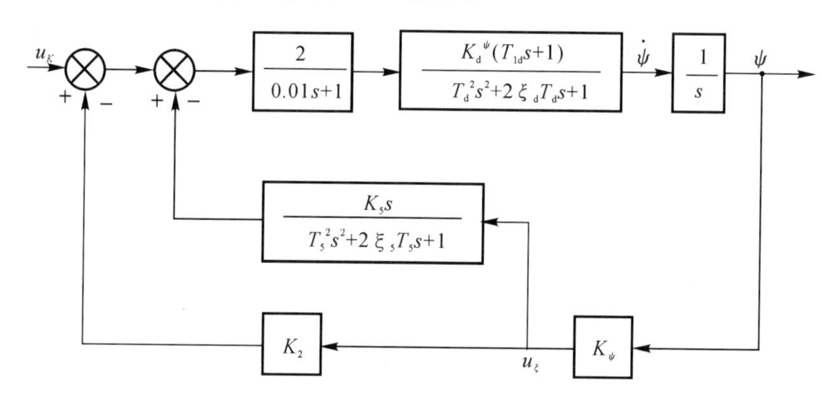

图6.68　有微分器的航向角稳定回路框图

K_5—微分项系数；u_k—输入量；

T_5—微分器滤波时间常数；ε_5—二阶阻尼系数

当 $K_\psi = 0.25\ \mathrm{V/(^\circ)}, K_2 = 2, K_5 = 0.3\ \mathrm{s}$ 时，系统的开环传递函数为

$$W(s) = \frac{K_d(T_{1d}s+1)(0.15s+1)}{s(T_d^2 s^2 + 2\xi_d T_d s + 1)(0.01s+1)}$$

经分析可知，系统是稳定的。

由上述分析可以看出，系统是有静差的，当导弹受干扰力和力矩作用时，必然有一个与偏航角对应的舵偏角来平衡，要想消除静差，就得在系统中引入一个积分环节。

线性积分器能把系统变成无静差系统，但它的传递系数 K_6 的大小将影响系统的动态品质。若导弹发射时就加入积分器，虽然能消除系统的静差，但是增长了系统的动态过程，甚至不能稳定。因此，需要考虑积分器的引入时间，一般在导弹处于稳定飞行时刻，把积分器接入系统是适宜的，然而，对于大扇面角机动发射的系统来说，宜晚不宜早。

选择 K_6 的原则，是把系统的动态品质放在第一位，并与要求消除静差的时间相对应，消除静差的时间越短，动态响应过程越快。当 K_6 较小时，消除静差的时间就会增长，对航向角稳定回路的动态品质影响是很小的。

6.9.2.2　导弹侧向质心稳定系统简介

将导弹作为一个变质量刚体研究时，它在空间的运动可分解为绕 3 个轴的角运动和沿垂直方向、航向切线方向以及侧向 3 个方向的线运动。3 个方向的角运动和高度运动都引入了控制，自动稳定。由于发动机推力偏心、阵风干扰等因素的影响，会使飞行中的导弹偏离理想弹道。对于自控段终点侧向散布要求较高、射程较远的导弹，必须增设侧向质心稳定系统，以稳定导弹侧向质心运动。

侧向质心稳定与高度稳定是相类似的。高度稳定系统以俯仰角自动控制系统为内回路，侧向质心稳定则以偏航角及倾斜角的自动控制系统为内回路，并且一般通过转弯的方法自动修正侧向偏离。

侧向质心稳定可以采取多种方案，但归结起来只有两大类：一种是靠协调转弯修正侧向偏离，即通过副翼控制导弹协调转弯或通过副翼与方向舵控制导弹协调转弯，大部分飞航导弹的侧向质心控制采用这种方法，这样可以获得较快的过渡过程；另一种是单纯靠侧滑或仅由方向舵控制导弹平面转弯来修正侧向偏离，一般情况下这种过渡过程十分缓慢，弹道导弹和快速性要求不高的飞航导弹的横偏校正系统采用这种方案。

6.9.2.3　基于航路点的偏差计算

设规划的航路点为 A,B,C，则航路点可以用线性拟合方式得到，假设两点间以直线方式拟合，具体如图 6.69 所示，D 为导弹当前位置，A,B,C,D 的坐标分别为 (x_1,z_1)，(x_2,z_2)，(x_3,z_3)，(x_0,z_0)，则导弹与理想航线的偏差可以用点到直线的距离来量化。由点到直线的距离公式

$$d = \frac{|Ax_0 + Bz_0 + C|}{\sqrt{A^2 + B^2}}$$

可得

$$d_1 = DE = \frac{\left|\dfrac{x_0}{x_2 - x_1} - \dfrac{z_0}{z_2 - z_1} + \dfrac{z_1}{z_2 - z_1} - \dfrac{x_1}{x_2 - x_1}\right|}{\sqrt{\left(\dfrac{1}{x_2 - x_1}\right)^2 + \left(\dfrac{1}{z_2 - z_1}\right)^2}}$$

$$d_2 = DF = \frac{\left|\dfrac{x_0}{x_3 - x_2} - \dfrac{z_0}{z_3 - z_2} + \dfrac{z_2}{z_3 - z_2} - \dfrac{x_2}{x_3 - x_2}\right|}{\sqrt{\left(\dfrac{1}{x_3 - x_2}\right)^2 + \left(\dfrac{1}{z_3 - z_2}\right)^2}}$$

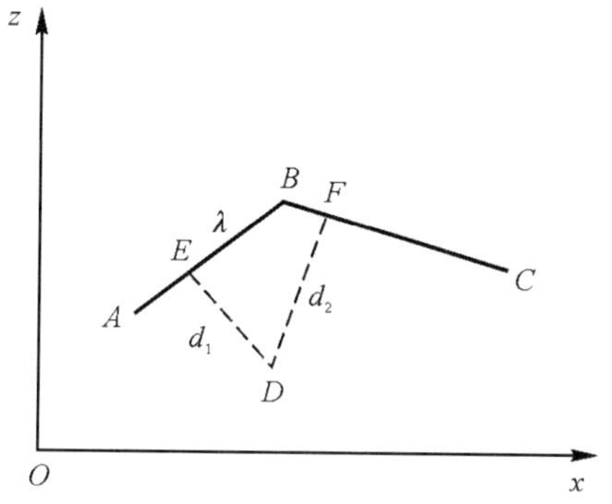

图 6.69　航路图

在由航路 AB 到 BC 的转换中需要采取平滑过渡以避免控制指令有大的突变，下面给出其中一种平滑过渡的方式。

设 $\lambda = \dfrac{EB}{AB}$，取 $d = \lambda d_1 + (1 - \lambda) d_2$ 得到导弹偏离当前理想航线的偏差。

6.10　导弹角速率反馈系统设计实例

某型激光驾束炮射导弹为保证其制导回路的稳定性和快速性，在系统中引入速率反馈回路，用来改变导弹弹体航向振荡特性以提高制导回路稳定性。导弹制导系统框图如图 6.70 所示。

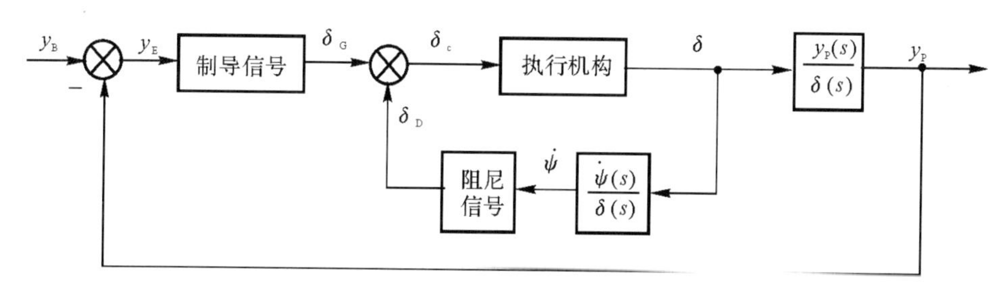

图 6.70　导弹制导系统框图

图中波束位置是 y_B，导弹位置是 y_p，线偏差 y_E 由弹上装置测量并由指令系统算出制导信号 δ_G。速率反馈回路改善了弹体的性能，制导信号通过该闭合小回路控制导弹的运动。下面对偏航通道角速率反馈回路设计过程作一简要介绍。

导弹弹体传递函数具有如下形式：

$$\frac{\dot{\psi}}{\delta(s)} = \frac{C(s + D)}{s^2 + As + B}$$

式中，$A=b_{22}+b'_{24}+b_{34}$，$B=b_{22}b_{34}+b_{24}$，$C=-b_{27}+b'_{24}b_{37}$，$D=\dfrac{b_{24}b_{37}-b_{27}b_{34}}{C}$在不同马赫数点处的参数值见表6.1

表6.1　不同马赫数点处的传递函数参数值

Ma \ 参数	A	B	C	D
1.5	2.702	2 098.71	−2 476.39	0.702
2.0	2.827	1 307.81	−2 920.61	1.101
2.5	2.871	1 112.74	−3 491.78	1.182
3.0	2.886	1 305.11	−4 087.95	1.301
4.0	2.798	3 163.28	5 337.04	1.334

速率反馈回路的系统方框图如图6.71所示。

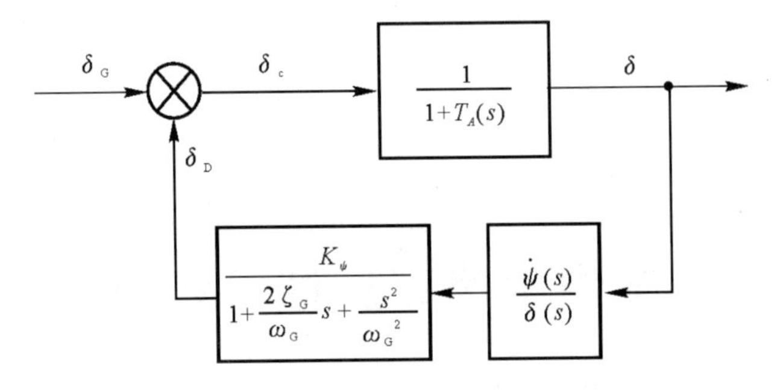

图6.71　速率回路系统方框图

如果执行机构和速率陀螺的动态特性可忽略，回路简化传递函数为

$$\frac{\delta_D(s)}{\delta_C(s)}=\frac{\dot{\psi}(s)}{\delta(s)}=\frac{K_{\dot{\psi}}C(s+D)}{s^2+As+B}$$

下面给出Matlab下的Simulink仿真模型结构图，如图6.72所示。

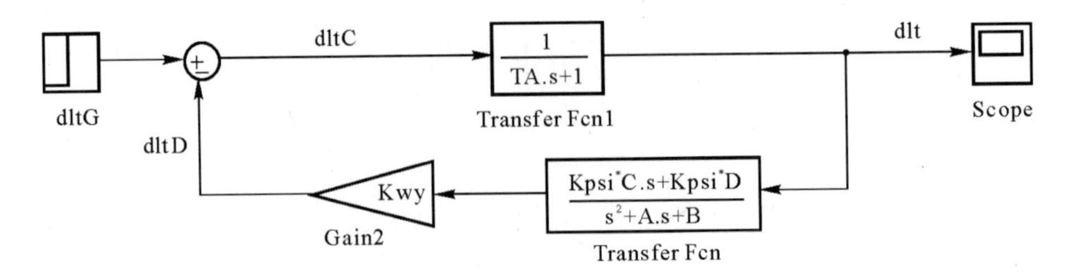

图6.72　Simulink仿真模型结构图

选取$Ma=2.0$时的特征点参数

$$\frac{\delta_D(s)}{\delta_C(s)}=\frac{-2\ 920.61K_{\dot{\psi}}(s+1.010)}{s^2+2.827s+1\ 307.81}$$

绘出其根轨迹，如图6.73所示。

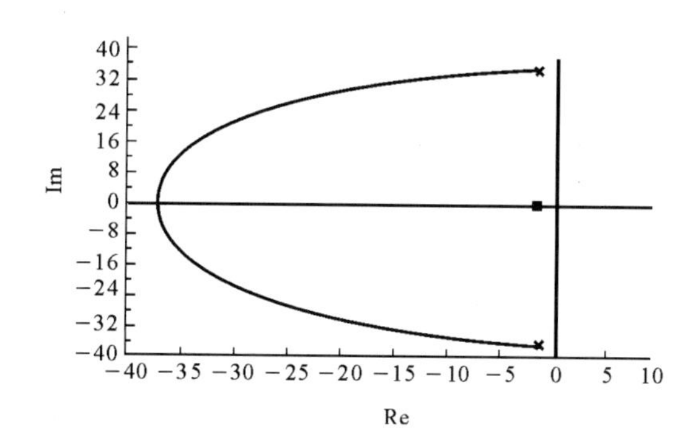

图 6.73　速率反馈回路根轨迹(忽略执行机构及速率陀螺动态特性 $Ma=2.0$)

通过选取合适的 K_{ψ} 值,可以任意地改善系统的阻尼,但是,考虑执行机构和速率陀螺动态特性之后,系统的传递函数为

$$\frac{\delta_{\mathrm{D}}(s)}{\delta_{\mathrm{C}}(s)}=\frac{-2\,920.61K_{\psi}(s+1.010)}{(1+0.004s)(1+s/250+s^{2}/250^{2})(s^{2}+2.827s+1\,307.81)}$$

其中执行机构时间常数 $T_{\mathrm{A}}=0.004$ s,速率陀螺自然频率为 250 rad/s,阻尼为 0.5,绘制出根轨迹如图 6.74 所示。

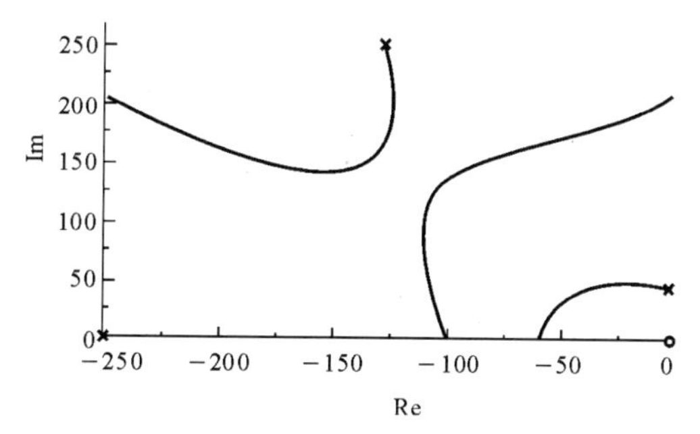

图 6.74　速率回路根轨迹

($T_{\mathrm{A}}=0.004$ s;$\omega_{\mathrm{c}}=250$ rad/s,$\xi_{\mathrm{c}}=0.5$,$Ma=2.0$,K_{ψ} 为参数)

合适地选择 k_{ψ} 的值,可以获得期望的阻尼性能,不过舵机时间常数的增大和陀螺频带的减少,使增大阻尼成为很困难的事,图 6.75($T_{\mathrm{A}}=0.01$ s,$\omega_{\mathrm{c}}=100$ rad/s,$\xi_{\mathrm{c}}=0.5$) 明显地说明了这一点。

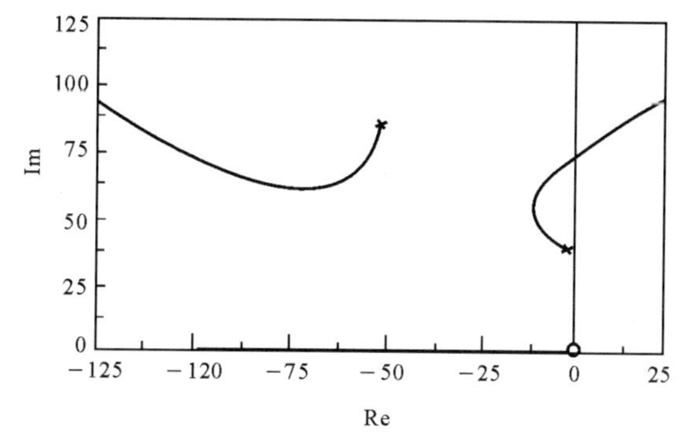

图 6.75　速率回路根轨迹

($T_{\mathrm{A}}=0.01$ s,$\omega_{\mathrm{c}}=100$ rad/s,$\xi_{\mathrm{c}}=0.5$,$Ma=2.0$,K_{ψ} 为参数)

最终选定 $K_{\psi}=0.01$，分别计算各特征点处特征根(见表 6.2)，设计结果全部满足要求。

表 6.2　各特征点处系统闭环极点

($K_A=0。01,T_A=0.04\ \text{s},\omega_c=250\ \text{rad/s},\xi_c=0.5$)

Ma	弹体模态	执行机构	速率陀螺
1.5	−16.06±49.56i	−219.5	−125.6±199.4i
2.0	−20.53±37.58i	−210.9	−125.4±195.7i
2.5	−26.75±32.15i	−198.4	−125.5±190.3i
3.0	−34.44±34.08i	−182.2	−125.9±183.8i
4.0	−48.86±75.09i	−140.7	−132.2±165.2i

6.11　导弹法向过载控制系统设计实例

下面以某型导弹为例，设计其法向过载自动驾驶仪以实现对法向过载指令的跟踪。导弹在飞行高度 $H=2\ 000\ \text{m}$，速度 $v=290\ \text{m/s}$ 时，所要设计的自动驾驶仪指标要求为：控制系统上升时间 $t_r<0.8\ \text{s}$，超调量 $\sigma\%\leqslant 20\%$。

导弹的动力学系数：$a_{22}=8.876\ 2,a_{24}=60.871,a_{25}=300.787,a_{34}=0.596,a_{35}=0.223\ 3$。

【设计步骤】　忽略电动舵机和速率陀螺动态特性，导弹法向过载自动驾驶仪结构如图 6.76 所示。

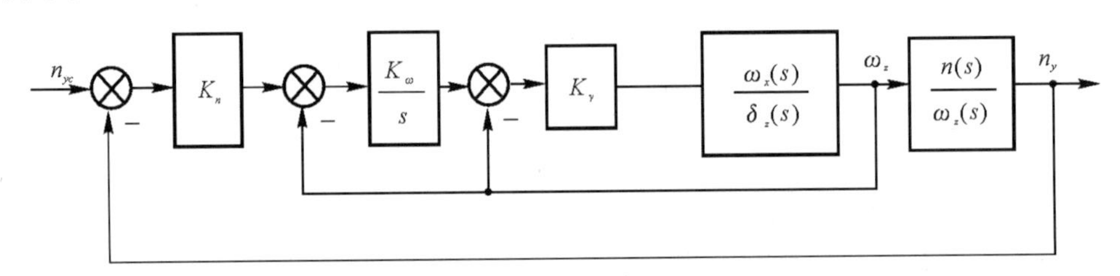

图 6.76　导弹法向过载自动驾驶仪结构图

本例内回路采用角速率反馈和角速率积分反馈，外回路采用法向过载反馈以实现对法向过载的控制。

忽略 a_{35} 影响，弹体传递函数为

$$\frac{\omega_z(s)}{\delta_z(s)}=-\frac{a_{25}s+a_{25}a_{34}}{s^2+(a_{22}+a_{34})s+(a_{22}a_{34}+a_{24})}$$

$$\frac{n_y(s)}{\delta_z(s)}=-\frac{a_{25}a_{34}v/g}{s^2+(a_{22}+a_{34})s+(a_{22}a_{34}+a_{24})}$$

导弹法向过载回路闭环传递函数为

$$\frac{n_y(s)}{n_{yc}(s)}=$$

$$\frac{-K_rK_\omega K_n a_{25}a_{34}v/g}{s^3+[a_{22}+a_{34}-K_r a_{25}]s^2+[a_{22}a_{34}+a_{24}-K_rK_\omega a_{25}-K_r a_{34}a_{25}]s-[K_rK_\omega a_{25}a_{34}+K_rK_\omega K_n a_{25}a_{34}v/g]}=$$

$$\frac{-5\,304.9K_rK_\omega K_n}{s^3+[9.472\,2-300.787K_r]s^2+[66.161\,2-300.787K_rK_\omega-179.269\,1K_r]s\quad[179.269\,1K_rK_\omega+5\,304.9K_rK_\omega K_n]}$$

采用极点配置方法，理想极点所对应的特征多项式为

$$\det(s)=(T_0s+1)\left(\frac{s^2}{\omega_0^2}+\frac{2\xi_0}{\omega_0}s+1\right)$$

对应系统相等可得控制器参数为

$$K_r=-\frac{1}{a_{25}}\left(\frac{2\xi_0\omega_0T_0+1}{T_0}-a_{22}-a_{34}\right)$$

$$K_\omega=-\frac{1}{a_{25}K_r}\left(\frac{2\xi_0\omega_0+T_0\omega_0^2}{T_0}-a_{22}a_{34}-a_{24}+K_ra_{25}a_{34}\right)$$

$$K_n=-\frac{g}{K_rK_\omega va_{25}a_{34}}\left(\frac{\omega_0^2}{T_0}+K_rK_\omega a_{25}a_{34}\right)$$

下面给出 Matlab 下的 Simulink 仿真模型结构图，如图 6.77 所示。

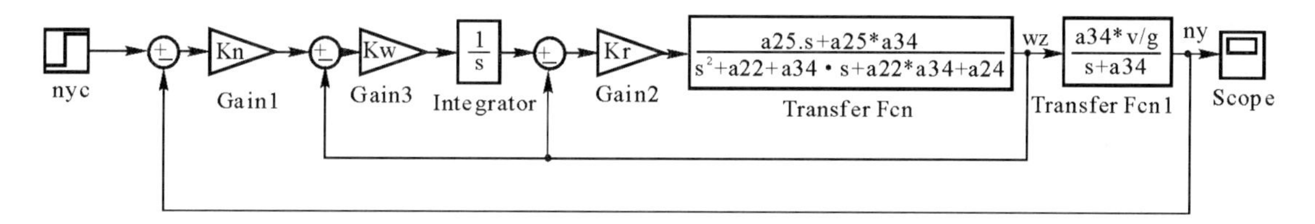

图 6.77　Simulink 仿真模型结构图

闭环理想极点不唯一，取一组$(T_0,\omega_0,\xi_0)=(0.33,15,0.8)$，可得自动驾驶仪控制器参数为 $K_r=-0.058\,4$，$K_\omega=9.817\,4$，$K_n=0.190\,5$。通过计算机仿真验证所设计的控制器性能如图 6.78 和图 6.79 所示。

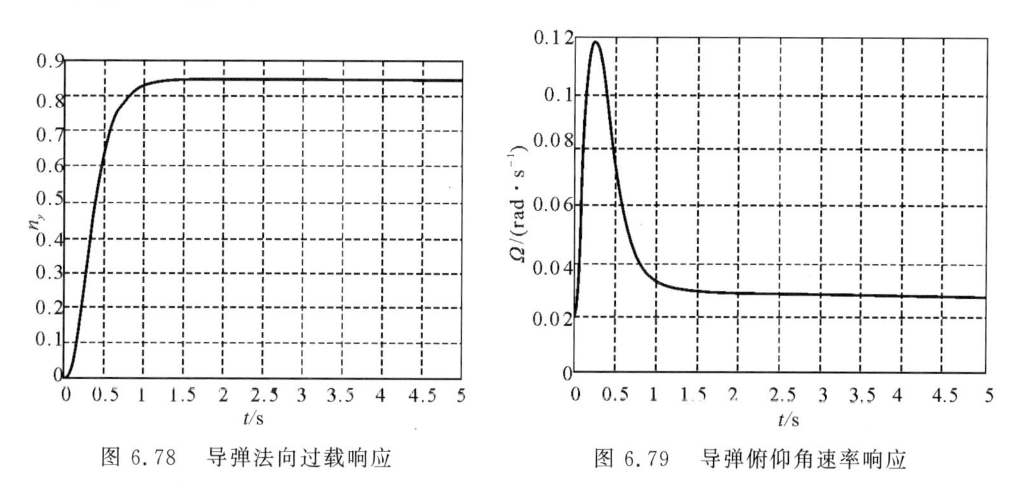

图 6.78　导弹法向过载响应　　　图 6.79　导弹俯仰角速率响应

由图中可以看出所设计的导弹法向过载自动驾驶仪的时域特性，上升时间约为 0.65 s，基本无调量，满足性能要求。请思考为什么过载稳态增益不为 1，如何解决该问题？

6.12 静不稳定控制技术*

6.12.1 放宽静稳定度的基本概念

导弹在飞行中，作用在导弹上空气动力的合力中心称为压力中心(简称压心)。导弹全部质量的中心称为重心，舵面偏转角等于零，导弹的压心在重心之前，即 $\Delta x = x_d - x_r$ 呈负值，称为静不稳定。当导弹受到外力干扰时，姿态角发生变化，干扰去掉后，导弹在无控制情况下不能恢复到原来的状态(见图 6.80)。

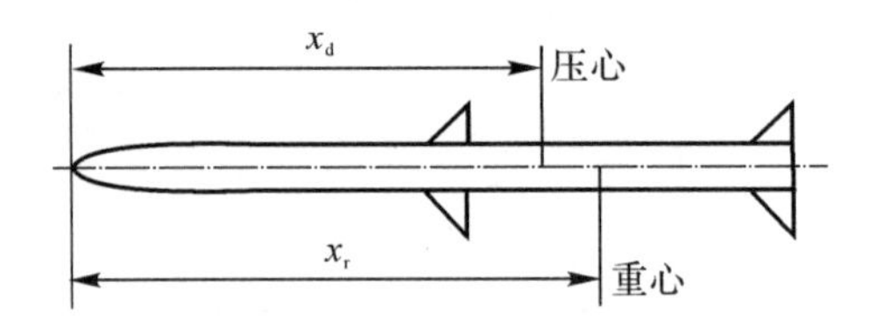

图 6.80 静不稳定导弹

当舵面偏转角等于零，导弹压心和重心重合时，即 $\Delta x = 0$ 时，称为中立稳定。这种导弹当受到外力干扰时，和静不稳定导弹类似，同样不能恢复到原来的状态。假如压心在重心之后，称为静稳定。当受到外界干扰时，姿态角发生变化，干扰去掉后，导弹在无控制情况下，能够自动恢复到原来的状态。

导弹压心和重心之间的距离的负值，称为静稳定度。静稳定度的极性和大小表示了导弹呈静稳定还是不稳定，以及稳定度的大小。

早期的战术导弹按静稳定规范进行外形设计。静稳定规范的含义是，导弹在飞行中，静稳定度始终是负值，压心始终在重心的后面。压心的计算误差或风洞吹风误差，在亚声速和超声速飞行中，约为全弹长度的 2%，在跨声速飞行中，误差更大一些，导弹的重心也存在一定的公差。考虑这些因素后，静稳定设计规范的设计边界不能定在静稳定度等于零的地方。根据经验，最小静稳定度为全弹长度的 3% ~ 4%，才能保证导弹在各种情况下，都能静稳定飞行。

放宽稳定度设计的含义是导弹允许设计成静不稳定、中立稳定和静稳定；也允许设计成起飞时呈静不稳定、中间飞行呈中立稳定、后段飞行呈静稳定。当导弹呈静不稳定或中立稳定时，必须采用自动驾驶仪进行人工稳定，使弹体-自动驾驶仪系统稳定。理论上，导弹允许静不稳定的范围是很宽的，但是有一个极限。对于旋转弹翼式布局的导弹，当压心前移到和舵面操纵力的合力中心重合时，驾驶仪就无法进行人工稳定了，这就是理论上的稳定边界(见图 6.81)。对于正常式布局的导弹，因为导弹的压心不可能与舵面操纵力的合力中心重合，所以不存在这种理论边

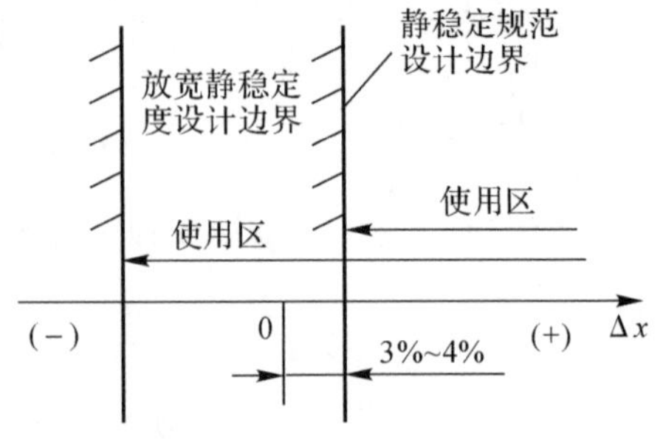

图 6.81 稳定边界示意图

界。它的放宽稳定度边界主要受到舵机频带的限制。

6.12.2　人工稳定原理及稳定条件

1. 旋转弹翼或鸭式布局

为了简化讨论的问题,引入简化了的自动驾驶仪阻尼回路,令

$$\delta_{\vartheta} = K_{\vartheta}^{\delta}\dot{\vartheta}$$

则

$$\delta = \delta_g - \delta_{\vartheta} = \delta_g - K_{\vartheta}^{\delta}\dot{\vartheta}$$

将上述表达式代入刚体弹体运动方程组得

$$\ddot{\vartheta} = -(a_{22} - a_{25}K_{\vartheta}^{\delta})\dot{\vartheta} - a_{34}\alpha - a_{25}\delta_g \tag{6.31}$$

$$\dot{\alpha} = (1 + a_{35}K_{\vartheta}^{\delta})\dot{\vartheta} - a_{24}\alpha - a_{25}\delta_g \tag{6.32}$$

可得到弹体-驾驶仪系统的稳定条件为

$$-(a_{22} + a_{34} + a_{25}K_{\vartheta}^{\delta}) < 0 \tag{6.33}$$

$$(a_{22} - a_{25}K_{\vartheta}^{\delta})a_{34} + (1 - a_{35}K_{\vartheta}^{\delta})a_{24} > 0 \tag{6.34}$$

因为 a_{22},a_{34},K_{ϑ}^{δ} 均是正值,a_{25} 是负值,所以式(6.33)是完全满足的;但要满足式(6.34),须有

$$K_{\vartheta}^{\delta} > -\frac{1}{K_{\mathrm{d}}} \tag{6.35}$$

静不稳定弹体加简化的驾驶仪阻尼回路表示为

$$W(s) = \frac{-K_{\mathrm{d}}(T_{1\mathrm{d}}s + 1)}{T_{\mathrm{d}}^2 s^2 + (2\xi_{\mathrm{d}}T_{\mathrm{d}} - K_{\vartheta}^{\delta}K_{\mathrm{d}}T_{1\mathrm{d}})s + (-K_{\vartheta}^{\delta}K_{\mathrm{d}} - 1)} \tag{6.36}$$

弹体-驾驶仪系统稳定的必要条件是分母常数项大于零,即

$$K_{\vartheta}^{\delta} > -\frac{1}{K_{\mathrm{d}}}$$

该稳定条件和前面推导出的完全一样。

假如 $K_{\mathrm{d}} = 0$,则 $K_{\vartheta}^{\delta} \to \infty$,这样的系数是无法实现的。这意味着舵面压心和全弹压心重合。这里舵面压心是指舵面偏转时,舵面部分的升力和尾翼部分的下洗力的合力中心。这种静不稳定弹体是不能用驾驶仪来进行稳定的。当然,对于更大的静不稳定弹体,当全弹压心在舵面压心之前时,同样是不能用驾驶仪来进行稳定的。

2. 正常布局

正常布局的导弹,舵面的位置在全弹重心之后,正舵偏角产生正的舵面升力、负的瞬时转动角速度,为了使阻尼回路实现负反馈,令

$$\delta = \delta_g + K_{\vartheta}^{\delta}\dot{\vartheta} \tag{6.37}$$

将式(6.37)代入刚体弹体运动方程得

$$\ddot{\vartheta} = -(a_{22} + a_{25}K_{\vartheta}^{\delta})\dot{\vartheta} - a_{34}\alpha - a_{25}\delta_g \tag{6.38}$$

$$\dot{\alpha} = (1 + a_{35}K_{\vartheta}^{\delta})\dot{\vartheta} - a_{24}\alpha - a_{25}\delta_g \tag{6.39}$$

弹体-驾驶仪系统的稳定条件为

$$-(a_{22} + a_{34} + a_{25}K_{\vartheta}^{\delta}) < 0 \tag{6.40}$$

$$(a_{22}-a_{25}K_{\vartheta}^{\delta})a_{34}+(1-a_{35}K_{\vartheta}^{\delta})a_{24}>0 \tag{6.41}$$

因为 a_{22},a_{34},a_{25} 和 K_{ϑ}^{δ} 都是正值,所以第一个条件是完全能满足的,由第二个条件可得

$$K_{\vartheta}^{\delta}>-\frac{1}{K_{\mathrm{d}}} \tag{6.42}$$

正常布局的静不稳定导弹,K_{d} 永远大于零,即正值舵面偏转角永远产生稳态的正值角速度和正过载。当静不稳定度增大时,$K_{\mathrm{d}}\to a_{35}$,因为 $a_{35}\neq 0$,所以理论上驾驶仪的阻尼回路总能实现该条件。这样,弹体-驾驶仪系统就不存在稳定极限边界,但是,a_{35} 是一个正值小量,当弹体静不稳定度增大时,K_{ϑ}^{δ} 变得很大。考虑到其他因素,如舵机频带和舵面最大偏转角的限制、弹性弹体的影响、外界扰动的影响等,弹体-驾驶仪系统实际上仍然存在着稳定极限边界,仍不允许弹体的静不稳定度过大。

6.12.3 静不稳定导弹人工稳定的飞行特性

静不稳定导弹或中立稳定导弹同静稳定导弹一样,能够进行控制飞行,在过渡过程结束后的稳态情况下,参数平稳。

旋转弹翼式布局的静不稳定导弹的弹体放大系数为负值,静态情况下,舵偏角和攻角的极性相反,过载的方向与攻角的方向一致。而静稳定导弹的弹体放大系数为正值,稳态情况下,舵偏角、攻角和过载的极性都相同。在静不稳定导弹加指令的过渡过程中,参数变化急剧,正负变化幅度很大,比静稳定导弹剧烈得多,驾驶仪的反应时间增长,时间常数增大,由于舵偏角和攻角成异号,使导弹的最大可用过载减小,这些都是不利的影响。所以对旋转弹翼式布局的导弹来说,虽然静不稳定导弹可以进行控制飞行,但是缺点也很突出,设计中应尽量避免采用,或是用于导弹机动飞行段。

正常布局的导弹,在静不稳定条件下,驾驶仪的反应时间缩短,舵偏角和攻角同号,导弹的可用过载增大,性能提高,因此应尽量采用这种控制方式。

6.13 大攻角飞行控制技术*

6.13.1 导弹大攻角空气动力学耦合机理

导弹大攻角空气动力学耦合主要有两种类型,一种是由导弹大攻角空气动力特性造成的;另一种是由导弹的动力学和运动学特性引起的。下面分两部分讨论这个问题。

6.13.1.1 导弹大攻角气动力特性

导弹大攻角气动力特性是造成导弹空气动力学复杂化的主要因素,因此对导弹大攻角空气动力学耦合机理的分析应主要从其气动力特性的研究入手。导弹大攻角气动力特性主要表现在非线性、诱导滚转、侧向诱导、舵面控制特性和动态导数等方面。下面对这些特性进行简单介绍。

1.非线性

导弹按小攻角飞行时，升力的主要部分来自弹翼，其升力系数呈线性特性。大攻角时，弹身和弹翼产生的非线性涡升力成为升力的主要部分，翼-身干扰也呈现非线性特性。大攻角飞行之所以可以提高导弹的机动性，就是因为利用了这种涡升力。这就决定了导弹大攻角飞行控制系统的设计必定是一个非线性系统的设计问题。

2.诱导滚转

小攻角时，侧滑效应在十字翼上诱起的滚动力矩是很小的。但是随着攻角的增大，即使像尾翼式导弹，其诱导滚动力矩也越来越严重。

3.侧向诱导

导弹小攻角飞行时，纵向与侧向彼此可以认为互不影响。但在大攻角条件下，无侧滑弹体上却存在侧向诱导效应。许多风洞试验表明，低、亚、跨声速时，大攻角诱起的不利侧向力和偏航力矩相当显著，而且初始方向事先不确定。若不采取适当措施，弹体可能失控。

侧向诱导效应的物理本质是极其复杂的，估算只能提供相当粗略的数据。但是，从工程设计的角度出发，只是希望降低、推迟甚至消除弹身不对称涡引起的不利侧向载荷。研究表明，侧向诱导主要是与导弹的头部气动外形有关。减小导弹的头部长细比、增加头部边条等措施都可以有效地减小侧向诱导的影响。总之，当进行大攻角气动外形设计时，应充分考虑如何减少侧向诱导这个问题。

推力矢量控制技术的引入为解决侧向诱导问题提供了重要的技术手段。因为近距格斗空空导弹和垂直发射地空导弹都无法回避在亚、跨声速段的大攻角飞行，所以侧向诱导效应必然存在。推力矢量控制系统此时提供了足够的控制力矩克服侧向诱导的影响，这是空气舵控制系统难以做到的。换句话说，推力矢量控制导弹能以更大的攻角受控飞行。

4.舵面控制特性

大攻角飞行导弹的舵面控制特性与小攻角飞行时的不同主要表现在舵面效率的非线性特性和舵面气动控制交感上面。

以十字尾翼作为全动控制舵面的导弹，小攻角、小舵偏角情况下，舵面偏转时根部缝隙效应、舵面相互干扰等因素都不大，舵面效率基本呈线性。但是，随着攻角、舵偏角的增大，舵面线性化特性遭到破坏。

当导弹大攻角飞行时，同样的舵面角度在迎风面处和背风面处舵面上的气动量是不同的。随着攻角的增大，迎风面舵面上的气动量越来越大，背风面的气动量越来越小。这种差异随着马赫数的增大变得越来越严重。这时，如果垂直舵面做偏航控制，尽管上、下舵面偏角相同，但因为气动量的差异导致产生的气动力不同，除了产生偏航控制力矩外，还引起了不利的滚动力矩。反之，如果垂直舵面做滚动控制时，尽管上、下舵面偏角相同，但因为气动量的差异导致产生的气动力不同，除了产生的滚动控制力矩外，还诱起了不利的偏航力矩。这种气动舵面控制交感若不加以制止，将导致误控或失控。

目前解决以上问题的技术途径主要有两个：

(1) 当导弹的攻角不是非常大时(如攻角小于40°)，可以采取控制面解耦算法解决该问题；

(2) 当攻角很大时，引入推力矢量控制是一个有效的方法，因为推力矢量舵在导弹大攻角飞行阶段(这时导弹处于亚、跨声速) 具有比空气舵高得多的操纵效率，相比而言，空气舵交感和非线性是一个小量。

5. 纵/侧向气动力和力矩确定性交感

因为导弹大攻角气动力和气动力矩系数不仅与马赫数有关，还与导弹的攻角、侧滑角呈非线性关系，所以必然存在纵/侧向气动力和力矩确定性交感现象。这种交感现象只有在很大的攻角情况下才变得较强。

6.13.1.2 动力学及运动学耦合

1. 运动学交感项

导弹力平衡方程中，存在两项运动学耦合 $\omega_x\alpha$ 和 $\omega_x\beta$，当导弹以大攻角和大侧滑角飞行时，运动学耦合对导弹动力学特性的影响是较大的。

2. 惯性交叉项

导弹力矩平衡方程中的惯性交叉项$(I_x-I_z)\omega_x\omega_z/I_y$ 等项将导弹的俯仰、偏航和滚动通道耦合在一起。如果导弹的滚动通道工作正常，这种惯性交叉项的影响是很小的。

6.13.2 耦合因素的特性分析

根据前面的讨论，导弹大攻角空气动力学耦合因素主要有以下几个：

(1) 控制面气动交叉耦合；

(2) 纵/侧向气动力和力矩确定性交感；

(3) 不确定性侧向诱导；

(4) 诱导滚转；

(5) 运动学交感项；

(6) 惯性交感项。

根据其本身的建模精度和对导弹飞控系统的影响程度，给出这些耦合因素的基本特性，见表 6.3。

表 6.3 耦合因素的基本特性

耦合因素	影响程度	建模精度
控制面气动交叉耦合	较强①	较高
纵/侧向气动力和力矩确定性交感	较强	较高
随机侧向诱导	较强	较差
诱导滚转	强	较高
运动学交感	较强	高
惯性交叉项	较弱②	高

① 在推力矢量舵存在的情况下，影响较小；

② 滚动控制时，影响较小。

6.13.3　导弹大攻角飞控系统的解耦策略

大攻角飞行导弹的空气动力学解耦可以从总体、气动和控制等方面着手解决，单从控制策略角度考虑，主要有两条技术途径：

(1)引入BTT—45°倾斜转弯技术，使导弹在做大攻角飞行时，其45°对称平面对准机动指令平面，此时导弹的气动交叉耦合最小。这种方案在对地攻击导弹的大机动飞行段、垂直发射地空导弹的初始发射段得到了广泛应用。因为倾斜转弯控制技术的动态响应不可能非常快，所以这种方案一般不能用于要求快速反应的动态响应的空空导弹和地空导弹攻击段中。

(2)引入解耦算法，抵消大攻角侧滑转弯飞行三通道间的交叉耦合项。因为耦合因素的基本特性是不同的，所以应采取不同的解耦策略。

1)对影响程度大、建模精度高的耦合项，采用完全补偿的方法，即采用非线性解耦算法实现完全解耦，如诱导滚转和运动学交感。

2)对影响程度较大、建模精度较高的耦合项，实现完全解耦过于复杂的情况下，如有必要采用线性解耦算法实现部分解耦，主要目的是防止这种耦合危及系统的稳定性，如纵/侧向气动力和力矩确定性交感。

3)对影响程度较大但建模精度很差的耦合项，采用鲁棒控制器抑制其影响，在总体设计上避免其出现或改变气动外形削弱其影响，如侧向诱导。

4)对影响程度较弱建模精度差的耦合项不做处理，依靠飞控系统本身的鲁棒性去解决。理论和实践表明，使用不精确解耦算法的系统比不解耦系统的性能更差。

6.13.4　导弹大攻角飞行控制系统设计方法评述

通过对导弹大攻角空气动力学的初步分析表明，它是一个具有非线性、时变、耦合和不确定特征的被控对象。因此在选择控制系统设计方法时，应充分考虑这个特点。

从非线性控制系统设计的角度考虑，目前主要有线性化方法、逆系统方法、微分几何方法以及非线性系统直接设计方法。线性化方法是目前在工程上普遍采用的设计技术，具有很成熟的工程应用经验。微分几何方法和逆系统方法的设计思想都是将非线性对象精确线性化，然后利用成熟的线性系统设计理论完成设计工作。将非线性系统精确线性化方法的突出问题是当被控对象存在不确定参数和干扰时，不能保证系统的鲁棒性。另外，建立适合该方法的导弹精确空气动力学模型是一个十分困难的任务。随着非线性系统设计理论的进步，目前已经有一些直接利用非线性稳定性理论和最优控制理论直接完成非线性系统综合的设计方法，如二次型指标非线性系统最优控制和非线性系统变结构控制。非线性系统最优控制目前仍存在鲁棒性问题，非线性系统变结构控制的直接设计方法对被控对象的非线性结构有特定的要求，这些都限制了非线性系统直接设计方法的工程应用。

从时变对象的控制角度考虑，可用的方法主要有预定增益控制理论、自适应控制理论和变结构控制理论。预定增益控制理论和自适应控制理论对被控对象都要求明确的参数缓变假设。与自适应控制理论相比，预定增益控制理论设计的系统具有更好的稳定性和鲁棒性。对付时变对象，变结构控制是一个强有力的手段。但是，当被控对象具有参数大范围变化时，变结构控制器会输出过大的控制信号。将预定增益控制技术与其结合起来可以较好地解决这个问题。另外,变结构控制理论在设计时变对象时,要求对象的数学模型具有相规范结构,在工程上如何满足这个要求需要进一步研究。

从非线性多变量系统的解耦控制角度考虑,主要有静态解耦、动态解耦、模型匹配和自适应解耦技术等。目前主要采用的方法有静态解耦和非线性补偿技术等。

6.14 推力矢量控制技术*

6.14.1 推力矢量控制系统在导弹中的应用

至今,推力矢量控制导弹主要在以下场合得到了应用:

(1)进行近距格斗、离轴发射的空空导弹,典型型号为俄罗斯的 P-73。

(2)目标横越速度可能很高,初始弹道须要快速修正的地空导弹,典型型号为俄罗斯的C-300。

(3)机动性要求很高的高速导弹,典型型号为美国的 HVM。

(4)气动控制显得过于笨重的低速导弹,特别是手动控制的反坦克导弹,典型型号为美国的"龙"式导弹。

(5)无需精密发射装置,垂直发射后紧接着就快速转弯的导弹。因为垂直发射的导弹必须在低速下以最短的时间进行方位对准,并在射面里进行转弯控制,此时导弹速度低,操纵效率也低,因此,不能用一般的空气舵进行操纵。为达到快速对准和转弯控制的目的,必须使用推力矢量舵。新一代舰空导弹和一些地空导弹为改善射界、提高快速反应能力都采用了该项技术。典型型号有美国的"标准-3"。

(6)在各种海情下出水,需要弹道修正的潜艇发射导弹,如法国的潜射导弹"飞鱼"。

(7)发射架和跟踪器相距较远的导弹,独立助推、散布问题比较突出的导弹,如中国的HJ-73。

以上列举的各种应用几乎包含了适用于固体火箭发动机的所有战术导弹。通过控制固体火箭发动机喷流的方向,可使导弹获得足够的机动能力,以满足应用要求。

6.14.2 推力矢量控制系统的分类

对于采用固体火箭发动机的推力矢量控制系统,根据实现方法可以将其分为三类,下面分别加以介绍。

6.14.2.1 摆动喷管

这一类包括所有形式的摆动喷管及摆动出口锥的装置。在这类装置中,整个喷流偏转,主要有以下两种。

1.柔性喷管

图 6.82 给出了柔性喷管的基本结构。它实际上就是通过层压柔性接头直接装在火箭发动机后封头上的一个喷管。层压接头由许多同心球形截面的弹胶层和薄金属板组成，弯曲形成柔性的夹层结构。这个接头轴向刚度很大，而在侧向却很容易偏转。用它可以实现传统的发动机封头与优化喷管的对接。

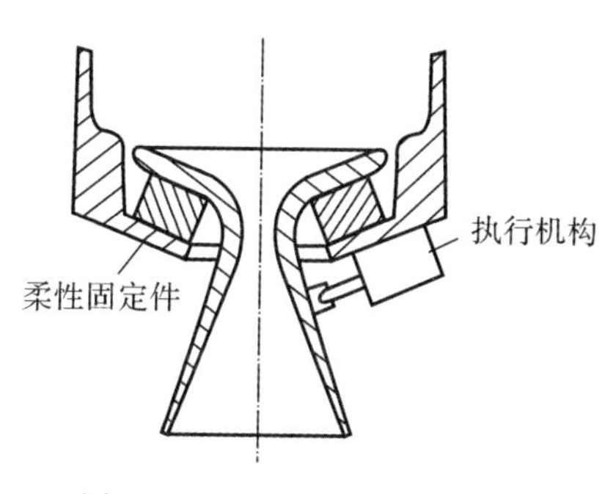

图 6.82　柔性喷管的基本结构

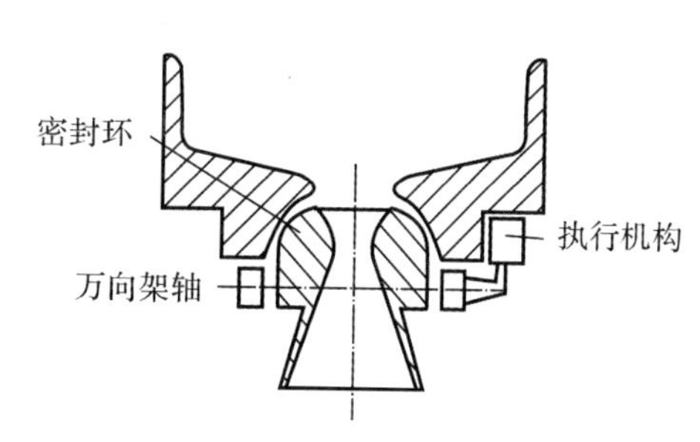

图 6.83　球窝喷管的基本结构

2. 球窝喷管

图 6.83 给出了球窝式摆动喷管的一般结构形式。其收敛段和扩散段被支撑在万向环上，该装置可以围绕喷管中心线上的某个中心点转动。延伸管或者后封头上装一套有球窝的筒形夹具，使收敛段和扩散段可在其中活动。球面间装有特制的密封环，以防高温、高压燃气泄漏。舵机通过方向环进行控制，以提供俯仰和偏航力矩。

6.14.2.2　流体二次喷射

在这类系统中，流体通过吸管扩散段被注入发动机喷流。注入的流体在超声速的喷管气流中产生一个斜激波，引起压力分布不平衡，从而使气流偏斜。这一类主要有以下两种。

1. 液体二次喷射

高压液体喷入火箭发动机的扩散段，产生斜激波，从而引起喷流偏转。惰性液体系统的喷流最大偏转角为 4°，液体喷射点周围形成的激波引起推力损失，但是二次喷射液体增加了喷流和质量，使得净力略有增加。与惰性液体相比，采用活性液体能够略为改善侧向比冲性能，但是在喷流偏转角大于 4°时，两种系统的效率都急速下降。液体二次喷射推力矢量控制系统的主要吸引力在于其工作时所需的控制系统质量小，结构简单。因此在不需要很大喷流偏转角的场合，液体二次喷射具有很强的竞争力。

2. 热燃气二次喷射

在这种推力矢量控制系统中，燃气直接取自发动机燃烧室或者燃气发生器，然后注入扩散段，由装在发动机喷管上的阀门实现控制，图 6.84 所示为其典型结构。

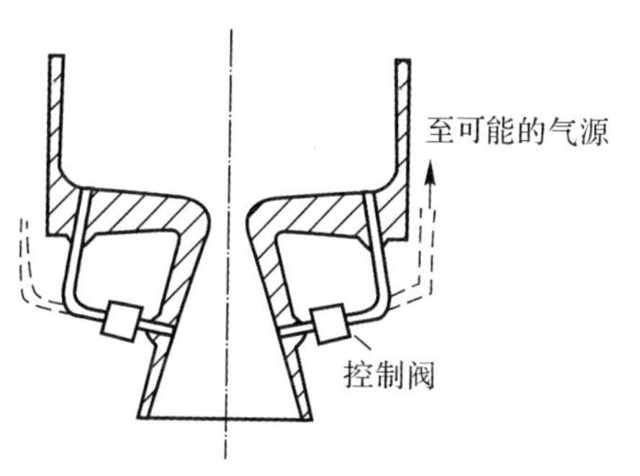

图 6.84　热燃气二次喷射的基本结构

6.14.2.3　喷流偏转

在火箭发动机的喷流中设置阻碍物的系统归入这一类，主要有以下 5 种。

1. 燃气舵

燃气舵的基本结构是在火箭发动机的喷管尾部对称地放置 4 个舵片。4 个舵片的组合偏转可以产生要求的俯仰、偏航和滚转操纵力矩和侧向力。燃气舵具有结构简单、致偏能力强、响应速度快的优点，但其在舵偏角为零时仍存在较大的推力损失。另外，由于燃气舵的工作环境比较恶劣，存在严重的冲刷烧蚀问题，不宜用于要求长时间工作的场合。图 6.85 所示为燃气舵的基本结构。

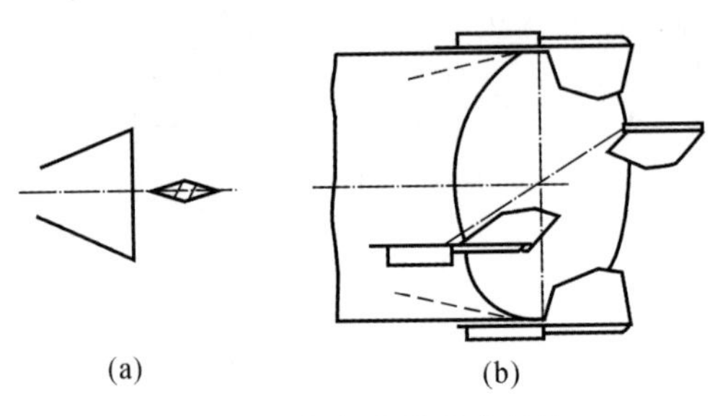

图 6.85　燃气舵的基本结构
(a)燃气舵；(b)燃气舵布置

2. 偏流环喷流偏转器

偏流环系统示于图 6.86。它基本上是发动机喷管的管状延长，可绕出口平面附近喷管轴线上的一点转动。偏流环偏转时扰动燃气，引起气流偏转。这个管状延伸件，或称偏流环，通常支撑在一个万向架上。伺服机构提供俯仰和偏航平面内的运动。

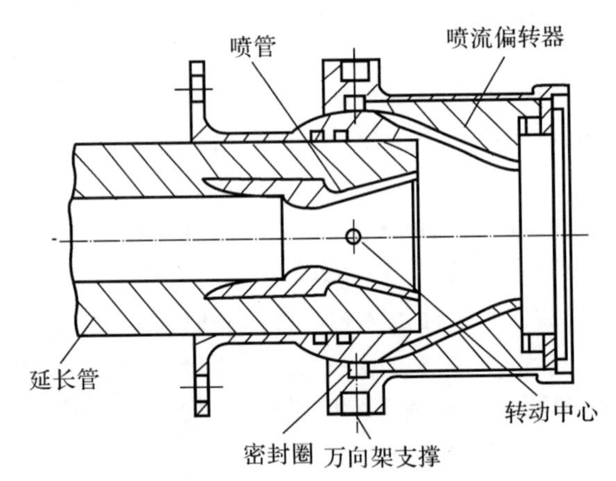

图 6.86　偏流环喷流偏转器的基本结构

3. 轴向喷流偏转器

图 6.87 所示为轴向喷流偏转器的基本结构。在欠膨胀喷管的周围安置 4 个偏流叶片，叶片可沿轴向运动以插入或退出发动机尾喷流，形成激波而使喷流偏转。叶片受线性作动筒控制，靠滚球导轨支持在外套筒上。该方法最大可以获得 7°的偏转角。

4. 臂式扰流片

图 6.88 所示为典型的臂式扰流片系统的基本结构。在火箭发动机喷管出口平面上设置 4 个叶片，工作时可阻塞部分出口面积，最大偏转可达 20°。该系统可以应用于任何正常的发

动机喷管，只有在桨叶插入时才产生推力损失，而且基本上是线性的，喷流每偏转1°，大约损失1%的推力。这种系统体积小，质量轻，因而只需要较小的伺服机构，这对近距离战术导弹是很有吸引力的。对于燃烧时间较长的导弹，由于高温、高速的尾喷流会对扰流片造成烧蚀，使用这种系统是不合适的。

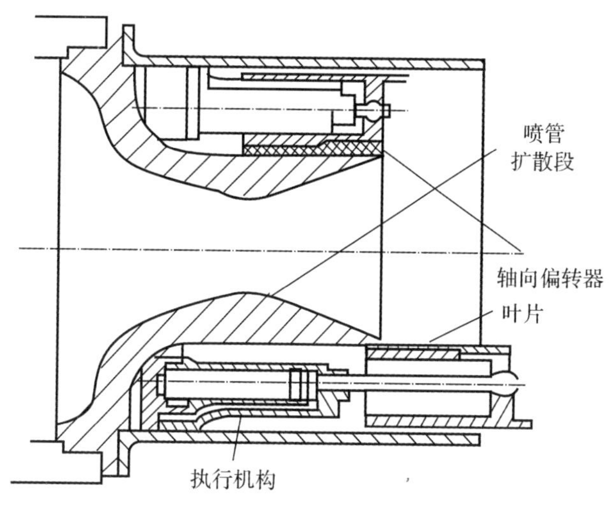

图6.87　轴向喷流偏转器的基本结构

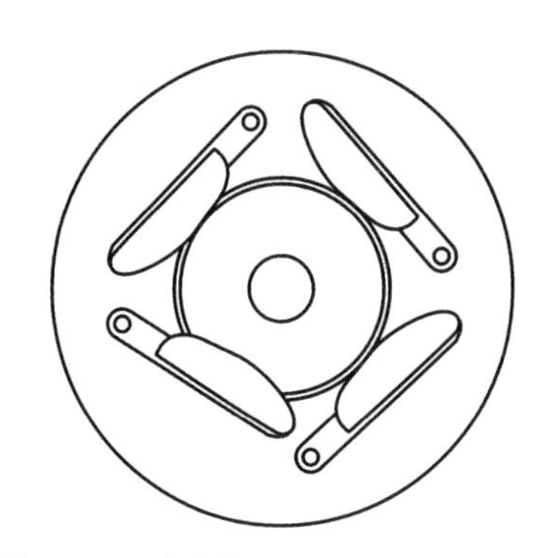

图6.88　臂式扰流片系统的基本结构

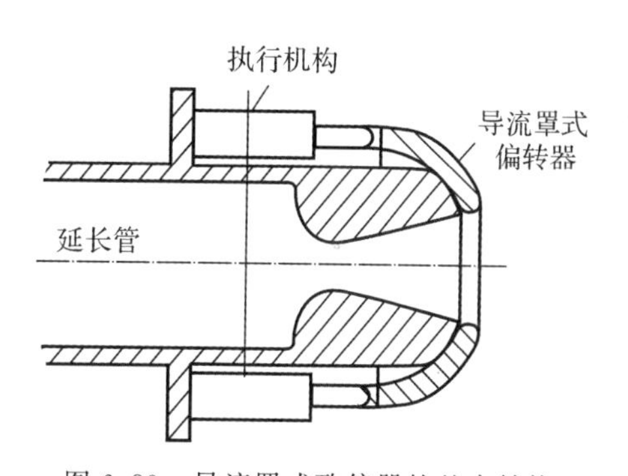

图6.89　导流罩式致偏器的基本结构

5. 导流罩式致偏器

图6.89所示的导流罩式致偏器基本上就是一个带圆孔的半球形拱帽，圆孔大小与喷管出口直径相等且位于喷管的出口平面上。拱帽可绕喷管轴线上的某一点转动，该点通常位于喉部上游。这种装置的功能和扰流片类似。当致偏器切入燃气流时，超声速气流形成主激波，从而引起喷流偏斜。与扰流片相比，能显著地减少推力损失。对于导流罩式致偏器，喷流偏角和轴向推力损失大体与喷口遮盖面积成正比。一般来说，喷口每遮盖1%，将会产生0.52°的喷流偏转和0.26%的轴向推力损失。

6.14.3　推力矢量控制系统的性能描述

推力矢量控制系统的性能大体上可分为4个方面：

(1)喷流偏转角度:也就是喷流可能偏转的角度;

(2)侧向力系数:也就是侧向力与未被扰动时的轴向推力之比;

(3)轴向推力损失:装置工作时所引起的推力损失;

(4)驱动力:为达到预期响应需加在这个装置上的总的力特性。

喷流偏转角和侧向力系数用以描述各种推力矢量控制系统产生侧向力的能力。对于靠形成冲击波进行工作的推力矢量控制系统来说,通常用侧向力系数和等效气流偏转角来描述产生侧向力的能力。

当确定驱动机构尺寸时,驱动力是一个必不可少的参数。另外,当进行系统研究时,用它可以方便地描述整个伺服系统和推力矢量控制装置可能达到的最大闭环带宽。

6.15 倾斜转弯控制技术*

6.15.1 倾斜转弯控制技术的概念

近来,将BTT技术用于自动寻的导弹的控制得到了人们越来越多的重视。使用该技术导引导弹的特点是,在导弹捕捉目标的过程中,随时控制导弹绕纵轴转动,使其理想的(所要求的)法向过载矢量总是落在导弹的对称面I—I上(见图6.90,对飞机形导弹而言)或中间对称面(最大升力面)上(见图6.91,对轴对称形导弹而言)。国外把这种控制方式称为BTT控制,即Bank-To-Turn,倾斜转弯的意思。现在,大多数的战术导弹与BTT控制不同,导弹在寻的过程中,保持弹体相对纵轴稳定不动,控制导弹在俯仰与偏航两平面上产生相应的法向过载,其合成法向力指向控制规律所要求的方向。为便于与BTT加以区别,称这种控制为STT,即Skid-To-Turn,侧滑转弯的意思。显然,对于STT导弹,所要求的法向过载矢量相对导弹弹体而言,其空间位置是任意的。而BTT导弹则由于滚动控制的结果,所要求的法向过载,最终总会落在导弹的有效升力面上。

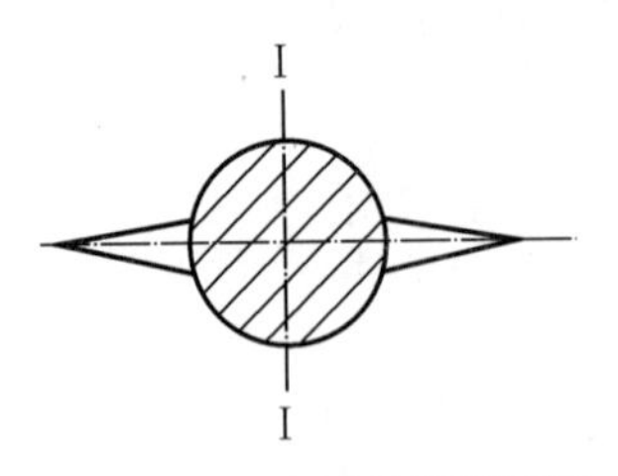

图6.90　一字形导弹剖面图

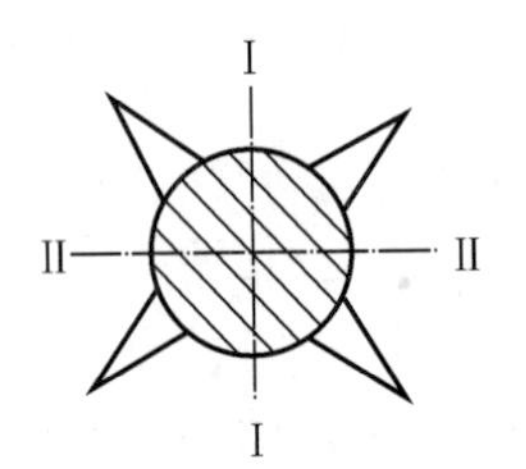

图6.91　十字形导弹剖面图

BTT技术的出现和发展与改善战术导弹的机动性、准确度、速度、射程等性能指标紧密相关。常规的STT导弹的气动效率较低,不能满足对战术导弹日益增强的大机动性、高准确度的要求,而BTT控制为弹体有效地提供了使用最佳气动特性的可能,从而可以满足机动性与精度的要求。美国研制的SRAAM短程空空导弹可允许的导弹法向过载达$100g$。RIAAT中远程空空导弹的法向过载可达$(30\sim40)g$。此外,导弹的高速度、远射程要求与导弹的动力装置有关。美国近年研制的远程地空导弹或地域性反导等项目，多半配置了冲压发动机，这种动力装置要求导弹在飞行过程中，侧滑角很小，同时只允许导弹有正攻角或正向升力，这种要求对于 STT 导弹是无法满足的，而对 BTT 导弹来说，是可以实现的。BTT 技术与冲压发动机进气口设计有良好的兼容性，为研制高速度、远射程的导弹提供了有利条件。BTT 导弹的另一优点是升阻比会有显著提高。除此之外，平衡攻角、侧滑角、诱导滚动力矩和控制面的偏转角都较小，导弹具有良好的稳定特性，这些都是 BTT 导弹的优点。

与 STT 导弹相比，BTT 导弹具有不同的结构外形。其差别主要表现在：STT 导弹通常以轴对称形为主，BTT 导弹以面对称型为主。然而，这种差别并非绝对，例如，BTT－45 导弹的气动外形恰恰是轴对称型，而 STT 飞航式导弹又采用面对称的弹体外形。图 6.92、图 6.93 和图 6.94 给出了几种典型的 BTT 导弹气动外形。在对 BTT 导弹性能的论证中，其中任务之一即是探讨 BTT 导弹性能对弹体外形的敏感性，目的是寻求导弹总体结构外形与 BTT 控制方案的最佳结合，使导弹性能得到最大程度的改善。

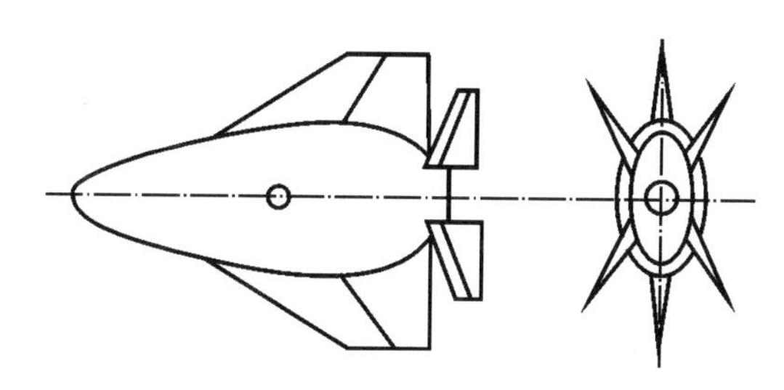

图 6.92　空空 BTT 导弹的气动外形图

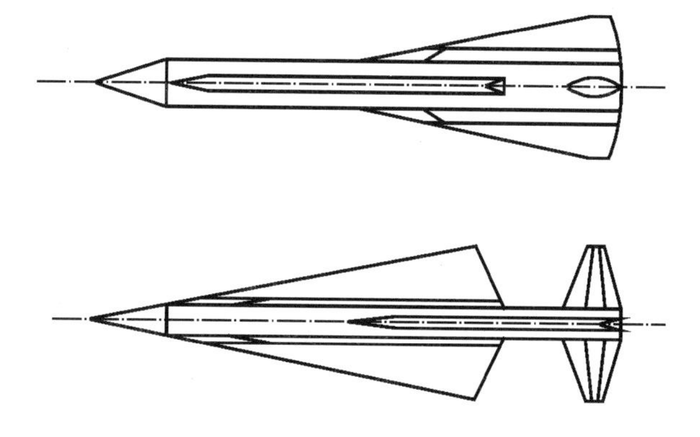

图 6.93　地空 BTT 导弹的气动外形图

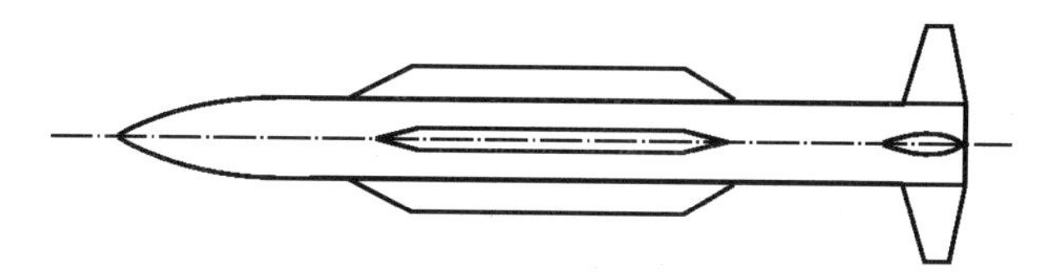

图 6.94　轴对称 BTT 导弹的气动外形图

由于导弹总体结构的不同，例如，导弹气动外形及配置的动力装置的不同，BTT 控制可以是如下三种类形：BTT－45°，BTT－90°，BTT－180°。它们三者的区别是，在制导过程中，控制导弹可能滚动的角范围不同，即45°，90°，180°。其中，BTT－45°控制型适用于轴对称型（十字形弹翼）的导弹。BTT系统控制导弹滚动，从而使得所要求的法向过载落在它的有效升力面上，由于轴对称导弹具有两个互相垂直的对称面或俯仰平面，所以在制导过程的任一瞬间，只要控制导弹滚动小于或等于45°，即可实现所要求的法向过载与有效升力面重合的要求。这种控制方式又被称为RDT，即Roll－During－Turn，滚转转弯的意思。BTT－90°和BTT－180°两类控制均是用在面对称导弹上，这种导弹只有一个有效升力面，欲使要求的法向过载方向落在该平面上所要控制导弹滚动的最大角度范围为90°或180°。其中，BTT－90°导弹具有产生正、负攻角，或正、负升力的能力。BTT－180°导弹仅能提供正向攻角或正向升力，这一特性与导弹配置了颚下进气冲压发动机有关。

6.15.2 倾斜转弯控制面临的几个技术问题

尽管BTT技术可能提供上述的优点，然而作为一个可行的、有活力的控制方案取代现行的控制方案，还必须解决好以下几个问题。

1. 寻找合适的BTT控制系统的综合方法

STT导弹上采用的三通道独立的控制系统及其综合（设计）方法已经不再适用于BTT导弹。代替它的是一个具有运动学耦合、惯性耦合以及控制作用耦合的多自由度（6－DOF或5－DOF）的系统综合问题。就其控制作用来说，STT导弹采用了由俯仰、偏航双通道组成的直角坐标控制方式，而BTT导弹则采用了由俯仰、滚动通道组成的极坐标控制方式。综合具有上述特点的BTT控制系统，保证BTT导弹的良好控制性与稳定性，是研究BTT技术面临的技术问题之一。

2. 协调控制问题

要求BTT导弹在飞行中保持侧滑角近似为零，这并非自然满足。要靠一个具有协调控制功用的系统，即CBTT控制系统（Coordinated—BTT Control System）来实现，该系统保证BTT的偏航通道与滚动通道协调动作，从而实现侧滑角为零的限制。所以，设计CBTT系统则是BTT技术研究中的另一大课题。

3. 要抑制旋转运动对导引回路稳定性的不利影响

足够大的滚动角速率是保证BTT导弹性能（导引精度以及控制系统的快速反应）所必需的，而对雷达自动导引的制导回路的稳定性却是个不利的影响，抑制或削弱滚动耦合作用对导弹制导回路的稳定性影响，是BTT研制中必须解决的又一问题。然而，这个问题对于红外制导的BTT导弹则不必过分顾虑。

此外，BTT导弹在目标瞄准线旋转角度较小的情况下，控制转动角的非确定性问题，也是BTT技术论证中需要解决的问题。

6.15.3 倾斜转弯控制系统的组成及功用

BTT与STT导弹控制系统比较，其共同点是两者都是由俯仰、偏航、滚动三个回路组成，但对不同的导弹（BTT或STT），各回路具有的功用不同。表6.4列出了STT与三种BTT导弹控制系统的组成与各个回路的功用。

表6.4　导弹控制系统的组成及功用

类别	俯仰通道	偏航通道	滚动通道	注释
STT	产生法向过载，具有提供正负攻角的能力	产生法向过载，具有提供正负侧滑角能力	保持倾斜稳定	适用于轴对称或对称的不同弹体结构
BTT-45°	产生法向过载，具有提供正负攻角的能力	产生法向过载，具有提供正负攻角的能力	控制导弹绕纵轴转动，使导弹的合成法向过载落在最大升力面内	仅适用于轴对称型导弹
BTT-90°	产生法向过载，具有提供正负攻角的能力	欲使侧滑角为零，偏航必须与倾斜协调	控制导弹滚动，使合成过载落在弹体对称面上	仅适用于面对称型导弹
BTT-180°	产生单向法向过载，仅具有提供正攻角的能力	欲使侧滑角为零，偏航必须与倾斜协调	控制导弹滚动，使合成过载落在弹体对称面上	仅适用于面对称型导弹

6.16　直接力控制技术*

6.16.1　国外大气层内直接力控制导弹概况

国外大气层内直接力控制导弹的典型型号有美国的“爱国者”防空导弹系统(PAC-3)、欧洲反导武器系统SAAM/Aster15和Aster30型导弹和俄罗斯C-300防空导弹系统/9M96E和9M96E2导弹。

美国的“爱国者”防空导弹系统(PAC-3)是在PAC-2地空导弹系统的基础上发展起来的，新研制的导弹被称为增程拦截弹ERINT(Extended-Range Interceptor)。该导弹长4.6 m，弹径2.55 m，翼展0.48 m，质量为304 kg，最大飞行马赫数为5，射程为20 km。PAC-3导弹采用正常式外形，使用侧喷的直接力和气动舵面复合操纵控制方式。导弹的弹翼后有气动控制舵面，导弹在中低空依靠它进行俯仰、偏航和滚动控制；导弹的导引头后设置有姿态控制组合发动机(180个固体脉冲发动机均匀地分布在弹体的四周，推力方向穿过弹体纵轴，由制导控制指令计算机控制脉冲发动机的点火)。采用这种侧喷的直接力控制要比尾舵控制导弹的反应时间短得多，一般来说侧喷的反应时间为6～10 ms，而尾舵的反应时间为100～500 ms，显然侧喷控制的反应时间大大减少，这将显著提高导弹的命中精度，PAC-3导弹的脱靶量达到3 m的高精度。PAC-3导弹外形结构图如图6.95所示。

欧洲反导武器系统SAAM是法、意、英等国联合研制的“未来面对空导弹武器系列”PSAF中的近程防空反导武器系统。SAAM系统主要由多功能单面旋转相控阵、火控设备、Aster15型导弹和发射装置等组成。Aster15型导弹由助推器和主弹体两级弹体组成。主弹体长2.6 m，弹径0.18 m，弹质量为100 kg，助推器长1.6 m，直径为0.36 m，助推器质量为200 kg。战斗部采用破片式高爆弹头，质量为10～15 kg。导弹全长4.2 m，全弹质量为

300 kg。助推器具有附加弹翼，助推器尾部采用发动机推力矢量控制以保证导弹垂直发射后的转弯控制，在助推段结束后抛弃。主弹体上装有 4 个长方形的弹翼，其尾部装有 4 个可操纵的舵面，进行导弹的气动飞行控制(PAF)。导弹重心附近还装有一个燃气阀，利用 4 个横向喷嘴直接产生横向加速度，使导弹在接近目标时产生一个较大的过载，提高了导弹抗机动目标的能力，这种控制方式为直接力控制(PIF)。Aster30 型导弹结构与 Aster15 相似，因为该导弹射程更远，其助推器更重一些。助推器长 2.2 m，直径为 0.54 m，助推器质量为 345 kg。导弹全长 4.8 m，全弹质量为 445 kg。Aster15/Aster30 型导弹示意图如图 6.96 所示。

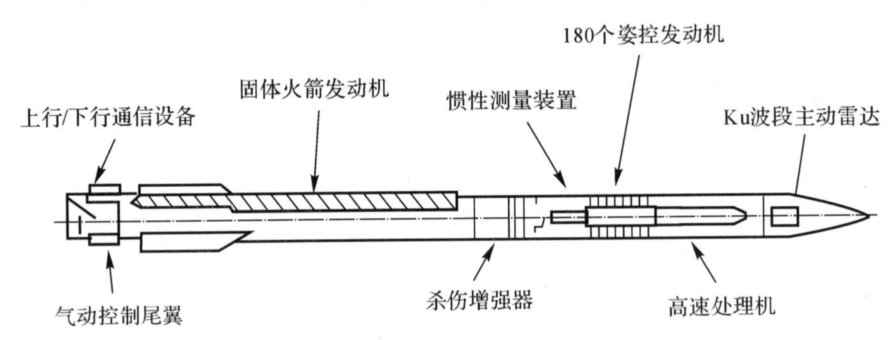

图 6.95　PAC-3 导弹外形结构图

俄罗斯 C-300 防空导弹系统同“爱国者”一样，是世界上性能最优良的防空导弹武器系统，现已发展成系列化，有多种改型。它的飞行速度达到 $Ma=6\sim8$，有反飞机反导型，也有完全反导型。9M96E 和 9M96E2 是由“火炬”设计局为 C-300 防空导弹系统最新研制的导弹。导弹的气动布局为鸭式，前面有鸭舵，前翼舵中还带有垂直转弯用的燃气喷嘴；后有旋转尾翼，这是为了减少鸭式布局产生的斜吹力矩。导弹主要特点是装有“侧向推力发动机系统”，微型发动机系统组成一个环，共有 24 个喷嘴，装在战斗部后面，即位于导弹质心附近，作为末段轨控发动机机组。末段时，点燃 4～6 个发动机，产生侧向力，确保更大机动能力。发动机工作时间为 0.5 s，系统响应时间为 50 ms，在低空时可保证附加产生(20～22)g 短时过载，保证脱靶量减至很小，接近直接碰撞的水平。9M96E/9M96E2 型导弹外形示意图如图 6.97 所示。

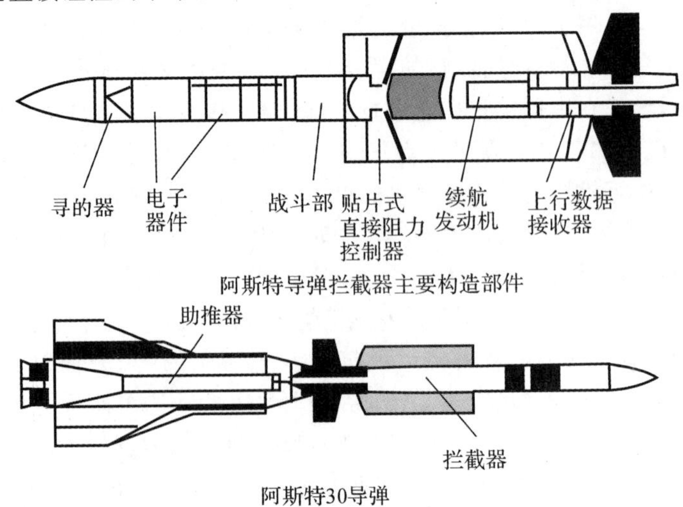

图 6.96　Aster15/Aster30 型导弹示意图

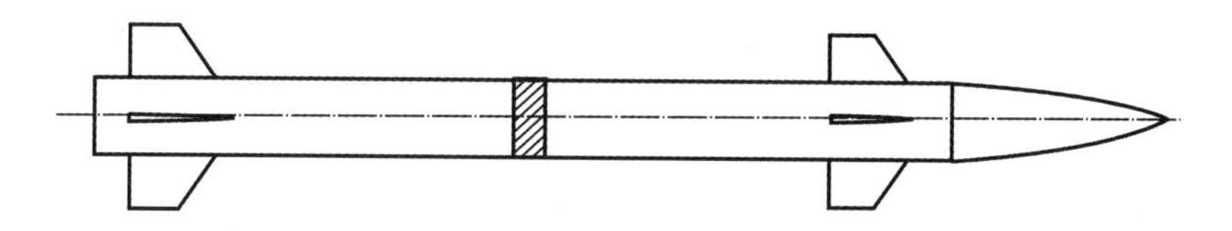

图 6.97　9M96E/9M96E2 型导弹外形示意图(阴影部分为燃气直接力控制装置)

6.16.2　直接力机构配置方法

1. 导弹横向喷流装置的操纵方式

导弹横向喷流装置可以有两种不同的使用方式:力操纵方式和力矩操纵方式。因为它们的操纵方式不同,它在导弹上的安装位置不同,提高导弹控制力的动态响应速度的原理也是不同的。

力操纵方式即为直接力操纵方式。要求横向喷流装置不产生力矩或产生的力矩足够小。为了产生要求的直接力控制量,通常要求横向喷流装置具有较大的推力,通常希望将其放在重心位置或离重心较近的地方。因为力操纵方式中的控制力不是通过气动力产生的,所以控制力的动态滞后被大幅度地减小了(在理想状态下,从 150 ms 减少到 20 ms 以下)。俄罗斯的 9M96E/9M96E2 和欧洲的新一代防空导弹 Aster15/Aster30 的第二级采用了力操纵方式(见图 6.98)。

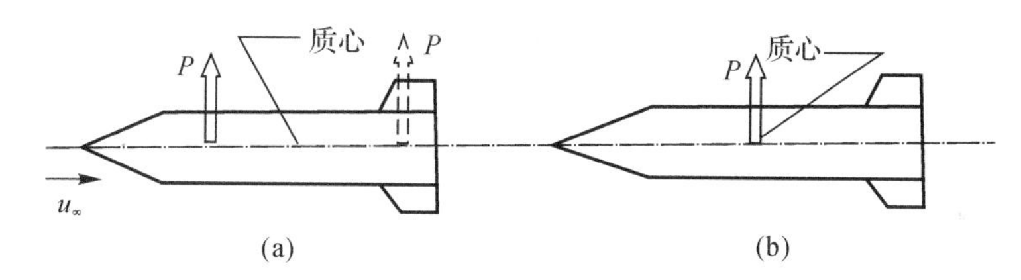

图 6.98　横向喷流装置安装位置示意图
(a)力矩操纵方式;　(b)力操纵方式

力矩操纵方式要求横向喷流装置产生控制力矩,不以产生控制力为目的,但仍有一定的控制力作用。控制力矩改变了导弹的飞行攻角,因而改变了作用在弹体上的气动力。这种操纵方式不要求横向喷流装置具有较大的推力,通常希望将其放在远离重心的地方。力矩操纵方式具有两个基本特性:

(1)它有效地提高了导弹力矩控制回路的动态响应速度,最终提高了导弹控制力的动态响应速度;

(2)一定的控制力作用能够有效地提高导弹在低动压条件下的机动性。

对于正常式布局的导弹,其在与目标遭遇时基本上已是静稳定的了。从法向过载回路上看,使用空气舵控制时,它是一个非最小相位系统。为产生正向的法向过载,首先出现一个负向的反向过载冲击。引入横向喷流装置力矩操纵后,可以有效地消除负向的反向过载冲击,明显提高了动态响应速度。图 6.99 表示力矩操纵方式提高动态响应的示意图。

美国的 ERINT-1、俄罗斯的 C-300 垂直发射转弯段采用的是力矩操纵方式。

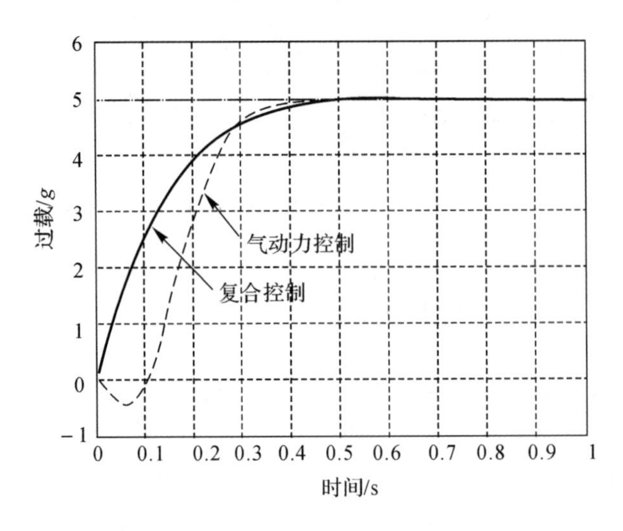

图 6.99 力矩操纵方式提高动态响应示意图

2. 横向喷流装置的纵向配置方法

在导弹上直接力机构的配置方法主要有三种：偏离质心配置方式（见图 6.100）、质心配置方式（见图 6.101）和前后配置方式（见图 6.102）。

偏离质心配置方式是将一套横向喷流装置安放在偏离导弹质心的地方。它实现了导弹的力矩操纵方式。

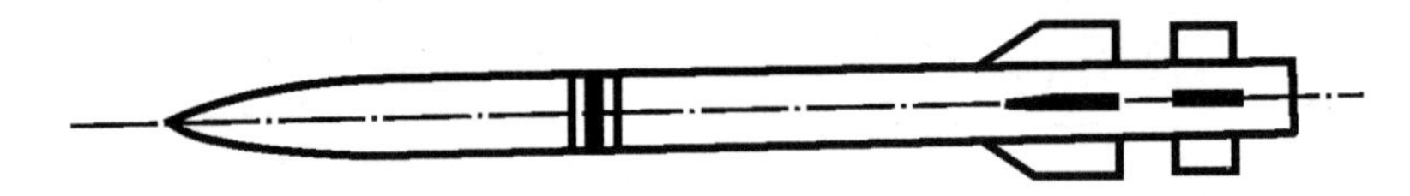

图 6.100 横向喷流装置偏离质心配置方式

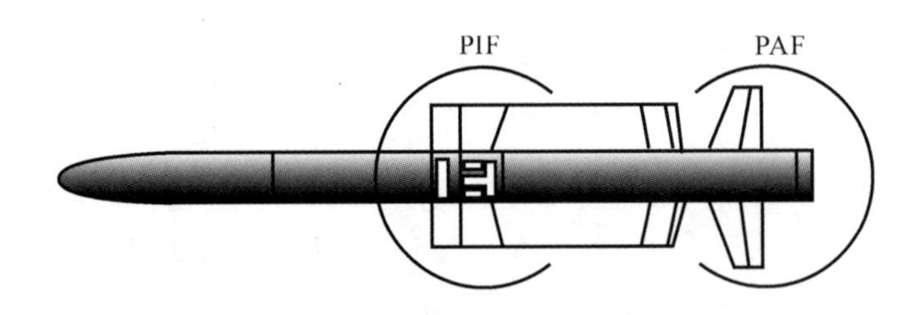

图 6.101 横向喷流装置质心配置方式

PIF—侧向燃气推力控制；PAF—气动飞行控制

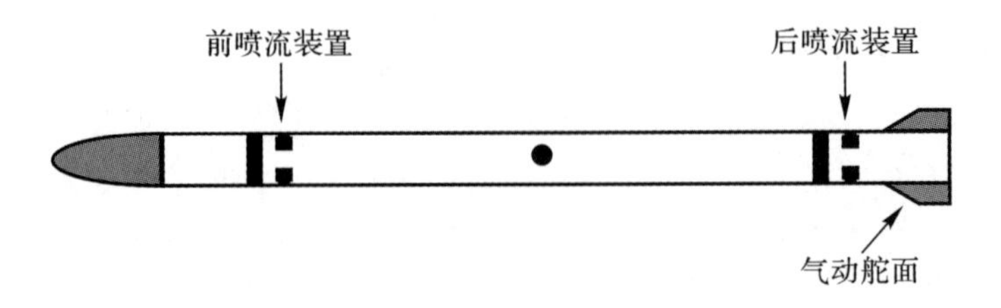

图 6.102 横向喷流装置前后配置方式

质心配置方式是将一套横向喷流装置安放在导弹的质心或接近质心的地方。它实现了导弹的力操纵方式。

前后配置方式是将两套横向喷流装置分别安放在导弹的头部和尾部。前后配置方式在工程使用上具有最大的灵活性。当前后喷流装置同向工作时,可以进行直接力操纵;当前后喷流装置反向工作时,可以进行力矩操纵。该方案主要缺陷是喷流装置复杂,结构质量大一些。

3. 横向喷流装置推力的方向控制

横向喷流装置推力的方向控制有极坐标控制和直角坐标控制两种方式。

极坐标控制方式通常用于旋转弹的控制中。旋转弹的横向喷流装置通常都选用脉冲发动机组控制方案,通过控制脉冲发动机点火相位来实现对推力方向的控制。

直角坐标控制方式通常用于非旋转弹的控制中。非旋转弹的横向喷流装置通常选用燃气发生器控制方案,通过控制安装在不同方向上的燃气阀门来实现推力方向的控制。其工作原理如图 6.103 所示。

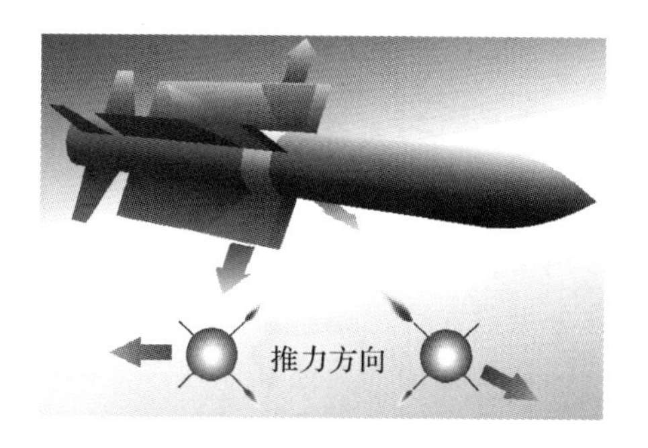

图 6.103　直角坐标控制

本章要点

1. 稳定控制系统对传感系统的基本要求。
2. 典型的舵机类型及传递函数。
3. 倾斜稳定系统的基本任务。
4. 倾斜运动动力学特性。
5. 倾斜角稳定。
6. 倾斜角控制。
7. 姿态角控制的基本任务。
8. 姿态角控制。
9. 法向过载控制的基本任务。
10. 四种飞行控制系统的工作原理、性能特点和系统方框图。
11. 克服气动弹性对稳定影响的方法。
12. 敏感元件位置的选择原则。
13. 相位稳定的基本原理。
14. 增益稳定的基本原理。

15. 飞航导弹纵向控制系统的组成。
16. 飞航导弹纵向控制系统的校正原理。
17. 飞航导弹航向角稳定回路的校正原理。
18. 放宽稳定度设计的含义。
19. 弹体—自动驾驶仪系统的稳定条件。
20. 导弹大攻角空气动力学耦合机理。
21. 导弹大攻角飞控系统的解耦策略。
22. 推力矢量控制导弹的应用场合。
23. 推力矢量控制系统的分类。
24. 推力矢量控制系统的性能描述。
25. 倾斜转弯控制技术的概念。
26. 直接力机构配置方法。

习　题

1. 导弹倾斜稳定系统的作用由什么因素决定?

2. 倾斜干扰力矩由哪几部分组成? 写出倾斜运动传递函数。

3. 实现倾斜角速度反馈有哪几种方法? 简述其原理。

4. 对法向过载飞行控制系统的基本要求是什么?

5. 画出开环飞行控制系统、速率陀螺飞行控制系统、积分速率陀螺飞行控制系统和加速度表飞行控制系统的系统框图,并简述各系统的基本特点。

6. 画出导弹纵向控制系统和航向角稳定回路的原理框图。

7. 利用自动控制原理的知识解释为什么在分析俯仰角稳定回路时可暂不考虑高度稳定回路的影响。

8. 简述导弹航向角稳定回路消除静差的原理。

9. 已知某导弹在某特征点处倾斜运动动力学系数为 $b_{11}=0.166\ 5$,$b_{18}=3\ 675.48$,试设计倾斜运动自动驾驶仪以实现倾斜角的精确控制。自动驾驶仪的控制性能指标为:稳态误差 $e_{ss}\leqslant 5\%$,上升时间 $t_s<0.1$ s,超调量 $\sigma\%\leqslant 5\%$($\omega_0=15$ rad/s,$\xi=0.7$)。

10. 已知某导弹在某特征点处俯仰运动动力学系数为 $a_{22}=1.932$,$a_{24}=88.83$,$a_{25}=365.6$,$a_{34}=12.334$,$a_{35}=0.315$。试设计俯仰通道法向过载自动驾驶仪以实现对法向过载的精确控制。自动驾驶仪的控制性能指标为:稳态误差 $e_{ss}\leqslant 5\%$,上升时间 $t_s<0.5$ s,超调量 $\sigma\%\leqslant 15\%$。

11. 放宽静稳定度的基本概念是什么?

12. 大攻角飞行时导弹气动力耦合机理是什么?

13. 推力矢量控制系统怎样分类?

14. 描述推力矢量控制系统性能的参数有哪些?

15. BTT 导弹和 STT 导弹主要差别是什么?

16. BTT 控制面临哪些技术问题?

参 考 文 献

[1] 樊会涛.空空导弹方案设计原理.北京:航空工业出版社,2013.

[2] 张有济.战术导弹飞行力学设计(上,下).北京:宇航出版社,1996.

[3] 杨军.导弹控制系统设计原理.西安:西北工业大学出版社,1997.

[4] 郑志伟.空空导弹系统概论.北京:兵器工业出版社,1997.

[5] 陈士橹.导弹飞行力学.北京:高等教育出版社,1983.

[6] 陈佳实.导弹制导和控制系统的分析和设计.北京:宇航出版社,1989.

[7] 彭冠一.防空导弹武器制导控制系统设计.北京:宇航出版社,1996.

[8] 程云龙.防空导弹自动驾驶仪.北京:宇航出版社,1993.

[9] 赵善友.防空导弹武器寻的制导控制系统设计.北京:宇航出版社,1992.

[10] 沈昭烈,吴震.空空导弹推力矢量控制系统.战术导弹控制技术,2002(2):1-6.

[11] 康志敏.高超音速飞行器发展战略研究.现代防御技术,2000,28(4):27-33.

[12] 李惠芝.导弹空气动力发展的新动向.现代防御技术,1998(1):31-38.

[13] 李玉林,等.大气层内复合控制拦截弹切换时间的探讨.现代防御技术,2002,30(5):30-35.

[14] 刘海霞.法意联合研制系列化防空导弹.中国航天,2001(3):32-34.

[15] 张志鸿.俄罗斯研制小型化地空导弹.中国航天,1999(9):39-41.

[16] 张德雄,王照斌.动能拦截器的固体推进剂轨控和姿控系统.飞航导弹,2001(2):37-41.

[17] 温德义.美国动能武器变轨与姿控系统的发展现状.现代防御技术,1995(4):32-37.

[18] 李世鹏,张平.轻型动能拦截器固体控制发动机方案分析.推进技术,1999(2):100-103.

第7章　导弹制导系统分析与设计

7.1　基 本 概 念

7.1.1　制导系统的基本组成

导弹制导系统基本组成如图7.1所示。

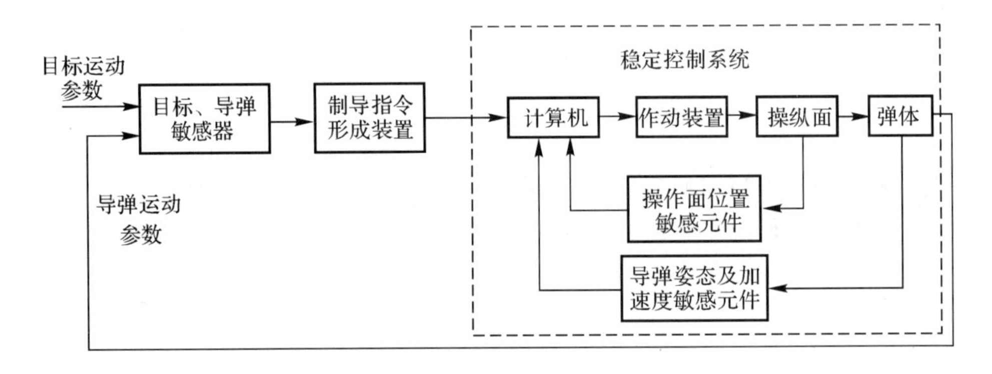

图7.1　导弹制导系统的基本组成

制导系统的工作过程如下：导弹发射后，目标、导弹敏感器不断测量导弹相对要求弹道的偏差，并将此偏差送给制导指令形成装置。制导指令形成装置将该偏差信号加以变换和计算，形成制导指令，该指令要求导弹改变航向或速度。制导指令送往控制系统，经变换、放大，通过作动装置驱动操纵面偏转，改变导弹的飞行方向，使导弹回到要求的弹道上来。当导弹受到干扰姿态角发生改变时，导弹姿态敏感元件检测出姿态偏差，并以电信号的形式送入计算机，从而操纵导弹恢复到原来的姿态，保证导弹稳定地沿要求的弹道飞行。操纵面位置敏感元件能感受操纵面位置，并以电信号的形式送入计算机。计算机接收制导指令信号、导弹姿态运动信号和操纵面位置信号，经过比较和计算，形成控制信号，以驱动作动装置。

7.1.2　制导系统的设计依据

制导系统的设计依据，完全根据武器系统的战术技术指标而定，有些要求本身就是武器系统的指标。制导系统设计的主要依据是典型目标特性、杀伤空域、制导精度、作战反应时间、武器系统的抗干扰性、环境条件等。

1. 典型目标特性

在武器系统设计的最初阶段，即方案论证阶段已经明确该武器系统所要对付的典型目标。制导系统设计就要充分了解和考虑典型目标特性。

典型目标特性包括：

(1)速度特性：最大速度、纵向加速和减速特性；

(2)机动能力：指目标可用多大的过载在水平和高低方向机动；

(3)目标对雷达和光学的散射辐射特性：雷达散射特性包括等效散射面积和散射的噪声频谱，目标的光学辐射特性包括工作的频段和光谱特性；

(4)目标飞行的最大和最小高度；

(5)目标的干扰特性。

目标特性对系统设计影响所涉及的方面有：

(1)制导系统测量方案的设计；

(2)导引规律的选择；

(3)目标测量数据的处理及滤波的形式；

(4)控制指令的形式及数值。

2. 杀伤空域

杀伤空域包括对目标进行拦截的低界和高界(H_{min}，H_{max})，近界和远界(R_{min}，R_{max})，最大航路捷径 P_{max} 等，杀伤空域图如图 7.2 所示。

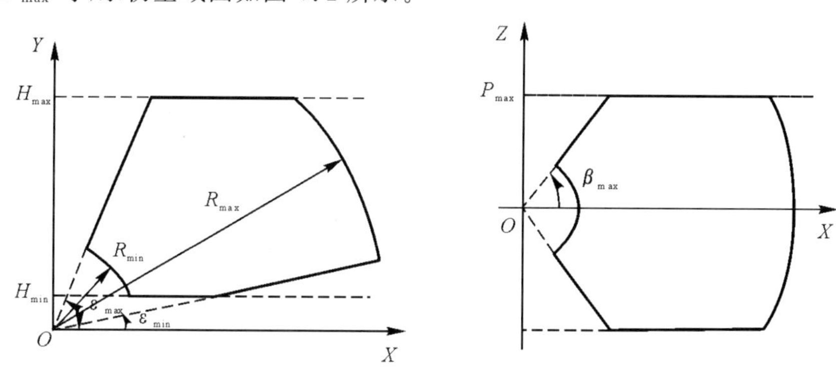

图 7.2　杀伤空域示意图

(a) 垂直平面杀伤区；(b) 水平平面杀伤区

H_{max}— 杀伤区高界；H_{min}— 杀伤区低界；R_{max}— 杀伤区远界；

R_{min}— 杀伤区近界；ε_{max}— 杀伤区最大高低角；ε_{min}— 杀伤区最小高低角；

P_{max}— 杀伤区内，Z 向的最大航路捷径；β_{max}— 杀伤区最大扇面角；

Y— 高度；Z—Z 向的航路捷径

杀伤空域是制导系统设计的主要依据，因为：

(1) 空域的大小将决定导弹气动参数的变化范围。如具有某种作战空域的导弹，由于高度和速度不同，导弹的传递函数和时间常数可以变化十倍或几十倍，在这个巨大的参数变化范围内控制系统要使导弹稳定飞行，就要求系统具有很大的适应能力。

(2) 空域中不同的命中点上，导弹的可用过载差别很大，制导系统设计中，控制指令和补偿规律设计要使全空域的需用过载与可用过载相适应，以减小脱靶量。

(3) 对于遥控制导方式在空域的最远点因雷达的测角误差而引起的起伏噪声将增至最大，在系统的精度设计时应作为典型点予以考虑。

(4) 在空域的不同点导弹可能由于发动机的工作与否而处于主动段和被动段的不同飞行状态，这使导弹的纵向过载将有较大的变化，特别在从主动段过渡到被动段，发动机的不稳定燃烧和从加速到减速飞行的过渡，将对系统带来较强的干扰，控制系统在稳定性和补偿规律设计时要充分考虑这些问题。

(5) 空域的最近点由于导弹受控时间较短，在射入偏差的影响下，制导系统的设计要考虑如何能够将导弹快速引入到导引规律所要求的弹道。

(6) 射程较远时，只采用单一的制导方式可能满足不了精度的要求时，要考虑采用中制导＋末制导的复合制导形式。当采用复合制导形式时又会带来其他问题，方案设计时要权衡二者的利弊。

(7) 空域较大时，同一种导引规律可能难以满足杀伤区各点的精度和导弹目标交会角的要求，为保证给定的杀伤概率，制导系统应对这些点的控制作适当的调整。

(8) 根据目标和导弹的速度特性，在杀伤空域内允许发射的导弹数，是用来决定单发杀伤概率和落入概率的依据。

3. 制导精度

制导精度是衡量制导系统设计结果优劣的重要指标，因此它也是系统设计的重要依据。制导系统的结构、形式、参数选择都必须满足精度指标的要求。

4. 作战反应时间

作战反应时间指从发现目标到导弹发射的这段时间间隔。在探测系统发现目标后，跟踪设备测量目标的状态参数(位置、速度等)，发射装置调转到预定方位，选择合适的导引规律，同时导弹做好发射准备的一系列工作，其中包括弹上制导控制设备加电、初始参数装订、陀螺启动、弹上电池激活、地面(或载机) 电源转到弹上电源供电、惯性器件开锁等。武器系统要求反应时间尽可能的短，因此对陀螺启动时间、弹上制导控制设备加电及其准备时间都要有一定要求，这样，自动化、快速性在当前制导系统设计中已提到重要的地位。

5. 武器系统的抗干扰性

武器系统的抗干扰性是一个重要的、关系武器系统有效性的问题。抗干扰问题牵涉的面很广，这里仅指当制导测量系统受干扰时某些参数测量不到或不准确，可以改为不用该参数的导引规律，又如增加导弹惯性测量组合可在弹上自测其飞行状态等，有助于改善武器系统的抗干扰能力。

6. 环境条件

环境条件有外部环境即温度、湿度、风力等，内部环境也有温度等问题，但关键的是弹上的振动、冲击、过载等。它们对元部件的工作都有很大的影响，特别是惯性测量组合的测量精度、可靠性等受振动条件影响很大，在设计时应予以考虑。

7.1.3 制导系统的设计任务

制导系统设计的最终目的是使系统以给定的概率命中目标，主要任务是选择制导方式和控制方式、设计导引规律、设计制导系统原理结构图、精度设计、设计导弹的稳定控制系统、设计制导控制回路和控制装置等。

7.1.3.1　选择制导方式及控制方式

导弹常用的制导方式包括遥控制导、寻的制导和复合制导。控制方式也可分为单通道、双通道和三通道控制三种。

控制方式选择的原则和依据在专门章节将有较详细的论述，这里只说明制导方式选择的原则和依据：

(1) 满足战术技术指标要求；

(2) 系统应该轻便、简单；

(3) 经济性好；

(4) 使用方便、可靠。

例如，对付近程、超低空目标可以选用光学(包括可见光、红外)自动寻的制导系统，或遥控制导系统。对付中高空、中远程的目标，如果探测系统的测量精度满足要求，则可以选用遥控制导。下列情况则不能选单一的遥控制导：射程较远、仅靠地面雷达测量不能达到精度要求或者虽能达到精度要求，但设备庞大、技术复杂、经济性差，此时应采用复合制导，即采用遥控制导＋寻的制导的方式对目标进行拦截。

7.1.3.2　设计导引规律

导引规律通常有经典导引规律与现代导引规律之分，但是它们之间没有严格的界限。某些经典导引规律目前在应用过程中也做一定的修改，而在一定条件下用现代控制理论推导的最优导引规律都是经典类型的推广。

1. 经典导引规律

经典导引规律包括追踪法、三点法、前置点(半前置点)法、平行接近法、比例导引法等。这些导引法都是建立在早期导引概念的基础上的。目前导弹大多数还是应用上面这些导引规律，不过在它们的基础上作些改进。

2. 现代导引规律

随着控制理论和计算机技术的发展，近年来各种最优或次优导引方法相继出现，并在实际控制系统设计中得到应用。这些优化的导引规律都是针对某些问题为达到所要求的目的而采用的。比如，为解决发射偏差较大时导弹能很快引入制导雷达波束中心而采用最速引入法，为达到某种位置而引入最速爬升或最速转弯，为对付机动目标或随机误差而提出的各种最优控制律，为了节省燃料而采用最佳推力等。这些导引律一般都根据不同目的选择相应的指标泛函，并使其达到最小值。

导引律选择的前提和约束如下：

(1) 武器系统的战术技术要求：① 武器系统的制导方式；② 作战空域。

(2) 测量系统的特性：① 可观测状态量；② 可探测空域和视场角。

(3) 导弹特性：① 导弹最大可用过载；② 导弹初始发射的散布度。

(4) 目标特性：① 目标机动能力；② 目标、导弹的速度比。

(5) 制导系统的要求:① 制导系统实现的难易程度;② 制导精度的要求。

(6) 费效比的估计。

经过各方面论证、计算,设计出合适的导引律。

7.1.3.3 制导系统原理结构图设计

制导系统的原理结构图是制导系统各组成部分的功能联系图,即制导过程信息流程图,是制导回路设计的基础。

设计原理结构图的依据如下:

(1) 武器系统总体方案。给出典型目标的特性、作战空域、制导方式。

(2) 根据制导方式论证制导系统的方案。这里所指的方案就是对系统组成与工作原理的设计选择,对各主要组成部分的功能划分,并提出其主要的性能指标。采用寻的制导时,则要根据目标特性和环境条件及作战空域选定导引头类型,例如选用雷达导引头、可见光导引头、红外导引头或其他类型导引头等。每一类导引头还要确定用什么波段、扫描方式、对目标信息处理要求等。

原理结构图是制导系统方案的进一步具体化,是推导制导系统数学模型的依据,因此制定原理结构图是制导系统设计的一项重要工作,要做好这项工作应做到:

(1) 制导系统的原理方案与制导系统的结构原理图一致。

(2) 原理结构图应包括参与制导和控制过程的所有硬件设备,如制导用测量设备、指令形成设备、指令传输、稳定控制回路的设备等。

(3) 原理结构图要明确全部输入 / 输出关系,按信号流程,结构图中的上一个框图输出就是下一个框图的输入,且其物理量相同,如果不相同则要增加转换环节,转换可有以下几种含义:① 运动学关系的转换,如弹体运动环节的输入是舵偏角,输出是加速度,但测量系统测得的信息可能是位置或某种相对角度,这两个环节之间需要转换;② 坐标转换,就是两个不同坐标系间信息传递时所需要的转换;③ 物理量之间的转换,如非电量变为电量,模拟量变为数字量;④ 单位之间的变换等。

(4) 制导系统是闭环系统,通常输入是目标状态,输出是导弹状态,二者作为指令形成装置的输入。在某些情况下,为专门研究某信号(如某种干扰) 对系统某参量的影响可以作结构图变换,把该信号作输入,所考虑的参量作输出。

(5) 结构图的制定由简到繁,首先画原理框图,再依据设计的进展情况逐渐细化,直到把每一块中参与制导的各主要组成部分都画出来。结构图并不是越细越好,系统过于复杂不易分析问题。研究不同问题时还应对系统框图进行相应简化,就是根据各部分对所研究问题的影响程度作简化。

7.1.3.4 精度设计

制导系统应把导弹引导到目标“附近”,最好是直接命中,但并不是在所有情况下都能做到直接命中,通常有一定的误差,就是说总是以一定的概率落入目标为中心、半径为 R 的误差圆内。如何能保证以给定的概率落入这个圆,就是精度设计的任务。

精度设计首先要依据武器系统设计方案的要求,主要有:

(1) 误差圆的大小，它决定于战斗部的威力半径和目标的尺寸；

(2) 单发落入误差圆的概率，它决定于单发杀伤概率的要求和对一个目标发射的导弹数；

(3) 制导系统所受到的各种干扰特性；

(4) 制导系统方案。

精度设计工作往往要经过若干次循环，直到经过靶场试验的检验修正设计才能解决得比较好。系统各部分在没有设计、生产出来或没有经过靶场试验时，许多误差源的性质和量级大小都不准确，因此开始计算时精度本身就存在偏差。为满足系统的精度要求，有时还得攻克一些精度难关，或者对各部件的精度要求进行调整。精度设计的主要工作有：

(1) 收集和分析制导系统所有组成部分的误差源，包括各种干扰、测量误差、控制原理误差、计算误差等。

(2) 计算所有误差源对命中精度的影响，并把所有误差按一定规律进行合成，以求得落入给定误差圆的概率。

(3) 研究提高精度的途径。

(4) 对制导系统各部分提出精度要求。

7.1.4　制导系统设计的基本阶段

理论研究时，制导系统的总体设计可分为以下几个阶段。

第一阶段：首先近似研究导弹在采用各种不同导引规律时的运动，在这里广泛地使用弹道特性的运动学研究、导弹的飞行是理想地执行着导引的条件，制导系统简化为静态方程。这一阶段要确定理想弹道，拟定出导弹结构参数的一些主要要求，这是很近似的分析。

第二阶段：研究整个制导系统方程组 —— 导弹动力学方程、运动学方程和控制系统方程，这时已考虑到导弹旋转运动的惯性和制导系统动力学。此外，还考虑到在确定基准运动时所没考虑的一切干扰，这些干扰可能是给定的已知时间函数，或者是时间的随机函数。制导系统方程组通常是将导弹的实际运动参数相对于第一阶段中已确定基准运动的小偏差加以线性化，得到了变系数线性微分方程组，然后采用一种近似分析方法 —— 系数冻结法，将一个变系数问题分解为多个常系数问题加以研究，即根据多条典型弹道上某些特征点（如起控时刻、抛掉助推器、速度最大或最小、失稳、导引头停止工作等典型工作状态及某些中间状态）参数，作为常系数，去分析制导系统中各个环节的参数随时间变化的规律。

第三阶段：考虑所有外界干扰的作用，同时还考虑到制导系统的主要非线性对系统工作的影响，最后根据系统的准确度选择系统的主要参数。

对于一个具有严重非线性特性的制导系统的统计分析，习惯使用的方法是蒙特卡罗法。在此法中，对于导弹制导系统这个非线性模型，施加不同的随机选择的初始条件和根据给定的典型统计量而形成的随机强迫作用，进行大量的数字仿真，为得到真实系统变量统计量的估值提供了基础。但是，这种方法需要消耗大量的计算机时间。近年来，人们又研究出了一些更为有效的方法，如协方差分析描述函数法(*CADET*)。这种方法是用来直接确定具有随机输入的非线性系统的统计特性的一种方法，这种方法的主要优点是可以大大节省计算机的运算时间。

7.2 导引规律

导引规律就是描述导弹在向目标接近的整个过程中应满足的运动学关系，如果导引规律选择得合适，就能改善导弹的飞行特性，充分发挥导弹武器系统的战斗性能。因此，选择合适的导引规律或改善导引规律存在的某些问题并寻找新的导引规律是导弹设计的重要课题之一。而分析各种导引规律的优、缺点是制导系统设计的基础，本节给出导引规律选择的基本要求并简要研究一些典型导引规律的特点。

7.2.1 导引规律选择的基本要求

在选择导引规律时，需要从导弹的飞行性能、作战空域、技术实施、导引精度、制导设备、战斗使用等方面的要求进行综合考虑。

(1) 弹道上(尤其在命中点附近) 需用过载要小。

过载是弹道特性的重要指标。要求在整个弹道上需用法向过载不超过可用法向过载，特别是在弹道末段或在命中点附近。需用法向过载小，一方面可以提高导引精度、缩短导弹命中目标所需的航程和时间，进而扩大导弹作战空域；另一方面可用法向过载可以相应减小，这对于用空气动力进行控制的导弹来说，升力面面积可以缩小，相应地导弹的结构质量可以减轻。如果考虑到导弹在实际飞行过程中存在着各种干扰，则在设计导弹时还应留有一定的过载余量，总之要求导弹的可用法向过载应该满足

$$n_p \geqslant n_R + \Delta n_1 + \Delta n_2$$

式中 n_p—— 导弹的可用法向过载；

n_R—— 导弹的需用法向过载；

Δn_1—— 导弹为消除随机干扰所需的法向过载余量；

Δn_2—— 导弹为消除系统误差及非随机干扰等因素所需的法向过载余量。

(2) 具有在尽可能大的作战空域内摧毁目标的可能性。

空中活动目标的高度和速度可在相当大的范围内变化。在选择导引规律时，应考虑目标参数的可能变化范围，尽量使导弹在较大的作战空域内攻击目标。对于空空导弹来说，所选择的导引规律应使导弹具有全向攻击的能力，对于地空导弹来说，不仅能迎击，而且还能尾追和侧击。

(3) 应保证目标机动对导弹弹道(特别是末段弹道) 的影响最小，这将有利于提高导弹导向目标的精度。

(4) 抗干扰性能好。

目标为逃避导弹的攻击，常释放干扰来破坏对目标的跟踪，因此，所选择的导引规律应在目标施放干扰的情况下具有对目标进行顺利攻击的可能性。

(5) 在技术实施上应是简易可行。

所选择的导引规律需测量的参量应尽可能少，且测量简单、可靠，不应使计算装置过于庞杂。

7.2.2　三点法

三点法导引是指导弹在攻击目标的导引过程中，导弹始终处于制导站与目标的连线上，常用于遥控制导导弹。如果观察者从制导站上看目标，目标的影像正好被导弹的影像所覆盖，因此，三点法又称目标覆盖法或重合法，如图 7.3 所示。

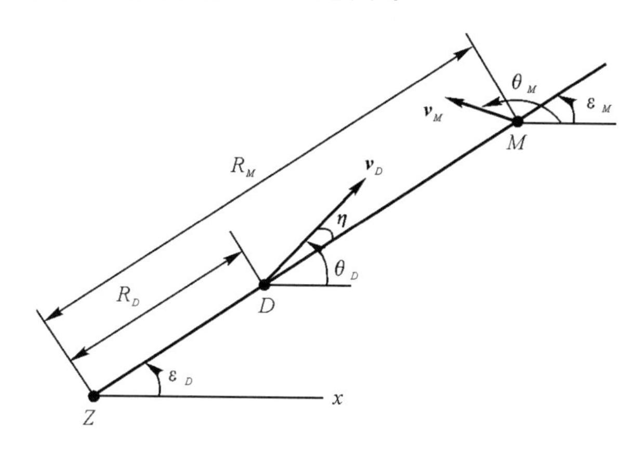

图 7.3　三点法示意图

由于制导站与导弹的连线 ZD 和制导站与目标的连线 ZM 重合在一起，所以三点法的导引关系方程为

$$\varepsilon_D = \varepsilon_M$$

技术上实现三点法很容易，例如，反坦克导弹是射手借助光学瞄准具进行目视跟踪目标，并控制导弹时刻处在制导站与目标的连线上；地空导弹是用一根雷达波束既跟踪目标，同时又制导导弹，使导弹始终在波束中心线上运动，如果导弹偏离了波束中心线，则制导系统就会发出指令，控制导弹回到波束中心线上来。

三点法导引最显著的优点就是技术实施简单，抗干扰性能好，因此它是遥控制导导弹常用的导引方法之一。但是三点法导引也存在明显的缺点：

(1) 在迎击目标时越是接近目标，弹道越弯曲，需用法向过载越大，命中点的需用法向过载最大，这对攻击高空和高速目标很不利。因为随着高度增加，空气密度迅速减小，由空气动力所提供的法向力也大大下降，使导弹的可用法向过载减小，又由于目标速度大，导弹的需用法向过载也相应增大，这样，在接近目标时可能出现导弹的可用法向过载小于需用法向过载而导致导弹脱靶的情况。

(2) 导弹在实际飞行中，由于导弹及制导系统的各个环节都是有惯性的，不可能瞬时地执行控制指令，由此，将引起所谓动态误差，导弹将偏离理想弹道飞行。理想弹道越弯曲(即法向过载越大)，引起的动态误差就越大。为了消除误差，需要在指令信号中加入动态信号予以校正。在三点法导引中，为了形成补偿信号，必须测量目标机动时的坐标及其一阶和二阶导数。由于来自目标的反射信号有起伏现象，以及接收机有干扰等原因，致使制导站测量的坐标不准确，如果再引入坐标的一阶和二阶导数，就会出现更大的误差，结果使形成的补偿信号不准确，甚至不易形成。因此，在三点法导引中，由于目标机动所引起的动态误差难以补偿，而会形成偏离波束中心线十几米的动态误差。

(3) 导弹按三点法导引迎击低空目标时，其发射角很小，导弹离轨后就可能有下沉现象，在初始段弹道低的情况下，若又存在较大下沉，则会引起导弹碰地而导致发射失败。为了克服这一缺点，有的地空导弹在攻击低空目标时，采用了小高度三点法，其目的是提高初始段弹道的高度。

7.2.3 前置点法

三点法导引的主要缺点是理论弹道的曲率大，当目标角速度 $\dot{\varepsilon}_M$ 较大时，要求导弹有较大的机动能力，否则导弹就不能沿理论弹道飞行，最后很难命中目标。为了克服这一缺点，要求理论弹道比较平直一些。如用前置点法导引，弹道就比较平直一些。

如图 7.4 所示，假设在导弹发射瞬间目标在 M_0 点。如果目标从 M_0 点飞到 M_Z 点的时间与导弹飞到 M_Z 点的时间相同，则在导弹发射时，让导弹向着 M_Z 点的方向飞行，当目标飞到 M_Z 点时，导弹也正好飞到 M_Z 点，这是很理想的导引方案。从图 7.4 可看出，导弹速度向量 $\boldsymbol{v}_D$ 不是指向目标，而是提前一个角度 η，指向 M_Z 点。这样一来，制导站、导弹和目标三者不在一条直线上。在发射瞬间，制导站与导弹的连线应比制导站与目标的连线超前一个角度 η，η 角称为前置角。如果能预先准确地知道遭遇点 M_Z 的位置，导弹可按直线弹道飞向 M_Z 点。实际上不能预先准确地知道遭遇点 M_Z 的位置，只能粗略地估算 M_Z 的位置。因此，导弹飞行路线不可能是一条直线，只能接近于一条直线。我们可以做到末端弹道尽量平直，这就是前置点法的基本优点。

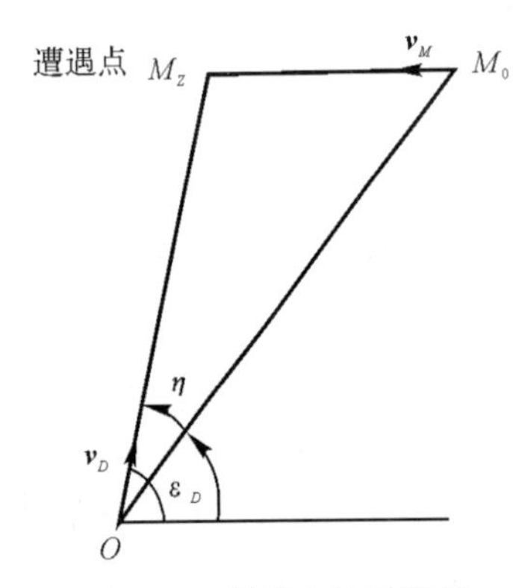

图 7.4 前置点法示意图

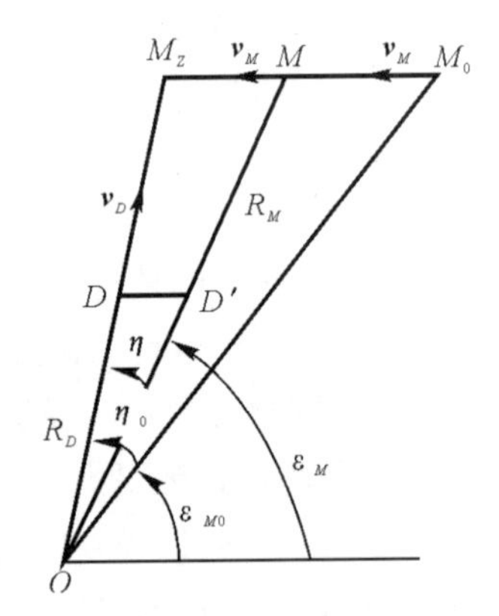

图 7.5 前置角的确定

用前置点法导引，关键是怎样计算前置角 $\eta(t)$。下面讨论 $\eta(t)$ 的近似计算法。前置角 $\eta(t)$ 是制导站到导弹的连线 OD 与制导站至目标的连线 OM 之间的夹角。如图 7.5 所示，从制导站 O 点来看，目标线 OM 以角速度 $\dot{\varepsilon}_M$ 旋转，制导站与导弹的连线 OD 保持不动。因此，前置角 $\eta(t)$ 是一变量，随着目标的运动不断地改变着。在图 7.5 中，假定在 t 时刻，目标在位置 M，导弹在位置 D。R_D 为制导站至导弹的距离(OD)，R_M 为制导站至目标的距离(OM)。如按三点法导引，导弹应在位置 D'，按前置点法导引，导弹在位置 D。从制导站 O 来看，导弹至遭

遇点 M_Z 的距离可近似写成

$$DM_Z \approx R_M - R_D \approx \Delta R \tag{7.1}$$

式中，ΔR 为导弹至目标的距离；R_M 和 R_D 都可由雷达站给出，因此 ΔR 是可以知道的。对 ΔR 进行微分可得导弹与目标的接近速度 $\Delta\dot{R}$。利用 ΔR 和 $\Delta\dot{R}$，可以粗略地算出导弹从 D 点到遭遇点 M_Z 所需的飞行时间 Δt，Δt 可用下式表示：

$$\Delta t \approx \frac{\Delta R}{\Delta\dot{R}} \tag{7.2}$$

前置角 $\eta(t)$ 是在 Δt 时间内，目标线从 OM 位置转到 OM_Z 位置所转过的角度，即 $\angle MOM_Z$。目标线 OM 的旋转角速度 $\dot{\varepsilon}_M$ 可由雷达站给出。在 Δt 时间内假定 $\dot{\varepsilon}_M$ 的变化很小(事实上也是这样)，在 Δt 时间内，目标线 OM 转过的角度 $\eta(t)$ 可近似地用下式来表示：

$$\eta(t) = \dot{\varepsilon}_M \Delta t = \dot{\varepsilon}_M \frac{\Delta R}{\Delta\dot{R}} \tag{7.3}$$

$\eta(t)$ 即为前置角的粗略值。在式(7.3)中，ε_M 采用t时刻的$\dot{\varepsilon}_M(t)$ 值。因此，利用雷达站给出的 R_M，R_D，$\dot{\varepsilon}_M$ 以及 ΔR 和 $\Delta\dot{R}$，可按式(7.2)粗略地估算前置角 $\eta(t)$。从式(7.3)可看出，在导弹发射瞬间，$\Delta R = R_M - R_D = R_M - 0 = R_M$，此时前置角为最大。当导弹与目标遭遇时，$\Delta R = R_M - R_D = R_M - R_M = 0$，故 $\eta(t) = 0$。导弹发射时前置角最大，逐渐减小；导弹与目标遭遇时，前置角等于零。由于在发射时前置角比较大，可能达到 20° 左右，这样要求雷达有较大的扫描范围。所以一般不采用前置点法，而采用半前置点法。

所谓半前置点法，就是把前置角 η^* 取成前置角 η 的 1/2，即

$$\eta^* = \frac{1}{2}\eta = \frac{1}{2}\frac{\Delta R}{\Delta\dot{R}}\dot{\varepsilon}_M = \frac{\Delta R}{2\Delta\dot{R}}\dot{\varepsilon}_M \tag{7.4}$$

在半前置点法中，不包含影响导弹命中点法向过载的目标机动参数 $\dot{\theta}_M$，$\dot{v}_M$，这样就减小了动态误差，提高了制导精度。

7.2.4　追踪法

所谓追踪法是指导弹在攻击目标的导引过程中，导弹的速度矢量始终指向目标的一种导引规律。这种方法要求导弹速度矢量的前置角 η 始终等于零。因此，追踪法导引关系方程为

$$\varepsilon = \eta = 0$$

追踪法是最早提出的一种导引规律，技术上实现追踪法导引是比较简单的。例如，只要在弹内装一个"风标"装置，再将目标位标器安装在风标上，使其轴线与风标指向平行，由于风标的指向始终沿着导弹速度矢量的方向，若目标影像偏离了位标器轴线，显然，导弹速度矢量没有指向目标，此时就形成制导指令，使偏差消除，从而实现追踪法导引。由于追踪法导引在技术实施方面比较简单，部分空地导弹、激光制导炸弹采用了这种导引规律。然而追踪法导引弹道特性存在严重的缺点，因此目前应用很少。

追踪法导引的优点是实现简单。它的主要缺点是导弹的相对速度落后于目标线，总要绕到目标的正后方去攻击，需用法向过载较大。

7.2.5 比例导引法

1. 比例导引方程

比例导引法是指导弹在攻击目标的导引过程中，导弹速度矢量的旋转角速度与目标瞄准线的旋转角速度成比例的一种导引方法。比例导引关系方程为

$$\varepsilon = \frac{\mathrm{d}\sigma}{\mathrm{d}t} - K\frac{\mathrm{d}q}{\mathrm{d}t} = 0$$

式中，K 为比例系数。

对上式积分，就可以得到比例导引关系方程的另一种表达形式

$$\varepsilon = (\sigma - \sigma_0) - K(q - q_0) = 0$$

2. 比例导引系数 K 的选择原则

比例系数 K 的大小直接影响弹道特性，影响导弹能否直接命中目标。选择合适的 K 值除考虑这两个因素外，还需考虑结构强度所允许的承受过载的能力，以及制导系统能否稳定地工作等因素。

(1) K 值的下限应满足 $\dot{q}$ 收敛的条件。$\dot{q}$ 收敛使导弹在接近目标的过程中目标线的旋转角速度 $|\dot{q}|$ 不断减小，相应的过载也不断减小。$\dot{q}$ 收敛的条件为

$$K > \frac{2|\dot{r}|}{v\cos\eta}$$

这就限制了 K 的下限值。由上式可知，从不同方向攻击目标，$|\dot{r}|$ 值是不同的，K 的下限值也不相同，这就要依据具体情况选取适当的 K 值，使导弹从各个方向攻击的性能都能适当照顾，不至于优劣悬殊；或者只考虑充分发挥导弹在主攻方向上的性能。

(2) K 值受可用法向过载的限制。K 的上限值如果取得过大，由 $n = \frac{Kv\dot{q}}{g}$ 可知，即使 $\dot{q}$ 值不太大，也可能使需用过载很大。导弹在飞行过程中若需用法向过载超过可用法向过载，则导弹将不能沿比例导引弹道飞行。因此，可用法向过载限制了 K 的上限值。

(3) K 值应满足制导系统稳定工作的要求。如果 K 值选得太大，外界干扰对导弹飞行的影响将明显增大。$\dot{q}$ 的微小变化将引起 $\dot{\sigma}$ 的很大变化，从制导系统能稳定地工作出发，K 值的上限要受到限制。

综合考虑上述因素，才能选择出一个合适的 K 值。它可以是个常数，也可以是个变数。

3. 比例导引规律的优、缺点

比例导引规律的优点：在满足 $K > \frac{2|\dot{r}|}{v\cos\eta}$ 的条件下，$|\dot{q}|$ 逐渐减小，弹道前段较弯曲，能充分利用导弹的机动能力；弹道后段较为平直，使导弹具有较富裕的机动能力；只要 K，η_0，q_0，p 等参数组合适当，就可以使全弹道上的需用法向过载均小于可用法向过载，因而能实现全向攻击。因此，比例导引规律得到了广泛的应用。

比例导引规律的缺点：命中目标时的需用法向过载与命中点的导弹速度和导弹的攻击方向有直接关系。

为了消除前述比例导引规律的缺点，以改善比例导引特性，可采用其他形式的比例导引规律。例如，采用需用法向过载与目标线旋转角速度成比例的导引规律，即

$$n = K_1 \dot{q}$$

或

$$n = K_2 \mid \dot{r} \mid \dot{q}$$

式中，K_1，K_2 为比例系数。

常把这种导引规律称为广义比例导引规律。

4. 广义比例导引法的最佳性

上面给出了广义比例导引法的一般形式如下：

$$n = N' \dot{R} \dot{q}$$

式中，N' 为比例导引常数，亦称导航比。

下面进行广义比例导引律的最佳性推导，首先给出如下假设：

(1) 仅研究导弹和目标在垂直于视线方向上的运动，而不考虑它们沿视线的运动分量，这样求得的控制指令为“横向控制”指令。

(2) 假设 $\dot{R}$ 为常数，这样，若导弹飞行时间为 t_f，则导弹-目标相对距离为

$$R = \dot{R}(t_f - t) \tag{7.5}$$

在同一平面内导弹和目标的相对运动如图 7.6 所示。

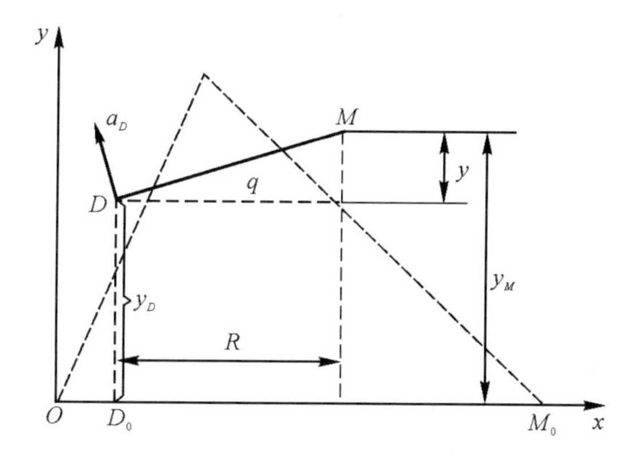

图 7.6　在同一平面内导弹和目标的相对运动

(3) 忽略目标在垂直于视线方向上的加速度及制导系统的惯性的影响，这样，即可得

$$\frac{d^2 y_M}{dt^2} = 0$$

$$\frac{d^2 y_D}{dt^2} = a_D = u_c$$

式中　a_D —— 导弹的横向加速度；

u_c —— 加于自动驾驶仪的横向控制指令(加速度指令)。

在上述假设下，建立最佳控制问题的数学模型。依图 7.6，有

$$y = y_M - y_D$$

并取 $y(t_f)=y_{t_f}$ 之值为终点脱靶量。将上式对时间 t 取二阶微分,可得

$$\frac{\mathrm{d}^2 y}{\mathrm{d}t^2}=-u_c \tag{7.6}$$

方程之初始条件为

$$y(0)=y_0,\dot{y}(0)=\dot{y}_0$$

要求终点脱靶量为零,即

$$y(t_f)=0 \tag{7.7}$$

最佳性能指标取为

$$J=\int_0^{t_f} u_c^2(t)\mathrm{d}t \tag{7.8}$$

方程式(7.6)、约束条件式(7.7)、指标函数式(7.8)即为所求的最佳控制问题的数学模型,解此问题,即可求得最佳控制指令 u_c。解法如下。

在给定初始条件下,解方程式(7.6)可得

$$y(t)=y_0+\dot{y}_0(t)-\int_0^t (t-\xi)u_c(\xi)\mathrm{d}\xi \tag{7.9}$$

考虑到条件式(7.7),当 $t=t_f$ 时,有

$$\int_0^{t_f}(t_f-\xi)u_c(\xi)\mathrm{d}\xi=y_0+\dot{y}_0 t_f \tag{7.10}$$

依 Schwartz 不等式,此式左端积分满足不等式

$$\left[\int_0^{t_f}(t_f-\xi)u_c(\xi)\mathrm{d}\xi\right]^2\leqslant\int_0^{t_f}(t_f-\xi)^2\mathrm{d}\xi\int_0^{t_f}u_c^2(\xi)\mathrm{d}\xi$$

欲使品质指标式(7.8)达到极小值,应使

$$u_c(t)=K(t_f-t) \tag{7.11}$$

因为此 $u_c(t)$ 带入后,可使不等式变为等式。将式(7.11)带入式(7.10)可得

$$K=\frac{3}{t_f^3}(y_0+\dot{y}_0 t_f) \tag{7.12}$$

因此

$$u_c(t)=\frac{3(y_0+\dot{y}_0 t_f)}{t_f^3}\cdot(t_f-t) \tag{7.13}$$

在实际使用式(7.13)计算制导指令时,总认为当前时刻为 $t=0$,这样求得的 $u_c(0)$ 适用于当前时刻起的一个短时间段中,直到下次再重复计算为止。下次计算时,仍认为当前时刻 $t=0$。因而实际使用的制导指令是 $u_c(0)$,故得

$$u_c=u_c(0)=\frac{3\dot{R}}{\dot{R}t_f^2}(y_0+\dot{y}_0 t_f) \tag{7.14}$$

当 q 角较小时,有

$$\dot{q}=\frac{y_0+\dot{y}_0 t_f}{\dot{R}t_f^2} \tag{7.15}$$

将式(7.15)带入式(7.14)可得

$$u_c=N'\dot{R}\dot{q} \tag{7.16}$$

此处 $N'=3$。这样便证明了广义比例导引律是最优导引规律。

7.2.6　现代导引规律

有关导弹制导的分析研究和实现的文章可追溯到 20 世纪 40 年代，这些早期的概念，通常称作经典制导理论，7.2.2 节 ～ 7.2.5 节讲到的导引律都属于经典导引律，只要导弹和目标相对速度以及相对方位的某些假设条件成立，则经典导引律仍旧适用。

然而，从目前发展趋势来看，当与 20 世纪 90 年代以及以后的目标作战时，现在武器系统的性能远远满足不了要求。可以肯定现在正在广泛使用的制导律，对付这些威胁是不适合的。因此，建立在现代控制理论和对策理论上的制导规律得到了大量的研究，这些制导律被称为现代制导律。它主要包括线性最优、自适应制导、微分对策及后期发展起来的神经网络制导等。下面着重介绍线性最优制导律。

最优线性制导规律是现代控制理论在导弹制导系统的应用成果之一。因为最优线性制导规律能考虑到目标机动和导弹自动驾驶仪的动力学特性，这是经典比例导引规律不能做到的。

最优线性制导规律可用多种方法得到，这里将用简洁的方法给出最优线性规律的具体公式。为此，假设目标仍作常值加速度 $\ddot{y}_t$ 的机动，导弹-自动驾驶仪动力学模型近似为带宽为 ω 的一阶延迟环节。

$$\frac{n}{n_c}=\frac{\omega}{s+\omega} \tag{7.17}$$

将 n_c 控制指令作为导弹-目标相对运动中的一个控制量，那么容易建立起导弹-目标相对运动的线性控制状态方程

$$\left.\begin{aligned}\frac{\mathrm{d}y}{\mathrm{d}t}&=\dot{y}\\ \frac{\mathrm{d}\dot{y}}{\mathrm{d}t}&=\ddot{y}_t-n\\ \frac{\mathrm{d}\ddot{y}_t}{\mathrm{d}t}&=0\\ \frac{\mathrm{d}n}{\mathrm{d}t}&=-\omega n+\omega n_c\end{aligned}\right\} \tag{7.18}$$

约束边界条件：

$$y(t_f)=0 \tag{7.19}$$

性能指标取

$$J=\frac{1}{2}\int_0^{t_f} n_c^2\,\mathrm{d}t \tag{7.20}$$

这样式(7.18) ～ 式(7.20) 是典型的线性二次型最优控制问题(二次型相关知识见附录 3)，求解可得

$$n_c=\frac{N}{t_{\mathrm{go}}^2}\left[y+\dot{y}t_{\mathrm{go}}+\frac{1}{2}\ddot{y}_t t_{\mathrm{go}}^2+\frac{n}{\omega}(\mathrm{e}^{-T_1}+T_1-1)\right] \tag{7.21}$$

$$t_{\mathrm{go}}=t_f-t \tag{7.22}$$

$$T_1=\omega t_{go} \tag{7.23}$$

$$N=\frac{6T_1^2(e^{-T_1}+t_1-1)}{2T_1^3-6T_1^2+6T_1+3-12T_1e^{-T_1}-3e^{-2T_1}} \tag{7.24}$$

很显然，如果不考虑导弹-自动驾驶仪动力学，则式(7.21)就成为推广的比例导引律

$$n_c=\frac{3}{t_{go}^2}\left[y+\dot{y}t_{go}+\frac{1}{2}\ddot{y}_t t_{go}^2\right] \tag{7.25}$$

如果又不考虑机动，则进一步简化为经典的比例导引律

$$n_c=\frac{3}{t_{go}^2}[y+\dot{y}t_{go}] \tag{7.26}$$

7.2.7 导引规律的性能比较

在制导系统中要把比例导引方法和最优制导规律作一全面的比较，似乎有困难，因为条件、要求是不同的。下面用统一的系统模型，对上述几节中所叙述的导引规律，以拦截目标时的均方根脱靶距离为性能要求，就几个主要参数，如导弹加速度饱和、目标机动、自动驾驶仪的时间常数等几个方面作性能比较，以说明最优制导规律应用的范围。

图 7.7 所示为用作导引规律性能比较的系统简化模型。

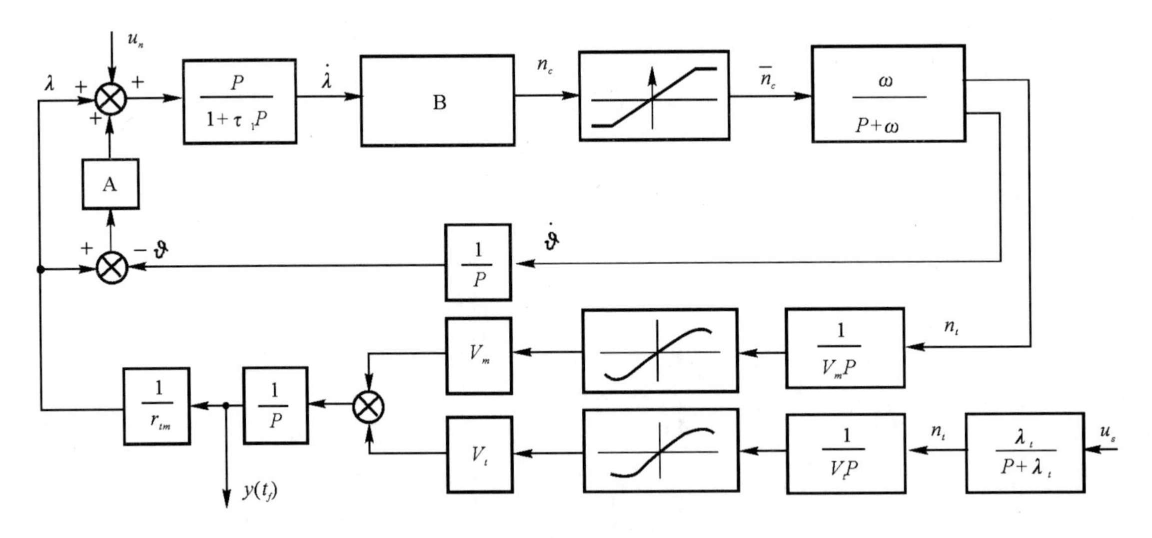

图 7.7　系统的简化模型

图中的参数假设：$\tau_1=0.1$ s，$\omega=10$ Hz，$\lambda_t=0.2$ Hz，$\beta=6g$，$V_t=330$ m/s，$V_m=1\ 000$ m/s，$V_t=1\ 200$ m/s。

对比如下两种制导律：

A—— 比例导引规律加低通滤波器；

B—— 最优线性制导规律加卡尔曼滤波器。

这样，目标机动带宽 λ_t 与脱靶量之间的关系如图 7.8 所示。

图 7.9 所示为在不同制导规律下，目标的均方根加速度 β 与脱靶量之间的关系。

图 7.10 所示为在不同制导规律下，导弹加速度限幅 n_{max} 与均方根脱靶量之间的关系。

图 7.11 所示为在不同制导规律下，导弹 / 自动驾驶等效时间常数与均方根脱靶量间的关系。

制导规律与天线罩瞄准线误差的关系，在一般情况下，对同样的误差值 A_ε，最优线性制导规律可以比比例导引规律得到较小的脱靶量，这可从图 7.12 中看出。

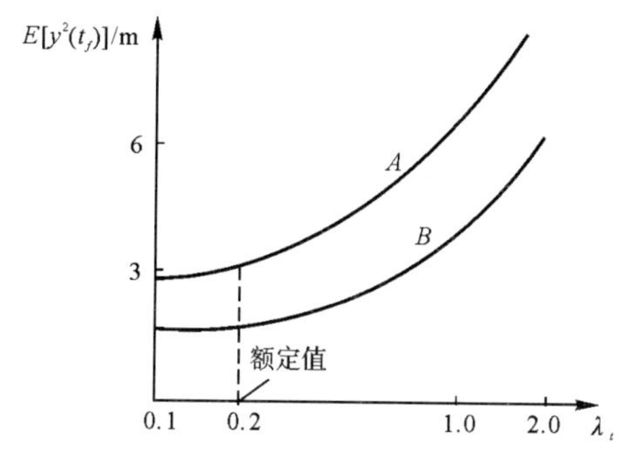

图 7.8　λ_t 与脱靶量 $E[y^2(t_f)]$ 间的关系

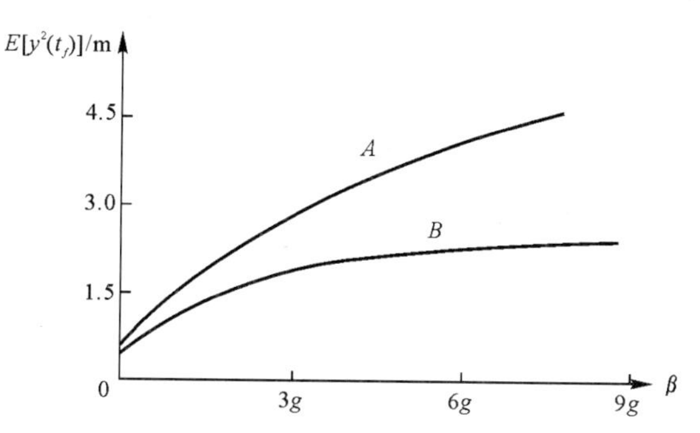

图 7.9　β 与脱靶量 $E[y^2(t_f)]$ 间的关系

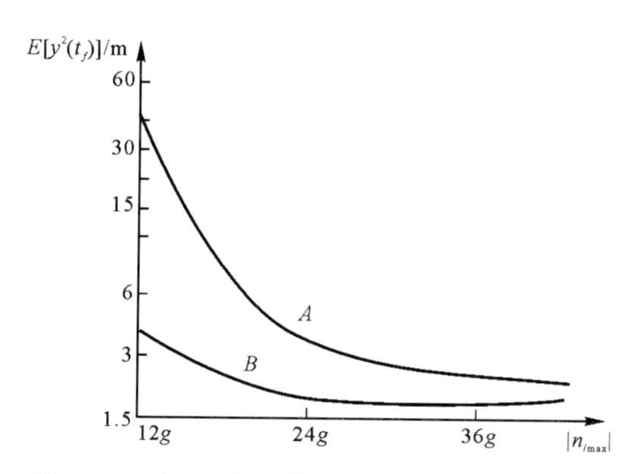

图 7.10　$|n_{max}|$ 与脱靶量 $E[y^2(t_f)]$ 间的关系

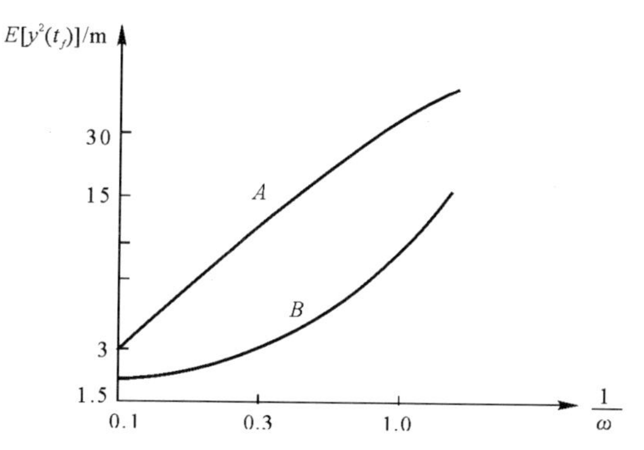

图 7.11　$\frac{1}{\omega}$ 与脱靶量 $E[(y^2(t_f))]$ 间的关系

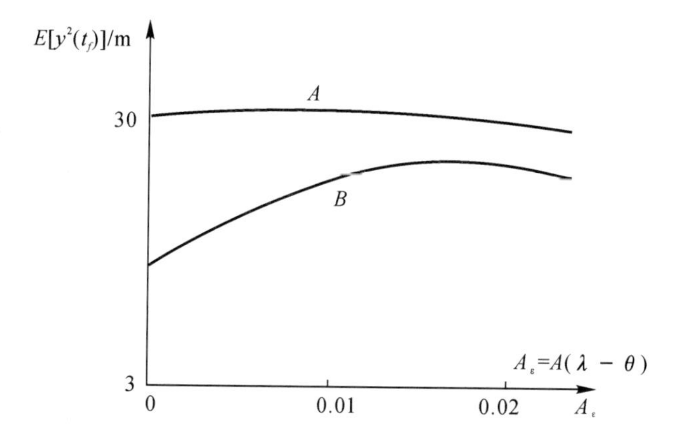

图 7.12　A_ε 与脱靶量 $E[y^2(t_f)]$ 间的关系

在所得到的最优线性制导规律中需要用到飞行剩余时间 t_{go}，它的估值准确性对控制增益的准确性有较大的影响，从而影响到脱靶量的大小。当飞行剩余时间 t_{go} 用线性估值 $\hat{t}_{go}=At_{go}+B$ 来近似时，一般取 $A=(0.7\sim1.3)\}$，$B=(0\sim0.2)$，那么制导规律 B 才能比 A 有较好的脱靶量，否则制导规律 A 就比制导规律 B 的脱靶量要小。

7.3 导弹制导系统解析分析方法

在整个制导系统的设计过程中，制导系统的分析主要用在两个地方：① 在系统方案设计时，用于不同制导方案间的分析比较，以帮助方案的选择；② 在制导系统设计的第三阶段进行精度分析，以研究系统的统计特性，对制导系统进行性能评估。

系统分析的方法主要有两种：

(1) 解析分析法：常用于系统设计时方案的选择；

(2) 仿真分析法：常用于系统性能评定。

下面重点讨论两种近似解析分析方法。一种是时域近似分析法，它可获得简化系统的通解，从中可以近似了解系统的时间响应与参数的相互关系。另一种是频域近似分析法，它可获得“参数固化”和线性化条件下制导系统的频率特性，对了解制导系统的频带、稳定控制系统对制导系统的影响以及制导系统的稳定裕度等有很大意义。

7.3.1 时域近似分析法

这里研究的分析方法，是基于分析制导系统经简化了的微分方程组的精确解。用这样的方法分析不可能给出精确的定量上的结果，它的重要优点是获得通解。

简化后的制导系统计算结构图如图 7.13 所示。其中弹体动力学稳定回路和导引头回路用一惯性环节来近似，$n(t)$ 为导引头噪声输入。

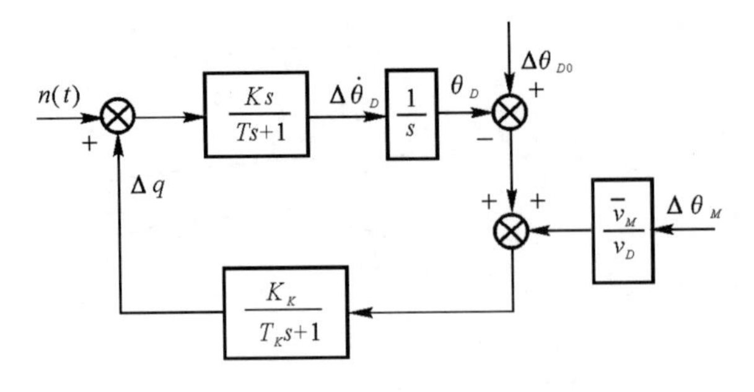

图 7.13 简化的制导系统计算结构图

根据上述简化的计算结构图：

$$K_K=-\bar{v}_D/\dot{R},T_K=R/\dot{R} \tag{7.27}$$

因而有

$$R\Delta\dot{q}+\dot{R}\Delta q=-\bar{v}_D\Delta\theta_D+\bar{v}_M\Delta\theta_M \tag{7.28}$$

导引头和稳定回路方程为

$$T\Delta\theta_D+\Delta\theta_D=K\Delta\dot{q}+K\dot{n}(t) \tag{7.29}$$

式中假定：

$$\bar{v}_D=v_D\cos(q_0-\theta_{D0})\approx \text{const}$$

$$\bar{v}_M=v_M\cos(q_0-\theta_{M0})\approx \text{const}$$

$$\dot{R}=\bar{v}_D-\bar{v}_D\approx \text{const}$$

$$R=R_0+\dot{R}t$$

从方程中消去所有中间变量可得

$$RT\Delta\ddot{q}+(R+3\dot{R}T)\Delta\ddot{q}+(K\bar{v}_D+2\dot{R})\Delta\dot{q}=\bar{v}_M(T\Delta\ddot{\theta}_M+\Delta\theta_M)+K\bar{v}_D\dot{n}(t) \tag{7.30}$$

上式起始条件为 $t_0=0$ 时，$\Delta q=\Delta q_0$

$$\Delta\dot{q}=\Delta\dot{q}_0$$

$$\Delta\ddot{q}=\Delta\ddot{q}_0$$

为了方便起见，引入符号 $y=\Delta\dot{q}$，则方程(7.30)改写成

$$RT\ddot{y}+(R+3\dot{R}T)\dot{y}+(K\bar{v}_D+2\dot{R})y=\bar{v}_M(T\Delta\theta_M+\Delta\dot{\theta}_M)+K\bar{v}_D x(t) \tag{7.31}$$

当 $t=0$ 时，$y=y_0=\Delta\dot{q}_0$

$$y'=\dot{y}_0=\Delta\ddot{q}_0$$

假定目标作等过载飞行，即

$$\Delta\dot{\theta}_M=\Delta\dot{\theta}_{M_0}=\text{const}$$

$$\Delta\theta_M=0$$

为了简化方程式，改换独立变量，引入无因次时间 τ：

$$\tau=-R/\dot{R}T=(R_0+\dot{R}t)/\dot{R}T=(R_0-ct)/cT=R/cT-t/T \tag{7.32}$$

其中 $c=-\dot{R}=\bar{v}_D-\bar{v}_M$，$c>0$，对应于导弹接近目标的速度大小。$R_0$ 表示导弹与目标的起始距离。

显然，当 $t=0$ 时，$\tau=R_0/cT$，当 $t=R_0/cT$ 时，$\tau=0$——它相当于导弹与目标的相遇瞬间。

式(7.32)的反变换则有

$$t=R_0/c-T\tau$$

则
$$\mathrm{d}y/\mathrm{d}t=\mathrm{d}y/\mathrm{d}\tau\cdot\mathrm{d}\tau/\mathrm{d}t=-\frac{1}{T}\cdot\mathrm{d}y/\mathrm{d}\tau=-1/T\cdot y'$$

$$\mathrm{d}^2y/\mathrm{d}t^2=\frac{1}{T^2}\frac{\mathrm{d}^2y}{\mathrm{d}\tau^2}=\frac{1}{T^2}y''$$

将上述关系式带入方程式(7.31)中则得

$$\tau y''+(3-\tau)y'+\left(\frac{K\bar{v}_D}{c}-2\right)y=\frac{\bar{v}_M}{c}\Delta\dot{\theta}_M+\frac{K\bar{v}_D}{T_c}n'(t) \tag{7.33}$$

其起始条件为

当 $t=0$，即 $\tau=\tau_0=\dfrac{R_0}{cT}$ 时，

$$y=y_0=\Delta\dot{q}_0$$

$$y'=y'_0=-T\Delta\ddot{q}_0$$

当令
$$N=\frac{K\bar{v}_D}{c}-2$$

则方程式(7.33)可改写成

$$\tau y''+(3-\tau)y'+Ny=\frac{\bar{v}_M\Delta\dot{\theta}_M}{c}+\frac{K\bar{v}_D}{T_c}n'(t) \tag{7.34}$$

现在得到的方程是变系数的二阶线性非齐次方程，这种方程数学上可以求得一般解。

因此对于具有下列形式的方程：

$$\tau y''+(\alpha-\tau)y'+Ny=\bar{y} \tag{7.35}$$

当 N 为正整数时，则方程的解为

$$y(\tau)=\frac{y_0 L_N(\tau)}{L_N(\tau_0)}+\frac{\tau_0^3[y'_0 L_N(\tau_0)-y_0 L'_N(\tau_0)]L_N(\tau)}{e^{\tau_0}}\cdot\int_{\tau_0}^{\tau}\frac{e^{\tau}d\tau}{\tau^2 L_N^2(\tau)}+$$
$$\frac{1}{N}\bar{y}\left[1-\frac{L_N(\tau)}{L_N(\tau_0)}+\frac{L'_N(\tau_0)\tau_0^3 L_N(\tau)}{e^{\tau_0}}\cdot\int_{\tau_0}^{\tau}\frac{e^{\tau}d\tau}{\tau^3 L_N^2(\tau)}\right] \tag{7.36}$$

对应于讨论的方程式(7.34)，当不考虑随机干扰，即 $n'(t)$ 时，公式(7.35)中有

$$\bar{y}=\frac{\bar{v}_M\Delta\dot{\theta}_M}{c}$$

不同幂的拉格尔多项式 $L_N(\tau)$，其中 $\alpha=3$，有

$L_0(\tau)=1$；

$L_1(\tau)=3-\tau$；

$L_2(\tau)=12-8\tau+\tau^2$；

$L_3(\tau)=60-60\tau+15\tau^2-\tau^3$；

$L_4(\tau)=340-480\tau+180\tau^2-24v^3+\tau^4$；等等。

从而看出，方程 $y(t)$ 是 $y_0,y'_0,\bar{y},\tau_0$ 及 τ 的函数，为了便于分析计算，将 $y(\tau)$ 表示成三个分量之和

$$y(\tau)=y_1(\tau)+y_2(\tau)+y_3(\tau)$$

第一项相当于 $\bar{y}=y'_0=0$ 的情况，即仅考虑 $y_0=\Delta q$ 的作用，而 $\Delta\theta_M=\Delta\ddot{q}=0$

$$Y_1(\tau)=\frac{y_1(\tau)}{y_0}=\frac{L_N(\tau)}{L_N(\tau_0)}-\frac{\tau_0^3 L_N(\tau)}{e^{\tau_0}}\int_{\tau_0}^{\tau}\frac{e^{\tau}d\tau}{\tau^3 L_N^2(\tau)} \tag{7.37}$$

第二项相当于 $\bar{y}=y_0=0$ 的情况，即仅考虑 $y'_0=-T\Delta\ddot{q}_0$ 的作用，而 $\Delta\dot{\theta}_M=\Delta\dot{q}=0$

$$Y_2(\tau)=\frac{y_2(\tau)}{y'_0}=\frac{\tau_0^3 L'_N(\tau_0)L_n(\tau)}{e^{\tau_0}}\int_{\tau_0}^{\tau}\frac{e^{\tau}d\tau}{\tau_3 L_N^2(\tau)} \tag{7.38}$$

第三项，仅考虑目标机动的作用，即 $\bar{y}=\Delta\dot{\theta}_M\frac{\bar{v}_M}{c}$，而 $\Delta\dot{q}=\Delta\ddot{q}=0$

$$Y_3(\tau)=\frac{y_3(\tau)}{\bar{y}}=\frac{1}{N}\left[1-\frac{L_N(\tau)}{L'_N(\tau)}+\frac{\tau_0^3 L'_N(\tau)L_N(\tau)}{e^{\tau_0}}\int_{\tau_0}^{\tau}\frac{e^{\tau}}{\tau^3 L_N^2(\tau)}d\tau\right]=$$
$$[1-y_1(\tau)]\frac{1}{n} \tag{7.39}$$

对应于式(7.37)，式(7.38)和式(7.39)，可以绘制出系统的过渡过程，这样可以阐明其过渡过程和系统主要参数"K"和"T"之间的定性关系。

对应于 $N=1$ 的 $y_1(\tau,\tau_0)$ 曲线，如图7.14所示。该图是以 $T=\frac{R_0}{c\tau_0}$ $(=0,0.1\frac{R_0}{c},\frac{R_0}{c},10\frac{R_0}{c})$

为参量的一族曲线，对应于 $N=2$ 的曲线族(见图 7.15)。

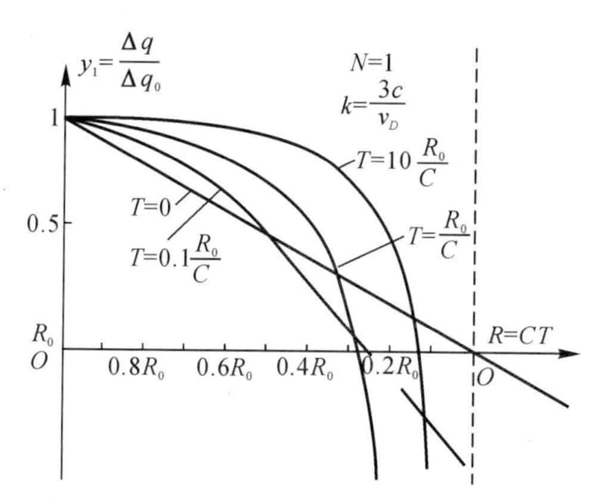

图 7.14 $y_1(t)$ 随 R 的变化曲线($N=1$)

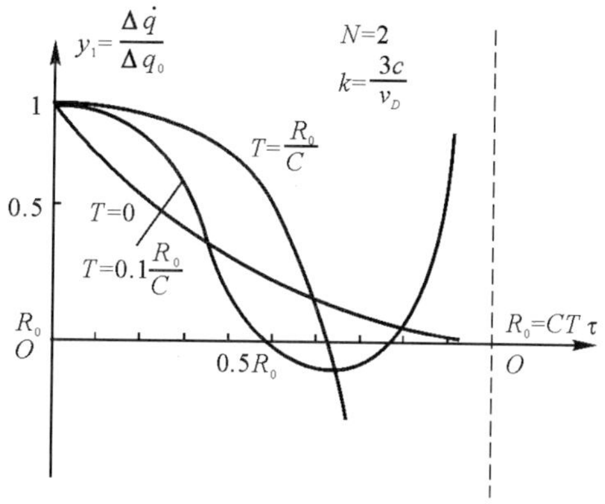

图 7.15 $y_1(t)$ 随 R 的变化曲线($N=2$)

同理，对应于一定目标机动 $\Delta\dot{\theta}_M$ 值，一定的系统时间常数 T 时，可以绘制出以 N 为参量的导引误差 $\Delta\dot{q}$ 过渡过程曲线，如图 7.16 所示。

在图 7.17 中列出了在一定起始条件($\Delta\dot{q}_0$，$\Delta\ddot{q}_0$)下，一定增益 N 将以系统时间常数 T 为参量的 $\Delta\dot{q}$ 变化曲线。

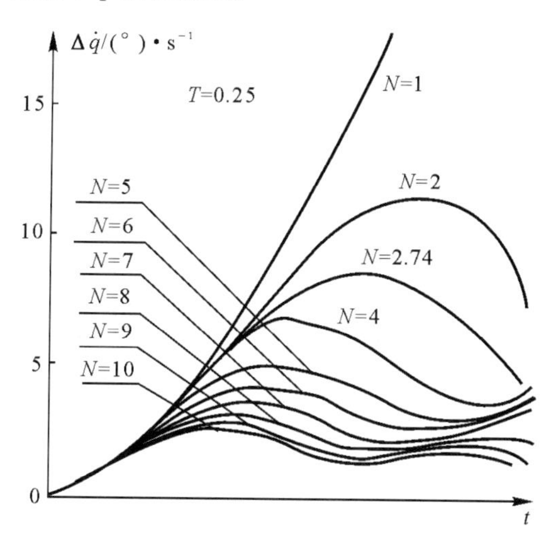

图 7.16 $\Delta\dot{q}$ 过渡过程($\Delta\theta_M\neq 0$)

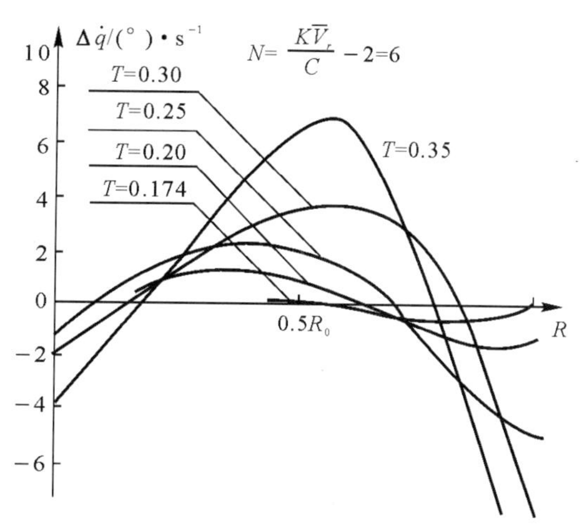

图 7.17 $\Delta\dot{q}$ 过渡过程($\Delta q_0=C$，$\Delta\dot{q}_0=C$)

在进行具体分析之前，必须搞清楚各个参数的物理意义。

其中：

N—— 系统回路的有效导航比；

T—— 系统的等效时间常数；

K—— 系统的传递系数。

因为 $N=\frac{K\bar{v}}{c}-2$，可得 $K=\frac{(N+2)c}{\bar{V}_D}$，稳态时可得

$$K=\Delta\dot{\theta}_D/\Delta\dot{q}$$

这正是导引规律($\dot{\theta}_D=K\dot{q}$)的比例导引系数。

由图7.14和图7.15可以看出，当$T\neq 0$时，系统在制导的末端将丧失稳定性，这是因为$R\to 0$时，$\Delta\dot{q}$开始无限地增加，而时间常数T愈大，过渡过程起始段也愈长，因而系统丧失稳定性的时间愈早。若继续加大时间常数，则过渡过程延续很长，以致几乎在整个制导时间里，起始误差都不减小，直到最后发生剧烈发散。比较图7.14和图7.15，可以看出随着K增大，过渡过程不再是单调变化，而是具有振荡性，K愈大，$\Delta\dot{q}$的振荡次数愈多。

从图7.16可看出，目标机动引起的动态误差$\Delta\dot{q}$随着N值的增大而明显减小，当$N=1$时，误差$\Delta\dot{q}$随时间剧烈发散。从图7.17可以看出，初始误差$\Delta\dot{q}_0$所引起的动态误差随着时间常数T的增大而增大。比较图7.16和图7.17还可看出，在同一条件下，目标机动引起的动态误差较初始误差引起的$\Delta\dot{q}$要大得多，因此，目标机动的影响是应该被主要考虑的因素。

7.3.2 频域近似分析法

线性控制系统在输入正弦信号时，其稳态输出随频率变化的规律，称为该系统的频率响应。频域法在自动控制系统的设计和分析中得到了广泛的应用，在导弹制导系统的分析中，频域法常用对导弹的失稳距离进行估计以及分析制导系统参数对脱靶量的影响。

1. 失稳距离估计

制导回路的失稳距离用来描述制导系统的稳定性，对制导回路失稳距离的近似分析可以在导弹制导回路线性化模型上进行。利用导弹运动学模型、导引头线性化模型、制导算法线性化模型和稳定控制系统线性化模型，分析其临界稳定条件，便可以近似得到导弹制导回路失稳距离值。以红外空空导弹为例，一组典型的数据是：当失稳距离小于130 m时，导弹最终的脱靶量小于10 m，满足制导精度要求。

2. 制导参数对脱靶量的影响

四阶飞行控制系统如图7.18所示。这里，目标加速度a_T减去导弹加速度a_M积分后得到弹目相对距离y，飞行末端t_F所对应的y就是脱靶量$y(t_F)$，y除以拦截距离(接近速度v_{cl}乘以剩余飞行时间t_{go})得到弹目视线角λ，其中剩余飞行时间定义为$t_{go}=t_F-t$，G_1为导引头和滤波器动态特性传递函数，G_2为结合了弹体和自动驾驶仪动态特性的传递函数(具体证明见附录2)。

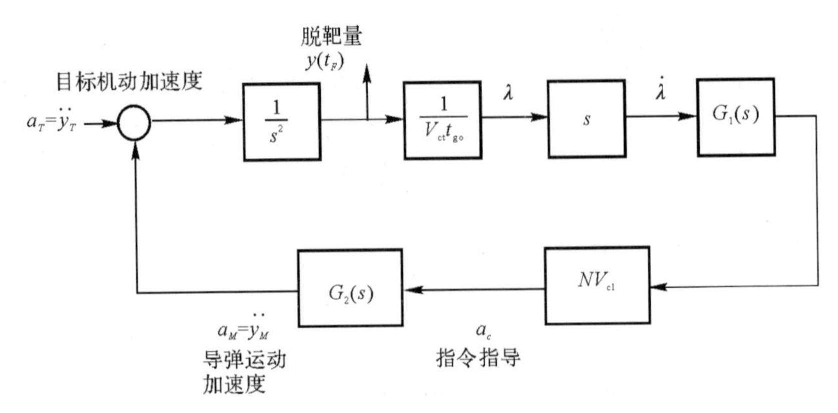

图 7.18 四阶飞行控制系统

基于有效导航比为 $N>2$ 的比例导引律，根据视线角速率生成制导指令 a_c。

飞行控制系统按这个加速度指令进行导弹制导。

t_F 时脱靶量可以表示为

$$Y(t_F,s)=\exp\left(N\int_{\infty}^{s}H(\sigma)\mathrm{d}\sigma\right)Y_T(s) \tag{7.40}$$

当 $a_T(s)=g, Y_T(s)=\dfrac{1}{s^2}a_T(s)$ 时，式(7.40)的积分上限为

$$P((t_F,s)=gs^{N-2}\prod_{k=1}^{2}\left(s+\frac{1}{\tau_k}\right)^{B_kN/\tau_k}(s^2+2\omega_M\zeta s+\omega_M^2)^{CN\omega_M^2}$$
$$\left(\frac{-S-\zeta\omega_M+\mathrm{i}\omega_M\sqrt{1-\zeta^2}}{s+\zeta\omega_M+\mathrm{i}\omega_M\sqrt{1-\zeta^2}}\right)^{\frac{N\omega_M(D-\zeta\omega_M C)}{2\mathrm{i}\sqrt{1-\zeta^2}}} \tag{7.41}$$

证明可得(证明过程见附录2)，式(7.40)积分下限等于零。上述方程表示的是脱靶量和目标加速度间关系的传递函数。

当 $s=\mathrm{i}\omega$ 时，根据式(7.41)可得到制导系统的频率响应。

幅值特性 $|P(t_F,\mathrm{i}\omega)|$ 形式如下：

$$|P(t_F,\mathrm{i}\omega)|=g\omega^{N-2}\prod_{k=1}^{2}(s+1/\tau_k^2)^{B_kN/2\tau_k}((\omega_M^2-\omega^2)+4\omega_M\omega^2\zeta^2)^{CN\omega_M^2/4}\exp(\cdot)$$

其中

$$\exp(\cdot)=\exp\left(N\frac{\omega_M(D-\zeta\omega_M C)}{2\sqrt{1-\zeta^2}}\left(\arctan\frac{\omega-\omega_M\sqrt{1-\zeta^2}}{\zeta\omega_M}-\arctan\frac{\omega+\omega_M\sqrt{1-\zeta^2}}{\zeta\omega_M}\right)\right)$$

相角特性 $\varphi(t_F,\mathrm{i}\omega)$ 形式如下：

$$\varphi(t_F,\mathrm{i}\omega)=-\pi+N\frac{\pi}{2}+N\frac{B_1}{\tau_1}\arctan(\omega\tau_1)+N\frac{B_2}{\tau_2}\arctan(\omega\tau_2)+$$
$$N\frac{C}{2}\omega_M^2\arctan\left(\frac{2\omega\omega_M\zeta}{\omega_M^2-\omega^2}\right)-\frac{\omega_M(D-\zeta\omega_M C)}{4\sqrt{1-\zeta^2}}\ln\frac{\omega_M^2+\omega^2-2\omega\omega_M\sqrt{1-\zeta^2}}{\omega_M^2+\omega^2+2\omega\omega_M\sqrt{1-\zeta^2}}$$

对于阶跃响应稳态脱靶量：

$$\mathrm{Miss_S}=P(t_F,s)\Big|_{S=0}$$

由式(7.41)可得 $\mathrm{Miss_S}=0$。

7.4 导弹制导系统仿真分析法

在复杂武器系统(如战术导弹)研制的后几个阶段，以系统的数学模型作为基础进行系统性能分析是十分必要的。为使系统性能分析的结果具有足够的置信度，建立的数学模型一般应尽可能精确、可靠。因此在其中不可避免地包含非线性影响和随机作用。非线性一般包括固有物理规律的非线性、金属构件的非线性，以及自身结构的非线性；随机作用可包括噪声、传感器测量误差、随机输入和随机初始条件。当随机作用不可忽略时，需要对系统特性用统计的方法来研究。例如，通过对导弹拦截时脱靶量距离进行统计分析，评价导弹的性能。

对于具有严重非线性特性的系统进行统计分析，采用理论分析的手段是不可能的，目前只

能借助仿真的手段来解决。通常人们广泛使用的方法是蒙特卡罗法（The Monte Carlo Method）。在此方法中，利用给出的非线性模型，施加不同的随机选择的初始条件和根据给定的典型统计量而形成的随机强迫作用，进行大量的计算机仿真，由此得到仿真结果的集合。它是获得真实系统变量统计量估值的基础。然而为使所得结果的精度具有足够的置信度，对一个复杂的非线性系统进行多达上千次的试算常常是必要的。将蒙特卡罗方法用于系统性能估计时，这种计算量还是可以接受的。在某些场合需要详细研究各种设计参数对系统性能的影响，必须消耗大量的计算机时间，使得蒙特卡罗法变得并不十分令人满意。目前，已出现几种新的分析方法较好地解决了这个问题，如协方差分析描述函数法（CADET）、统计线性化伴随方法（SLAM）等。

7.4.1　蒙特卡罗方法

蒙特卡罗法是一种直接仿真方法，它用于随机输入非线性系统性能的统计分析。这种方法须要确定系统对有限数量的典型初始条件和噪声输入函数的响应。因此，用蒙特卡罗法分析所要求的信息包括系统的模型、初始条件统计和随机输入统计量。

1. 系统模型

蒙特卡罗法所依据的系统模型由状态方程形式给出，即

$$\dot{\boldsymbol{X}}(t)=f(\boldsymbol{X},t)+\boldsymbol{G}(t)\boldsymbol{W}(t) \tag{7.42}$$

假定系统状态变量为正态分布，给定初始状态变量的均值和协方差为

$$E[\boldsymbol{X}(0)]=\boldsymbol{m}_0 \tag{7.43}$$

$$E[(\boldsymbol{X}(0)-\boldsymbol{m}_0)(\boldsymbol{X}(0)-\boldsymbol{m}_0)^{\mathrm{T}}]=\boldsymbol{P}_0 \tag{7.44}$$

2. N 次独立模拟计算

所谓 N 次独立模拟计算指的是重复以下过程：

(1) 按照给定的统计值 $\boldsymbol{m}_0$，产生用随机数作为初始的随机状态矢量 $\boldsymbol{X}(0)$。

(2) 根据给定随机输入的均值 $b(t)$ 及谱密度矩阵 $\boldsymbol{Q}(t)$ 来产生伪随机数，作为随机输入噪声。

(3) 对状态方程进行数值积分，从 $t=0$ 到系统的终端时刻 $t=t_{\mathrm{F}}$ 为止。

蒙特卡罗法的原理如图 7.19 所示。

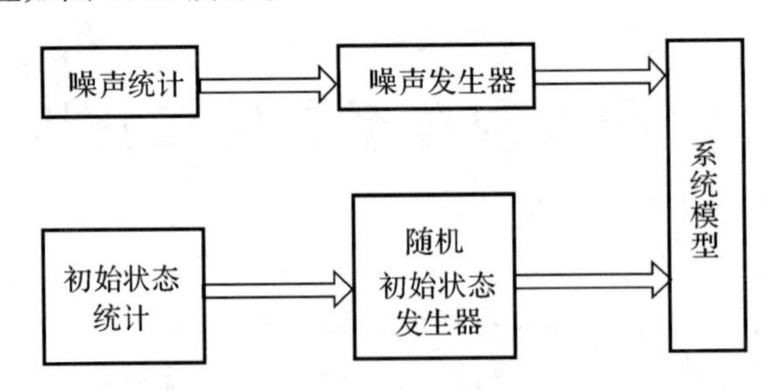

图 7.19　蒙特卡罗法模拟原理图

3. 状态矢量的均值和协方差估值的计算

进行 N 次独立模拟计算之后，得到一组状态轨迹，记为

$$\boldsymbol{X}^{(1)}(t,\boldsymbol{X}^{(1)},\boldsymbol{W}^{(1)}(T))$$
$$\boldsymbol{X}^{(2)}(t,\boldsymbol{X}^{(2)},\boldsymbol{W}^{(2)}(T))$$
$$\cdots\cdots$$
$$\boldsymbol{X}^{(N)}(t,\boldsymbol{X}^{(N)},\boldsymbol{W}^{(N)}(T))$$

式中，$0 \leqslant t \leqslant t_F$。

应用总体平均的方法求出状态矢量 $\boldsymbol{X}(t)$ 的均值和协方差的估值，即

$$\left.\begin{aligned}&\hat{\boldsymbol{m}}(t)=\frac{1}{N}\sum_{i=1}^{N}\boldsymbol{X}^{(i)}(t)\\&\hat{\boldsymbol{P}}(t)=\frac{1}{N-1}\sum_{i=1}^{N}[\boldsymbol{X}^{(i)}(t)-\hat{\boldsymbol{m}}(t)][\boldsymbol{X}^{(i)}(t)-\hat{\boldsymbol{m}}(t)]^{\mathrm{T}}\\&\hat{\boldsymbol{\sigma}}(t)=\sqrt{\boldsymbol{P}(t)}\end{aligned}\right\}\tag{7.45}$$

4. 估计值的精度评定

作为参数估计而言，不能只给出这些参数的近似值，还要指出这些近似值的精度才行。应该指出，估值 $\hat{\boldsymbol{m}}(t)$ 和 $\hat{\sigma}(t)$（以下简称 $\hat{\boldsymbol{m}},\hat{\boldsymbol{\sigma}}$）也是随机变量，当样本容量（即实验次数）足够大时，近似得到：

$$\left.\begin{aligned}&E(\hat{\boldsymbol{m}})=m\\&E(\hat{\boldsymbol{\sigma}})=\sigma\\&\sigma(\hat{\boldsymbol{m}})=\sigma/\sqrt{N}\end{aligned}\right\}\tag{7.46}$$

换句话说，对于大的 N 值，样本平均值为 $\hat{m}$ 且服从正态分布 $N(\boldsymbol{m},\sigma/\sqrt{N})$，样本均方差服从正态分布 $N(\boldsymbol{m},\sigma/\sqrt{N})$，则有

$$\left.\begin{aligned}&P(|\hat{\boldsymbol{m}}-\boldsymbol{m}|\leqslant\sigma/\sqrt{N})=0.682\ 7\\&P(|\hat{\boldsymbol{m}}-\boldsymbol{m}|\leqslant 2\sigma/\sqrt{N})=0.954\ 5\\&P(|\hat{\boldsymbol{m}}-\boldsymbol{m}|\leqslant 3\sigma/\sqrt{N})=0.997\ 3\end{aligned}\right\}\tag{7.47}$$

将式(7.47)稍加变化，对于大 N 值，可用估值 $\hat{\sigma}$ 近似代替式中真值 σ，得到

$$\left.\begin{aligned}&P\left(\hat{\boldsymbol{m}}-\frac{\hat{\boldsymbol{\sigma}}}{\sqrt{N}}\leqslant\boldsymbol{m}\leqslant\hat{\boldsymbol{m}}+\frac{\hat{\boldsymbol{\sigma}}}{\sqrt{N}}\right)=0.682\ 7\\&P\left(\hat{\boldsymbol{m}}-\frac{2\hat{\boldsymbol{\sigma}}}{\sqrt{N}}\leqslant\boldsymbol{m}\leqslant\hat{\boldsymbol{m}}+\frac{2\hat{\boldsymbol{\sigma}}}{\sqrt{N}}\right)=0.954\ 5\\&P\left(\hat{\boldsymbol{m}}-\frac{3\hat{\boldsymbol{\sigma}}}{\sqrt{N}}\leqslant\boldsymbol{m}\leqslant\hat{\boldsymbol{m}}+\frac{3\hat{\boldsymbol{\sigma}}}{\sqrt{N}}\right)=0.997\ 3\end{aligned}\right\}\tag{7.48}$$

由此得到了状态变量均值 $\boldsymbol{m}$ 的区间估计，也就是给出了样本平均值 $\hat{\boldsymbol{m}}$ 的精确度，这可以叙述如下：

区间 $\left[\hat{\boldsymbol{m}}-\dfrac{2\hat{\boldsymbol{\sigma}}}{\sqrt{N}},\hat{\boldsymbol{m}}+\dfrac{2\hat{\boldsymbol{\sigma}}}{\sqrt{N}}\right]$ 能包含状态变量均值 $\boldsymbol{m}$ 的概率是 0.954 5，称该区间为均值估值置信概率为 0.954 5 的置信区间，其他两个式子可作类似解释。

类似地，对均方根估值 $\hat{\boldsymbol{\sigma}}$，有

$$\left.\begin{aligned}P\left(\hat{\boldsymbol{\sigma}}-\frac{\hat{\boldsymbol{\sigma}}}{\sqrt{2N}}\leqslant\boldsymbol{\sigma}\leqslant\hat{\boldsymbol{\sigma}}+\frac{\hat{\boldsymbol{\sigma}}}{\sqrt{2N}}\right)=0.682\ 7\\P\left(\hat{\boldsymbol{\sigma}}-\frac{2\hat{\boldsymbol{\sigma}}}{\sqrt{2N}}\leqslant\boldsymbol{\sigma}\leqslant\hat{\boldsymbol{\sigma}}+\frac{2\hat{\boldsymbol{\sigma}}}{\sqrt{2N}}\right)=0.954\ 5\\P\left(\hat{\boldsymbol{\sigma}}-\frac{3\hat{\boldsymbol{\sigma}}}{\sqrt{2N}}\leqslant\boldsymbol{\sigma}\leqslant\hat{\boldsymbol{\sigma}}+\frac{3\hat{\boldsymbol{\sigma}}}{\sqrt{2N}}\right)=0.997\ 3\end{aligned}\right\}\tag{7.49}$$

通常，$N>25$ 才可近似作为大样本，采用上述的参数估计方法。对于小样本的参数估计方法，这里不予说明。

7.4.2 CADET 法*

CADET 是英文 Covariance Analysis Describe Equation Technique 的缩写，意即协方差分析描述函数法，是一种直接确定具有随机输入的非线性系统统计特性的方法。国内在 20 世纪 80 年代关于这方面的研究论文相继发表，在一些领域尤其是在导弹系统设计和精度分析中都对此方法作过研究。协方差分析描述函数法通过假设系统的随机状态变量为联合正态分布，运用描述函数理论首先对非线性系统进行统计线性化，然后再用协方差分析理论对已线性化的方程，导出随机状态变量的均值和协方差的传播方程，从而方便快捷地得到各随机状态变量的变化过程和系统性能的统计结果。其精度相当于几百次的统计实验法仿真所能达到的精度，在飞行器设计初期的精度分析和系统最优参数选择时，是一种快速高效的设计计算方法。

1. 系统模型

系统模型由状态方程形式给出

$$\dot{\boldsymbol{X}}(t)=f(\boldsymbol{X},t)+\boldsymbol{G}(t)\boldsymbol{W}(t)\tag{7.50}$$

$\boldsymbol{W}(t)$ 假定由均值向量 $\boldsymbol{b}(t)$ 和随机分量 $\boldsymbol{u}(t)$ 组成，且 $\boldsymbol{u}(t)$ 是具有谱密度矩阵 $\boldsymbol{Q}(t)$ 的高斯白噪声过程。

2. 统计线性化

常用的线性化方法是泰勒级数法。即将非线性函数在系统平稳工作点按泰勒级数展开，取其常数项和一次项作为非线性函数的线性近似表达式。这种线性化方法要求系统的输入信号在较小的范围内变化。同时，要求非线性函数 $f(\boldsymbol{X},t)$ 在 $\boldsymbol{X}(t)$ 的变化范围内连续可微，对于那些本质非线性特性它是无能为力的。

统计线性化，是在随机输入下，根据随机状态向量 $\boldsymbol{X}$ 的概率密度函数形式，在较大的 $\boldsymbol{X}(t)$ 变化范围内，用一个线性化函数来逼近非线性函数 $f(\boldsymbol{X},t)$，它不要求非线性函数 $f(\boldsymbol{X},t)$ 在 $\boldsymbol{X}(t)$ 的变化范围内连续可微，但要求知道 $\boldsymbol{X}(t)$ 的概率密度函数。

现在对式(7.50)中非线性矢量函数 $f(\boldsymbol{X},t)$ 进行统计线性化。

$$\boldsymbol{X}=\boldsymbol{M}+\boldsymbol{R}$$

式中 $\boldsymbol{M}$ —— 均值矢量；

$\boldsymbol{R}$ —— 随机分量。

这时，非线性矢量函数 $f(\boldsymbol{X},t)$ 和描述函数 $\hat{f}(\boldsymbol{X},t)$ 如图 7.20 所示。这里

$$\hat{f}(\boldsymbol{X},t)=\boldsymbol{N}_M\boldsymbol{M}+\boldsymbol{N}_R\boldsymbol{R}$$

式中，$\boldsymbol{N}_M$，$\boldsymbol{N}_R$ 为描述函数的增益矩阵。

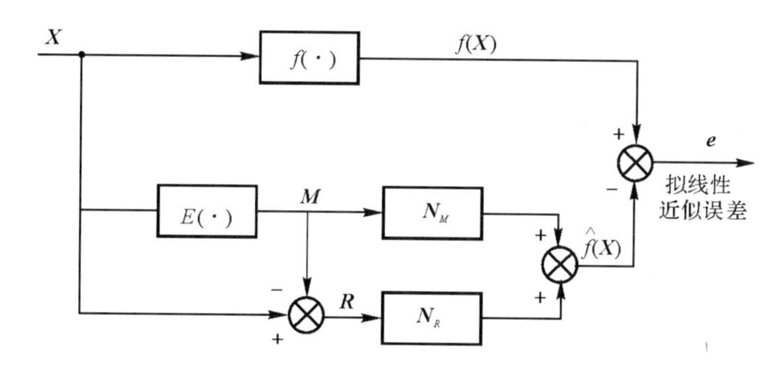

图 7.20　非线性函数的统计线性化

拟线性化近似误差为

$$\boldsymbol{e} = f(\boldsymbol{X}) - \boldsymbol{N}_M\boldsymbol{M} - \boldsymbol{NR}$$

要使上面的近似误差的均方误差最小，等价于均方误差对 $\boldsymbol{N}_M$ 和 $\boldsymbol{N}_R$ 的偏导数等于零，并且二阶偏导大于 0，具体推导如下：

首先建立矩阵 $\boldsymbol{ee}^{\mathrm{T}}$，令

$$\frac{\partial}{\partial \boldsymbol{N}_M}\{\mathrm{tr}E[\boldsymbol{ee}^{\mathrm{T}}]\} = \frac{\partial}{\partial \boldsymbol{N}_R}\{\mathrm{tr}E[\boldsymbol{ee}^{\mathrm{T}}]\} = 0$$

$trE[\boldsymbol{ee}^{\mathrm{T}}]$ 表示矩阵 $E[\boldsymbol{ee}^{\mathrm{T}}]$ 对角线元素之和（等于矢量各分量的方差之和）。通过计算得到，

$$\boldsymbol{N}_M \cdot \boldsymbol{M} \cdot \boldsymbol{M}^{\mathrm{T}} = E[f(\boldsymbol{X})] \cdot \boldsymbol{M}^{\mathrm{T}} \tag{7.51}$$

$$\boldsymbol{N}_R \cdot E[\boldsymbol{RR}^{\mathrm{T}}] = E[f(\boldsymbol{X})\boldsymbol{R}^{\mathrm{T}}] \tag{7.52}$$

协方差矩阵 $\boldsymbol{P} = E[\boldsymbol{RR}^{\mathrm{T}}]$ 一般不是奇异矩阵，因此式(7.52)可写为

$$\boldsymbol{N}_R = E[f(\boldsymbol{X})\boldsymbol{R}^{\mathrm{T}}] \cdot \boldsymbol{P}^{-1} \tag{7.53}$$

而 $\boldsymbol{M} \cdot \boldsymbol{M}^{\mathrm{T}}$ 经常为奇异矩阵，经由式(7.51)直接解 $\boldsymbol{N}_M$ 很不方便也不必要，因为它总是以 $\boldsymbol{N}_M \cdot \boldsymbol{M}$ 乘积形式出现的。所以式(7.51)可以写成

$$\boldsymbol{N}_M \cdot \boldsymbol{M} = E[f(\boldsymbol{X})] \tag{7.54}$$

这样，非线性矢量函数 $f(\boldsymbol{X},t)$ 的描述函数为

$$\hat{f}(\boldsymbol{X},t) = \boldsymbol{N}_M \cdot \boldsymbol{M} + \boldsymbol{N}_R \cdot \boldsymbol{R} = E[f(\boldsymbol{X})] + E[f(\boldsymbol{x})\boldsymbol{R}^{\mathrm{T}}] \cdot \boldsymbol{P}^{-1} \cdot \boldsymbol{R}$$

3. 描述函数的计算

从上面可知，统计线性化的关键就是求出描述函数增益矩阵 $\boldsymbol{N}_M$ 和 $\boldsymbol{N}_R$。从式(7.53)和式(7.54)可见，如果状态矢量 $\boldsymbol{X}$ 的概率密度函数 $p(\boldsymbol{x})$ 是已知的话，增益矩阵 $\boldsymbol{N}_M$ 和 $\boldsymbol{N}_R$ 就可以求出来了。然而，状态矢量 $\boldsymbol{X}$ 的概率密度函数恰是属于我们所要求的，事先是不知道的。但是，如果先假定状态矢量 $\boldsymbol{X}$ 的概率密度函数为服从某一分布的概率密度形式。然后，求出增益矩阵 $\boldsymbol{N}_M$ 和 $\boldsymbol{N}_R$ 与状态矢量 $\boldsymbol{X}$ 的均值矢量 $\boldsymbol{M}$ 和协方差矩阵 $\boldsymbol{P}$ 的函数关系，即非线性函数 $\boldsymbol{N}_M(\boldsymbol{M},\boldsymbol{P})$，$\boldsymbol{N}_R(\boldsymbol{M},\boldsymbol{P})$。那么，在下面我们将看到，在拟线性系统的均值矢量 $\boldsymbol{M}$ 和协方差矩阵 $\boldsymbol{P}$ 的传播方程中，由于 $\boldsymbol{N}_M$ 和 $\boldsymbol{N}_R$ 已被描述成为均值矢量 $\boldsymbol{M}$ 和协方差矩阵 $\boldsymbol{P}$ 的非线性函数，因此二个方程式中所要求解的仅有均值矢量 $\boldsymbol{M}$ 和协方差矩阵 $\boldsymbol{P}$ 了。

假定什么样的概率密度形式，即假定状态矢量 $\boldsymbol{X}$ 服从何种分布呢？在 CADET 中，假定状态矢量服从正态分布，其概率密度函数 $P(\boldsymbol{X})$ 为正态密度函数型。这样假设，是因为在实际问

题中，正态分布比其他任何一种分布更为普遍。而且这种假设有一定的根据，从状态方程直观来看，状态矢量 $\boldsymbol{X}$ 是 $f(\boldsymbol{X},t)+\boldsymbol{G}(t)\boldsymbol{W}(t)$ 的积分结果，也就是说 $\boldsymbol{X}$ 是随机变量值的线性叠加。根据中心极限定理可知，即使 $f(\boldsymbol{X},t)$ 和 $\boldsymbol{G}(t)\boldsymbol{W}(t)$ 可能不是正态分布的，由于积分系统的滤波作用，$\boldsymbol{X}$ 也将是近似正态分布的。

在 $\boldsymbol{X}$ 被假设为正态分布的条件下，描述函数的计算就大大简化了。设 $\boldsymbol{X}$ 为 n 维正态分布，其概率密度函数为

$$p(\boldsymbol{X})=\frac{1}{(\sqrt{2\pi})^{n}\sqrt{|\boldsymbol{P}|}}\mathrm{e}^{-\frac{1}{2}\boldsymbol{R}^{\mathrm{T}}\boldsymbol{R}}$$

则描述函数的增益矩阵为

$$\boldsymbol{N}_{M}\cdot\boldsymbol{M}=E[f(\boldsymbol{X})]=\frac{1}{(\sqrt{2\pi})^{n}\sqrt{|\boldsymbol{P}|}}\int_{-\infty}^{\infty}\cdots\int_{-\infty}^{\infty}f(\boldsymbol{X})\mathrm{e}^{-\frac{1}{2}\boldsymbol{R}^{\mathrm{T}}p^{-1}\boldsymbol{R}}\mathrm{d}x_{1}\mathrm{d}x_{2}\cdots\mathrm{d}x_{n} \tag{7.55}$$

$$\text{又}\frac{\mathrm{d}(\boldsymbol{N}_{M}\cdot M)}{\mathrm{d}\boldsymbol{M}}=\frac{\mathrm{d}(E[f(\boldsymbol{X})]}{\mathrm{d}\boldsymbol{M}}=\begin{bmatrix}\dfrac{2E[f(\boldsymbol{X})]}{2\boldsymbol{M}_{1}}\\ \vdots\\ \dfrac{2\boldsymbol{E}[\boldsymbol{f}(\boldsymbol{X})]}{2M_{n}}\end{bmatrix}=E[f(\boldsymbol{X})\boldsymbol{R}^{\mathrm{T}}]\cdot\boldsymbol{P}^{-1}=\boldsymbol{N}_{R}$$

所以有

$$\boldsymbol{N}_{R}=\frac{\mathrm{d}(E[f(\boldsymbol{X})])}{\mathrm{d}M} \tag{7.56}$$

4. 状态矢量的均值和协方差的计算

利用线性系统协方差分析原理，在白噪声干扰作用下，同样得到随机状态向量 $\boldsymbol{X}(t)$ 的均值向量 $\boldsymbol{m}(t)$ 和协方差阵 $\boldsymbol{P}(t)$ 的传播公式（推导见附录 4）。

$$\left.\begin{aligned}\dot{\boldsymbol{m}}&=\boldsymbol{N}_{M}(\boldsymbol{M},\boldsymbol{P},t)\cdot\boldsymbol{M}+\boldsymbol{G}(t)\cdot\boldsymbol{b}(t)=E[f(\boldsymbol{X})]+G(t)\cdot b(t)\\ \dot{\boldsymbol{P}}(t)&=\boldsymbol{N}_{R}(\boldsymbol{M},\boldsymbol{P},t)\cdot\boldsymbol{P}(t)+\boldsymbol{P}(t)\cdot\boldsymbol{N}_{R}(\boldsymbol{M},\boldsymbol{P},t)+\boldsymbol{G}(t)\cdot\boldsymbol{Q}(t)\cdot\boldsymbol{G}^{\mathrm{T}}(t)\end{aligned}\right\} \tag{7.57}$$

7.4.3　SLAM 法*

SLAM 方法又称为统计线性化伴随法，英文全称是 The Statistical Linearization Adjoint Method，这种方法是美国的 Paul Zarchan 于 1977 年提出的，综合运用了伴随系统理论、统计线性化方法和协方差分析理论。它通过对伴随系统理论的成功运用，实现了对协方差分析描述函数法（CADET）计算功能的拓展，即不仅给出了随机状态变量随时间变化的统计规律，而且还提供了各个随机干扰信号对各个随机状态变量的影响程度，因而为导弹等运动体的初始设计、参数选择和性能分析提供了更全面的信息。

1. 伴随模型的构造

一个线性系统的伴随系统模型是这样构造的：

1) 原系统的时间变量 t 均以 t_f-t 来替代；

2) 将原系统的信号流通方向全部倒回来，分支点改为相加点，相加点改为分支点，原系统的输入成了伴随系统的输出，原系统的输出成了伴随系统的输入。

伴随系统的脉冲过渡函数 h^* 和原系统的脉冲过渡函数 h 有如下关系：

$$h^{*}(t_{f}-t_{i},t_{f}-t_{0})=h(t_{0},t_{i}) \tag{7.58}$$

式中　t_i —— 脉冲发生时间；

t_0 —— 观察时间。

我们要分析的制导系统均是线性时变系统(指经统计线性化后)，即对于不同的 t_i 值，脉冲过渡函数 $h(t_0, t_1)$ 也不同，即 h 不仅仅是 $t_f - t_i$ 的函数。因此，在原系统中，当需观察每个脉冲发生时间 $t_i(i=1,2,\cdots,n)$ 在终止时间 t_f 的脉冲过渡函数 $h(t_f, t_i)$ 时，必须对每个 t_i 时间重复计算。而在伴随系统中，只要在式(7.58) 中将观察时间 t_0 等于 t_f，就可以一次运算获得这些结果。

令 $t_f = t_0$，则式(7.58) 变成

$$h^*(t_f - t_i, 0) = h(t_f, t_i) \tag{7.59}$$

设随机输入干扰为 $n(t)$，均值

$$M[n(t)] = m(t)$$

相关函数为 $R_n(t_1, t_2)$，则输出为

$$X_n(t) = \int_{-\infty}^{t} h_{nx}(t,\tau) n(t) \mathrm{d}\tau$$

输出的均值为

$$M[X_n(t)] = M\left[\int_{-\infty}^{t} h_{nx}(t,\tau) n(t) \mathrm{d}\tau\right] = \int_{-\infty}^{t} h_{nx}(t,\tau) M[n(t)] \mathrm{d}\tau = \int_{-\infty}^{t} h_{nx}(t,\tau) m_n(t) \mathrm{d}\tau$$

输出的相关函数为

$$\begin{aligned}
R_{xn}(t_1, t_2) = &M\{[X_n(t_1) - m_{xn}(t_1)][X_n(t_2) - m_{xn}(t_2)]\} = \\
&M\left\{\left[\int_{-\infty}^{t_1} h_{nx}(t_1,\tau_1) n(\tau_1) \mathrm{d}\tau_1 - \int_{-\infty}^{t_1} h_{nx}(t_1,\tau_1) m_n(\tau_1) \mathrm{d}\tau_1\right] \cdot \right. \\
&\left. \left[\int_{-\infty}^{t_2} h_{nx}(t_2,\tau_2) n(\tau_2) \mathrm{d}\tau_2 - \int_{-\infty}^{t_2} h_{nx}(t_2,\tau_2) m_n(\tau_2) \mathrm{d}\tau_2\right]\right\} = \\
&M\left\{\left[\int_{-\infty}^{t_1} h_{nx}(t_1,\tau_1)[n(\tau_1) - m_n(\tau_1) \mathrm{d}\tau_1\right] \cdot \left[\int_{-\infty}^{t_2} h_{nx}(t_2,\tau_2)[n(\tau_2) - m_n(\tau_2)] \mathrm{d}\tau_2\right]\right\} = \\
&\int_{-\infty}^{t_1}\int_{-\infty}^{t_2} h_{nx}(t_1,\tau_1) h_{nx}(t_2,\tau_2) M\{[n(\tau_1) - m_n(\tau_1)][n(\tau_2) - m_n(\tau_2)]\} \mathrm{d}\tau_1 \mathrm{d}\tau_2 = \\
&\int_{-\infty}^{t_1}\int_{-\infty}^{t_2} h_{nx}(t_1,\tau_1) h_{nx}(t_2,\tau_2) R_n(\tau_1,\tau_2) \mathrm{d}\tau_1 \mathrm{d}\tau_2
\end{aligned}$$

输出的方差为

$$\sigma_{xn}^2 = R_{xn}(t_f, t) = \int_{-\infty}^{t_f} h_{nx}(t,\tau_1) \mathrm{d}\tau_1 \int_{-\infty}^{t} h_{nx}(t,\tau_2) R_n(\tau_1,\tau_2) \mathrm{d}\tau_2$$

又　$$\sigma_{xn}^2 = M\{[X_n(t) - m_{xn}(t)]^2\} = M[X_n^2(t)] - m_{xn}^2(t)$$

对于我们讨论的系统，随机干扰均假设为白色噪声，即谱密度为 $\Phi_{输入}$，

均值 $m_n(t) = 0$，相关函数 $R_n(t_1, t_2) = \Phi_{输入} \delta(t_1 - t_2)$

$$\begin{aligned}
M[X_n^2(t)] = &m_{xn}^2(t) + \sigma_{xn}(t) = \sigma_{xn}^2(t) = \\
&\int_{-\infty}^{t} h_{nx}(t,\tau_1) \mathrm{d}\tau_1 \int_{-\infty}^{t} h_{nx}(t,\tau_2) \Phi_{输入} \delta(\tau_1 - \tau_2) \mathrm{d}\tau_2 = \\
&\Phi_{输入} \int_{-\infty}^{t} h_{nx}(t,\tau_1) \mathrm{d}\tau_1 [h_{nx}(t,\tau_1)] = \\
&\Phi_{输入} \int_{-\infty}^{t} h_{nx}^2(t,\tau_1) \mathrm{d}\tau_1
\end{aligned}$$

令 $t=t_f$，可得到终止时刻的导弹-目标相对距离(即脱靶距离)均方差：

$$\sigma_{xn}^2(t)=\Phi_{\text{输入}}\int_{-\infty}^{t_f}h_{nx}^2(t_f,t_i)\mathrm{d}t_i \tag{7.60}$$

式中，$\Phi_{\text{输入}}$ 是已知的，$h(t_f,t_i)$ 的计算正如前面论述的，要对不同的 t_i 值重复计算，这是很烦琐的，但利用伴随模型的脉冲过渡函数，就可以一次运算获得 $h^*(t_f-t_i,0)=h(t_f,t_i)$，此时，式(7.60)变成

$$\sigma_{xn}(t)=\sqrt{\Phi_{\text{输入}}\int_0^{t_f}h^{*2}(t_f-t_i,0)\mathrm{d}t_i}=\sqrt{-\Phi_{\text{输入}}\int_{t_f}^{0}h^{*2}(\tau,0)\mathrm{d}\tau}=$$

$$\sqrt{\Phi_{\text{输入}}\int_0^{t_f}h^{*2}(\tau,0)\mathrm{d}\tau} \tag{7.61}$$

这就是利用伴随系统的脉冲过渡函数，求原系统在白噪声输入下的输出均方根值的公式。

2. 具有随机输入的非线性制导系统的统计线性化伴随法分析计算步骤

1) 制导系统的统计线性化，根据假定的输入信号的正态概率密度函数，将原系统中的每一个非线性环节用相应的随机输入描述函数代替，从而得到制导系统的拟线性模型；

2) 对得到的拟线性模型用协方差分析法传播状态矢量的统计特性；

3) 通过上述计算，把每个非线性环节的描述函数增益矩阵作为时间函数存储起来；

4) 把所有系数(包括描述函数增益系数)的自变量时间 t 均以 t_f-t 替代，并将信号流通方向反过来，从而产生一个伴随模型；

5) 利用伴随系统的脉冲过渡函数，求出脱靶量的均方值(包括总脱靶量和各随机干扰单独引起的脱靶量)。

显然，作为一个计算机分析计算方法，SLAM 是更为全面、有效的方法，它不但给出系统的总脱靶量，还能指出每种干扰对总脱靶量的影响程度。在 SLAM 计算中 CADET 程序和伴随部分程序的计算结果可以相互检验。

7.5 倾斜转弯导弹中制导技术*

7.5.1 最优中制导律的提法

中制导的主要目的是制导导弹，使其工作在导弹过载性能的最佳状态和在导引头锁定目标(自动寻的段起点)时导弹相对目标的几何关系达到最佳状态。导弹要达到必需的过载性能，要求有一定的最小速度，其大小随目标的过载性能、距离和高度而定。从远程导弹的作战使用来讲，对于远距离或低高度目标，导弹的速度是主要因素，采用使剩余速度为最大的中制导规律为好。而对于相对较近的目标，时间裕度最重要，因为导弹必须在目标实施攻击之前把它摧毁，因此最好使用拦截时间为最小的中制导规律。

我们假设，拦截点是由战场目标信息获取系统预测得到的，然后导弹可以利用其最大末段速度或最小拦截时间的制导律来制导。从数学上说，最佳制导律是通过使导弹运动方程相对

导弹攻角或法向过载(在制导律中为控制量),达到以下性能指标的极大化:

$$J = (-K_1 t + K_2 v)\Big|_{t_f}$$

式中,末段时间 t_f 是由距离终止条件确定的,当导弹至目标的斜距小于导引头的截获距离时,弹道终止。在进行性能指标极小化的过程中,必须满足一些工程约束条件,主要有:

(1) 法向过载限制,通常要求导弹的中制导过程法向过载小于 $10g$;

(2) 冲压发动机的使用高度限制,冲压发动机正常工作高度范围是 5 ~ 20 km 之间。

通过改变以上公式中 K_1 和 K_2 的数值,有下列两种最佳控制问题:

当 $K_1 = 0, K_2 = 1$ 时,为末速最大问题;

当 $K_1 = 1, K_2 = 0$ 时,为末段时间最小问题。

为了使末段速度极大化,我们至少可以找到两类能产生局部极值的最佳控制。第一类是导弹一开始就急剧爬升,然后下降。这种规律对远距离的目标常常产生最大末速度,然而耗时较长,这是 Ⅰ 型。第二类是导弹慢慢爬升,然后下降。这种规律也能使导弹末段速度局部极大化,但导弹末段速度比 Ⅰ 型的小,然而制导时间短,这是 Ⅱ 型。末段时间 t_f 极小化的最佳导引律,称为 Ⅲ 型。采用和末制导阶段一样的导引规律,称为 Ⅳ 型,如图 7.21 所示。

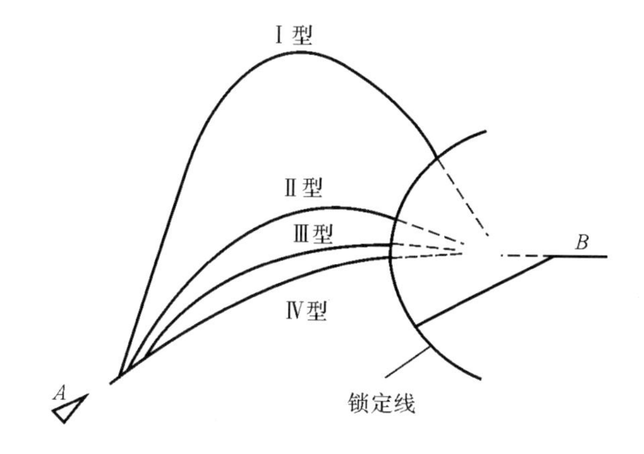

图 7.21　四种制导律的典型理论拦截轨迹

可以将以上四类制导规律归纳为:

Ⅰ 型:使导弹末段速度达到最大,急速上升再下降;

Ⅱ 型:使导弹末段速度达到最大,缓慢上升再下降;

Ⅲ 型:使导弹末段时间缩至最短;

Ⅳ 型:使用修正比例导引规律。

下面将具体讨论具有冲压发动机的远程导弹中制导律最优泛函指标的确定问题。

7.5.2　最优中制导律泛函指标的确定

BTT 导弹的中制导律,应考虑可能在以下几个因素方面达到最优:

(1) 最短时间;

(2) 最少燃料;

(3) 最大末速。

因为当 BTT 导弹中制导阶段结束时，冲压发动机仍要求正常工作，这一点将限制导弹的最大飞行速度，所以不能考虑最大末速这个指标。

通过对最少燃料指标的优化将有助于提高导弹的射程。初步分析表明，在使用包线内，导弹冲压发动机燃气流量与飞行条件关系不大，燃料消耗主要与发动机工作时间有关。因为中制导阶段导弹发动机始终在工作，所以可以认为燃料消耗与中制导阶段导弹的飞行时间有关。可以近似地认为，在特定的条件下最少燃料指标就是最短时间指标。

最短时间是导弹中制导律追求的一个非常重要的指标，它对快速打击敌方目标、有效保卫我方至关重要。

综合考虑以上因素，初步确定采用最短时间作为具有冲压发动机的远程空空导弹中制导阶段制导规律的优化指标。

7.5.3 倾斜转弯导弹中制导的次优导引问题

为了避免作为推进系统的冲压发动机在导弹飞行过程中熄火，通常只允许非常小的侧滑角和负攻角，为此必须对使用冲压发动机的导弹采用 BTT 制导。设计用于冲压发动机倾斜转弯导弹的中制导系统是一个十分复杂的任务，它比简单地把侧滑转弯的设计和技术扩展成倾斜转弯涉及更多的问题。主要是因为制导系统设计将面临包括俯仰、偏航和滚动完全耦合的非线性动态系统的综合问题。

建立 BTT 导弹-目标相对运动学模型。因为导弹法向过载控制回路和倾斜角控制回路比制导回路带宽大很多，在研究 BTT 导弹中制导问题时忽略这些回路的动态迟后影响。坐标系原点建立在导弹质心处，且不随弹体转动。在该坐标系中 BTT 导弹的拦截模型如下：

$$\begin{cases}\dot{y}_r = v_y \\ \dot{v}_y = -A_c\cos\phi + A_{ty} \\ \dot{z}_r = v_z \\ \dot{v}_z = -A_c\sin\phi + A_{tz} \\ \dot{\phi} = \dot{\phi}_c\end{cases}$$

这里

$$\begin{cases}y_r = y_t - y_m \\ z_r = z_t - z_m\end{cases}$$

式中，v_y 和 v_z 为速度误差；$A_c\cos\phi$ 和 $A_c\sin\phi$ 分别为导弹垂直于瞄准视线的分量；A_{ty} 和 A_{tz} 分别为目标加速度垂直于瞄准视线的分量；ϕ 为导弹的滚动角。

在 BTT 导弹的中制导阶段，导弹滚动角变化比导弹在惯性空间中的位置和速度变化快得多，因此假定导弹的滚动是瞬时完成的。令

$$\begin{cases}A_{my} = A_c\cos\phi \\ A_{mz} = A_c\sin\phi\end{cases}$$

代入前面的方程中，有

$$\begin{cases}\dot{y}_r = v_y \\ \dot{v}_y = -A_{my} + a_{ty} \\ \dot{z}_r = v_z \\ \dot{v}_z = -A_{mz} + A_{tz}\end{cases}$$

从上式可以看出，在中制导阶段无转动坐标系内，BTT 导弹与 STT 导弹具有相同的运动学模型描述形式。

前面已经讨论过，BTT 导弹最优中制导律的泛函指标为飞行时间的极小化。在中制导阶段不做大的机动的情况下，影响导弹飞行时间长短的主要因素是导弹飞行阻力、冲压发动机高度一速度特性和重力的影响，它直接影响了导弹在垂直平面运动的弹道形状，而与航向通道的弹道形状关系不大。为此我们忽略导弹航向通道导引过程对飞行时间优化的影响，进一步将 BTT 导弹飞行时间极小化最优中制导律的求解问题简化为导弹垂直平面运动弹道的优化问题，它将是 BTT 导弹飞行时间极小化最优中制导律的次优解。

具有冲压发动机的远程导弹飞行时间极小化的优化问题可以通过最优控制中的动态规划法和参数最优化方法来求解。由于导弹是进行远程攻击的，因此可以采用静平衡假设进行研究。通过对冲压发动机的工作区间进行空间量化，得到导弹飞行中的各种约束条件，从而可以应用动态规划方法解决最小时间飞行问题；但是，导弹在实际飞行过程中，飞行状态是时刻改变的，应用动态规划方法只是得到了一个与实际情况基本近似的结果，为了更好地了解导弹飞行的实际情况，可以应用参数最优化方法来求解导弹飞行的最小时间问题。

7.6　导弹多模制导技术*

7.6.1　导弹多模制导系统的基本类型

1. 按时间顺序的复合寻的

将主动、半主动、被动方式按时间顺序组合的复合寻的制导方式如表 7.1 所示。

表 7.1　按时间顺序的复合寻的

型号	初、中段制导方式	末段制导方式
不死鸟	半主动射频	主动射频
西埃姆	主动射频	被动红外
拉姆	被动射频	被动红外
沃斯普	主动毫米波	被动毫米波
哈姆改型	被动射频	主动毫米波或被动红外

2. 复合射频寻的

复合射频寻的制导的并行复合分为射频复合和方式复合。射频复合通常使用两种频率，如 X 与 Ku 波段，X 或 Ku 与毫米波段，使用两种频率可提高抗干扰性能和识别能力。方式复合是指对主动或半主动导引头增加被动方式。使用被动方式时，多为受干扰后，当干扰电平高于信号电平时，对干扰源自动寻的，多用 HOJ(干扰源寻的)方式。

3. 复合光波寻的制导

光波寻的制导的并行复合包括波长复合和方式复合两种情况。波长复合分类如下：

(1)可见光和红外线；

(2)红外线和紫外线；

(3)双色或多色红外线；

(4)多光谱。

方式复合有主动激光和红外成像导引头的复合。两种频带相同时，CO_2激光器可以作为主动成像光源使用，同时还获得距离和速度信息。如果两者共用同一光学系统，则称为成像激光雷达。

4. 射频、光波复合寻的

射频和光波复合寻的是最先进的寻的制导方式，也叫双模方式或多模方式。该制导方式对各种战术条件的适应性强，可提高抗干扰性能。目标识别能力、全天候性能、制导精度等。导弹的全自主制导和高度智能化是以实现射频与光波复合导引头、信号处理和人工智能为前提的。

一般来说，射频导引头的有效作用距离较远，除被动方式外都可获得距离和多普勒信息，但分辨力低于光波导引头，易受杂波和敌方的干扰影响。与此相反，光波导引头(尤其是被动方式)受天气影响大，有效作用距离近，不能获得距离和多普勒信息，但抗红外干扰和电子干扰能力强，成像分辨率高。

7.6.2 多模寻的制导系统的数据融合技术

将多模制导及复合制导技术用于导弹的制导系统中，必须解决以下四个关键技术问题：

(1)具有多个导引头和信息源系统的组成形式；

(2)多模方式下的自动目标识别问题；

(3)多模方式下信号的滤波和估计问题；

(4)数据融合算法的性能评估问题。

从广义的概念上讲，这些问题都是多传感器系统的数据融合问题。下面分别对这几个技术问题进行讨论。

1. 多传感器系统的组成形式

在多传感器系统数据融合过程中，如果对数据交叉融合和传感器系统组成方面处理不当，将会影响甚至恶化数据融合的效果。因此对多传感器系统的数据融合有以下两个要求：

(1)由于传感器系统中所有的单一传感器都是以其各自的时间和空间形式进行非同步的工作。因此在实际操作中，有必要把它们的独立坐标系转换为可以共用的坐标系，即进行“时间和空间的校准”。

(2)因为多传感器系统远比单一传感器系统复杂，为保证其仍具有很高的可靠性，多传感器系统应当是容错的，即某个传感器发生故障不会影响到整个系统的信息获取。因此在系统组成上建立一个分布式的基于人工智能的传感器系统是十分必要的。人工智能技术的引入实现了以最优的传感器结构对所有传感器信息进行融合，并提供了对传感器子系统故障诊断、系统重组及监控的能力。

2. 多模方式下的目标识别

多模制导引入导弹制导系统的一个重要原因是明显提高了导弹的目标识别能力。在常规的单一传感器自动目标识别系统存在许多局限性，它仅基于某一类数据有限集进行识别决策。尤其是存在干扰的复杂场景中，其抗干扰能力和识别的可靠性大为降低。同时，当传感器损坏时，单一传感器系统将没有替代手段。在多传感器条件下，利用传感器工作方式的互补作用，大幅度地提高了整个系统的目标识别能力。

目前，用于多传感器数据融合的方法较多，主要有统计模式识别法、贝叶斯估计法、S－D显示推理法、模糊推理法、产生式规则方法和人工神经网络方法等。

因为多模目标识别系统是复杂的数据处理系统，从而使得评估和预测这类系统的性能愈加复杂。为此建立一个用于系统性能评估的试验台是十分必要的。

3. 多模方式下的信号滤波与估计问题

多模方式的引入，实现了制导信号的冗余。这对提高导弹抗干扰能力和改善制导信号的信噪比十分重要。对这类多传感器的信号滤波问题目前主要有两种方法：卡尔曼滤波方法和人工神经网络滤波方法。因为在工程上系统采用了分布式结构，所以对应地开发分布式滤波方法是多模制导系统信号滤波的核心问题。

4. 多模制导系统的性能评估试验

前面已提到，因为多模制导系统数据融合算法非常复杂，而且在其中使用了大量的基于知识库的人工智能算法，所以需要建立用于性能评价的试验台。

建立性能评估试验台的另一个重要原因是人工神经网络算法在数据融合领域的广泛使用。人工神经网络算法通过训练可以自己从环境中学到要学习的知识，最终达到系统要求的性能。为此必须率先建立一个多模目标-背景仿真环境，为设计出的多模导引头提供了这样的仿真环境。

在半实物仿真环境下，多模制导系统性能评估试验台主要由以下几个部分组成：

(1)多光谱目标/背景/干扰仿真器；

(2)导弹空气动力学及相对运动学仿真系统；

(3)导弹舵面气动负载模拟器；

(4)导弹空间运动模拟转台。

基于数字仿真的多模制导系统性能评估试验台主要由以下几部分组成：

(1)多光谱目标/背景/干扰数字模拟；

(2)多模导引头动力学模拟；

(3)飞控系统动力学模拟；

(4)导弹空气动力学及相对运动学仿真。

基于数字仿真的多模制导系统性能评估试验台主要用于数据融合算法的研究和性能的初步预测。

7.6.3 雷达-红外双模制导系统简介

未来的战场对地空导弹武器系统提出了更高的要求，这种要求主要表现在：更高的制导精度、更准确的目标识别能力和更强的抗干扰能力。将雷达与红外两探测模式有机结合的雷达-红外双模导引头能较好地满足上述要求的方案。

雷达与红外两个系统的复合需要从总体上综合考虑结构的安排、气动的性能及两种探测体制的相互影响等。综合考虑这些因素后双模导引头有三种可能的方案：

(1)红外系统前置方案。红外探测系统安装在雷达天线罩的头部(如图 7.22 所示的美国的 RIM－7R)，制冷器、红外信息处理模块及电子线路安装在后面的电子舱中，两者之间用管线相连。

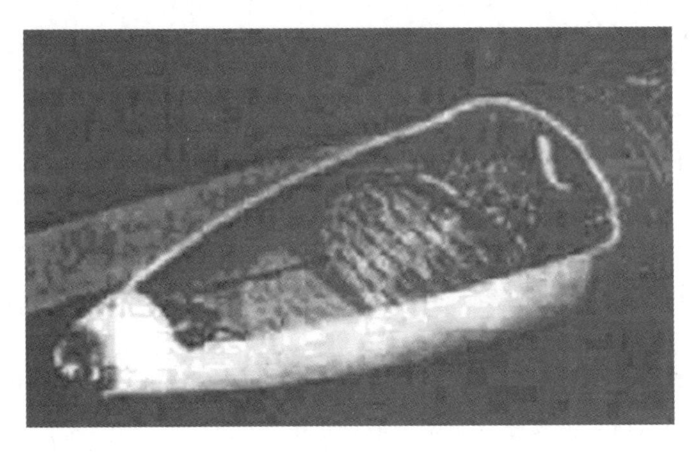

图 7.22 RIM－7R 导弹雷达/红外双模导引头

(2)红外系统侧置方案。红外系统安装在雷达天线后面的舱体侧面上(如图 7.23 所示的美国 SIM－BLOCK4A)。

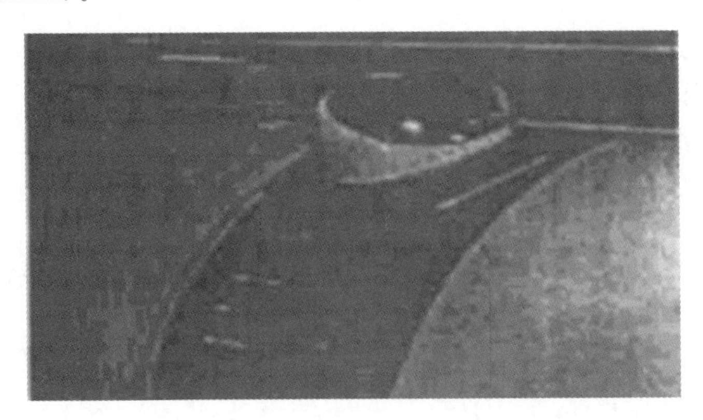

图 7.23 SIM－BLOCK4A 导弹的红外侧窗导引头

(3)红外、雷达共径方案。红外系统共用雷达天线口面的方案(如图 7.24 所示的美国鱼叉 2000)。

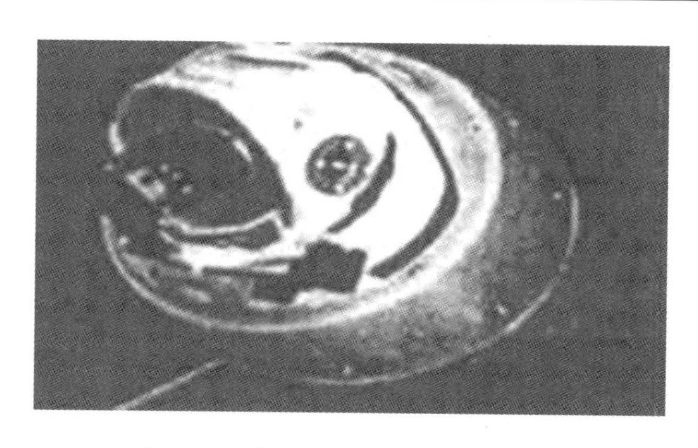

图 7.24　鱼叉 2000 导弹的双模导引头

这三种复合方案各有优、缺点，技术关键也各不相同。红外前置方案是一种经典的复合方案，通过对现有的雷达与红外系统作适当的改进后可以较快实现。这种方案的主要技术关键是如何减少已安装红外探测器的天线罩对雷达瞄准线误差的影响。另外还需要考虑高速时气动加热对红外探测系统的影响，在没有有效解决气动热效应的方法前，这种方案的应用受到速度上的限制。

红外侧置方案中，雷达系统和红外系统相互间的影响较小，可以充分发挥各自的功能。这种方案的技术难点之一是由于红外探测系统安装在弹体的一侧，存在弹体对红外系统的遮挡以至不能获取另一侧的目标信息。解决的技术途径为滚动弹体，使红外系统始终对准目标，这样双模导引头的制导控制系统将有别于传统的三通道制导控制系统。另一技术关键是研究突出在弹体外侧的红外系统对弹体气动特性的影响。

共径方案中，红外系统中的光学组件安装在雷达天线的中心，雷达天线口面作为红外光学的主反射镜，其最大的优点是用同一个伺服系统实现雷达与红外的同步跟踪。双模天线罩是这种方案的技术关键，要研究出既能有效透过雷达与红外两种波段又具有一定加工特性的新材料。

本章要点

1. 导弹制导系统基本组成。
2. 制导系统的设计依据。
3. 制导系统的设计任务。
4. 制导系统设计的基本阶段。
5. 导引规律选择的基本要求。
6. 蒙特卡罗方法的计算步骤。

习　题

1. 导弹制导系统设计的主要依据是什么?
2. 导弹制导系统的设计任务是什么?
3. 简要叙述制导系统设计的几个阶段。
4. 写出制导系统设计的步骤。
5. 简要叙述导引律选择的基本要求。
6. 分别给出三点法、追踪法和比例导引法各自的优、缺点。
7. 频域分析方法在制导系统分析中的作用是什么?
8. 阐述蒙特卡罗方法的计算步骤。
9. BTT 导弹的中制导律达到最优应考虑哪几个因素?
10. 多模复合制导技术须解决关键技术有哪些?
11. 双模导引头有三种方案,各自特点是什么?

参考文献

[1] 杨军. 导弹控制系统设计原理 [M]. 西安:西北工业大学出版社,1997.
[2] 娄寿春. 导弹制导技术[M]. 北京:宇航出版社,1989.
[3] 张有济. 战术导弹飞行力学设计[M]. 北京:宇航出版社,1996.
[4] 吕学富. 飞行器飞行力学[M]. 西安:西北工业大学出版社,1995.
[5] 彭冠一. 防空导弹武器制导控制系统设计[M]. 北京:宇航出版社,1996.
[6] 赵善友. 防空导弹武器寻的制导控制系统设计[M]. 北京:宇航出版社,1992.
[7] 杨军. 现代导弹制导控制系统设计[M]. 北京:航空工业出版社,2005.
[8] 陈佳实. 导弹制导和控制系统的分析与设计[M]. 北京:国防工业出版社,1989.
[9] 马金铎,程继红. 战术导弹控制系统几种统计分析方法的比较[J]. 系统工程与电子技术,1991(12):36-40.
[10] 姚伟,刘丽霞,石晓荣. CADET 在再入制导控制系统中的应用研究[J]. 计算机仿真,2010(27):24-27.
[11] 林晓辉,崔乃刚,刘暾. 用于运动体随机运动数字仿真的 SLAM 方法[J]. 战术导弹技术,1997(2):15-20.
[12] 张春艳. 复合制导体制制导精度统计方法的研究[D]. 成都:电子科技大学,2008.
[13] 李春明,李莉莎,李玉亭. 红外制导导弹系统抗干扰技术分析[J]. 系统工程与电子技术,1988(8):22-31.
[14] 张会龙,王之,王文基. 提高反辐射导弹抗干扰能力方法探析[J]. 飞航导弹,2008(10):41-44.
[15] 刘隆和. 多模复合寻的制导技术[M]. 北京:国防工业出版社,1998.

[16] Michael J Hemsch. 战术导弹空气动力学[M]. 洪金森，等，译. 北京：宇航出版社，1999.
[17] 蒋瑞民，周军，郭建国. 导弹制导系统精度分析方法研究[J]. 计算机仿真，2011(28)：76－79.

第8章　导弹制导系统抗干扰技术*

8.1　导弹制导系统面临的干扰环境

导弹制导系统面临的干扰环境按照波段可分为电磁干扰和光电干扰两大类，其中电磁干扰主要针对雷达制导体制导弹，光电干扰主要针对光学制导体制导弹（如红外制导和激光制导），下面分别介绍。

8.1.1　电磁干扰环境

按产生的原因，电磁干扰包括自然干扰和人为干扰。自然干扰是指大自然产生的干扰（雷电、雨、雪等），人为干扰是指由辐射电磁波的装置产生的干扰。

人为干扰又分为无意干扰和有意干扰两大类，分类见表8.1。

表8.1　人为干扰分类

<table>
<tr><td rowspan="18">人为干扰</td><td rowspan="7">无意干扰</td><td colspan="4">友邻雷达干扰</td></tr>
<tr><td colspan="4">敌方雷达干扰</td></tr>
<tr><td colspan="4">其他无线电设备干扰</td></tr>
<tr><td colspan="4">工业交用电设备干扰</td></tr>
<tr><td colspan="4">导弹本身发动机喷焰干扰</td></tr>
<tr><td colspan="4">目标涡轮喷气发动机反射干扰</td></tr>
<tr><td colspan="4">非干扰设备产生的电磁脉冲干扰</td></tr>
<tr><td rowspan="11">有意干扰</td><td rowspan="11">有源</td><td rowspan="5">压制式干扰</td><td colspan="2">连续波干扰</td></tr>
<tr><td colspan="2">调频连续波干扰</td></tr>
<tr><td rowspan="3">噪声干扰</td><td>瞄准式噪声干扰</td></tr>
<tr><td>分离阻塞式噪声干扰</td></tr>
<tr><td>窄带阻塞式噪声干扰</td></tr>
<tr><td rowspan="6">欺骗式干扰</td><td colspan="2">模拟脉冲干扰</td></tr>
<tr><td rowspan="5">角度欺骗干扰</td><td>倒相式角跟踪欺骗</td></tr>
<tr><td>交叉极化干扰</td></tr>
<tr><td>双点源相干或极化调制干扰</td></tr>
<tr><td>距离欺骗干扰</td></tr>
<tr><td>速度欺骗干扰</td></tr>
</table>

续 表

<table>
<tr><td rowspan="5">人为干扰</td><td rowspan="5">有意干扰</td><td rowspan="2">有源</td><td rowspan="2">欺骗式干扰</td><td rowspan="2">扰乱式干扰</td><td>多重同步脉冲干扰</td></tr>
<tr><td>杂乱脉冲干扰</td></tr>
<tr><td rowspan="3">无源</td><td colspan="3">箔条干扰</td></tr>
<tr><td colspan="3">角反射体或龙伯透镜反射体</td></tr>
<tr><td colspan="3">假目标</td></tr>
</table>

无意干扰包括友邻雷达和其他无线电电子设备，及敌方雷达和非专职电子干扰无线电电子设备的辐射干扰。事实上，飞行器的发动机喷焰和涡轮发动机叶片都能产生电磁干扰，它们也是导弹制导系统设计中需要考虑的问题，然而，飞行器的这一特殊电磁辐射特征也可作为识别目标的有用信号。

有意干扰可分为有源干扰和无源干扰两种。有源干扰又分为压制式干扰、欺骗式干扰、扰乱式干扰，还可以再进一步细分，表 8.1 是扼要的、具有代表性的人为干扰分类方法。有意干扰还有其他分类方法。例如：按机载干扰系统分为四类：远距电子支援干扰(SOJ)，随行电子干扰(ESJ)，自卫电子干扰(SSJ)和相互支援电子干扰；它们在电子干扰的战术使用中，分别起到不同的作用。再如，可按干扰方式分为无源干扰、噪声干扰、回答式干扰、组合式干扰(ECM/ESM，有源/无源等)，这种干扰分类方法有利于干扰设备的设计。

8.1.2　光电干扰环境

光电干扰是利用各种手段破坏或干扰对方光电武器装备，使之失效。根据干扰方式和干扰手段，光电干扰的分类见表 8.2。

表 8.2　光电干扰分类

<table>
<tr><td rowspan="13">光电干扰</td><td rowspan="7">有源干扰</td><td rowspan="2">压制性干扰</td><td colspan="3">致盲式干扰(如干扰光电器件)</td></tr>
<tr><td colspan="3">摧毁式干扰(如高能激光武器)</td></tr>
<tr><td rowspan="5">欺骗性干扰</td><td colspan="3">回答式干扰</td></tr>
<tr><td rowspan="3">诱饵式干扰</td><td colspan="2">激光诱饵</td></tr>
<tr><td rowspan="2">红外诱饵</td><td>红外诱饵弹</td></tr>
<tr><td>红外干扰机</td></tr>
<tr><td>大气散射干扰</td><td colspan="2"></td></tr>
<tr><td rowspan="6">无源干扰</td><td colspan="4">烟幕</td></tr>
<tr><td colspan="4">涂料</td></tr>
<tr><td colspan="4">伪装</td></tr>
<tr><td colspan="4">箔条</td></tr>
<tr><td colspan="4">改变目标光学特性</td></tr>
<tr><td colspan="4">其他</td></tr>
</table>

8.2 导弹制导系统抗干扰技术

本节以空空导弹为例，分别针对电磁干扰和光电干扰来介绍导弹制导系统抗干扰技术。

8.2.1 针对电磁干扰的抗干扰技术介绍

8.2.1.1 综合抗干扰措施

综合利用飞机武器系统给出目标和环境信息，以及导弹飞行控制装置给出的导弹运动信息，可以有效辅助雷达导引系统进行干扰和目标识别。在干扰对抗过程中，载机武器系统和导弹飞行控制装置可以在两个方面发挥重要作用：一是载机武器系统为导弹提供被攻击目标类型的特定信息-目标机动和速度特征、雷达反射特性，这些信息可被导引头用于与接收信号进行对比以识别出干扰；导弹飞行控制装置敏感导弹自身的运动状态，形成导弹的运动数据，这些数据可用来与来自导引系统的欺骗干扰产生的假信号进行对比，从而识别出干扰。二是载机武器系统给出目标初始指示，可以减小导引系统对目标进行速度和角度搜索的范围，使所有在此多普勒频率范围和角度范围之外的信号得到抑制。同时，短的搜索时间和小的搜索区域可使敌方难以事先侦察出导引系统的发射电波频率和组织实施有效的干扰；导弹飞行控制装置对来自导引系统的目标信息（速度、角度、角速度等）进行最佳滤波，形成对目标运动参数的估值并实时地传送给导引系统，以便在导引系统受到干扰而丢失目标时能尽快地重新捕获目标。

8.2.1.2 硬件措施

在硬件方面，通过增设辅助天线和辅助通道，采用旁瓣对消、旁瓣消隐技术来对抗支援式干扰；通过采用自适应极化接收、交叉极化接收和交叉极化对消技术来对抗交叉极化干扰；采用频率捷变技术和大范围跳频技术来对抗应答式干扰、交叉眼干扰和噪声干扰；采用前/后沿跟踪技术，以对抗平台外干扰；通过完善单脉冲技术、平板裂缝阵天线技术、镜频抑制技术，以提高雷达系统的固有抗干扰能力。

导引系统一般采用平面波导裂缝阵天线。这种天线具有较低的旁瓣（低于－30 dB）和较窄的主波束宽度。这就使导引系统具有较强的抗支援式干扰和抗地面反射干扰的能力，因为这些干扰通常都是从天线旁瓣进入接收机的。另一方面，由于收发共用一个天线，低旁瓣天线降低了电波被敌方侦察到的概率。平面波导裂缝阵天线还具有很高的极化隔离度，能够比较有效地对抗交叉极化干扰。

随着支援式干扰机干扰功率的增大，－30 dB 的旁瓣电平不足以抑制大功率的干扰。从导引系统天线旁瓣注入的干扰信号会在偏离目标的方向上产生一个虚假的目标信号，使导引头角跟踪通道无法锁定目标。即使是对于支援式噪声干扰导引系统的跟踪干扰源模式（HOJ）同样会失去功效，因为角跟踪通道无法给出正确的目标角度信息。这就迫使雷达导引系统的设计者寻求超低旁瓣的天线。

超低旁瓣天线指的是旁瓣低于主瓣50 dB。满足这种要求的关键是提高天线设计和加工精度，控制设计和加工过程的系统误差和随机误差。再一个就是尽可能增大天线口径与波长的比值。这是因为随机误差引起的旁瓣电平是固定的，与工作频率无关，而天线的增益和方向性与频率的二次方成正比。提高工作频率便可提高天线主瓣的峰值，相对降低旁瓣的电平。然而，通常采用以上两种途径降低天线的旁瓣是昂贵的，有时甚至是不可能的。提高工作频率会带来整个射频部分的成本增大。过高的设计精度要求给加工装配带来了太大的困难以至于最终无法完成。

一种比较适用的技术是旁瓣对消技术。它通常可将通过天线旁瓣波束进来的噪声干扰电平降低20～30 dB。旁瓣对消技术要求在主天线周围加设辅助天线。对辅助天线的要求是在干扰方向上其主瓣电平应大于主天线的旁瓣电平。由于增添了辅助天线，主天线的运动自由度受到了一定的限制。要达到较佳的对消效果，辅助天线的数量应当等于主天线旁瓣的数量。当考虑到主天线交叉极化的响应时，则应增加辅助天线的数量。通常辅助天线超过4个实现起来将非常困难。

导引系统的目标探测通道采用Dicke fix电路结构。这种电路的信号通频带按“宽带-限幅-窄带”的形式排布。在数字梳状滤波器的输入端对信号进行硬限幅，使每个频率通道对于任意频谱的噪声输入(如支援式噪声干扰、自卫式噪声干扰、间断式噪声干扰、地面反射干扰等)都有固定的最大输出噪声电平。这使得探测通道在各种干扰环境下具有固定的和足够低的检测门限。在梳状滤波器的输入端设计若干高选择性滤波器，将梳状滤波器分成若干个子频段以便在存在强干扰信号的条件下仍能够检测到微弱的目标信号。同时，设计专门的幅度检波器，对探测通道频率范围内的输入信号的包络进行分析。当发现具有明显的噪声特征时，便可启动跟踪干扰源工作逻辑。

单脉冲测角系统可以利用一个脉冲获取全部角度信息。导引头测角系统将多次的角度测量值积累起来，进行运算分析。根据这些大量测量值的离散程度，可以确定所接收的辐射点源是干扰还是目标。如果探测到两组或两组以上的角度值，便可认定是角度闪烁干扰。处理办法是将一组角度测量值选出来，将天线指向这一目标进行干扰源的自动跟踪。

在接收通道中设置鉴频器，将鉴频器的输出与来自角通道的角度信息、来自检测滤波器的频率信息和来自幅度检波器的能量信息一起进行分析处理，可以找出它们之间的相互关系。利用这个相互关系可以识别出干扰。例如，当鉴频器测量值集中在两个或两个以上的数值时，可以断定是多普勒闪烁干扰。

相单脉冲测角方式易受到镜像频率的干扰。两个镜频信号在中频上的相位角是相反的，如果镜频干扰的电平超过了目标信号的电平，中频信号的相位角将会反相，从而会驱动天线向着偏离目标更远的方向偏转，造成目标在角度上的丢失。可以在微波前端设置镜像抑制混频器，以抑制镜像干扰的作用。

8.2.1.3　软件措施

计算机的采用使得导引系统智能化抗干扰成为可能。导引系统计算机可以对输入的测量数据进行实时的数字和逻辑分析，发现干扰的存在，确定干扰的类型，选择相应的抗干扰逻辑。当新干扰形式出现时，针对新干扰样式设计出的对抗方法可以落实到抗干扰程序中，通过在线加载的方式，对导引系统内的工作程序进行扩充、完善或更新，以改善和提高导弹的抗干扰性能。

导引系统抗干扰的软件措施是与硬件措施配合工作的,硬件措施是软件措施的基础。归纳起来,在导引系统抗干扰算法中一般采取以下几种抗干扰措施:

(1)通过导引系统硬件提供的有关测量,对导引系统所在的电磁环境进行分析,识别出作用在导引系统上的干扰的性质,启动相应的抗干扰算法。

(2)对来自导引系统测角和测速通道的信息与来自机载火控系统和导弹飞行控制装置的目标的速度与角度信息进行连续不断的比较,以识别和对抗假目标和欺骗式干扰。

(3)当速度通道、距离通道或角度通道的信号中断时,进行速度、距离和角度的目标位置外插,以保证快速重新截获目标信号。

对抗宽带阻塞式噪声干扰的算法:当晶体滤波器输入端由幅度检波器构成的功率指示器的输出噪声电平高于接收机内部噪声的电平时,便构成了噪声干扰存在的第一个条件。此时,导引系统计算机检查测角通道角度测量的方差,如果测角方差小于某一门限值,则构成了噪声干扰存在的第二个条件,当这两个条件都满足时,抗干扰算法便产生发现噪声干扰的标志,将干扰机的方位信息提供给飞行控制装置用于制导导弹。此方法也适用于对抗窄带瞄准式的噪声干扰。

对抗速度拖引干扰的算法:对抗速度拖引干扰分两个阶段,一是判别速度拖引干扰的存在,一是甩掉干扰重新搜索并截获目标,具体方法是,将导引系统测得的目标运动参数(速度、加速度、目标视线角速度)与飞行控制装置中计算的这些参数的估值进行比较,如果两者相差较大,则认为有速度拖引干扰的存在,此时导引系统计算机便指示速度门中止对干扰信号的跟踪,重新按飞行控制装置预定的目标频率位置范围进行频率搜索。

对抗闪烁干扰的算法:在慢速闪烁时,导引系统可以依次跟踪这两个频率的信号。而此时的测角回路将对干扰源进行不间断的测角。在快速闪烁时,导引系统测出频率的瞬时测量值。测角回路将频率测量值与角度测量值进行相关性分析,从中选出相关的角度测量值,并依此形成对干扰源方位的估值,同时,对已选定的多普勒频率进行频率跟踪。由于目标信号与干扰频率相差较大,导引头的信号处理器可以将目标选出并抑制干扰。

对抗无源干扰的算法:无源干扰包括箔条云、地海杂波等。此算法由飞行控制装置配合来完成。飞行控制装置根据导引头天线的方向图、导弹的速度矢量和导弹与干扰源的相对位置,计算出这些无源干扰的多普勒频率范围,并将这一范围告知导引头计算机。导引头计算机便指示信号处理器对这一多普勒频率范围的信号进行抑制。

随着数字技术的发展和DSP芯片运算能力的大幅度提高,软件抗干扰方面出现了许多新技术,如神经网络技术。可以预期在不久的将来,软件抗干扰可以做成专用芯片,与传统的雷达导引头处理器协同工作,以提高导引系统抗干扰的智能化水平。

8.2.2 针对光电干扰的抗干扰技术介绍

8.2.2.1 空间位置识别法

1. 空间滤波技术

用调制盘将与目标具有相同光谱但空间角尺寸不同的背景辐射滤除的技术,称为空间滤波技术。这种技术是目前国内外热点式红外寻的导弹普遍采用的一种抗红外背景干扰的有效措施。

实战中，空间滤波技术主要用于第一代热点式跟踪的红外寻的导弹，如苏联的SA-7，SA-7B，美国的“红眼睛”等型号。这是由于它们采用的是近红外探测元件(如PbS)，工作在1～3 μm，当对飞机进行尾追跟踪时，受阳光干扰严重，因此均使用了调制盘滤波技术，在滤除大面积背景辐射干扰方面，收到了良好效果。

2. 变视场

在导引系统设计中，常采用变视场的方法以减小干扰，提高跟踪性能。减小导引系统视场有两条途径，一是光学变视场；二是电子变视场。

3. 波门技术

波门技术是随着红外导引系统空间分辨率的提高而逐步发展起来的。波门技术限制了红外探测信号的处理区间，减少了区间外干扰的影响，有利于提高跟踪品质。

4. 相关技术

相关技术是将系统的基准图像在实时图像上以不同的偏移值进行位移，根据两幅图像之间的相关度函数去判断目标在实时图像中的位置。跟踪点就是两个图像匹配最好的位置，即相关函数的峰值。相关技术与波门技术相比利用了更多的图像信息，因而能更有效、可靠地识别目标。一般它不要求分割目标和背景，对图像质量要求也不高，可在低信噪比条件下正常工作，对于选定的跟踪目标图像不相似的其他干扰都不敏感，可用来跟踪较大的目标或对比度较差的目标。

8.2.2.2　光谱识别法

1. 光谱滤波技术

用具有一定光谱透射特性的光学滤光片，将与目标辐射光谱不同的背景辐射或人工干扰滤除的方法称为光谱滤波技术。它的目的也是为了提高探测器所接收的目标与背景的辐射通量比值。

光谱滤波技术比较典型的应用实例是，在1972年春季的越南战争中，苏联SA-7导弹曾在三个月中击落美国军用飞机24架，但当美机采取施放红外干扰弹措施后，SA-7导弹一度失效，在1973年10月第四次中东战争中，由于SA-7导弹的改进型SA-7B导引头加装了滤除红外干扰弹光谱辐射的滤光片，保证了导引头正常跟踪飞机发动机喷嘴辐射，使武器又恢复了威力。

2. 多光谱(多色)技术

红外制导系统应用的多光谱技术，是指系统能工作于多种波段状态，以便使导引头能探测和跟踪具有不同热特征的目标或同一目标上的不同热部位(如飞机的尾喷管、尾焰或蒙皮的气动加热辐射)，以达到抗各种背景干扰和人工干扰的目的。这种导引头通常要同时采用多色滤光片、调制盘和探测器件，系统有可能采用不等比的多路工作体制。

目前国外应用“双色”导引头的典型例子是美国的“尾刺”POST红外地空导弹。这种导弹采用“红外/紫外”导引头，红外元件同于“尾刺”型号，采用工作于4.1～4.4 μm的InSb，紫外探测器是Cds。它以玫瑰线形式对目标/背景扫描，并通过两台微处理机对红外抗干扰逻辑电路实施最佳控制，用以判断、选择并自动转换系统的最佳工作模式。因此，这种导引头不易受红外诱饵的欺骗和热遮蔽的影响，具有较强的抗干扰能力。

3. 光电复合制导技术

光电复合制导技术，属于导弹制导系统的多模工作体制，它可以是微波、毫米波与红外、激光、可见光(电视)制导技术的任何组合配准方式，当一种工作模式受到干扰时，可以自动转换为另一种工作模式。因此，它是目前导弹系统从制导体制上采取的一种重要而有效的反对抗措施，同时，它可以提高武器系统的总体性能指标，能根据实战环境(目标、背景、干扰)的变化，更换不同的制导方式，极大地提高了武器系统的临战应变能力。

当前各国采用光电复合制导体制的实例颇多，如由德国 MBB 公司和法国宇航公司联合研制的“罗兰特 l”地空导弹系统，主要用来对付低空、高速飞机。它是在光学制导的“罗兰特”的基础上加装一部单脉冲跟踪雷达构成的。这种导弹可以在作战过程中，根据当时气象和干扰状况，互换雷达制导或光学制导。

8.2.2.3 辐射强度识别法

1. 能量变化率识别

干扰弹起燃时的变化特征明显有别于目标辐射自然变化特征，可以通过对所跟踪的目标单位时间内能量的变化量来判断干扰弹是否到来，以便为调整系统的增益控制、波门设置、分割门限等提供最可靠的依据。

2. 幅度识别

干扰弹出现时信号幅值迅速增大甚至饱和，干扰弹信号幅值比目标信号幅值大是其显著特征，因此可根据视场内脉冲信号的幅值鉴别目标和干扰。

8.2.2.4 运动轨迹识别法

1. 航迹识别

干扰弹与载机分离后它们的运动特征有明显的区别，可以采用航迹识别方法区分干扰与目标。航迹识别首先需要采集目标的多帧信息以建立目标航迹，然后再进行航迹匹配，最后进行目标选择。

2. 预测跟踪

当导引系统在跟踪目标过程中因受到干扰影响或目标自身状态突然发生变化而导致跟踪置信度参数超出正常跟踪值时，可将其转入预测跟踪状态。这时导引系统虽然仍可根据实时采集的数据计算置信度，但是导引系统对目标的跟踪信息却不由实测的计算参数提供而转由历史数据计算出的预测参数提供。在系统处于预测跟踪状态下，若跟踪置信度恢复到正常范围内，则可转入正常跟踪状态。

8.2.2.5 形体识别法

1. 脉宽鉴别

对于多元调制系统，脉宽鉴别就是根据脉冲宽度区别目标与干扰。一般干扰弹信号脉冲要比目标信号脉冲宽。

2. 图像鉴别

对于成像导引系统，信息中包含有较准确的跟踪对象的红外形体大小和形状。在层次门限分割技术基础上，根据形体大小和形状可较容易地识别出目标与干扰。

8.2.2.6　综合加权识别法

在进行抗干扰设计时，一般要综合运用上述各种相对独立的抗干扰措施。综合加权识别法研究的是上述各独立信息之间的逻辑关联度。通过综合分析，对每一个独立信息给出适当地置信度和加权值，然后决定剔除干扰的置信度，达到提高抗干扰能力的目的。

置信度是表征探测信息的状态参量。对于多元探测信号，置信度设置主要包括脉冲宽度、幅度、相位、波门、脉冲个数等。对于图像信号，可设置面积、灰度、形状、灰度梯度、旋转、帧位移、能量、方向、图像结构等参数的置信度。

置信度的设定不是一成不变的，一般采用自动调节变参量设计。通过对目标各信息的记忆、统计、评估与综合，使综合加权算法具有自适应和自学习能力，最终给出最佳抗干扰策略。

8.3　导弹制导系统抗干扰性能评定

8.3.1　雷达制导导弹抗干扰性能评定方法介绍

雷达抗干扰性能评估技术的研究在国际上已有 80 多年的历史。著名美国学者 Johnston 早在 1974 年就已提出采用抗干扰改善因子 EIF 作为衡量单部雷达抗干扰能力的准则。抗干扰改善因子 EIF 定义为“对采用了抗干扰技术的接收机产生一定的输出信干比所要求的干扰电平与未采用抗干扰技术的同样接收机产生相同大小的输出信干比所要求的干扰功率之比”。因为 EIF 定义为功率比，它和国外有人提出用烧穿距离来评定干扰与抗干扰效果一样，均从能量关系考虑。它适用于压制式干扰的情况下，而对于欺骗式干扰，如距离拖引、无源诱骗等干扰，就不能简单地用能量关系来评定，而是应当从武器系统的最终命中概率来分析。于是 Johnston 在 1993 年发表的文章中也强调了要开展武器系统抗干扰效果的评定研究与武器系统抗干扰仿真试验研究。通过系统仿真试验，根据导弹的脱靶量及由此确定的杀伤概率来评定整个武器系统的抗干扰能力。

下面简要介绍几种典型国外的仿真系统设备。

1. 美国陆军高级仿真中心(ASC)

美国陆军高级仿真中心位于美国阿拉巴马州红石兵工厂。全套设备由美国波音公司设计，它包括以下四大部分：射频仿真系统、红外仿真系统、光电仿真系统、ASC 混合计算机群。

上述前三部分构成战术导弹目标环境物理效应仿真系统，它为评定导弹制导系统的性能提供目标与干扰环境及运动特性。第四部分是一个高级仿真信息处理系统，它为导弹制导系统的仿真提供高速、大容量的信息处理手段。

其中的射频仿真系统所模拟的作战情景可以包括多个目标，可以模拟目标回波的延迟、多普勒频移、振幅起伏、角闪烁以及杂波、多路径等效应，可以模拟目标相对于导弹的距离及角度运动。

整个试验是在微波暗室中进行的，暗室尺寸为：长 40 ft（1ft＝0.304 8m），宽 48 ft，高 48 ft。暗室的一端有三轴飞行转台，用来安装被测件，如雷达导引头。暗室的另一端设置阵列天线，它是一个三元组阵面。该阵列天线主要由 550 个单元组成，其中目标阵列有 534 个单元，电子干扰阵列有 16 个单元。另外在目标阵列下面又加了 9 个单元，用以产生高度回波。目标阵列可以同时在 4 个不同的位置上辐射信号，以代表 4 个可独立控制的、复杂的目标信号。另一方面，这其中的任意一个通道都可以用来辐射压制式干扰。16 个电子干扰天线均匀地分布在 534 个目标阵列天线当中。除使用干扰模拟器产生干扰外，还可以使用真实干扰机通过电子干扰通道或目标通道来产生干扰。射频仿真系统工作频率范围为 8～18 Hz。

2. 英国宇航公司的射频仿真技术

英国宇航公司下属的模拟器有限公司专门为英国海军、空军、陆军研制训练用的各类模拟器。这些模拟器采用光学投影方法和数字图像方法在计算机显示器荧光屏上产生背景和目标，通过计算机控制背景和目标的运动，使雷达操作手或飞行员在荧光屏前感受到一个立体的模拟目标环境。

该公司主要还生产电子战环境模拟器，能产生射频目标回波和干扰环境，用于战术导弹主动或半主动射频制导仿真系统实验室，实验室的设备配置如图 8.1 所示。

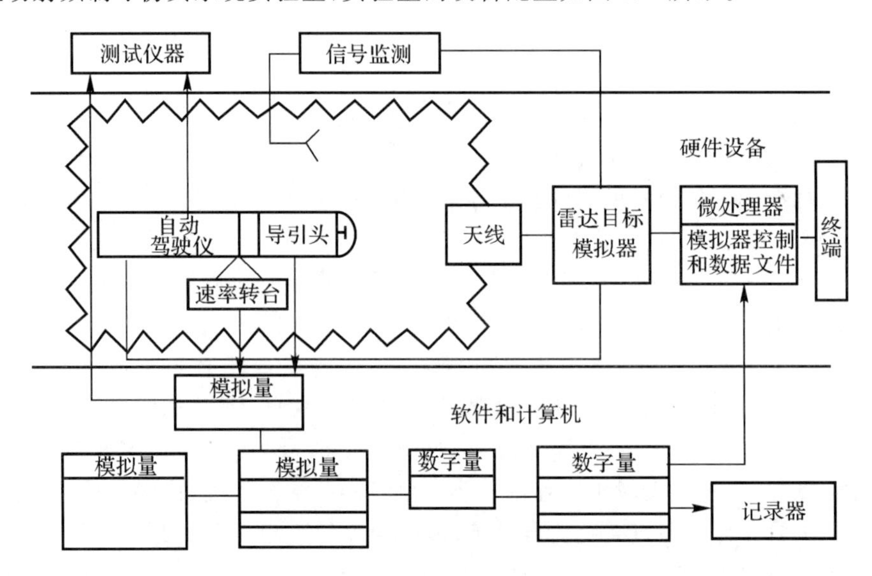

图 8.1　实验室硬件配置图

图 8.1 所示中导弹的导引头与自动驾驶仪安装在三轴转台上，并设置在微波暗室的一端。雷达目标模拟器设置在暗室的另一端，用来产生雷达的模拟目标回波。其回波特征及对回波的控制为导弹与目标相对运动关系的函数，并由模拟器产生。转台的参数及对转台的控制取决于导引头及自动驾驶仪的要求，并由计算机进行控制。

图 8.2 所示的半实物仿真试验室与图 8.1 所示的具有相同的功能，但增加了电子对抗措施产生器（Electronic Counter Measures，ECM）产生器、多目标产生器、杂波产生器及与其有关的闪烁阵天线。

英国宇航公司已将这套设备应用于天空闪光（Sky Flash）和海鹰（Sea Eagle）导弹的研制过程中。海鹰导弹为反舰导弹，只须模拟方位闪烁，因而只要配备 2 单元相控阵天线就足够了。对于空空或地空导弹，则须模拟方位和俯仰闪烁，因而须配置4单元相控阵天线。单元间隔一般取10～30个波长。本仿真系统的天线结构比较简单，但视场角受到很大限制。

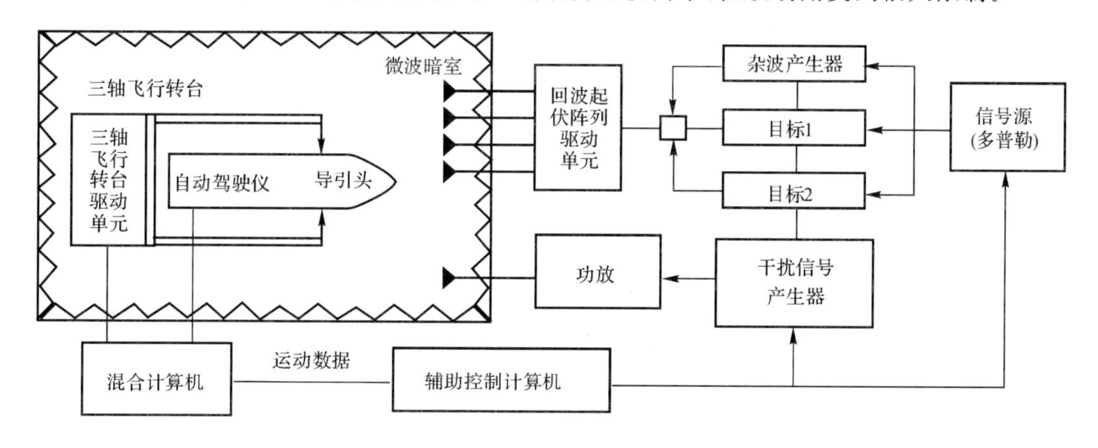

图8.2　半实物仿真原理框图

8.3.2　光电制导导弹抗干扰性能评定方法介绍

有关光电武器装备抗干扰性能评估准则和方法的研究，直接影响到对光电系统抗干扰性能的综合评价，对于光电对抗双方选择合适的干扰、抗干扰样式，以及对于干扰系统和光电系统的设计，都具有重要的指导作用。

光电对抗效果评估方法包括试验方法和评估准则。

8.3.2.1　试验方法

试验方法包括两大类：实弹打靶试验方法和仿真试验方法。

实弹打靶试验方法无疑是评估对抗效果最准确、最可信的方法。最理想的状态当然是投入战场使用，从战场上取回数据，给出对抗效果评估结果。但战场环境往往难于得到，因此，只能采用实弹打靶试验方法，它需要将被保护目标和对抗系统置于模拟战场环境，通过发射实弹进行试验，并根据试验数据，给出对抗效果评估结果。这种方法虽然真实，但费用昂贵，适用于装备定型试验。

所谓仿真试验，就是对光电武器装备、光电对抗装备、被保护的目标、战场环境进行仿真模拟，逼真地再现战场上双方对抗的过程和结果。根据需要，仿真试验可以做多次，甚至可以做上千次、上万次，来检测与评估光电武器装备与光电对抗装备的对抗效果，作为改进光电武器装备及其对抗系统的依据。仿真试验方法分为全实物仿真、半实物仿真和计算机仿真等几种类型。

8.3.2.2　评估准则

在评估准则中，关键是选取合适的评估指标，然后就可以通过试验方法进行干扰效果评估试验，根据评估指标阈值来确定干扰效果等级。常见的光电干扰效果评估指标包括搜索参数类指标、制导精度类指标、跟踪精度类指标、图像特征类指标和压制系数指标。

1. 搜索参数类指标

该指标适用于从光电制导系统的搜索、截获性能角度评估干扰效果。如果光电系统在预定的区域中未能发现目标，即启动搜索功能，直到截获目标，从而转入对目标的跟踪。在这个阶段，干扰效果的评估应该以发现概率、截获概率、虚警概率、捕捉灵敏度以及跟踪目标和跟踪干扰的转换频率等指标为主。

2. 制导精度类指标

制导武器弹着点的脱靶量和制导精度是反映其战术性能的关键指标，对制导武器的干扰直接影响到其脱靶量和制导精度，因此评估指标可以选择为脱靶量或制导精度。通过检测制导武器受干扰后，其脱靶量或制导精度的变化情况来评估干扰效果。

3. 跟踪精度类指标

目标跟踪阶段一般可以通过监测干扰前后以及干扰过程中导引头的导引信号，根据跟踪误差、跟踪精度和跟踪能力的变化情况来评估干扰效果。

4. 图像特征类指标

光电成像装备的核心是目标探测、识别和跟踪，而探测、识别和跟踪的性能依赖于图像目标特征的强弱。当释放干扰时，图像目标的特征肯定会受到影响，因此，可以基于各种图像目标特征的变化来评估干扰效果。

5. 压制系数指标

压制系数是干扰信号品质的功率特征，它表示被干扰设备产生指定的信息损失时，在其输入端通频带内产生所需的最小干扰信号与有用信号的功率比。干扰信号使对方光电装备产生信息损失的表现是对有用信号的遮蔽、使模拟产生误差、中断信息进入等。压制系数小，干扰效果好；压制系数大，干扰效果差。

本章要点

1. 电磁干扰环境的典型分类。
2. 光电干扰环境的典型分类。
3. 电磁干扰的抗干扰措施。
4. 光电干扰的抗干扰措施
5. 雷达及光电制导导弹抗干扰性能评定方法

习　　题

1. 电磁干扰可分为哪几类？
2. 光电干扰可分为哪几类？
3. 电磁干扰的典型抗干扰措施有哪些？
4. 光电干扰的典型抗干扰措施有哪些？
5. 衡量单部雷达抗干扰能力的准则是什么？

6. 简述光电对抗效果评估方法的试验方法和评估准则。

参 考 文 献

[1] 李春明,李莉莎,李玉亭. 红外制导导弹系统抗干扰技术分析[J]. 系统工程与电子技术,1988(8):22-31.

[2] 张会龙,王之,王文基. 提高反辐射导弹抗干扰能力方法探析[J]. 飞航导弹,2008(10):41-44.

[3] 彭望泽. 防空导弹武器系统电子对抗技术[M]. 北京:宇航出版社,1995.

[4] 张月娥. 干扰与抗干扰的分类及其对应措施[J]. 航天电子对抗,1985(1):52-56.

[5] 倪汉昌. 战术导弹抗干扰评估与仿真技术研究途径分析[J]. 飞航导弹,1995(1):34-39.

[6] 刘松涛,王赫男. 光电对抗效果评估方法研究[J]. 光电技术应用,2012(6):1-7.

[7] 樊会涛. 空空导弹方案设计原理[M]. 北京:航空工业出版社,2013.

第9章　典型导弹制导系统分析

第2章中已对制导系统分类进行了简要介绍，本章对这几种制导系统进行较为详细的介绍。

9.1　自主制导

9.1.1　自主制导的基本概念

导弹的自主制导，是根据发射点和目标的位置，事先拟定好一条弹道，制导中依靠导弹内部的制导设备测出导弹相对于预定弹道的飞行偏差，形成控制信号，使导弹飞向目标。这种控制和制导信息是由导弹自身生成的制导方式叫做自主制导。自主制导系统中，制导信号的产生不依赖于目标或指挥站（地面或空中的），仅由安装在导弹内部的测量仪器测量地球或宇宙空间的物理特性，从而决定导弹的飞行轨迹。如根据物质的惯性，测出导弹运动的加速度以确定导弹飞行航迹的惯性导航系统；根据宇宙空间某些星体与地球的相对位置以进行引导的天文导航系统；根据预先安排好的方案以控制导弹飞行的方案制导系统；根据目标地区附近的地形特点导引导弹飞向目标的地图匹配制导系统等。

自主制导的特点是，导弹发射后，导弹、发射点、目标三者间没有直接的信号联系，不再接收制导站的指令，导弹的飞行方向和命中目标的精确度完全由弹内制导设备决定，因而不易受到干扰。但导弹一旦发射出去，就不能再改变其预定的航迹，因而单用自主制导系统的导弹只能对付固定目标或已知飞行轨迹的目标，不能攻击活动目标。

自主制导主要用于地地导弹（如弹道式导弹、飞航式导弹等）、空地导弹（如空地式飞航导弹），有些地空导弹的初制导段或末制导段也有应用。

按制导信号生成方法的不同，自主制导可分为方案制导、天文制导、惯性制导、地图匹配制导等。

9.1.2　方案制导

所谓方案，就是根据导弹飞向目标的既定航迹，拟制的一种飞行计划。方案制导系统则能引导导弹按这种预先拟制好的计划飞行。导弹在飞行中不可避免地要产生实际参量值与给定值间的偏差，导弹舵的位移量就决定于这一偏差量，偏差量愈大，舵相对中立位置的偏移量愈大。方案制导系统实际上是一个程序控制系统，因此方案制导也叫程序制导系统。

1. 方案制导系统的组成

方案制导系统一般由方案机构和弹上控制系统两个基本部分组成，如图9.1所示。方案制导的核心是方案机构，它由传感器和方案元件组成。传感器是一种测量元件，可以是测量导弹飞行时间的计时机构，或测量导弹飞行高度的高度表等，它按一定规律控制方案元件运动。方案元件可以是机械的、电气的、电磁的和电子的，方案元件的输出信号可以代表俯仰角随飞行时间变化的预定规律，或代表弹道倾角随导弹飞行高度变化的预定规律等。在制导中，方案机构按一定程序产生控制信号，送入弹上控制系统。弹上控制系统还有俯仰、偏航、滚动三个通道的测量元件（陀螺仪），不断测出导弹的俯仰角、偏航角和滚动角。当导弹受到外界干扰处于不正确姿态时，相应通道的测量元件就产生稳定信号，并和控制信号综合后，操纵相应的舵面偏转，使导弹按预定方案确定的弹道稳定地飞行。

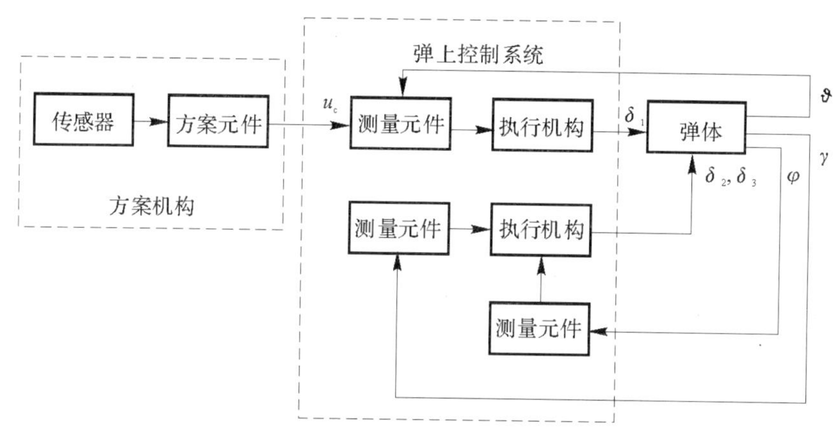

图 9.1 方案制导系统简化方框图

2. 方案制导的应用

方案制导主要用于地地导弹。有些地空导弹从发射到进入主要控制段前，也采用方案制导系统，以使导弹发射后便有自主能力，这样可增加发射密度并具有多方向攻击目标的能力。

方案制导在地地导弹（如地地飞航式导弹、舰舰飞航式导弹等）制导中，多用于初、中段制导。下面以舰舰飞航式导弹的初、中段制导为例，进一步说明方案制导系统的组成和工作原理。

典型舰舰飞航式导弹的飞行弹道如图 9.2 所示。导弹发射后爬升到 A 点，到 B 点后转入平飞，至 C 点方案飞行结束，转入末制导飞行。末制导可采用自动导引或其他制导技术。可见，这种飞航式导弹的方案飞行弹道基本由两段组成：第一段是爬升段，第二段是平飞段。

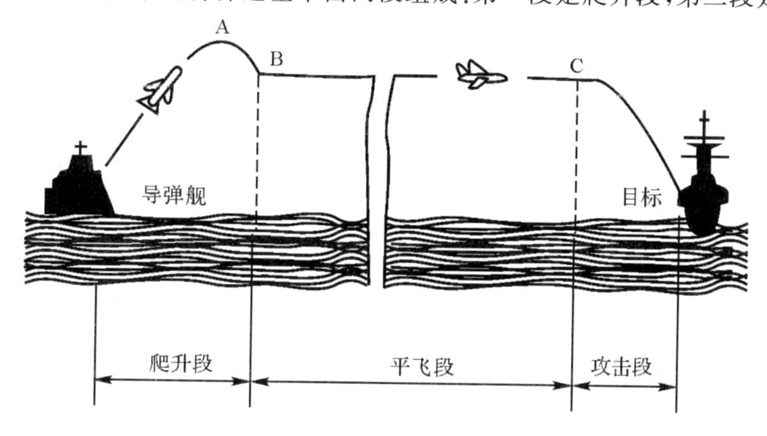

图 9.2 典型舰舰飞航式导弹的飞行弹道

9.1.3 天文制导

天文导航是导弹的天文导航系统，根据导弹、地球、星体三者之间的运动关系，来确定导弹的运动参量，将导弹引向目标的一种自主制导技术。

1. 天文导航观测装置

导弹天文导航的观测装置是六分仪，根据其工作时所依据的物理效应不同分为两种：一种叫光电六分仪，另一种叫无线电六分仪，它们都借助于观测天空中的星体来确定导弹的物理位置。下面以光电六分仪为例介绍天文导航观测装置的工作原理。

光电六分仪一般由天文望远镜、稳定平台、传感器、放大器、方位电动机和俯仰电动机等部分组成，如图 9.3 所示。发射导弹前，预先选定一个星体，将光电六分仪的天文望远镜对准选定星体。制导中，光电六分仪不断观测和跟踪选定的星体。

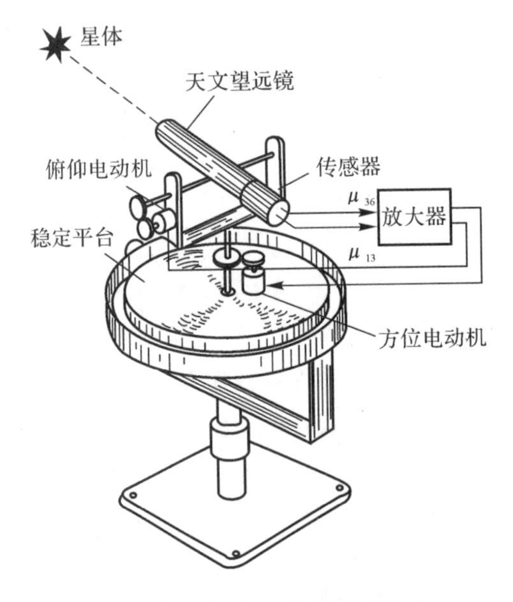

图 9.3 光电六分仪原理图

2. 天文导航系统原理

天文导航系统有两种，一种是由一套天文导航观测装置跟踪一个星体，引导导弹飞向目标；另一种由两套天文导航观测装置分别观测两个星体，确定导弹的位置，引导导弹飞向目标。下面着重讨论一套天文导航观测装置跟踪一个星体的天文导航系统。

跟踪一个星体的导弹天文导航系统，由一部光电六分仪（或无线电六分仪）、高度表、计时机构、弹上控制系统等部分组成，其原理方块图如图 9.4 所示。由于星体的地理位置由东向西等速运动，每一个星体的地理位置及其运动轨迹都可在天文资料中查到，因此，可利用光电六分仪跟踪较亮的恒星或行星来制导导弹飞向目标。制导中，光电六分仪的望远镜自动跟踪并对准所选用的星体，当望远镜轴线偏离星体时，光电六分仪就向弹上控制系统输送控制信号。弹上控制系统在控制信号的作用下，修正导弹的飞行方向，使导弹沿着预定弹道飞行。导弹的飞行高度由高度表输出的信号控制。当导弹在预定时间飞临目标上空时，计时机构便输出俯冲信号，使导弹进行俯冲或终端制导。

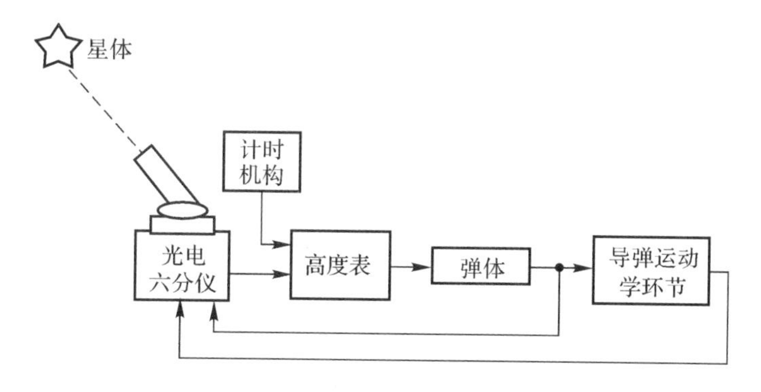

图 9.4　天文导航系统的原理方块图

导弹天文导航系统完全自动化，精确度较高，而且导航误差不随导弹射程的增大而增大。但导航系统的工作受气象条件的影响较大，当有云、雾时，观测不到选定的星体，则不能实施导航。另外由于导弹的发射时间不同，星体与地球间的关系也不同，因此，天文导航对导弹的发射时间要求比较严格。为了有效地发挥天文导航的优点，该系统可与惯性导航系统组合使用，组成天文惯性导航系统。天文惯性导航是利用六分仪测定导弹的地理位置，校正惯性导航仪所测得的导弹地理位置的误差。如在制导中六分仪由于气象条件不良或其他原因不能工作时，惯性导航系统仍能单独进行工作。

9.1.4　惯 性 制 导

1. 惯性制导的基本原理

惯性导航是一种自主式导航方法。惯性导航的基本工作原理是以牛顿力学定律为基础的，在飞行器内用导航加速度表测量飞行器运动的加速度，通过积分运算得到飞行器的速度信息。下面以简单的平面运动导航为例(见图 9.5)说明其工作原理。

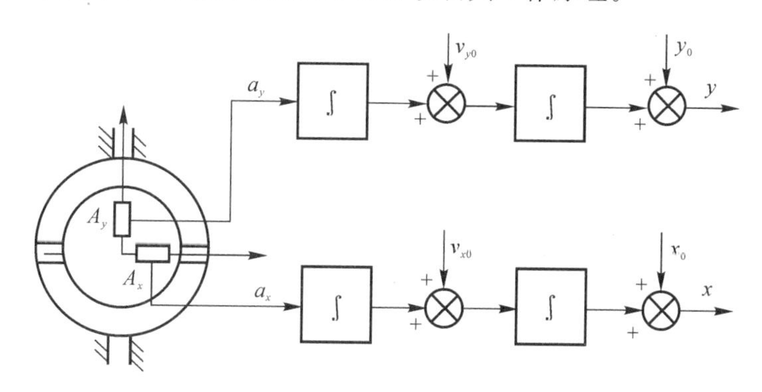

图 9.5　惯性导航基本原理

取 Oxy 坐标系为定位坐标系，飞行器的瞬时位置用 x，y 两个坐标值来表示。如果在飞行器内用一个导航平台把两个导航加速度计的测量轴分别稳定在 x 轴和 y 轴上，则加速度计分别测量飞行器沿 x 轴和 y 轴的运动加速度 a_x 和 a_y，飞行器的飞行速度 v_x 和 v_y 可按下式计算求得：

$$\left.\begin{aligned} v_x &= v_{x0} + \int_0^t a_x \mathrm{d}t \\ v_y &= v_{y0} + \int_0^t a_y \mathrm{d}t \end{aligned}\right\} \tag{9.1}$$

这里不加推导地给出飞行器姿态角的计算公式。设 $\boldsymbol{C}_n^b$ 为弹体坐标系 $x_b y_b z_b$ 与地理坐标系 NED 之间的变换矩阵

$$\boldsymbol{C}_n^b = \begin{bmatrix} T_{11} & T_{12} & T_{13} \\ T_{21} & T_{22} & T_{23} \\ T_{31} & T_{32} & T_{33} \end{bmatrix} \tag{9.2}$$

偏航角计算公式为

$$\psi = \arctan(T_{12}/T_{11}) \tag{9.3}$$

俯仰角为

$$\vartheta = \arcsin(T_{13}) \tag{9.4}$$

滚动角为

$$\gamma = \arctan(T_{23}/T_{33}) \tag{9.5}$$

在这里定义的偏航角数值以地理北向为起点顺时针方向计算，定义域为 0°～360°。俯仰角从纵向水平轴算起，向上为正，向下为负，定义域为 0°～±90°。倾斜角从铅垂平面算起，右倾为正，左倾为负，定义域为 0°～±180°。

2. 捷联式惯导系统

从结构上分，惯导系统可分为平台式惯导和捷联式惯导两种基本类型。在平台式惯导中，导航平台的主要功用是模拟导航坐标系，把导航加速度计的测量轴稳定在导航坐标系轴向，使其能直接测量飞行器在导航坐标系轴向的加速度，并且可以用几何方法从平台的框架轴上直接拾取飞行器的姿态和航向信息。而捷联式惯导系统则不用实体导航平台，把加速度计和陀螺直接与飞行器的壳体固连。在计算机中实时解算姿态矩阵，通过姿态矩阵把导航加速度计测量的弹体坐标系轴向加速度信息变换到导航坐标系，然后进行导航计算，同时从姿态矩阵的元素中提取姿态和航向信息。由此可见，在捷联惯导中，是用计算机来完成导航平台的功用。图 9.6 和图 9.7 分别为平台式惯导系统和捷联式惯导系统的原理框图。

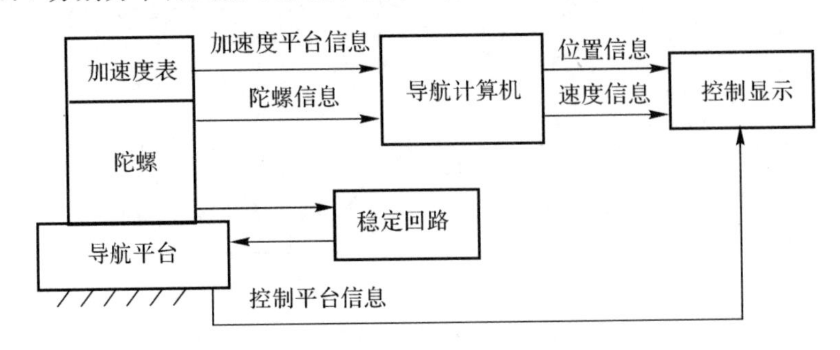

图 9.6　平台式惯导系统原理框图

捷联式惯导系统由于省掉了机电式的导航平台，所以体积、质量和成本都大大降低。另外，由于捷联式系统提供的信息全部是数字信息，所以特别适用于采用数字式飞行控制系统的

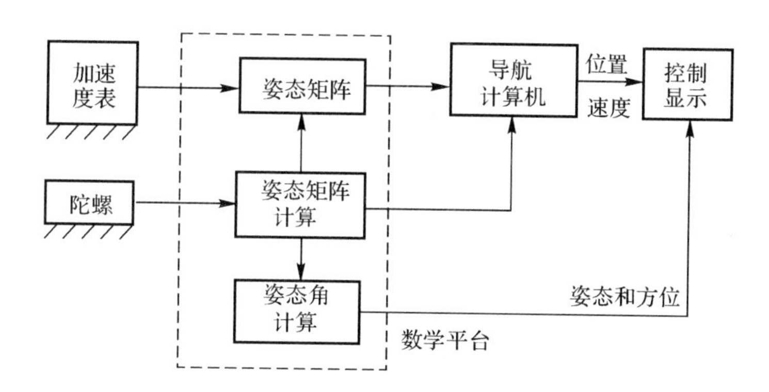

图 9.7　捷联式惯导系统框图

导弹上，因而在新一代导弹上得到了极其广泛的应用。

9.1.5　地图匹配制导

所谓地图匹配制导，就是利用地图信息进行制导的一种自主式制导技术。目前使用的地图匹配制导有两种：一种是地形匹配制导，它是利用地形信息来进行制导的一种系统，有时也叫地形等高线匹配（TRCOM）制导；另一种叫景像匹配区域相关器（SMAC）制导，它是利用景像信息来进行制导的一种系统，简称为景像匹配制导。它们的基本原理相同，都是利用弹上计算机（相关处理机）预存的地形图或景像图（基准图），与导弹飞行到预定位置时携带的传感器测出的地形图或景像图（实时图）进行相关处理，确定出导弹当前位置偏离预定位置的纵向和横向偏差，形成制导指令，将导弹引向预定的区域或目标。地图匹配制导系统原理框图如图 9.8 所示。

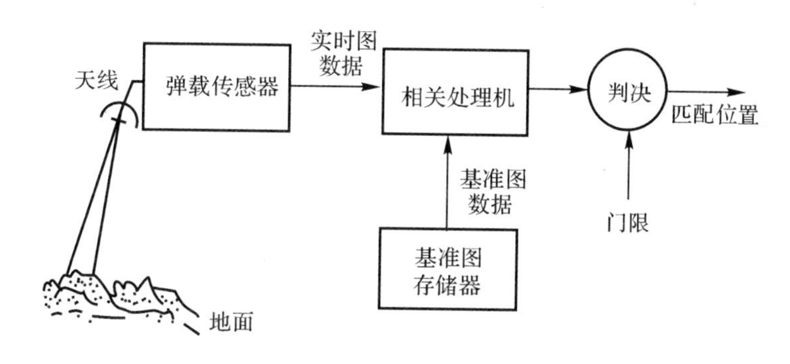

图 9.8　地图匹配制导系统原理框图

1. 地形匹配制导

地球表面一般是起伏不平的，某个地方的地理位置，可用周围地形等高线确定。地形等高线匹配，就是将测得地形剖面与存储的地形剖面比较，用最佳匹配方法确定测得地形剖面的地理位置。利用地形等高线匹配来确定导弹的地理位置，并将导弹引向预定区域或目标的制导系统，称为地形匹配制导系统。

地形匹配制导系统由以下几部分组成：雷达高度表、气压高度表、数字计算机及地形数据存储器等，其简化方块图如图 9.9 所示。其中气压高度表测量导弹相对海平面的高度，雷达高度表测量导弹离地面的高度，数字计算机提供地形匹配计算和制导信息；地形数据存储器提供某一已知地区的地形特征数据。

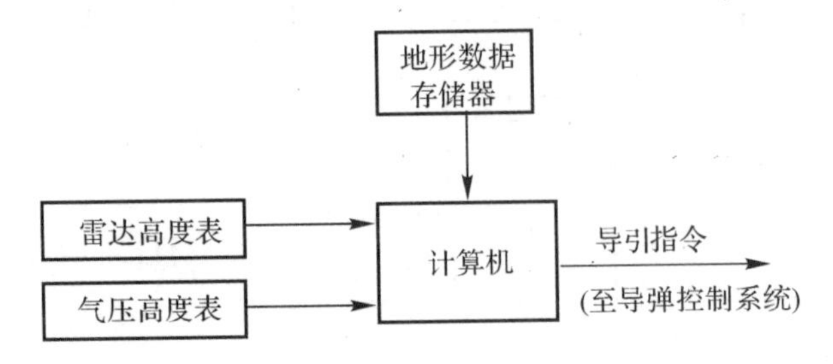

图 9.9 地形匹配制导系统简化方块图

地形匹配制导系统的工作原理如图 9.10 所示。用飞机或侦察卫星对目标区域和导弹航线下的区域进行立体摄影，就得到一张立体地图。根据地形高度情况，制成数字地图，并把它存在导弹计算机的存储器中。同时把攻击的目标所需的航线编成程序，也存在导弹计算机的存储器中。导弹飞行中，不断从雷达高度表得到实际航迹下某区域的一串测高数据。导弹上的气压高度表提供了该区城内导弹的海拔高度数据——基准高度。上述两个高度相减，即得导弹实际航迹下某区域的地形高度数据。由于导弹存储器中存有预定航迹下所有区域的地形高度数据（该数据为一数据阵列），这样，将实测地形高度数据串与导弹计算机存储的矩阵数据逐次一列一列地比较（相关），通过计算机计算，便可得到测量数据与预存数据的最佳匹配。因此，只要知道导弹在预存数字地形图中的位置，将它和程序规定位置比较，得到位置误差就可形成导引指令，修正导弹的航向。

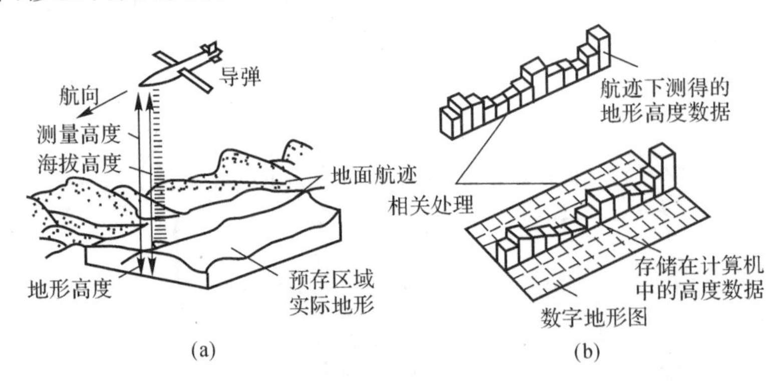

图 9.10 地形匹配制导系统的工作原理图

可见，实现地形匹配制导时，导弹上的数字计算机必须有足够的容量，以存放庞大的地形高度数字阵列。而且，要以极高的速度对这些数据进行扫描，快速取出数据列，以便和实测的地形高度数据进行实时相关，才能找出匹配位置。

如果航迹下的地形比较平坦，地形高度全部或大部分相等，这种地形匹配方法就不能应用了。此时可采用景像匹配方法。

2. 景像匹配制导

景像匹配制导，是利用导弹上传感器获得的目标周围景物图像或导弹飞向目标沿途景物图像（实时图），与预存的基准数据阵列（基准图）在计算机中进行配准比较，得到导弹相对目标或预定弹道的纵向、横向偏差，将导弹引向目标的一种地图匹配制导技术。目前使用的有模拟式和数字式两种，下面主要介绍数字景像匹配制导系统。

数字景像匹配制导的基本原理如图 9.11 所示，它是通过实时图和基准图的比较来实现。

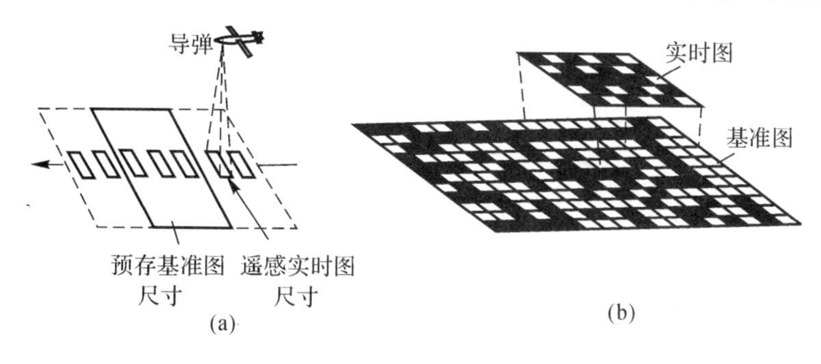

图 9.11　数字景像匹配制导的基本原理图

(a)基本原理；(b)相关处理

规划任务时由计算机模拟确定航向(纵向)、横向制导误差，对预定航线下的某些确定景物都准备一个基准地图，其横向尺寸要能接纳制导误差加上导弹运动的容限。遥感实时图始终比基准图小，存储的沿航线方向数据量，应足以保证拍摄一个与基准图区重叠的遥感实时图。当进行数字式景像匹配制导时，弹上垂直敏感器在低空对景物遥感，制导系统通过串行数据总线发出离散指令控制其工作周期，并使遥感实时图与预存的基准图进行相关，从而实现景像匹配制导。

如前所述，景像匹配制导是通过实时图和基准图的比较来实现的。图 9.12 给出了景像匹配制导系统的简要组成，它主要由计算机、相关处理机、敏感器(传感器)等部分组成。

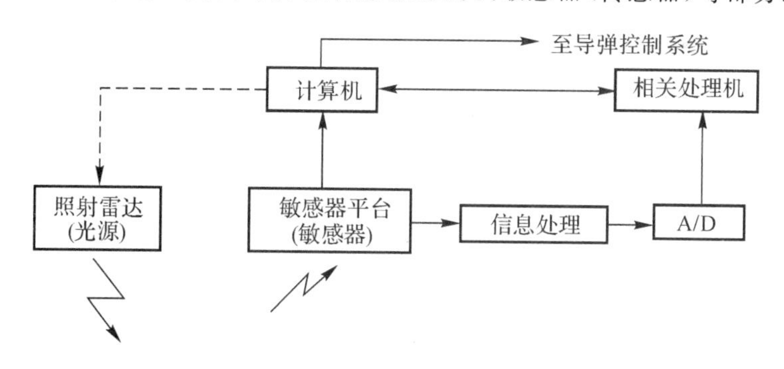

图 9.12　景像匹配制导系统的简要组成

研究和实验表明，数字式景像匹配制导系统比地形匹配制导系统的精度约高一个数量级，命中目标的精度在圆概率误差含义下能达到 3 m 量级。

9.1.6　卫星制导

1. GPS 系统组成原理

GPS 是英文 Navigation Satellite Timing and Ranging/Global Positioning System 的字头

缩写词 NAVSTAR/GPS 的简称。它的含义是利用导航卫星进行测时和测距，以构成全球定位系统。

GPS 是美国国防部(DOD)为军事目的，旨在彻底解决海上、空中和陆地运载工具的导航和定位问题而建立的。目前全部 24 颗卫星发射完毕，整个系统已经建成，在地球上的任何地方和任何时刻均可同时观测到 4 颗以上的卫星，已形成全球、全天候、连续三维定位和导航的能力。

根据 GPS 的设计要求，它能提供两种服务：一种为精密定位服务(PPS)，使用 P 码，定位精度为 10 m 左右，只供美国及其盟国的军事部门和特许的民用部门使用。另一种为标准定位服务(SPS)，使用 C/A 码，定位精度为 100 m 左右，向全世界开放。

GPS 系统由空间部分(导航卫星)、地面部分、用户设备三部分组成(见图 9.13)。

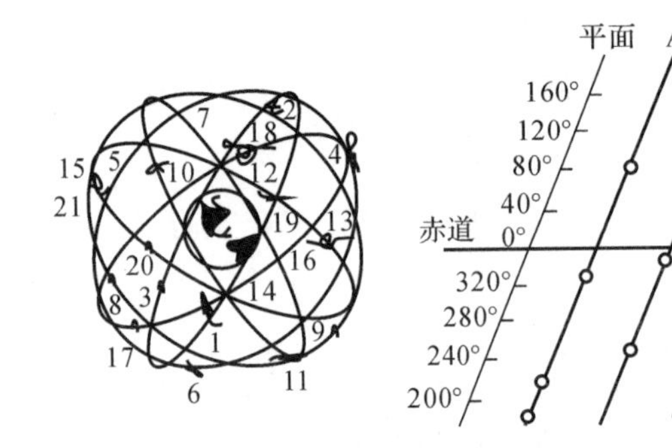

图 9.13　GPS 星座分布图

空间部分具有 21 颗工作卫星和 3 颗备用卫星，分布在 6 个轨道面上，轨道倾角为 55°，两个轨道面之间在经度上相隔为 60°，每个轨道面上布放 4 颗卫星。在地球的任意地方，至少能同时见到 5 颗卫星。

地面控制部分包括监测站、主控站和注入站。监测站在卫星过顶时收集卫星播发的导航信息，对卫星进行连续监控，收集当地的气象数据等；主控站主要职能是根据各监测站送来的信息计算各卫星的星历，以及卫星钟修正量，以规定的格式编制成导航电文，以便通过注入站注入卫星；注入站的任务是在卫星通过其上空时，把上述导航信息注入给卫星，并负责监测注入的导航信息是否正确。

用户设备部分包括天线、接收机、微处理机、控制显示设备等，有时也通称为 GPS 接收机。用于导航的接收机亦称为 GPS 卫导仪。民用 GPS 卫导仪仅用 L1 频率的 C/A 码信号工作。GPS 接收机中微处理器的功能包括：对接收机的控制，选择卫星，校正大气层传播误差，估计多普勒频率，接收测量值，定时收集卫星数据，计算位置、速度以及控制与其他设备的联系等。

2. GPS 定位原理

GPS 卫星设备接收卫星发布的信号，根据星历表信息，可以求得每颗卫星发射信号时的位置。用户设备还测量卫星信号的传播时间，并求出卫星到观测点的距离。如果用户装备有与 GPS 系统时间同步的精密钟，那么仅用 3 颗卫星就能实现三维导航定位，这时以 3 颗卫星为中心，以所求得的到 3 颗卫星的距离为半径，作 3 个球面，观测点就位于球面的交点上。

装备非精密钟的用户设备，所测得的距离有误差，称为伪距离，这时用 4 颗卫星才能实现三维定位。图 9.14 所示为伪距测量图。

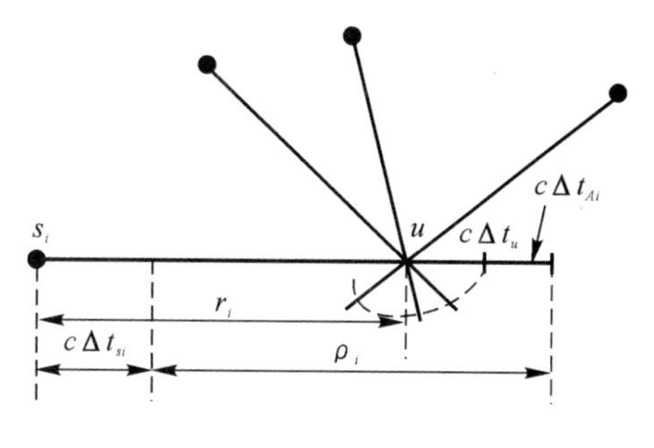

图 9.14　伪距测量图

伪距离 ρ_i 由下式确定：

$$\rho_i = r_i + c\Delta t_{Ai} + c(\Delta t_u - \Delta t_{si})$$

式中　r_i —— 观测点 u 到卫星 s_i 的真实距离；

c —— 光速；

Δt_{Ai} —— 第 i 颗卫星的传播延迟误差和其他误差；

Δt_u —— 用户钟相对于 GPS 系统时间的偏差；

Δt_{si} —— 第 i 颗卫星时钟相对于 GPS 系统时间的偏差。

计算时，用到固连于地球的右手直角坐标系，设卫星 s_i 在该坐标系中的位置为 x_{si}, y_{si}, z_{si}，用户 u 位于 x, y, z 处。则

$$r_i = \sqrt{(x_{si} - x)^2 + (y_{si} - y)^2 + (z_{si} - z)^2}$$

伪距离计算公式可改写为

$$\rho_i = \sqrt{(x_{si} - x)^2 + (y_{si} - y)^2 + (z_{si} - z)^2} + c\Delta t_{Ai} + c(\Delta t_u - \Delta t_{si})$$

式中，卫星位置(x_{si}, y_{si}, z_{si})和卫星时钟偏差 Δt_{si} 由卫星电文计算获得；传播延迟误差 Δt_{Ai} 可以用双频测量法校正或利用电文提供的校正参数，根据传播延迟误差模型估算得到；伪距离 ρ_i 由测量获得；观测点位置(x, y, z)和用户钟偏差 Δt_u 四个数为未知数。

由上可知，未知数有 4 个，只要测 4 颗卫星的伪距，建立方程组，就能解得观测点的三维位置和用户钟偏差。

由计算出的卫星位置可以求得用户的位置。因为卫星位置与用户位置之间的关系是非线性的，所以通常可以用迭代法和线性化方法计算用户位置。

GPS 速度的求得是通过伪距率的测量获得的。GPS 系统通过观测多普勒频移能获得伪距率，根据伪距率用线性化方法求出速度，与位置求解方法类似。

9.1.7　组 合 制 导

上面介绍了几种典型的自主制导方式，每种方式都有其特点，为了更好地克服各种自主制导方式的缺点，尽量发挥各自的优点，不同自主制导方式相结合的组合制导方式就被提出来了。目前，组合制导一般由 INS 和其他导航系统构成，其中 INS 作为主要导航系统，这是因为 INS 可以提供连续实时的全参数导航信息，具有完全自主性、全天候工作、抗干扰能力强以及短时间导航精度高等优点，在导航系统中处于不可替代的地位，下面列举几种常见的组合制导

方式。

1. INS/GPS组合制导

INS即惯性导航设备，对应惯性制导方式，GPS为美国的全球定位系统，对应卫星制导方式。这两种制导方式的组合具有互补性。组合后的优点表现为，对惯导系统可以实现惯性传感器的校准、惯导系统的空中对准、惯导系统高度通道的稳定等，从而可以有效提高惯导系统的性能和精度；而对GPS接收机，惯导系统的辅助可以提高其跟踪卫星的能力，提高接收机的动态特性和抗干扰性。因此INS/GPS可以构成一种比较理想的导航系统，其精度完好性、可用性及连续性等导航性能均优于单一系统。

2. 惯性/星光组合制导

在高精度、远程、长航时的导航应用中，惯导系统仍然需要误差不随时间增长的外部信息源来校正其误差。星光导航系统属于环境敏感导航系统，利用对星体的观测，根据星体在天空中固有的运动规律来确定飞行载体在空间的运动参数。星光导航的突出优点是自主性强、隐蔽性好、精度高、无姿态累积误差等。

惯性/星光组合导航系统将星光导航与惯性导航组合，扬长避短、优势互补，利用星敏感器提供的高精度姿态信息对惯导系统进行校正，并对惯性器件的漂移进行补偿，从而实现高精度导航，特别适用于远程、长航时的飞行器，如长航时无人机、超高超声速飞行器、空天往返飞行器、近地空间飞行器等应用领域。

9.2 遥控制导

9.2.1 遥控制导导引方法

遥控制导，是指在远距离上向导弹发出导引指令，将导弹引向目标或预定区域的一种导引技术。目前，遥控制导分两大类，一类是遥控指令制导，另一类是驾束制导（见图9.15）。遥控制导系统的主要组成部分：目标（导弹）观测跟踪装置，导引指令形成装置（计算机），弹上控制系统（自动驾驶仪）和导引指令发射装置（驾束制导不设该装置）。

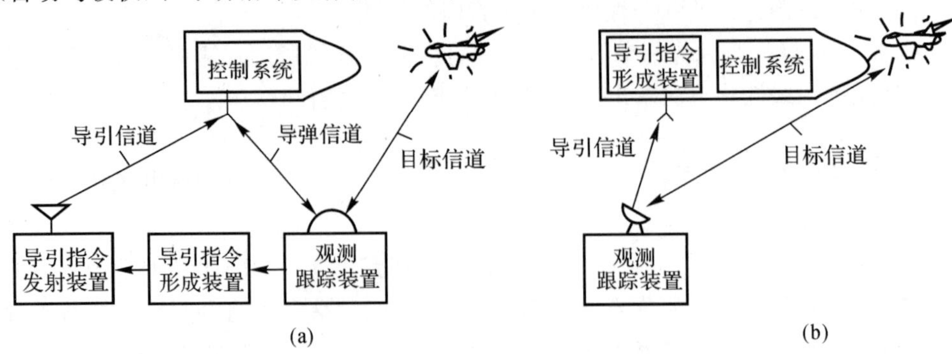

图9.15 遥控制导示意图

(a)遥控指令制导；(b)驾束制导

通过研究遥控指令系统的功能图，可以看出它是一个闭合回路，运动目标的坐标变化成为主要的外部控制信号。在测量目标和导弹坐标的基础上，作为解算器的指令形成装置，计算出指令并将其传输到弹上。因为制导的目的是保证最终将导弹导向目标，所以构成控制指令所需的制导误差信号应以导弹相对于计算弹道的线偏差为基础。这种线偏差等于导弹和制导站之间的距离与角偏差的乘积，因而按线偏差控制情况下的指令产生装置，应当包含有角偏差折算为线偏差的装置。

当在弹上进行驾束制导时，弹上接收设备输出端形成导弹与波束轴线偏差成正比的信号。为保证在不同的控制距离上形成具有相同的线偏差信号波束，必须测量制导站到导弹之间的距离。当距离变化规律基本与制导条件和目标运动无关时，可以利用程序机构引入距离参量，并将其看成给定时间的函数。

以某种形式确定导弹与计算弹道的误差之后，在指令形成装置中形成制导指令。制导指令可用控制理论中的各种方法综合出来。指令控制规律的选择与制导系统的质量和精度要求有关，以改善系统动力学特性为其最终目的。

9.2.2　制导误差信号的形成

为了建立遥控系统的结构图，必须首先研究制导误差信号的形成方法。下面讨论几种常用的遥控制导导弹误差信号的形成方法。

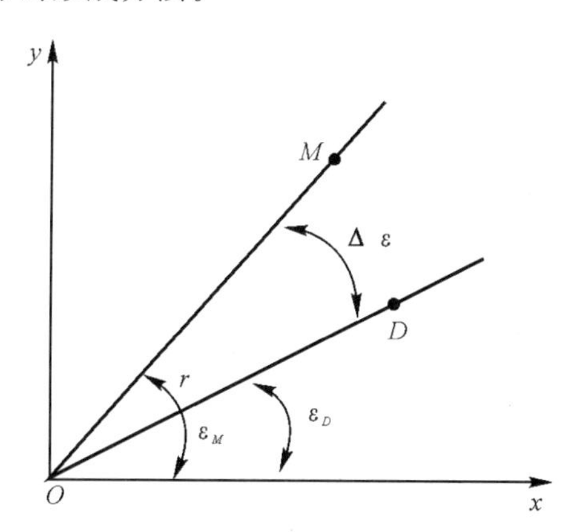

图 9.16　三点法制导误差信号形成示意图

由飞行力学知，三点法是一种最简单的遥控方法。这种方法由条件 $\varepsilon_M=\varepsilon_D$ 确定，那么，自然地将 $\Delta\varepsilon=\varepsilon_M-\varepsilon_D$ 作为制导误差。这种误差信号的形成仅需测量目标和导弹角坐标的装置。图 9.16 所示为三点法制导误差信号示意图。然而，归根到底制导精度由导弹与目标的最小距离 —— 脱靶量表征，那么目标的制导误差应根据导弹与所需运动学弹道的线性偏差确定。在这里线偏差为

$$h_\varepsilon=r(\varepsilon_M-\varepsilon_D) \tag{9.6}$$

式中，r 为导弹到制导站之间的距离。这个误差表达式要求测量导弹与制导站间的距离。在电子对抗环境或简化的制导系统中常根据下式确定制导线偏差：

$$h_\varepsilon=R(t)(\varepsilon_M-\varepsilon_D) \tag{9.7}$$

式中,$R(t)$ 为预先给定的时间函数,与制导站至导弹的距离近似对应。

当进行前置制导时,首先必需计算前置角 $\Delta\varepsilon_q$ 的当前值,然后按下式计算运动学弹道的角度坐标:

$$\varepsilon_D = \varepsilon_M + \Delta\varepsilon_q \tag{9.8}$$

在这种情况下,制导角偏差为

$$\Delta\varepsilon = \varepsilon_M - \varepsilon_D + \Delta\varepsilon_q \tag{9.9}$$

可见,为了形成制导角度误差,除了确定差值 $\varepsilon_M - \varepsilon_D$ 以外,还需要计算前置角。前置角计算通常需要目标和导弹的坐标以及这些坐标的导数。图 9.17 所示为前置法制导误差信号形成示意图。

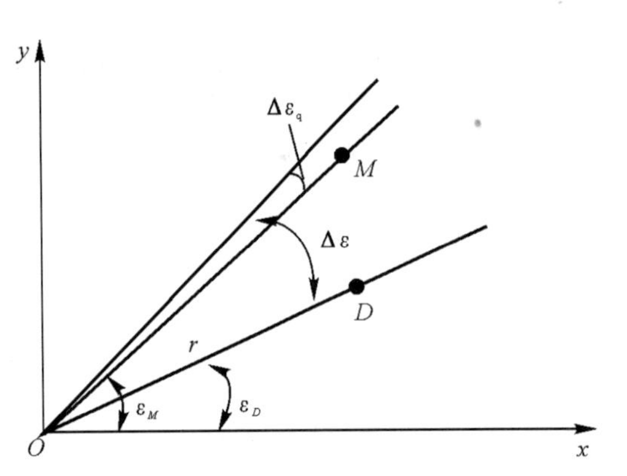

图 9.17　前置法制导误差信号形成示意图

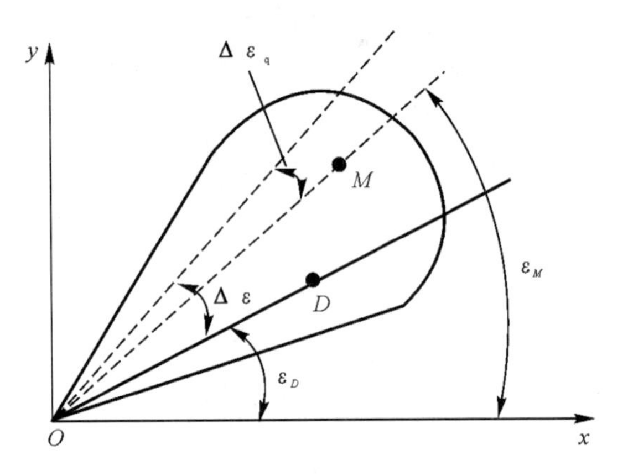

图 9.18　驾束制导误差信号形成示意图

当按驾束制导时,制导角误差 $\Delta\varepsilon = -\varepsilon_D + \varepsilon_M + \Delta\varepsilon_q$,直接在弹上测量,它表明导弹与波束轴的角偏差。为了确定线偏差 $h_\varepsilon = r\Delta\varepsilon$,角误差信号乘以制导站到导弹的距离即可获得。为了避免测量 $r(t)$,引入一已知时间函数 $R(t)$。因此当驾束制导时,为了形成误差信号,除了弹上接收设备之外不需其他测量装置。当然,为了确定给定导弹运动学弹道的波束方向,需要测量目标坐标;如采用前置波束导引,还须测量导弹坐标,只是这些坐标的测量结果不直接用来确定制导误差。图 9.18 所示为驾束制导误差信号形成示意图。

9.2.3　遥控系统基本装置及其动力学特性

在一般情况下,遥控系统由若干功能方块组成,其中每一个方块代表复杂的自动装置。组成遥控系统的基本装置是导弹及目标测量装置、指令形成装置、指令发送装置和接收装置以及弹上法向过载控制和稳定系统等,下面分别加以介绍。

1. 导弹和目标观测跟踪装置

要实现遥控制导,必须准确地测得导弹、目标相对于制导站的位置。这一任务,由制导设备中的观测跟踪装置完成。对观测跟踪装置的一般要求是:

(1) 观测跟踪距离应满足要求;

(2) 获取的信息量应足够多,速率要快;

(3) 跟踪精度高,分辨能力强;

(4) 有良好的抗干扰能力；

(5) 设备要轻便、灵活等。

根据获取的能量形式不同，观测跟踪装置分为：雷达观测跟踪器、光电跟踪器（即光学、电视、红外、激光跟踪器）。下面只讨论雷达观测跟踪器的原理，其他类型的观测跟踪器具有类似的工作原理。

现代雷达跟踪器的简要方框图如图 9.19 所示。由计算机给出发射信号的调制形式，经调制器、发射机和收发开关，以射频电磁波向空间定向发射。当天线光轴基本对准目标时，目标反射信号经天线、收发开关至接收机。接收机输出目标视频信号，经处理送给计算机。计算机还接收天线角运动信号和人工操作指令，输出目标的图形（符号）给显示记录装置，以便于操纵人员观察。计算机还输出天线角运动指令，经伺服装置，控制天线光轴对准目标。至此，完成了对目标的跟踪。

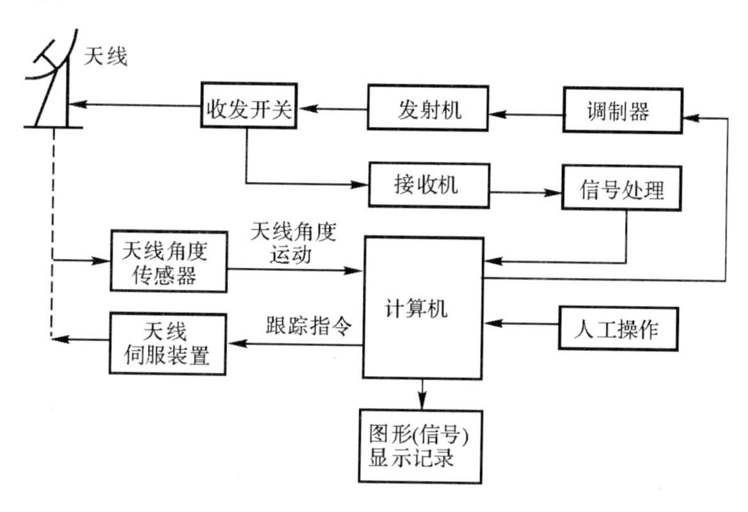

图 9.19　雷达观测跟踪器简化方块图（脉冲式）

利用无线电测量的手段可以直接测出导弹和目标的球坐标，坐标点由斜距 r、高低角 ε 和方位角 σ 来表征，如图 9.20 所示。

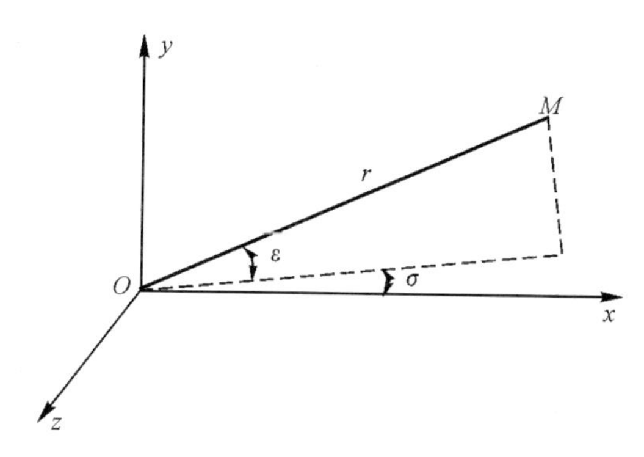

图 9.20　确定目标在空间中位置的坐标

根据被测坐标的特性，无线电测量设备应由测角系统和测距系统组成。测角系统和测距系统的动力学特性主要取决于其跟踪系统的动力学特性。这种动力学特性可以以足够的精度

写成如下形式的传递函数(测角系统):

$$\varphi(s)=\frac{K(\tau s+1)}{(T_1^2s^2+2\xi_1T_1s+1)(T_2s+1)} \tag{9.10}$$

这里假定将目标角坐标作为输入量,雷达天线旋转的角度作为输出量。一组典型的参数是

$$K=1;\tau\approx 0.3\ \mathrm{s};T_1\approx 0.12\ \mathrm{s};\xi_1\approx 0.70;T_2\approx 0.07\ \mathrm{s}$$

导弹和目标雷达测量坐标装置的输出信号中混有噪声,这种噪声可以非常明显地影响导弹的制导精度,因此在精度分析时必须考虑它的影响。为了提高导弹的坐标确定精度,可在弹上安装专门的应答机。在这种情况下,可以忽略噪声对确定导弹坐标精度的影响,因为应答机的信号具有远大于目标反射信号的功率。

不同类型的观测跟踪器由于系统对它的要求和工作模式不同,应用范围和性能特点也有所不同。表 9.1 列出了不同观测跟踪器的性能比较。

表 9.1　不同观测跟踪器的性能比较

类　别	优　点	缺　点
雷达跟踪器	有三维信息(r,ε,σ),作用距离远,全天候,传播衰减小,使用较灵活	精度低于光电跟踪器,易暴露自己,易受干扰,(海)面及环境杂波大,低空性能差,体积较大
光学、电视跟踪器	隐蔽性好,抗干扰能力强;低空性能好,直观,精度高,结构简单,易和其他跟踪器兼容	作用距离不如雷达远;夜间或天气差时性能降低或无法使用
红外跟踪器	隐蔽性好,抗干扰能力强,低空性能好,精度高于雷达跟踪器,结构简单,易和其他跟踪器兼容	传播衰减大,作用距离不如雷达跟踪器
激光跟踪器	精度很高,分辨力很好,抗干扰性能极强,结构简单,质量小,易和其他跟踪器兼容	只有晴天能使用,传播衰减大,作用距离受限制

2. 指令形成装置

指令形成装置是一种解算仪器,它在输入目标和导弹坐标数据的基础上,计算出直接控制导弹运动的指令(指令制导)或者是制导波束运动指令(驾束制导)。

指令形成装置的结构图与所采用的制导方法密切相关。指令形成装置由如下几个功能模块组成:

(1) 导弹相对计算的运动学弹道的偏差解算模块;

(2) 利用使用的制导规律形式,解算控制指令模块;

(3) 为保证制导系统稳定裕度和动态精度引入的校正网络解算模块。

作为例子,我们研究按三点法制导的指令形成装置结构图。假定仪器的基本元件可以按线性研究,因此它们的动力学特性可以用传递函数表示。

导弹与需用弹道的制导偏差可用下式表示:

$$h=R(t)(\varepsilon_M-\varepsilon_D) \tag{9.11}$$

式中,$R(t)$ 近似等于导弹距离 $r(t)$ 的预先给定函数。

通常为了改善制导系统的动力学特性，提高系统的稳定裕度，在制导信号中引入一阶误差的导数。在这种情况下，制导指令信号可以用下列关系式确定：

$$u_K = K_k(h + T\dot{h}) \tag{9.12}$$

因为为了形成这种信号，不得不微分被噪声污染的误差信号 h，这样必须将微分运算与平滑运算相结合。

连续作用的指令形成装置具有图 9.21 形式的结构图(单通道)。显然，在此装置的输入端，加上了导弹和目标坐标仪器测量信号 ε_D 和 ε_M。这些信号由导弹和目标坐标测量装置输出端获得。

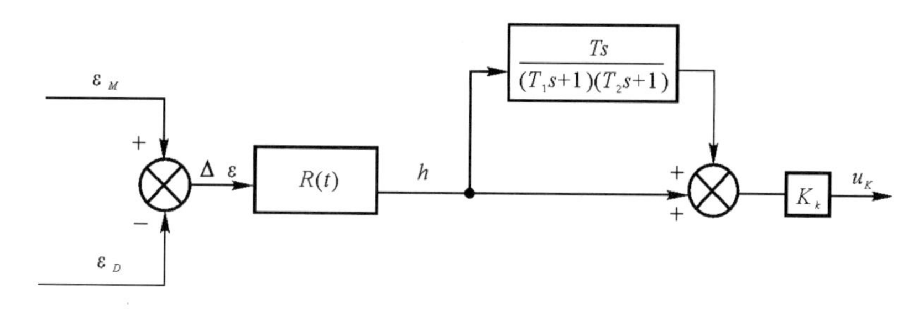

图 9.21　指令形成装置结构图

当导弹采用前置法制导时，指令形成装置的结构图变得复杂化了。在这种情况下，除了引入目标和导弹坐标外，还需引入从制导站至导弹和目标的距离信号。

3. 无线电遥控装置

在遥控系统中，为了确定目标和导弹的坐标，以及为了控制指令的传递，常利用无线电指令发射和接收装置，该装置的简化方块图如图 9.22 所示。

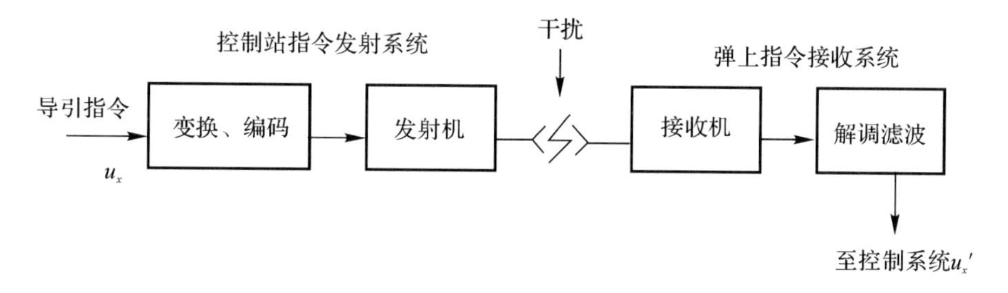

图 9.22　无线电指令发射和接收装置简化方块图

通常无线电遥控装置的动力学特性可以用传递函数描述，这些特性由下列传递函数形式足够精确地表示：

$$W(s) = \frac{K\mathrm{e}^{-\tau s}}{Ts + 1} \tag{9.13}$$

当按驾束制导时，弹上接收装置的特性可以利用类似的传递函数。

9.2.4　运动学环节、方程及传递函数

导弹和目标运动的几何关系如图 9.23 所示。

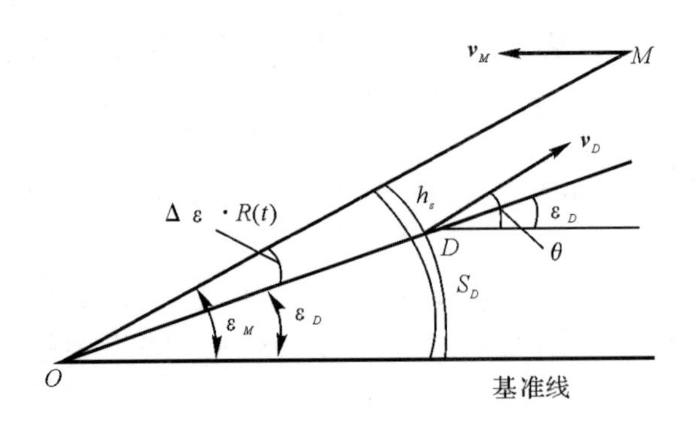

图 9.23　导弹与目标运动的几何关系

导弹速度矢量 $\boldsymbol{v}_D$ 与基准线之间的夹角为 θ，制导站到导弹的距离为 $R(t)$，导弹和目标的高、低角分别为 ε_D，ε_M，导弹按三点法导引时的运动方程式为

$$\frac{\mathrm{d}R(t)}{\mathrm{d}t}=v_D\cos(\theta-\varepsilon_D) \tag{9.14}$$

$$\frac{\mathrm{d}\varepsilon_D}{\mathrm{d}t}=\frac{v_D\sin(\theta-\varepsilon_D)}{R(t)} \tag{9.15}$$

因为 $(\theta-\varepsilon_D)$ 很小，一般小于 $20°$，所以近似地有 $\sin(\theta-\varepsilon_D)\approx\theta-\varepsilon_D$，$\cos(\theta-\varepsilon_D)\approx 1$，式(9.14) 和式(9.15) 可近似写成

$$\dot{R}(t)=v_D \tag{9.16}$$

$$\dot{\varepsilon}_D=\frac{v_D(\theta-\varepsilon_D)}{R(t)} \tag{9.17}$$

由式(9.16) 和式(9.17) 得

$$R(t)\dot{\varepsilon}_D+\dot{R}(t)\varepsilon_D=v_D\theta \tag{9.18}$$

即

$$\frac{\mathrm{d}(R(t)\varepsilon_D)}{\mathrm{d}t}=v_D\theta \tag{9.19}$$

假定 v_D 为常数，对式(9.19) 两边求导数，得

$$\frac{\mathrm{d}^2(R(t)\varepsilon_D)}{\mathrm{d}t^2}=v_D\dot{\theta} \tag{9.20}$$

令 $R\varepsilon_D=S_D$，导弹法向加速度 $a_y=v_D\dot{\theta}$，因而有

$$\frac{\mathrm{d}^2S_D}{\mathrm{d}t^2}=a_y \tag{9.21}$$

对式(9.21) 进行拉氏变换

$$W_{sa}(s)=\frac{S_D(s)}{a_y(s)}=\frac{1}{s^2} \tag{9.22}$$

式(9.22) 表示的即是运动学环节的传递函数。

根据 S_D 与 ε_D 的相互关系可最终获得 ε_D 与 a_y 之间的关系，见图 9.24。

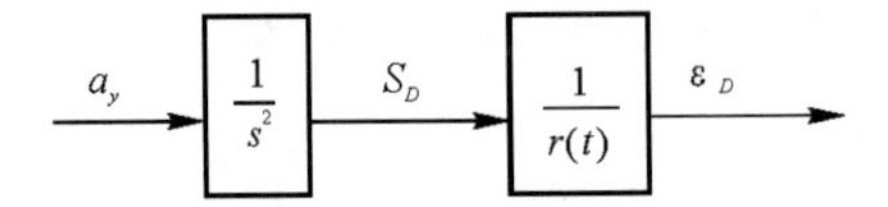

图 9.24　a_y 与 ε_D 的相互关系

9.2.5　遥控指令制导系统动力学特性和精度分析

1. 制导系统结构图

遥控指令制导，是指从制导站向导弹发出导引指令，把导弹引向目标的一种遥控制导技术。其制导设备通常包括制导站和弹上设备两大部分。制导站可能在地面，可能在空中，可能是固定的，也可能是运动的。制导站一般包括目标和导弹观测跟踪装置、指令形成装置、指令发射装置等。弹上设备一般有指令接收装置和弹上控制系统（自动驾驶仪）。

图 9.25 所示为三点法制导的防空导弹制导系统结构图。导弹和目标相应的角坐标差值代表着制导系统的误差。在工程中为求取这种角坐标差值存在两条途径：一条途径是利用一种瞄准器（例如雷达站）直接测出角偏差；另一条途径是分别测量目标和导弹的角位置，角偏差信号在指令形成装置中解算求得。这里建立的系统结构图采用后一条技术途径获取角偏差信号。

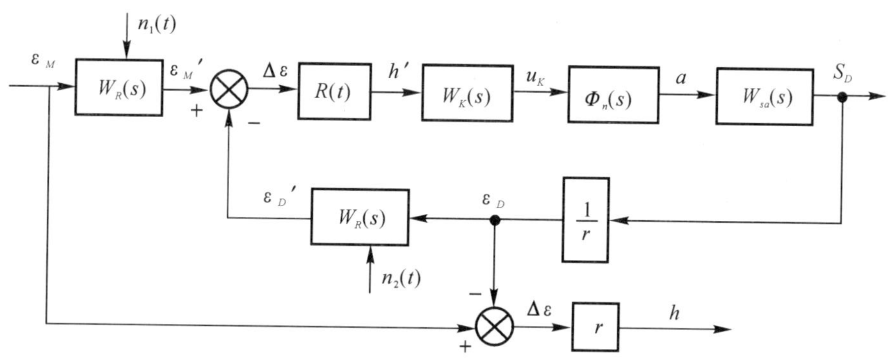

图 9.25　三点法制导指令遥控系统结构图

$W_R(s)$— 雷达测量系统；$W_K(s)$— 指令形成装置；

$\Phi_n(s)$— 稳定系统；$W_{sa}(s)$— 运动学环节

应当注意，当采用三点法制导时，指令形成装置被引入闭环制导回路；在采用更复杂的制导律情况下，导弹制导误差不再是导弹角坐标和目标角坐标差值，而是和相应的运动学弹道角坐标的差值，这种运动学弹道角坐标在指令形成装置中预先计算出来。这时的指令形成装置结构如图 9.26 所示。

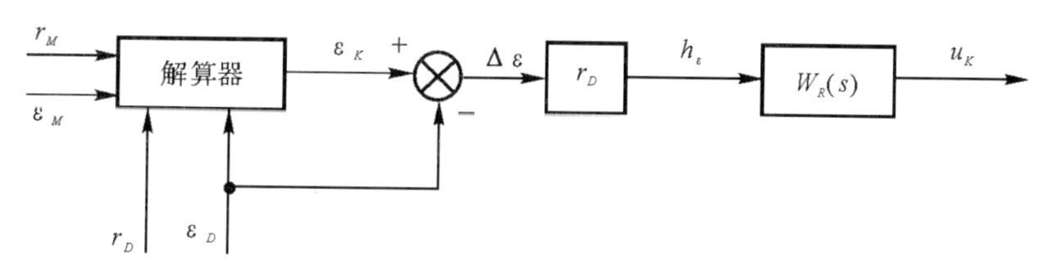

图 9.26　指令形成装置结构图

引起制导误差的主要原因是目标角坐标 ε_M 的改变以及目标和导弹测量装置引入的随机扰动。在结构图上用 $n_1(t)$ 和 $n_2(t)$ 的形式表示这些干扰。通常在导弹上安装有应答器或自动无线电发射装置，这时随机噪声对导弹坐标测量精度的影响大大弱于噪声对目标测量精度的影响。因此当研究遥控系统精度时，只考虑作用在目标测量装置输出端噪声就可以了。

系统的不稳定性是所研究的制导回路的特点。这个特点对系统特性有本质的影响。前面已指出，运动学环节是具有变参数的环节。除此之外，导弹的运动学特性在飞行过程中可能有本质的变化，而这些变化往往得不到稳定系统的平衡。但是，因为导弹和运动学环节参数的变化相对缓慢，这样允许采用系数“冻结”法。自然，此时必须讨论某些不同的弹道以及弹道特征点处的系统特性。特征点是指在导弹最小和最大动压处、起飞助推器抛掉瞬时以及主要发动机的点火和熄火点。

当设计制导系统时，系统主要元件和校正网络参数的选择是为了保证导弹制导回路在所有弹道特征点都具有一定的稳定裕度。另外，在设计时还必须研究导弹的制导精度，因为系统元件参数的选择最终是为了完成基本任务 —— 保证在给定杀伤区域范围内具有规定的制导精度。由于系统精度要求与系统的稳定性要求是相互矛盾的，所以系统基本元件参数选择应折中考虑这些相互矛盾的要求。

制导系统的设计可以广泛利用自动控制理论的各种方法，特别是在进行制导系统精度的初步分析阶段。这是因为在初步设计阶段制导系统可以作为线性定常系统来研究。

2. 系统结构图及其变换

当研究遥控系统时，应用系数“冻结”法是有充分理由的，尽管它会给计算带来一定的误差。分析结构图及其变换时，可以减小这些误差。为了进行比较，下面将建立系统的结构图。系统简化结构图如图 9.27 所示。

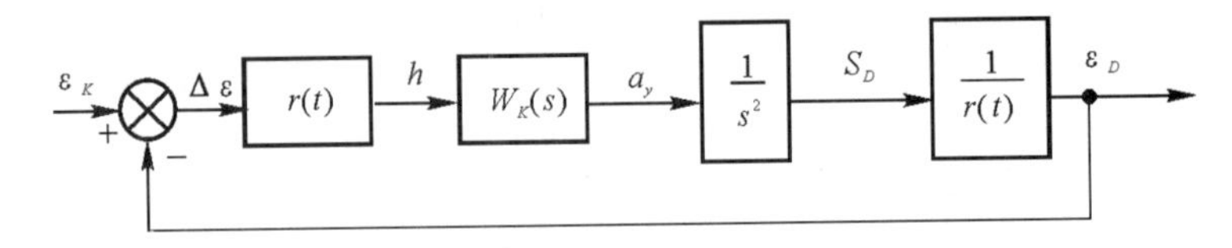

图 9.27 遥控系统简化结构图

当分析系统精度时，采用系数“冻结”法，变参数 $r(t)$ 和 $1/r(t)$ 相互抵消，并且这时研究本身归结为线性定常系统的分析问题。系统简化结构图如图 9.28 所示。

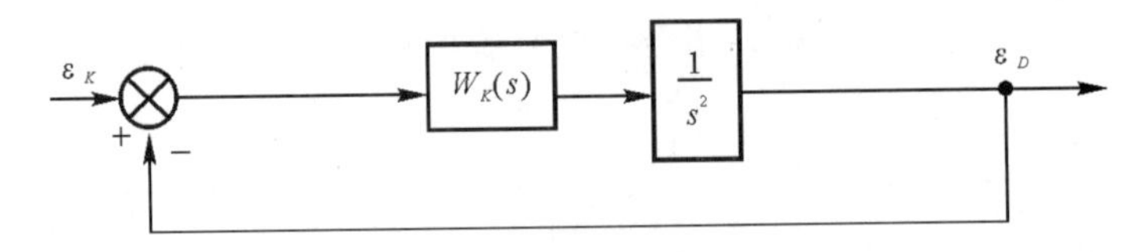

图 9.28 引入系数“冻结”法系统简化结构图

为了减小系数“冻结”法引入的误差，可以重新变换图 9.28 所示的系统结构图。图 9.29 指出了结构图必要的变换。在这里将导弹与所需运动学弹道的线偏差 $h(t)$ 作为输出量来研究，因为制导系统精度就是由这个量来描述的。

当导弹按照运动学弹道精确运动时，导弹的法向加速度就具有如下形式：

$$S_K(s)=\frac{1}{s^2}a_K \tag{9.23}$$

对图 9.29 再进一步变换可以得到最后的结构图，如图 9.30 所示。

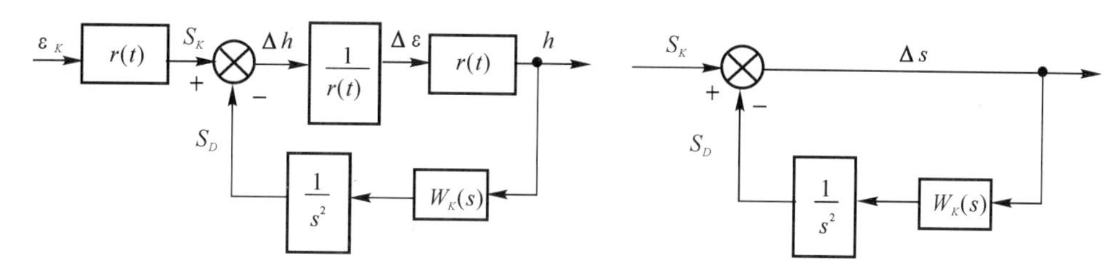

图 9.29　遥控系统结构图的变换

(a) 初步变换；(b) 变换结果

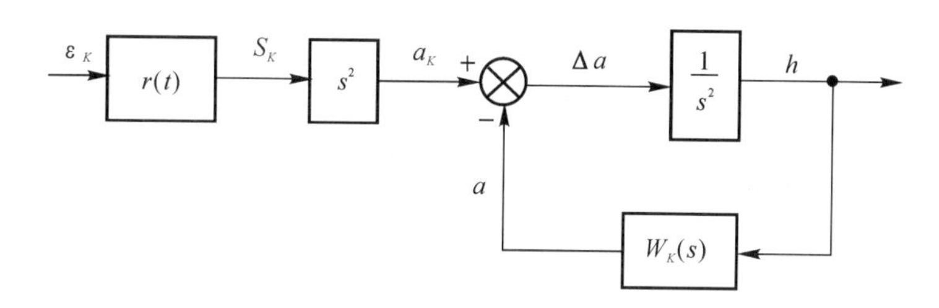

图 9.30　遥控系统的转换结构图

当以计算弹道法向加速度作为指令制导系统闭合回路的输入量，以导弹相对运动学弹道线偏差 $h(t)$ 作为输出量时，闭合回路系统可以用线性定常系统理论来研究。

3.动态误差的计算

利用转换结构图 9.30，并考虑到 $W_K(s)/s^2$ 实质上是制导开环回路的传递函数，在这个传递函数中允许因数 $r(t)$ 和 $1/r(t)$ 省略，可以定义为

$$h(s)=\frac{W_{sa}(s)}{1+G(s)}a_K(s) \tag{9.24}$$

式中，$G(s)=W_K(s)W_{sa}(s)$。这个公式把制导误差 h 与导弹按照运动学弹道运动时的加速度 a_K 联系起来，并且对任何制导方法都是正确的。必须注意，a_K 由目标运动规律和所采用的制导方法确定。而在系统设计初步阶段就要计算导弹按运动学弹道飞行的法向加速度，因此在分析系统精度时加速度值 a_K 是已知的。

下面研究当输入信号 a_K 是时间的缓变函数时，利用误差系数的概念来计算动态制导误差。将式(9.24)写成下列形式：

$$h(t)=(C_0+C_1s+\cdots)a_K(s) \tag{9.25}$$

在时域内有

$$h(t)=C_0a_K(t)+C_1\dot{a}_K(t)+\cdots \tag{9.26}$$

误差系数 $C_0,C_1,\cdots$ 按下列传递函数确定：

$$\varphi(s)=\frac{W_{sa}(s)}{1+G(s)} \tag{9.27}$$

$$C_0=\varphi(s)\Big|_{s=0} \tag{9.28}$$

$$C_1=\frac{\mathrm{d}\varphi(s)}{\mathrm{d}s}\Big|_{s=0} \tag{9.29}$$

当利用误差系数计算动态制导误差时，应当记住这种计算方法只计算系统动态过程结束

后动态误差稳态值。此外，如果在所研究系统过渡过程时间间隔内，输入信号没有明显变化（变化小于10%～20%），这种计算方法也是可行的。通常导弹法向加速度沿运动学弹道运动时变化缓慢，目标不作机动飞行时更是如此。这时在研究动态制导误差时，只考虑级数的第一项就足够了，即

$$h(t) \approx C_0 a_K(t) \tag{9.30}$$

因为

$$\varphi(s) = \frac{W_{\text{вл}}(s)}{1 + G(s)} = \frac{1}{s^2 + W_K(s)} \tag{9.31}$$

所以

$$C_0 = 1/W_1(0) \tag{9.32}$$

在一般情况下，传递函数 $W_K(s)$ 不包含积分环节，若 $W_1(s)$ 的稳态增益为 K_0，有

$$W_K(0) = K_0 \tag{9.33}$$

因此

$$C_0 = 1/K_0 \tag{9.34}$$

并且

$$h(t) \approx a_K(t)/K_0 \tag{9.35}$$

也即，系统对输入信号 a_K 是有静差的。

从前面的推导可以推断出，在指令形成规律中引入积分环节，这时传递函数 $W_1(s)$ 可以写成下式：

$$W_K(s) = \frac{W'_K(s)}{s} \tag{9.36}$$

系统将是对 $a_K(t)$ 无静差系统。

4. *制导指令的形成及动态误差的减小方法*

由前面的论述可知，制导回路无静差阶次的提高，可以促使制导系统动态误差大大减小。然而，这个方法在实际中没有得到应用，这是因为制导回路无静差阶次的提高使系统的稳定问题变得复杂和困难了。实际上，即使制导回路指令形成规律内没有引入积分，而仅保持对应于运动学环节的二次积分环节，这样已经使稳定性条件的实现复杂化了。

由于这个原因，为减小误差系数 C_0 去选择足够大的传递函数 K_0，有些情况不适用。

当然，为了减小动态制导误差，可以采用保证具有小曲率弹道，即具有小的需用过载的制导方法，这要求更复杂的制导设备。补偿动态误差的一种简单方法是在系统中引入前馈信号，下面讨论其补偿原理。

为了分析所研究的动态误差补偿方法，利用图 9.27 所示的结构图。前面已经指出，研究制导系统的动态误差时，可以方便地将运动学弹道的法向加速度 $a_K(t)$ 作为输入信号，而将导弹与运动学弹道的线偏差 h 作为输出量，后一个量是制导系统的基本误差信号，借助于这个误差信号变换求得制导指令。为了补偿动态误差，将经过加速度信号 $a_K(t)$（或信号 $\varepsilon_K(t)$）变换后附加到信号 $h(t)$ 中去。假定信号变换通过传递函数 $h(t)$ 实现。由此获得具有动态误差补偿的制导系统结构图，如图 9.31 所示。

考虑补偿环节的影响，线偏差 h 与加速度 a_K 的关系为

$$h(s) = \frac{1 - W_0(s)W_K(s)}{s^2 + W_K(s)} a_K(s) \tag{9.37}$$

不难看出，对于动态误差完全补偿来说，必须满足下列关系式：

$$W_0(s)=1/W_K(s) \tag{9.38}$$

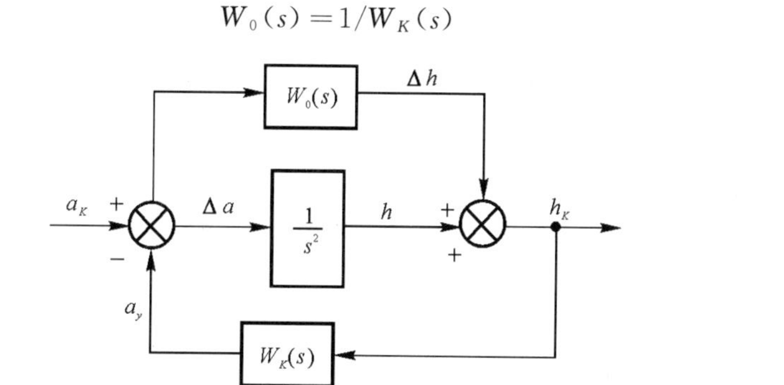

图 9.31　具有动态误差补偿的制导系统结构图

为了借助于指令形成装置中简单的组件实现传递函数 $W_0(s)$，可以不力求完全的动态误差补偿，而仅仅补偿动态误差的基本分量。当目标不作机动飞行时，动态制导误差的基本分量由相应级数的第一项确定，即

$$h(t)=a_K(t)/K_0 \tag{9.39}$$

可见，如果为了提高制导精度，仅仅补偿这个分量就足够了。取

$$W_0(s)=\frac{1}{K_0} \tag{9.40}$$

显然，为了得到补偿信号，必须在指令形成装置中引入计算法向加速度 $a_K(t)$ 的组件。当采用三点法制导时，这种加速度由目标和导弹坐标来确定。如果目标机动法向加速度很小，可用下式近似计算法向加速度 $a_K(t)$：

$$a_K(t)\approx F(t)\dot{\varepsilon}_m \tag{9.41}$$

式中，$F(t)=2\dot{r}_D-r_D\dot{v}_D/v_D$。

因此，根据下列近似关系式可计算动态制导误差信号基本分量的补偿信号：

$$\Delta h=\frac{F(t)}{K_0}\dot{\varepsilon}_m \tag{9.42}$$

为了实现这个关系式，必须确定目标角坐标 ε_m 的一阶导数，并且引入变系数 $F(t)$。更准确的补偿动态误差需要目标角坐标的高阶导数，建立相应复杂的补偿信号计算装置将十分必要。

实际上，为了确定目标角坐标的导数，需要微分噪声污染的信号，这样就自然增大制导指令形成电路中的噪声电平，从而使制导的随机误差增大。因此，当设计这些系统时，必须找到保证动态和随机误差可以接受的折中解决方法。这个问题可以在随机控制理论中加以解决。

5. 重力对动态制导误差的影响

在某些情况下，评价制导精度时，必须考虑重力的影响。重力是力图使导弹偏离需要的运动弹道的一种外力，因此，为了补偿它的影响，需要某种附加的法向过载 $\Delta n_y=\cos\theta$，它由相应的升降舵偏产生。

前面已指出，遥控制导系统对以法向加速度形式输入的信号将产生相对给定弹道的静态线偏差，因而重力加速度将引起相对给定弹道的附加线偏差。为了计算重力对制导精度的影响，将这种力作为作用在弹上的附加干扰来研究。在这里不加推导地给出以重力为输入、以导弹坐标为输出的传递函数：

$$W_g^{\vartheta}(s)=\frac{K_g^{\vartheta}}{T_d^2s^2+2\xi_dT_ds+1} \tag{9.43}$$

$$W_g^{\theta}(s)=\frac{K_g^{\theta}(\tau^2s^2+2\xi\tau s+1)}{T_d^2s^2+2\xi_dT_ds+1} \tag{9.44}$$

如果在稳定系统的组成中加入了测量角速度 $\dot{\vartheta}$ 的传感器，以及测量法向加速度 a 的加速度计，那么分析重力对稳定系统动力学制导精度的影响时，利用图 9.32 是十分方便的。

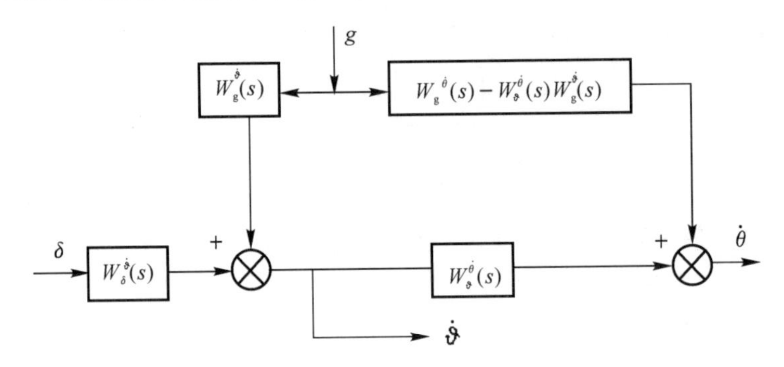

图 9.32　说明重力对制导精度影响计算方法的结构图

6. 随机制导误差

计算由目标坐标测量的起伏误差所引起的随机制导误差时，通常在系统定常假设下研究问题，这可以在很大程度上简化分析和计算工作。因此，建立在定常随机过程理论基础上的随机制导误差计算方法应当作为一次近似方法来研究。考虑随机过程的非定常性、非线性的影响和控制通道相互作用等因素时，只能借助于仿真技术去完成。

利用制导回路计算结构图(参见图 9.25)，可以比较简单地计算制导误差随机分量的均方值。

由结构图得到，制导误差 $h(t)$ 与随机输入 $n_1(t)$ 的关系为

$$\frac{h(s)}{n_1(s)}=r\frac{G(s)}{1+G(s)} \tag{9.45}$$

式中，$G(s)$ 为制导回路开环传递函数。

如果输入 $n_1(t)$ 为定常随机函数，频谱密度为 $S_n(\omega)$，制导误差的频谱密度由下式确定：

$$S_h(\omega)=S_n(\omega)r^2\left|\frac{G(\mathrm{j}\omega)}{1+G(\mathrm{j}\omega)}\right|^2 \tag{9.46}$$

常常可以将目标角坐标测量装置的输入端上的随机效应看做是“白色”噪声，其特征是频谱密度以常值表征 $S_n(\omega)=C^2$，这时，式(9.46) 被简化了。

知道了频谱密度 $S_h(\omega)$，可以容易地计算制导误差 $h(t)$ 的方差，即

$$\sigma_h^2(t)=\frac{1}{2\pi}\int_{-\infty}^{+\infty}S_h(\omega)\mathrm{d}\omega \tag{9.47}$$

9.2.6　驾束制导系统分析与设计

1. 计算结构图

驾束制导时，控制站与导弹之间没有指令线，由控制站发出导引波束，导弹在导引波束中飞行，靠弹上制导系统感受其在波束中的位置并形成导引指令，最终将导弹引向目标。

驾束制导系统与指令制导系统的主要区别在于信号形成装置的位置。在指令系统中，制导信号的形成是在制导站上实现的。这种信号利用无线电遥控装置传送到弹上。因此，指令形成装置位于闭合制导回路内。当采用波束制导系统时，指令形成装置仅仅执行运动学弹道角坐标的计算，并利用这种计算结果引导波束，在这种情况下指令形成装置在制导回路之外。

在驾束制导系统中，误差信号直接在弹上形成，它表征导弹相对波束轴的角偏差(或线偏差)。因此，在指令制导系统中由指令形成装置完成的回路校正功能，在驾束制导系统中是由导弹弹上仪器完成的。

上述驾束制导系统的特点清楚地表现在结构图上(见图 9.33)。图中 $W_{BG}(s)$ 是驾束制导装置，这种装置在最简单的情况下，可以使指令形成装置的信号变换为波束的转动角的普通跟踪系统。为了确定导弹与波束轴之间的角偏差，在弹上装有传递函数为 $W_{\Delta\varepsilon}(s)$ 的信号处理部件。为获得导弹相对运动学弹道的线偏差，与指令系统类似，引入一时间函数 $R(t)$ 代替实际的 $r(t)$，有

$$h = R(t)\Delta\varepsilon \tag{9.48}$$

这种运算可以利用最简单的解算装置完成。

图 9.33 所示结构图可用于采用任意制导方法的情况，这时利用目标和导弹的角坐标和倾斜距离计算运动学弹道。

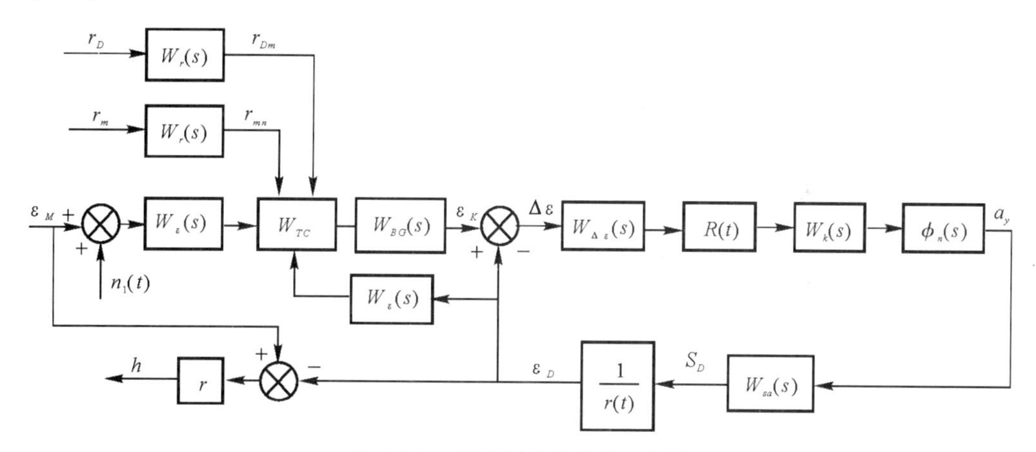

图 9.33　驾束制导系统的结构图

$W_r(s)$— 导弹及目标测距装置；$W_\varepsilon(s)$— 导弹及目标测角装置；

W_{TC}— 运动学弹道解算装置；$W_{\Delta\varepsilon}(s)$— 信号处理部件

在没有动态误差补偿的情况下，采用三点法导引可以没有指令形成装置，因为运动学弹道的角坐标与目标重合。在这种情况下，制导波束可以利用测量目标角坐标的雷达站波束，此时得到的制导系统被称为单波束系统。图 9.34 所示为三点法单波束制导系统的部分结构图。

2. 动力学特性校正

在指令制导系统中，必要的制导回路校正可以应用指令形成装置中的校正网络来实现。这个校正网络是制导站的元件之一，也是闭合制导回路的组成部分。然而在驾束制导系统中，制导站的元件以及指令形成装置不包含在闭合制导回路内。因此为了校正闭合制导回路的动

力学特性，尤其是为了保证系统具有足够的稳定裕度，只能在弹上装置中引入必要的校正网络。

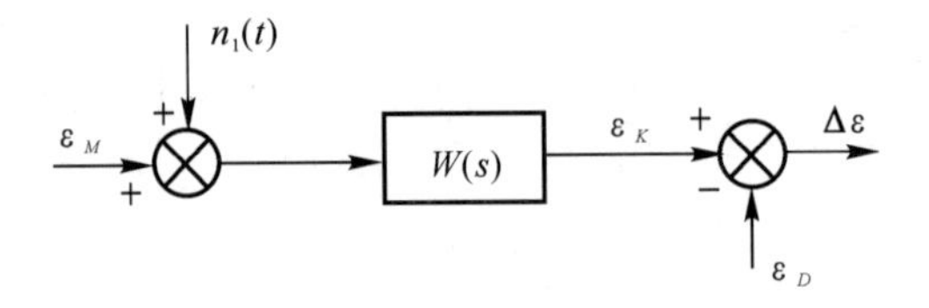

图 9.34　三点法单波束制导系统部分结构图

形成制导回路的各个环节，如二阶积分运动学环节、稳定系统等都产生负相移，引入校正网络的目的是引入正相移，保证制导回路的稳定。

对制导回路进行校正的一条途径是用串联校正装置，即在偏差信号接收装置的输出端引入一超前校正网络。但是这样做会得到非常不好的结果，因为接收装置的输出信号通常被噪声污染，超前校正网络呈现的微分特性会大大地增加噪声电平。这种“强化”的噪声，可以剧烈地破坏制导系统的正常工作，并且使制导精度大大变坏，因此此时最好在稳定系统反馈通道上引入并联校正装置。

并联校正装置一般接在微分陀螺或线加速度计的输出端。为了得到前向通道相位超前效应，应当在反馈通道中引入引起相位延迟的滞后滤波器。典型做法是在加速度计之后引入如下形式的校正网络：

$$W_{\varphi}=\frac{T_0(s)}{(T_0s+1)(T_1s+1)(T_2s+1)} \tag{9.49}$$

由此可见，在驾束制导中，利用稳定系统的校正网络来实现对制导回路动力学特性的辅助校正，使制导回路进行串联校正时选取具有较小微分效应的网络成为可能，这样大大改善了系统的制导精度。

3. 动态制导误差和随机制导误差

和指令制导系统一样，利用计算结构图，可以研究动态和随机制导误差的计算方法。分析任意制导方法情况下的制导误差是一个十分复杂的任务。这里只讨论三点制导情况下制导误差的计算方法。

采用三点法制导时，线性制导误差由下式确定：

$$h=r(t)(\varepsilon_M-\varepsilon_D) \tag{9.50}$$

当导弹斜距与目标斜距相等时，这个公式确定了脱靶量。

根据图 9.33 和图 9.34，计算出单波束系统制导误差的传递函数（忽略目标坐标测量装置惯性）

$$\frac{h(s)}{\varepsilon_M(s)}=\frac{r(s)}{1+G(s)} \tag{9.51}$$

式中，$G(s)$ 为制导系统开环传递函数。在这种情况下，关于允许使用在分析指令遥控系统所得到的系数“冻结”法的一切结论仍然有效。与指令系统类似，也可写出另一种形式的制导误差形式：

$$h(s)=\frac{W_{sa}(s)}{1+G(s)}a_K(s) \tag{9.52}$$

计算动态制导误差的方法与指令制导系统完全相同。

计算随机制导误差时,如果认为,随机干扰 $n_1(t)$ 附加在控制信号 $\varepsilon_K(t)$ 同一点上,则应当利用以下的传递函数:

$$\frac{h(s)}{n_1(s)}=r(t)W_\varepsilon(s)\frac{G(s)}{1+G(s)} \tag{9.53}$$

利用这个传递函数,可以确定制导误差的频谱密度 $S_h(\omega)$,并计算出此误差的均方差值。

9.3　自动寻的制导

9.3.1　自动寻的制导系统组成原理

自动寻的制导也叫自导引,它是用弹上制导设备接收目标辐射或反射的信息,实现对目标的跟踪并形成制导指令,引导导弹飞向目标的一种制导技术。以雷达制导为例,根据初始电波能源的位置,雷达自导引分为主动式、半主动式和被动式三种。主动式雷达自导引的初始电波能源(雷达发射机)装在导弹上。半主动式雷达自导引,照射目标的初始电波能源不装在导弹上,而装在制导站内。被动式雷达自导引是利用目标发出的无线电辐射来实现的。三种雷达自导引的示意图如图 9.35 所示。

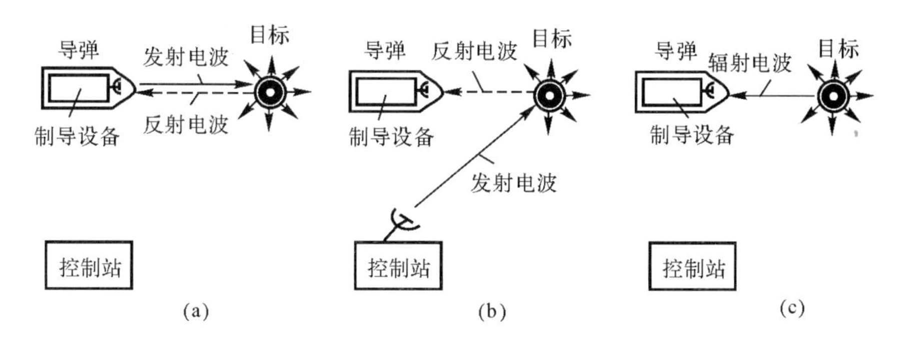

图 9.35　雷达自导引的分类

(a) 主动式雷达自导引;(b) 半主动式雷达自导引;(c) 被动式雷达自导引

由图 9.35 可见,主动式、半主动式和被动式雷达自导引系统,观测目标所需无线电波的来源不同。但它们在制导过程中,都利用目标投射来的无线电波确定目标的方位,且观测、跟踪目标,形成导引指令和操纵导弹飞行,都是由弹上设备完成的。因此,它们的基本工作原理和组成大体相同。

寻的制导导弹制导系统的作用是自动截获和跟踪目标,并以某种自动寻的方法控制导弹产生机动,最终以一定精度(小脱靶距离)击毁目标。它的组成部分有:

(1) 导引头:分红外型、雷达型和激光型等多种。它的功用是,根据来自目标的能流(热辐射、激光反射波、无线电波等)自动跟踪目标,并给导弹自动驾驶仪提供导引控制指令,给导弹引信和发射架提供必要的信息。

(2) 稳定回路:由自动驾驶仪和导弹弹体空气动力学环节组成,用来稳定导弹的角运动,并根据制导信号产生适当的导弹横向机动力,保证导弹在任何飞行条件下按导引规律逼近目标。

(3) 运动学环节:它是一组运动方程,描述导弹和目标间的运动关系,根据这组方程,将导弹和目标质心运动的有关信息反馈到导引头的输入端,从而形成闭合的寻的制导系统。

图 9.36 给出了自动寻的制导系统的基本组成示意图。

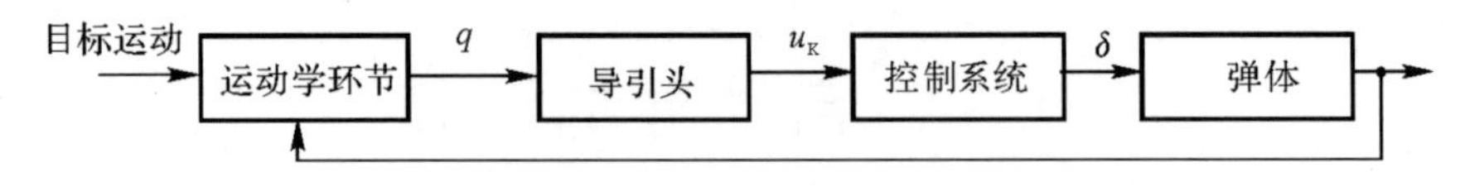

图 9.36　自动寻的制导系统基本组成示意图

9.3.2　自动寻的方法的分类与弹道特性

1. 自动寻的方法的分类

用来建立任何自动寻的系统基本信息的是导弹和目标的相对位置,这一位置由目标视线在空间的方向所确定。为了给出自动寻的方法,必须确定所要求的目标视线相对于某个基准坐标系的位置。图 9.37 所示为自动寻的几何关系,根据此坐标系的选择方法可以将导引方法分为三类。

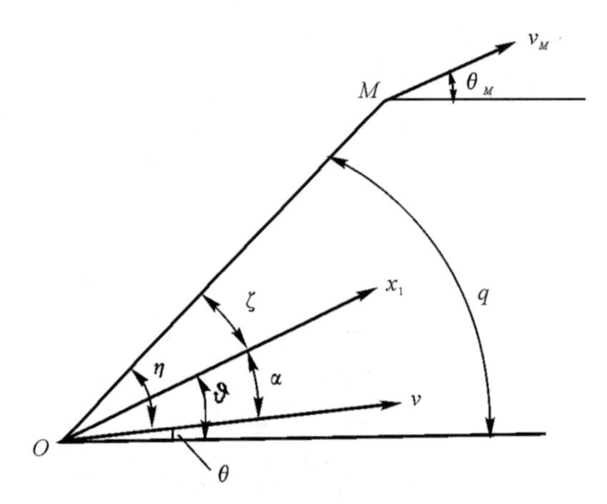

图 9.37　自动寻的几何关系

对第一类导引方法,要求导弹向目标运动时,目标视线相对导弹纵轴有一确定的位置。换句话说,这里给方位角 ζ 的变化增加了一个约束。最简单的情形是要求 $\zeta=0$,即目标的视线角与导弹的纵轴重合(直接导引法)。一般情况下,方位角可以按某一复杂的规律进行变化。

对第二类的导引方法,要求在导弹的运动过程中,目标视线相对导弹的速度矢量有一完全确定的位置。在这种情形下,给前置角 η 的变化增加了一个约束。最简单的方案是 $\eta=0$ 的情形。这时,导弹的速度矢量总是指着目标(追踪法)。或者前置角始终是常值,且不等于零(具有前置量的追踪法)。在一般情况下,前置角可以是变量,按一定的时间规律或者按某一个运动学参数而变化(如比例导引法)。

第三类导引方法，在控制导弹的运动时要求保证目标视线方向相对空间某个确定的方向是一定的。显然，在这种情况下，必须要求目标视线与水平轴之间的夹角 q 按某种规律变化。这里最简单的情形是 $q=\text{const}$（平行接近法）。

上面所列举的三种导引方法不可能包罗所有可能的情况（例如，可以提出这种导引方法，其同时对 ζ，η 和 q 等变量加上约束），可是，上述分类包含了最感兴趣的情形。其次，所指的每一种导引方法对应着有代表性的导弹运动弹道的特征。

2. 各种自动寻的导引方法的弹道特性

在这里只引用飞行力学得出的结论，涉及最常见的几种导引方法，如直接导引法、追踪导引法、比例导引法和平行接近法。

直接导引法要求导弹向目标运动时，目标的视线角与导弹的纵轴重合。该方法的基本特点是，当目标不动时，随着导弹和目标斜距的减小，导弹的攻角是发散的，在命中点处将趋于无穷。因为导弹的攻角是有限的，在到达目标之前导弹已经偏离了需求的弹道，所以该导引规律不可能理想地实现。不过，只要导弹偏离理想弹道时刻导弹与目标的斜距足够小，还是可以接受的。因此，只有在目标速度较低，导弹速度也很低，并且初始距离足够大的情况下才适用。

追踪导引法要求导弹向目标运动时，目标的视线角与导弹的速度矢量重合。该方法的基本特点是，当导弹作准确的迎头或尾追目标运动时，导弹的弹道是直线。除了工程中不能实现的前半球攻击外，要求导弹的速度必须高于目标的速度。当导弹速度与目标速度之比小于2时，在整个飞行过程中导弹的法向过载将是有限值，导弹将直接命中目标。当导弹速度与目标速度之比大于2时，导弹的法向过载将趋于无穷大，导弹将不能直接命中目标，因为在还未到达目标时导弹就偏离了需求的弹道。但这并不意味着追踪法此时不能应用，只要导弹偏离理想弹道时刻导弹与目标的斜距足够小，还是可以接受的。因此，通常只有在进行后半球攻击且目标速度较低或静止时，导弹偏离理想弹道时刻导弹与目标的斜距足够小的情况下才适用。

比例接近法要求导弹速度矢量的转动角速度与目标线的转动角速度成正比。比例接近法可以得到较为平直的弹道。在导航系数满足一定条件下，弹道前段能充分利用机动能力；弹道后段则较为平直，使导弹具有较富裕的机动能力；只要发射条件及导航参数组合适当，就可以使全弹道上的需用过载小于可用过载而实现全向攻击。另外，它对瞄准发射时的初始条件要求不严；在技术上实现比例接近法也是可行的，因为只需测量目标视线角速度和导弹的弹道倾斜角速度就行了，所以比例接近法得到了广泛的应用。

平行接近法是要求导弹在攻击目标过程中，目标线在空间保持平行移动的一种导引方法。该方法的基本特点是：当目标机动时，按平行接近法导引的弹道的需用过载将小于目标的机动过载。进一步的分析表明，与其他导引方法相比，用平行接近法导引的弹道最为平直，还可实行全向攻击。然而，平行接近法的弹道特性固然好，可是，到目前为止并未得到广泛应用。这是因为它要求制导系统在每一瞬时都要精确测量目标及导弹的速度和前置角，并严格保持平行接近法的导引关系。实际上由于发射偏差或干扰的存在，不可能绝对保证相对速度始终指向目标。因此，这种导引方法对制导系统提出了很高的要求，使制导系统复杂化，甚至很难付诸实施。

3. 自动寻的过程的基本特性

自动寻的的整个过程可分为三个阶段，显然，各阶段之间界限的划分可能是很粗略的。为了明显起见，在图9.38中给出了目标视线角速度随时间变化的特征。

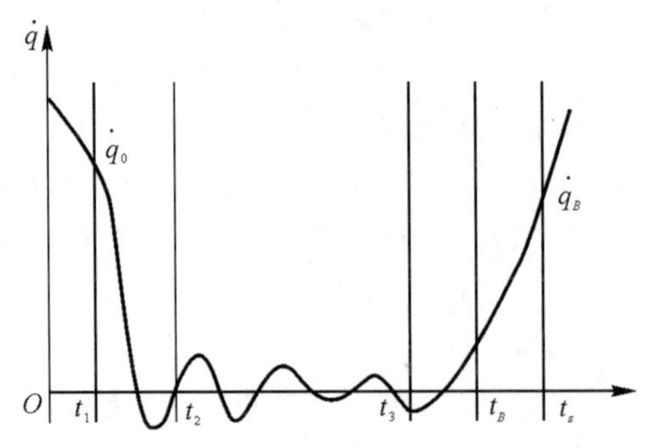

图 9.38 自动寻的过程的基本特性

O— 导弹发射时刻；t_1— 导引头与系统接通时间；

t_2— 起始失调消除；t_3— 导弹控制系统失稳时刻；

t_B— 导引头停止工作时刻；t_s— 遭遇目标时刻(战斗部引爆)

导弹运动的第一阶段是初始失调的补偿阶段。一般情况下，位标器输出的信号在导弹发射之后不是立刻加入系统中的，而是过了若干时间之后，图 9.38 中用 t_1 表示。在目标位标器输出信号供给稳定系统输入端的时候存在某个初始的目标视线角速度 $\dot{q}_0$，这意味着，导弹速度矢量不指向瞬时遭遇点。这个初始误差与采用何种瞄准的方法及瞄准误差有关。因为用比例接近法时，系统力图把视线角速度趋向于零，则经过若干时间 T(过渡过程的时间）后，这个初始失调就消失了。

第二阶段开始跟踪瞬时遭遇点，这个遭遇点既随着目标的机动又随导弹速度的变化而移动着。当然，在这个“跟踪”过程中，伴随着由系统中的动态延迟主要是起伏噪声的干扰作用的影响。

最后，在弹道的某个点(它的位置只能是大概设定）失去稳定性，表现的形式为目标视线角速度剧烈增加，具有单调的可振荡的特征，这个“不稳定性”表示为自动寻的运动学特征。随着与目标的接近，导弹速度矢量与瞬时遭遇点方向的小偏差引起大的、一直增长的目标视线角速度 $\dot{q}_B$，从这个时刻开始第三阶段，即“不稳定”运动的阶段，这时，目标视线角速度无限地增加，第三阶段将在自动寻的过程破坏的时刻结束。

9.3.3 制导误差信号的形成方法

为了构造制导信号，必须首先选择误差信号的形成方法。这个信号应该表征出导弹运动与所采用的导引方法的理论运动之间的偏差。

现在研究几种可应用于不同导引方法的最典型的误差信号形成方法。因为任何自动寻的系统能进行工作的最基本信息是导弹和目标相互位置的信息。目标位标器测得的那种信息是目标视线在空间相对位标器固连坐标系与角坐标成正比的信号。此外，在位标器输出端有时也可得出与接近速度和距离成正比的信号。

形成误差信号的途径依赖于如何利用目标位标器信号和在空间如何确定与目标位标器固连的坐标系方向。确定目标位标器固连的坐标系方向有几种不同的基本方法：

① 与弹体固连的坐标系；

② 按来流定向的坐标系；

③ 惯性空间定向的坐标系；

④ 由目标视线定向的坐标系(按目标距离矢量)。

下面介绍目标位标器定向的基本方法以及制导误差信号形成的可能方案。

第一种方法是位标器及其敏感元件(雷达导引头的天线、红外导引头的光学系统等)与弹体固连。这时位标器输出端可得到正比于目标方位角的信号。为了减小在导弹绕重心振荡时产生大的方位角和目标机动时丢失目标的危险性，通常需要比较大的视场角。为实现直接导引法必须使目标的方位角满足 $\zeta=0$ 的条件。从而，误差应该由关系式 $\varepsilon=\zeta$ 确定。因此，为了形成误差信号需要测量方位角的位标器，即与弹体固连或跟踪目标的位标器。

第二种方法按来流定向目标位标器，其敏感元件的轴跟踪导弹的速度矢量。为了实现这种方案，可以利用动力风标，位标器的敏感元件直接与风标相连。当风标精确工作时，位标器的轴与导弹速度矢量的方向重合，位标器输出端可得到正比于前置角的信号。为了实现这个方法，可有几种形成误差信号的方法。例如，可利用带有动力风标定向的位标器。这时，位标器输出端的信号正比于前置角 η，为了得到误差信号 u^*，只要把位标器的信号与对应于给定的前置角 η^* 相比较而得出。

第三种位标器定位的方法中，它的轴稳定在空间。为了实现这个方案，位标器的敏感元件应该机械地与动力陀螺稳定器或具有由固定在空间某方向上的自由陀螺信号控制的随动装置相连。该方法通常用于平行接近法的实现方案中，因为平行接近法在工程中很少使用，这里不作进一步讨论。

位标器在弹上安装的最后一个方案是位标器轴指向目标视线方向，换句话说，指向距离方向。显然，位标器敏感元件应该具有相对于弹体旋转的可能性及具有自动跟踪目标的传动装置。如果目标视线定位位标器采用了通常的随动系统，则借助任何角位置传感器就可测量导弹纵轴与位标器轴之间的夹角，在理想状态下，该夹角等于目标方位角。在角位置传感器的输出端上将得到正比于目标方位角的信号。利用陀螺的进动性，在不引入任何其他测量设备的情况下，稳定陀螺的输出端可以近似得到目标视线角速度信号。直接从比例接近法的关系式出发，可以确定制导误差信号

$$\varepsilon=k\dot{q}-\dot{\theta} \tag{9.54}$$

为形成误差信号，除需视线角速度 $\dot{q}$ 外，还需测量角速度 $\dot{\theta}$。这时，作为基本的测量装置可以采用带有跟踪陀螺稳定器的位标器，以及与测量 $\dot{\theta}$ 成正比的法向加速度的线加速度传感器。

讨论实现各种可能的自动寻的方法后，可以指出，具有大量相互各不相同的方案，或是选取不同的必要的测量装置，或是在弹体上用不同方法安装目标位标器。因此，当研究自动寻的系统时，不仅必须选择导引规律，还要选择实现它的最合理的方案。

研究自动寻的系统时，总是力图采用利用最简单的技术即可实现的那种导引规律，要求应用最少数量的简单测量装置。只有当战术条件要求使得简单的导引方案不能够解决问题时(例如，很大的需用过载要求)才转向采用更为复杂的导引规律，以便能够在给定的条件下得到较小的弯曲弹道和提高导引精度。

9.3.4 运动学环节、方程和传递函数

导弹和目标的运动学关系如图 9.39 所示。

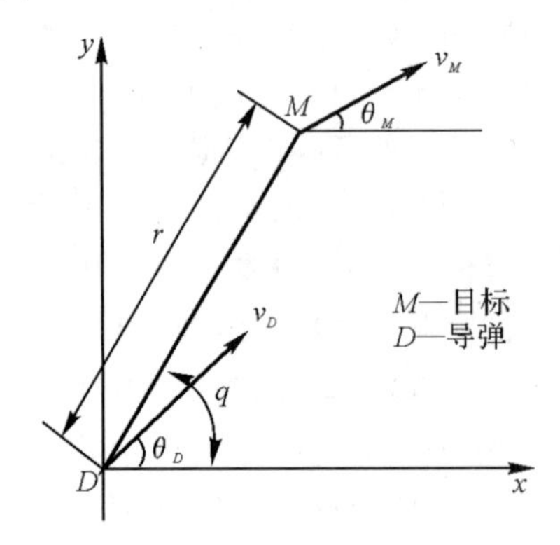

图 9.39 导弹和目标的运动学关系

导弹和目标的运动学关系可用如下微分方程组描述：

$$\left.\begin{aligned}\dot{r} &= -v_D\cos\eta + v_M\cos\eta_M \\ r\dot{q} &= v_D\sin\eta - v_M\sin\eta_M\end{aligned}\right\} \tag{9.55}$$

式中，$\eta = q - \theta_D$；$\eta_M = q - \theta_M$。

下面给出运动学环节的线性化模型及其传递函数。根据计算的基准弹道，沿基准弹道上各参数为 $q_0, \theta_{D0}, r_0, v_{D0}, \theta_{M0}$，随时间的变化规律已知，在小扰动条件下，运动学方程可沿基准弹道线性化，用线性化运动方程去描述运动关系。线性化时，代入如下关系：

$$r = r_0 + \Delta r, q = q_0 + \Delta q, \theta_D = \theta_{D0} + \Delta\theta_D, \theta_M = \theta_{M0} + \Delta\theta_M$$

式中，下脚标“0”表示基准弹道参量；“Δ”表示对基准弹道的微小偏离，并且假定：

(1) 目标作等速直线飞行且机动性不大，即

$$v_M = \text{常数}, \quad \eta_M = \text{常数}, \quad \Delta\theta_M \approx 0$$

(2) 导弹至目标之间的距离 r 缓慢变化，即 $\Delta r \approx 0, r \approx$ 常数。

(3) 导弹速度变化缓慢，即 $\Delta v_D \approx 0, v_D \approx$ 常数。

(4) 比例导引弹道比较平直，接近直线弹道，前置角 η 变化不大，可以认为 $\eta = q - \theta_D \approx$ 常数。因此

$$\dot{r} = -v_D\cos\eta + v_M\cos\eta_M = \text{常数} \tag{9.56}$$

对运动学方程

$$r\dot{q} = v_D\sin\eta - v_M\sin\eta_M \tag{9.57}$$

进行线性化

$$(r_0 + \Delta r)(\dot{q}_0 + \Delta\dot{q}) = v_D\sin(q_0 + \Delta q - \theta_{D0} - \Delta\theta_D) - v_M\sin(q_0 + \Delta q - \theta_{M0} - \Delta\theta_M) \tag{9.58}$$

考虑基准弹道满足如下关系：

$$r_0\dot{q}_0 = v_D\sin(q_0 - \theta_{D0}) - v_M\sin(q_0 - \theta_{M0}) \tag{9.59}$$

且运用上述假定

$$\Delta r\dot{q}_0 \to 0, \quad \Delta r\Delta\dot{q}_0 \to 0$$
$$\cos(\Delta q - \Delta\theta_D) \approx 1, \quad \sin(\Delta q - \Delta\theta_D) \approx \Delta q - \Delta\theta_D$$
$$\cos(\Delta q - \Delta\theta_M) \approx 1, \quad \sin(\Delta q - \Delta\theta_M) \approx \Delta q - \Delta\theta_M$$

得

$$r_0\Delta\dot{q}_0 = V_D\cos(q_0 - \theta_{D0})(\Delta q - \Delta\theta_D) - v_M\cos(q_0 - \theta_{M0})(\Delta q - \Delta\theta_M) \tag{9.60}$$

令

$$\bar{v}_D = v_D\cos(q - \theta_{D0}), \quad \bar{v}_M = v_M\cos(q_0 - \theta_{M0})$$

在基准弹道上满足如下关系：

$$\dot{r}_0 = \bar{v}_M - \bar{v}_D \tag{9.61}$$

则有

$$r_0\Delta\dot{q} + \dot{r}_0\Delta q = -\bar{v}_D\Delta\theta_D + \bar{v}_M\Delta\theta_M \tag{9.62}$$

这就是线性化运动学方程式，其系数 $r_0, \dot{r}_0, \bar{v}_D, \bar{v}_M$ 沿基准弹道是改变的，是线性时变方程。

当利用定常系统理论（如频域方法）研究时变系统时，可把时间分成很多区间，在每一区间中认为系数变化不大（不超过 10% ～ 20%），则可以用该区间内系数的平均值来代替变系数，将一个时变系统问题当成多个定常系统问题。根据这个思想，利用线性化运动学方程可推得相应的传递函数。

以 $\Delta\theta_D$ 为输入，以 Δq 为输出的运动学传递函数

$$\frac{\Delta q(s)}{\Delta\theta_D(s)} = \frac{K_K(t)}{T_K(t)s + 1} \tag{9.63}$$

式中，$T_K(t) = \dfrac{r_0(t)}{\dot{r}_0(t)}$；$K_K(t) = -\dfrac{\bar{v}_D}{\dot{r}_0(t)} = \dfrac{\bar{v}_D}{\bar{v}_D - \bar{v}_M}$。

因为 $\dot{r}(t) < 0$，所以 $T_K(t) < 0$，运动学传递函数是个不稳定的非周期环节，$T_K(t)$ 从起控时间最大值 $|r_0/\dot{r}_0|$ 逐渐变化至零，$T_K(t)$ 也随时间剧烈变化。

在距离很远处，$|T_K| \gg 1$，近似有

$$\frac{\Delta q(s)}{\Delta\theta_D(s)} = \frac{-v_D/r_0(t)}{s} \tag{9.64}$$

$$\frac{\Delta q(s)}{\Delta\theta_M(s)} = \frac{v_M/r_0(t)}{s} \tag{9.65}$$

9.3.5　制导信号的形成

前面讨论了不同导引方法下形成误差信号的各种方案。利用误差信号形成制导信号，制导信号通过法向过载控制系统最终对导弹的质心运动起作用。这样，输给稳定系统输入端的制导信号就是误差信号的函数。

利用误差信号来构造制导信号，首先应使系统满足精度要求。在工程研究的不同阶段，以导弹制导系统精度为依据，使用理论分析、仿真模拟以及飞行试验等手段来解决制导信号的构造问题。在这里，我们只涉及制导信号形成的一般设计原则。

众所周知，当控制系统的稳定性和动态品质与精度要求相矛盾时，通常可以通过在控制信号中引入误差信号的导数来解决。然而，自动寻的制导系统常常利用最简单的方法来形成制

导信号，就是直接使用与制导误差成正比的信号。这是因为绝大多数的自动寻的制导系统采用了比例导引律，用来形成误差信号的目标位标器的输出信号通常污染着噪声，由于这样，在制导信号中引入误差的导数时，制导信号总的噪声电平激烈增加。如果考虑到自动寻的系统的许多元件有饱和静态特性的话，这会使系统的动力学特性急剧变坏。

为了在目标位标器的输出信号中部分地减少噪声污染的量，以及从总体上校正自动寻的系统的动力学特性，在位标器的输出端可以设置低频滤波器。这个滤波器的参数选择只能在分析自动寻的系统动力学的基础上进行。

因为采用低频滤波器只能给出校正制导系统动力学特性的有限可能性，显然，制导系统动力学特性的必要校正可以由校正稳定系统的特性来完成。借助于不同的反馈可以在较大的范围内改变稳定系统的动力学特性。所以，稳定系统的参数选择不仅应该满足对稳定系统的特殊要求，同时也应满足对整个寻的系统所提出的要求。因此，稳定系统的设计问题不能与自动寻的系统的设计问题分开孤立地解决。

对于不采用比例导引律的制导系统，若其制导误差信号为角度信息时，噪声电平不高，可以使用制导误差信号的导数来校正制导回路。然而理论与实践表明，这种校正的效果比校正稳定系统的特性的方法差得多。

9.3.6 导引头

9.3.6.1 导引头的功用及组成原理

导引头是寻的制导控制回路的测量敏感部件，尽管在不同的寻的制导体制中，它可以完成不同的功能，但其基本的、主要的功用都是一样的，大致有以下三个方面：

(1)截获并跟踪目标。

(2)输出实现导引规律所需要的信息。如对寻的制导控制回路普遍采用的比例导引规律或修正比例导引规律，就要求导引头输出视线角速度和导弹—目标接近速度以及导引头天线相对于弹体的转角等信息。

(3)消除弹体扰动对天线在空间指向稳定的影响。

导引头的组成与采用的工作体制和天线稳定的方式有关。以连续波半主动导引头为例，其组成包括回波天线、直波天线、回波接收机、直波接收机、速度跟踪电路以及天线伺服系统等。

通常把回波天线、直波天线、回波接收机、直波接收机、速度跟踪电路等统称为接收机，其作用是敏感目标视线方向与导引头天线指向的角误差，输出与该误差角成正比的信号。由于导引头是一个角速度跟踪系统，因此，接收机输出的信号实际上也与视线角速度成正比。其作用之二是把直波信号的多普勒频率与回波信号的多普勒频率进行综合，输出与导弹和目标接近速度成比例的信息，由此得到形成导引规律所需要的信号。

伺服系统的作用是根据接收机送来的角误差信号，控制天线转动，使其跟踪目标，消除误差。由于导引头是在运动着的导弹上工作的，因此，导引头必须要具有消除弹体耦合的能力。消除弹体耦合，可以采用多种方案，如果用角速度陀螺反馈来稳定导引头天线，那么角速度陀螺反馈通道和伺服系统就组成导引头角稳定回路，其作用是消除弹体运动对导引头天线空间稳定的影响。这时导引头的组成如图 9.40 所示。

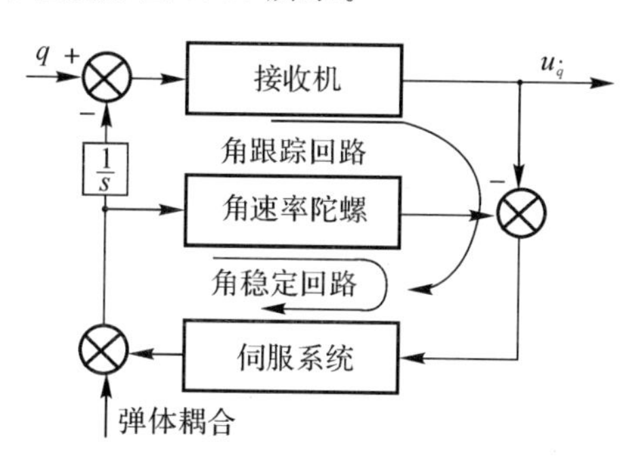

图 9.40　导引头角跟踪回路原理方框图

9.3.6.2　导引头的基本类型

导引头接收目标辐射或反射的能量，确定导弹与目标的相对位置及运动特性，形成引导指令。按导引头所接收能量的能源位置不同，导引头可分为：

(1)主动式导引头，接收目标反射的能量，照射能源在导引头内；

(2)半主动式导引头，接收目标反射的能量，照射能源不在导引头内；

(3)被动式导引头，接收目标辐射的能量。

按导引头接收能量的物理性质不同可分为雷达导引头(包括微波和毫米波两类)和光电导引头。光电导引头又分为电视导引头、红外导引头(包括点、多元和成像等类型)和激光导引头。

按导引头测量坐标系相对弹体坐标系是静止还是运动的关系，可分为固定式导引头和活动式导引头。活动式导引头又分为活动非跟踪式导引头和活动跟踪式导引头。

9.3.6.3　对导引头的基本要求

导引头是自寻的系统的关键设备，导引头对目标高精度的观测和跟踪是提高导弹制导精度的前提条件，因此，导引头的基本参数应满足一定的要求。

(1) 发现和跟踪目标的距离 R。

以地空导弹为例，导引头的发现和跟踪目标距离 R 由导弹的最大发射距离(射程) 来决定(这里指的是全程自寻的制导的导弹，如果是寻的末制导导弹，导引头跟踪距离与末制导段距离有关，而不取决于最大射程)，它应满足下式：

$$R \geqslant \sqrt{(d_{\max} + v_m t_0)^2 + H_m^2}$$

式中，R 为发现和跟踪目标的距离；$d_{\max}$ 为导弹的最大发射距离；v_m 为目标速度；H_m 为目标飞行高度差；t_0 为导弹飞行时间。

(2) 视场角。

导引头的视场角 Ω 是一个立体角，导引头在这个范围内观测目标。在光学导引头中，视场角 Ω 的大小由导引头光学系统的参数来决定；对雷达导引头而言，视场角 Ω 由其天线的特性(如扫描，多波束等) 与工作波长来决定。

要使导引头的分辨率高，那么视场角应尽量小；而要使导引头能跟踪快速目标，则要求视场角增大。

对固定式导引头而言，视场角应大于或等于这样一个值；当视场角等于这个角度值时，在系统延迟时间内，目标不会超出导引头的视场，即要求

$$\Omega \geqslant \dot{\varphi}\tau$$

式中，$\dot{\varphi}$ 为目标视线角速度；τ 为系统延迟时间。

对于活动式跟踪导引头，视场角可以大大减小，因为在目标视线改变方向时，导引头的坐标轴 Ox 也随之改变自己的方向。如果要求导引头精确地跟踪目标，则视场角 Ω 应尽量减少。但是，由于目标运动参数的变化、导引头采用信号的波动、仪器参数偏离给定值等原因，会引起跟踪误差，这些误差源的存在，使得导引头视场角的允许值很小。

(3) 中断自导引的最小距离。

在自寻的系统中，随着导弹向目标逐渐接近，目标视线角速度随之增大，这时导引头接收的信号越来越强，当导弹与目标之间的距离缩小到某个值时，大功率信号将引起导引头接收回路过载，从而不可能分离出关于目标运动参数的信号。这个最小距离，一般称为“死区”。在导弹进入导引头最小距离(“死区”) 前，将中断导引头自动跟踪回路的工作。

(4) 导引头框架转动范围。

导引头一般安装在一组框架上，它相对弹体的转动自由度受到空间和机械结构的限制。

(5) 截获能力和截获概率。

对目标信号具有快速截获能力和高截获概率。

(6) 跟踪快速性和稳定性。

活动跟踪式导引头应具有良好的跟踪快速性和稳定性，并符合导弹控制系统对导引头传递特性的要求。

(7) 制导参数测量精度。

导引头应有较高的制导参数测量精度，把导弹飞行过程中各种扰动所引入的测量误差减小到最低程度，如弹体扰动、导引头各部分的零位等。

(8) 对电磁环境和飞行环境的良好适应性。

(9) 有良好的电磁兼容性和可靠性。

(10) 具有可测试性、可维修性、可生产性。

9.3.6.4 导引头稳定位标器方案

1. 陀螺稳定位标器方案概述

稳定位标器是导引头系统的核心构架，它具有两个重要的作用：① 稳定测量坐标系(光轴)；② 接收控制信号驱动光轴去跟踪目标视线轴，并经由控制电路输出俯仰、偏航两路视线角速度信号至自动驾驶仪，使导弹飞行控制系统按规定的导引规律控制导弹飞向目标，实现对导弹的制导。

稳定位标器方案有多种并各有特点，并且其稳定精度和控制方式也各不相同。目前常用的导引头稳定位标器方案主要有以下几种：动力陀螺型稳定方案、速率陀螺型稳定方案和视线陀螺型稳定方案。

2. 动力陀螺稳定位标器方案

动力陀螺型导引头实际上是一个转子在外的内框架式三自由度陀螺，将测量元件(雷达天线或光学系统) 作为转子的一部分固定在陀螺转子上，并使测量系统轴与陀螺自转轴机械地

重合在一起。其结构原理图如图 9.41 所示。这种导引头利用自由陀螺的定轴性实现测量轴的空间稳定，隔离了导弹角运动的耦合，实现了跟踪型导引头的角稳定回路作用。导引头的跟踪特性是利用对陀螺转子施加力矩产生进动特性实现的。当导引头测量系统测量出目标相对导弹的角误差信息，经放大处理后送给力矩线圈，力矩线圈形成的磁场和转子上的永久磁铁环形成的磁场相互作用，使陀螺转子加矩而产生进动，陀螺转子进动方向就是目标视线的转动方向，从而实现了对目标的跟踪和对目标视线角速度的测量。由于陀螺进动是无惯性的，因此动力陀螺型导弹跟踪回路时间常数较小。为减小陀螺的漂移对测量精度的影响，采用转子在外的内框架式，这种结构形式提高了陀螺转子的角动量，降低了陀螺转子的转速。图 9.42 所示为动力陀螺型导引头角跟踪回路的原理图。由测量系统测量出瞄视误差角 Δq，经信号处理放大后形成控制电压，此电压经功率放大后加到力矩线圈上，形成作用在转子上的力矩 M，陀螺在外力矩作用下产生进动跟踪目标消除瞄视误差角。

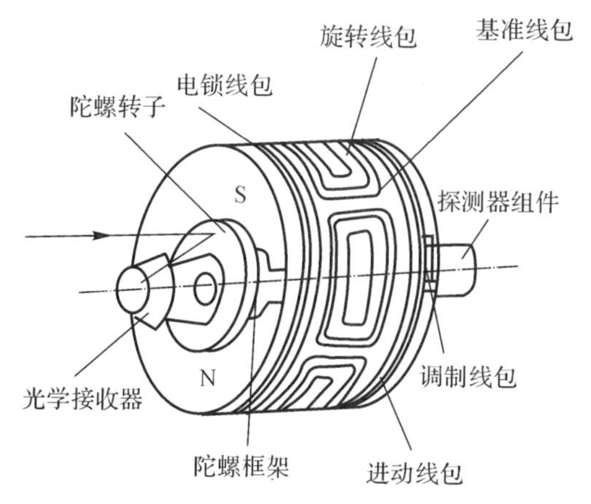

图 9.41　动力陀螺型导引头结构原理图

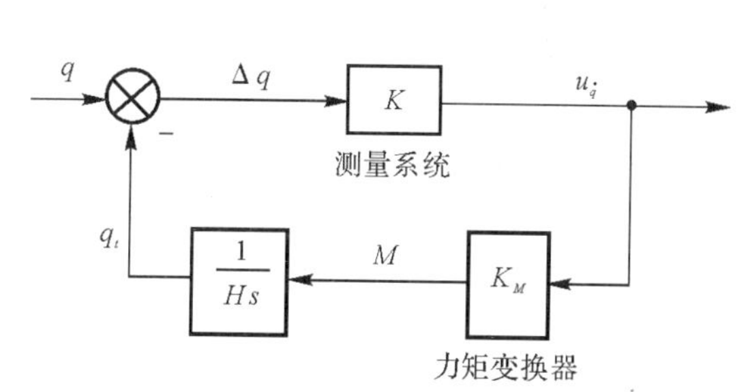

图 9.42　动力陀螺型导引头角跟踪回路原理图

根据图 9.42 可得出 $u_{\dot{q}}$ 和 $\dot{q}$ 间的关系为

$$u_{\dot{q}} = \frac{H}{K_M} \frac{1}{Ts+1} \dot{q} \tag{9.66}$$

式中　$T = \dfrac{H}{KK_M}$ —— 导引头时间常数；

q —— 目标视线角；

H —— 陀螺转子动量矩；

K —— 信号处理器放大系数；

K_M —— 力矩变换器传递系数；

$\dot{q}$ —— 目标视线角速率。

美国的“响尾蛇”空空导弹和苏联的 P73 空空导弹导引头均采用这种稳定方案。实际上，在导弹具有大的扰动速率和很大的轴向加速度引起的干扰力矩作用下，要将尺寸较大的导引头天线稳定在空间且具有足够高的精度是很困难的。

3.速率陀螺稳定平台式位标器方案

速率稳定平台型导引头的特点是测量元件和二速率陀螺组成整体(台体) 安装在两框架式的常平架上，在常平架系统中有相应的伺服控制系统。台体上的速率陀螺是测量台体相对惯性空间的角速度而使导弹视线相对空间稳定，在目标视线跟踪中起校正作用。其结构原理图如图 9.43 所示。

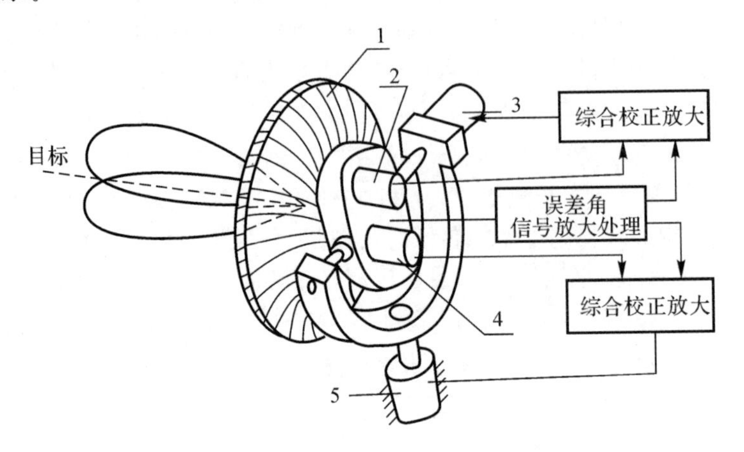

图 9.43 速率陀螺稳定平台型导引头结构原理图

1— 天线；2— 速率陀螺；3— 伺服机构；4— 速率陀螺；5— 伺服机构

(1) 天线稳定回路。天线稳定回路是利用导引头天线背上安装的速率陀螺获得导弹姿态运动的角速度信息实现负反馈，使天线与弹体扰动隔离开，从而在弹体扰动时，使天线指向在空间保持不变，避免由于弹体扰动而丢失目标；在正常跟踪时，隔离了弹体扰动对角跟踪和指令输出的影响。导弹由于控制和各种干扰均会产生运动，因此导弹的姿态角总是变化着的，这对导引头天线就是扰动。它们之间的几何关系如图 9.44 所示。

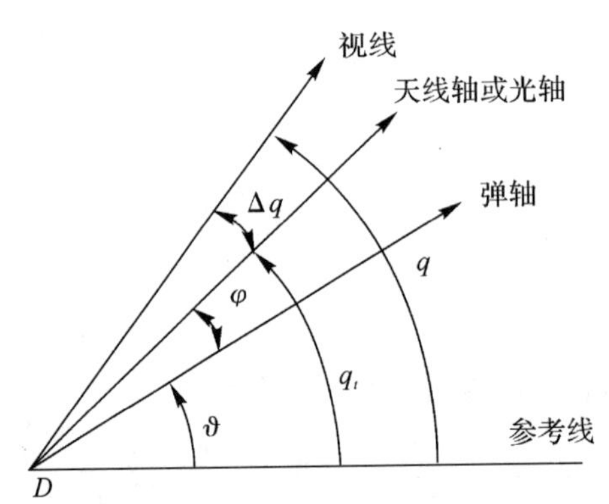

图 9.44 导引头角跟踪空间几何关系示意图

图中：ϑ —— 弹体姿态角；

φ —— 天线轴相对弹轴的转角(天线伺服系统控制的就是这个转角)；

q_t —— 天线轴相对参考线的角度；

q —— 目标视线角，$q = q_t + \Delta q$；

Δq —— 误差角(亦称瞄视误差角或失调角)，天线轴和视线的夹角。

天线稳定回路就是依靠在天线上安装的两个速率陀螺，测出天线的俯仰和方位两个角速度，将其放大，然后加到各自的伺服系统中，控制天线转动，力图消除天线的角速度。在无跟踪信号时,保持天线定向。天线稳定回路分为各自独立的俯仰和方位通道,两回路基本相同,其组成如图 9.45 所示。在无跟踪信号时,安装在天线背上的速率陀螺敏感出天线相对惯性基准的角速度 $\dot{q}_t$(此种情况下有弹体运动产生),输出正比于角速度 $\dot{q}_t$ 的信号电压经放大后,送入伺服系统推动天线相对弹体轴有 $\dot{\varphi}$ 的运动。其运动方向是减小原敏感出的天线角速度 $\dot{q}_t$,消除由弹体扰动引起的 $\dot{q}_t$,使天线在空间保持不变,即 $\dot{q}_t=0$,也就是说使 $\dot{\varphi}=-\dot{\vartheta}$。下面简要地分析稳定回路对弹体扰动 $\dot{\vartheta}$ 和对跟踪信号的响应特性。

图 9.46 所示为天线稳定回路的简化方块图。

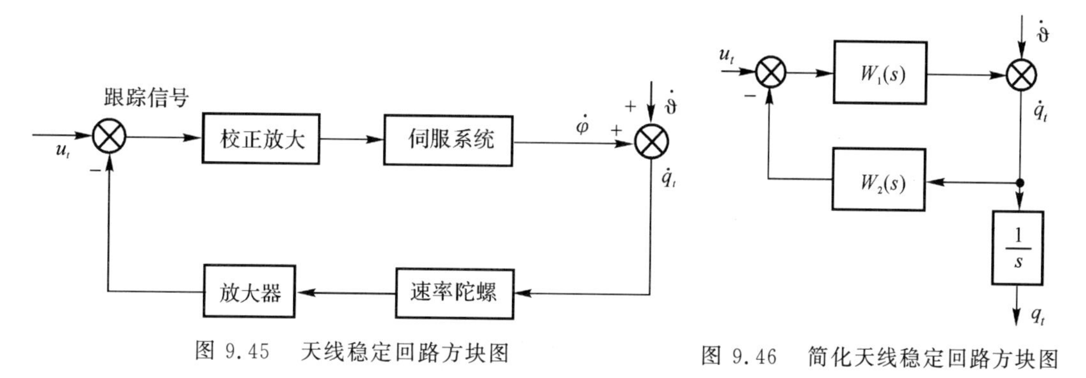

图 9.45　天线稳定回路方块图　　图 9.46　简化天线稳定回路方块图

图中 $W_1(s)$ 为校正放大和伺服系统的传递函数,$W_2(s)$ 为速率陀螺和放大器的传递函数,即速率反馈支路的传递函数。从简化方块图可得对扰动 $\dot{\vartheta}$ 的响应为

$$\dot{q}_t(s)=\frac{1}{1+W_1(s)W_2(s)}\dot{\vartheta}(s) \tag{9.67}$$

若 $|W_1(s)W_2(s)|\gg 1$,则式(9.67)简化为

$$\dot{q}(s)=\frac{1}{W_1(s)W_2(s)}\dot{\vartheta}(s) \tag{9.68}$$

由式(9.68)可见,天线角稳定回路使扰动对天线的影响缩小了稳定回路开环放大倍数倍。我们把稳定回路对扰动的缩小程度用稳定回路的去耦系数 r_S 表示,其由下式确定:

$$r_S=\frac{\dot{q}_t}{\dot{\vartheta}}\times 100\%$$

式中　$\dot{q}_t$ —— 天线角速度;

　　　$\dot{\vartheta}$ —— 扰动角速度。

由上面定义可看出在天线稳定回路设计时,应尽量选择大的开环放大倍数满足去耦系数的设计要求。

稳定回路对跟踪信号(u_t)的响应为

$$\dot{q}_t(s)=\frac{W_1(s)}{1+W_1(s)W_2(s)}u_t(s) \tag{9.69}$$

当 $|W_1(s)W_2(s)|\gg 1$ 时,可简化为

$$\dot{q}_t(s)=\frac{1}{W_2(s)}u_t(s)$$

设 $W_2(s)$ 的静态传递系数为 K_g,则稳态下有

$$\dot{q}_t=\frac{1}{K_g}u_t \tag{9.70}$$

上式表明稳定回路使天线转动角速度 $\dot{q}_t$ 随着跟踪信号电压而线性变化。

(2) 角跟踪回路原理。导引头应在角度上自动跟踪目标，并送出正比于视线角速度的误差电压 $u_{\dot{q}}$。这一功能是由角跟踪回路实现的。为实现这一功能，角跟踪回路由检测目标误差角的天线接收机、坐标变换及俯仰和方位稳定回路组成。角跟踪回路也由各自独立的俯仰和方位两个通道组成。两个通道组成基本相同，因此仅分析一个通道的工作原理。单通道简化角跟踪回路如图 9.47 所示。

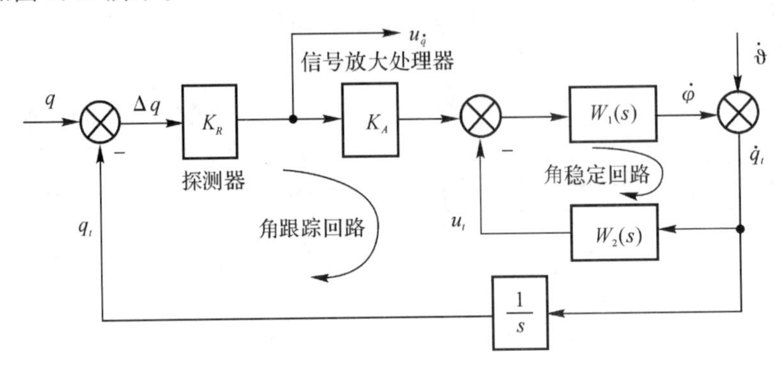

图 9.47 简化角跟踪回路方块图

K_R— 接收机传递系数；K_A— 信号放大处理器传递系数

由图 9.47 可见，当导引头天线轴与目标视线不重合时，接收机检测出误差角 Δq，经信号处理放大后，形成跟踪电压 u_t，经稳定回路控制使天线旋转减小误差角 Δq，从而实现对目标的跟踪功能。此时速率陀螺反馈支路仅是跟踪回路的内回路，而起到改善跟踪回路特性的校正作用。同样，对稳定回路来说，由于角跟踪回路的闭合，使稳定回路的去耦系数相应地降低。当稳定回路开环放大系数很大时，稳定回路闭环传递函数可近似处理为 $1/K_g$。这样角跟踪回路的开环放大倍数为 $K_0 = K_R K_A / K_g$。角跟踪回路是一阶无静差系统。此时角跟踪回路简化传递函数为

$$\frac{u_{\dot{q}}(s)}{\dot{q}(s)} = \frac{K}{Ts+1} \tag{9.71}$$

式中 $K = K_R / K_0$—— 导引头传递系数；

$T = 1/K_0$—— 导引头时间常数。

该型导引头的角稳定和跟踪回路中的关键元件是速率陀螺，它是影响测量精度的关键部件。因此在速率稳定平台型的导引头的速率陀螺要求较高。在制导控制系统一体化设计中，可以考虑把捷联惯性导航系统中的捷联速率陀螺作为导航系统中的元件，也可作为导引头的速率陀螺，该速率陀螺也可作为稳定控制系统阻尼回路中的速率陀螺。

速率陀螺稳定平台式位标器方案，目前应用最为广泛。例如美国的“麻雀”系列导弹和“霍克”导弹、苏联的“萨姆-6”导弹的导引头均采用这种稳定方案。

4. 视线陀螺稳定位标器方案

视线陀螺型导引头结构原理如图 9.48 所示。

视线陀螺型导引头把测量元件安装在能驱动的万向支架上，三自由度动力陀螺为正常式布局，该陀螺称为视线陀螺是由于其转子轴始终跟踪目标视线的缘故。该型导引头把测量轴和陀螺转子轴之间经过一套被称为“电轴”的高精度角跟踪系统连接在一起，完成测量轴的角

稳定和角跟踪功能。

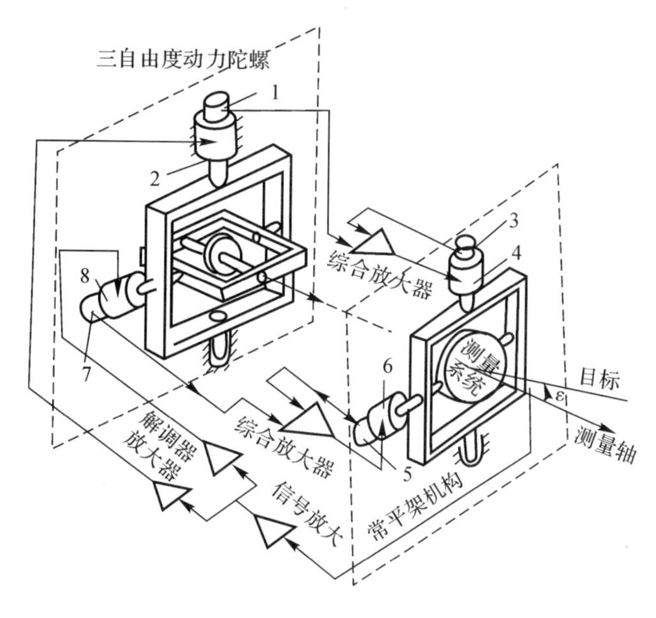

图 9.48　视线陀螺型导引头结构原理图

1,3,5,7— 电位计；　2,4,6,8— 力矩马达

(1) 稳定回路。导弹的角运动会引起测量轴的角运动。但此时由于三自由度陀螺的定轴性，安装在陀螺内、外框架上的电位计就能测出导弹的角运动信息输给综合放大器，综合放大器输出给力矩马达去驱动常平架运动，使测量轴空间稳定，消除了导弹角运动对测量轴的影响，起到了角稳定回路的作用。

(2) 角跟踪回路。当导引头转入自动跟踪状态时，测量元件测量出瞄视误差角 Δq，经信号放大、处理后，分解成高低和方位两路信息，分别加到陀螺框架轴的力矩器上形成控制力矩，此力矩作用使陀螺转子在瞬间跟踪目标视线运动。在陀螺转子跟踪视线运动时，陀螺角位置传感器相应输出信号到常平架伺服系统，通过常平架伺服系统驱动测量轴跟踪目标视线运动，完成测量轴的角跟踪功能。简化的稳定跟踪回路示于图 9.49 中。

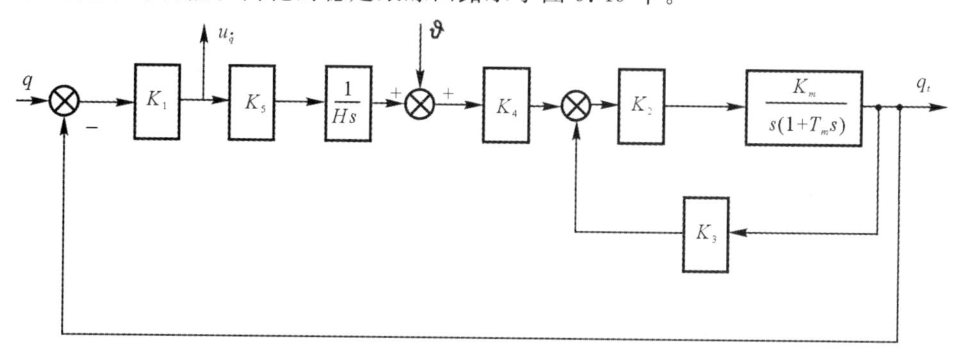

图 9.49　视线陀螺型导引头角稳定跟踪回路原理图

q— 目标视线角；q_t— 测量轴角；ϑ— 导弹姿态角；$u_{\dot{q}}$— 误差信号；

K_1— 信号放大器增益；K_2— 解调放大器增益；K_3— 陀螺框架角电位计传递系数；

K_4— 常平架框架电位计传递系数；K_5— 陀螺力矩马达传递系数；

K_m— 框架力矩马达传递系数；T_m— 框架力矩马达时间常数

由图9.49可得测量轴角 q_t 空间稳定性为

$$q_t(s)=\frac{K_3-K_4}{K_3}\frac{1}{1+\frac{2\xi_0}{\omega_0}s+\frac{1}{\omega_0^2}s^2}\vartheta(s) \tag{9.72}$$

式中

$$\omega_0=\sqrt{K_2K_3K_m/T_m}$$

$$\xi_0=\sqrt{1/K_2K_3K_mT_m}$$

稳态解为

$$q_t=\frac{K_3-K_4}{K_3}\vartheta \tag{9.73}$$

式(9.73)说明实现测量轴空间稳定的必要条件为 $K_3=K_4$，即两个角度电位计的传递系数必须相等。目标视线角速度的测量，误差信号电压为导引头的输出信号，由图9.49得

$$u_{\dot{q}}(s)=\frac{K_1K_4K_5}{K_3H(1+T_0s)^2s+K_1K_4K_5}\frac{HK_3(1+T_0s)^2s}{K_4K_5}q(s) \tag{9.74}$$

稳态时

$$u_{\dot{q}}=\frac{K_3H}{K_4K_5}\dot{q} \tag{9.75}$$

影响导引头测量精度的关键元件是视线陀螺，因此从角跟踪回路的跟踪精度考虑主要是从视线陀螺的性能着手。该型导引头的特点是有两套伺服系统，因而使导引头的跟踪速度可以提高，且可实现快速搜索跟踪的能力。

9.3.7 自动寻的制导系统设计步骤

自动寻的制导系统的总体设计应包括以下步骤：

(1)经过战术技术论证，得到战术技术要求，以及所有有关的已知数据。

(2)运动学分析，选择制导规律。

(3)基准弹道计算，求得理想弹道上各参数值，作为进行运动学线性化及特征点的选择基础。

(4)攻击区作图，初步判定系统的使用范围。

(5)导引头结构选择，以及对其参数的初步确定。其参数确定的原则，在视线旋转角速度不大的情况下，主要是考虑制导系统对它的要求：噪声干扰输出要小，通频带要宽。

(6)稳定回路(或自动驾驶仪)结构选择，以及参数的初步确定。其确定的准则主要是在任何情况下系统的稳定裕度应在规定的范围以内。

(7)制导回路的设计，最后确定各元件参数的计算值，确定参数的准则主要是导引准确度在允许范围内。

(8)全数字仿真，校验计算参数值，全面检查性能指标是否达到要求。

(9)实物模拟。在此种模拟中，将制导系统的实际装置和部件或全部或部分地接入仿真机中，取代全数字仿真的数学模型。在设计制导系统时，实物模拟是比较重要的，它可以校验仪器和部件在制导回路中的作用，以及考虑到元件所有的动态特性(特别是非线性)时的制导系统的特性，这种模拟通常在制导系统的靶场试验前进行。

(10)飞行打靶试验。

9.4 复合制导

9.4.1 中制导段的性能特点

对于近距战术导弹而言，因为其作用距离校近，一般均采用直接末制导方式，或经过较短时间无控或程控飞行之后进入末制导方式。然而，中远程战术导弹有完全不同的要求，其发射距离达到 60 km 以上，这种“超视距”的工作条件导致必须引入中制导段。中制导段与末制导段有着明显不同的性能特点。

(1)中制导段一般不以脱靶量作为性能指标，而只把导弹引导到能保证末制导可靠截获目标的一定“篮框”内，因此不需要很准确的位置终点。

(2)为了改善中制导及末制导飞行条件，一个平缓的中制导弹道是需要的。此外，必须使末制导开始时的航向误差不超过一定值。

(3)导弹的飞行控制可以划分为两部分：①实现特定的飞行弹道；②必须对目标可能的航向改变做出反应。后者取决于来自载机对目标位置、速度或加速度信息的适时修正，这种修正在射程足够大时是必须的。

(4)当采用自主形式的中制导时，误差将随时间积累，这决定了必须把飞行时间最短作为一个基本的性能指标，它减少了载机受攻击的机会，同时扩大了载机执行其他任务方面的灵活性。此外，由于发动机和其他技术水平的限制，要做到使小而轻的导弹具有长射程，必须考虑在长时间的中制导段确保导弹能量损耗尽量小，这等效于使导弹在末制导开始前具有最大的飞行速度和高度，这一点对于提高末制导精度是非常必要的。

(5)两个制导段的存在使得中制导段到末制导段之间的交接问题变得至关重要。这也是中远程战术导弹的一个技术关键。为保证交接段的可靠截获，必须综合采取各种措施。

(6)中制导段惯导和指令修正技术的采用，使得大量的导弹和目标运动状态信息可以获得，因而为中远程导弹采用各种先进的制导律提供了有利条件。同时，由于中制导飞行时间长，导弹状态变量的时间尺度划分与近程末制导飞行阶段相比有很大不同，这就为采用简化方法求解最优问题提供了可能，例如采用奇异摄动方法。

(7)尽管导弹和目标的运动状态信息可以得到，但由此形成的导引控制规律仍不能用于末制导。这主要是由于估值误差的存在会使脱靶量超出允许值。当中制导与末制导采用不同的导引律时，交接段的平稳过渡应给予足够的重视。

由于中制导段的这些不同的特点，导致在中制导系统的工程实现和中制导律的设计上可能与末制导完全不同。

9.4.2 制导模式

1. 中制导模式

中制导可能取以下几种模式。

(1)半主动制导:这种方式不存在角截获问题,因此,只需要满足速度截获的条件即可。其缺点是载机仍需一直照射目标,不具有“发射后不管”能力,同时需有大功率雷达和照射器系统。美国的“麻雀”中距空空导弹就采用了该方案。

(2)平台式惯导:早期的海防导弹通常以此作为导航基准,技术较为成熟,但一般有工作角度受限的问题而不能全姿态使用,故适用于对付小机动目标如舰艇等。其缺点是体积、质量较大,成本较高。意、法联合研制的“奥托马特”反舰导弹就采用了该方案。

(3)捷联式惯导:由于传感器和计算机技术的发展,捷联式惯导已日趋在战术导弹上实际使用。这种制导方式设备简单,易于实现重复度技术,可靠性高,成本体积均小。新近装备的多种空空导弹、反舰导弹和巡航导弹等都采用了该方案。

(4)自动驾驶仪导航:在中制导距离不大的情况下,这是一种实际可行的途径。它具有技术继承性强、成本低的优点,同时能使导弹具有“发射后不管”能力。当然,要比通常的自动驾驶仪具有更高的要求。以色列研制的“迦伯列”反舰导弹采用了该方案。

与末制导律一样,中制导也存在导引律的选择问题。上面提到的几种模式提供了必要的导航基准信息。将该信息与指令传输到弹上的目标运动参量综合,形成各种最优或次优制导律,控制导弹的飞行轨迹。

2.末制导模式

末制导段的工作应在末制导导引头最大可能的作用距离上开始,这一点对提高角截获的概率是必要的,这个距离为10～20 km。在到达该距离之前,导引头位标器应根据解算出的目标方位进行预定偏转,使目标落入其综合视场之内。末制导应采用主动式或被动式雷达及红外导引头。为保证目标截获,应对导引头瞬时视场、扫描范围、截获时间,以及位标器指向误差等做出分析和鉴定。导引律的形成应尽量采用各种滤波、补偿和优化技术,如考虑导弹系统的实际限制条件、目标机动、闪烁噪声抑制、雷达瞄准误差的补偿,以及采用高性能自动驾驶仪和其他末制导修正技术。高性能自动驾驶仪的采用能显著改善末制导的性能,使脱靶量明显减少。除此之外,末制导系统应具有跟踪干扰源的能力。

3.典型的复合制导模式

中制导和末制导构成了复合制导的基本制导分段。除此之外,有时还需要导弹在离轴后作一定程序的上仰机动,这种初始机动对避开主波束和使导弹爬升到阻力更小的高度上飞行都是有利的。以上三个制导段不一定每次发射都具备,可能只有一个或两个,而且每段内的制导模式也可能不同。这些要根据发射导弹的距离、方位、目标机动及有无干扰等情况,由载机火控系统根据确定的判断逻辑进行选择并装订给导弹。常用的复合制导模式如下:

(1)指令+惯导+末制导;

(2)惯导+末制导;

(3)自动驾驶仪+末制导;

(4)直接末制导;

(5)跟踪干扰源。

9.4.3 交接段的误差与截获

复合制导的关键技术之一是保证中制导段到末制导段的可靠转接,就是末制导导引头在进入末制导段时能可靠地截获目标。对目标的截获包括距离截获、速度截获和角度截获三个方面。

当导弹被导引至末制导导引头的作用距离时，即认为实现了距离截获，这时导弹的导引头将进入目标搜索状态。

速度截获是指当采用脉冲多普勒或连续波雷达体制时，应确定末制导开始时导弹与目标间雷达信号传输的多普勒频移，以便为速度跟踪系统的滤波器进行频率定位，保证使目标回波信号落入滤波器通带。因为此多普勒频移是根据解算出的导弹—目标接近速度而得到的，所以与实际频移之间存在误差，可能使目标回波信号逸出滤波器通带而不被截获。为此，在主动末制导开始之前，必须在多普勒频率预定的基础上加上必要的频率搜索。

角截获问题在所有的复合制导模式下都是存在的。其根源在于末制导导引头总有一个有限的视场，目标可能落在此视场之外而不能被截获。为了保证截获，必须把位标器预定到计算出的目标视线方向上。然而，工程中存在着理论上无法确定的各种误差因素会造成位标器指向与实际的目标方向之间的不一致，这种不一致被称为导引头指向角误差。构成这种误差的主要因素有目标位置测量误差、导弹位置测量误差、预偏信号形成误差、位标器伺服机构误差、整流罩瞄准误差和弹体运动耦合误差等。合理的设计应要求末制导导引头的瞬时视场角略大于误差角。如果不行，则应在交接段给位标器加上一定的扫描程序。

9.4.4　空空导弹复合制导技术

从近年来发生的局部战争可以看出，多目标超视距空战将是今后空战的主要形式和发展趋势。多目标超视距空战的武器当然非先进的中远程空空导弹（也称作超视距空空导弹）莫属。

中远程空空导弹发射距离可高达 60 km 以上，这种超视距的工作条件导致必须引入中制导段，采用中段惯性制导与末段主动制导相结合的复合制导体制。因导引头的雷达天线尺寸受到严格限制，其天线面积与发射功率远比载机雷达的小，这就决定了主动导引雷达的作用距离远小于载机雷达的作用距离，在发射后很长一段时间导引头上主动雷达根本探测不到目标。因此，主动导引头不可能在发射导弹后立即开始工作。

中制导方式有半主动制导、平台式惯性制导和捷联式惯性制导。美国先进中距空空导弹 AIM－120A 就是使用捷联式惯性制导方式，这种制导方式仅需两个速度陀螺仪、三个加速度计和一台计算机。在中制导段，惯性系统可以提供大量的导弹状态信息，如位置、姿态、速度、加速度等，有利于实现制导规律。

复合制导的末制导又有多种形式，例如：被动雷达寻的、半主动寻的、主动寻的、红外被动寻的等四种单模寻的方式；还有半主动与红外被动复合寻的、半主动与主动复合寻的、主动与红外被动复合寻的，以及被动雷达与红外被动复合寻的等双模复合寻的方式；除此之外，还有红外与紫外和雷达寻的复合的三模乃至多模复合寻的制导体制。

目前，国外中远程空空导弹的代表有美国的 AIM－120、欧洲的流星导弹等。图 9.50 和图 9.51 分别是 AIM－120 导弹和流星导弹的结构示意图。

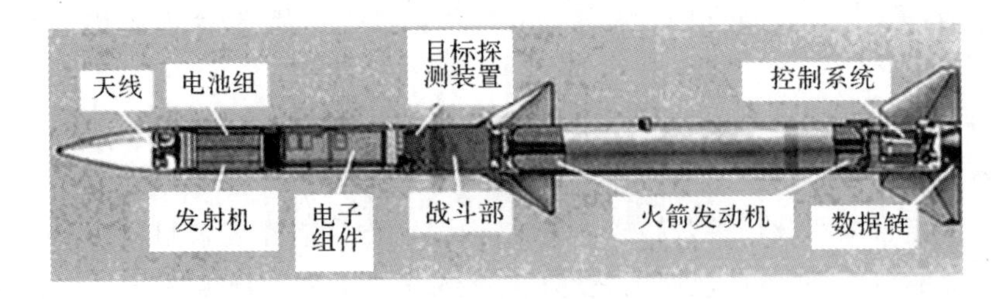

图 9.50 AIM-120 导弹结构示意图

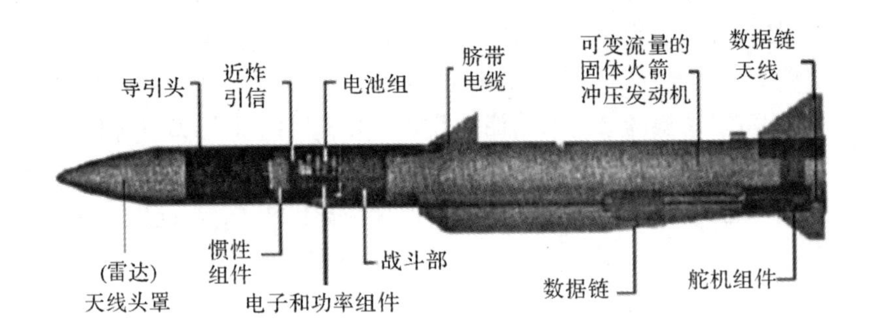

图 9.51 流星导弹结构示意图

AIM-120D 导弹和流星导弹都装有数据链组件。在导弹与载机分离后，导弹朝着预定的目标飞行。在中制导阶段，导弹可以从载机或者第三方（友机或预警机）的数据链获取目标信息，有效地增加了作用距离，提高了中末制导交班概率。同时，导弹还通过下行数据链不断地向飞机发送导弹运动学状态、导引头截获、导弹拦截指示、导弹功能状态、导弹重新瞄准、防自伤确认等信息，使控制系统或飞行员能够及时掌握导弹信息。数据链的使用，是 AIM-120D 导弹和流星导弹从单一火力平台向火力-信息双重平台过渡的重要标志。

9.4.5 防空导弹复合制导技术

各种末端寻的技术，虽然能使防空导弹具有“发射后不管”能力，并可用于对付多目标。但是其作用距离有限，不宜于对付远距离目标，而且对空袭目标尽可能地进行远距离拦截又是非常重要的，远距离拦截可以阻止机载空射武器发挥作用，又可能对同一目标创造第二次，甚至第三次拦截的机会，提高防空效果。

为了增加地空导弹的射程，拦截远距离目标。通常把具有“发射后不管”能力的制导方式用作末端制导，而采用其他制导体制用作防空导弹的中段制导以增大射程。各种已用的或正在发展研制中的复合制导体制如下：

1. 被动雷达寻的+被动红外寻的

这种制导体制是利用目标的无线电辐射对目标进行被动射频寻的作为防空导弹的中段制导，然后随着导弹接近目标，红外信号变得足够强时，即由被动射频寻的转为被动红外寻的。

美国通用动力公司正在研制的用来对付苏联反舰巡航导弹的旋转弹体导弹（RAM-116A），就是采用这种被动射频寻的和被动红外寻的两者的复合制导体制。因为苏联大多数反舰巡航导弹都载有雷达高度表和主动寻的雷达，其无线电辐射正好用来进行被动射频寻的。

2. 半主动寻的＋主动寻的

对于半主动寻的＋主动寻的这种复合制导方式，虽然作为末端制导的主动寻的方式具有“发射后不管”能力，但是作为中制导的半主动寻的却不具备对付多目标的能力。因而这种复合制导方式对付多目标的能力仅比单一半主动寻的制导有所改善。它适合于对已有的半主动寻的制导导弹改进增大射程。另外作为半主动寻的照射器又易于遭到反辐射导弹的攻击，因而为了增强实战能力还必须增加抗反辐射导弹措施。

3. 惯性中制导＋主动式雷达制导

法国研制的中程地对空 SAMP 武器系统（导弹为 SA－90）和舰用反导型 SAAM 武器系统（导弹为 SAN－90）采用了惯性中制导和主动式雷达末制导这种复合制导体制。

惯性中制导和主动雷达末制导这种复合制导体制抗干扰能力强，而且具有“发射后不管”能力，特别是该系统还采用了垂直发射方式，因而更加有利于对付多目标。

4. 惯性初制导＋指令中制导＋主动雷达制导

通常的指令制导体制在导弹的整个制导过程中，必须由地面设备跟踪目标并测量飞行中导弹相对目标的偏差，形成指令并以每秒几十次的指令控制导弹飞向目标，因而这种系统不具有对付多目标能力。另外随着作用距离的增加，制导精度也变差。但是指令制导可用作中制导、增加主动寻的导弹的射程，这样即可增加作用距离，又可保证交会段的制导精度很高。这种复合制导方式是指令制导的发展方向之一。

英国宇航公司和马可尼公司所承包研制的用于 20 世纪 90 年代的新型舰空导弹“海狼”改进型，其制导体制就是在原来指令制导的“海狼”基础上，增加主动雷达导引头，其目的就是用来增加射程，由原来的 5 km 增加到 15 km 或更远。由于指令中制导段与雷达主动寻的末制导段相比较短，因此改进型“海狼”也增强了对付多目标的能力，并有可能对同一个目标进行多次拦截，确保可靠杀伤。

5. 相控阵雷达＋惯性/指令中制导＋半主动寻的末制导

这种复合制导体制可以增大导弹的射程，并具有良好的低空作战性能。但是它并不具有“发射后不管”能力，其对付多目标能力取决于所采用目标跟踪照射器的数量，因为对多目标的探测跟踪，以及为处于中段制导的导弹发送遥控指令，相控阵雷达是完全可以满足要求的。

美国的第三代舰空导弹宙斯盾舰空导弹系统就是采用相控阵雷达＋惯性/指令中制导＋半主动寻的这种复合制导体制。相控阵雷达 AN/SPY－1 是全方位单脉冲工作体制，在计算机控制下自动完成搜索、截获和跟踪多批目标，并为导弹提供中段指令制导。宙斯盾系统有 4 部 AN/SPG－62 目标照射雷达，因此只能够同时攻击 4 个目标。

相控阵雷达＋惯性/指令中制导＋半主动寻的制导并不是理想的制导体制，如果把半主动寻的末制导改为主动寻的末制导就具备了“发射后不管”能力，其同时对付多目标的数量将取决于相控阵雷达的能力。宙斯盾系统之所以采用这种体制可能是由于采用了已有的标准－2 导弹的缘故。

6. 相控阵雷达＋程控初制导＋指令中制导＋TVM 末制导

美国最新装备的机动式全天候多用途地空导弹系统“爱国者”就是采用这种复合制导体制。“爱国者”多功能相控阵雷达用来完成高、中、低空目标搜索、识别、截获、跟踪和照射，以及导弹跟踪和指令制导。它可以同时监视全空域的100批目标，制导八枚导弹攻击不同目标，并具备多种抗干扰功能。

9.4.6 巡航导弹地形跟随与地形规避技术

地形跟随思想来源于飞机的超低空飞行，而超低空飞行是随着地形防御系统的不断进步而发展起来的。随着现代电子技术的发展，防空系统用的地面雷达和地空导弹的日臻完善，使得高空突防成功的概率不断下降，对作战飞机和巡航导弹的突防造成了极大的威胁。

超低空突防利用地球曲率、地形起伏造成防御系统盲区和地面杂波的影响使雷达不易发现目标，从而快速隐蔽地突入敌区进行突然袭击，甚至可能在敌方防空武器系统做出反应之前就完成了袭击任务，这样大大降低了被击落的概率，提高了突防飞机和巡航导弹的生存率，因此超低空突防技术已成为现代空军的一种新的技术战略手段。超低空突防技术一般包括地形跟随、地形防撞和地形规避，但在低空飞行控制系统设计中，首先要解决地形跟随控制问题。

9.4.6.1 地形跟随技术

地形跟随(Terrain Following)控制是巡航导弹低空突防时普遍采用的一种方式，可以保持导弹的航向不变，利用纵向机动能力随地形起伏改变飞行高度，使导弹贴近地表飞行从而增加突防能力。图9.52所示为巡航导弹的地形跟随系统结构框图。

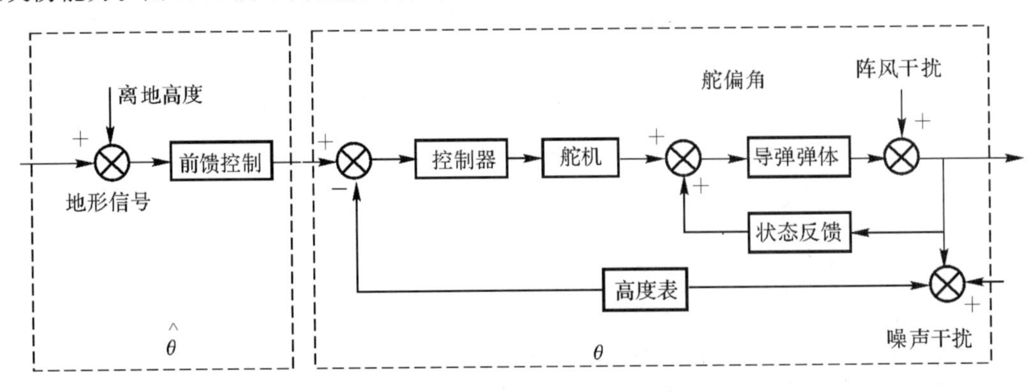

图9.52 巡航导弹的地形跟随系统

地形跟随方法主要为以下几种。

1.适应角法

适应角法实际是对角指令法的一种改进，对于任一雷达测距R，都给出一个固定的间隙高度H_0，根据H_0与R的比值和导弹当前的航迹倾斜角，以及雷达相对于机体的安装角度等数据，依据一定的算法得到爬升角指令送给制导控制系统，这本质上就是早期角指令法的思想。后来在对此算法的进一步研究中，加入了抑制函数的概念。抑制函数主要是雷达扫描距离的函数，在生成爬升角指令的算法中加入这一项，可以更好地控制导弹拉起和下滑的时间，实现对山体背面轮廓的跟踪，达到更好的低空突防目的。

图9.53所示为适应角法的几何关系图，其中：ϑ为俯仰角，H_0为设定间隙，β为相对于纵轴

的扫描角，R 为斜距，F_S 为抑制函数。适应角法的计算公式如下：

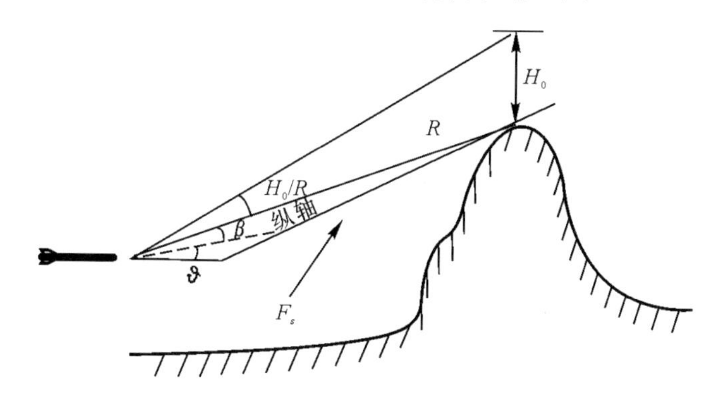

图 9.53　适应角法的几何关系图

(1) 爬高角指令计算

$$\theta_{FL} = \lambda(\vartheta + \beta + H_0/R - F_s)$$

(2) 爬高角增量计算

$$\Delta\theta = \lambda(\vartheta + \beta + H_0/R - F_s) - \theta$$

(3) 加速度指令计算

$$g_c = P(V)[\lambda(\vartheta + \beta + H_0/R - F_s) - \theta]$$

式中，θ_{FL}，θ，$\Delta\theta$ 分别表示雷达算出的爬高角指令、现行爬高角和爬高角增量。g_c 为送到导弹去的加速度指令。

适应角法计算控制指令的过程如下：雷达每发一个脉冲，送到 TF 计算机的斜距值和扫描角，连同飞行状态数据、设定输入数据，计算 θ_{FL}，在每次垂直扫描期间，用峰值检测得最大的 θ_{FL}，并与高度表送来的 θ_{FL} 进行比较，取两者中代数值最大的一个作为爬高角指令 θ_c，θ_c 减去导弹现行爬高角 θ，求得爬高角增量 $\Delta\theta$，然后将 $\Delta\theta$ 转为加速度指令输出。

利用适应角法所设计的地形跟随控制系统是早期最为完善、也是应用最广的一种方案，其指导思想在今天仍然发挥着重要作用。

2. 样板法(雪橇法)

雪橇法的基本思想是设想在飞行器的前下方安装一个假想的样板(一般采用雪撬型的样板) 随飞行器前进，只要不让样板戳进前方地形，飞行器就不会撞山。早期的雪橇法形样板如图 9.54 所示，假想在飞行器下面有一雪橇形曲线，它处于离飞行器的距离为设定间隙 H_0 处。

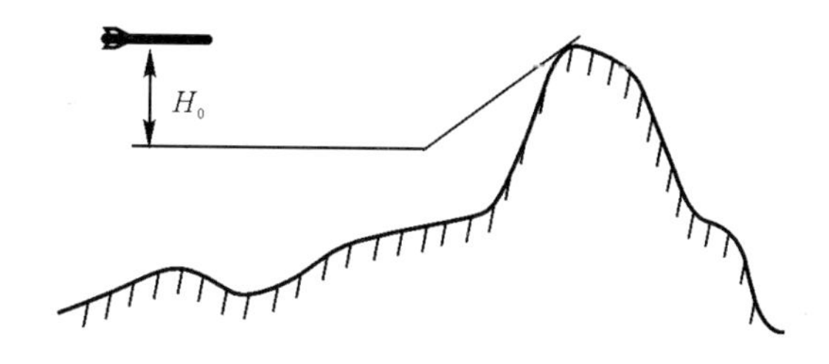

图 9.54　早期雪橇形样板

在样板法中，样板和地形的关系是通过检查斜距((R)) 来确定的。样板法就是根据在同一视角上，飞行器到样板的斜距和飞行器到地形的斜距之间的差值 ΔR 来进行控制的。图

9.55可清楚地说明这一点。当飞行器在点1处俯冲，样板 T_1 不与地形相交，$R_1-R_2<0$，故继续俯冲；俯冲到点2处，样板 T_2 与地形相切，$R'_1-R'_2=0$，机动信号为0；若继续向下俯冲，则 ΔR 将大于0，此时控制信号将反号，飞行器爬高。

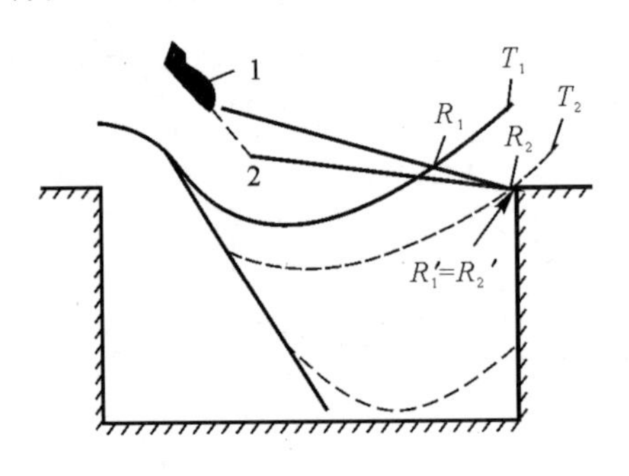

图 9.55 样板与地形的关系图

这种方法引起了众多学者的兴趣，对于样板的形状提出了数种方案，并在工程上得到应用。由于样板与地形跟随的关系是近似的，它不可能使飞行器紧贴地面飞行，所以不能实现理想的地形跟随飞行航迹，以此为理论基础形成了可变样板法，在工程应用中也取得了较好的效果，欧洲多用途战斗机“狂风”的地形跟随系统就采用了这种算法。

3. 最优控制法

最优控制理论的发展必然会在地形跟随技术的研究上得到应用。很明显，地形跟随问题属于典型的最优跟踪问题。

由样条理论，对地形进行等间距采样，在 $N+1$ 个节点上可以求得在节点上一阶导数和二阶导数均连续的分段三次多项式，称此为地形样条曲线，它将是十分光滑的，将它上移一个最低离地高度 H_0，得到间隙样条，飞行航迹应不低于它(见图9.56)。

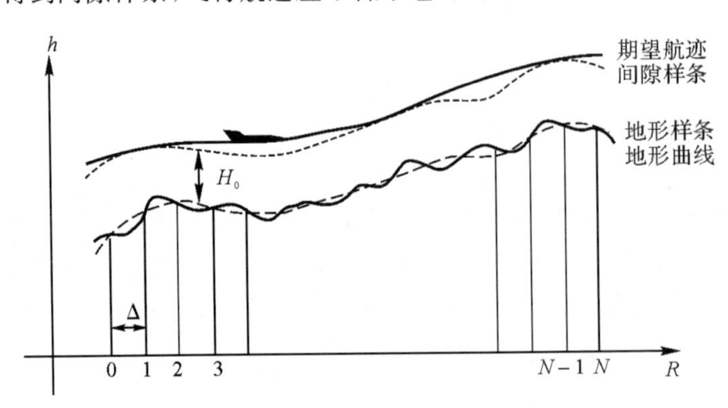

图 9.56 由地形曲线到期望航迹

这条间隙样条虽然十分平滑，但由于巡航导弹性能限制却不能以此作为航迹。必须将导弹运动的一些约束如加速度和爬高角约束，通过确定的关系反映到航迹曲线上去，期望航迹是在这些约束下最接近于间隙样条的曲线。用数学规划法可以解这类离散型最优控制问题。

除以上所介绍的几种典型地形跟随方法以外，还有闭环升力加速度法、高度表法等，目前地形跟随控制系统控制律设计广泛使用的算法主要有两种：适应角法(美国的LANTIRN吊舱)和雪橇法(欧洲“狂风”战斗机的导航吊舱)。基于适应角法的应用更为广泛，适应角法的零指令线可以看作雪橇法的雪橇板，雪橇法可以看作广义适应角法的一种。

9.4.6.2　地形规避技术

地形规避的工作原理与地形跟随相似，不同的是其波束要作方位上的扫描，以便获取飞行路线左右的地形信息，并确定和选择方位上飞行路线。地形跟随指保持飞行器的航向不变，靠纵向机动能力随地形起伏改变高度，使其尽量贴近地面飞行；地形规避则是指保持飞行器离地高度不变，通过改变航向，使其绕过山峰等地面障碍。现代雷达技术已将这两种功能实现了一体化。

9.4.7　弹道导弹精确制导技术

精确制导弹道导弹是一种全新概念的导弹武器，在继承弹道导弹的基本特性基础上增加两项功能：①弹道中段变轨功能，即增加变轨发动机，在外层弹道中段可改变导弹飞行轨迹，使导弹具有机动再入能力；②末端精确制导功能，即增加导弹末制导。进入末制导段，末制导系统开始搜索目标，锁定跟踪目标后，以数马赫的速度飞向目标。精确制导弹道导弹的飞行过程如图 9.57 所示。

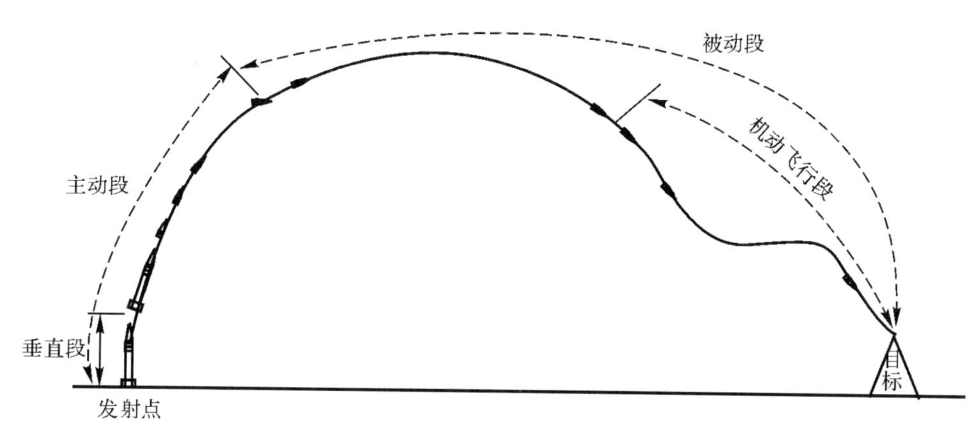

图 9.57　弹道式制导导弹飞行程序示意图

精确制导弹道导弹具有以下特点：①用途广泛，采用不同的战斗部和制导方式，用不同的平台发射，可以对敌岸上重要的军事目标和海上机动目标实施精确打击；②可发展多种类型，其中对地型有地地型、舰岸型、潜岸型；反舰型有岸舰、舰舰、潜舰型；③速度快，由于弹道导弹主要在外层空间飞行，速度可达十几马赫；④射程远，可以打击几百至几千千米范围内的各种海上及岸上目标；⑤采用分导弹头技术和隐身技术，突防概率和毁伤概率大大提高；⑥效费比高。

美国的“潘兴Ⅱ”战术弹道导弹是首先使用末制导技术的，其制导系统由惯导系统和雷达区域相关末制导系统组成。雷达区域相关末制导系统工作原理：雷达波束在导弹的高度方向和侧视方向上分别以测高和测距方式探测地形，获取雷达回波数据，经预处理后与存储的雷达地形数据进行相关匹配，从而给出导弹的三维位置信息，并将其送入弹上计算机，由计算机计算出修正信息，形成导引指令，通过姿态控制系统，控制导弹沿预定航线飞行直至击中目标。

末制导系统具有以下特点：①可以使“潘兴Ⅱ”机动弹头对其弹道误差进行末端修正，这种修正是在弹头进行机动过程中进行的；②采用雷达区域相关器和高度表来修正惯导位置误差；③制导精度高，允许采用较小当量的核装置。

俄罗斯的“白杨 M”导弹也应用了机动弹头技术，该机动弹头采用地图匹配精确制导体制，进行地图匹配的探测雷达是大功率毫米波雷达。弹头飞行到 120 km 高度时，雷达天线开始工作，利用打击目标附近特征显著的地形、地貌实现目标地图匹配。目标匹配完成后，以高压气瓶为动力源的控制系统对弹头进行调姿和位置修正，然后抛掉弹上雷达天线及高压气瓶，此时弹头位于飞行高度约 90 km 的再入点。弹头再入后可直接飞向目标，也可进行突防机动飞行。

9.5 空空导弹制导系统实例

本节首先以空空导弹制导控制系统线性化模型为基础，利用解析分析方法研究制导控制回路的稳定性，然后讨论了基于蒙特卡罗的制导系统仿真分析方法。在模拟导弹飞行时，尽可能逼真地模拟了导弹工作过程中的各种干扰和导弹制导控制系统参数的随机变化以及各种非线性特性的影响。与其他数学模拟方法相比，这种方法更接近于导弹飞行过程中的实际工作状态，因而所得出的结论更为可靠。

9.5.1 空空导弹制导控制系统的数学模型

假定空空导弹与目标在同一个平面内运动，其相互间的运动关系如图 9.58 所示。

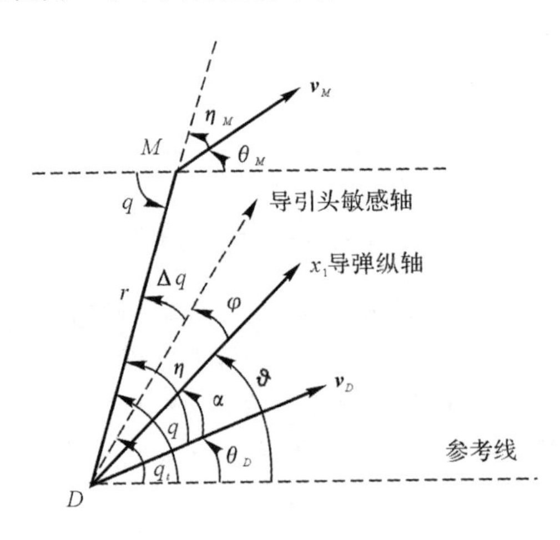

图 9.58 导弹与目标的相互运动关系

图中：

r—— 导弹至目标的距离；

q—— 视线角，为目标线与参考线间的夹角；

$\boldsymbol{v}_D$—— 导弹速度向量；

$\boldsymbol{v}_M$—— 目标速度向量；
η—— 导弹前置角，为目标线与 $\boldsymbol{v}_D$ 之间的夹角；
η_M—— 目标前置角，为目标延长线与 $\boldsymbol{v}_M$ 之间的夹角；
θ_D—— 导弹弹道倾角，为 $\boldsymbol{v}_D$ 与参考线之间的夹角；
θ_M—— 目标航迹角，为 $\boldsymbol{v}_M$ 与参考线之间的夹角；
α—— 导弹攻角，为 $\boldsymbol{v}_D$ 与导弹纵轴 X_1 之间的夹角；
φ—— 导引头方位角，为导弹纵轴与导引头敏感轴之间的夹角；
q_t—— 导引头敏感轴与参考线之间的夹角；
Δq—— 导引头敏感轴与目标线之间的夹角；
ϑ—— 导弹俯仰角，为导弹纵轴 X_1 与参考线的夹角。

9.5.1.1　导 引 头

空空导弹红外导引头的结构图如图 9.59 所示。

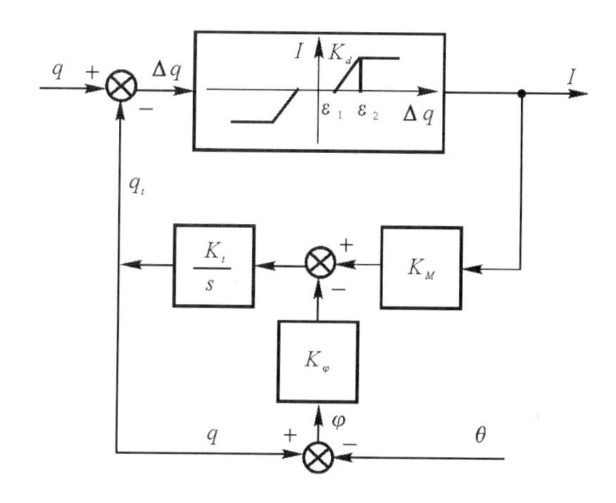

图 9.59　红外导引头结构图

图中：
K_φ——φ 角修正系数；
K_M—— 力矩产生器传递系数；
K_t—— 陀螺跟踪装置传递系数，为陀螺角动量 H 的倒数，即 $K_t=\dfrac{1}{H}$；
K_d—— 导引头非线性特性线性段传递系数。

9.5.1.2　磁 放 大 器

磁放大器结构图如图 9.60 所示。

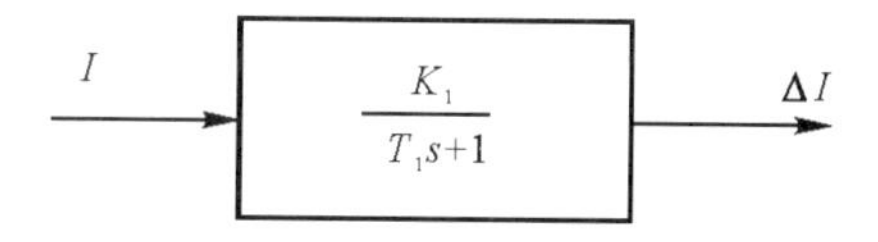

图 9.60　磁放大器结构图

图中：

K_1—— 坐标变换器传递系数、磁放大器传递系数以及舵斜率调整电阻传递系数的乘积；

T_1—— 磁放大器时间常数。

9.5.1.3 舵系统

舵系统的结构图如图 9.61 所示。

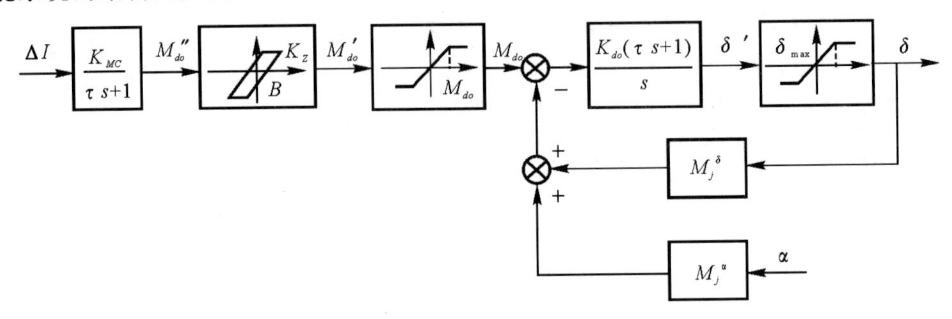

图 9.61 舵系统

图中：

K_{MC}—— 舵机控制特性的斜率；

M_{do}，M'_{do}—— 舵机操纵舵面的力矩，在线性工作时 $M_{do}=M'_{do}$；

τ—— 舵机的电流-力矩转换机构的时间常数；

K_{do}—— 舵机机械特性斜率；

M_j^δ—— 铰链力矩对舵偏角的导数；

M_j^α—— 铰链力矩对攻角的导数；

B—— 力矩迟滞回环宽度；

$\delta_{\max}$—— 最大舵偏角；

K_Z—— 间隙特性线性段斜率。

9.5.1.4 弹体动力学环节

导弹纵向小扰动线性化方程组为

$$\left.\begin{aligned}&\ddot{\vartheta}+a_{22}\dot{\vartheta}+a_{24}\alpha+a_{25}\delta=0\\&\dot{\theta}_D-a_{34}\alpha-a_{35}\delta=0\\&\vartheta-\theta_D-\alpha=0\end{aligned}\right\}\tag{9.76}$$

此方程组又可表示为

$$\left.\begin{aligned}&\ddot{\vartheta}=-a_{22}\dot{\vartheta}-a_{24}\alpha-a_{25}\delta\\&\dot{\theta}_D=a_{34}\alpha+a_{35}\delta\\&\vartheta=\theta_D+\alpha\end{aligned}\right\}\tag{9.77}$$

式中，a_{22}，a_{24}，a_{25}，a_{34}，a_{35} 为气动参数。

9.5.2 运动学环节

由导弹与目标相对运动关系可得

$$\dot{q}=[v_D\sin(q-\theta_D)-v_M\sin(q-\theta_M)]/r \tag{9.78}$$

$$\dot{r}=-v_D\cos(q-\theta_D)+v_M\cos(q-\theta_M) \tag{9.79}$$

式中，q,θ_D,θ_M 以(°) 为单位；$\dot{q}$ 以 rad/s 为单位。

9.5.3　空空导弹制导系统解析分析方法

9.5.3.1　制导回路稳定性分析

某型空空导弹整体制导控制回路是由自动寻的导引头、自动驾驶仪、弹体动力学环节及运动学环节组成闭合回路。原始结构图如图 9.62 所示。

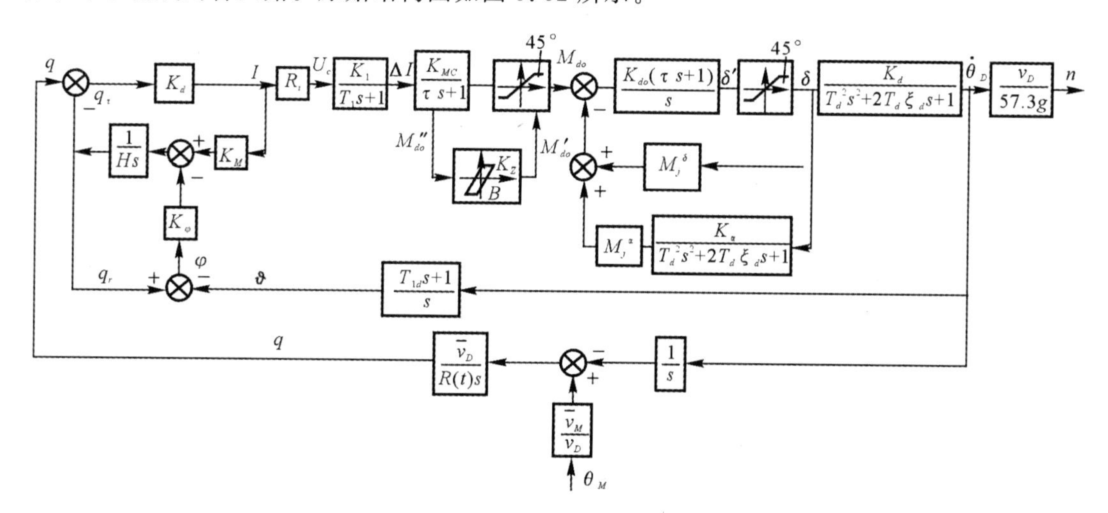

图 9.62　制导控制回路结构图

其稳定控制回路采用铰链力矩反馈平衡的舵机，不需要横向加速度计，便可使稳定控制回路传递系数不随飞行高度、速度而剧烈变化。

控制电压 U_c 到 $\dot{\theta}_D$ 的开环传递函数

$$W_{u_c}^{\dot{\theta}_D}(s)=\frac{K_1K_{MC}K_{M_{do}}^{\dot{\theta}_D}}{(T_1s+1)(T_ps+1)(T'^2_ds^2+2\xi'_dT'_ds+1)}$$

式中，$K_{M_{do}}^{\dot{\theta}_D}$ 为 M_{do} 到 $\dot{\theta}_D$ 之间的传递系数；$K_{M_{do}}^{\vartheta_\Delta}=\dfrac{K_d}{K_3}$，$\dfrac{1}{K_3}$ 为 M_{do} 到 δ 之间的传递系数。

通过对参数计算可以知，稳定控制回路含有一个阻尼系数很小($\xi'_d=0.001\sim0.062$)，$\omega'_d=(11\sim44)(1/s)$ 的振荡环节，且 ξ'_d 和 ω'_d 随高度增加而减小；同时含有一个 $T_p=(0.15\sim1.01)$s 的惯性环节，它远比 T'_d 大，也比 T_1 大，且随飞行高度增大而增大。这样，在复平面上，$\dfrac{1}{T_p}$ 成为稳定控制回路的主导极点。弹体原为一个阻尼性能很差的振荡环节，改造成一个呈惯性环节特性的弹体，因此不需要采用通常的速率陀螺反馈的方法去提高弹体的阻尼。

当 $K_\varphi=0$ 时，即不考虑导引头 — 弹体耦合情况，制导回路通过简化可以看作 n_M 为输入、n_D 为输出，n_D 跟随 n_M 的随动系统。

制导回路开环传递函数为

$$W(s)=\frac{\frac{1}{r}57.3gK_q^n}{s(T_rs+1)(T_1s+1)(T_ps+1)(T'_d{}^2s^2+2\xi'_dT'_ds+1)}$$

式中，$T_r=\frac{H}{K_MK_\alpha}$；开环传递系数为$\frac{v_DK_q^{\dot\theta_D}}{r}$；$K_q^{\dot\theta_D}$ 为目标视线角速率q 到导弹弹道倾角角速率$\dot\theta_D$ 之间的传递系数。

当 $K_\varphi>0$ 时，即考虑导引头弹体耦合情况下的制导回路开环传递函数：

$$W(s)=\frac{\frac{1}{r}57.3gK_{\dot\theta_D}^n(T_\varphi s+1)}{s(T'_rs+1)(T^2s^2+2\xi Ts+1)(T''^2_ds^2+2\xi''_dT''_ds+1)(T_ds+1)}$$

式中，$K_{\dot\theta_D}^n$ 为导弹弹道倾角角速率 $\dot\theta_D$ 到过载 n 之间的传递系数；$W(s)$ 开环传递系数近似为$\frac{v_D}{r}$。

制导回路的稳定性指沿基准弹道导向目标的飞行轨迹的稳定性，或指稳定目标线（视线）的性能。从制导系统开环传递函数可知，制导系统是个剧烈的变参数系统，从发射到遭遇目标，对应开环传递系数由较小值趋于∞。导弹接近目标时，一般离目标前0.5～1 s，开环传递系数大至某值，制导回路必丧失稳定，所谓稳定性乃指失稳前整个导引过程都应稳定，一般取相位裕度大于 30°，幅值裕度大于 6 dB，通过选择开环传递系数或引入校正满足此要求。

稳定性分析时，仍采用系数冻结法，将制导回路中的可变参数用固定于许多典型弹道的一些特征点上的参数来表示，就是将变参数系统化为多个线性定常系统来进行分析。判断稳定性时，可由离目标前 0.5 ～ 1 s 的那些弹道点开始判断，对空空导弹来说，若此时刻是稳定的，以前各时刻一定稳定，这样可简化分析计算工作。

经分析计算，当 r 达 r_D 时，制导回路处于临界稳定，r_D 成为失稳距离。计算结果见表 9.2。

表 9.2　制导回路参数计算结果

H/km	10	10	10	10	15	15	21
Ma	2	2	2	2	2	2	3
K_{do}/((°)·s^{-1}·kg·m)	10	10	40	40	10	10	10
K_φ/s^{-1}	0	0.06	0	0.06	0	0.06	0
r_D/m	177	155	152	130	207	170	247

可以看出：r_D 随高度增大而增大，随 K_φ 增大而减小，随 K_{do} 的增大而减小。

失稳后 $\dot q$ 发散失控。为了不致过早失控，造成脱靶量太大，则要求 r_D 不能太大，一般认为 $r_D=200\sim300$ m 以下比较合适，或失稳时刻为遇靶时刻前 0.5 ～ 1 s 为好。

但脱靶量不仅和 r_D 有关，还与制导系统精度和抑制噪声能力有关，因为它们决定了失稳时刻的大小，若小，则表示导弹速度向量基本指向瞬时命中点，那么在失稳后的很短的时间间隔内，发散不会过大，脱靶量能满足要求。

9.5.3.2　制导回路参数的选择

1. 带宽及理想的制导系统特性

带宽是制导系统的重要参数，其数值的选择影响稳定性和稳定裕度、对有用制导信号的控制精度及噪声干扰信号的抑制能力。

从制导回路的结构图可知，制导系统可近似看作由运动环节及弹上制导系统组成，整个制导系统在误差 $\Delta n = n_M - n$ 作用下工作。其中 $W_{\Delta n}^{\dot{q}} = \dfrac{57.3g}{r(t)s}$，当 $r(t)$ 减小时，该项传递系数增大，即运动学环节对数幅频特性的 0 dB线随 $r(t)$ 减小而平移，导致该环节的带宽随 $r(t)$ 减小而增大，如图 9.63 所示。当 $r(t)=100$ m 时，$\omega_D = 5.7(1/\text{s})$，近似带宽 1 Hz，就是说与制导信号成正比的目标视线角速率 $\dot{q}$ 的频率变化范围也是 1 Hz。

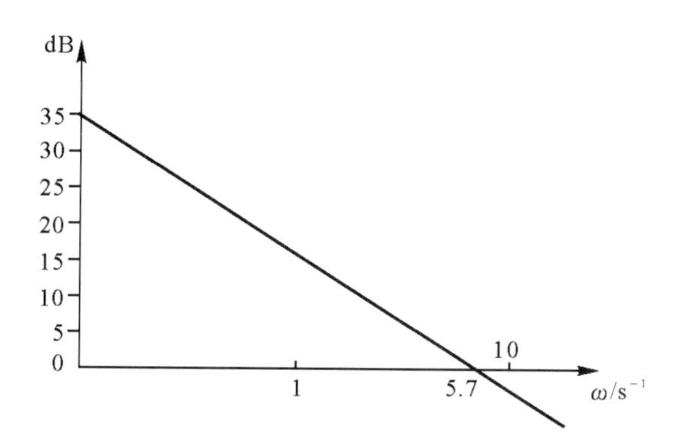

图 9.63　运动学环节 $\dfrac{57.3g}{r(t)s}$ 对数幅频特性

假若 $r(t)=100$ m 时，导弹制导系统仍能受控，则要求导弹制导系统幅频特性能很好地复现 1 Hz 的制导信号，对小于 1 Hz 的信号，幅频特性幅值应足够大。又由于已知制导系统存在 2 Hz 的噪声干扰信号，那么要求制导系统对它有足够的抑制能力，体现在制导系统幅频特性上，对 2 Hz 以上的信号应足够衰减。

2. 参数的选择

关于 K_φ：$K_\varphi = 0$ 时，制导系统幅频特性比较接近图 9.64 所示理想制导系统特性。

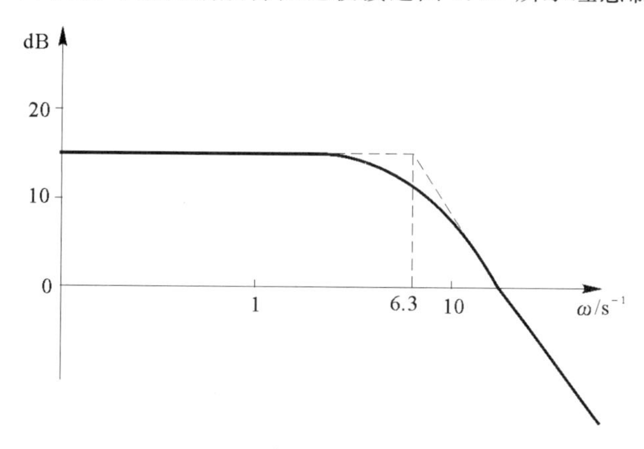

图 9.64　理想制导系统特性

而 $K_{\varphi}=0.06$ 时，低频段幅值明显降低，即降低了对制导信号的控制精度。因此应设法减小 K_{φ} 值。

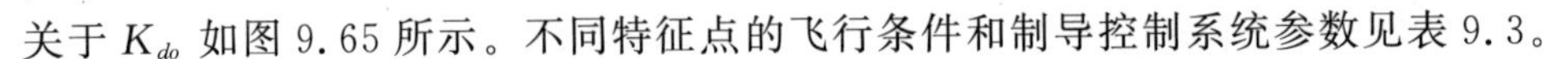

关于 K_{do} 如图 9.65 所示。不同特征点的飞行条件和制导控制系统参数见表 9.3。

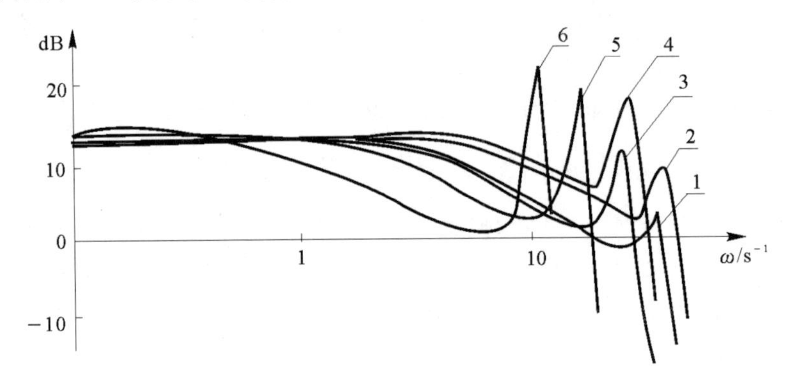

图 9.65　制导回路频率特性

表 9.3　不同特征点的飞行条件和制导控制系统参数

序号	1	2	3	4	5	6
H/km	5	5	10	10	15	21
Ma	2	2	2.5	2.5	2.5	3.0
K_{do}	10	40	10	40	10	10
K_{φ}	0	0	0	0	0	0

当 $K_{do}=10(°)/(\mathrm{s}\cdot\mathrm{kg}\cdot\mathrm{m})$，$H\leqslant 15$ km 时，(见图 9.65 曲线 1,3,5) 制导系统幅频特性接近理想特性；$H=21$ km(见图 9.65 曲线 6)，制导系统带宽较理想特性为小，由于系统谐振频率随高度增大而降低，谐振峰值随高度增大而增大，带宽较小些是合理的，有利于抑制噪声干扰。

当 $K_{do}=40(°)/(\mathrm{s}\cdot\mathrm{kg}\cdot\mathrm{m})$，$H\leqslant 10$ km(见图 9.65 曲线 2,4)，带宽有明显增大，系统谐振频率及谐振峰值都相应增大，致使噪声干扰影响加剧，振荡性加剧；当 $H\geqslant 15$ km 时，制导系统不稳定。因此设计中 $K_{do}=10(°)/(\mathrm{s}\cdot\mathrm{kg}\cdot\mathrm{m})$ 是合理的。

9.5.4　空空导弹制导系统仿真分析方法

由制导控制系统的数学模拟结构图可以列出微分方程组

$$\dot{r}=v_M\cos(q-\theta_M)-v_D\cos(q-\theta_D) \tag{9.80}$$

$$\dot{q}=[v_D\sin(q-\theta_D)-v_M\sin(q-\theta_M)]/r \tag{9.81}$$

$$\dot{q}_t=k_t[K_M I-K_{\varphi}(q-\vartheta)] \tag{9.82}$$

$$\Delta\dot{I}=(K_1 I-\Delta I)/T_1 \tag{9.83}$$

$$\dot{M}''_{do}=(K_{MC}\Delta I-M''_{do})/\tau \tag{9.84}$$

$$\delta'=(\Delta M+\Delta\dot{M}\cdot\tau)K_{do} \tag{9.85}$$

$$\dot{\theta}_D=a_{34}(\vartheta-\theta_D)+a_{35}\delta \tag{9.86}$$

$$\ddot{\vartheta}=-a_{22}\dot{\vartheta}-a_{24}(\vartheta-\theta_D)-a_{35}\delta \tag{9.87}$$

方程式(9.85)两边均有导数项,不便于微分方程组的求解。将方程式(9.85)所对应环节的传递函数进行等效变换,将传递函数

$$\frac{K_{do}(\tau s+1)}{s}$$

等效变换为传递函数

$$\frac{1}{1-\frac{(\tau s+1)}{s}}K_{do}\tau$$

即将结构图

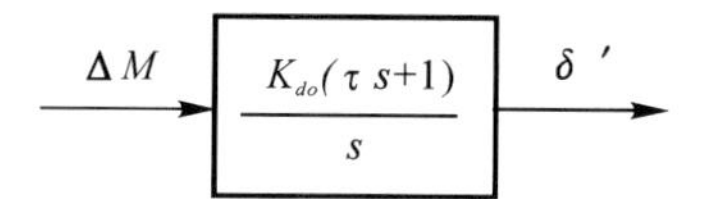

等效变换为结构图

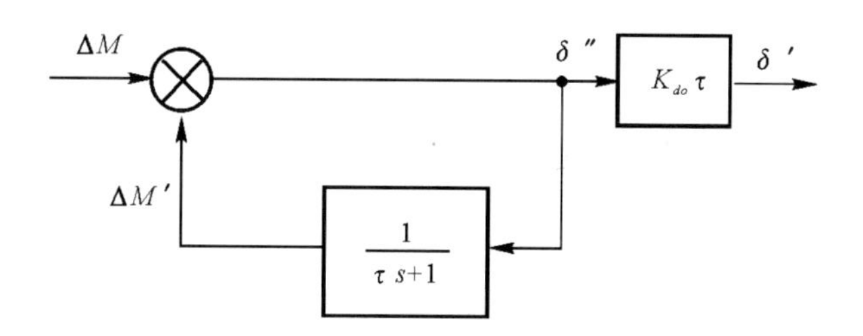

由等效结构图可列方程

$$\Delta M+\Delta M'=\delta'' \tag{9.88}$$

$$\tau\Delta\dot{M}'+\Delta M'=\delta'' \tag{9.89}$$

$$\delta'=K_{do}\tau\delta'' \tag{9.90}$$

消去 δ'' 可得

$$\Delta M'=\Delta M/\tau \tag{9.91}$$

$$\delta'=K_{do}\tau(\Delta M+\Delta M') \tag{9.92}$$

方程式(9.91)可替换方程式(9.85)。令 $\dot{\vartheta}=x$,可得微分方程组

$$\dot{r}=v_M\cos(q-\theta_M)-v_D\cos(q-\theta_D) \tag{9.93}$$

$$\dot{q}=[v_D\sin(q-\theta_D)-v_M\sin(q-\theta_M)]/r \tag{9.94}$$

$$\dot{q}=K_t[K_M I-K_\varphi(q-\vartheta)] \tag{9.95}$$

$$\Delta\dot{I}=(K_1 I-\Delta I)/T_1 \tag{9.96}$$

$$\dot{M}''_{do}=(K_{MC}\Delta I-M''_{do})/\tau \tag{9.97}$$

$$\Delta M'=\Delta M/\tau \tag{9.98}$$

$$\dot{\theta}_D=a_{34}(\vartheta-\theta_D)+a_{35}\delta \tag{9.99}$$

$$\dot{x}=-a_{22}x-a_{24}(\vartheta-\theta_D)-a_{25}\delta \tag{9.100}$$

$$\dot{\vartheta}=x \tag{9.101}$$

带非灵敏区的导引头饱和非线性方程为

$$I=\begin{cases}0 & |\Delta q|\leqslant\varepsilon_1\\ K_d(\Delta q-\varepsilon_1\sin\Delta q) & \varepsilon_1<|\Delta q|\leqslant\varepsilon_2\\ K_d(\varepsilon_1-\varepsilon_2)\mathrm{sign}\Delta q & |\Delta q|>\varepsilon_2\end{cases}\tag{9.102}$$

式中，$\Delta q=q-q_t$。

舵机力矩迟滞回环随信号幅值的不同而具有大小不同的回环，这种迟滞回环非线性特性是难以用函数形式表达的。可以用间隙特性来近似表示最大迟滞回环的非线性特性，其方程为

$$M'_{do}=\begin{cases}K_Z(M''_{do}-B\mathrm{sign}\dot{M}''_{do}) & \left|\dfrac{M'_{do}}{K_Z}-M''_{do}\right|>B\\ \mathrm{const}(\dot{M}''_{do}=0) & \left|\dfrac{M'_{do}}{K_Z}-M''_{do}\right|<B\end{cases}\tag{9.103}$$

式中，K_Z 为回环的线性段斜率。

舵机力矩饱和非线性方程为

$$M_{do}=\begin{cases}M'_{do} & |M'_{do}|<M_{do}\\ M_{do}\mathrm{sign}M'_{do} & |M'_{do}|\geqslant M_{do}\end{cases}\tag{9.104}$$

舵偏角饱和非线性方程为

$$\delta=\begin{cases}\delta' & |\delta'|<\delta_{\max}\\ \delta_{\max}\mathrm{sign}\delta' & |\delta'|\geqslant\delta_{\max}\end{cases}\tag{9.105}$$

式中，$\delta'=K_{do}\tau(\Delta M+\Delta M')$；

$\Delta M=M_{do}-(M_j^{\delta}\delta+M_j^{\alpha}\alpha)$。

微分方程式(9.93) ～ 式(9.101) 和非线性方程式(9.102) ～ 式(9.105) 是模拟导弹攻击目标过程的全部方程。

在实际过程中，导弹攻击目标的过程是一个非常复杂的过程。导弹在空中高速飞行时，受到各种各样的随机干扰的影响，导弹的飞行速度、气动参数和铰链力矩导数等系统参数不仅在同一弹道的不同弹道点各不相同，而且在同一弹道点这些参数也会发生随机变化。

在导弹控制系统中，比较严重的干扰是背景干扰噪声和热噪声。为了模拟这些干扰，在导引头的输入端和磁放大器的输出端都加有随机干扰。用 $N(0,\sigma)$ 正态分布随机数来模拟这些随机干扰。

气动参数 a_{22}，a_{24}，a_{25}，a_{34}，a_{35} 以及导弹的飞行速度 M_j^{δ}，M_j^{α} 在导弹飞行过程中都是不断变化的参数。利用实验方法测量这些参数时，只能选择几个重要的弹道特征点进行试验，然后根据多次试验所得结果，给出这些参数的平均值。在进行全弹道数学模拟时，根据所给出的弹道特征点参数，利用插值方法获取所需要的全弹道参数。将这种参数值称之为标称值。由于实验时的测量误差、插值法所产生的误差、气动条件的变化以及各种随机干扰的影响，使得在导弹飞行过程中这些参数的真实值相对于标称值总是存在着偏差，而且这些偏差带有很大的随机性。于是，在标称值上附加 $N(0,\sigma)$ 正态分布随机数来模拟气动参数和铰链力矩导数的这种随机变化。

考虑到电源电压、频率以及环境条件的变化对放大器等产生影响，在传递系数 K_d，K_1 和磁放大器时间常数 T_1 的标称值上都加有 $N(0,\sigma)$ 正态分布随机数，用来模拟这些参数所发生的随机变化。

根据给定的初始条件,就可以利用计算机解微分方程组,求得各状态变量的值,然后将这一步计算所得到的状态变量值作为微分方程组新的初值,再进行下一步计算,直至导弹进入盲区或导弹与目标的接近速度 $\dot{r} > 0$ 时为止。

通过多次重复计算,并对计算结果进行统计分析,得出导弹制导系统精度分析的结论。

9.6　地空导弹制导系统实例

目标和导弹都是在空间运动的,为了便于导弹的控制,把目标和导弹的空间运动分解成在纵向平面(垂直平面)和侧向平面,两个互相垂直的平面内的运动,因此,地面站的雷达系统、指令传输系统和弹上自动驾驶仪都分成两个互相垂直的通道。另外,导弹可能绕纵轴滚动,会使弹上两个通道的信号错乱,因此在弹上设有横滚稳定系统,防止导弹绕纵轴滚动。下面以典型地空导弹在纵向平面(垂直平面)的运动为例来分析指令制导系统,在初步研究导弹控制系统特性和选择基本参数时,这种做法是完全可以的,也是必须的。在进一步研究时,要研究导弹的空间运动,即研究纵向、侧向通道和横滚稳定三通道控制问题,这时要考虑三通道之间的相互影响问题。

9.6.1　制导系统的组成及工作原理

一般地空导弹是按三点法或半前置点法导引的。半前置点法是在三点法的基础上加以改进的一种导引方法,因此讨论制导系统时以三点法为基础,对半前置点法另外加以说明。

导弹与地面站构成的闭合控制回路为制导回路,整个导弹闭合控制由下列几大部分组成。

雷达测角装置:测量目标高低角 ε_M 和导弹高低角 ε_D 之间的角差 $\Delta\varepsilon = \varepsilon_M - \varepsilon_D$。表征从雷达站至导弹的距离机构 $R(t)$ 根据某种型号导弹打靶飞行试验结果,可以比较准确地确定该型导弹至雷达站的距离 $R(t)$。$R(t)$ 跟随时间 t 的增长而不断增大。

指令形成装置:根据线偏差 $R(t) \cdot \Delta\varepsilon$ 的大小和方向形成控制指令电压 u_k。

地面站指令发送装置:指令发送装置把控制指令电压 u_k 变换成指令 K。指令 K 符号与 u_k 相同。指令 K 值在 $-1 \sim +1$ 之间变化。指令发送装置用无线电把指令 K 发送给导弹。

弹上指令接收装置:接收指令 K,并形成控制电压 u'_k。

弹上自动驾驶仪:按控制电压 u'_k 的大小与方向,产生相应的舵偏 δ。

弹体:按照舵偏角 δ 的大小和方向,导弹产生相应的攻角 α。于是导弹产生法向控制力 Y_n 和相应的法向加速度 a_y(法向控制力 Y_n 和法向加速度 a_y 垂直于弹速 v_D)。

运动学环节:导弹的法向加速度 a_y 使导弹产生法向运动,改变导弹的高低角 ε_D,使 $\varepsilon_D \to \varepsilon_M$,以消除角差 $\Delta\varepsilon$ 或线偏差 h_ε。由 a_y 引起 ε_D 改变的这一过程称为运动学环节。在稳定控制回路中运动学环节是比较抽象和难以理解的。

地空导弹指令制导系统可粗略地用图 9.66 所示的方框图来表示。从图中可看出,指令制导系统的作用就是使导弹的高低角 ε_D 不断地跟随目标的高低角 ε_M。因此,指令制导系统相当于一个闭环控制的随动系统,它的输入为 ε_M,输出为 ε_D。当然这里的输入输出关系比较复杂,不像普通的随动系统那样直观。

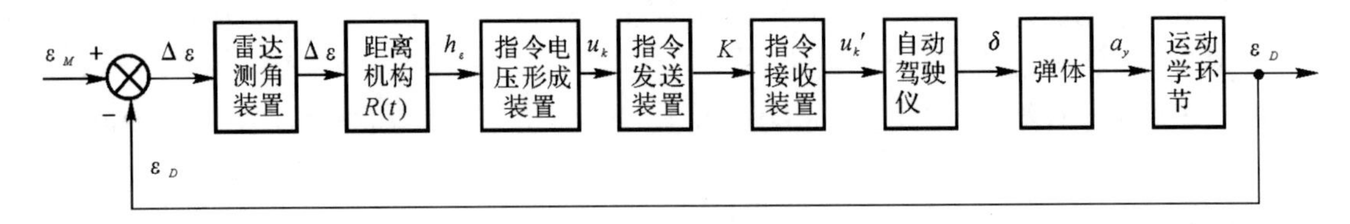

图 9.66　导弹指令制导系统方框图

图 9.67 为导弹 — 目标 — 制导站空间运动关系示意图。采用三点法导引时，线偏差按下式计算：

$$h_\varepsilon = r(\varepsilon_M - \varepsilon_D) \tag{9.106}$$

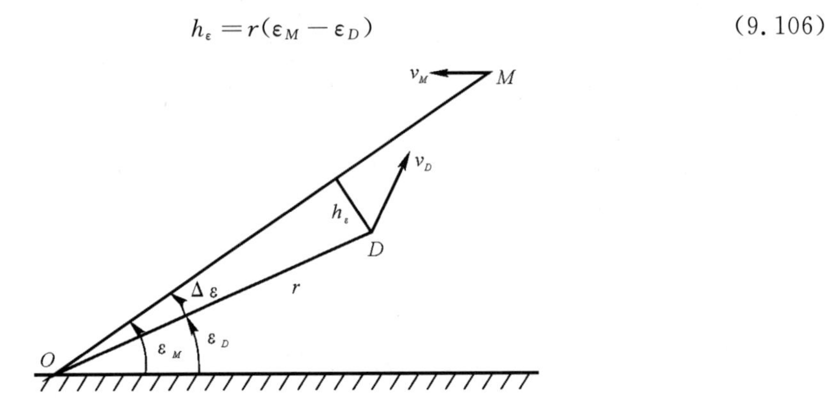

图 9.67　导弹 — 目标 — 制导站空间运动关系示意图

地面站指令形成系统根据线偏差 h_ε 的大小和方向，形成控制指令电压 u_k，无线电指令发射装置把指令电压 u_k 变换成指令 K，并形成控制电压 u'_k。弹上自动驾驶仪按控制电压 u'_k 的大小和方向产生相应的舵偏角 δ，于是导弹绕横轴转动，产生与 δ 成正比的攻角 α。导弹产生与攻角 α 成正比的法向控制力 Y_n。于是导弹向着减小线偏差 h_ε 的方向机动，使得导弹的高低角 ε_D 趋近于目标的高低角 ε_M，以消除角差 $\Delta\varepsilon$。导弹的控制过程就是不断地消除角差 $\Delta\varepsilon$ 的过程，保证导弹按三点法飞行。

9.6.2　制导系统各部分的传递函数

为了对制导系统进行分析，必须知道它的传递函数。下面分别列出各部分的传递函数。随后做出制导控制系统闭合回路（即制导回路）的方框图。

9.6.2.1　雷达测角装置

可以认为雷达测角装置能够无惯性地测出导弹与目标的角差。设雷达测角装置的输入为 $\Delta\varepsilon$，输出为 $\Delta\varepsilon'$。输出与输入的关系为

$$\Delta\varepsilon' = \Delta\varepsilon \tag{9.107}$$

因此雷达测角装置的传递函数为

$$W_k(s) = 1 \tag{9.108}$$

9.6.2.2　指令形成装置

指令形成装置的输入为线偏差 h_ε，输出为指令电压 u_k。为了改善整个制导控制回路的性能，在指令形成装置中有串联微积分校正网络，关于它的作用问题将在后面讨论。另外，在指令形成装置中，还有几个限幅器，这也是为了改善制导控制回路的性能。在这里先不考虑限幅器，把指令形成装置看作线性的。设 K_k 为指令形成装置的放大系数，$\dfrac{T_1 s+1}{T_2 s+1}$ 为串联的微分校正网络（$T_1 \gg T_2$），$\dfrac{T_3 s+1}{T_4 s+1}$ 为串联的积分校正网络（$T_3 < T_4$），则指令形成装置的传递函数可表示成

$$W_k(s)=\frac{u_k(s)}{h_\varepsilon(s)}=\frac{K_k(T_1 s+1)(T_3 s+1)}{(T_2 s+1)(T_4 s+1)} \tag{9.109}$$

式中，$u_k(s)$ 和 $h_\varepsilon(s)$ 分别表示 u_k 和 h_ε 的拉氏变换。

9.6.2.3　地面站指令发送装置

地面站的指令发送装置先把指令电压 u_k 变换成 K，K 与 u_k 成正比。K 的数值介于 $-1\sim+1$，即 K 的绝对值不大于 1。指令 K 与电压 u_k 的关系如图 9.68 所示。从图中可看出只有在 u_k 的绝对值小于 $u_{k\max}$ 时，K 与 u_k 成正比关系。指令发送装置用无线电把指令 K 发送给导弹。指令发送装置的传递函数可表示成

$$W_m(s)=\frac{K}{u_k}=K_m \tag{9.110}$$

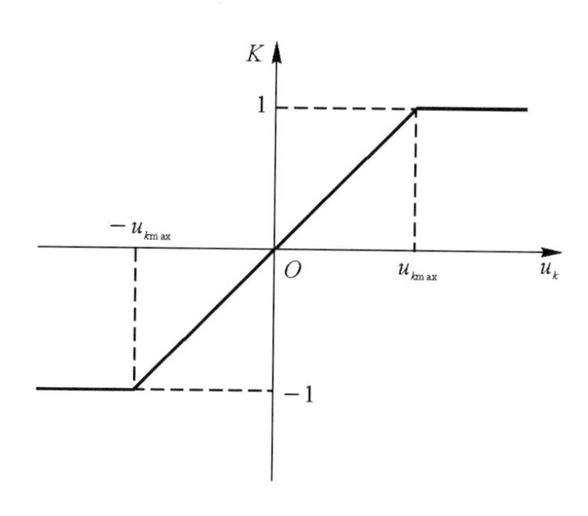

图 9.68　指令 K 与 u_k 的关系图

9.6.2.4　弹上指令接收装置

弹上指令接收装置接收指令 K，然后形成控制电压 u'_k，u'_k 与 K 成正比。指令接收装置的传递函数可用惯性环节来表示，即

$$W_w(s)=\frac{K_w}{T_w s+1} \tag{9.111}$$

9.6.2.5 自动驾驶仪传递函数

关于自动驾驶仪本身的传递函数见图 9.73。

9.6.2.6 弹体传递函数

如输入为舵偏角 δ,输出为弹体纵向摆动角速度 $\dot{\vartheta}$,则传递函数为

$$\frac{\dot{\vartheta}(s)}{\delta(s)}=\frac{K_d(T_{1d}s+1)}{T_d^2s^2+2T_d\xi_d s+1} \tag{9.112}$$

式中,$\dot{\vartheta}$ 和 $\delta(s)$ 分别表示 $\dot{\vartheta}$ 和 δ 的拉氏变换。

如输入为舵偏角 δ,输出为弹道倾角速度 $\dot{\theta}$,则传递函数为

$$\frac{\dot{\theta}(s)}{\delta(s)}=\frac{K_d}{T_d^2s^2+2T_d\xi_d s+1} \tag{9.113}$$

根据上述二式,可得弹体特性的方框图,如图 9.69 所示。

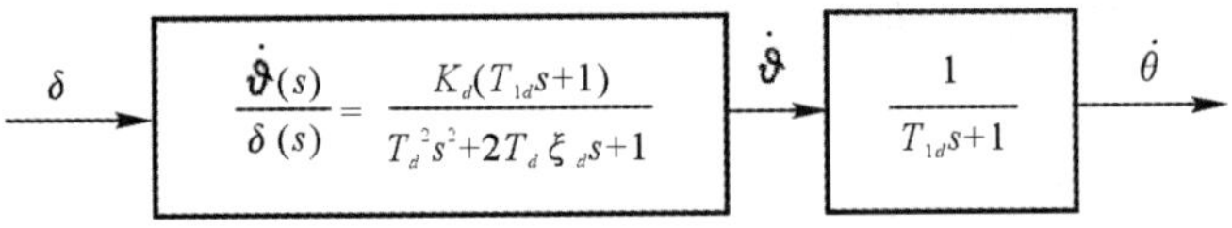

图 9.69 弹体特性方框图

还应该找到导弹法向加速度 a_y 和法向过载 n_y 与 $\dot{\theta}$ 的关系,δ 的单位是(°),$\dot{\vartheta}$ 和 $\dot{\theta}$ 的单位是(°)/s,在计算 a_y 与 $\dot{\theta}$ 的关系时,$\dot{\theta}$ 的单位应该用 rad/s 表示。a_y 与 $\dot{\theta}$ 的关系为

$$a_y=\frac{v_D\dot{\theta}}{57.3} \tag{9.114}$$

法向过载为

$$n_y=\frac{a_y}{g}=\frac{v_D\dot{\theta}}{57.3g}(g=9.81\ \mathrm{m/s^2}) \tag{9.115}$$

因此整个弹体特性可用方框图 9.70 来表示。

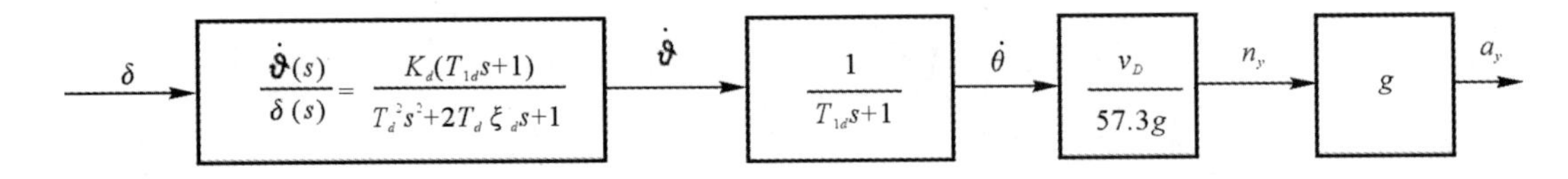

图 9.70 输出为法向加速度的弹体特性方框图

9.6.2.7 运动学环节

导弹与目标运动的几何关系如图 9.71 所示。

运动学环节的输入为 a_y,输出为 S_D,其传递函数为

$$W_{sa}(s)=\frac{S_D(s)}{a_y(s)}=\frac{1}{s^2} \tag{9.116}$$

S_D 除以 $R(t)$ 就可以得到 ε_D。因此可用方框图 9.72 来表示 ε_D 与 a_y 之间的关系。这样,可得到导弹高低角 ε_D 与导弹法向加速度 a_y 之间的关系。

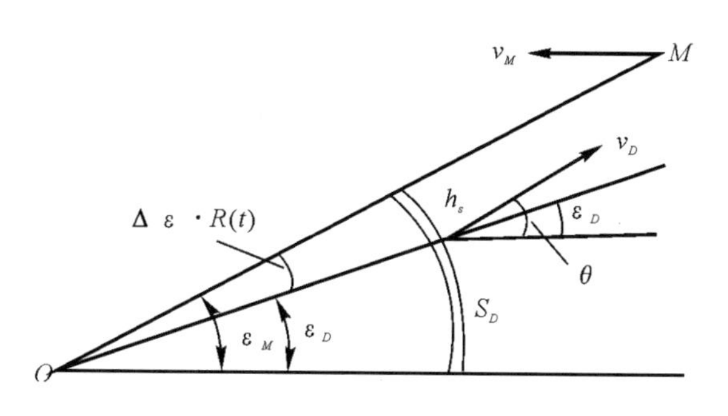

图 9.71　导弹与目标运动的几何关系图

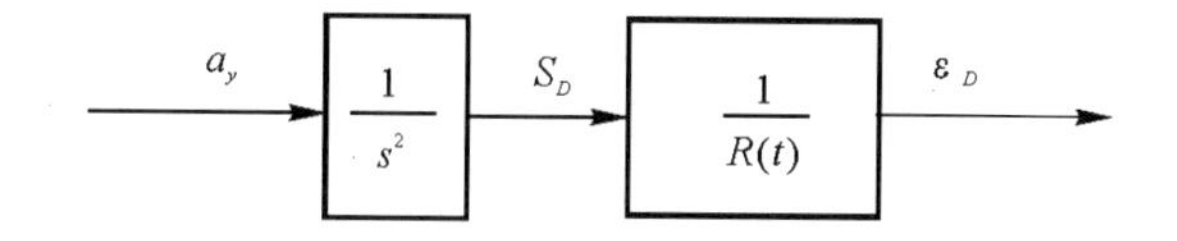

图 9.72　导弹高低角 ε_D 与导弹法向加速度 a_y 关系图

根据方框图 9.66 和本节给出的各部分的传递函数，以及自动驾驶仪的传递函数，可得指令制导系统闭合回路的方框图，如图 9.73 所示。

从图 9.73 可看出系统的输入是目标的高低角 ε_M，输出是导弹的高低角 ε_D。目标是在运动的，一般地-空弹都是迎面攻击目标，因此 ε_M 是不断增大的，所以要求导弹的高低角 ε_D 也不断增大，使 ε_D 跟上 ε_M 的变化，就是说要求导弹在任何时刻都处于目标线上。当导弹偏离目标线之后，雷达测角系统测出角差 $\Delta\varepsilon=\varepsilon_M-\varepsilon_D$。根据 $\Delta\varepsilon$ 的大小和方向形成控制信号，以操纵导弹飞行。

通过结构图变换得到输入为弧长 S_M、输出为弧长 S_D 和线偏差 h_ε 的指令制导系统方框图(见图 9.74)。在导弹与目标遭遇时刻，h_ε 就表示导弹偏离目标的距离，即表示脱靶量。

设置制导控制系统的目的就是使导弹准确命中目标，即要求脱靶量愈小愈好，因此对自动驾驶仪回路和制导回路提出一系列的要求。舵反馈回路的主要作用是使舵系统的参数稳定和提高舵系统的快速性。阻尼回路使弹体有较好的人为阻尼系数，它与弹体所构成的回路可以看作一个"新的弹体"，可比较准确地用一个二阶振荡环节来描述。加速度反馈回路是使过载 n 与控制电压 u'_k 的比值保持稳定，以便实现比例控制。为了讨论加速度回路某些环节的作用，对其进行深入的研究。图 9.75 为加速度回路方框图。

在加速度反馈回路中的积分网络，对加速度回路本身来说并不需要，是为了制导回路的需要。加速度反馈回路中的积分网络反映在制导回路上起着微分网络的作用。由于加速度传感器的时间常数 T_{XJ} 很小，可以忽略不计，因此加速度传感器的传递函数为 T_{XJ}。加速度回路的闭环传递函数为

$$\phi_n(s)=\frac{\dfrac{K_{XF}K_d^* v_d}{57.3g}(T_{J2}s+1)(T_{J3}s+1)}{(T_d^{*2}s^2+2T_d^*\xi_d^*s+1)(T_{J2}s+1)(T_{J3}s+1)+\dfrac{K_{XF}K_d^*v_dK_{XJ}K_{Ju}}{57.3g}(T_{J1}s+1)} \tag{9.117}$$

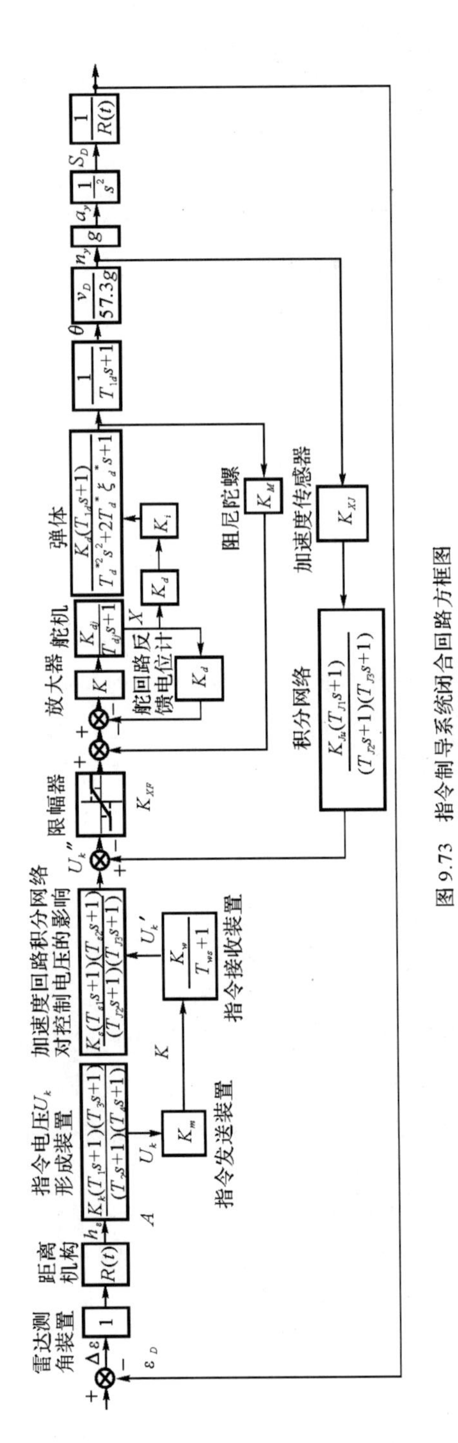

图 9.73　指令制导系统闭合回路方框图

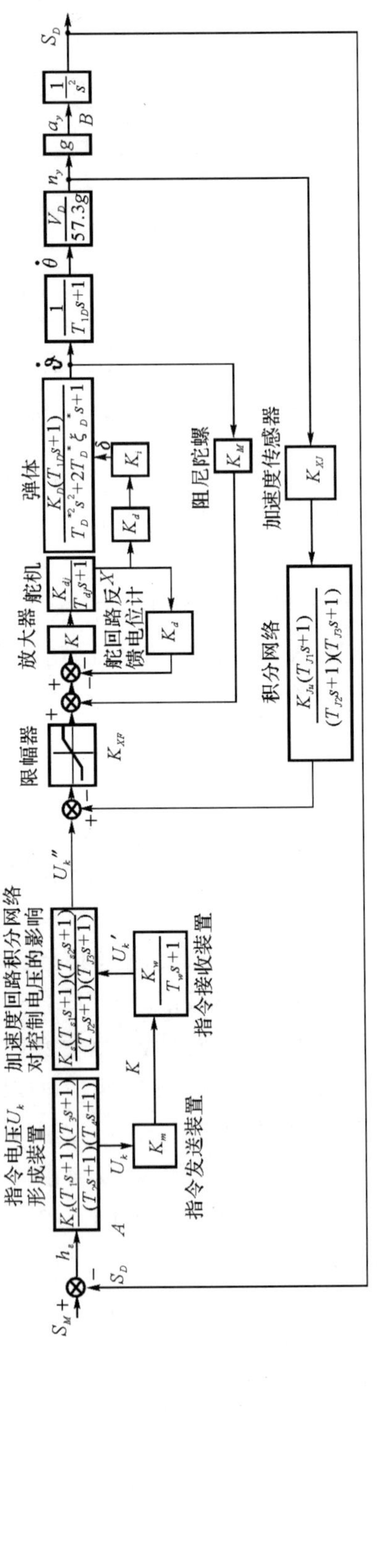

图 9.74　以弧长S_M为输入，S_D为输出的指令制导系统方框图

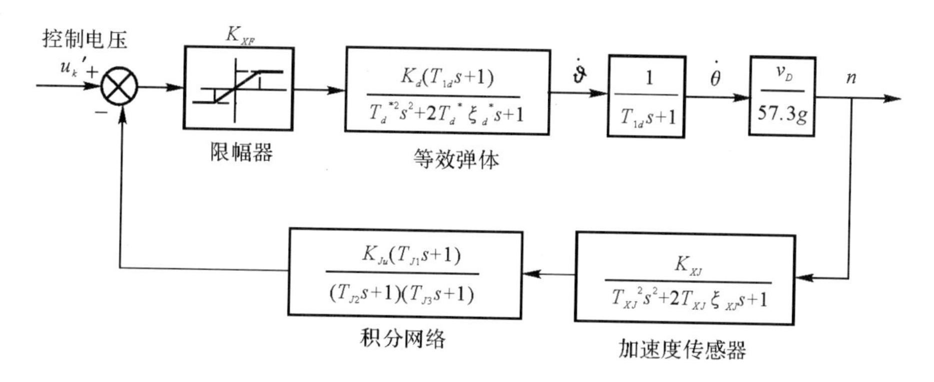

图 9.75　加速度回路方框图

从式(9.117) 可以看出，在加速度回路的闭环传递函数的分子中有$(T_{J2}s+1)(T_{J3}s+1)$，因此加速度反馈回路的积分网络在加速度闭合回路中的积分网络反映在制导回路上为微分网络，使制导回路的相位超前，提高了制导回路的稳定裕度。加速度反馈回路积分网络的选择应与地面站校正网络的选择相配合，不能由弹上回路单独选择。从计算表明，积分网络的时间常数的变化对稳定回路本身的影响不大，因此积分网络的选择应根据制导回路的要求而定。

从式(9.117) 可看出，整个弹上回路的传递函数可用下式来表示：

$$\phi_n(s)=\frac{K_{uk}^n(T_{J2}s+1)(T_{J3}s+1)}{As^4+Bs^3+Cs^2+Ds+1} \tag{9.118}$$

式中

$$\left.\begin{aligned}
K_{uk}^n&=\frac{K_{XF}K_d^*\dfrac{v_D}{57.3g}}{1+K_{XF}K_d^*K_{XJ}K_{Ju}\dfrac{v_D}{57.3g}}\\
A&=\frac{T_d^{*2}T_{J2}T_{J3}}{1+K_{XF}K_d^*K_{XJ}K_{Ju}\dfrac{v_D}{57.3g}}\\
B&=\frac{2T_d^*\xi_d^*T_{J2}T_{J3}+T_d^{*2}(T_{J2}+T_{J3})}{1+K_{XF}K_d^*K_{XJ}K_{Ju}\dfrac{v_D}{57.3g}}\\
C&=\frac{T_{J2}T_{J3}+2T_d^*\xi_d^*(T_{J2}+T_{J3})+T_d^{*2}}{1+K_{XF}K_d^*K_{XJ}K_{Ju}\dfrac{v_D}{57.3g}}\\
D&=\frac{T_{J2}+T_{J3}+2T_d^*\xi_d^*+K_{XF}K_d^*K_{XJ}K_{Ju}\dfrac{v_D}{57.3g}T_{J1}}{1+K_{XF}K_d^*K_{XJ}K_{Ju}\dfrac{v_D}{57.3g}}
\end{aligned}\right\} \tag{9.119}$$

在上面的讨论中，假定限幅放大器为放大环节 K_{XF}。下面讨论限幅放大器的作用问题。

导弹的运动除了受控制电压 u'_k 的控制外，不可避免地还要受到各种干扰的作用。阻尼陀螺回路的作用是使弹体受扰动后所引起的振荡很快地消失，因此必须保证在任何时候阻尼回路都处于正常工作状态。为了做到这一点，必须保证阻尼陀螺的反馈信号在任何时候都能通过舵系统。因此，在较大的控制电压 u'_k 的作用下，要求舵偏角永不达到饱和值，留有适当的舵面角余量，让阻尼陀螺反馈信号能顺利通过，使阻尼回路在任何情况下都能正常工作。为此目的，这些地空弹阻尼回路之前设置限幅放大器 XF，限幅放大器的输入输出特性如图 9.76 所示。

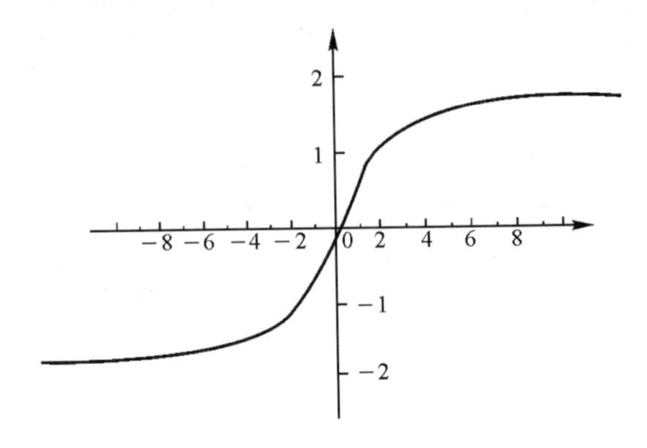

图 9.76　限幅放大器特性

对一些地空弹，最大舵偏角为 $\delta_{\max}$，限幅放大器输出电流达到饱和时，舵偏角为 $\delta < \delta_{\max}$，留有余量。这一余量是专门留给阻尼陀螺反馈信号的，因此在限幅器饱和时，阻尼陀螺的反馈信号仍能通过舵系统，这样就保证在任何时候阻尼回路都能正常工作。

如果用式(9.118)来代替图 9.74 中的自动驾驶仪部分，则可得简化后的制导回路方框图，如图 9.77 所示。

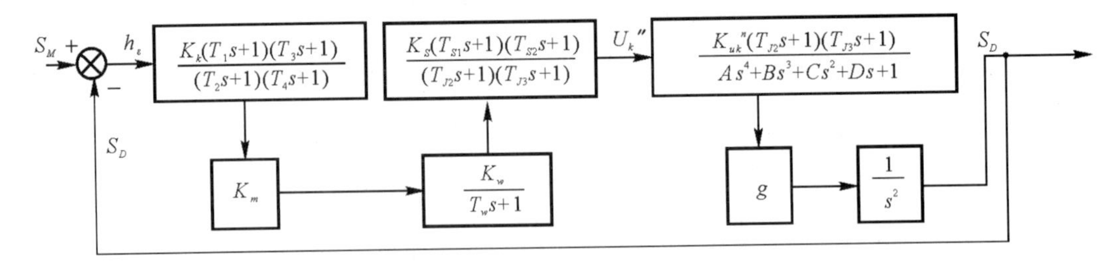

图 9.77　简化后放制导回路方框图

因为 K_{uk}^n 和 A,B,C,D 等系数都是随着导弹的飞行高度和飞行速度而变的，所以制导系统是变系数系统，研究这样复杂的系统一定要用计算机来计算，在进行初步分析和设计的时候，可以应用自动控制原理的方法来确定各种制导控制回路的形式和基本参数。

9.6.3　对制导回路的基本要求

制导系统的作用是把导弹准确地引向目标。对于地空弹来说，在导弹与目标遭遇时刻，要求偏离向不大于 r m。为了达到这一目的，对指令制导系统的稳定性、过渡过程时间、超调量和导引精度都是有一定的要求。这些要求都是根据导弹战斗部的性能、导弹的战斗使用范围和地面引导雷达的参数来确定的。反过来，制导回路的性能指标也影响到导弹的战斗使用范围。根据导弹的战斗使用范围，可确定制导回路的基本指标。

用导弹攻击活动目标时，经常提到杀伤区的问题，也就是战斗使用范围问题。所谓杀伤区，是指在此区域内可以保证导弹以较高的概率杀伤目标。杀伤概率与战斗特性、目标尺寸和结构、导弹与目标的接近条件、导弹的机动能力、控制系统的精度和可靠性等因素有关。

遥控导弹的空间杀伤区图形是很复杂的。为了研究方便，将空间杀伤区分成垂直平面杀伤区和水平平面杀伤区。下面介绍垂直平面杀伤区。从中可以看出制导回路性能指标与杀伤区的关系。

垂直平面杀伤区的图形如图 9.78 所示。图中 O 表示地面雷达站和导弹发射点。从图上可看出垂直平面杀伤区受以下几个参数的限制。

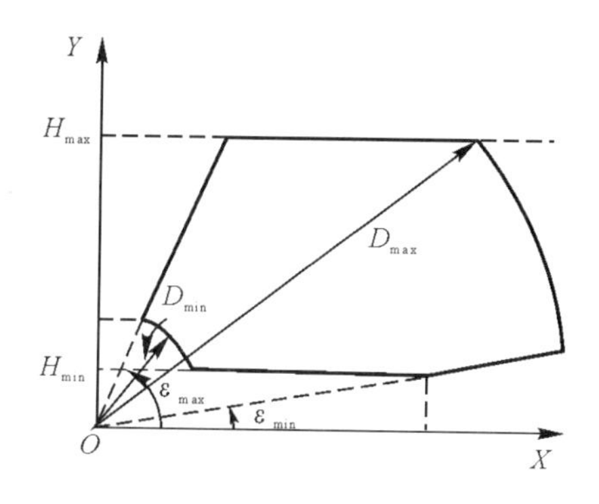

图 9.78　垂直平面杀伤区

9.6.3.1　最大可能倾斜距离(远界距离)D_{max}

D_{max} 取决于导弹发动机的特性与主动段的工作时间、弹道特性和控制系统的导引精度等因素。导引精度对 D_{max} 的影响很大。某型地空弹的 D_{max} 约为 30 km。

9.6.3.2　最小可能倾斜距离(近界距离)D_{min}

在高度 H_1 以下时，近界距离 D_{min} 往往为一常数，它取决于引入段的飞行时间，导弹的飞行过程可分为三个阶段，如图 9.79 所示。

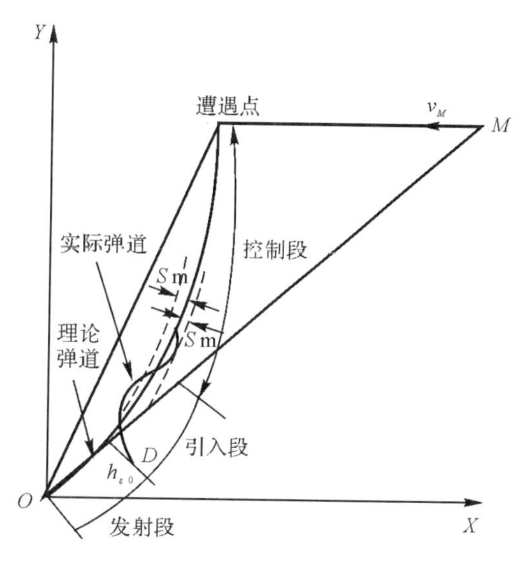

图 9.79　导弹飞行过程图

对某型地空弹来说，从 $0\sim t_0$ 是没有控制的，这一段称为发射段。从 t_0 开始导弹受到控制。导弹开始受控时，往往偏离理论弹道，设初时偏离量为 $h_{\varepsilon 0}$。$h_{\varepsilon 0}$ 可达几百米。从几百米的初始偏离到进入理论弹道有一段过渡过程，这一段称为引入段。衡量导弹进入理论弹道的标准是什么呢？对某些地空弹作如下规定：在理论弹道两侧 S m处，分别作两条与理论弹道平行的曲线，可得两条宽度为 S m的带状区域。当导弹进入此带状区域时，就算进入理论弹道。从进入理论弹道直到与目标遭遇的一段称为控制段。对某些地空弹来说，发射段距离约数千米。由于每发导弹的初始偏离量 $h_{\varepsilon 0}$ 不一样，因此每发导弹的引入距离和引入时间也不一样，一般引入距离为 5 ～ 10 km，引入时间为 10 ～ 15 s。引入时间相当于制导回路的过渡过程时间。当导弹引入杀伤区时，要求引入段必须结束。因此最小倾斜距离 $D_{\min}$ 为发射距离和引入距离之和。对某些地空弹来说，若 $D_{\min}$ 为 10 km 左右，制导回路的过渡过程应在受控后 10 ～ 15 s 内结束。

9.6.3.3 最大高低角 $\varepsilon_{\max}$

最大高低角 $\varepsilon_{\max}$ 取决于天线的最大高低角。某些地空弹导引雷达天线的最大高低角约为 75°，因而 $\varepsilon_{\max}=75°$。

9.6.3.4 最大可能高度 $H_{\max}$

有时发射一发导弹不能达到杀伤目标的要求，往往要求连射几发。某些地空弹可连射三发，设两发弹的发射间隔时间为 τ，第一发与目标在位置 1 遭遇，第二发在位置 2 和第三发在位置 3 与目标遭遇。设目标速度为 v_M，则可计算出位置 1 和位置 3 之间的距离 l 为

$$l=2\tau v_M$$

根据 $D_{\max}$，$\varepsilon_{\max}$ 和 l，从图上就可确定最大可能高度 $H_{\max}$。另外，最大高度 $H_{\max}$ 愈大时，空气密度愈小，导弹的机动性能愈差，因此 $H_{\max}$ 也受到导弹机动性能的限制。

9.6.3.5 最小可能高度 $H_{\min}$

杀伤区的最低高度 $H_{\min}$ 与天线的最小高低角 $\varepsilon_{\min}$ 等因素有关。某些地空弹的最低高度 $H_{\min}$ 约数千米。

从分析垂直平面杀伤区可看出，制导回路过渡过程的长短决定于 $D_{\min}$。反过来，制导回路的过渡过程长短也影响到 $D_{\min}$ 的确定。对于导引精度来说，导弹飞行距离愈远导引精度愈差，要求控制系统在最大倾斜距离 $D_{\max}$ 时，仍有一定的导引精度。如果距离太远，控制系统往往达不到这一要求。因此最大倾斜距离 $D_{\max}$ 受到导引精度的影响。因此在确定杀伤区和制导回路的品质指标时，要互相配合协调。

9.6.4 制导回路串联微积分校正网络的作用

设计一个控制系统，首先要考虑系统的稳定性问题，如果系统不稳定，就根本谈不上控制的问题。对指令制导系统，如果没有地面站的串联校正网络，制导回路是不稳定的。在这一节主要讨论制导回路的串联校正问题。

对于某些地空弹来说，若 $D_{\min}$ 约为 10 km，从导弹受控开始，过渡过程时间应在 15 s 内结

束。从缩短最小倾斜距离 $D_{\min}$ 来说，过渡过程时间越短越好。但从另一方面来看，过渡过程时间太短也不好。我们在研究过渡过程时间与系统频带关系时，会发现系统的过程时间长时，系统的频带就窄，对抑制随机干扰有好处。如果系统的过渡过程时间短，系统的频带就宽，随机干扰容易通过，增大了系统的随机误差，在遭遇距离比较大时，导引精度很差，所以过渡过程时间太短也不好。因此，某些地空导弹过渡过程时间为 10 ～ 15 s(严格地说应该是引入段时间)。

9.6.4.1　微分校正网络的作用

为了便于说明串联微分校正的作用，对系统作一些简化。假定弹上加速度回路没有积分网络，即

$$T_{J1}=0,T_{J2}=0,T_{J3}=0$$

同时

$$T_{S1}=0,T_{S2}=0$$

弹上回路可用一个二阶振荡环节来表示，在式(9.118) 和式(9.119) 中 $A=0,B=0$，

$$C=\frac{T_d^{*2}}{1+K_{XF}K_d^{*}K_{XJ}K_{Ju}\dfrac{v_D}{57.3}}$$

$$D=\frac{2T_d^{*}\xi_d^{*}+K_{XF}K_d^{*}K_{XJ}K_{Ju}\dfrac{v_D}{57.3g}}{1+K_{XF}K_d^{*}K_{XJ}K_{Ju}\dfrac{v_D}{57.3g}}$$

令 $T_d'^2=C,2T'_d\xi'_d=D$，则式(9.118) 变成

$$\phi_n(s)=\frac{K_{uk}^n}{T_d'^2s^2+2T'_d\xi'_ds+1}$$

如忽略弹上指令接收装置的惯性，即令 $\dfrac{K_W}{T_Ws+1}$ 中的 $T_W=0$。

首先讨论地面站没有串联微分校正网络时的情况，即 $T_1=T_2=T_3=T_4=0$。

根据以上的简化结果，方框图 9.77 变成图 9.80。

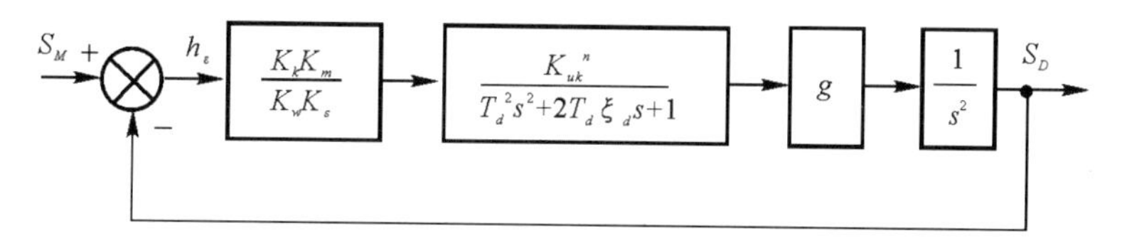

图 9.80　没有串联校正的制导回路方框图

从方框图 9.80 可看出，在没有校正网络时，系统的开环传递函数由一个二次振荡环节和二个积分环节串联而成。如果做出开环传递函数的对数频率特性，相角都在 −180°线以下，不论如何改变开环放大系数，系统都是不稳定的，这种系统称为结构不稳定系统。

如果在指令形成装置中，除了产生与线偏差 h_ε 成正比例的信号外，还产生与线偏差变化速度 $\dot{h}_\varepsilon$ 成比例的信号，即在系统中引进串联微分校正网络$(1+Ts)$，则方框图 9.80 变成方框图 9.81，如果 T 比 T'_d 大得多，则系统在结构上就是稳定的了。

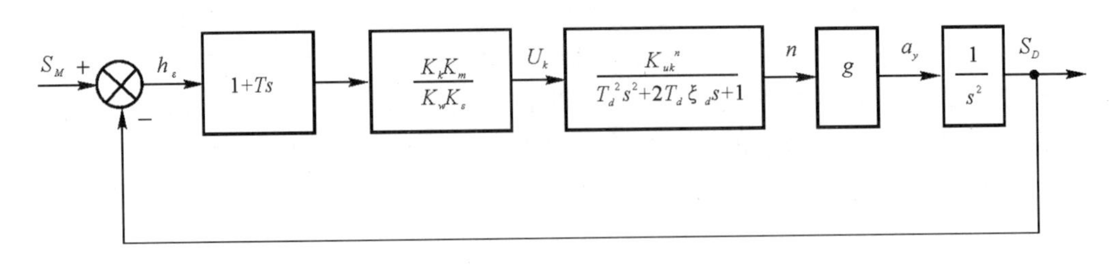

图 9.81　有微分串联校正的制导回路方框图

串联了微分校正网络之后，使一个结构上不稳定的系统变为结构上稳定的系统，或使一个稳定性较差的系统变为稳定性和品质指标较好的系统。

某些地空弹串联微分网络的传递函数形式为$\frac{T_1 s+1}{T_2 s+1}(T_1 \gg T_2)$。为了进一步加强制导回路的微分作用，在其加速度反馈回路串入一个积分网络。加速度回路中的积分网络反映在制导回路上为微分网络，加强了制导回路的微分作用。串联微分网络起主要作用，加速度反馈回路积分网络对制导回路所起的微分作用是辅助性的。

9.6.4.2　串联积分校正网络的作用

应用串联微分校正网络之后，是否一切问题都解决了呢？并不完全解决，有时还需要串联积分校正网络。因为加了串联微分校正网络之后，截止频率 ω_c 或系统频带都会增大或加宽。ω_c 过分增大或频带过分加宽也是不利的。因为在控制电压 u'_k 中加杂有雷达测量误差，这是随机干扰。如系统频带加宽，随机干扰的作用也加剧，因而影响到系统的导引精度。所以系统频带的宽度应有限制，必须适当地选择 ω_c。

另外，系统稳态误差与系统开环放大系数成反比，为了减小系统的稳态误差，要求增大系统的开环放大系数 $K_0=K_k K_m K_w K_s K_{uk}^n g$（对某些地空弹 K_0 约为 0.5）。如果只用串联微分校正，当开环放大系数 K_0 增大时，对数幅频特性曲线向上移，使截止频率 ω_c 增大，即系统的频带加宽，这样一来，随机干扰的影响增大，降低导引精度。为了不使频带加宽，又要保证一定的开环放大系数 K_0，必须再串联一个积分网络$\frac{T_3 s+1}{T_4 s+1}(T_4 > T_3)$，加了串联积分校正网络之后，要降低系统的稳定裕度，但是经过适当选择，可在尽量少影响稳定性的前提下，大大提高系统的开环放大系数 K_0。根据上面分析，在某些地空导弹制导回路中采用串联微积分校正网络。串联微分校正网络的作用在于提高系统的稳定性和加快系统的反应速度。串联积分校正网络的作用，在尽量不影响系统稳定性的前提下，提高系统的开环放大系数，以减小稳态误差。串联微积分校正网络是根据给定的过渡过程时间和开环放大系数值来选择的，这是一件比较复杂的工作。为了使制导回路的过渡过程比较好，对制导回路的相稳定裕度和幅稳定裕度都有一定的要求。在低空段弹体时间常数比较小，稳定裕度大一些；在高空段由于弹体时间常数比较大，所以稳定裕度小一些。为了使制导回路过渡过程比较好，一般在低空段相稳定裕度大约为 40°，幅稳定裕度大于 10 dB；在高空段相稳定裕度大约只有 30° 左右，幅稳定裕度大于 6 dB。如果相稳定裕度和幅稳定裕度都在上述范围内，则制导回路的品质指标能满足要求。

9.6.5 半前置点法的工程实现

因为三点法引导的理论弹道曲率大，为保证理论弹道比较平直一些，在工程上通常优先采用半前置点法导引。然而，在整个导引过程中要实现半前置点法也是有困难的。因为雷达天线的扫描范围是有限制的，有的地空导弹的导引雷达天线扫描范围在目标线左右各 5°，所以最大的前置角应限制在 ±5° 的范围内。如果超过这个范围，导弹就可能在雷达天线扫描范围之外，这样导弹就会失去控制。因此，对前置角必须进行一定的限制，一般来说 $\dot{\varepsilon}_M$ 的变化范围比较小一些，ΔR 和 $\Delta\dot{R}$ 的变化范围比较大一些。为了保证 $\eta^* < 5°$，必须对 ΔR 的最大值和 $\Delta\dot{R}$ 的最小值进行限制。

对某型地空弹，$2\Delta\dot{R}$ 的最小值限制规律为

$$\underline{2\Delta\dot{R}} = \begin{cases} -v\ \mathrm{m/s}, & \text{当 } |2\Delta\dot{R}| \leqslant v\ \mathrm{m/s} \\ 2\Delta\dot{R}, & \text{当 } |2\Delta\dot{R}| > v\ \mathrm{m/s} \end{cases} \tag{9.120}$$

$\underline{2\Delta\dot{R}}$ 与 $2\Delta\dot{R}$ 的关系曲线如图 9.82 所示。

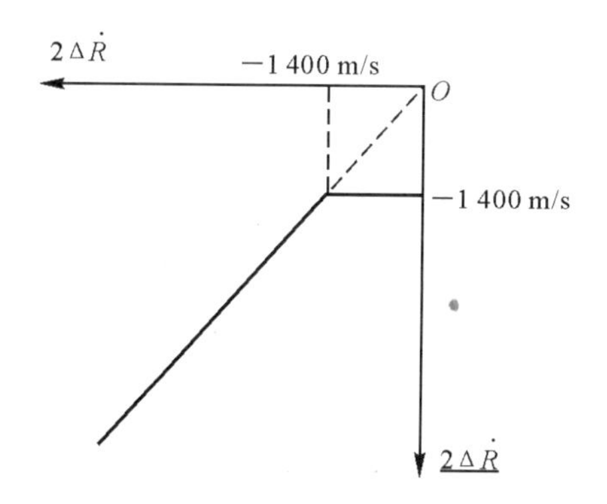

图 9.82 $\underline{2\Delta\dot{R}}$ 与 $2\Delta\dot{R}$ 的关系图

在选择 ΔR 最大值的限制规律时，应考虑两个因素：① 在遭遇点附近要保证实现半前置点法引导；② 在导弹刚进入雷达波束时，应避免导弹飞出波束范围，所以导弹飞行初始段，要求接近于三点法导引。考虑了这两个限制因素之后，ΔR 的最大值限制规律确定如下：

$$\overline{\Delta R} = \Delta R\left(1 - \frac{\Delta R}{R_0}\right) \tag{9.121}$$

式中，R_0 为最大距离。

$\overline{\Delta R}$ 与 ΔR 的关系曲线如图 9.83 所示。

考虑了限制后的半前置角为

$$\eta^* = \frac{\overline{\Delta R}}{\underline{2\Delta\dot{R}}}\dot{\varepsilon}_M \tag{9.122}$$

因此，某地空导弹的导引方法是介于三点法和半前置点法之间。在前半段接近于三点法，在后半段接近于半前置点法。图 9.84 表示前置点法、半前置点法、实际半前置点法和三点法的弹道示意图。从图中可看出实际半前置点法弹道的曲率比三点法的要小。

按半前置点法导引时，要给出半前置角信号 η^*。在实际系统中，半前置角不是用角度的形式给出，而是把 η^* 表示成导弹至目标线 OM 的线偏差 $h_{\varepsilon q}$。$h_{\varepsilon q}$ 可用下式表示：

$$h_{\varepsilon q}=\eta^{*}\cdot R(t)=\frac{\overline{\Delta R}}{2\Delta R}\varepsilon_{M}R(t) \tag{9.123}$$

式中,$R(t)$ 为导弹斜距;$h_{\varepsilon q}$ 称为前置信号。

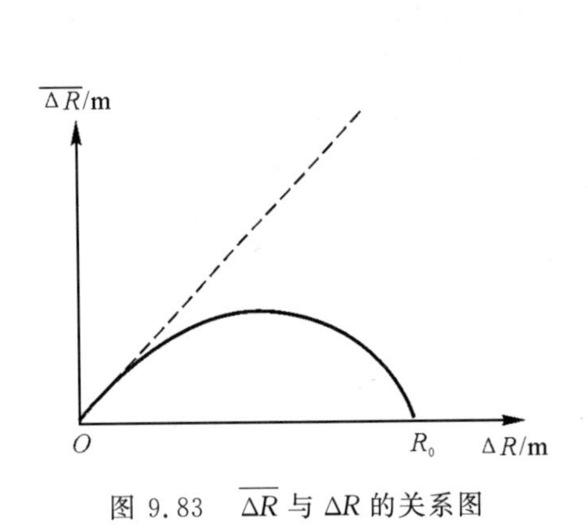

图 9.83　$\overline{\Delta R}$ 与 ΔR 的关系图

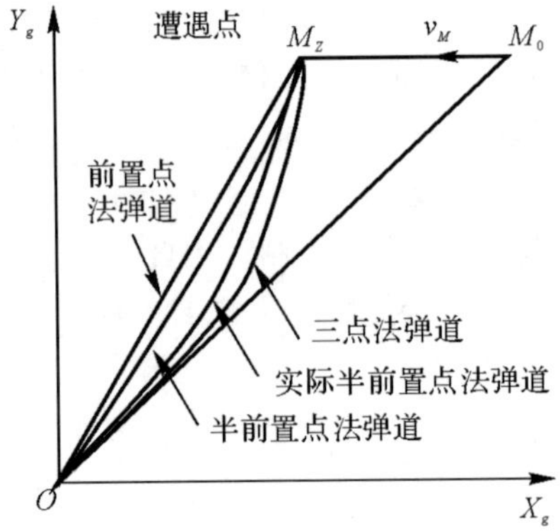

图 9.84　几种导引方法的比较图

按半前置点法导引时,制导回路的方框图如图 9.85 所示。

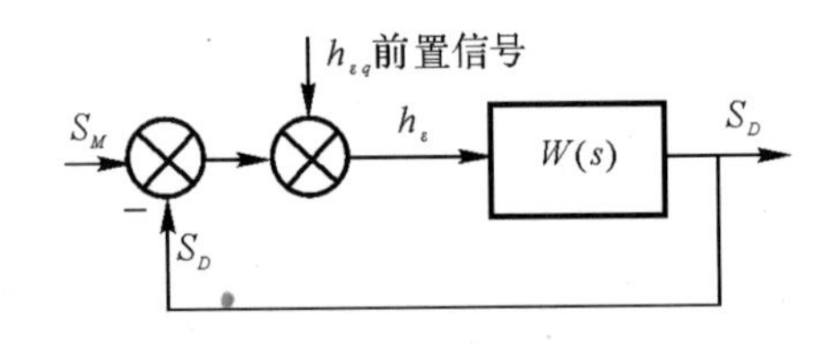

图 9.85　半前置法导引方框图

根据图 9.85 可得

$$h_\varepsilon=S_M+h_{\varepsilon q}-S_D$$

当 $h_\varepsilon=0$ 时,$S_D=S_M+h_{\varepsilon q}$,导弹沿着实际的半前置弹道飞行。

按半前置点法导引时,动态误差补偿应按半前置点法弹道弯曲情况来计算。对某型地空弹,半前置点法的动态误差补偿 $h_{\varepsilon D}$ 可用下式表示:

$$h_{\varepsilon D}=K'(t)\varepsilon_M$$

式中

$$K'(t)=k_2X(t)$$

$$X(t)=b+ct$$

半前置点法弹道比三点法弹道平直,因此半前置点法的动态误差也小一些。

考虑了动态误差补偿和质量误差补偿,半前置点法导引的制导回路方框图如图 9.86 所示。

必须指出,当导弹沿着半前置点法弹道飞行时 $S_D=S_M+h_{\varepsilon q}$,而按三点法弹道飞行时 $S_D=S_M$。

到此为止,讨论了制导回路的分析、动态误差补偿、重量误差补偿和半前置点法导引等问题。在上面的讨论中,假定系统各元件都是线性的,没有考虑到系统中的许多非线性因素。下面简单讨论制导回路非线性元件的作用。

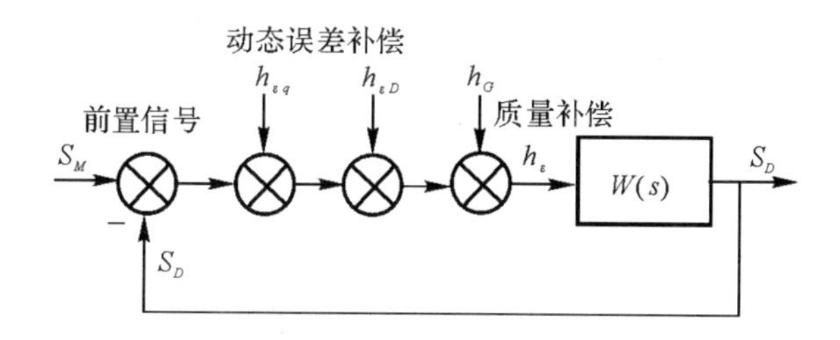

图 9.86 考虑了补偿信号和半前置信号制导回路方框图

9.6.6 制导回路非线性元件的作用

在地面站指令形成系统中引入了线偏差限幅器。在这里主要讨论在微分网络中对线偏差 h_ε 的限制问题。实际的微分网络方框图如图 9.73 所示，图中 $T_1=2\ \mathrm{s}$，$T_3=0.22\ \mathrm{s}$。

h_ε 的限制规律如下：

$$h_\varepsilon=\begin{cases} h_\varepsilon & \text{当 } h_\varepsilon \leqslant 175\ \mathrm{m}\ \text{时} \\ 175+\dfrac{1}{6}(h_\varepsilon-175) & \text{当 } h_\varepsilon > 175\ \mathrm{m}\ \text{时} \\ -175+\dfrac{1}{6}(h_\varepsilon+175) & \text{当 } h_\varepsilon < -175\ \mathrm{m}\ \text{时} \end{cases}$$

如果对 h_ε 超过 h_0 部分全部限制，则形成的控制指令电压 u_k 较小，导弹进入理论弹道的时间也比较长。如对 h_ε 超过 h_0 部分采取部分限制，则弹道的摆幅不大，进入理论弹道的时间也比较短。根据仿真计算结果，对某些地空导弹采用 1/6 限制比较合适。各种限制对弹道的影响如图 9.87 所示。

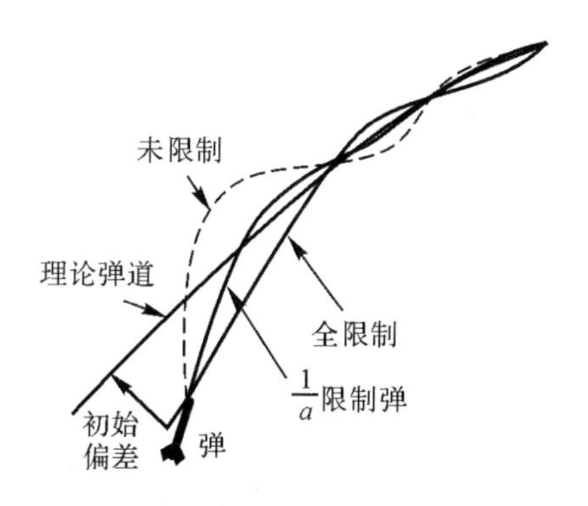

图 9.87 各种限制对弹道的影响

9.7 空地导弹制导系统实例

现代战争中，空地导弹为实现对地下硬目标和特殊防护、特殊形状目标的有效打击，常常对导弹的落角进行约束。另外，由于地面背景较空中复杂，因此，“人在回路”技术作为一种有效的目标识别辅助手段常常在空地导弹中得以应用，本节就主要针对这两方面进行介绍。

9.7.1 带落角约束的导引律

常见的能增大空地导弹落角的导引律有过重补比例导引律和 Zarchan“弹道成型”导引律。

1. 过重补比例导引律

在制导指令上叠加一个重力加速度补偿指令，当这个补偿指令超过重力影响时，称之为过重力补偿。在比例导引回路中加入过重力补偿信号，就会使弹道在初始段向上抬起，再由于比例导引律的作用是使弹道向回拉，造成弹道末段弹道倾角增大，从而提高了导弹的落角。

采用过重补比例导引，导弹指令过载为

$$n_c(t) = 4V_c\dot{q} + (c+1)g\cos\theta_m$$

在不同过重补系数下某型号导弹飞行轨迹如图 9.88 所示。

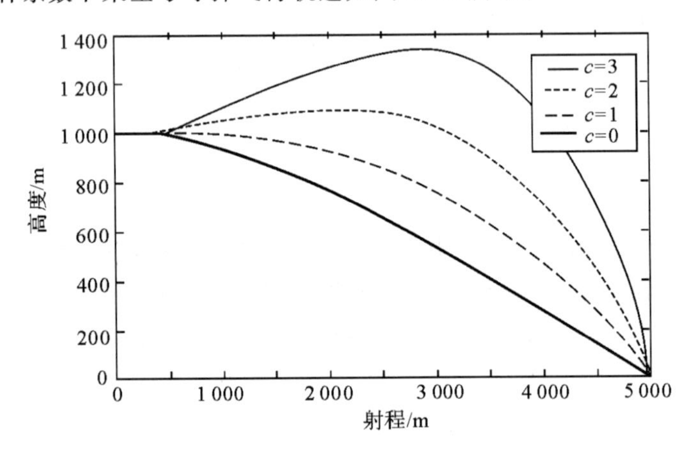

图 9.88 不同过重补系数下飞行轨迹

2. Zarchan“弹道成型”制导律

国外学者 Zarchan 提出一种“弹道成型”制导律。它是在比例导引律的基础上衍生出来的，其实质为变重力补偿系数的过重力补偿比例导引。Zarchan 提出的“弹道成型”制导律的形式为

$$n_c(t) = 4V_c\dot{q} + \frac{2V_c[q-\lambda_F]}{t_{go}}$$

可以看出它的第一部分为比例导引项，第二部分为带落角约束的角度项。Zarchan“弹道成型”制导方式的特点是：

(1) 导弹的落角 λ_F 可以任意设定；

(2) 制导需要 t_{go}(time to go) 信息；

(3) 对于低空投放的导弹，或者末制导阶段巡航高度不大的空地导弹，如果要达到较高的落角需要，命中目标瞬间导弹指令过载比较大，相应导弹攻角也较大。但对于高空投放的空地导弹，整条弹道过载要求都不高，末端过载也不大。

9.7.2　制导系统简化模型

在制导律研究阶段，通常基于制导系统简化模型开展制导律仿真分析工作，下面给出制导系统简化模型框图（见图 9.89）和各部分数学模型。

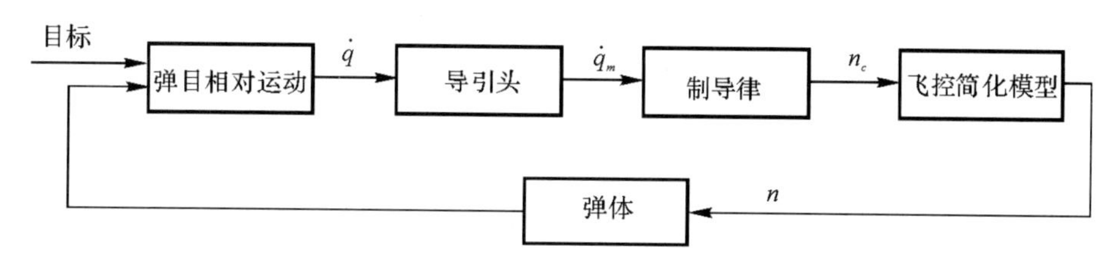

图 9.89　制导系统简化模型框图

1. 导引头模型

在制导律研究阶段，导引头可采用简化模型，公式如下：

$$\frac{\dot{q}_m}{q}=\frac{s}{\tau s+1}$$

2. 制导律模型

根据具体采用的制导律形式而不同，例如上面给出的带落角约束的制导律。这里假定制导律为过载形式，即输出过载指令 n_c。

3. 飞控简化模型

在制导律设计阶段，飞控系统还未开始设计，因此通常采用过载指令限幅＋一阶环节的形式来等效，如图 9.90 所示。

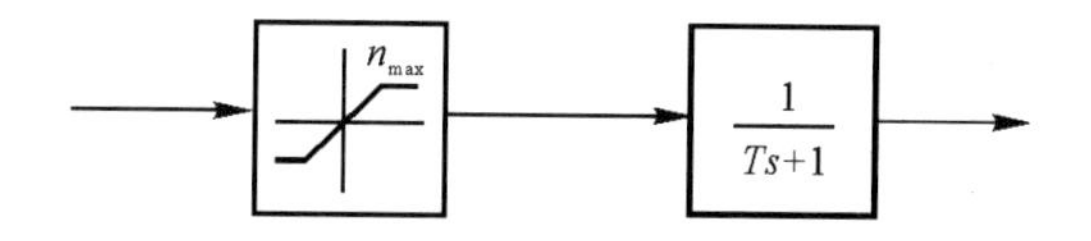

图 9.90　飞控系统简化模型

4. 弹体模型

$$V\dot{\theta}/57.3=gn-g\cos(\theta/57.3)$$

$$\dot{x}_m=V\cos(\theta/57.3)\cos(\psi_v/57.3)$$

$$\dot{y}_m=V\sin(\theta/57.3)$$

5. 相对运动学模型

$$R_x=x_T-x_m$$

$$R_y=y_T-y_m$$

$$R=\sqrt{(x_T-x_m)^2+(y_T-y_m)^2}$$

$$q_\epsilon=57.3\arctan\left(\frac{R_y}{R_x}\right)$$

9.7.3 “人在回路”制导

空地导弹在复杂战场环境、恶劣气候条件下，对精心伪装的目标往往无能为力，因此自动目标识别(ATR)技术有时难以满足空地导弹精确打击的要求。人在回路制导是导弹制导的一种方式，通过人工参与来观察、识别、锁定目标，然后转入弹上自动跟踪，或直接操纵导弹攻击目标。通常，弹上成像传感器获取战场场景图像，通过数据链传给操作手，操作手识别目标后再通过数据链把目标识别、跟踪和控制指令传回导弹；在导弹自动跟踪目标过程中，一旦目标丢失，还可以通过人工参与来重新搜索、截获、识别目标，直至命中目标。人在回路制导与控制技术已成为解决精确制导武器探测、识别目标和提高命中精度的重要手段，普遍应用于防区外空地导弹，如美国 Slam 空地导弹和新一代“战斧 BlockⅣ”巡航导弹等。

下面给出操控员的数学模型。

操控员通过接收目视信息并将信息传递机构来操纵导弹。在制导环节中操控员是一个非线性环节，其数学模型结构图如图 9.91 所示。

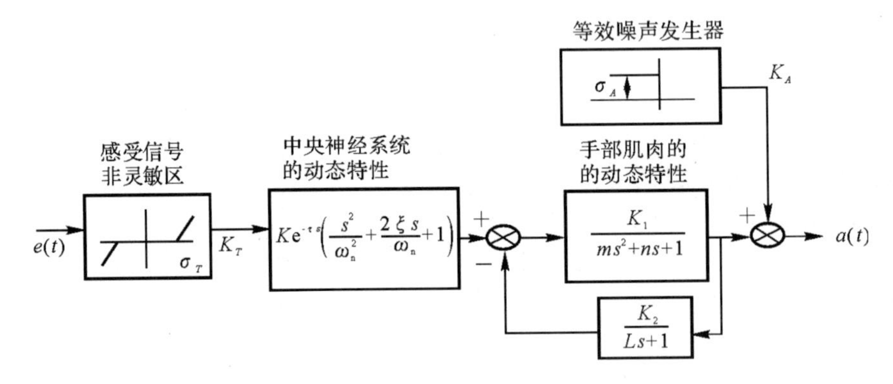

图 9.91　操控员数学模型结构图

其传递函数为

$$G(s)=K_TK\mathrm{e}^{-\tau s}\left(\frac{s^2}{\omega_n^2}+\frac{2\xi s}{\omega_n}+1\right)G_k(s)+K_A$$

式中，$K_T=1-\mathrm{erf}\left(\frac{a_T}{\sigma_T}\right)+\sqrt{\frac{2}{\pi}}\left(\frac{a_T}{\sigma_T}\right)\mathrm{e}^{-1/2}\left(\frac{a_T}{\sigma_T}\right)$；erf(•) 为误差函数；$K$ 为增益；τ 为时间常数；ω_n，ξ 为频率和阻尼比；$G_k(s)=\frac{a_0s+1}{a_1s^3+a_2s^2+a_3s+1}$ 为手的传递函数；$K_A=\sqrt{\frac{2}{\pi}}\left(\frac{a_A}{\sigma_A}\right)$；$a_A$，$a_T$ 分别为数学期望；σ_A，σ_T 分别为正态分布的均方差。

当采用人在回路中制导时，制导回路模型中导引头将被操控员取代，具体如图 9.92 所示。

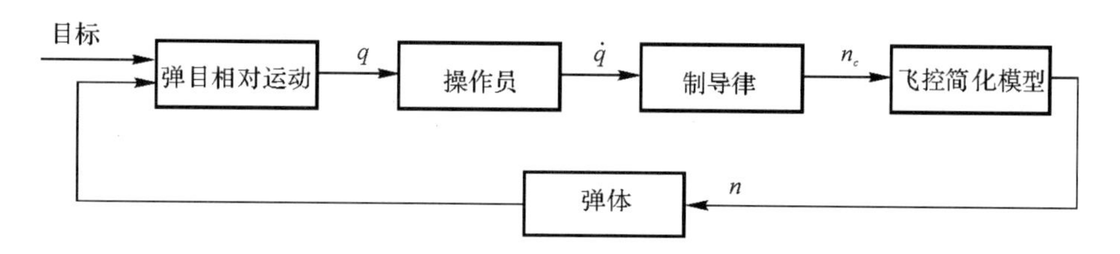

图 9.92　人在回路制导框图

本章要点

1. 自主制导及遥控制导的概念及分类。
2. 制导误差信号的形成方法。
3. 遥控制导及自动寻的制导的运动学环节、方程和传递函数。
4. 导引头功用及组成原理。
5. 导引头三种典型位标器方案。
6. 战术导弹中制导段性能特点。
7. 制导模式。
8. 交接段截获条件。
9. 地形跟随方法。

习　　题

1. 什么是自主制导？主要包括哪几类？
2. 什么是遥控制导？主要包括哪几类？遥控制导中对观测跟踪装置的一般要求是什么？
3. 画出自动寻的制导系统的基本组成框图并叙述其工作原理。
4. 自动寻的方法有哪几类？
5. 中制导有哪几种模式？
6. 给出五种典型的复合制导模式。
7. 给出并简要说明三种地形跟随方法。
8. 精确制导弹道导弹具有哪些特点？
9. 简述导引头的主要功用。
10. 导引头主要分成哪几类？对导引头的基本要求有哪些？
11. 导引头稳定位标器的作用是什么？
12. 导引头稳定位标器的方案主要有哪些？各方案的主要优、缺点是什么？
13. 分别画出动力陀螺型和速率陀螺稳定平台式导引头跟踪回路简化方框图，并推导其传递函数。

参 考 文 献

[1] 杨军.导弹控制系统设计原理[M].西安:西北工业大学出版社,1997.
[2] 娄寿春.导弹制导技术[M].北京:宇航出版社,1989.
[3] 刘隆和.多模复合寻的制导技术[M].北京:国防工业出版社,1998.
[4] 林玉琛.复合制导技术[J].中国国防科技信息中心,1999.
[5] 张望根.寻的防空导弹总体设计.北京:宇航出版社,1991.
[6] 张有济.战术导弹飞行力学设计(上,下).北京:宇航出版社,1996.
[7] 王永寿,译.导弹仿真中的弹体模型[J].飞航导弹,1986(1):35-43.
[8] 彭冠一.防空导弹武器制导控制系统设计[M].北京:宇航出版社,1996.
[9] 赵善友.防空导弹武器寻的制导控制系统设计[M].北京:宇航出版社,1992.
[10] 杨军.现代导弹制导控制系统设计[M].北京:航空工业出版社,2005.
[11] 刘海霞.法意联合研制系列化防空导弹[J].中国航天,2001(3):32-34.

第10章 数字化导弹制导控制系统软件快速开发技术*

10.1 线性系统模型及 Matlab 表示

10.1.1 线性连续系统模型及 Matlab 表示

连续线性系统一般可以用传递函数表示，也可以用状态方程表示，它们适用的场合不同，前者是经典控制的常用模型，后者是“现代控制理论”的基础。除了这两种描述方法外，还常用零极点形式来表示连续线性系统模型，下面将介绍这些数学模型在 Matlab 环境下的表示方法。

10.1.1.1 线性系统的传递函数模型

传递函数一般表示形式如下：

$$G(s)=\frac{b_1 s^m + b_2 s^{m-1} + \cdots + b_m s + b_{m+1}}{a_1 s^n + a_2 s^{n-1} + \cdots + a_n s + a_{n+1}}$$

对物理可实现系统，一定要满足 $m \leqslant n$，这种情况下又称为正则系统。

依照 Matlab 惯例，将多项式的系数按照 s 的降幂次序表示就可以得到一个数值向量，用这个向量就可以表示多项式。在分别表示完分子和分母多项式后，再利用控制系统工具箱的 tf( )函数就可以用一个变量表示传递函数变量 G。

num=[b_1,b_2,…,b_m,b_{m+1}]； den=[a_1,a_2,…,a_n,a_{n+1}]； G=tf(num,den)；

10.1.1.2 线性系统的状态方程模型

动态系统的状态方程可以一般表示为

$$\begin{cases}\dot{\boldsymbol{x}}(t)=\boldsymbol{Ax}(t)+\boldsymbol{Bu}(t)\\ \boldsymbol{y}(t)=\boldsymbol{Cx}(t)+\boldsymbol{Du}(t)\end{cases}$$

在 Matlab 下表示系统的状态方程模型是相当直观的，只需要将各个系数矩阵按照常规矩阵的方式输入到工作空间中即可，这样，系统的状态方程模型可以用下面的语句直接建立起来：

G=ss(A,B,C,D)

10.1.1.3 线性系统的零极点模型

零极点模型实际上是传递函数模型的另一种表现形式，对原系统传递函数的分子和分母

分别进行分解因式处理，则可以得出系统的零极点模型为

$$G(s)=K\frac{(s-z_1)(s-z_2)\cdots(s-z_m)}{(s-p_1)(s-p_2)\cdots(s-p_m)}$$

在 Matlab 下表示零极点模型的方法很简单，先用向量的形式输入系统的零点和极点，然后调用 zpk( ) 函数就可以输入这个零极点模型了。

z=[z_1;z_2;…;z_m]; p=[p_1;p_2;…p_n]; G=zpk(z,p,K);

10.1.2 线性离散系统模型及 Matlab 表示

10.1.2.1 离散传递函数模型

类似于拉普拉斯变换在微分方程中的作用，引入 z 变换，就可以由差分方程模型推导出系统的离散传递函数模型

$$H(z)=\frac{b_0z^n+b_1z^{n-1}+\cdots+b_{n-1}z+b_n}{a_1z^n+a_2z^{n-1}+\cdots+a_nz+a_{n+1}}$$

在 Matlab 语言中，输入离散系统的传递函数和连续系统传递函数模型一样简单，只需分别按要求输入系统的分子和分母多项式，就可以利用 tf( )函数将其输入到 Matlab 环境。和连续函数不同的是，同时需要输入系统的采样周期 T，具体语句如下：

num=[b_0,b_1,…,b_{n-1},b_n]; den=[a_1,a_2,…,a_n,a_{n+1}]; H=tf(num,den,'Ts',T)。

其中，T 应该为实际的采样周期数值；H 为离散系统传递函数模型。

10.1.2.2 离散状态方程模型

离散状态方程模型可以表示为

$$\begin{cases}\boldsymbol{x}[(k+1)T]=\boldsymbol{Fx}(kT)+\boldsymbol{Gu}(kT)\\ \boldsymbol{y}(kT)=\boldsymbol{Cx}(kT)+\boldsymbol{Du}(kT)\end{cases}$$

可以看出，该模型的输入应该与连续系统状态方程一样，只需输入 $\boldsymbol{F}$,$\boldsymbol{G}$,$\boldsymbol{C}$ 和 $\boldsymbol{D}$ 矩阵，就可以用 ss( ) 函数将其输入到 Matlab 的工作空间了。

H=ss(F,G,C,D,'TS',T)

10.2 基于 Matlab 的线性控制系统辅助分析

10.2.1 线性系统性能分析

10.2.1.1 线性系统稳定性分析

前面已介绍，连续线性系统的数学描述包括系统的传递函数描述和状态方程描述。通过适当地选择状态变量，则可以容易地得出系统的状态方程模型，在 Matlab 语言的控制系统工

具箱中，直接调用 ss( ) 函数则能立即得出系统的状态方程实现，因此这里统一采用状态方程描述线性系统的模型：

$$\begin{cases}\dot{\boldsymbol{x}}(t)=\boldsymbol{A}\boldsymbol{x}(t)+\boldsymbol{B}\boldsymbol{u}(t)\\ \boldsymbol{y}(t)=\boldsymbol{C}\boldsymbol{x}(t)+\boldsymbol{D}\boldsymbol{u}(t)\end{cases}$$

连续线性系统稳定的前提条件是系统状态方程中 **A** 矩阵的特征根均有负实部。由控制理论可知，系统 **A** 的特征根和系统的极点是完全一致的，因此若能获得系统的极点，则可以立即判定给定线性系统的稳定性。

在 Matlab 控制系统工具箱中，求取一个线性定常系统特征根只需用 p=eig(G) 函数即可，其中 p 返回系统的全部特征根。不论系统的模型 G 是传递函数、状态方程还是零极点模型，且不论系统是连续还是离散的，都可以用这样简单的命令求解系统的全部特征根。另外，由 pzmap(G) 函数能用图形的方式绘制出系统所有特征根在 s 复平面上的位置，因此判定连续系统是否稳定只需看一下系统所有极点是否均位于虚轴左侧即可。

10.2.1.2　线性系统的可控性分析

构造系统的可控性判定矩阵在 Matlab 中很容易，用 T_c=ctrb(A,B) 函数就可以立即建立起可控性判定矩阵 $\boldsymbol{T}_c$，然后用 rank(T_c) 即可求出可控性判定矩阵的秩，如果满秩则完全能控，如果不满秩，则它的秩为系统的可控状态个数。

10.2.1.3　线性系统的可观测性分析

由控制理论可知，系统的可观测性问题和系统的可控性问题是对偶关系，若想研究系统($\boldsymbol{A}$,$\boldsymbol{C}$) 的可观测性问题，可以将其转换成研究($\boldsymbol{A}^{\mathrm{T}}$,$\boldsymbol{C}^{\mathrm{T}}$) 系统的可控性问题，故前面的可控性分析方法可以扩展到系统的可观测性研究中。

10.2.2　根轨迹分析

系统的根轨迹分析与设计技术是自动控制理论中一种很重要的方法，根轨迹起源于对系统稳定性的研究，在以前没有很好的求特征根的方法时起到一定的作用，现在仍然是一种较实用的方法。

Matlab 中提供了 rlocus() 函数，可以直接用于系统的根轨迹绘制，根轨迹的调用方法也是很直观的，常用的函数调用格式为：

```
rlocus(G)                                  %不返回变量，将自动绘制根轨迹曲线
rlocus(G,K)                                %给定增益向量，绘制根轨迹曲线
[R,K]rlocus(G)                             %R 为闭环特征根构成的复数矩阵
rlocus(G1,'-',G2,'-.b',G3,':r')            %同时绘制若干系统的根轨迹
```

10.2.3　线性系统频域分析

这里着重介绍单变量系统的 Matlab 频域分析方法，多变量系统的 Matlab 频域分析方法可以查阅相关书籍，这里不进行介绍。

在 Matlab 中提供了一个 nyquist( )函数，可以直接绘制系统的 Nyquist 图，该函数的常用调用格式为：

```
nyquist(G)                          %不返回变量，自动绘制 Nyquist 图
nyquist(G,{ωm,ωM})                  %绘制频率范围内的 Nyquist 图
nyquist(G,ω)                        %给定频率向量 ω 绘制 Nyquist 图
[R,I,ω]=nyquist(G)                  %计算 Nyquist 响应数值
nyquist(G1,'-',G2,'-.b',G3,':r')    %同时绘制若干系统的 Nyquist 图
```

Matlab 的控制系统工具箱还提供了 bode( )函数，可以直接绘制系统的 Bode 图，该函数的常用调用格式为：

```
bode(G)                             %不返回变量，自动绘制 Bode 图
bode(G,{ωm,ωM})                     %绘制频率范围内的 Bode 图
bode(G,ω)                           %给定频率向量 ω 绘制 Bode 图
[A,ϕ,ω]=bode(G)                     %计算 Bode 响应数值
bode(G1,'-',G2,'-.b',G3,':r')       %同时绘制若干系统的 Bode 图
```

10.3 Matlab 的 C 代码自动生成及快速原型技术

10.3.1 Matlab 的 C 代码自动生成技术

Matlab/Simulink 是 Mathworks 公司推出的一种科学计算仿真软件。对普通用户而言，它能完成绝大部分仿真任务；但是对于一些仿真实时性要求较高的场合，如存在数据采集、串口通信等实时仿真任务时，Matlab 仿真环境就难以胜任了。为了解决这一矛盾，Mathworks 公司推出了 Real Time Workshop(RTW)子集，利用它能够实现 Matlab/Simulink 模型向其他语言模型转换，这样可以满足实时仿真速度的不同要求。C/C++语言是一种执行效率较高的语言，能够满足仿真实时性的要求，因此选择将模型转换成 C/C++语言模型，并结合 Matlab 进行混合编程。

10.3.1.1 RTW 简介

RTW 是和 Matlab,Simulink 一起使用的一个工具，它可以直接从 Simulink 模型生成代码并且自动建立可以在不同环境下运行的程序，这些环境包括实时系统和单机仿真。

RTW 能够应用的场合十分广泛。

(1)实时控制：可以使用 Matlab 和 Simulink 设计控制系统，并且从建立的图表模型生成代码，编译并载入它们到目标硬件。

(2)实时信号处理：可以使用 Matlab 和 Simulink 设计信号处理算法，同样可以从模型生成代码，编译和载入它们到目标硬件。

(3)生成可插入到其他仿真程序的便携 C 代码：非缺省情况下，根据用户的设置可以生成如下代码：

1)Ada 代码:从 Simulink 模块生成 Ada 代码,要求用户安装 Real Time Workshop Ada Coder;

2)实时程序:将代码转换为适合硬件运行的实时程序。对应代码被设置为和一个外部时钟源相连接,且以用户设定的固定采样速率运行;

3)高性能单机仿真程序:将生成的代码和普通实时系统目标文件一起使用,为单机仿真生成可以执行的程序。

RTW 用户界面可通过 Simulink 提供的仿真参数框“Simulink Parameters”选项打开,其中 Real Time Workshop 页只对 Real Time Workshop 有效,而其他页对 Simulink 仿真和 Real Time Workshop 都有效。

10.3.1.2 自动代码生成

RTW 的代码生成过程如图 10.1 所示,这些过程都是 RTW 自动完成的。

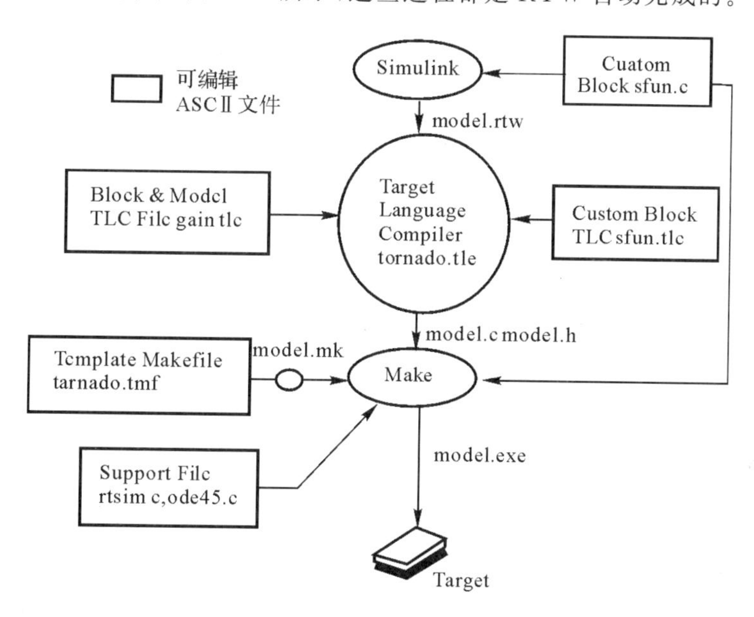

图 10.1 RTW 代码生成过程简图

RTW 自动完成从 Simulink 模型建立一个单机程序的任务,当 Build 按钮一旦被按下,make 命令被调用,从 make_rtw 开始,调用过程包括 3 个主要步骤,它们受一个 M 文件 make_rtw.m 控制;第 1 步是生成模型代码;第 2 步是生成定制一个指定建立过程的 makefile;第 3 步是调用具有定制过程的 makefile 的 make 命令。最终生成一个可执行的程序。

在生成代码之前需进行一些参数的设置。以 Matlab 自带的一个示例模型 f14 为例,首先打开模型,即在 Matlab 主窗口光标提示符下输入 f14 并按回车键,此时 f14 模型的结构图就出现了。由于只是利用这个模型介绍一下自动代码的生成过程,所以有关这个模型的具体结构及功能在此不加讨论。

请从下拉菜单 Simulink 里选择 parameters 命令,打开仿真参数对话框,如图 10.1 所示。要为 f14 模型进行配置,请按照下面所述进行:

(1)在 Solver 页,设置 Solver Options Type 参数为 Fixed－step,并且选择 ode5

(Dormand—Prince)解法器;

(2)设置 Fixed Step Size 参数为 0.05 或更小值。设置完参数之后,就可以使用 RTW 生成模型的代码。请选择 Real Time Workshop 页,然后按下 Build 按钮,这时即可生成 f14 模型的 C 代码,RTW 缺省情况下生成下列文件:

1)f14.c,它是模型的单机 C 代码;

2)f14.h,它是包含状态变量和参数的包含头文件;

3)f14_export.h,它是输出数据和参数的包含头文件;

4)f14.reg,它是一个包含头文件,它包含了完成在生成代码中对数据结构进行初始化的模型注册信;

5)f14.prm,它是一个包含模型中所用的参数的有关信息的包含头文件;

6)f14.exe,它是普通的实时可执行代码。

以上 6 个文件存储在 Matlab 目录下 work 文件夹里。需要指出的是并不能由以上生成的前 5 个文件直接生成第 6 个文件,要生成它,还需要一系列的源文件。这些源文件包括主程序 grt_main.c、驱动模块执行的代码 rt_sim.c、实现积分运算的代码 ode5.c 以及生成 Simulink 数据结构的代码 rtwlog.c。这些源文件均可在 Matlab 中找到。

10.3.2 基于 Matlab 的快速原型技术

10.3.2.1 快速原型技术简介

客观世界中,有许多对象的本质和运动规律已经很好地为人们所掌握,对这些对象,在建模技术允许的情况下,可以建立非常准确的数学模型,即建立的数学模型能够完全或者近似完全反映研究对象的属性和行为。在这种情况下,我们对建立的完全精确的数学模型进行设计、修改和调整,在设计完成后通过自动生成过程生产实体对象,这一技术称为快速原型(Rapid Prototyping,RP)。快速原型技术的重要性体现在“从概念到硬件”,即从产品的概念、设计、实现、测试等一体化过程。

20 世纪 90 年代初,美国福特汽车公司为了降低车用嵌入式控制器的研发时间和开发成本,创造性地将快速原型技术引入控制器开发领域并将这种技术应用在其新产品的开发上,这种技术被称为快速控制原型(Rapid Control Prototyping,RCP)。快速控制原型技术,是指在产品开发的初期,将工程师开发的算法下载到计算机硬件平台中,通过实际 I/O 与被控对象实物连接,用实时仿真机来模拟控制器与实物相连进行实时仿真,来检测与实物相连时控制算法的性能,并在控制算法不理想的情况下可以进行快速反复设计以找到理想的控制方案;在确定控制方案后,通过代码的自动生成及下载到硬件系统上,形成最终的控制器产品。

传统产品的开发过程基本上是一个串行的过程,由于专业涉及面过宽,一旦出现问题后影响面较大,并且发现错误的阶段越晚造成的影响越大,因而工作效率较低。当检测到错误或测试的结果不满足设计要求时,传统开发过程必须重新从头开始进行设计和实现,从而造成开发周期太长。同时,从工程研究角度看,软件的开发和硬件环节的设计不仅周期长,投入成本高,而且缺乏灵活的验证手段。传统产品开发过程如图 10.2 所示。

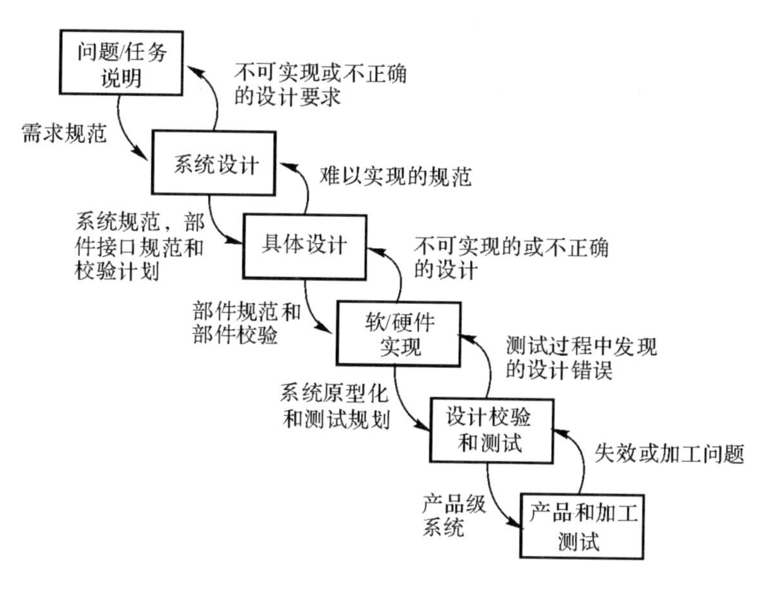

图 10.2　传统的开发过程

而快速控制原型的整个开发过程是一个螺旋形的开发过程(见图 10.3)。这种螺旋形的设计过程可实现各个阶段之间快速的重复过程，工程师所设计的系统模型代表了对整个系统的理解，并且这种理解贯穿了整个产品的开发过程，从而减少了返回到上一阶段的可能性，即使必须返回到上一阶段设计，由于在整个阶段使用相同的模型和工具，也很容易返回到上一阶段甚至上几个阶段。

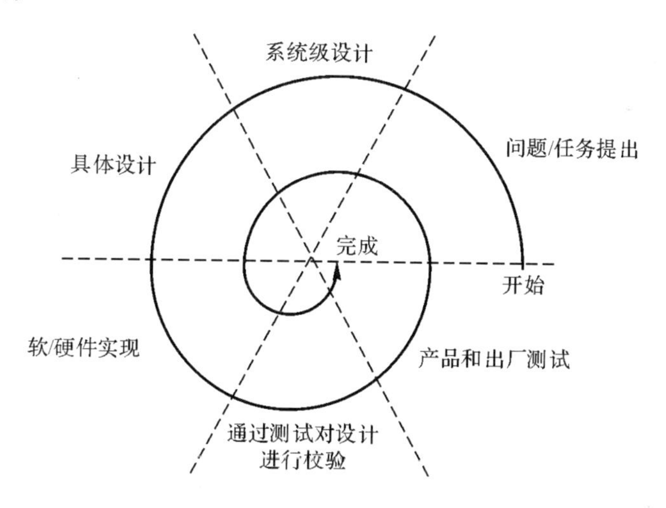

图 10.3　快速控制原型开发过程

10.3.2.2　面向 Matlab 的快速控制原型开发平台

目前国内外常用的快速控制原型开发平台有 dSPACE，QStudioRP 以及 RT－LAB，下面分别予以介绍：

1. dSPACE

dSPACE 实时仿真系统是由德国 dSPACE 公司开发的一套基于 Matlab/Simulink 的控制系统在实时环境下的开发及测试平台，实现了和 Matlab/simulink 的无缝连接。dSPACE 实时系统主要有两大部分组成，一是硬件系统，二是软件环境。其中的硬件系统的主要特点是具有高速计算能力，包括处理器和 I/O 接口等；软件环境可以方便地实现代码生成/下载和试验/调试等工作。dSPACE 具有强大的功能，可以很好地完成控制算法的设计、测试与实现，并为这一套并行工程提供了一个良好的环境。

2. QStudioRP

QStudioRP 是由加拿大 Quanser 公司开发的一套基于 Matlab/Simulink/RTw 的控制开发及半实物仿真的软硬件集成一体化平台。工程师可以在 QStudioRP 平台上实现工程项目的建模：实时仿真，快速控制原型、硬件在回路测试以及原理样机全实物仿真全套的解决方案。QStudioRP 基于开放式架构，具有实时性强、可靠性高、扩充性好等优点。QStudioRP 可以提高生产力、减少开发周期、加速产品进入市场。

QStudioRP 是一种单机解决方案，提供极高的实时性能。它将建模、设计、离线仿真、实时开发、测试、运行集成为一个一体化的快速平台，在开放式架构的 PC 上完成所有任务的处理。整个闭环系统的输入输出频率可高达 10 kHz，满足几乎所有的工程实际和仿真的需要。

3. RT - LAB

RT - LAB 是加拿大 Opal - rt 公司开发的一套基于模型的仿真系统平台软件包，可以直接利用 Matlab/Simulink 建立的动态系统数学模型应用于实时仿真、控制、测试及其他相关领域。RT - LAB 的突出特点是开放性和扩展性，开放性使它可以灵活地应用于任何工程系统仿真与控制场合；优秀的可扩展性为所有的应用提供一个低风险的起点，使工程人员可以根据项目的需要随时随地地扩展系统。

本章要点

1. 线性系统模型及 Matlab 表示。
2. Matlab 线性系统稳定性分析方法。
3. Matlab 线性系统可控性分析方法。
4. Matlab 线性系统可观测性分析方法。
5. Matlab 根轨迹分析方法。
6. Matlab 频域分析方法。
7. Matlab 的 C 代码自动生成方法的主要步骤。
8. 快速原型技术的概念。
9. 面向 Matlab 的国内外常用快速控制原型开发平台。

习　　题

1. Matlab 中典型的线性连续系统模型有哪些，如何表示？

2. Matlab 中典型的线性离散系统模型有哪些，如何表示？

3. 如何在 Matlab 中求取线性定常系统的特征根？

4. 如何在 Matlab 中构造系统的可控性及判定矩阵？

5. 如何在 Matlab 中绘制根轨迹？

6. 简述 Matlab 的 C 代码自动生成方法的主要步骤。

7. 给出快速原型技术的概念。

参考文献

[1] 薛定宇. 控制系统计算机辅助设计[M]. 北京：清华大学出版社，2006.

[2] 张祥，杨志刚，张彦生. Matlab/ Simulink 模型到 C/ C＋＋ 代码的自动实现[J]. 重庆工学院学报，2006，20(11)：111－113.

[3] 李强，王民刚，杨尧. 快速原型中 Simulink 模型的代码自动生成[J]. 电子测量技术，2009，32(2)：28－31.

[4] 田伟，熊晋魁. Simulink 模型的 C/C＋＋代码实现[J]. 2004，31(11)：16－17.

[5] 洋斌峰. 导弹制导系统快速原型研究[D]. 西安：西北工业大学，2007.

第11章　导弹制导控制系统仿真试验技术*

11.1　概　　述

理论上讲，研究导弹制导控制系统性能最直接的方法就是飞行试验。但实际上，由于导弹飞行试验周期长、耗费大，不可能所有的性能都通过飞行试验来验证。在目前的条件下，导弹制导控制系统的大量性能分析是通过仿真的方法获取的。

所谓“仿真”是指通过构造一个“模型”来模拟实际系统内部所发生的运动过程，这种建立在模型系统上的试验技术就称为仿真技术或模拟技术。换句话说，仿真就是通过对模型进行试验来获得模型所代表对象的相关性能。

仿真技术在导弹制导控制系统设计中的应用非常广泛，尤其是近年来，随着仿真技术的不断进步，仿真精度逐步提高，已经成为各类精确制导导弹系统设计过程中不可或缺的重要手段。具体归纳起来有如下几个方面：

1. 仿真技术在制导控制系统设计过程中的应用

制导控制系统是在复杂的目标、环境和干扰背景作用下的时变的非线性控制系统。为了简化设计，一般采用的是经典的设计理论和方法，即将制导控制系统线性化，然后进行设计。这样设计的优点是可以简化设计过程，便于采用经典控制理论的方法进行分析，缺点是必须对系统进行假设和简化，而且其设计结果的正确性还必须通过试验或仿真的方法进行检验。

目前，检验设计结果正确性的一个主要手段是采用仿真的方法，可以这样说，在制导控制系统设计的全过程中，都必须依赖仿真技术来对系统设计结果进行分析。比如：在武器系统设计的方案论证阶段，可以通过数字仿真来检验仿真设计的正确性，并对比、评估不同方案的优劣性。在制导控制系统设计阶段，通过仿真技术可以优化控制系统结构和参数，在部分关键实物部件研制成功后，可以将其引入仿真回路，组成半实物仿真系统，检验其性能是否达到设计要求。在制导控制系统的全部实物研制完成后，可以通过半实物仿真检验其最终性能，为设计定型提供依据。

2. 仿真技术在研究导弹在复杂条件下性能中的应用

由于受经费、试验周期等条件的限制，飞行试验往往只能选取典型设计条件进行，而对于目标的各种不同机动方式、人工干扰条件、背景干扰条件下的导弹性能，就只能依靠仿真技术的方法进行评价。另外，受飞行条件的限制，导弹的边界性能参数的确定也必须通过仿真技术的方法获取，比如导弹攻击区的远界和近界，是无法通过飞行试验完整获取的，这时，就必须通过仿真技术的方法进行研究。

3. 仿真技术在武器系统性能统计分析、确认中的应用

在导弹武器系统设计定型的时候，用户一般非常关心的一些性能参数如脱靶量、杀伤概率等。而这些参数的确定，就必须通过大量的试验，获取相关数据，然后采用统计分析的方法获取相关参数。在导弹研制的初期,这些数据主要通过实弹飞行试验的方法获取,耗费大,周期长。现在借助仿真技术,只需进行少量的飞行试验用于校验系统的数学模型,然后利用校准了的仿真模型按蒙特卡罗法进行大量的重复试验,就可以较高的置信度获得所需要的统计数据。

4. 仿真技术在精确制导武器使用操作培训中的应用

导弹武器研制成功后,装备部队使用时,由于操作人员不熟悉武器的性能和操作流程,必须进行培训。这时可以通过仿真技术的手段,通过建立逼真的仿真操作环境,如视景、音响、震动等,来让操作人员在试验室就可以全面熟悉武器系统的性能和操作流程。

仿真采用的模型一般有两种:物理模型和数学模型。

物理模型也称作"实体模型",是根据系统之间的相似性而建立起来的模型。物理模型的种类很多,典型如以下几种:①缩比模型。例如:风洞试验中的导弹模型、飞机模型,试验池中的船体模型等。②研制过程中的部件原理样机。如导弹导引头、飞控计算机、舵机等。③"直接模拟"模型。例如:由于力学系统、水力学系统等与电学系统之间存在相似性,且电学系统容易改变,因此可以用电学系统模型来研究力学系统。

数学模型是通过理论分析推导和物理实验得出的一套反映对象运动规律的数学方程式。通过对数学模型的求解,揭示研究对象的内在规律。数学模型可以分为两个大类:静态模型和动态模型。静态模型的一般形式是代数方程、逻辑表达式。动态模型根据系统类型不同其形式各不相同。对连续系统,一般用常微分方程、偏微分方程、状态方程和传递函数来描述;对离散系统,一般用差分方程、离散状态方程、脉冲传递函数和概率模型来描述。对导弹制导控制系统而言,其数学模型包括静态模型和动态模型两种形式。其导弹运动学和动力学方程主要是常微分方程。

根据仿真所用的模型不同,可以将仿真分为数字仿真、物理仿真和半实物仿真。

数字仿真是基于数学模型的仿真,因为数学模型通常采用计算机进行计算,所以又称"计算机仿真"。物理仿真是基于物理模型的仿真。如飞机、导弹模型在风洞中进行的吹风试验;导弹原理样机在地面进行试验等,导弹飞行试验也属于物理仿真的范畴。半实物仿真是将数字仿真和物理仿真结合起来的一种仿真技术,在半实物仿真过程中,部分模型为数字模型,在仿真计算机上运行,部分模型为物理模型,直接接入仿真回路。半实物仿真比数字仿真更接近真实情况,同时又可以解决物理仿真中一些难以模拟的状态,是一种重要的仿真手段。

11.2　模型与仿真

应用仿真技术对系统进行分析和研究的一个基础性和关键性的问题是将系统模型化。系统模型化是系统仿真的核心问题,也就是说由建模目的出发,根据相似原理,建立正确、可靠、有效的仿真模型是保证仿真结果具有较高可信度的关键和前提。

系统模型是对实际系统特定性能的一种抽象,是系统本质的表述,是人们对客观世界反复认识、分析,经过多级转换、整合等相似过程而形成的最终结果,它具有与系统相似的数学描述或物理属性,以各种可用的形式,给出研究系统的信息。用正确方法建立的模型,能更深刻、更集中地反映实体的主要特征和运动规律,是对实体的科学抽象。从这一点上说,模型更优于实体。系统仿真中的模型一般分为物理模型和数学模型两大类。

物理模型与实际系统有相似的物理效应，又称为实体模型。静态的物理模型最常见的是比例模型，如用于风洞试验的飞行器外形，或生产过程中试制的样机模型等。动态物理模型的种类更多，如用于模型飞行器姿态运动的三自由度转台、用于模拟目标反射特性的目标仿真器，又如在电力系统动态模拟试验中，有时利用小容量的同步机、感应电动机与直流机组成的系统，作为电力网的物理模型用来研究电力系统的稳定性。

数学模型是用抽象的数学方程描述系统内部物理变量之间的关系而建立起来的模型，它包括原始系统数学模型和仿真系统数学模型。原始系统数学模型又包括概念模型和正规模型，概念模型是指用文字、框图、流程等形式对原始系统的描述，正规模型是用符号和数学方程式来表示的系统模型，其中系统的属性用变量来表示，系统的活动则用相互有关的变量之间的数学函数关系式来表示。原始系统数学建模过程被称为一次建模。仿真系统数学模型是一种适合在计算机上进行运算和试验的模型，主要根据计算机运算特点、仿真方式、计算方法、精度要求，将原始系统数学模型转换为计算机的程序。仿真试验是对模型的运转，根据试验结果情况，进一步修正系统模型。仿真系统的数学建模过程被称为二次建模。

根据被研究系统特征的不同，通常将模型分为连续系统模型和离散系统模型两类。连续系统模型是由表征系统变量之间的关系的方程来表述的，主要特征是用常微分方程、偏微分方程和差分方程分别描述集中参数系统、分布参数系统和采样数据系统，其中常微分方程、偏微分方程也可转换成差分方程形式。离散系统模型又分为时间离散系统和离散事件系统模型两类。时间离散系统又称为采样控制系统，一般用差分方程、离散状态方程和脉冲传递函数来描述。这种系统的特性其实是连续的，仅仅在采样的时刻点上来研究系统的输出。离散事件系统用概率模型来描述。这种系统的输出，不完全由输入作用的形式描述，往往存在着多种可能的输出。它是一个随机系统，如库存系统、管理车辆流通的交通系统、排队服务系统等。输入和输出在系统中是随机发生的，一般要用概率模型来描述这种系统。

对一个特定的系统进行建模时，建模者要考虑许多因素，包括系统是否真实存在、系统的复杂程度、系统任务的时间分配和资源分配以及实际运行时模型是否可行等。对复杂的系统建模，通常有下述基本要求：

1. 清晰性

一个大的系统往往由许多子系统组成，因此对应系统的模型也由许多子模型组成。在子模型与子模型之间，除了研究目的所必需的信息联系以外，相互耦合要尽可能的少，结构要尽可能清晰。

2. 切题性

系统模型应该只包括与研究目的有关的方面，也就是与研究目的有关的系统行为子集的特性的描述。对于同一个系统，模型不是唯一的，研究目的不同，模型也就不同。如研究空中管制问题，所关心的是飞机质心动力学与坐标力学模型；如果研究飞机的稳定性与操纵性，则关心的是飞机绕质心的动力学和驾驶仪动力学模型。

3. 精确性

同一个系统的模型按其精确程度要求可分为许多级。对不同的工程，精确度要求不一样。例如用于飞行器系统研制全过程的工程仿真器要求模型精度高，甚至要考虑一些小参数对系统的影响，这样的系统模型很复杂，对仿真计算机的性能要求也高；但用于训练飞行员的飞行仿真器，则要求模型的精度相对低一些，只要被培训的人感到“真”即可。

4. 集合性

集合性是指把一些个别的实体能组成更大实体的程度，有时要尽量从能合并成一个大的实体的角度考虑对一个系统实体的分割。如对武器射击精度鉴定，并不十分关心每发子弹的射击偏差，而着重讨论多发子弹射击的统计特性。

建立模型的任务是确定系统模型的类型，建立模型结构和给定相应参数。所谓结构，通常是指方程的阶次。参数则是指方程中的系数或状态模型中系数矩阵各元素等。建模中所遵循的主要原则是模型的详细程度和精确程度必须与研究目的相匹配，要根据所研究问题的性质和所要解决的问题来确定对模型的具体要求。建模一般有以下三种途径：

1. 演绎法或分析法

对内部结构和特性清楚的系统，即所谓白盒子系统（如多数工程系统），可以利用已知的一些基本定律和原理，经数学演绎和逻辑演绎推导出系统模型。例如弹簧系统和 RLC 电系统的模型可根据牛顿定律和克希霍夫定律经演绎建立。由此法建立的模型需要经正确性检验。

2. 归纳法

对那些内部结构和特性不清楚的系统，即所谓黑盒子系统，则可假设模型，直接对其行为进行观测，并通过试验验证和修正假设模型，也可以用辨识的方法建立模型。对于那些属于黑盒子且又不允许直接试验测试的系统（如多数非工程系统），则采用数据收集和统计归纳方法来建立模型。

3. 混合法

对于内部结构和特性有部分了解，但又不甚了解的一大类系统，可采用前面两种方法相结合的方法。对第一类系统，在演绎出模型结构后尚需通过试验法来确定出它们的参数，因此一般来说，用混合法建立的数学模型比较有效。

11.3　仿真模型校核、验证与确认

计算机仿真技术一直在导弹系统的研制中发挥着重要的作用，是导弹系统型号研制、试验鉴定、装备部署、作战使用以及改进设计的重要依据。但是，仿真毕竟是基于模型的试验活动，仿真模型的正确性和建模精度直接决定了仿真结果与真实系统性能的一致程度。显然，不能反映真实系统性能的仿真是没有任何意义的，甚至会误导研究人员得到错误的结论。可见，仿真试验和结果究竟是否能代表真实系统的性能，存在一个仿真可信度的问题。

对仿真可信度进行研究，目前常用的方法包括仿真模型的校核、验证与确认：

校核（Verification）：是确定仿真系统准确地代表了开发者的概念描述和设计的过程，保证模型从一种形式高精度地转换为另一种形式。从概念模型到仿真模型的转化精度指标和从模型框图到可执行计算机程序的转换精度的评估都是在模型校核过程中完成的，即检查仿真程序有无错误及解算方法的精度。

验证（Validation）：是从仿真模型应用目的出发，确定模型在它的适用范围内以足够精度同建模和仿真对象保持一致。模型验证保证了模型的正确性。

确认（Accreditation）：是正式地接受仿真系统为专门的应用目的服务的过程，即官方认可模型可以用于某些特定应用。

11.3.1 仿真模型的校核方法

仿真模型校核主要是检查仿真程序的正确性和解算方法的精度。常用的仿真模型校核方法如下：

1.仿真算法的校核

仿真算法的校核包括两个方面的内容：一是对算法进行理论研究，对其主要的品质如精度、收敛性、稳定性、适用性等进行分析，以确保算法的合理性；二是检查计算机程序是否准确地实现算法的功能。无论是对连续系统还是对离散事件系统进行仿真，同样存在仿真算法的选择问题。此外，还必须精心设计仿真程序，以确保正确无误地实现算法的功能。建议尽量采用经过测试和实践检验的那些标准程序。

2.静态检测

检查算法、公式推导是否合理，仿真模型流程图是否合乎逻辑，程序实现是否正确。

为了便于模型的动态校核，从一开始就应当严格按照结构化、模块化、规范化的风格编制程序。

3.动态调试

在模型运行过程中，通过考察关键因素或敏感因素的变化情况检查计算模型的正确性。

4.多人复核

对某个人开发设计的仿真计算模型，可以请他人检查。他人可以用一切办法甚至带有挑剔的态度去寻找计算模型中潜在的错误。这种方法比较客观，可以提高模型的可信性。

5.参考基准校核

检查模型计算结果是否同所研究的特定物理现象相符合，对模型结果中出现的非正常现象能否给出合情合理的物理解释。

6.标准实例测试

对于比较简单的、规模比较小的仿真问题，或许我们有足够的信心认为所设计的仿真计算模型是正确可靠的。但是对于复杂的系统来说，在多数场合下，我们并不敢轻易相信仿真计算模型是正确可靠的。因为在多数场合下必须经过许多标准实例的测试和验证，通过多方面的校核，经过反复修改、优化，最终才能获得正确的仿真计算模型。用于测试的例子往往是那些典型的、标准解已知的系统模型，将需要测试的仿真计算模型做适当的调整，使其成为标准解已知的典型系统的仿真计算模型，并将仿真结果同标准解相比较，以此来考核被测试的系统模型的正确性。

7.将软件可靠性理论应用于模型校核

仿真计算模型是一类用于专门目的的软件或计算机程序，因而除了在设计过程中遵循软件工程的思想方法和要求以外，对于已经设计出来的复杂系统的仿真程序，也可以利用软件可靠性的理论与方法对它进行诊断与查错。在20世纪70年代，Mius和Basin利用超几何分布模型解决了软件系统错误数的评估问题。这一方法用于仿真计算模型错误及错误数的诊断流程为：首先随机地将一些已知错误播入待测试的仿真计算模型中，然后运行并测试仿真程序，通过测得的固有错误数与插入错误数，使用超几何分布模型来估算仿真计算模型的错误总数，然后再逐一排除。

11.3.2 仿真模型的验证方法

仿真模型验证具有两方面的含义：一是检查概念模型是否充分而准确地描述了实际系统；二是考察模型输出是否充分接近实际系统的行为过程。

上述第一点实际上是考察演绎过程中的可信性，可以通过以下两个途径进行分析：

(1)通过对系统前提条件(各种假设条件)是否真实的研究，来验证模型本身是否可信；

(2)通过对推理过程是否符合思维规律、规则，即推理的形式是否正确的研究来检验模型的可信性。

模型验证含义中的第二点是考察在归纳中的可信性，主要是通过考察在相同输入条件下，仿真模型输出结果与实际系统输出结果是否一致以及一致性的程度如何来做出判断，从而发展了以下一些主观或客观、定性或定量判断方法。

1. 专家经验评估法

请有经验的领域专家、行业工程师和项目主管对仿真模型输出和实际系统输出进行比较判断，如果他们认为两类输出相差无几或者根本就区分不开，那么，就认为仿真模型已达到足够的精度，是可以接受的。

2. 动态关联分析法

根据先验知识，提出某一关联性能指标，利用该性能指标对仿真输出与实际系统输出进行定性分析、比较，据此给出二者一致性的定性结论。

3. 系统分解法(子系统分析法)

把复杂的大系统分解成若干个小子系统，对每个子模型进行分析、验证，然后根据子系统组成大系统的方式(串联、并联等)考察整个系统模型的有效性。

4. 灵敏度分析法

通过考察模型中一组灵敏度系数的变化给模型输出造成的影响情况来分析判断模型的有效性。

5. 参数估计法

对于系统的某些性能指标参数(如武器系统的杀伤概率、命中精度等)，考察其仿真输出可信域是否与相应的参考(期望)输出可信域重合或者落入期望的可信域内。

6. 假设检验法

利用假设检验理论来判断仿真结果和参考结果是否在统计意义下一致以及一致性的程度如何。有不少作者采用这一方法对仿真模型进行验证和对仿真精度进行评估。

7. 时间序列与频谱分析法

把仿真模型输出与相应的参考输出看作时间序列，对它们进行某些处理后用时间序列理论和频谱分析方法考察二者在频域内的统计一致性。

8. 综合方法

上述方法两种或两种以上的综合使用，以便从多个侧面考察仿真模型的有效性。当然，模型验证方法远不止以上列出的几种，还有其他一些方法。如基于 Kalmal 滤波理论的模型检验与校正方法，决策理论在仿真系统概念模型有效性确认中的应用，模糊数学在仿真模型验证中的应用等。

在实际的工程应用过程中,可以按照其采用的不同数学方法分类见表 11.1。

表 11.1　常用的模型验证方法

主管确认法	动态关联分析法	数理统计方法			时-频分析法
		参数估计法	参数假设检验	非参数假设检验	
直观评价法	TIC 不等式法	点估计	t-检验	符号检验	时间序列分析
曲线对比法	灰色关联法	区间估计	F-检验	秩和检验	古典谱估计
图灵测试法	回归分析法	最小二乘估计	χ^2 检验	游程检验	现代谱估计
专家评定法	……	极大似然估计	……	……	……
……		Bayes 方法			
		……			

另外,也可以根据试验结果是对研究对象静态性能(可视为随机变量)或动态性能(可视为随机过程或序列)的观察,将模型验证方法分为两类:静态一致性检验和动态一致性检验。

静态性能是仿真计算的许多静态输出量,如某制导段的终点偏差、脱靶量、杀伤概率等,可以作为随机变量。实践中通常采用统计方法来描述其均值和散布。在相同试验条件下,可以获得飞行试验的样本和仿真试验的样本。静态一致性检验的实质就是检验它们是否来自同一总体,可根据假设检验方法,不妨设总体的分布函数为 F,分两种情况讨论:

(1)非参数方法。当总体的分布函数 F 完全未知时,在大样本情况下,可利用 Kolmogorov - Smirnov 检验;小样本情况下,则采用 Wilcoxon 秩和检验。

(2)参数方法。假设总体的分布函数 F 为正态分布时,则 F 的形状只依赖于参数均值和方差。常用的参数统计方法,如假设检验、区间估计、回归分析都可以作一致性检验。

动态性能如导弹试验的过载、姿态、速率、分系统的输出等过程参数,其变化是复杂的,一致性检验也比较困难。可用频谱估计方法进行动态一致性检验。在实际飞行试验和仿真试验中获得的是一系列采样时间序列,要了解仿真试验对实际系统的模拟程度,即仿真模型的置信度,就是检验两个时间序列的总体一致性。如果两个时间序列样本服从同一总体,则可说明在该置信水平下,仿真试验和飞行试验的结果是一致的。

11.4　系统仿真分类

根据不同的分类标准,可将系统仿真进行不同的分类。

(1)根据仿真试验中用的计算机可分为三类,模拟计算机仿真、数字计算机仿真和模拟数字混合仿真。

模拟计算机仿真:模拟机使用一系列运算器(如放大器、积分器、加法器、乘法器、函数发生器等)和无源器件(如系数器等)相互连接成仿真电路。由于各运算器并行操作,所以运算速度快、实时性好。其缺点是计算精度低,线性部分的误差为千分之几,非线性运算误差在百分之几,而且排题工作繁复,模型变化后更改困难。

数字计算机仿真:即将系统模型用一组程序来描述,并使它在数字计算机上运行。数字计算机精度高，一般可以达到所期望的有效数字位，且可以对动态特征截然不同的各种动态系统进行仿真研究，但运算速度慢(串行运算)。

模拟数字混合仿真：混合仿真系统有两种基本结构：一种是在模拟机基础上增加一些数字逻辑功能，称为混合模拟机；另一种是由模拟机、数字机及其接口组成，两台计算机之间利用 D/A 及 A/D 转换，交换信息，称为数字-模拟混合计算机。

20 世纪 50～70 年代，模拟机仿真和模拟数字混合仿真十分流行，在数字机速度不断增长的情况下数字仿真速度慢的缺点已得到克服，现在已逐渐被数字仿真所取代。

(2)根据被研究系统的特征可分为两大类：连续系统仿真和离散事件系统仿真。连续系统仿真是指对那些系统状态量随时间连续变化的系统的仿真研究，包括数据采集与处理系统的仿真。这类系统的数学模型包括连续模型(微分方程等)，离散时间模型(差分方程等)以及连续-离散混合模型。

离散事件系统仿真则是指对那些系统状态只在一些时间点上由于某种随机事件的驱动而发生变化的系统进行仿真试验。这类系统的状态量是由于事件的驱动而发生变化的，在两个事件之间状态量保持不变，因而是离散变化的，称之为离散事件系统。这类系统的数学模型通常用流程图或网络图来描述。

(3)根据仿真时钟与实际时钟的比例关系分为两大类：实时仿真和非实时仿真。

仿真时钟与实际时钟是完全一致的称为实时仿真，否则称为非实时仿真。非实时仿真又分为超实时仿真和亚实时仿真，超实时仿真的仿真时钟比实际时钟快，而亚实时仿真的仿真时钟比实际时钟慢。

(4)根据仿真系统的结构和实现手段不同可分为以下几大类：物理仿真、数学仿真、半实物仿真、人在回路仿真和软件在回路仿真。

物理仿真又称为物理效应仿真，是指按照实际系统的物理性质构造系统的物理模型，并在物理模型基础上进行试验研究。物理仿真直观形象，逼真度高，但不如数学仿真方便；尽管不必采用昂贵的原型系统，但在某些情况下构造一套物理模型也需花费较大的投资，且周期比较长，此外在物理模型上作试验不易修改系统的结构和参数。

数学仿真是指首先建立系统的数学模型，并将数学模型转化成仿真计算模型，通过仿真模型的运行达到对系统运行的目的。现代数学仿真由仿真系统的软件/硬件环境，动画与图形显示、输入/输出等设备组成。数学仿真在系统分析与设计阶段是十分重要的，通过它可以检验理论设计的正确性与合理性。数学仿真具有经济性、灵活性和仿真模型通用性等特点，今后随着并行处理技术、集成化软件技术、图形技术、人工智能技术和先进的交互式建模/仿真软硬件技术的发展，数学仿真必将获得飞速发展。

半实物仿真又称为物理-数学仿真，准确称谓是硬件(实物)在回路中(Hardware In the Loop)的仿真。这种仿真将系统的一部分以数学模型描述，并把它转化为仿真计算模型；另一部分以实物(或物理模型)方式引入仿真回路。半实物仿真有以下几个特点：

(1)原系统中的若干子系统或部件很难建立准确的数学模型，再加上各种难以实现的非线性因素和随机因素的影响，使得进行纯数学仿真十分困难或难以取得理想效果。在半实物仿真中，可将不易建模的部分以实物代之参与仿真试验，可以避免建模的困难。

(2)利用半实物仿真可以进一步检验系统数学模型的正确性和数学仿真结果的准确性。

(3)利用半实物仿真可以检验构成真实系统的某些实物部件乃至整个系统的性能指标及

可靠性,准确调整系统参数和控制规律。在航空航天、武器系统等研究领域,半实物仿真是不可缺少的重要手段。

人在回路仿真是操作人员、飞行员或宇航员在系统回路中进行操纵的仿真试验。这种仿真试验将对象实体的动态特性通过建立数学模型、编程,在计算机上运行,此外要求有模拟生成人的感觉环境的各种物理效应设备,包括视觉、听觉、触觉、动感等人能感觉的物理环境的模拟生成。由于操作人员在回路中,人在回路仿真系统必须实时运行。

软件在回路中仿真又称为嵌入式仿真,这里所指的软件是实物上的专用软件。控制系统、导航系统和制导系统广泛采用数字计算机,通过软件进行控制、导航和制导的运算,软件的规模越来越大,功能越来越强,许多设计思想和核心技术都反映在应用软件中,因此软件在系统中的测试越显重要。这种仿真试验将系统用计算机与仿真计算机通过接口对接,进行系统试验。接口的作用是将不同格式的数字信息进行转换。软件在回路仿真系统一般情况下要求实时运行。

11.5 系统仿真在制导控制系统设计过程中的应用

导弹制导控制系统仿真在导弹的整个研制过程中有着不可替代的重要作用,它直观、可控、可重复、安全、高效,可用于制导控制系统的参数设计、参数调整、试验验证和问题查找,更重要的是通过仿真试验可以缩短研制周期、降低研制风险、节约研制经费。

目前,系统仿真已贯穿整个产品型号研制的全过程,主要包括以下几个方面:

(1)根据产品研制总要求规定的技术指标。应用虚拟样机技术进行产品总体和制导系统的初步设计;

(2)研究在各种制导方式下导弹的飞行轨迹和导引精度(包括动、静态误差及随机干扰引起的误差)与技术指标的相符性;

(3)导弹制导控制系统(多)目标识别、跟踪能力和跟踪品质研究;

(4)研究多种气象条件、地(海)杂波环境下导弹制导控制系统的性能;

(5)研究干扰条件及干扰方式对导弹系统的影响和导弹制导控制系统可能采取的抗干扰措施;

(6)优化产品设计、修改设计参数、产品调试与试验验证、简化飞行试验计划、校验导弹制导控制系统数学模型;

(7)利用仿真结果为制定导弹出厂技术条件提供参考。

在导弹研制的方案论证阶段,系统仿真可根据导弹系统的基本性能要求,进行导弹战术技术指标的合理性及可行性研究,比较和选定导弹系统的设计方案,并确定对各导弹分系统的技术指标要求。

在导弹研制的工程样机阶段,系统仿真可用于导弹系统性能指标分析、试验验证、设计参数调整,对工程样机阶段导弹系统的战术技术指标做出评估,并为科研靶试提供技术依据。

在导弹研制的设计定型阶段,系统仿真可用来验证设计的正确性,并对导弹系统性能做出较全面的评估,其中包括多种使用条件下的综合效能分析、定型试验条件下飞行试验结果的预测、飞行试验中可能出现的故障分析等。利用经过确认的具有较高置信度的仿真系统,进行大量的统计性试验，从而可以得到导弹在整个使用空域、多种作战条件下对目标的攻击结果。

在导弹的批量生产阶段，系统仿真可用于在满足导弹性能技术指标条件下产品可生产性的参数测试范围和测试公差的选取，调整某些参量的公差范围，在保证质量的前提下，增加可生产性并尽可能降低生产成本。

在导弹的部署使用阶段，系统仿真可用于评估导弹对新的威胁的反应能力，进而根据新的需求分析提出导弹系统的改进方案。

导弹各研制阶段的仿真计划可大致归纳如下：

1. 可行性论证阶段

A. 仿真任务：飞行方案（弹道）的初步选择；控制方案的初步选择；导弹系统精度估算。

B. 仿真方法：数学仿真为主；用协方差分析描述函数法（CADET）或其他简化方法分析导弹的精度。

C. 数学模型：理想的平面运动模型。

2. 方案阶段

A. 仿真任务：飞行方案优选（弹道仿真）；控制方案优先，弹道参数初步确定；控制系统精度初步确定；导弹系统精度初步分配。

B. 仿真方法：数学仿真为主。

C. 数学模型：平面运动模型（刚体）。

3. 工程研制阶段

（1）初样阶段：

A. 仿真任务：飞行方案设计评价；控制方案设计评价；控制系统参数确定。

B. 仿真方法：数学仿真为主、半实物仿真为辅；全弹道仿真。

C. 数学模型：六自由度运动理论模型。

（2）试样阶段：

A. 仿真任务：飞行试验前的性能预测；异常弹道仿真；飞行试验安全区确定；为飞行试验大纲编写作准备；导弹系统精度模拟打靶准备。

B. 仿真方法：数学仿真、半实物仿真并重；理论模型初步验证（通过吹风试验和系统测试）；全弹道仿真；蒙特卡罗法用于计算射击精度。

C. 数学模型：初步修正后的六自由度运动复杂模型。

4. 定型阶段

（1）设计定型阶段：

A. 仿真任务：飞行试验结果分析和故障复现、弹道重构；导弹系统辨识；导弹系统性能设计评定；设计修改；射击精度模拟打靶。

B. 仿真方法：半实物与数学仿真并重；用蒙特卡罗法确定导弹射击精度；导弹系统辨识和模型验证。

C. 数学模型：初步修正后的六自由度运动复杂模型。

（2）工艺定型阶段：

A. 仿真任务：继续进行模拟打靶；工艺定型飞行试验结果分析；生产质量控制，抽检。

B. 仿真方法：以数学仿真为主，蒙特卡罗法为辅；半实物仿真或数学仿真用于生产质量控制（边界条件弹道仿真）和飞行试验结果分析。

C. 数学模型：经飞行试验结果验证后的六自由度运动复杂模型；导弹系统可靠性模型。

5. 导弹武器系统战术仿真(或攻防对抗仿真)

此项任务可以在导弹武器系统的设计和工艺定型之后，由设计单位完成，或在导弹武器系统定型并交付部队后，由部队有关部门完成，但二者的目的不尽相同。按导弹的研制程序规定，导弹武器系统经过国家验收、定型之后，作为导弹的研制而论，应当是结束了；但从设计修改的角度考虑，又有新的任务有待研制部门去完成，如充分发挥设计潜力的研究，以便达到预期改进(P^3I)的目的。

A. 仿真任务：导弹战术技术指标验证；射表编制；战斗使用条例制定；设计修改。

B. 仿真方法：数学仿真为主；全弹道仿真；蒙特卡罗法。

C. 数学模型：定型的导弹系统数学模型；导弹系统的可靠性模型；战术环境模型(含使用条件、人为干扰、对抗等)。

11.6 导弹制导控制系统数学仿真技术

11.6.1 数学仿真基本概念

数学仿真是以数学模型和仿真计算机为基础的仿真方法。它涉及系统、模型和计算机三方面的关系。这里的系统是导弹制导控制系统，为仿真对象；模型包括一次模型化后的数学模型和二次模型化后的仿真模型。前面的系统仿真分类已经说过，数学仿真可分为模拟机仿真、数字仿真和混合仿真。数字仿真已经成为当前计算机仿真的主流，且发展到相当高的水平，其主要标志是：

(1)已突破全数字实时仿真大关；

(2)高性能仿真工作站达到新水平；

(3)分布交互仿真(DIS)和高层体系结构(HLA)技术得以实现；

(4)虚拟现实(VR)和虚拟样机(VP)的发展和应用给计算机仿真注入了新的活力；

(5)人工智能技术与仿真相结合；

(6)新一代仿真机，如神经网络计算机、甚至光计算机和生物计算机(又称分子计算机)已经出现。

所有这些都为制导控制系统数学仿真提供了更理想的软、硬件环境。

数学仿真由于不涉及实际系统的任何部件，因此具有经济性、灵活性及通用性的突出特点，在制导控制系统仿真中占有相当重要的地位。就其仿真任务而言，制导控制系统的设计指标提出、方案论证以及各部分设计中的参数优化等都离不开数学仿真。数学仿真的主要目的是利用详细的数学模型，通过仿真系统初步检验系统在各飞行段、全空域的性能，包括稳定性、快速性、抗干扰性、机动能力和容差等，发现设计问题，修改并完善系统设计。

11.6.2　制导控制系统数学仿真系统的基本构成

同一般数学仿真系统一样，导弹制导控制系统的数学仿真系统由硬件和软件两大部分构成。硬件包括仿真计算机系统、输入/输出设备及其他辅助设备；软件主要有：各种有关模型，如导弹动力学、运动学模型、弹道模型、弹目相对运动模型、目标特性模型、制导控制系统模型（包括弹上设备模型和地面（或载机）制导站模型）、环境模型（包括噪声模型、误差模型、量测模型以及管理控制软件、仿真应用软件等）。制导控制系统较完善的数学仿真系统如图 11.1 所示。

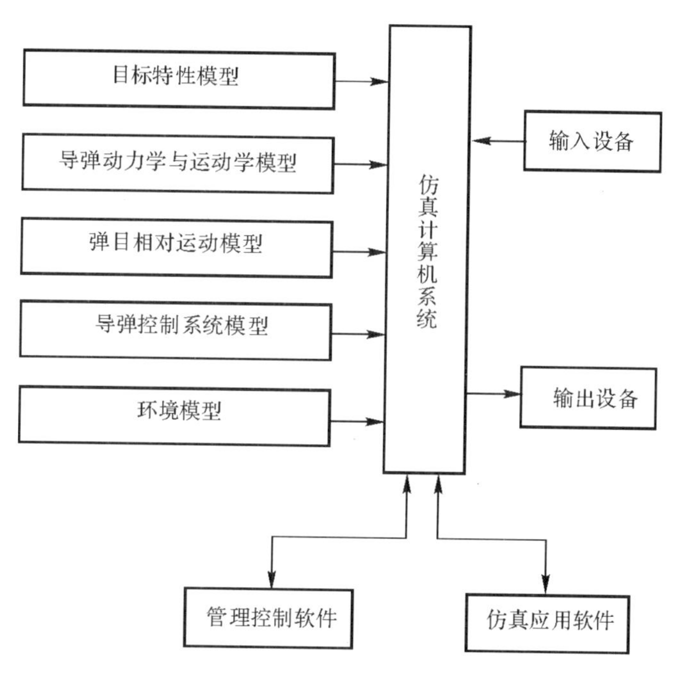

图 11.1　导弹制导控制系统数学仿真系统构成示意图

由图 11.1 可见，仿真计算机系统是数学仿真的核心部分。它要求计算机具有较大的计算容量，较快的运算速度和较高的运算精度等。目前，数学仿真的计算机有很宽的谱型，可从一般微机到巨型机，甚至超级实时仿真工作站。对于导弹制导控制系统，一般采用高性能小型机、专用仿真机、并行微机系统或仿真工作站，如 VAX－11 小型机、AD－100 仿真机、YH－F2 银河仿真机及海鹰仿真工作站等。

输入设备常用来把各种图表数据传送到仿真系统中去，一般有鼠标、数字化仪、图形/图像扫描仪等。

输出设备主要用于提供各种形式的仿真结果，以便分析。常采用打印机、绘图机、数据存储设备、磁带机及光盘机等。

除此，需要指出的是仿真应用软件。仿真应用软件用于仿真建模、仿真环境形成以及信息处理和结果分析等方面。截止目前，仿真软件已相当丰富，但可归结为：程序包和仿真语言。如 GAPS，CSSL，ICSL，IHSL，GPS，SIMULA 等。除此，还有许多应用开发软件，如

MATRIXx,Matlab/Simulink,MeltiGen,Vega 及 3D－Max 等。

11.6.3 数学仿真过程及主要内容

1.仿真过程

仿真过程指数学仿真的工作流程,它包括如下基本内容:系统定义(或描述)、数学建模、仿真建模、计算机加载、模型运行及结果分析等,其中数学建模是它的核心内容。所谓数学建模就是通过数学方法来确定系统(这里指导弹制导控制系统)的模型形式、结构和参数,以得到正确描述系统表征和性状的最简数学表达式。其次是仿真建模。仿真建模就是实际系统的二次模型化,它将根据数学模型形式、仿真计算机类型以及仿真任务通过一定的算法或仿真语言将数学模型转变成仿真模型,并建立起仿真试验框架,以便在计算机上顺利、正确地运行仿真模型。

2.主要仿真内容

对于导弹制导控制系统,数学仿真是初步设计阶段必不可少的设计手段,亦是某些专题研究的重要工具。为此,数学仿真应包括以下四方面主要内容:

(1)制导控制系统性能仿真;

(2)制导系统精度仿真;

(3)系统故障分析仿真;

(4)专题研究仿真。

11.6.4 仿真结果分析与处理

系统数学仿真的目的是依据仿真输出结果来分析和研究系统的功能和性能。因此,仿真结果分析非常重要。按照仿真阶段不同有动态仿真输出结果分析和稳态仿真输出结果分析。其分析方法大致相同,一般采用统计分析法、系统辨识法、贝叶斯分析法、相关分析法及频谱分析法等。由于导弹制导控制系统是在随机变化环境和随机干扰作用下工作的,且存在许多非线性,所以采用合适的统计分析方法是适宜的,而最基本的统计分析方法是蒙特卡罗法。

应该指出,应用蒙特卡罗法必须满足两个假设条件:

(1)随机输入的各元素为具有非零的确定性分量的相关随机过程;

(2)状态变量均为正态分布。

另外,为了作出精确统计,必须进行大量统计计算。因此,这种方法更适合于对系统性能进行少量分析或对少数靶试点进行预测和靶试后的故障分析。显然,它不适合于灵敏度分析、选择控制系统参数或对全空域进行精度分析。因此,在数学仿真结果分析方面,一般还用到了协方差分析描述函数法(CADET)和统计线性化伴随方法(SLAM)。

11.7 导弹制导控制系统半实物仿真技术

11.7.1 半实物仿真基本概念

半实物仿真在国外相关文献中的表述术语为 Hardware In the Loop Simulation (HILS),即硬件在回路中的仿真,一般又称为物理-数学仿真。它是一类特殊的仿真系统,该仿真系统工作时应将所研究系统的部分实物接入系统回路,使之成为仿真系统的一个组成部分。因此,在半实物仿真系统中,一部分为仿真计算模型和设备,另一部分为参试部件。

半实物仿真具有以下几个特点:

(1)将所研究系统的部分实物接入仿真回路,这样可以避免由于某些实物建模的困难,或由于建模忽略某些因素带来的仿真不准确性,使得仿真的准确度和有效性得到极大的提高;

(2)利用半实物仿真可以校验系统数学模型的正确性和数学仿真结果的准确性,并可以通过半实物仿真结果对数学模型进行进一步修正;

(3)利用半实物仿真可以检验构成真实系统的某些实物部件或整个系统的性能指标及可靠性,准确调整系统参数和控制规律;

(4)将半实物仿真实验和系统的真实试验相结合,可以完成系统故障复现、定位,并据此找出解决办法,做到系统的故障归零;

(5)将半实物仿真实验和系统的真实试验相结合,可以在小子样系统试验的条件下,以较高置信度进行系统的性能评估,对系统的效能进行评测。

半实物仿真技术是在第二次世界大战后才发展起来的,其兴起的主要原因是武器系统研制的需求和计算机、电子、机械、光学等相关技术的迅速发展。在导弹等武器系统的研制过程中,传统的方法是通过外场实物靶场试验获得试验数据,并据此来完成系统的故障定位和系统性能评估,这需要大量的外场靶试过程对武器系统设计进行支撑,这也极大地消耗了武器系统的研制时间和研制经费。鉴于此,半实物仿真首先在武器系统的设计和研制过程中获得了应用并得到了发展。在半实物仿真试验的支持下,目前新设计飞行器的飞行试验次数得到了极大的压缩。可以在进行实物飞行试验之前,就已经能够对飞行器的主要系统或全部系统进行综合测试,获得测试数据,完成对系统主要性能参数的评估和测试。

国外从 20 世纪 40 年代就开始了对半实物仿真在导弹等武器系统设计中的应用和研究。主要的武器生产大国都相继建立了各自极具特点的大批半实物仿真实验室,并在使用过程中不断进行升级和扩建。以美国为例,不仅承担武器系统研制的主要公司均建立了自己完整、先进的半实物仿真系统,如雷神、波音、洛克希德·马丁公司等,而且美军的诸兵种也分别投入了大量资金建立了自己的仿真实验室来完成武器系统的仿真、测试。以位于美国阿拉巴马州美军航空和导弹司令部(AMCOM)下属的航空和导弹研究、工程和开发中心(AMRDEC)来说,经过 40 多年的发展,它已经建立起了 14 个支持导弹系统研发的半实物仿真系统,这些系统主要面向三个导弹领域的半实物仿真：红外成像系统仿真、射频系统仿真和多光谱系统仿真。根据美国对多个导弹武器系统的统计，采用仿真技术后，靶试消耗实弹数减少了43.6%，试验周期缩短了30%～40%。并且半实物仿真实验室的建设需求推动了相关试验设备的产业化和系列化，如飞行运动模拟器（转台）等均有相关的公司推出了系列化的产品以满足不同客户需求。

我国在航空航天领域进行半实物仿真技术的研究和应用相对较晚，但也有了40多年的历史，并且在长期的实践中也积累了丰富经验。20世纪80年代，我国逐步开始建设了一批较大规模、水平较高的半实物仿真实验室。尤其从90年代中后期至今，在新型号武器系统研制牵引下国家投入了大量资金，一方面对原有的半实物仿真实验室进行了升级改造，另一方面也新建了一批高水平、大规模的半实物仿真实验室。在这些实验室中大量使用了分布式交互仿真、虚拟现实等先进仿真技术。

11.7.2 半实物仿真系统的组成

半实物仿真系统一般由五个部分组成：

(1)仿真设备：如仿真计算机、目标模拟器、飞行运动模拟器、气动力（力矩）负载模拟器等；

(2)参试设备：是指飞行器中实际使用的部件，如导引头、弹载计算机系统、惯性测量系统、舵机等；

(3)各种接口设备：如A/D，D/A，DIO和数字通信接口等；

(4)试验控制台：通常称之为总控台；主要负责监控试验运行的状态和进程，并对相关试验数据进行存储等；

(5)支持服务系统（包括显示、记录、文档处理等事后处理软件）。

这五部分之间的关系如图11.2所示。

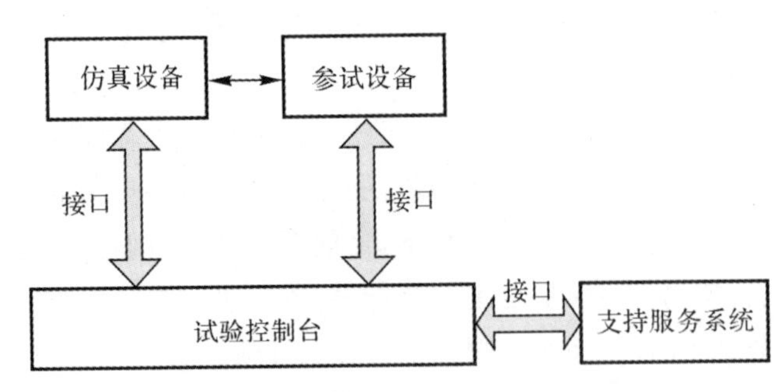

图11.2　半实物仿真系统连接关系

以上五部分中的细节将根据仿真试验的对象、待测试的参数以及具体的研制阶段有所不同。下面以红外成像寻的制导控制导弹的半实物仿真系统为例，来说明制导控制系统的半实物仿真系统组成。

红外成像寻的制导控制导弹的半实物仿真系统原理框图如图11.3所示。其中，红外成像导引头，包含惯测系统的自动驾驶仪和舵系统都是参试设备；仿真计算机、负载模拟器、三轴转台、五轴转台、红外目标图像仿真器等属于仿真设备；参试设备、仿真设备及试验控制台之间通过各种接口设备互连，完成仿真信息交换。

制导回路进行半实物仿真时是通过将红外成像导引头和红外目标图像仿真器分别置于五轴飞行转台的三轴转台和两轴目标转台上进行。其中红外成像导引头和红外目标图像仿真器在五轴转台上安装时必须满足一定的空间几何位置关系要求。由于导引头是安装在导弹上随着导弹一起在空间运动的，导引头测量的是导弹和目标之间的相对运动，而不是目标在惯性空间的绝对运动，因此五轴转台和红外目标图像模拟器就是用于复现目标与导弹相对运动的设备。红外目标图像模拟器主要用于复现导弹—目标相对运动之间的高低、方位视线角及相对距离。具体的实现方式：由仿真计算机解算导弹—目标的相对运动学方程，获得目标的运动学参数；然后通过接口设备将其送给红外图像生成计算机，红外图像生成计算机据此计算目标的姿态和红外辐射能量等信息，生成红外目标图像数据，最后用红外图像数据通过接口设备驱动红外图像目标仿真器工作。红外成像导引头通过光学准直系统接收来自于目标仿真器的图像信息。

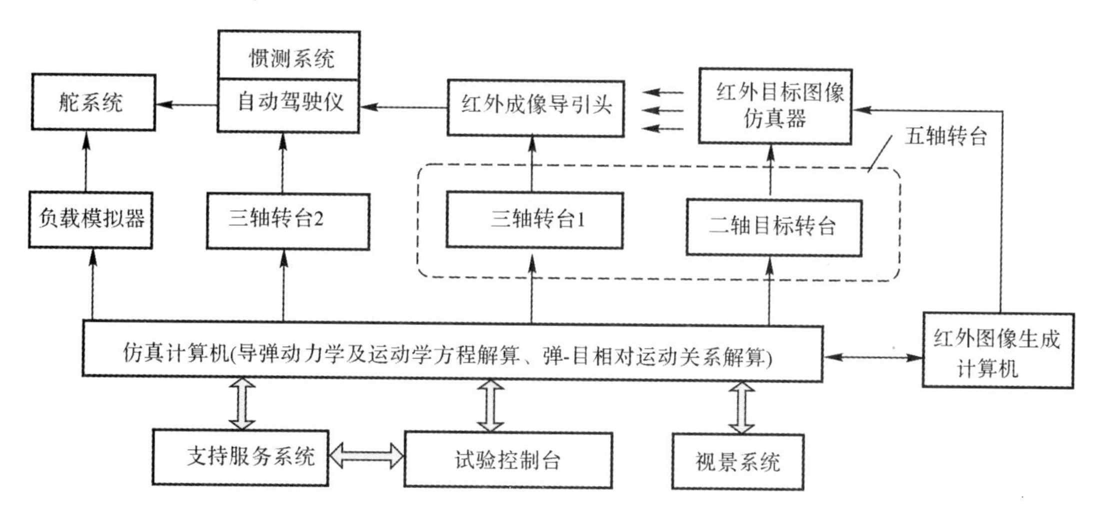

图 11.3　红外成像寻的制导控制半实物仿真系统原理框图

导弹在空中运动时共有六个自由度，分别是质心移动和绕质心转动。在进行半实物仿真时，质心运动无法在实验室内进行物理模拟，只能通过仿真计算机以程序计算的方式来实现。导弹的俯仰、偏航和滚转这三个姿态运动可以通过三轴飞行转台来复现。

在红外成像寻的制导控制半实物仿真系统的设备中，仿真计算机主要完成导弹动力学、运动学及导弹—目标相对运动关系的计算。并将计算获得的相关信息送给其他仿真设备。五轴转台主要完成模拟导弹—目标之间的相对运动关系，使导引头能够进行目标的捕获、识别和跟踪。三轴转台主要用来复现导弹的俯仰、偏航和滚转三个飞行姿态，使自动驾驶仪的惯测系统中的惯性测量元件可以感受与实际飞行相同的导弹姿态。红外图像生成计算机控制的目标仿真器用于模拟真实目标的红外特性，供导引头探测和检测使用。负载模拟器用于模拟导弹舵面伺服控制系统在导弹飞行过程中受到的气动力矩，使舵伺服系统可以在接近真实的条件下运动。视景系统主要用于将导弹飞行过程可视化，将仿真过程和结果以动态图像的方式表达出来，使半实物仿真过程具有直观性。

11.7.3 半实物仿真系统中的主要技术

1. 目标特性仿真技术

目标特性是目标本身固有的一种属性，是现代战争中最重要、最基本的信息资源。通过不同的观察系统，可探测和识别到在相关环境中目标的电、光、声散射、辐射和传输特性。这些特性有些是目标自身产生的，有些是在外来辐射(光波和电磁波)照射下与目标相互作用产生的。信息资源的控制与掌握是影响现代战争进程和最终胜负的重要因素之一。现代战争中，一方面要求己方在复杂电磁环境、光学环境下，充分有效地利用目标的光电特性，能够克服各种诱饵及干扰的影响，准确地识别目标，可靠地跟踪目标，并最终精确地打击和摧毁目标；另一方面，己方又能够根据战场态势模拟出己方重要目标特性，对敌方的信息侦测系统进行干扰和欺骗，保护自己的重要设施和装备，同时在必要时能够打击和摧毁敌方的目标侦测系统。因此，目标特性研究，如目标的光、电磁特性和物理数学表示方法是目标建模、系统仿真和数据处理的基础，同时也是研发更为精良武器装备与技术的基础之一。

在实际应用中，依据应用对象的工作波长或频率将目标特性仿真技术划分为可见光目标特性仿真、激光目标特性仿真、红外成像目标特性仿真以及雷达特性目标仿真等。

可见光目标特性仿真主要用于模拟目标和背景在可见光波长内，目标呈现出的空间特性、光谱特性和时间特性。这些特性随着目标背景的不同以及目标方位的不同而变化。

激光目标特性仿真主要是通过研究目标在激光束照射下的反射特性，从而模拟目标反射激光回波信号的特征，为激光探测器提供目标空间位置等相关信息。

由于目标和背景的红外辐射特性与本身的形状、表面温度和表面材料的红外光谱发射率密切相关，因此红外成像目标特性仿真主要用于模拟目标、背景的自身辐射特性。红外成像目标模拟通常通过红外成像模拟源来模拟出目标本身和周围复杂背景的红外辐射特性以及它们之间的对比度，并提供给红外探测系统进行复杂背景中目标的探测和识别。

雷达目标特性仿真主要是目标在雷达发射的电磁波照射下产生的回波特性，从而使雷达探测系统可以探测出目标的运动位置、速度等相关信息。雷达目标特性的重要参数包括雷达散射截面(RCS)、角闪烁、极化散射矩阵和散射中心分布等。

目标特性仿真技术是目标探测系统、制导系统性能评价和测试过程中广泛应用的一种技术。通过目标特性仿真技术可以在实验室内再现实战环境下导引头或相关信息探测设备接收到的动态变化、与真实目标背景一致的目标场景或回波信号，从而完成制导系统跟踪目标或目标信息搜集的全过程仿真。

2. 运动特性仿真技术

运动特性仿真技术用于模拟对象在空间的运动特性，主要包括飞行模拟转台、线运动仿真平台和线加速度台。

飞行模拟转台是半实物仿真试验的重要设备之一，它主要用于在地面模拟导弹等飞行器在飞行过程中的姿态运动，复现飞行器在空中飞行时的三个姿态角变化。根据同时模拟姿态角的数目，飞行模拟转台通常分为单轴、二轴和三轴三种形式，其中三轴转台具有内、中、外三个框架。在半实物仿真系统中，它按照主仿真计算机给出的三个框架运动指令信号进行运动，从而获得可被传感器测量的物理运动，为被试件提供试验条件。目前转台的伺服控制方式已从早期的模拟控制方式逐步转为数字控制方式。随着电机和传感器技术的发展、计算机计算能力的提高、精密机械加工能力的进步和现代控制理论的应用，飞行模拟转台向着高灵敏度、高精度、宽频响和更易使用方向发展。此外，随着计算机之间网络通信技术的发展，飞行模拟转台已经从原来的独立试验逐渐变为多个仿真试验设备同时进行的协同仿真试验，这样大大地提高了仿真的效率，并能满足更加复杂的仿真试验需求。

线运动仿真平台通常分为三轴平台和六轴平台两种类型，主要用于模拟运动体在空间的六自由度运动。目前六自由度平台的主要应用范围包括卫星天线、船用雷达天线、舰船、汽车和飞行器模拟器等领域，此外它也被应用到娱乐业的运动仿真。目前运动平台采用的伺服控制技术主要是数字伺服控制方式。

线加速度台主要是根据主仿真计算机给出的运动体的质心各向线加速度指令，然后通过一套机械装置进行模拟，使得安装在其上的加速度表可以进行感应。常用的线加速度模拟器有振动台、冲击台和离心机等。振动台根据工作原理可分为电动式、机械式和液压式。其中电动振动台的工作原理类似于扬声器，即通电导体在磁场中受到电磁力的作用而运动。电动振动台的激振力频率范围可达5～3 000 Hz，最大加速度一般可达$100g$。离心机一般由稳速台和随动台两个部分组成，一般是通过改变离心机的角速率来改变加速度传感器感受到的加速度变化。使用离心机模拟线加速度时，无法模拟飞行体运动的全部状态。

3．气动负载模拟技术

气动负载模拟技术主要用于飞行器的舵面伺服控制系统在飞行过程中所受的气动力或气动力矩。在稠密大气层中飞行的导弹等飞行器，作用在舵面上的空气动力形成对舵面操纵控制机构的负载，这种负载相对于舵机输出轴是一种反作用力或力矩，并且该力或力矩随飞行器飞行状态的变化而变化。通常气动负载模拟器技术对应的设备是气动负载模拟器，它一般分为电/液负载模拟器和电动负载模拟器两种，电/液负载模拟器使用的执行机构是电液伺服阀和液压执行机构，电动负载模拟器使用的执行机构是力矩伺服电机。

舵面负载力矩主要指的是舵机输出轴上受到的铰链力矩，该力矩受到飞行速度、高度、姿态角等飞行状态的影响。负载力矩是影响舵系统稳定性和操纵性的主要因素，舵系统的操纵结构由于受到负载力矩的影响会使得其特性与不带载荷时的特性具有很大差异，如精度、响应速度等。因此，通过气动负载模拟器可以在实验室条件下最大限度地模拟舵机的真实工作环境，用于舵机工作特性的测试和考核，并可以验证舵机系统的数学模型是否准确。

气动负载模拟器的一个重要特点是其运动指令源于飞行器的飞行状态信息，同时舵机的运动又给气动负载模拟器带来了外部扰动，即气动负载模拟器的指令与外部扰动之间存在一定的相关性。因此，多余力矩的抑制能力是气动负载模拟器特性参数的一个重要指标。多余力矩指的是当气动负载模拟器的执行机构固定不动时，由于舵机运动而产生的一个对气动负载模拟器的附加扰动力矩。多余力矩的存在严重影响了气动负载模拟器的精度和动态跟踪能力，因此，气动负载模拟器在设计时必须在结构和控制技术上采取必要的措施克服多余力矩。

4．视景仿真技术

视景仿真技术是计算机技术、图形图像技术、光学技术、音响技术、信息合成技术、显示技术等多种高科技的综合运用。视景仿真技术是随着以上技术的进步而进步的，从时间上大致可以分为三个阶段：一是初期阶段，主要是将数据结果转换为图形或图像，使仿真结果具有直观性，便于人员对数据结果的判读；二是中期阶段，该阶段是随着多媒体技术的发展而产生的，该阶段是将仿真产生的各种数据结果转换为二维或三维动画，并辅以影像和声音等多媒体手段，提高了仿真人机交互的水平；三是当前阶段，在这阶段主要使用了虚拟现实技术，它可以让用户实时感知实体对象与环境相互作用、相互影响的效果，从而产生“沉浸”于等同真实环境的感受和体验。

视景仿真技术主要包括三维建模技术、图形生成技术、动画生成技术、视景生成及显示技术和声音的输入输出技术。用于视景仿真的软件包括 OpenGL，Vega，OpenGVS 等。目前在武器系统半实物仿真中，视景仿真多通过实时计算机网络系统，如光纤反射内存网，与其他半实物仿真设备一起协同工作。

视景仿真技术在用于武器装备研制的半实物仿真系统中有着广泛的应用，使用它有利于仿真结果的直观化和形象化，便于科研人员及项目管理者的观察和感知。它对缩短试验和研制周期、提高试验和研制质量、节省试验和研制经费有着很大的帮助。此外，视景仿真技术还适用于作战训练任务，如构建虚拟战场环境和飞行环境等，这为作战人员的训练提供了一种新的技术手段，使得在保证人员训练质量的前提下，训练成本大大降低，因此，视景仿真有着十分明显的经济效益。

5. 其他技术

半实物仿真系统中还包括以下其他技术，它们分别是大气环境仿真技术、卫星导航仿真技术等。

大气环境仿真技术主要指的是模拟飞行器上的气压高度表、马赫数表所工作的大气环境，通常模拟的是总压和静压两个环境参数。在实验室内一般通过改变固定容腔内的压力来模拟气压高度表和马赫数表所测量的压力变化量，从而完成气压高度表和马赫数表的半实物仿真试验。

卫星导航仿真技术主要用于对 GPS 等卫星导航应用系统、各种卫星导航模块或软件提供近乎真实的 GPS 等卫星导航射频信号，实现卫星不在轨、室内及指定条件下的仿真测试。一般卫星导航仿真技术包括了卫星导航的数据仿真、导航卫星的射频信号仿真及测试结果评估等几方面的技术。

本章要点

1. 仿真技术在导弹制导控制系统设计中的应用。
2. 对复杂的系统建模的基本要求。
3. 仿真模型校核方法。
4. 仿真模型验证方法。
5. 系统仿真分类。
6. 系统仿真主要包括哪几个方面。
7. 数学仿真基本概念。
8. 半实物仿真基本概念。

习　　题

1. 仿真技术在导弹制导控制系统设计中主要在哪些方面得以应用?
2. 仿真模型有哪些校核方法?
3. 仿真模型有哪些验证方法?
4. 简述数学仿真的基本概念。
5. 简述制导控制系统数学仿真系统的基本构成。
6. 简述半实物仿真的基本概念。
7. 简述半实物仿真系统的组成。
8. 半实物仿真具有哪些特点?
9. 半实物仿真系统中的主要技术有哪些?
10. 导弹各研制阶段的仿真计划有哪些阶段?

参考文献

[1] 同济大学数学教研室. 高等数学(上,下)[M]. 北京:高等教育出版社,1999.
[2] 聂铁军,等. 数值计算方法[M]. 西安:西北工业大学出版社,1990.
[3] 刘藻珍,魏华梁. 系统仿真[M]. 北京:北京理工大学出版社,1998.
[4] 方辉煜. 防空导弹武器系统仿真[M]. 北京:宇航出版社,1995.
[5] 康凤举. 现代仿真技术与应用[M]. 北京:国防工业出版社,2001.
[6] 陈国兴. 导弹技术词典[M]. 北京:宇航出版社,1988.
[7] 熊光楞,彭毅,等. 先进仿真技术与仿真环境[M]. 北京:国防工业出版社,2001.
[8] 胡寿松. 自动控制原理. 北京:国防工业出版社,1994.
[9] 郭齐胜,董志明,单家元,等. 系统仿真[M]. 北京:国防工业出版社,2006.
[10] 周雪琴,安锦文. 计算机控制系统[M]. 西安:西北工业大学出版社,1998.
[11] 廖英,邓方林,梁家红,等. 系统建模与仿真的校核、验证与确认(VV&A)技术[M]. 长沙:国防科技大学出版社,2006.
[12] 薛定宁. 控制系统计算机辅助设计[M]. 北京:清华大学出版社,2006.
[13] 单家元,孟秀云,丁艳. 半实物仿真[M]. 北京:国防工业出版社,2008.
[14] 刘兴堂. 导弹制导控制系统分析、设计与仿真[M]. 西安:西北工业大学出版社,2006.

第12章　导弹制导控制系统飞行试验技术*

12.1　飞行试验的一般程序

导弹飞行试验是将导弹置于实际的飞行环境中(如在靶场)进行各种发射试验,并采用各种测量手段获取试验数据,对导弹的设计方案、战术技术性能、作战效能等进行检验和评定。这种试验将涉及试验场的建设、导弹的发射测试、供靶控制、参数测量、安全控制、勤务保障等技术和设备的研制等问题,同时还要消耗昂贵的导弹,因此,是一种非常复杂的工作。但飞行试验与各种地面试验相比,具有最真实和全面考核导弹各种性能的优点。无疑,在导弹研制、生产和使用过程中,飞行试验是必不可少的。只有在充分作好地面试验的前提下,科学地、合理地计划和部署飞行试验,设计最佳的试验程序和方案,才能减少导弹设计风险、加快研制进度,节约研制经费。

在导弹研制过程中,为了最大限制地减少飞行试验次数,增加飞行试验的成功率,节省试验经费,在飞行试验前,必须作好充分的地面试验。如风洞试验,地面振动试验、全弹地面试车、地面模拟环境试验、导弹飞行的仿真试验等。

在我国的战术导弹研制过程中,由于地面试验不充分或模拟飞行环境不真实,致使飞行试验失败的例子是较为常见的。根据不完全的统计,我国海军战术导弹定型试验,大部分故障原因都是由于可靠性问题。以上例子说明,只要地面试验进行得充分和完善,可以大大地增加飞行试验的成功率,减少飞行试验发数。当然,由于地面试验的局限性,不可能完全用地面试验取代真实环境下的飞行试验。

我国将导弹的飞行试验分成研制性试验、定型试验、批生产检验试验和部队训练打靶几个阶段。研制试验的目的是验证导弹的设计方案的正确性和设计的技术性能。由研制单位制定试验计划,编写试验大纲,负责试验的技术保障和结果分析;军方靶场负责组织操作,弹道参数测量和数据处理以及勤务保障等工作。定型试验的目的是检验和鉴定导弹的战术技术指标,为能否定型装备队伍提供依据。定型试验由军工产品定型委员会委托各军种的靶场负责编写试验大纲、制定试验方案、负责结果评定,设计单位负责被试品的技术保障。这样的研制程序和分工较好地解决了研制和使用方的矛盾。由于经费的限制,一个新的型号从研制到定型,允许的试验发数很少,必须将试验次数减少到最低限度。因此,无论研制试验或定型试验,主要偏重验证设计方案和主要战术技术性能,对于其性能,如维修性、可靠性、抗干扰性、在恶劣环境条件下的适应性以及作战效能等,未做严格的要求和充分的考核。因此,应该借鉴国外的先进经验,明确武器研制就是为了战斗使用的思想,在研制试验和定型试验的同时,科学地确定试验方案,将使用试验的内容尽可能地结合进去,使一次试验获得尽可能多的数据和信息。同时在试验前作好充分的地面试验,尤其是仿真试验,以便增加试验的成功率。

研制试验的内容很多,在安排上应当遵循研制工作的规律,循序渐进,先易后难,由简单到复杂。譬如，反舰导弹研制试验又细分成模型弹(或助推弹)试验、自控弹试验和全弹打靶试验；面空导弹研制试验也类似地分成模型弹试验、独立回路弹试验和闭合回路弹试验三个阶段。

对于新研制的海军战术导弹研制试验，除需要对海面目标射击外，最好先在陆上试验，然后再转到海上试验比较有利。这样做的主要原因是海上试验靶场地处沿海，测控设备的布站受到海岸地形和岛屿分布的限制，而陆上靶场一般地处广阔的沙漠或草原，有利于进行外弹道的测量；其次，海上靶场试验后，导弹和靶标均坠落在海里，不易得到残骸，而陆上靶场可以很方便地得到残骸，有助于寻找故障的原因；此外，海上靶场周围人口一般比较稠密，海上各种船只活动也相当频繁，对试验的安全控制要求高。因此，先在陆上靶场试验有很多方便之处，但陆上靶场自然环境条件与海上靶场不同。因此，海军战术导弹终究还必须在海上靶场进行试验，如反舰导弹的打靶试验，舰空导弹的舰上发射试验都必须在海上靶场进行。此外，对于舰上或飞机上发射的导弹，为了先排除载体运动对导弹初始飞行的影响，为了摸清导弹发射的高温高速燃气流对载体的影响，为了减少试验的复杂性，一般采取先在陆上(岸上)简易发射装置上发射成功后，再装到舰艇或飞机上发射，进一步考验发射导弹时的协调性、可靠性、安全性、适应性和飞行精度等性能。

12.2　面对空导弹的飞行试验原理

面对空导弹包括地对空和舰对空两种类型的导弹，它们的飞行试验方法是大同小异的。所不同的只是由于发射载体和使用环境不同，使得发射的场所不同。由于舰对空导弹一般先经过陆地上发射，然后再转移到海上发射，舰对空导弹飞行试验实际上包含了地对空导弹飞行试验的内容。因此，为简单起见，只需论述舰对空导弹的飞行试验。

12.2.1　独立回路弹试验

独立回路弹试验时，在弹上加装程序装置，由它给出程序指令，通过自动驾驶仪控制导弹运动。程序指令根据需要来设计，以便对导弹的飞行性能获得较全面的了解。可见在研制性飞行试验中，独立回路弹试验是不可缺少的。

12.2.1.1　试验目的

独立回路弹试验的目的：

(1)检验导弹的空气动力特性和弹道特性；

(2)检验导弹的稳定性，确定气动稳定边界；

(3)检验导弹的机动能力，确定导弹在杀伤区高远界的可用过载；

(4)检验发动机、自动驾驶仪、操纵系统、弹上电源等弹上设备工作性能；

(5)检验弹体在独立回路状态下的动态特性；

(6)检验弹体在最大过载下的结构强度；

(7)检验弹上有关设备对飞行环境的适应性和可靠性。

12.2.1.2 被试品的技术状态

独立回路弹均为遥测弹，分独立开回路弹和独立闭回路弹两种状态。

独立开回路弹的气动外形、质量、质心和转动惯量与战斗弹基本相同。弹上装有发动机、自动驾驶仪、弹上电源及电气设备、弹上遥测设备等，不装引信、战斗部和导引头。自动驾驶仪装有程序装置，俯仰和偏航通道不工作，但程序装置给俯仰操纵系统输出程序指令，滚动通道必须工作。安全执行机构一般参加工作。

独立闭回路弹的技术状态基本上与独立开回路弹相同。所不同的是，自动驾驶仪俯仰、偏航、滚动三个通道均参加工作，程序装置要对俯仰、偏航两个通道给出程序指令。

有的型号也可以加装回收系统，可回收部分舱段。

陆上试验时，发控设备可用简易代用品。

12.2.1.3 试验方案的确定

独立开回路弹试验一般为2～3发，独立闭回路弹试验需6～9发。可按先陆上、后海上，先独立开、后独立闭的顺序进行。独立开回路弹一般在陆上发射，可在陆上靶场试验，也可在海上靶场的海岸阵地发射。独立闭回路弹试验可先在陆上发射2～3发，然后到海上(舰上)发射4～6发。

试验弹道的选择如图12.1所示。在图上所示的垂直平面杀伤区内，向高远点B射击，通常被选择为主要弹道；另外，低远点C和中远点G，也是常被选用的弹道。因为这三个点都在杀伤区的远界上，导弹飞行弹道长，选择这三点进行试验，对导弹的气动特性、弹体结构以及弹上设备工作性能的检测，在距离和高度上，能获得更多的测量数据。此外，高界中部的F点有时也被选用。

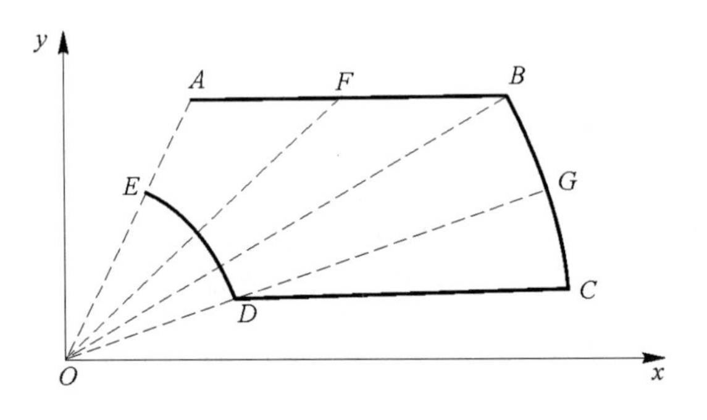

图12.1 独立回路弹试验弹道

为了保证导弹能沿着选定的弹道飞行，就需要按照一定的程序，以一定的幅度和持续时间，给出脉冲形式的指令，控制导弹的运动。这种控制指令，不仅是为了保证导弹沿着选定的弹道飞行，也是为了按照试验的具体要求，在不同的弹道段上，产生所需的弹道特性。例如，为了确定导弹的空气动力特性，往往需要在个别弹道段上，使导弹保持俯仰角速度为常值的稳定飞行状态。为此，在某段时间内，就要以能够使导弹出现这种飞行状态的程序指令控制导弹飞行。

12.2.1.4 测量参数

(1)外弹道参数:外弹道测量的参数与模型弹试验基本相同。除了等间隔地给出外弹道参数外,还要给出主要特征点(如离轨点、起控点、最大速度点、末速度点等)的参数。

(2)遥测参数:运动参数如导弹的姿态角、角速度、过载、攻角、侧滑角、动压、静压;自动驾驶仪的自由陀螺、阻尼陀螺和加速度计等测量元件的输出信号,程序指令电压、指令限制电压等;舵偏角、铰链力矩、液压能源压力;发动机燃烧室压力;弹上电源的各种输出电压值;弹体振动参数;引信安全执行机构开锁电压等。

(3)其他测量参数:如发射载体的运动参数、水文气象参数等,均与模型弹试验相同。

12.2.1.5 试验中可能出现的技术问题

反舰导弹自控弹试验容易出现的问题,舰对空导弹独立回路弹试验也容易出现。由于近程舰对空导弹大都采用固体火箭发动机,质心变化大,速度变化范围也大,在气动设计上,静稳定性是不容易解决的问题。尤其有些导弹采用单固体火箭发动机,串联安装在弹体的后段,由于发动机的装药质量在全弹的总质量中所占的份量很大,使得弹体由起飞至燃料耗尽的飞行过程中全弹质心出现较大的移动,从而给总体设计同时满足导弹起飞稳定性和被动段导弹机动能力的要求带来困难。为了解决起飞稳定性问题,通常采用"+—×"型气动布局和减轻弹体后段结构质量的措施,使全弹压力中心后移,质心前移。这种"+—×"型气动布局,还有助于在小攻角下减小弹翼下洗流对尾翼的影响。但是随着攻角的增大,下洗影响会逐渐加强,使尾翼效率降低,力矩特性曲线出现非线性。特别是当导弹作横向机动时,弹体由"+—×"状态转为"×—+"状态飞行,非线性就更为严重。当攻角增大到使力矩特性曲线上翘时,就会出现导弹的纵向不稳定现象。

12.2.2 闭合回路弹试验

闭合回路弹试验是舰对空导弹武器系统对空中靶标的拦截试验,它是全武器系统参加的试验,是研制性试验的最后阶段。

12.2.2.1 试验目的

闭合回路弹的试验目的:

(1)检验武器系统的工作协调性和可靠性;

(2)进一步检验导弹的飞行性能;

(3)检验弹上设备尤其是导引头、引信、战斗部的工作性能;

(4)检验制导回路的稳定性和导引精度;

(5)检验引信与战斗部的配合效率;

(6)检验导弹对靶标的杀伤效果。

12.2.2.2 被试品的技术状态

闭合回路弹主要有遥测弹和战斗弹两种状态。闭合回路遥测弹,除了不装战斗部以外,装有全部弹上设备，同时装有弹上遥测设备，尾部安装曳光管。战斗弹为战用状态，只需要加装光测用的曳光管。

有的型号还有另外一种状态的闭合回路弹，弹上既装战斗部，又装遥测设备，称为战斗遥测弹。由于战斗遥测弹空间比较紧张，有时要把弹上遥测设备的个别部件装到弹体外面，增加了导弹飞行中的阻力，从而使速度有所下降。但由于战斗遥测弹既能得到遥测参数，又能检验杀伤效果，故在对导弹速度影响不大的条件下，是值得采用的一种技术状态。

12.2.2.3 试验导弹的数量

舰对空导弹闭合回路弹试验一般在海上进行。如果希望得到靶标的残骸，以便研究导弹对靶标的杀伤效果，也可在空军靶场发射少量战斗遥测弹或战斗弹。

被试品的数量：有战斗遥测弹时，需遥测弹 3～5 发，战斗遥测弹 5～8 发，战斗弹 1～2 发；没有战斗遥测弹时，需遥测弹 5～9 发，战斗弹 4～6 发。试验的发数除了受经济承受能力的限制外，主要取决于试验方案。

12.2.2.4 拦截点和航路捷径的选择

闭合回路弹试验方案主要取决于拦截点和航路捷径的选择。因此下面着重分析这个问题。

从试验的次序安排上考虑，应当先易后难，先在杀伤区中部选取比较容易的拦截点进行试验，检验设计状态的正确性和合理性，在此基础上，再安排较难拦截点的试验。

从检验弹道特性的角度考虑，首先弹道要长，以便整个系统能够较充分地工作，获得更多的试验数据。为此，就应选取杀伤区的远界点。其次，影响弹道特性导引精度的主要因素要得到考核。为此，应选取目标高低角和方位角的变化率 $\dot{\varepsilon}$ 和 $\dot{\beta}$ 出现较大值的目标航路上的近界点。近界拦截点除了 $\dot{\varepsilon}$ 和 $\dot{\beta}$ 较大外，且因受控时间较短，起控时的初始偏差可能来不及消除，故导引误差较大。第三，导弹及其制导系统在高空和低空的工作性能是不同的。

12.2.2.5 靶标和供靶要求

空中供靶是闭合回路弹试验的基本保证。在试验中可供使用的空中靶标有伞靶、航模飞机、拖靶、靶机、靶弹等。

对靶标的基本要求：

(1)飞行性能(主要指使用高度范围、飞行速度等)满足武器系统战术技术指标规定的目标特性要求；

(2)雷达反射特性满足制导系统和引信工作的要求，必要时加装无源或有源回波增强器；

(3)当导弹采用红外制导或红外引信时，要求靶标满足红外辐射特性要求；

(4)飞行精度满足试验要求；

(5)效费比合算，尽可能回收，多次使用；

(6)应有自毁装置。

靶标飞行精度是人们十分关心的问题。使用伞靶时，常常出现伞靶不能落入预定的区域。另外，靶标飞行航路捷径的误差使得考核边界点的想法难以实现。实际上，总是把拦截点向杀伤区内移一定距离，使靶标不致飞到杀伤区之外。

由于靶标的飞行高度、航路捷径和发射时机的掌握等方面都会有误差，所以，所谓一个拦截点，实际上变成了杀伤区内一个以拦截点为中心的小区域。为了缩小这个区域，应当不断提高供靶精度和掌握好发射时机。

12.2.2.6 发射时机

在靶标飞行高度和航路捷径满足要求的条件下，指挥员是按目标斜距掌握发射时机的。为此，必须事先计算好预定的发射斜距，以便在试验实施时掌握。

12.2.2.7 拦截目标的方式和射击发数

在制订试验方案时，要适当地安排拦截机动目标、拦截高速目标、对一个目标两次拦截、齐射、对两个目标的射击等试验。

对单个目标一般采用两发齐射。对两个目标射击时，一般两个目标安排不同的高度和航路捷径，选取不同的拦截点。对一个目标两次拦截，第一发弹采用遥测弹，第二发弹可采用战斗遥测弹或战斗弹。这样，第一发射击后目标保持继续飞行的可能性较大。

12.2.2.8 测量参数

外弹道测量：除了独立回路弹试验所需测量参数外，还必须提供靶标的运动参数，其中包括位置坐标、速度、加速度、过载、航迹倾角和航迹偏角等。特别要注意确保遭遇段弹、靶运动参数的测量，应在电影经纬仪照片上获得弹、靶的同帧画幅。

起爆时间测量：对于战斗弹或战斗遥测弹，必须精确测量战斗部的起爆时间。使用光继电器才能达到起爆时间的测量精度要求。

遥测参数：应根据需要和可能，适当安排遥测参数。导弹的弹道性能参数、弹上设备的性能参数，尤其是导引头的参数都应该测量。

其他测量参数与独立回路弹试验基本相同。

12.2.2.9 试验中应注意解决的关键问题

1. 试验的安全问题

由于导弹对目标都是迎头攻击的，若导弹击中靶标，无法事先计算受伤后的靶标的飞行轨迹及其落点。因此，防止下落的靶标残核危及载舰的安全，是一个必须高度重视的问题。为此，可以采取如下的措施：使拦截点保持一定的航路捷径，避免零航路射击；载舰注意观察靶标下落情况，采取适当机动动作；组织火炮对空火力网，必要时对下落过程中逼近载舰的靶标进行拦截等；此外为了防止靶机、靶弹失控，危及人口稠密地区以及海上重要目标的安全，靶机、靶弹均应配备自毁装置。

2. 目标的截获问题

伞靶和靶弹只能一次使用，靶机虽能多次使用，但每个架次的进入次数也很有限，试验中一定要保证舰上制导雷达可靠地截获目标，以免浪费靶标。在研制性试验阶段，有时舰用防空作战系统可能不配套，目标指示设备不能参试。在这种情况下，一般可根据预定的射击方案，设定等待点，预先计算制导雷达在等待点上应取的仰角、舷角和距离。操作手根据指挥所对靶标大致位置的通报，适时在等待点上搜索目标。在有目标指示设备的情况下，上述方法也可作为万一目标指示系统失效情况下的备用方案。

3. 遭遇段外弹道测量问题

遭遇段导弹和靶标的外弹道测量数据在试验结果分析中是至关重要的。由于要跟踪测量两个高速机动目标,难度较大。为此,在制订试验实施测量方案时,必须精心规划,从增加外测设备的数量、改善测量设备的性能、加强操作手的训练等多方面着手,提高测量的成功率。

12.2.2.10 导弹容易出现的技术问题

1. 近炸引信的工作性能问题

近炸引信在试验中常常出现不炸、爆炸过早或过晚。一旦在拦截试验中暴露出引信的这些重大问题,必须重新进行目标特性的测试,进行各种地面试验,修改引信的设计方案等,这样将会延缓导弹的研制进程,甚至由于引信研制不成功而导弹无法定型。因此,近炸引信在正式参加飞行试验之前,必须进行充分的试验研究。

2. 导引头的可靠性问题

弹上导引头是最容易发生故障的弹上设备,如某型号导弹的导引头,在飞行试验中曾出现速度跟踪回路跟踪不稳、直波和回波接收系统故障、天线大幅度抖动等问题。导弹在发射架上时,容易出现舰面电磁环境对导引头工作的干扰问题。因此,在导引头参加全弹飞行试验之前,应充分进行海上试验,试验项目应包括导引头对不同高度目标的跟踪距离和跟踪精度、两部舰上制导雷达同时工作时导引头的跟踪情况以及导引头抗杂波干扰的能力等。

本章要点

1. 飞行试验的一般程序。
2. 独立回路弹试验和闭合回路弹的试验目的。
3. 闭合回路弹试验中的关键问题。

习　　题

1. 飞行试验的一般程序有哪些?
2. 在研制性飞行试验中,独立回路弹试验需要注意哪些方面的问题?
3. 独立回路弹试验、闭合回路弹的试验目的是什么?
4. 闭合回路弹试验中应注意解决哪些关键问题?

参考文献

[1] 方辉煜．防空导弹武器系统仿真[M]．北京：宇航出版社，1995.

[2] 康凤举．现代仿真技术与应用[M]．北京：国防工业出版社，2001.

[3] 熊光楞，彭毅，等．先进仿真技术与仿真环境[M]．北京：国防工业出版社，2001.

[4] 胡寿松．自动控制原理[M]．北京：国防工业出版社，1994.

[5] 郭齐胜，董志明，单家元，等．系统仿真[M]．北京：国防工业出版社，2006.

[6] 廖英，邓方林，梁家红等编著，系统建模与仿真的校核、验证与确认(VV&A)技术[M]．长沙：国防科技大学出版社，2006.

[7] 张有济.战术导弹飞行力学设计(上，下)[M].北京：宇航出版社，1996.

[8] 刘兴堂.导弹制导控制系统分析设计与仿真[M].西安：西北工业大学出版社，2006.

附　　录

1. 符号对照表

α—— 攻角；

α_T—— 总攻角；

β—— 侧滑角；

β_T—— 总侧滑角；

ϑ—— 俯仰角；

ψ—— 偏航角；

γ—— 滚转角；

ψ_v—— 弹道偏角；

θ—— 弹道倾角；

γ_v—— 速度滚转角；

σ—— 倾斜角或雷达散射截面积；

p—— 滚转角速度；

q—— 俯仰角速度或视线对参考线的夹角；

$\dot{q}$—— 导弹与目标间的视线角速度；

r—— 偏航角速度

ϕ_c—— 地心纬度；

λ—— 地理经度；

$Ox_1y_1z_1$—— 弹体坐标系；

$Ox_2y_2z_2$—— 弹道坐标系；

$Ox_3y_3z_3$—— 速度坐标系；

$Oxyz$—— 地面坐标系；

Δr—— 目标距离分辨率；

$\Delta\phi$—— 目标的角度分辨率；

M_p—— 谐振峰值；

$\dot{\theta}$—— 弹道倾角角速率；

v_D—— 导弹飞行速度；

v_M—— 目标飞行速度；

ω_c—— 截止频率；

MT—— 导弹对目标的视线；

MX_A—— 天线等强信号线；

MN—— 参考线(基线)；

q_A—— 天线等强信号线对参考线的夹角；

ε—— 失调角($\varepsilon = q = q_A$)；

φ—— 天线等强信号线相对弹轴的方位角；

n—— 过载；

K_0, K_A, K_R—— 导弹自动驾驶仪增益；

g—— 重力加速度；

N—— 控制力；

G—— 重力；

P—— 导弹发动机推力；

Q—— 阻力；

ΔP—— 剩余推力；

δ_z—— 舵偏角；

S—— 特征面积；

L—— 特征长度；

C_R—— 空气动力系数；

C_m—— 空气动力矩系数；

q_∞—— 远前方来流动压；

C_x—— 阻力系数；

C_y—— 升力系数；

C_z—— 侧力系数；

C_{x1}—— 轴向力系数；

C_{y1}—— 法向力系数；

C_{z1}—— 侧向力系数；

m_x—— 滚转力矩系数；

m_y—— 偏航力矩系数；

m_z—— 俯仰力矩系数；

X—— 阻力；

Y—— 升力；

Z—— 侧力；

M_z—— 俯仰力矩；

M_y—— 偏航力矩；

M_x—— 滚转力矩；

J_x—— 导弹绕 o_1x_1 轴的转动惯量；

J_y—— 导弹绕 o_1y_1 轴的转动惯量；

J_z—— 导弹绕 o_1z_1 轴的转动惯量；

f—— 雷达频率；

D—— 舰船的排水量；

$n_{D\max}$—— 导弹最大可用过载；

ω_n—— 导弹固有频率；

ω_H—— 制导系统截止频率；

ω_{CH}—— 控制系统截止频率；

Δx—— 静不稳定度；

n_p—— 导弹的可用法向过载；

n_R—— 导弹的需用法向过载；

η—— 前置角；

t_f—— 末制导时间；

Ω—— 导引头视场角；

φ—— 天线轴相对弹轴的转角；

q_t—— 天线轴相对参考线的角度。

2. 频域分析法相关证明(对应 7.3.2)

对四阶飞行控制系统进行分析设计，制导系统框图如图 7.18 所示。这里，目标加速度 a_T 减去导弹加速度 a_M 积分后得到弹目相对距离 y，飞行末端 t_F 所对应的 y 就是脱靶量 $y(t_F)$，y 除以拦截距离(接近速度 v_d 乘以剩余飞行时间 t_{go})得到弹幕视线角 λ，其中剩余飞行时间定义为 $t_{go}=t_F-t$。导弹导引头建模为一个理想微分器，可提供导弹和目标间视线角速率测量量，滤波器和导引头动态特性由传递函数表示：

$$G_1=\frac{\tau_1 s+1}{\tau_2 s+1}$$

式中，τ_z，τ_2 为常值系数。

基于有效导航比为 $N>2$ 的比例导引律，根据视线角速率生成制导指令 a_c。

飞行控制系统按这个加速度指令进行导弹制导。

飞行控制系统动力学结合了弹体和自动驾驶仪动态特性，由下面传递函数表示：

$$G_2=\frac{a(s)}{(1+\tau_1 s)\left(\frac{s^2}{\omega_M^2}+\frac{2\zeta}{\omega_M}s+1\right)} \tag{1}$$

其中对尾翼控制导弹情况有

$$a(s)=1-\frac{s^2}{\omega_z^2}$$

式中，ζ 是飞行控制系统阻尼；ω_M 为自然频率；τ_1 为时间常数；ω_z 是弹体零频。

t_F 时脱靶量可以表示为

$$Y(t_F,s)=\exp\left(N\int_{\infty}^{s}H(\sigma)\mathrm{d}\sigma\right)Y_T(s) \tag{2}$$

式中，$Y_T(s)$ 为目标垂直方向位置 $Y_T(t)$ 的拉普拉斯变换；$Y(t_F,s)$ 是 $y(t_F)$ 的拉普拉斯变换。

其中

$$H(s)=\frac{W(s)}{s} \tag{3}$$

$$W(s)=G_1(s)*G_2(s)=\frac{1+r_1s+r_2s^2+r_3s^3}{(1+\tau_1s)(1+\tau_2s)\left(1+\frac{2\zeta}{\omega_M}s+\frac{s^2}{\omega_M^2}\right)} \tag{4}$$

这里 r_1,r_2,r_3 是常值系数。

积分$\int_\infty^s H(\sigma)\mathrm{d}\sigma$ 可以通过把 $H(s)$ 写成下面形式来计算：

$$H(s)=\frac{A}{s}+\frac{B_1/\tau_1}{s+1/\tau_1}+\frac{B_2/\tau_2}{s+1/\tau_2}+\frac{Cs+D}{1+\frac{2\zeta}{\omega_M}s+\frac{s^2}{\omega_M^2}} \tag{5}$$

其中系数 A,B_1,B_2,C 和 D 可以计算为

$$A=1$$

$$B_1=\frac{\tau_1^2-r_1\tau_1+r_2-\frac{r_3}{\tau_1}}{\left(1-\frac{\tau_2}{\tau_1}\right)\left(\frac{2\zeta}{\omega_M}-\tau_1-\frac{1}{\tau_1\omega_M^2}\right)}$$

$$B_2=\frac{\tau_2^2-r_1\tau_2+r_2-\frac{r_3}{\tau_2}}{\left(1-\frac{\tau_1}{\tau_2}\right)\left(\frac{2\zeta}{\omega_M}-\tau_2-\frac{1}{\tau_2\omega_M^2}\right)}$$

$$C=-\frac{1}{\omega_M^2}-\frac{B_1}{\tau_1\omega_M^2}-\frac{B_2}{\tau^2\omega_M^2}$$

$$D=r_1-B_1-B_2-(\tau_1+\tau_2)-\frac{2\zeta}{\omega_M}$$

对于 $\tau_2=0$，有

$$B_2=0\ 且 \lim_{\tau_2\to 0}\frac{B_2}{\tau_2\omega_M^2}=-\frac{r_3}{\tau_1}$$

若还有 $\tau_1=0$ 及 $r_3=0$，则

$$B_1=0\ 且 \lim_{\tau_1\to 0}\frac{B_1}{\tau_1\omega_M^2}=-r_2$$

对式(5) 进行积分，前三项积分结果为

$$\ln s,\frac{B_1}{\tau_1}\ln(s+1/\tau_1),\frac{B_2}{\tau_2}\ln(s+1/\tau_2)$$

最后一项积分为

$$\int_\infty^s\frac{Cs+D}{1+\frac{2\zeta}{\omega_M}s+\frac{s^2}{\omega_M^2}}\mathrm{d}s=\int_\infty^S\frac{C\omega_M^2s+D\omega_M^2}{s^2+2\zeta\omega_Ms+\omega_M^2}\mathrm{d}s=$$

$$\frac{C\omega_M^2}{2}\ln(s^2+\zeta\omega_Ms+\omega_M^2)-\int_\infty^S\frac{\omega_M^2(\zeta\omega_MC-D)}{s^2+2\zeta\omega_Ms+\omega_M^2}\mathrm{d}s=$$

$$\frac{C\omega_M^2}{2}\ln(s^2+2\zeta\omega_Ms+\omega_M^2)+\omega_M^2(D-\zeta\omega_MC)\times \tag{6}$$

$$\frac{1}{\omega_M\sqrt{1-\zeta^2}}\arctan\frac{s+\zeta\omega_M}{\omega_M\sqrt{1-\zeta^2}}=\frac{C\omega_M^2}{2}\ln(s^2+2\zeta\omega_M s+\omega_M^2)+$$

$$\omega_M^2(D-\zeta\omega_M C)\frac{1}{\omega_M\sqrt{1-\zeta^2}}\frac{1}{2\mathrm{i}}\ln\frac{\mathrm{i}\omega_M\sqrt{1-\zeta^2}-(s+\zeta\omega_M)}{\mathrm{i}\omega_M\sqrt{1-\zeta^2}+(s+\zeta\omega_M)}$$

当 $a_T(s)=g, Y_T(s)=\frac{1}{s^2}a_T(s)$ 时，式(2) 的积分上限为

$$P((t_F,s)=gs^{N-2}\prod_{k=1}^{2}\left(s+\frac{1}{\tau_k}\right)^{B_kN/\tau_k}(s^2+2\omega_M\zeta s+\omega_M^2)^{CN\omega_M^2}$$

$$\left(\frac{-s-\zeta\omega_M+\mathrm{i}\omega_M\sqrt{1-\zeta^2}}{s+\zeta\omega_M+\mathrm{i}\omega_M\sqrt{1-\zeta^2}}\right)^{\frac{N\omega_M(D-\zeta\omega_M C)}{2\mathrm{i}\sqrt{1-\zeta^2}}} \tag{7}$$

由于式(4) 中分子阶数比分母阶数低，因此式(2) 积分下限等于零。上述方程表示的是脱靶量和目标加速度间关系的传递函数。

当 $s=\mathrm{i}\omega$ 时，根据式(7) 可得到制导系统的频率响应。

当 $s=\mathrm{i}\omega$ 时，式(6) 的最后一项可以写为

$$-\mathrm{i}\frac{\omega_M(D-\zeta\omega_M C)}{2\sqrt{1-\zeta^2}}\ln\frac{\mathrm{i}(-\omega+\omega_M\sqrt{1-\zeta^2})-\zeta\omega_M}{\mathrm{i}(\omega+\omega_M\sqrt{1-\zeta^2})+\zeta\omega_M}=\mathrm{Re}(\cdot)+\mathrm{i}\mathrm{Im}(\cdot) \tag{8}$$

其中

$$\mathrm{Re}(\cdot)=\frac{\omega_M(D-\zeta\omega_M C)}{2\sqrt{1-\zeta^2}}\left(\arctan\frac{\omega-\omega_M\sqrt{1-\zeta^2}}{\zeta\omega_M}-\arctan\frac{\omega+\omega_M\sqrt{1-\zeta^2}}{\zeta\omega_M}\right) \tag{9}$$

及

$$\mathrm{Im}(\cdot)=\frac{\omega_M(D-\zeta\omega_M C)}{4\sqrt{1-\zeta^2}}\ln\frac{\omega_M^2+\omega^2-2\omega\omega_M\sqrt{1-\zeta^2}}{\omega_M^2+\omega^2+2\omega\omega_M\sqrt{1-\zeta^2}} \tag{10}$$

将式(8) ～ 式(10) 代入式(2)，$s=\mathrm{i}\omega$，将式(7) 最后一项表示成下面形式：

$$\left(\frac{-\mathrm{i}\omega-\zeta\omega_M+\mathrm{i}\omega\sqrt{1-\zeta^2}}{\mathrm{i}\omega+\zeta\omega_M+\mathrm{i}\omega_M\sqrt{1-\zeta^2}}\right)^{\frac{N\omega_M(D-\zeta\omega_M C)}{2\mathrm{i}\sqrt{1-\zeta^2}}}=\exp(N\mathrm{Re}(\cdot))\exp(\mathrm{i}N\mathrm{Im}(\cdot))$$

由式(7) ～ 式(9) 即可得到制导系统的幅值和频率特性。

幅值特性 $|P(t_F,\mathrm{i}\omega)|$ 形式如下：

$$|P(t_F,\mathrm{i}\omega)|=g\omega^{N-2}\prod_{k=1}^{2}(s+1/\tau_k^2)^{B_kN/2\tau_k}((\omega_M^2-\omega^2)+4\omega_M\omega^2\zeta^2)^{CN\omega_M^2/4}\exp(\cdot) \tag{11}$$

其中

$$\exp(\cdot)=\exp\left(N\frac{\omega_M(D-\zeta\omega_M C)}{2\sqrt{1-\zeta^2}}\left(\arctan\frac{\omega-\omega_M\sqrt{1-\zeta^2}}{\zeta\omega_M}-\arctan\frac{\omega+\omega_M\sqrt{1-\zeta^2}}{\zeta\omega_M}\right)\right) \tag{12}$$

相角特性 $\varphi(t_F,\mathrm{i}\omega)$ 形式如下：

$$\varphi(t_F,\mathrm{i}\omega)=-\pi+N\frac{\pi}{2}+N\frac{B_1}{\tau_1}\arctan(\omega\tau_1)+N\frac{B_2}{\tau_2}\arctan(\omega\tau_2)+$$

$$N\frac{C}{2}\omega_M^2\arctan\left(\frac{2\omega\omega_M\zeta}{\omega_M^2-\omega^2}\right)-\frac{\omega_M(D-\zeta\omega_M C)}{4\sqrt{1-\zeta^2}}\ln\frac{\omega_M^2+\omega^2-2\omega\omega_M\sqrt{1-\zeta^2}}{\omega_M^2+\omega^2+2\omega\omega_M\sqrt{1-\zeta^2}}$$

3. 线性二次型最优控制问题(对应 7.2.6)

对于线性系统,如果其性能指标是状态变量和(或)控制变量的二次型函数的积分,则这种动态系统的最优化问题称为线性系统、二次型性能指标的最优控制问题,简称为线性二次型最优控制问题或线性二次型问题。线性二次型问题的最优解可以写成统一的解析表达式和实现求解过程的规范化,且可导致一个简单的状态线性反馈控制律而构成闭环最优反馈系统,这对最优控制在工程应用中的实现具有十分重要的意义。同时,线性二次型问题还可以兼顾系统性能指标(例如快速性、准确性、稳定性和灵敏度等)的多方面因素。因此,线性二次型问题受到重视和得到相应发展,成为现代控制理论及应用中最有成果的一部分,特别是对线性二次型最优反馈系统的结构、性质与设计方法以及对最优调节器的性质与综合等多方面的研究,已取得卓有成效的结果。

线性二次型最优控制问题与一般的最优控制问题比较,有两个明显的特点:其一,它所研究的是多输入-多输出动态系统的最优控制问题,其中也包括了作为特例的单输入-单输出的情形;其二,它研究的系统性能指标是综合性的性能指标。因此,线性二次型最优控制更具有综合性、灵活性和实用性。

设线性时变系统的状态方程为

$$\dot{\boldsymbol{x}}(t)=\boldsymbol{A}(t)\boldsymbol{x}(t)+\boldsymbol{B}(t)\boldsymbol{u}(t) \tag{1}$$

式中,$\boldsymbol{x}(t)$ 为 n 维状态向量;$\boldsymbol{u}(t)$ 为 m 维控制向量($m\leqslant n$);$\boldsymbol{A}(t)$ 为 $n\times n$ 阶时变矩阵;$\boldsymbol{B}(t)$ 为 $n\times m$ 阶时变矩阵。假定控制向量 $\boldsymbol{u}(t)$ 不受约束。

试求最优控制 $\boldsymbol{u}^*(t)$,使系统由任意给定的初始状态 $\boldsymbol{x}(t_0)=\boldsymbol{x}_0$ 转移到自由终态 $\boldsymbol{x}(t_f)$ 时,如式(2) 所示的系统二次型性能指标取极小值。

$$J=\frac{1}{2}\boldsymbol{x}^{\mathrm{T}}(t)\boldsymbol{F}\boldsymbol{x}(t)+\frac{1}{2}\int_{t_0}^{t_f}[\boldsymbol{x}^{\mathrm{T}}(t)\boldsymbol{Q}(t)\boldsymbol{x}(t)+\boldsymbol{u}^{\mathrm{T}}(t)\boldsymbol{R}(t)\boldsymbol{u}(t)]\mathrm{d}t \tag{2}$$

式中,$\boldsymbol{F}$ 为 $n\times n$ 阶半正定对称常数的终端加权矩阵;$\boldsymbol{Q}(T)$ 为 $n\times n$ 阶半正定对称时变的状态加权矩阵;$\boldsymbol{R}(t)$ 为 $m\times m$ 阶正定对称时变的控制加权矩阵;始端时间 t_0 及终端时间 t_f 固定。

假定 $\boldsymbol{A}(t)$,$\boldsymbol{B}(t)$,$\boldsymbol{Q}(t)$ 和 $\boldsymbol{R}(t)$ 的各元素均为时间 t 的连续函数,且所有矩阵函数及 $\boldsymbol{R}^{-1}(t)$ 都是有界的。

式(2) 右侧第一项是末值项,称为终端代价,它实际是对终端状态提出一个合乎需要的要求,表示在给定的终端时间 t_f 到来时,系统的终态 $\boldsymbol{x}(t_f)$ 接近预定终态的程度。这一项对于控制大气层外的导弹拦截或飞船的会合等航天航空问题是重要的。例如,在宇航的交会问题中,由于要求两个飞行物的终态严格一致,则必须加上这一项,以体现在终端时间 t_f 时的误差足够小。

式(2) 右侧的积分项是一项综合指标。其中,积分中的第一项 $2^{-1}\boldsymbol{x}^{\mathrm{T}}(t)\boldsymbol{Q}(t)\boldsymbol{x}(t)$ 表示对于一切的 $t\in[t_0,t_f]$ 状态 $\boldsymbol{x}(t)$ 的要求,可用它来衡量整个控制期间系统的给定状态与实际状态之间的综合误差。若 $\boldsymbol{x}(t)$ 表示误差向量,则该项为用来衡量误差大小的代价函数。在 $x(t)$ 为标量函数的情况下,该项积分类似于经典控制理论中给定参考输入量与被控制量之间的误差的二次方积分。显然,这一积分项愈小,说明控制的性能愈好。

积分项中的第二项表示动态过程中对控制的约束或要求，即对控制过程总能量的一个限制。如果将 $\boldsymbol{u}(t)$ 看作是电压或电流的函数，则 $2^{-1}\boldsymbol{u}^{\mathrm{T}}(t)\boldsymbol{R}(t)\boldsymbol{u}(t)$ 与功率成正比，其积分则表示在 $[t_0, t_f]$ 区间内所消耗的能量。因此，该项为用来衡量消耗能量大小的代价函数。

两个积分项实际上是相互制约的。欲要求控制状态的误差二次方积分减少，必然会导致增大控制能量的消耗。反之，为了节省控制能量，就不得不牺牲对控制性能的要求。因此，求两个积分项之和的极小值，实质上是求取在某种最优意义下的折中。然而，即使是折中，也会出现侧重哪一方面的问题，这可通过对加权矩阵 $\boldsymbol{Q}(t)$ 和 $\boldsymbol{R}(t)$ 的选择来体现。例如，欲希望提高控制的快速响应特性，则可增大 $\boldsymbol{Q}(t)$ 中某一元素的比例；欲希望有效地抑制控制量的幅值及其引起的能量消耗，则可提高 $\boldsymbol{R}(t)$ 中某一元素的比例。

在工程应用中，如何根据控制系统的实际要求来确定加权矩阵 $\boldsymbol{F}, \boldsymbol{Q}(t), \boldsymbol{R}(t)$ 中各个元素的问题，乃是一件十分重要而又十分困难的工作，它在相当程度上需要设计者的智慧和实际经验。

二次型性能指标中的常数因子 1/2，将会使运算更简便些，没有其他原因，不加也可以。

注意，控制加权矩阵 $\boldsymbol{R}(t)$ 必须是正定对称矩阵，这是因为，在后面的计算中需要用到 $\boldsymbol{R}(t)$ 的逆矩阵，即 $\boldsymbol{R}^{-1}(t)$，如果只要求 $\boldsymbol{R}(t)$ 为非负定，则不能保证 $\boldsymbol{R}^{-1}(t)$ 的必然存在。

4. CADET 中线性系统状态矢量的均值和协方差传播方程推导(对应 7.4.2)

具有随机输入的时变线性连续系统可以用一阶矢量微分方程表示：

$$\dot{\boldsymbol{X}}(t) = \boldsymbol{F}(t)\boldsymbol{X}(t) + \boldsymbol{G}(t)\boldsymbol{W}(t) \tag{1}$$

式中 $\boldsymbol{X}(t)$ —— 系统 n 维状态矢量；

$\boldsymbol{W}(t)$ —— 随机输入 m 维矢量(控制或干扰)；

$\boldsymbol{F}(t)$ —— $n \times n$ 阶状态矩阵；

$\boldsymbol{G}(t)$ —— $n \times m$ 阶扰动矩阵。

设：$\boldsymbol{W}(t) = \boldsymbol{B}(t) + \boldsymbol{u}(t)$，且 $E[\boldsymbol{W}(t)] = \boldsymbol{B}(t)$，$E[\boldsymbol{u}(t)\boldsymbol{u}^{\mathrm{T}}(t)] = \boldsymbol{Q}(t)\boldsymbol{\delta}(t-\tau)$。

即随机矢量是由均值 $\boldsymbol{B}(t)$ 和随机分量 $\boldsymbol{u}(t)$ 组成，后者是谱密度矩阵为 $\boldsymbol{Q}(t)$ 的白噪声。由于系统引入随机扰动矢量 $\boldsymbol{W}(t)$，状态矢量 $\boldsymbol{X}(t)$ 的分析只能在概率意义上来估计。

设：$\boldsymbol{X}(t) = \boldsymbol{M}(t) + \boldsymbol{R}(t)$，其中，$\boldsymbol{M}(t)$ 为均值分量，$\boldsymbol{R}(t)$ 为随机分量。

因此，状态矢量 $\boldsymbol{X}(t)$ 可以用均值 $\boldsymbol{M}(t)$ 和协方差矩阵 $\boldsymbol{P}(t)$ 来描述：

$$\boldsymbol{M}(t) = E[\boldsymbol{X}(t)] \tag{2}$$

$$\boldsymbol{P}(t) = E[\boldsymbol{R}(t)\boldsymbol{R}^{\mathrm{T}}(t)] \tag{3}$$

对式(1) 两边取期望值，有

$$\begin{aligned} E[\dot{\boldsymbol{X}}(t) = \dot{\boldsymbol{M}}(t) = E[\boldsymbol{F}(t)\boldsymbol{X}(t) + \boldsymbol{G}(t)\boldsymbol{W}(t)] = \\ \boldsymbol{F}(t)E[\boldsymbol{X}(t)] + \boldsymbol{G}(t)E[\boldsymbol{W}(t)] = \\ \boldsymbol{F}(t)\boldsymbol{M}(t) + \boldsymbol{G}(t)\boldsymbol{B}(t) \end{aligned} \tag{4}$$

对式(3) 两边求导，有

$$\dot{\boldsymbol{P}}=\frac{\mathrm{d}}{\mathrm{d}t}E[\boldsymbol{R}(t)\boldsymbol{R}^{\mathrm{T}}(t)]=E[\dot{\boldsymbol{R}}(t)\boldsymbol{R}^{\mathrm{T}}(t)+\boldsymbol{R}(t)\dot{\boldsymbol{R}}^{\mathrm{T}}(t)] \tag{5}$$

将 $\boldsymbol{X}(t)=\boldsymbol{M}(t)+\boldsymbol{R}(t)$ 和 $W(t)=\boldsymbol{B}(t)+\boldsymbol{u}(t)$ 代入式(1)，有

$$\dot{\boldsymbol{M}}(t)+\dot{\boldsymbol{R}}(t)=\boldsymbol{F}(t)\boldsymbol{M}(t)+\boldsymbol{F}(t)\boldsymbol{R}(t)+\boldsymbol{G}(t)\boldsymbol{B}(t)+\boldsymbol{G}(t)\boldsymbol{u}(t)$$

则

$$\begin{aligned}\dot{\boldsymbol{R}}=&\boldsymbol{F}(t)\boldsymbol{M}(t)+\boldsymbol{F}(t)\boldsymbol{R}(t)+\boldsymbol{G}(t)\boldsymbol{B}(t)+\boldsymbol{G}(t)\boldsymbol{u}(t)-\dot{\boldsymbol{M}}(t)=\\&\boldsymbol{F}(t)\boldsymbol{M}(t)+\boldsymbol{F}(t)\boldsymbol{R}(t)+\boldsymbol{G}(t)\boldsymbol{B}(t)+\boldsymbol{G}(t)\boldsymbol{u}(t)-[\boldsymbol{F}(t)\boldsymbol{M}(t)+\boldsymbol{G}(t)\boldsymbol{B}(t)]=\\&\boldsymbol{F}(t)\boldsymbol{R}(t)+\boldsymbol{G}(t)\boldsymbol{u}(t)\end{aligned} \tag{6}$$

代入式(5)中，有

$$\begin{aligned}\dot{\boldsymbol{P}}(t)=&E\{[\boldsymbol{F}(t)\boldsymbol{R}(t)+\boldsymbol{G}(t)\boldsymbol{u}(t)]\boldsymbol{R}^{\mathrm{T}}(t)\}+E\{\boldsymbol{R}(t)[\boldsymbol{F}(t)\boldsymbol{R}(t)+\boldsymbol{G}(t)\boldsymbol{u}(t)]^{\mathrm{T}}\}=\\&\boldsymbol{F}(t)E[\boldsymbol{R}(t)\boldsymbol{R}^{\mathrm{T}}(t)]+\boldsymbol{G}(t)E[\boldsymbol{u}(t)\boldsymbol{R}^{\mathrm{T}}(t)]+\\&E[\boldsymbol{R}(t)\boldsymbol{R}^{\mathrm{T}}(t)\boldsymbol{F}^{\mathrm{T}}(t)]+E[\boldsymbol{R}(t)\boldsymbol{u}^{\mathrm{T}}(t)]\boldsymbol{G}^{\mathrm{T}}(t)=\\&\boldsymbol{F}(t)\boldsymbol{P}(t)+\boldsymbol{P}(t)\boldsymbol{F}^{\mathrm{T}}(t)+E[\boldsymbol{R}(t)\boldsymbol{u}^{\mathrm{T}}(t)]\boldsymbol{G}^{\mathrm{T}}(t)+\boldsymbol{G}(t)E[\boldsymbol{u}(t)\boldsymbol{R}^{\mathrm{T}}(t)]\end{aligned} \tag{7}$$

方程(6)的解为

$$\boldsymbol{R}(t)=\boldsymbol{\Phi}(t,t_0)\boldsymbol{R}(t_0)\int_{t_0}^{t}\boldsymbol{\Phi}(t,\tau)\boldsymbol{G}(\tau)\boldsymbol{u}(t)\mathrm{d}\tau$$

$$\begin{aligned}E[\boldsymbol{R}(t)\boldsymbol{u}^{\mathrm{T}}(t)]=&\boldsymbol{\Phi}(t,t_0)E[\boldsymbol{R}(t_0)\boldsymbol{u}^{\mathrm{T}}(t)]+\int_{t_0}^{t}\boldsymbol{\Phi}(t,\tau)\boldsymbol{G}(t)E[\boldsymbol{u}(t)\boldsymbol{u}^{\mathrm{T}}(t)]\mathrm{d}\tau=\\&\int_{t_0}^{t}\boldsymbol{\Phi}(t,\tau)\boldsymbol{G}(t)\boldsymbol{Q}(\tau)\boldsymbol{\delta}(t-\tau)\mathrm{d}\tau\end{aligned}$$

根据分布定理公式

$$\int_a^b\boldsymbol{f}(x)\boldsymbol{\delta}(b-x)\mathrm{d}x=\frac{1}{2}\boldsymbol{f}(b)$$

可得
$$E[\boldsymbol{R}(t)\boldsymbol{u}^{\mathrm{T}}(t)]=\frac{1}{2}\boldsymbol{\Phi}(t,t)\boldsymbol{G}(t)\boldsymbol{Q}(t)=\frac{1}{2}\boldsymbol{G}(t)\boldsymbol{Q}(t)$$

同理可求得
$$E[\boldsymbol{u}(t)\boldsymbol{R}^{\mathrm{T}}(t)]=\frac{1}{2}\boldsymbol{Q}(t)\boldsymbol{G}^{\mathrm{T}}(t)$$

代入式(7)可得

$$\dot{\boldsymbol{P}}=\boldsymbol{F}(t)\boldsymbol{P}(t)+\boldsymbol{P}(t)\boldsymbol{F}^{\mathrm{T}}(t)+\boldsymbol{G}(t)\boldsymbol{Q}(t)\boldsymbol{G}^{\mathrm{T}}(t) \tag{8}$$

至此，就得到了线性系统状态矢量的均值和协方差传播方程见式(4)及式(8)，合并到一起后，如式(9)所示。

$$\left.\begin{aligned}&\dot{\boldsymbol{M}}(t)=\boldsymbol{F}(t)E[\boldsymbol{X}(t)]+\boldsymbol{G}(t)E[\boldsymbol{W}(t)]\\&\dot{\boldsymbol{P}}(t)=\boldsymbol{F}(t)\boldsymbol{P}(t)+\boldsymbol{P}(t)\boldsymbol{F}^{\mathrm{T}}(t)+\boldsymbol{G}(t)\boldsymbol{Q}(t)\boldsymbol{G}^{\mathrm{T}}(t)\end{aligned}\right\} \tag{9}$$